W0036799

Periodensystem der Elemente mit Gmelin-Systemnummern

Each cell below shows: atomic number, Gmelin system number (top right), element symbol.

1 (2) H																	2 (1) He
3 (20) Li	4 (26) Be											5 (13) B	6 (14) C	7 (4) N	8 (3) O	9 (5) F	10 (1) Ne
11 (21) Na	12 (27) Mg											13 (35) Al	14 (15) Si	15 (16) P	16 (9) S	17 (6) Cl	18 (1) Ar
19 *(22) K	20 (28) Ca	21 (39) Sc	22 (41) Ti	23 (48) V	24 (52) Cr	25 (56) Mn	26 (59) Fe	27 (58) Co	28 (57) Ni	29 (60) Cu	30 (32) Zn	31 (36) Ga	32 (45) Ge	33 (17) As	34 (10) Se	35 (7) Br	36 (1) Kr
37 (24) Rb	38 (29) Sr	39 (39) Y	40 (42) Zr	41 (49) Nb	42 (53) Mo	43 (69) Tc	44 (63) Ru	45 (64) Rh	46 (65) Pd	47 (61) Ag	48 (33) Cd	49 (37) In	50 (46) Sn	51 (18) Sb	52 (11) Te	53 (8) J	54 (1) Xe
55 (25) Cs	56 (30) Ba	57** (39) La	72 (43) Hf	73 (50) Ta	74 (54) W	75 (70) Re	76 (66) Os	77 (67) Ir	78 (68) Pt	79 (62) Au	80 (34) Hg	81 (38) Tl	82 (47) Pb	83 (19) Bi	84 (12) Po	85 At	86 (1) Rn
87 Fr	88 (31) Ra	89*** (40) Ac	104 (71)	105 (71)													

* NH$_4$ (23)

**Lanthanide (39)

58 (39) Ce	59 Pr	60 Nd	61 Pm	62 Sm	63 Eu	64 Gd	65 Tb	66 Dy	67 Ho	68 Er	69 Tm	70 Yb	71 Lu

***Actinide

90 (44) Th	91 (51) Pa	92 (55) U	93 (71) Np	94 (71) Pu	95 (71) Am	96 (71) Cm	97 (71) Bk	98 (71) Cf	99 (71) Es	100 (71) Fm	101 (71) Md	102 (71) No(?)	103 (71) Lr

Reihenfolge der Gmelin-Systemnummern siehe Innenseite des hinteren Deckels

Gmelin Handbuch der Anorganischen Chemie

Achte Auflage und Ergänzungswerk

Main Series, 8th Edition, and New Supplement Series

For individual System Numbers of Gmelin Handbook are published up today the following Index volumes:

System Number 3 ,,Sauerstoff"   Formula Index and Alphabetical Index
(comprised in Section 8)

System Number 16 ,,Phosphor"   Formula Index and Alphabetical Index

System Number 21 ,,Natrium"   Formula Index and Alphabetical Index

System Number 34 ,,Quecksilber"   Formula Index and Alphabetical Index
(comprised in Section B 4)

System Number 48 ,,Vanadium"
                                Formula Index and Alphabetical Index
System Number 49 ,,Niob"   (commonly for System Numbers 48, 49, 50, as well as for
                                New Supplement Series volume 2)
System Number 50 ,,Tantal"

Other Indexes are comprised in various volumes of Main Series and New Supplement Series

Zu einzelnen System-Nummern des Gmelin Handbuchs sind bisher folgende Register erschienen:

System-Nr. 3 ,,Sauerstoff"   Formel- und Schlagwortregister
(in Lieferung 8 enthalten)

System-Nr. 16 ,,Phosphor"   Formel- und Schlagwortregister

System-Nr. 21 ,,Natrium"   Formel- und Schlagwortregister

System-Nr. 34 ,,Quecksilber"   Formel- und Schlagwortregister
(in Lieferung B 4 enthalten)

System-Nr. 48 ,,Vanadium"
                                Formel- und Schlagwortregister, gemeinsam für die
System-Nr. 49 ,,Niob"   System-Nr. 48, 49, 50 sowie für Band 2 des Ergänzungs-
                                werks zur 8. Auflage
System-Nr. 50 ,,Tantal"

Weitere Register sind in verschiedenen Bänden des Haupt- und Ergänzungswerks enthalten.

Gmelin Handbuch der Anorganischen Chemie

BEGRÜNDET VON   Leopold Gmelin

Achte Auflage und Ergänzungswerk

ACHTE AUFLAGE   begonnen im Auftrage der Deutschen Chemischen Gesellschaft
von R. J. Meyer
E. H. E. Pietsch und A. Kotowski

fortgeführt von
Margot Becke-Goehring

HERAUSGEGEBEN VOM   **Gmelin-Institut**
für Anorganische Chemie und Grenzgebiete der
Max-Planck-Gesellschaft zur Förderung der Wissenschaften

Springer-Verlag Berlin Heidelberg GmbH 1975

Gmelin-Institut für Anorganische Chemie und Grenzgebiete der Max-Planck-Gesellschaft zur Förderung der Wissenschaften

KURATORIUM (ADVISORY BOARD)

Dr. J. Schaafhausen, Vorsitzender, Dr. G. Breil, Prof. Dr. R. Brill, Prof. Dr. G. Fritz, Prof. Dr. E. Gebhardt, Prof. Dr. W. Gentner, Prof. Dr. O. Glemser, Prof. Dr. O. Haxel, Prof. Dr. H. Hellmann, Prof. Dr. R. Hoppe, Stadtkämmerer H. Lingnau, Prof. Dr. R. Lüst, Prof. Dr. H. Schäfer

DIREKTOR

PROF. DR. MARGOT BECKE

LEITENDE MITARBEITER (SENIOR MANAGEMENT)

Dr. K.-C. Buschbeck, Dr. W. Lippert, W. Busch

HAUPTREDAKTEURE (EDITORS IN CHIEF)

Dr. K. v. Baczko, Dr. H. Bergmann, Dr. H. Bitterer, Dr. R. Keim, Dipl.-Ing. G. Kirschstein, Dr. E. Koch, Dipl.-Phys. D. Koschel, Dr. I. Kubach, Dr. H.-K. Kugler, Dr. E. Schleitzer, Dr. A. Slawisch, Dr. K. Swars

MITARBEITER (STAFF)

Dipl.-Chem. V. Amerl, Z. Amerl, D. Barthel, I. Baumhauer, R. Becker, Dr. K. Beeker, Dr. L. Berg, Dipl.-Chem. E. Best, Dipl.-Phys. E. Bienemann, M. Brandes, N. Bremer, E. Brettschneider, E. Cloos, Dipl.-Phys. G. Czack, I. Deim, L. Demmel, Dipl.-Chem. H. Demmer, I. Dölz, R. Dombrowsky, Dipl.-Chem. A. Drechsler, Dipl.-Chem. M. Drößmar, M. Engels, V.-F. Fabrizek, I. Fischer, Dr. I. Flachsbart, J. Füssel, Dipl.-Ing. N. Gagel, Dipl.-Chem. H. Gedschold, G. Grabowski, Dipl.-Phys. D. Gras, Dr. V. Haase, E. Hamm, H. Hartwig, B. Heibel, Dipl.-Min. H. Hein, G. Heinrich-Sterzel, H. W. Herold, U. Hettwer, Dr. I. Hinz, Dr. W. Hoffmann, Dipl.-Chem. K. Holzapfel, Dr. L. Iwan, Dipl.-Ing. A. Junker, Dr. W. Kästner, Dipl.-Chem. W. Karl, H.-G. Karrenberg, Dr. H. Katscher, Dipl.-Phys. H. Keller-Rudek, H. Klein, H. Koch, Dipl.-Chem. K. Koeber, H. Köppe, Dipl.-Chem. H. Köttelwesch, R. Kolb, E. Kranz, L. Krause, Dipl.-Chem. I. Kreuzbichler, Dr. U. Krüerke, Dr. P. Kuhn, Dr. I. Leitner, M.-L. Lenz, Dr. A. Leonard, Dipl.-Chem. H. List, E. Meinhard, Dr. P. Merlet, K. Meyer, M. Michel, Dr. A. Mirtsching, A. Moulik, M. Sc., K. Nöring, C. Pielenz, E. Preißer, I. Rangnow, Dipl.-Phys. H.-J. Richter-Ditten, Dipl.-Chem. H. Rieger, E. Rudolph, G. Rudolph, Dipl.-Chem. S. Ruprecht, F. Schlageter, Dipl.-Chem. D. Schneider, Dr. F. Schröder, Dipl.-Min. P. Schubert, Dipl.-Ing. H. Somer, E. Sommer, Dr. P. Stieß, Prof. Dr. W. Stumpf, M. Teichmann, Dr. W. Töpper, Dr. B. v. Tschirschnitz-Geibler, Dipl.-Ing. H. Vanecek, Dipl.-Chem. P. Velić, Dipl.-Ing. U. Vetter, Dipl.-Phys. J. Wagner, Dr. R. Warncke, Dipl.-Chem. S. Waschk, Dr. G. Weinberger, Dr. H. Wendt, H. Wiegand, Dipl.-Ing. I. v. Wilucki, I. Winkler, K. Wolff, Dr. A. Zelle, U. Ziegler, G. Zosel

FREIE MITARBEITER (CORRESPONDENT MEMBERS OF THE SCIENTIFIC STAFF)

Dr. A. Bohne, Dr. G. Hantke, Dr. H. Lehl, Dr.-Ing. M. Lehl, Dipl.-Berging. W. Müller, Dipl.-Ing. K. Riesche, Dr. L. Roth, Dr. K. Rumpf, Dr. U. Trobisch

AUSWÄRTIGE WISSENSCHAFTLICHE MITGLIEDER (CORRESPONDENT MEMBERS OF THE INSTITUTE)   Prof. Dr. Dr. A. Haas, D. Sc., (Cantab.)
Prof. Dr., Dr. h. c. E. Pietsch

Gmelin Handbuch der Anorganischen Chemie

Achte Auflage und Ergänzungswerk

Main Series, 8th Edition, and New Supplement Series

Index

Formula Index

Volume 1

Ac–Au

EDITOR IN CHIEF
(HAUPTREDAKTEUR)

Rudolf Warncke

AUTHORS
(BEARBEITER)

Ramona Becker, Helga Hartwig, Herbert Köppe, Hans Vanecek, Paul Velić, Rudolf Warncke, Anna Zelle

Springer-Verlag Berlin Heidelberg GmbH 1975

The volumes of the Main Series are evaluated up to the end of 1974, the
volumes of the New Supplement Series up to the end of 1973.

Es sind die Bände des Hauptwerkes bis zum Erscheinungstermin Ende 1974,
die des Ergänzungswerks bis Ende 1973 berücksichtigt.

Die vierte bis siebente Auflage dieses Werkes erschien im Verlag von
Carl Winter's Universitätsbuchhandlung in Heidelberg

Library of Congress Catalog Card Number: Agr 25-1383

ISBN 978-3-662-02273-3   ISBN 978-3-662-02271-9 (eBook)
DOI 10.1007/978-3-662-02271-9

Die Wiedergabe von Gebrauchsnamen, Handelsnamen, Warenbezeichnungen usw. im Gmelin-Handbuch berechtigt auch
ohne besondere Kennzeichnung nicht zu der Annahme, daß solche Namen im Sinne der Warenzeichen- und Markenschutz-
Gesetzgebung als frei zu betrachten wären und daher von jedermann benutzt werden dürften.

Das Werk ist urheberrechtlich geschützt. Die dadurch begründeten Rechte, insbesondere die der Übersetzung, des Nach-
druckes, der Entnahme von Abbildungen, der Funksendung, der Wiedergabe auf photomechanischem oder ähnlichem Wege
und der Speicherung in Datenverarbeitungsanlagen bleiben, auch bei nur auszugsweiser Verwendung, vorbehalten.

—All rights reserved. No part of this book may be reproduced in any form—by photoprint, microfilm,
or any other means—without written permission from the publishers.

© by Springer-Verlag Berlin Heidelberg 1975
Originally published by Springer-Verlag Berlin Heidelberg New York in 1975
Softcover reprint of the hardcover 8th edition 1975

Introduction

The extraordinary quantity of material included in the Gmelin Handbook of Inorganic Chemistry can make it extremely difficult to find a specific compound using only a general understanding of the basic rules for the arrangement of the subject matter (the so-called "System of the Last Position"). Consequently, subject indexes have been provided for the past few years to individual Handbook volumes, covering only a single section, or in some cases, a complete system number. During this period a comprehensive subject index–the Gmelin Index–was being prepared, whose first volume is now available.

The broad distribution and extensive utilization enjoyed by the Gmelin Handbook in English-speaking countries has led to a decision to publish the Gmelin Index in the English language. This decision was partly based on the fact that since the English language today occupies a preeminent position in the field of chemistry, a German-speaking user could utilize an English text much more readily than would be the case for an English-speaking user and a German text.

The core of the Gmelin Index is formed by a Formula Index which includes all of the definite elements, compounds, ions, and systems which are discussed or mentioned anywhere in the entire Eight Edition of the Gmelin Handbook. All volumes of the Main Series which were published before the end of 1974 are included, as well as volumes 1 through 12 of the New Supplement Series. The Formula Index will consist of about 12 volumes which will appear at intervals of four to six months.

Subsequent index volumes will contain accessible entries for items, which could not be considered in the Formula Index, for example, minerals, alloys, trivial names, and names of classes of compounds.

The Gmelin Index will be printed–for the first time in the history of the Gmelin Handbook–not by using lead type but rather by optical printing. It has thus become possible to store the Index text on magnetic tape, thereby having it available for future expansion when newly-published Handbook volumes can be readily included. It also has become possible to collect subject areas from various specific points of view.

It is not possible to include in a single published index *all* of the material which is scattered throughout the Handbook text. Such an undertaking would vastly exceed the capacity of a printed index, and could only be done utilizing the capabilities of an electronic computer system. At the present time, the Gmelin Institute is endeavoring to work out a project of this type.

The Gmelin Index should give an user better access to the information contained in the Gmelin Handbook, and should put him in position better to utilize the advantages of the Handbook than heretofore. These advantages, for example, include a review of the entire literature of chemistry going back to the very origins of this field and a collection not merely of literature citations but also of the data themselves–critically evaluated, sifted, and arranged in exhaustive monographs.

We wish to thank the Ministry for Research and Technology for their financial support during development and preparation of the Gmelin Index.

Frankfurt/Main, August 1975

Rudolf Warncke

Instructions for the user

The first column of the Formula Index contains the empirical formulas which provide the principal basis for the sequence in which the entries are arranged. The formulas are written in their more normal form in the second column, together with extensions and subdivisions. The citations themselves are given in the third column.

In the *empirical formula* listing (first column), the element symbols for each compound are arranged in alphabetical order; C and H are not treated separately here.

H_2O is included in these empirical formulas only when it is bound in the compound as a complex, as shown in the formulations in the second column. In all other cases, H_2O is not considered.

Isotopes are not shown in the empirical formulas, but are replaced by the normal symbol for the element. However, ionic charges are included in the empirical formulas.

For the elements themselves, the symbol of the element is used as the empirical formula–specifically, in the monatomic form (e.g., Br); entries which definitely refer to polyatomic molecules can be found under the corresponding empirical formula (e.g., Br_2, Br_3).

The letters x, y, and z are used for indefinite subscripts. High polymers of the type $(AB)_n$ are listed under the empirical formula of the monomeric compound.

Multicomponent systems (solid solutions, melts, etc.) can be found under the empirical formula of their inorganic components, while solutions are only listed under the formula of the dissolved substance.

The arrangement of the empirical formulas follows in alphabetic sequence and in terms of increasing subscripts; indefinite subscripts follow at the end of each subscript sequence (e.g., $Al_2Br_{x+6}Cu_x$ comes after $Al_2Br_{31}Sb_5$). Ions follow the corresponding neutral compound, and are arranged sequentially in terms of increasing positive, and then negative, charges. The transuranium elements for which no element symbol has been assigned can be found under their atomic number at the end of the Formula Index.

The formulas used in the *second column* of the Index are generally those which are employed in the body of the Handbook text; if more than one formulation is given for a single compound, these are all shown in the Index. In some cases–especially for isomeric compounds–formulas are used which deviate from the Handbook text style so as to better illustrate the structure of the compound.

Compounds with the same empirical formula are arranged in the second column in the following sequence: the compound–isotopic compounds–polymeric compounds–hydrates. Isomeric compounds, if any, then follow in the same sequence, and, finally, multicomponent systems corresponding to this empirical formula. For example, the following arrangement can be found in the second column under the empirical formula ClNa:

$$NaCl$$
$$Na^{37}Cl$$
$$(NaCl)_2$$
$$NaCl \cdot 2\ H_2O$$
$$...$$
$$NaCl\ glasses:$$
$$NaCl-B_2O_3$$
$$...$$

NaCl solid solutions:
Na(Br,Cl)

...

NaCl solutions:
NaCl–H$_2$O

...

NaCl systems:
NaCl–As$_2$O$_3$–H$_2$O

...

The term "system" is used in a very narrow sense in the Index; it includes those equilibria which are characterized by phase diagrams. Data on solutions are given under the formula of the compound itself for those compounds which have only rather short text passages.

For the elements, the name of the element is utilized in the second column (e.g., "Silver"). The previously given sequence also applies here, but it has been modified so that the ions (in general, i.e., "Silver ions") and the isotopes (i.e., "Silver isotopes") are inserted before the multicomponent systems.

The hydrates are sequenced in terms of increasing water content.

In the case of multicomponent systems, the components are listed in the sequence: inorganic components–organic components–H$_2$O; the entries then follow in alphabetic order, but the organic components are considered in order of increasing C and H content as well. For elements appearing as components in multicomponent systems, the monatomic element symbol is always used.

Elements and compounds for which the associated Handbook text is voluminous, are subdivided in the Index by subject headings; the degree of subdivision depends on the amount of text material involved.

The concepts "solubility", "solutions", and "systems" partly overlap; in this case, all three positions must be searched. The same is true for the concepts "diffusion" and "systems" as well as for "sorption" and "systems".

With respect to the *citations* (third column of the Index). the following abbreviations are utilized:

Hb   = Main Series Volume
Eb   = Supplement Volume to Main Series
Ab   = Appended Volume to Main Series
Erg. W. = New Supplement Series Volume.

For the first three of the above cases, the citation includes the System Number, the system element, the nature of the volume (Main Series Volume, Supplement Volume or Appended Volume to Main Series), the Part or Section (if any), and then, finally, following a hyphen, the page or pages involved. All volumes of the Main Series which are not Supplement Volumes or Appended Volumes to Main Series, are designated as Main Series volumes in the citation. The citation "61 (Ag): Hb/A3–70/106" has the following meaning: pages 70 to 106 in Section 3 of Part A of System Number 61, Silver.

Volumes of the New Supplement Series are cited only using the volume number, for example "Erg. W. 12–53" means: page 53 in volume 12 of the New Supplement Series.

The Supplement Volumes to Sections 3, 4, and 5 of Part A for System Number 59 "Iron" (Gmelin-Durrer) are designated as "59 (Fe): Eb/GD1a", "59 (Fe): Eb/GD1b", etc.; the volumes on magnetic materials for this same System Number are designated as "59 (Fe): D/1. Eb" or "59 (Fe): D/2. Eb".

In the case of "see..." or "see also..." referrals, reference is made to entries in both the first and second columns of the Index; for example, "*see* Al$_2$Na$_2$O$_4$ ... Na$_2$O · Al$_2$O$_3$". In the case of such referrals within the subjects headings, only a specific subject heading is given, for example, "*see Deposits*".

Vorwort

Die überaus große Fülle des im Gmelin Handbuch dargebotenen Materials macht es selbst bei Kenntnis des zugrundeliegenden Ordnungsprinzips (»System der letzten Stelle«) mitunter recht schwierig, eine bestimmte Verbindung aufzufinden. Es wurden daher schon seit mehreren Jahren einigen Handbuch-Bänden Register beigegeben, die jeweils eine Lieferung oder auch einzelne System-Nummern umfaßten, und gleichzeitig wurde ein Gesamtregister, das Gmelin Register, in Angriff genommen, dessen erste Lieferung heute vorliegt.

Die große Verbreitung, die das Gmelin Handbuch im angelsächsischen Sprachraum gefunden hat, führte zu dem Entschluß, das Gmelin Register in englischer Sprache herauszugeben. Damit wird zugleich der Tatsache Rechnung getragen, daß im Bereich der Chemie heute die englische Sprache an erster Stelle steht und daß infolgedessen ein deutschsprachiger Benutzer leichter einen englischen Text zu lesen vermag als dies umgekehrt der Fall ist.

Das Kernstück des Gmelin Registers bildet ein Formelregister, das alle in der 8. Auflage des Gmelin Handbuchs besprochenen bzw. erwähnten definierten Elemente, Verbindungen, Ionen und Systeme umfaßt. Berücksichtigt sind dabei alle Bände des Hauptwerks, soweit sie bis zum Ende des Jahres 1974 erschienen sind, sowie die Bände 1 bis 12 des Ergänzungswerks. Das Formelregister wird etwa 12 Lieferungen umfassen, die in Abständen von 4 bis 6 Monaten erscheinen sollen.

In zusätzlichen Register-Bänden sollen Angaben zugänglich gemacht werden, die im Formelregister nicht berücksichtigt werden können, z. B. Mineralien, Legierungen, Trivialnamen und Verbindungsgruppen-Namen.

Die Herstellung des Gmelin Registers erfolgt – erstmalig für das Gmelin Handbuch – nicht im Bleisatz, sondern im Lichtsatz. Damit ist es möglich geworden, den Register-Text auf Magnetband zu speichern und für eine spätere Erweiterung unter Einbeziehung der in der Zwischenzeit neu erschienenen Handbuch-Bände zur Verfügung zu halten. Zugleich wird damit die Möglichkeit geschaffen, Stoffzusammenstellungen nach bestimmten Gesichtspunkten vorzunehmen.

Es ist nicht möglich, alle im Handbuch-Text verstreuten Angaben durch ein Register zu erfassen. Ein derartiges Vorhaben würde den Rahmen eines gedruckten Registers bei weitem überschreiten und wäre nur in der Form eines elektronischen Informationsspeichers durchführbar. Das Gmelin-Institut ist zur Zeit bemüht, die Voraussetzungen für ein derartiges Projekt herauszuarbeiten.

Das Gmelin Register soll dem Benutzer einen besseren Zugang zu den im Gmelin Handbuch enthaltenen Informationen geben und ihn in die Lage versetzen, die Vorteile des Handbuchs – zum Beispiel Berücksichtigung der gesamten chemischen Literatur, Zurückgehen bis in die Anfänge der Chemie, Zusammenstellung nicht nur von Literaturstellen, sondern von Daten, die kritisch gesichtet und in größere Zusammenhänge eingefügt werden – besser als bisher zu nutzen.

Dem Bundesministerium für Forschung und Technologie danken wir für die finanzielle Unterstützung bei der Entwicklung und Vorbereitung des Gmelin Registers.

Frankfurt am Main, August 1975

Rudolf Warncke

Hinweise für den Benutzer

Das Formelregister enthält in seiner ersten Spalte die als Haupt-Ordnungsbegriff dienenden Summenformeln. In der zweiten Spalte sind die Formeln in der üblichen Schreibweise nebst Ergänzungen und Unterteilungen aufgeführt, und in der dritten Spalte finden sich die Zitate.

In der *Summenformel* (erste Spalte) sind die Element-Symbole in alphabetischer Reihenfolge angeordnet, eine Voranstellung von C und H erfolgt nicht.

H_2O wird in die Summenformel nur einbezogen, wenn es entsprechend der Formulierung in der zweiten Spalte komplex gebunden ist. In allen anderen Fällen wird H_2O nicht berücksichtigt.

Isotope werden in der Summenformel nicht angeführt, sondern durch das normale Element-Symbol ersetzt. Die Ladung von Ionen wird in der Summenformel angegeben.

Bei den Elementen selbst wird als Summenformel das Element-Symbol verwendet, und zwar in einatomiger Schreibweise (z. B. Br); Angaben, die speziell das mehratomige Molekül betreffen, sind zusätzlich bei der entsprechenden Summenformel (z. B. Br_2, Br_3) zu finden.

Für unbestimmte Indices werden die Buchstaben x, y und z verwendet. Hochpolymere vom Typ $(AB)_n$ sind unter der Summenformel der monomeren Verbindung eingereiht.

Mehrstoffsysteme (Mischkristalle, Schmelzen usw.) sind bei den Summenformeln ihrer anorganischen Komponenten zu finden, Lösungen jedoch nur bei derjenigen des gelösten Stoffes.

Die Reihung der Summenformeln erfolgt in alphabetischer Folge und nach aufsteigenden Indexzahlen; unbestimmte Indexzahlen stehen dabei jeweils am Ende einer Indexreihe (z. B. $Al_2Br_{x+6}Cu_x$ hinter $Al_2Br_{31}Sb_5$). Ionen folgen hinter der entsprechenden neutralen Verbindung und sind in sich nach steigenden positiven und danach negativen Ladungen geordnet. Transurane, denen noch kein Element-Symbol zugeordnet ist, finden sich unter ihrer Ordnungszahl am Schluß des Formelregisters.

Für die in der *zweiten Spalte* des Registers aufgeführten Formeln wird meist die Schreibweise verwendet, die im Handbuch-Text zu finden ist; sind dort für eine Verbindung mehrere Formulierungen aufgeführt, so werden diese übernommen. In vielen Fällen – besonders beim Vorliegen von isomeren Verbindungen – wird jedoch eine vom Handbuch-Text abweichende Schreibweise gewählt, die die Struktur der Verbindung besser zum Ausdruck bringt.

Haben Verbindungen die gleiche Summenformel, so werden sie in der zweiten Spalte in folgender Reihenfolge aufgeführt: Verbindung – isotope Verbindungen – polymere Verbindungen – Hydrate. Danach folgen ggf. isomere Verbindungen mit der gleichen Folge und anschließend die zu der Summenformel gehörenden Mehrstoffsysteme. Beispielsweise ist unter der Summenformel CINa in der zweiten Spalte folgende Anordnung zu finden:

$$NaCl$$
$$Na^{37}Cl$$
$$(NaCl)_2$$
$$NaCl \cdot 2\,H_2O$$
$$...$$

$$NaCl\ glasses:$$
$$NaCl–B_2O_3$$
$$...$$

NaCl solid solutions:
Na(Br,Cl)
...
NaCl solutions:
$NaCl-H_2O$
...
NaCl systems:
$NaCl-As_2O_3-H_2O$
...

Der Begriff »Systeme« wird im Register im engen Sinne verwendet; er umfaßt Gleichgewichte, wie sie durch das Zustandsdiagramm charakterisiert sind. Angaben über Lösungen sind bei Verbindungen mit geringem Textumfang unter der Formel der Verbindung selbst zu finden.

Bei Elementen wird in der zweiten Spalte der Name des Elements eingesetzt (z.B. »Silber«). Auch hier gilt die oben angeführte Reihenfolge, jedoch mit der Änderung, daß vor der Gruppe der Mehrstoffsysteme die Ionen (allgemein, z.B. »Silber-Ionen«) und die Isotope (z.B. »Silber-Isotope«) eingereiht werden.

Hydrate werden in sich nach steigendem Wassergehalt gereiht.

Bei Mehrstoffsystemen werden die Komponenten in der Reihenfolge »Anorganische Komponenten – Organische Komponenten – H_2O« aufgeführt; die Reihung erfolgt dann in alphabetischer Folge, wobei jedoch bei organischen Komponenten der C-Gehalt und danach der H-Gehalt maßgeblich ist. Für Elemente als Komponenten in Mehrstoffsystemen wird stets das einatomige Element-Symbol verwendet.

Elemente und Verbindungen, bei denen der zugehörige Text im Handbuch umfangreich ist, werden im Register durch Sachverhaltsangaben unterteilt; der Grad der Unterteilung richtet sich dabei nach dem Textumfang.

Die Begriffe »Löslichkeit«, »Lösungen« und »Systeme« überlappen sich teilweise; hier muß ggf. bei allen drei Stellen nachgelesen werden. Dasselbe gilt für die Begriffe »Diffusion« und »Systeme« sowie für »Sorption« und »Systeme«.

Bei den *Zitaten* (dritte Spalte des Registers) werden folgende Abkürzungen verwendet:

Hb   Hauptband des Hauptwerks der 8. Auflage
Eb   Ergänzungsband des Hauptwerks der 8. Auflage
Ab   Anhangband des Hauptwerks der 8. Auflage
Erg. W. Ergänzungswerk zur 8. Auflage.

Für die Bände des Hauptwerks wird im Zitat zunächst die System-Nummer und das System-Element angegeben, danach folgt die Angabe der Art des Bandes (Hauptband, Ergänzungsband oder Anhangband) und gegebenenfalls des Teils und der Lieferung und schließlich hinter einem Bindestrich die Seitenzahl bzw. Seitenzahlen. Alle Bände des Hauptwerks, die nicht Ergänzungsband oder Anhangband sind, werden im Zitat als Hauptband bezeichnet. Das Zitat »61 (Ag): Hb/A3–70/106« bedeutet beispielsweise: Seiten 70 bis 106 in der Lieferung 3 des Teils A der System-Nummer 61 »Silber«.

Die Bände des Ergänzungswerks werden nur mit der Bandnummer zitiert, es bedeutet beispielsweise »Erg. W. 12–53«: Seite 53 im Band 12 des Ergänzungswerks.

Die Ergänzungsbände zu den Lieferungen 3 bis 5 des Teils A der System-Nummer 59 »Eisen« (Gmelin-Durrer) werden mit »59 (Fe): Eb/GD1a«, »59 (Fe): Eb/GD1b« usw. zitiert, die Bände »Magnetische Werkstoffe« der gleichen System-Nummer mit »59 (Fe): D/1. Eb« bzw. »59 (Fe): D/2. Eb«.

Bei *Verweisungen* wird auf die Angaben in der ersten und der zweiten Spalte des Registers verwiesen, also z.B. »*see* $Al_2Na_2O_4$ ... $Na_2O \cdot Al_2O_3$«. Bei Verweisungen innerhalb von Sachverhaltsangaben wird lediglich der Sachverhalt angeführt, als z.B. »*see Deposits*«.

Ac . . . . Actinium:

     Atom . . . . 40 (Ac):   Hb–34/6, 68
                                      Erg. W. 8–4/5
     Atomic nucleus . . . . 40 (Ac):   Hb–30/4, 37/45,
                                               68/78
     Detection . . . . 40 (Ac):   Hb–53/7, 81
     Determination . . . . 40 (Ac):   Hb–57/62, 81/2
     Electrochemical behavior . . . . 40 (Ac):   Hb–46, 78
     Enrichment . . . . 40 (Ac):   Hb–10/29, 64/7
     Formation by nuclear decay . . . . . . 40 (Ac):   Hb–9/10, 63/4
     History . . . . 40 (Ac):   Hb–1/9, 63
     Ionization potentials . . . . Erg. W. 8–23
     Occurrence . . . . 40 (Ac):   Hb–9, 63
     Oxidation states . . . . Erg. W. 8–8/11
     Physical properties . . . . 40 (Ac):   Hb–45/6, 68
     Position in the
        periodic system . . . . 40 (Ac):   Hb–36/7, 68/9
     Preparation . . . . 40 (Ac):   Hb–29, 67
     – in pure state . . . . 40 (Ac):   Hb–23/9
     Uses . . . . 40 (Ac):   Hb–29, 67
                                      Erg. W. 8–206, 224
     Valence . . . . 40 (Ac):   Hb–36, 68

–. . . . . Actinium compounds . . . . 40 (Ac):   Hb–62, 82

–. . . . . Actinium ions:
     Chemical behavior . . . . 40 (Ac):   Hb–46/52, 78/81
     Electrochemical behavior . . . . 40 (Ac):   Hb–46, 78
     Ionization potentials . . . . Erg. W. 8–23

–. . . . . Actinium isotopes:
     Actinium-227
        see also Ac ... Actinium
        Formation . . . . 40 (Ac):   Hb–9/10, 33/4
        Nuclear decay . . . . 40 (Ac):   Hb–30, 37/45
                                    Erg. W. 7a–85/6, 89
        Nuclear fission by neutrons . . . . . Erg. W. 7a–140
        Uses . . . . Erg. W. 8–206, 224

     Actinium-228 (MsTh$_2$) . . . . 40 (Ac):   Hb–30, 63, 68/78

Ac$^+$ . . . . Ac$^+$ . . . . Erg. W. 8–23
Ac^{2+} . . . . Ac^{2+} . . . . Erg. W. 8–23
Ac^{3+} . . . . Ac^{3+} . . . . 40 (Ac):   Hb–35
                                      Erg. W. 8–5, 23
Ac^{11+} . . . . Ac^{11+} . . . . 40 (Ac):   Hb–35
Ac^{n+} . . . . Ac^{n+} (n = 4 to 10) . . . . Erg. W. 8–23
AcA . . . . Actinium A = ^{215}Po
        see Po ... Polonium isotopes
AcB . . . . Actinium B = ^{211}Pb
        see Pb ... Lead isotopes
AcC . . . . Actinium C = ^{211}Bi
        see Bi ... Bismuth isotopes

AcC'. . . . . Actinium C' = ^{211}Po
see Po ... Polonium isotopes

AcC" . . . . Actinium C" = ^{207}Tl
see Tl ... Thallium isotopes

AcD . . . . Actinium D = ^{207}Pb
see Pb ... Lead isotopes

AcEm . . . . Actinium-Emanation = ^{219}Rn
see Rn ... Radon isotopes

AcK . . . . Actinium K = ^{223}Fr
see Fr ... Francium

AcU . . . . Actinouran = ^{235}U
see U ... Uranium isotopes

AcX . . . . Actinium X = ^{223}Ra
see Ra ... Radium isotopes

$Ac_2O_{12}S_3$ . . . . . . $Ac_2(SO_4)_3$ solid solutions:
$Ac_2(SO_4)_3$-$BaSO_4$ . . . . 30 (Ba): Eb–424

$Ag_{0.01}O_3W$ . . . . . . $Ag_{0.01}WO_3$ . . . . 61 (Ag): Hb/B4–345/6
$Ag_{0.024}Ge_{0.976}Te$ . . . $Ag_{0.024}Ge_{0.976}Te$ solid solutions:
$Ag_{0.024}Ge_{0.976}Te$–Bi_2Te_3 . . . . 61 (Ag): Hb/B4–246
$Ag_{0.05}Cu_{0.95}FeS_2$ . . . $Ag_{0.05}Cu_{0.95}FeS_2$ . . . . 61 (Ag): Hb/B4–472
$Ag_{0.33}O_5V_2$ . . . . . . $Ag_{0.33}V_2O_5 = Ag_2O \cdot V_2O_4 \cdot 5\,V_2O_5$ . . . . 61 (Ag): Hb/B4–274
$Ag_{0.5}Al_{0.5}Cr_2S_4$ . . . . $Ag_{0.5}Al_{0.5}Cr_2S_4$ . . . . 61 (Ag): Hb/B4–330
$Ag_{0.5}Cr_2Ga_{0.5}S_4$ . . . $Ag_{0.5}Ga_{0.5}Cr_2S_4$ . . . . 61 (Ag): Hb/B4–330
$Ag_{0.5}Cr_2In_{0.5}S_4$ . . . . $Ag_{0.5}In_{0.5}Cr_2S_4$ . . . . 61 (Ag): Hb/B4–330/1
$Ag_{0.5}Cr_2In_{0.5}Se_4$ . . . $Ag_{0.5}In_{0.5}Cr_2Se_4$ . . . . 61 (Ag): Hb/B4–332
$Ag_{0.5}Fe_{12}La_{0.5}O_{19}$ . . $Ag_{0.5}La_{0.5}Fe_{12}O_{19}$ . . . . 61 (Ag): Hb/B4–407/8
$Ag_{0.5}Mo_{0.5}O_3V_{0.5}$ . . . $Ag_{0.5}V_{0.5}Mo_{0.5}O_3$ . . . . 61 (Ag): Hb/B4–343
$Ag_{0.6}Mo_3Se_4$ . . . . . $Ag_{0.6}Mo_3Se_4$ . . . . 61 (Ag): Hb/B4–342
$Ag_{0.7}NbS_2$ . . . . . . $Ag_{0.7}NbS_2$ . . . . 61 (Ag): Hb/B4–285
$Ag_{0.93}Cu_{1.07}S$ . . . . . $Ag_{0.93}Cu_{1.07}S$ . . . . 61 (Ag): Hb/B4–464/6

Ag . . . . Silver:
Absorption of light . . . . 61 (Ag): Hb/A2–316/32
– of sound . . . . 61 (Ag): Hb/A2–226/8
– of X-rays . . . . 61 (Ag): Hb/A2–144/52
Abundance . . . . 61 (Ag): Hb/A1–59/60
Acoustic properties . . . . 61 (Ag): Hb/A2–226/8
Aerosols . . . . 61 (Ag): Hb/A3–222
Anelasticity . . . . 61 (Ag): Hb/A2–228/9
Anodic oxidation . . . . 61 (Ag): Hb/B1–127/34
Anodic polishing . . . . 61 (Ag): Hb/A4–298/9
Atom . . . . 61 (Ag): Hb/A2–107/52
Atomic nucleus . . . . 61 (Ag): Hb/A2–93/107
Atomic radius . . . . 61 (Ag): Hb/A2–115/7
Atomic refraction . . . . 61 (Ag): Hb/A2–119
Atomic vibrations in lattice . . . . 61 (Ag): Hb/A2–167
Atomic volume . . . . 61 (Ag): Hb/A2–117
Atomic weight . . . . 61 (Ag): Hb/A2–94/8
Behavior as anode . . . . 61 (Ag): Hb/A4–236/302

Ag . . . . Silver:

Behavior as anode

in aqueous solution . . . . 61 (Ag): Hb/A4–236/93

– – in melts . . . . 61 (Ag): Hb/A4–296/8

– – in nonaqueous solution . . . . . . 61 (Ag): Hb/A4–294/6

– – in water . . . . 61 (Ag): Hb/A4–236

– as catalyst . . . . 61 (Ag): Hb/A3–62

– as cathode . . . . 61 (Ag): Hb/A4–224/35

– as electrode . . . . 61 (Ag): Hb/A4–220/3

– at the dropping

mercury electrode . . . . 61 (Ag): Hb/A4–181/4

Boiling point . . . . 61 (Ag): Hb/A2–253

Bond energy . . . . 61 (Ag): Hb/A2–165

Brittleness . . . . 61 (Ag): Hb/A2–229

Catalytic properties . . . . 61 (Ag): Hb/A3–62

Characteristic electron

energy losses . . . . 61 (Ag): Hb/A2–275/7

Chemical constant . . . . 61 (Ag): Hb/A2–263

Chemical reactions . . . . 61 (Ag): Hb/A3–1/69

– in air . . . . 61 (Ag): Hb/A3–1/3

– in soils . . . . 61 (Ag): Hb/A3–61

– with biological material . . . . . . 61 (Ag): Hb/A3–68/9

– with ceramics and glasses . . . . . 61 (Ag): Hb/A3–61/2

– with elements . . . . 61 (Ag): Hb/A3–3/23

– with foods . . . . 61 (Ag): Hb/A3–68/9

– with industrial reaction

mixtures and products . . . . 61 (Ag): Hb/A3–67/8

– with metal compounds . . . . 61 (Ag): Hb/A3–35/60

– with minerals . . . . 61 (Ag): Hb/A3–60/1

– with nonmetal compounds . . . . 61 (Ag): Hb/A3–23/35

– with organic compounds . . . . . . 61 (Ag): Hb/A3–62/6

Colloidal forms . . . . 61 (Ag): Hb/A3–183/224

Compressibility . . . . 61 (Ag): Hb/A2–225/6

Condensation . . . . 61 (Ag): Hb/A2–250/1

Cosmochemistry . . . . 61 (Ag): Hb/A1–31/6

Critical constants . . . . 61 (Ag): Hb/A2–253

Crystal chemistry . . . . 61 (Ag): Hb/A1–36/59

Crystal form . . . . 61 (Ag): Hb/A2–155/6

Crystallization . . . . 61 (Ag): Hb/A2–158/60

Crystallographic properties . . . . . . 61 (Ag): Hb/A2–154/214

Crystallosols . . . . 61 (Ag): Hb/A3–222/4

Debye temperature . . . . 61 (Ag): Hb/A2–260/3

Deformation . . . . 61 (Ag): Hb/A2–156/7, 202/5,
232/45

Density . . . . 61 (Ag): Hb/A2–215/6

Deposits . . . . 61 (Ag): Hb/A1–129/44

– from ancient days . . . . 61 (Ag): Hb/A1–3/7

Detection . . . . 61 (Ag): Hb/A3–106/19

– in special substances . . . . 61 (Ag): Hb/A3–119/27

Ag . . . . Silver:

Determination . . . . 61 (Ag):   Hb/A3−127/8
− in special substances . . . . 61 (Ag):   Hb/A3−128/74
Diffusion of hydrogen . . . . 61 (Ag):   Hb/B1−16
− of nitrogen . . . . 61 (Ag):   Hb/B1−141
− of oxygen . . . . 61 (Ag):   Hb/B1−50/3
− of rare gases . . . . 61 (Ag):   Hb/B1−3/8
Disorder . . . . 61 (Ag):   Hb/A2−170/8
Dressing and smelting of ores . . . . . 61 (Ag):   Hb/A1−9/13
                                                   Hb/A2−3/26
Economics . . . . 61 (Ag):   Hb/A1−129/34, 144
                                                   Hb/A2−2/3
Elastic behavior . . . . 61 (Ag):   Hb/A2−219/25
Electrical conductivity . . . . 61 (Ag):   Hb/A2−281/95
Electrical properties . . . . 61 (Ag):   Hb/A2−266/77, 281/95,
                                                   300/16
Electrochemical behavior . . . . 61 (Ag):   Hb/A4−1/394
                                                   Hb/B1−125/34
Electrodes . . . . 61 (Ag):   Hb/A4−44/180
   Ag−AgBr . . . . 61 (Ag):   Hb/A4−122/45
   Ag−AgCl . . . . 61 (Ag):   Hb/A4−59/122
   Ag−AgClO$_4$ . . . . 61 (Ag):   Hb/A4−122
   Ag−AgI . . . . 61 (Ag):   Hb/A4−145/60
   Ag−AgIO$_3$ . . . . 61 (Ag):   Hb/A4−160/1
   Ag−[Ag(NH$_3$)$_2$]$^+$ . . . . 61 (Ag):   Hb/A4−49/50
   Ag−AgNO$_3$ . . . . 61 (Ag):   Hb/A4−50/9
   Ag−AgN$_3$ . . . . 61 (Ag):   Hb/A4−48/9
   Ag−Ag$_2$O . . . . 61 (Ag):   Hb/A4−44/7
   Ag−Ag$_2$S . . . . 61 (Ag):   Hb/A4−161/5
   Ag−Ag$_2$SO$_4$ . . . . 61 (Ag):   Hb/A4−165/7
   Other electrodes . . . . 61 (Ag):   Hb/A4−168/80
Electrolytic deposition . . . . 61 (Ag):   Hb/A4−303/94
− from cyanide solutions . . . . 61 (Ag):   Hb/A4−341/69
− from melts . . . . 61 (Ag):   Hb/A4−385/94
− from nitrate solutions . . . . 61 (Ag):   Hb/A4−307/28
− from nitrite solutions . . . . 61 (Ag):   Hb/A4−307
− from organic silver
   compound solutions . . . . 61 (Ag):   Hb/A4−382/4
− from solutions
   containing halogens . . . . 61 (Ag):   Hb/A4−328/38, 340/1,
                                                   370/1
− − containing sulfur . . . . 61 (Ag):   Hb/A4−338/40, 369/70
− − in liquid ammonia . . . . 61 (Ag):   Hb/A4−378/80
− − in organic solvents . . . . 61 (Ag):   Hb/A4−380/2
− from other solutions . . . . 61 (Ag):   Hb/A4−369/80
− of traces . . . . 61 (Ag):   Hb/A4−384/5
Electron affinity . . . . 61 (Ag):   Hb/A2−114
Electron configuration . . . . 61 (Ag):   Hb/A2−107

Ag . . . . Silver:

Electronegativity	61 (Ag):	Hb/A2–114
Electron emission	61 (Ag):	Hb/A2–307/16
Electron scattering	61 (Ag):	Hb/A2–113/4
Emissivity	61 (Ag):	Hb/A2–345/50
Energy band structure	61 (Ag):	Hb/A2–266/75
Epitaxy	61 (Ag):	Hb/A2–196/202
Equation of state	61 (Ag):	Hb/A2–214/5
Fermi surface	61 (Ag):	Hb/A2–266/75
Formation	61 (Ag):	Hb/A2–60
Galvanic elements	61 (Ag):	Hb/A4–302
Galvanomagnetic effects	61 (Ag):	Hb/A2–295/300
Geochemical character	61 (Ag):	Hb/A1–59
Geochemical cycle	61 (Ag):	Hb/A1–95/6
Geochemistry	61 (Ag):	Hb/A1–36/96
Grain boundary energies	61 (Ag):	Hb/A2–169/70
Grüneisen constant	61 (Ag):	Hb/A2–219
Hall effect	61 (Ag):	Hb/A2–295/7
Hardness	61 (Ag):	Hb/A2–229/32
Heat capacity	61 (Ag):	Hb/A2–117/8
Heat of sublimation	61 (Ag):	Hb/A2–256/7
– of vaporization	61 (Ag):	Hb/A2–256/7
History	61 (Ag):	Hb/A1–1/31
Hydrosols	61 (Ag):	Hb/A3–183/219
Behavior towards other colloids	61 (Ag):	Hb/A3–206
Chemical reactions	61 (Ag):	Hb/A3–217/9
Coagulation	61 (Ag):	Hb/A3–201/5
Electrochemical reactions	61 (Ag):	Hb/A3–216/7
Formation and preparation	61 (Ag):	Hb/A3–183/201
Particle diminution	61 (Ag):	Hb/A3–205/6
Physical properties	61 (Ag):	Hb/A3–206/16
Interfacial tension	61 (Ag):	Hb/A2–247/50
Internal friction	61 (Ag):	Hb/A2–226/8
Internal potential	61 (Ag):	Hb/A2–166
Ionic mobility	61 (Ag):	Hb/A4–15/9
Ionization	61 (Ag):	Hb/A2–112/3
Kerr effect	61 (Ag):	Hb/A2–350
Lattice dynamics	61 (Ag):	Hb/A2–165/6
Lattice energy	61 (Ag):	Hb/A2–167/8
Lattice structure	61 (Ag):	Hb/A2–160/4
Lattice vibrations	61 (Ag):	Hb/A2–166/7
Magnetic moment	61 (Ag):	Hb/A2–109
Magnetic properties	61 (Ag):	Hb/A2–277/81, 295/300, 307
Magnetic susceptibility	61 (Ag):	Hb/A2–279/81
Magnetoacoustic effect	61 (Ag):	Hb/A2–228
Magnetoplasma resonance	61 (Ag):	Hb/A2–300
Magnetoresistance	61 (Ag):	Hb/A2–297/300
Mechanical properties	61 (Ag):	Hb/A2–215/50

Ag . . . . Silver:

Melting point . . . . 61 (Ag):   Hb/A2 – 253/5
Mineralogy . . . . 61 (Ag):   Hb/A1 – 36/42, 96/129
Modifications . . . . 61 (Ag):   Hb/A2 – 154/5
Molecule. . . . . 61 (Ag):   Hb/A2 – 152/4
Nuclear magnetic resonance. . . . . 61 (Ag):   Hb/A2 – 277/9
Occurrence . . . . 61 (Ag):   Hb/A1 – 31/144
– in the atmosphere . . . . 61 (Ag):   Hb/A1 – 95
– in the cosmos . . . . 61 (Ag):   Hb/A1 – 31/6
– in the earth . . . . 61 (Ag):   Hb/A1 – 36/96
– in the hydrosphere . . . . 61 (Ag):   Hb/A1 – 88/94
– in the lithosphere . . . . 61 (Ag):   Hb/A1 – 60/88
Optical properties. . . . . 61 (Ag):   Hb/A2 – 316/50
Organosols . . . . 61 (Ag):   Hb/A3 – 219/22
Orientation of single crystals . . . . 61 (Ag):   Hb/A2 – 178
– of thin films . . . . 61 (Ag):   Hb/A2 – 183/96
Overvoltage of chlorine . . . . 61 (Ag):   Hb/A4 – 219
– of deuterium . . . . 61 (Ag):   Hb/A4 – 213/4
– of hydrogen . . . . 61 (Ag):   Hb/A4 – 185/214
– of oxygen . . . . 61 (Ag):   Hb/A4 – 215/9
Oxidation states. . . . . 61 (Ag):   Hb/A2 – 1
Paramagnetic
   resonance absorption . . . . 61 (Ag):   Hb/A2 – 109/11
Photoelectric
   electron emission . . . . 61 (Ag):   Hb/A2 – 311/6
Physiological behavior . . . . 61 (Ag):   Hb/A3 – 181/3
Plasticity. . . . . 61 (Ag):   Hb/A2 – 232/45
Polarizability . . . . 61 (Ag):   Hb/A2 – 109
Polarization of electrodes . . . . . . 61 (Ag):   Hb/A4 – 223
                                                   Hb/B1 – 127
Polarography . . . . 61 (Ag):   Hb/A4 – 181/4
Polymorphism . . . . 61 (Ag):   Hb/A2 – 154/5
Position in the
   electrochemical series . . . . 61 (Ag):   Hb/A4 – 9/14
– in the periodic system . . . . 61 (Ag):   Hb/A2 – 1
Potentials . . . . 61 (Ag):   Hb/A4 – 20/43
                                                   Hb/B1 – 125/7
Preparation . . . . 61 (Ag):   Hb/A2 – 1/71
–, industrial . . . . 61 (Ag):   Hb/A2 – 1/71
–, –, amalgamation methods. . . . . 61 (Ag):   Hb/A2 – 24/6
–, –, from anode muds . . . . 61 (Ag):   Hb/A2 – 26/33
–, –, from ores and
      concentrates . . . . 61 (Ag):   Hb/A2 – 3/26
–, –, fusion electrolysis . . . . 61 (Ag):   Hb/A2 – 33/4
–, –, hydrometallurgic methods . . . . 61 (Ag):   Hb/A2 – 11/24
–, –, pyrometallurgic methods . . . . . 61 (Ag):   Hb/A2 – 3/11
Preparation in pure state . . . . 61 (Ag):   Hb/A2 – 60/1
– of special forms. . . . . 61 (Ag):   Hb/A2 – 65/71
Purification . . . . 61 (Ag):   Hb/A2 – 34/41
Purity in ancient days. . . . . 61 (Ag):   Hb/A1 – 13/5

Ag. . . . . Silver:

Purity testing . . . . 61 (Ag):   Hb/A2–61/4
Recovery . . . . 61 (Ag):   Hb/A2–42/60
Recrystallization . . . . 61 (Ag):   Hb/A2–205/7
Reflectivity . . . . 61 (Ag):   Hb/A2–332/42
Refractive index. . . . . 61 (Ag):   Hb/A2–342/5
Scattering of light. . . . . 61 (Ag):   Hb/A2–350
Self diffusion . . . . 61 (Ag):   Hb/A2–207/14
Silver coulometer. . . . . 61 (Ag):   Hb/A4–299/301
Silver mirror. . . . . 61 (Ag):   Hb/A3–224
Sorption of anions . . . . 61 (Ag):   Hb/A4–279/80
– of deuterium . . . . 61 (Ag):   Hb/B1–16/7
– of hydrogen . . . . 61 (Ag):   Hb/B1–9/12
– of nitrogen . . . . 61 (Ag):   Hb/B1–141/2
– of oxygen . . . . 61 (Ag):   Hb/B1–33/45
– of rare gases . . . . 61 (Ag):   Hb/B1–2/6
Sound absorption. . . . . 61 (Ag):   Hb/A2–226/8
Sound velocity . . . . 61 (Ag):   Hb/A2–226
Spectra:
Arc spectrum . . . . 61 (Ag):   Hb/A2–122/5
Band spectrum . . . . 61 (Ag):   Hb/A2–153
Optical spectra . . . . 61 (Ag):   Hb/A2–119/34
Spark spectra. . . . . 61 (Ag):   Hb/A2–126/34
X-ray spectrum . . . . 61 (Ag):   Hb/A2–134/52

Standard potential . . . . 61 (Ag):   Hb/A4–1/8
Strength . . . . 61 (Ag):   Hb/A2–232/45
Strengthening. . . . . 61 (Ag):   Hb/A2–232/45
Structure . . . . 61 (Ag):   Hb/A2–202
– of the liquid phase . . . . 61 (Ag):   Hb/A2–164/5
– of thin films . . . . 61 (Ag):   Hb/A2–183/96
Surface energy . . . . 61 (Ag):   Hb/A2–168/9
Surface structure . . . . 61 (Ag):   Hb/A2–178/83
Surface tension . . . . 61 (Ag):   Hb/A2–247/50
Surface treatment. . . . . 61 (Ag):   Hb/A4–298/9
Susceptibility . . . . 61 (Ag):   Hb/A2–279/81
Technology . . . . 61 (Ag):   Hb/A2–1/71
Temperature conductivity . . . . . . 61 (Ag):   Hb/A2–266
Terms . . . . 61 (Ag):   Hb/A2–107, 111/2
Thermal conductivity. . . . . 61 (Ag):   Hb/A2–263/6
Thermal expansion . . . . 61 (Ag):   Hb/A2–217/9
Thermal properties . . . . 61 (Ag):   Hb/A2–214/9, 250/66
Thermodynamic functions . . . . . . 61 (Ag):   Hb/A2–257/60
Thermoelectric effects . . . . 61 (Ag):   Hb/A2–300/7
Thermomagnetic effects . . . . 61 (Ag):   Hb/A2–307
Thin layers . . . . 61 (Ag):   Hb/A3–224
Thomson coefficient . . . . 61 (Ag):   Hb/A2–306/7
Toxicity . . . . 61 (Ag):   Hb/A3–181/3
Transparency . . . . 61 (Ag):   Hb/A2–316/32
Twinning . . . . 61 (Ag):   Hb/A2–156/7

Ag. . . . . Silver:

Uses for apparatus
and plant construction . . . . 61 (Ag):   Hb/C – 449/67
– for bearing alloys . . . . 61 (Ag):   Hb/C – 487/91
– for catalysts . . . . 61 (Ag):   Hb/C – 501
– for coins . . . . 61 (Ag):   Hb/C – 500/1
– for contact materials . . . . 61 (Ag):   Hb/C – 416/49
– for dental alloys. . . . . 61 (Ag):   Hb/C – 491/6
– for electrodes . . . . 61 (Ag):   Hb/C – 496/500
– for jewelry and tableware . . . . . . 61 (Ag):   Hb/C – 409/16
– for solders
and brazing alloys . . . . 61 (Ag):   Hb/C – 467/87
– in ancient days . . . . 61 (Ag):   Hb/A1 – 15/20
Valence . . . . 61 (Ag):   Hb/A2 – 1
Vaporization. . . . . 61 (Ag):   Hb/A2 – 250/1
Vapor pressure . . . . 61 (Ag):   Hb/A2 – 251/3
Vibration frequencies
in liquid Ag . . . . 61 (Ag):   Hb/A2 – 167
Viscosity of melt . . . . 61 (Ag):   Hb/A2 – 245/7
Vitreosols . . . . 61 (Ag):   Hb/A3 – 224
Wave functions . . . . 61 (Ag):   Hb/A2 – 107/9
Whisker formation . . . . 61 (Ag):   Hb/A2 – 157/8
Work function . . . . 61 (Ag):   Hb/A2 – 307/11

–. . . . . Silver ores:

Dressing and smelting . . . . 61 (Ag):   Hb/A2 – 3/26
– – in ancient days . . . . 61 (Ag):   Hb/A1 – 9/13

–. . . . . Silver ions:

Chemical behavior . . . . 61 (Ag):   Hb/A3 – 70/106
Electrochemical behavior . . . . . . 61 (Ag):   Hb/A4 – 7/8, 15/9,
                                                    181/4, 303/94
Increments . . . . 61 (Ag):   Hb/A2 – 117/9
Ionization . . . . 61 (Ag):   Hb/A2 – 113
Molecular ions . . . . 61 (Ag):   Hb/A2 – 152/4
Properties of the ion . . . . 61 (Ag):   Hb/A2 – 107, 109/17
Spectra . . . . 61 (Ag):   Hb/A2 – 126/34

–. . . . . Silver isotopes:

Abundance . . . . 61 (Ag):   Hb/A1 – 60
Atomic nucleus . . . . 61 (Ag):   Hb/A2 – 93/4, 99/107
Detection and Determination . . . . 61 (Ag):   Hb/A3 – 174/81
Preparation, enrichment,
and separation . . . . 61 (Ag):   Hb/A2 – 71/92

–. . . . . Silver systems:

Ag – AgBr – Cu – CuBr . . . . 61 (Ag):   Hb/B4 – 448
Ag – AgCl – Bi – $BiCl_3$ . . . . 61 (Ag):   Hb/B4 – 126/7
Ag – AgCl – Cu – CuCl . . . . 61 (Ag):   Hb/B4 – 444/6
Ag – AgCl – Sn – $SnCl_2$ . . . . 61 (Ag):   Hb/B4 – 247
Ag – AgF – Bi – BiF_3 . . . . 61 (Ag):   Hb/B4 – 126
Ag – Ag_2O – B_2O_3 – O . . . . 61 (Ag):   Hb/B3 – 249

Ag. . . . . Silver systems:

Ag−Ag$_2$S−Pb−PbS	61 (Ag):	Hb/B4−263/5
Ag−Al	35 (Al):	Hb/A6−1028/37
	61 (Ag):	Hb/C−136/45
Ag−Al−Bi	35 (Al):	Hb/A6−1078/9
Ag−Al−Cd.	61 (Ag):	Hb/C−174
Ag−Al−Cu.	61 (Ag):	Hb/C−398/9
Ag−Al−In	61 (Ag):	Hb/C−203/4
Ag−Al−Mg	35 (Al):	Hb/A6−1079
	61 (Ag):	Hb/C−169/72
Ag−Al−Mn	61 (Ag):	Hb/C−346/7
Ag−Al−Pb.	35 (Al):	Hb/A6−1087/9
	61 (Ag):	Hb/C−310/1
Ag−Al−Sn.	61 (Ag):	Hb/C−290/1
Ag−Al−Tl	35 (Al):	Hb/A6−1087
Ag−Al−Zn.	35 (Al):	Hb/A6−1081/3
	61 (Ag):	Hb/C−172/3
Ag−Ar	61 (Ag):	Hb/B1−2/3
Ag−As	61 (Ag):	Hb/B4−42/4
Ag−As−Cu−S.	61 (Ag):	Hb/B4−487
Ag−As−Ga	61 (Ag):	Hb/B4−201/2
Ag−As−In.	61 (Ag):	Hb/B4−218
Ag−As−Pb	61 (Ag):	Hb/B4−273
Ag−As−S	61 (Ag):	Hb/B4−53/6
Ag−As−Se	61 (Ag):	Hb/B4−66/7
Ag−Au.	62 (Au):	Hb/3−935
Ag−Au−Cu	62 (Au):	Hb/3−954/6
Ag−Au−Cu−Ni.	62 (Au):	Hb/3−960/1
Ag−Au−Ge	62 (Au):	Hb/3−953
Ag−Au−Ni	62 (Au):	Hb/3−953/4
Ag−Au−Pd	68 (Pt):	Hb/A5−710
Ag−Au−S	62 (Au):	Hb/3−766
Ag−Au−Te	62 (Au):	Hb/3−766
Ag−B	61 (Ag):	Hb/B3−246
Ag−Ba.	61 (Ag):	Hb/C−37/8
Ag−Be.	61 (Ag):	Hb/C−9/10
Ag−Bi	61 (Ag):	Hb/B4−115/7
Ag−Bi−S	61 (Ag):	Hb/B4−127/8
Ag−Bi−Sb.	61 (Ag):	Hb/B4−135
Ag−Bi−Sb−Zn	61 (Ag):	Hb/B4−144
Ag−Bi−Zn.	61 (Ag):	Hb/B4−143/4
Ag−Bi$_2$Te$_3$	61 (Ag):	Hb/B4−132/3
Ag−C	61 (Ag):	Hb/B3−265
Ag−C−Zr	61 (Ag):	Hb/B4−239
Ag−Ca.	61 (Ag):	Hb/C−32/3
Ag−Cd.	61 (Ag):	Hb/C−80/7
Ag−Cd−Cu	61 (Ag):	Hb/C−393/6
Ag−Cd−Cu−Sn.	61 (Ag):	Hb/C−406
Ag−Cd−Cu−Zn	61 (Ag):	Hb/C−396/8

Ag . . . . Silver systems:

Ag–Cd–Mg	27 (Mg):	Hb/A4–746
	61 (Ag):	Hb/C–118/9
Ag–Cd–Sb	61 (Ag):	Hb/B4–156/7
Ag–Cd–Sn	61 (Ag):	Hb/C–286/9
Ag–Cd–Zn	61 (Ag):	Hb/C–119/20
Ag–Ce	61 (Ag):	Hb/C–214/6
Ag–Co	61 (Ag):	Hb/C–360/1
Ag–Cr	61 (Ag):	Hb/C–313
Ag–Cr_2O_3–O	61 (Ag):	Hb/B4–288
Ag–Cu	61 (Ag):	Hb/C–365/70
Ag–Cu–Cu_2O	61 (Ag):	Hb/B4–440
Ag–Cu–Cu_3P	61 (Ag):	Hb/B4–485
Ag–Cu–Fe–S	61 (Ag):	Hb/B4–472
Ag–Cu–Ge	61 (Ag):	Hb/C–402/3
Ag–Cu–In	61 (Ag):	Hb/C–399/400
Ag–Cu–Mg	27 (Mg):	Hb/A4–753
Ag–Cu–Mn	61 (Ag):	Hb/C–406
Ag–Cu–Ni	61 (Ag):	Hb/C–408
Ag–Cu–Ni–S	61 (Ag):	Hb/B4–471/2
Ag–Cu–O	61 (Ag):	Hb/B4–438/9
Ag–Cu–P	61 (Ag):	Hb/B4–484/5
Ag–Cu–Pb–S	61 (Ag):	Hb/B4–470
Ag–Cu–Pd	68 (Pt):	Hb/A5–686/8
Ag–Cu–S	61 (Ag):	Hb/B4–458/63
Ag–Cu–S–Sb	61 (Ag):	Hb/B4–491
Ag–Cu–Se	61 (Ag):	Hb/B4–474/5
Ag–Cu–Sn	61 (Ag):	Hb/C–403/6
Ag–Cu–Te	61 (Ag):	Hb/B4–477/8
Ag–Cu–Ti	61 (Ag):	Hb/C–400/2
Ag–Cu–Zn	61 (Ag):	Hb/C–389/92
Ag–Cu_2O	61 (Ag):	Hb/B4–439/40
Ag–Cu_2S–NiAs	61 (Ag):	Hb/B4–490
Ag–Cu_3As	61 (Ag):	Hb/B4–486
Ag–Dy	61 (Ag):	Hb/C–228/30
Ag–Er	61 (Ag):	Hb/C–232/4
Ag–Eu	61 (Ag):	Hb/C–222/3
Ag–Fe	61 (Ag):	Hb/C–361/2
Ag–Fe–S	61 (Ag):	Hb/B4–411/3
Ag–Fe–Si	61 (Ag):	Hb/B4–436
Ag–Fe–Te	61 (Ag):	Hb/B4–415
Ag–Ga	36 (Ga):	Hb–64/5
	61 (Ag):	Hb/C–174/8
Ag–Ga–In	61 (Ag):	Hb/C–204/5
Ag–Gd	61 (Ag):	Hb/C–223/7
Ag–Ge	61 (Ag):	Hb/C–256/60
Ag–Ge–Te	61 (Ag):	Hb/B4–245
Ag–H	61 (Ag):	Hb/B1–9/17
Ag–H–Pd	68 (Pt):	Hb/A5–666/78
Ag–He	61 (Ag):	Hb/B1–1/2

Ag . . . . Silver systems:

Ag–Hf	61 (Ag):	Hb/C–253/4	
Ag–Hg	61 (Ag):	Hb/C–121/3	
Ag–Hg–Sn	61 (Ag):	Hb/C–289/90	
Ag–Ho	61 (Ag):	Hb/C–230/2	
Ag–In	37 (In):	Hb–62/3	
	61 (Ag):	Hb/C–184/91	
Ag–Kr	61 (Ag):	Hb/B1–4/6	
Ag–La	61 (Ag):	Hb/C–213/4	
Ag–Li	61 (Ag):	Hb/C–1/2	
Ag–Li–Mg	27 (Mg):	Hb/A4–743/4	
	61 (Ag):	Hb/C–30/1	
Ag–Lu	61 (Ag):	Hb/C–236/7	
Ag–Mg	27 (Mg):	Hb/A4–723/9	
	61 (Ag):	Hb/C–12/5	
Ag–Mg–Sn	27 (Mg):	Hb/A4–751	
	61 (Ag):	Hb/C–286	
Ag–Mg–Tl	27 (Mg):	Hb/A4–748/9	
Ag–Mg–Zn	27 (Mg):	Hb/A4–745	
	61 (Ag):	Hb/C–76/9	
Ag–Mn	61 (Ag):	Hb/C–316/8	
Ag–Mn–O	61 (Ag):	Hb/B4–359	
Ag–Mn–Sn	61 (Ag):	Hb/C–351	
Ag–Mn–Zn	61 (Ag):	Hb/C–345/6	
Ag–Mo	61 (Ag):	Hb/C–314	
Ag–N	61 (Ag):	Hb/B1–141	
Ag–Na	61 (Ag):	Hb/C–6	
Ag–NaNO$_3$	61 (Ag):	Hb/B1–258	
Ag–Nd	61 (Ag):	Hb/C–218/20	
Ag–Ne	61 (Ag):	Hb/B1–2	
Ag–Ni	61 (Ag):	Hb/C–356/8	
Ag–Ni–Si	61 (Ag):	Hb/B4–386	
Ag–Ni$_2$S$_3$	61 (Ag):	Hb/B4–384	
Ag–O	61 (Ag):	Hb/B1–33/53	
Ag–O–S	61 (Ag):	Hb/B3–61/2	
Ag–P	61 (Ag):	Hb/B4–1/3	
Ag–Pb	61 (Ag):	Hb/C–292/6	
Ag–Pb–Se	61 (Ag):	Hb/B4–267/8	
Ag–Pb–Te	61 (Ag):	Hb/B4–269	
Ag–Pb–Zn	61 (Ag):	Hb/C–308/10	
Ag–Pd	68 (Pt):	Hb/A5–653	
Ag–Pr	61 (Ag):	Hb/C–217/8	
Ag–Pt	68 (Pt):	Hb/A6–810/2	
Ag–Rh	68 (Pt):	Hb/A5–566	
Ag–Ru	63 (Ru):	Eb–228/30	
Ag–S	61 (Ag):	Hb/B3–2/8	
Ag–S–Sb	61 (Ag):	Hb/B4–90/2	
Ag–S–Tl	61 (Ag):	Hb/B4–225	
Ag–Sb	61 (Ag):	Hb/B4–69/73	
Ag–Sb–Se	61 (Ag):	Hb/B4–101/2	

Ag . . . . Silver systems:

Ag–Sb–Sn	61 (Ag):	Hb/B4–252
Ag–Sb–Zn	61 (Ag):	Hb/B4–142/3
Ag–Sc.	61 (Ag):	Hb/C–210/1
Ag–Se.	61 (Ag):	Hb/B3–152/4
Ag–Si	61 (Ag):	Hb/B3–372/4
Ag–Si$_3$N$_4$	61 (Ag):	Hb/B3–386
Ag–Sm	61 (Ag):	Hb/C–220/1
Ag–Sn.	61 (Ag):	Hb/C–266/70
Ag–Sr	61 (Ag):	Hb/C–35/6
Ag–Tb.	61 (Ag):	Hb/C–227/8
Ag–Te	61 (Ag):	Hb/B3–199/206
Ag–Th	61 (Ag):	Hb/C–254/6
Ag–Ti	61 (Ag):	Hb/C–237/41
Ag–Tl	61 (Ag):	Hb/C–205/6
Ag–Tm	61 (Ag):	Hb/C–234/5
Ag–U	61 (Ag):	Hb/C–315/6
Ag–W	61 (Ag):	Hb/C–314/5
Ag–Xe.	61 (Ag):	Hb/B1–6/8
Ag–Y	61 (Ag):	Hb/C–211/2
Ag–Yb.	61 (Ag):	Hb/C–235/6
Ag–Zn.	61 (Ag):	Hb/C–39/47
Ag–Zr	61 (Ag):	Hb/C–247/9

Ag$^+$ . . . . Ag$^+$:

Chemical reactions	61 (Ag):	Hb/A3–70/104
– with elements.	61 (Ag):	Hb/A3–73/7
– with inorganic compounds.	61 (Ag):	Hb/A3–70/3, 77/98
– with ion exchangers	61 (Ag):	Hb/A3–100
– with organic compounds.	61 (Ag):	Hb/A3–98/100
– with water.	61 (Ag):	Hb/A3–70/3
Electrolysis	61 (Ag):	Hb/A4–303/94
Electron attachment	61 (Ag):	Hb/A2–114
Electron configuration	61 (Ag):	Hb/A2–107
Electron scattering	61 (Ag):	Hb/A2–113
Exchange reactions.	61 (Ag):	Hb/A3–100/4
Heat capacity	61 (Ag):	Hb/A2–117/8
Hydratation	61 (Ag):	Hb/A3–70/2
Ionic activity.	61 (Ag):	Hb/A3–73
Ionic entropy	61 (Ag):	Hb/A2–117/8
Ionic mobility	61 (Ag):	Hb/A4–15/9
Ionic radius	61 (Ag):	Hb/A2–115/7
Ionic refraction	61 (Ag):	Hb/A2–119
Ionic susceptibility	61 (Ag):	Hb/A2–118/9
Ionic volume	61 (Ag):	Hb/A2–117
Ionization	61 (Ag):	Hb/A2–113
Polarizability	61 (Ag):	Hb/A2–109
Polarography	61 (Ag):	Hb/A4–181/4
Spectra	61 (Ag):	Hb/A2–126/32
Standard potential	61 (Ag):	Hb/A4–7/8

Ag^{2+} . . . . Ag^{2+}:

Chemical reactions	61 (Ag):	Hb/A3–104/6
Electron configuration	61 (Ag):	Hb/A2–107, 112
Electron scattering	61 (Ag):	Hb/A2–113
Heat capacity	61 (Ag):	Hb/A2–117/8
Ionic entropy	61 (Ag):	Hb/A2–117/8
Ionic radius	61 (Ag):	Hb/A2–115/6
Ionic volume	61 (Ag):	Hb/A2–117
Ionization	61 (Ag):	Hb/A2–113
Paramagnetic resonance absorption	61 (Ag):	Hb/A2–110/1
Spectra	61 (Ag):	Hb/A2–132/3
Standard potential	61 (Ag):	Hb/A4–7/8

Ag^{3+}	Ag^{3+}	61 (Ag):	Hb/A2–113, 133
Ag^{n+}	Ag^{n+} (n = 4 to 47).	61 (Ag):	Hb/A2–107, 113, 133/4
Ag$^-$	Ag$^-$	61 (Ag):	Hb/A2–114
AgAl	AgAl	61 (Ag):	Hb/C–145
AgAlBrCl$_3$.	AgAlBrCl$_3$	61 (Ag):	Hb/B4–184
AgAlBr$_3$Cl	AgAlBr$_3$Cl = AgCl · AlBr$_3$.	61 (Ag):	Hb/B4–183/4
AgAlBr$_4$.	AgAlBr$_4$	61 (Ag):	Hb/B4–183
AgAlCd$_2$S$_4$	AgCd$_2$AlS$_4$	61 (Ag):	Hb/B4–186
AgAlCl$_4$	AgAlCl$_4$ = AgCl · AlCl$_3$	61 (Ag):	Hb/B4–181/2
AgAlCsF$_6$	CsAgAlF$_6$	61 (Ag):	Hb/B4–181
AgAlF$_6$K	KAgAlF$_6$	61 (Ag):	Hb/B4–181
AgAlF$_6$Rb.	RbAgAlF$_6$.	61 (Ag):	Hb/B4–181
AgAlGe$_3$O$_8$	AgAlGe$_3$O$_8$	61 (Ag):	Hb/B4–241
AgAlH$_4$	AgAlH$_4$	61 (Ag):	Hb/B4–180
AgAlLi$_2$	Li$_2$AgAl	61 (Ag):	Hb/C–169
AgAlMg.	AgAlMg	35 (Al):	Hb/A6–1081
		61 (Ag):	Hb/C–171
AgAlO$_2$	AgAlO$_2$	61 (Ag):	Hb/B4–180/1
AgAlO$_6$Si$_2$	AgAlSi$_2$O$_6$ · H$_2$O = Ag$_2$O · Al$_2$O$_3$ · 4 SiO$_2$ · 2 H$_2$O.	61 (Ag):	Hb/B4–187
AgAlS$_2$	AgAlS$_2$	61 (Ag):	Hb/B4–185
–.	AgAlS$_2$ systems:		
	AgAlS$_2$–AgAlSe$_2$	61 (Ag):	Hb/B4–187
	AgAlS$_2$–ZnS	61 (Ag):	Hb/B4–185/6
AgAlS$_4$Zn$_2$	AgZn$_2$AlS$_4$	61 (Ag):	Hb/B4–186
AgAlSe$_2$	AgAlSe$_2$	61 (Ag):	Hb/B4–186
–.	AgAlSe$_2$ systems:		
	AgAlSe$_2$–AgAlS$_2$	61 (Ag):	Hb/B4–187
AgAlTe$_2$.	AgAlTe$_2$	61 (Ag):	Hb/B4–187
AgAl$_2$Br$_7$	AgAl$_2$Br$_7$ = AgBr · 2 AlBr$_3$	61 (Ag):	Hb/B4–183
AgAl$_3$H$_2$O$_{12}$Si$_3$	AgAl$_2$[AlSi$_3$O$_{10}$] (OH)$_2$	61 (Ag):	Hb/B4–187
AgAl$_5$S$_8$.	AgAl$_5$S$_8$ = Ag$_2$S · 5 Al$_2$S$_3$	61 (Ag):	Hb/B4–185
AgAsC$_2$F$_6$O	Ag[(CF$_3$)$_2$AsO]	61 (Ag):	Hb/B4–52
AgAsC$_2$F$_6$O$_2$	Ag[(CF$_3$)$_2$AsO$_2$].	61 (Ag):	Hb/B4–52
AgAsC$_2$F$_{10}$	Ag[(CF$_3$)$_2$AsF$_4$]	61 (Ag):	Hb/B4–52

AgAsC$_{26}$H$_{20}$N$_2$ . . . . [(C$_6$H$_5$)$_4$As] [Ag(CN)$_2$] . . . . 61 (Ag): Hb/B3−317
AgAsC$_{26}$H$_{20}$N$_2$O$_2$ . . . . [(C$_6$H$_5$)$_4$As]Ag(NCO)$_2$ . . . . 61 (Ag): Hb/B3−339
AgAsF$_2$O$_2$ . . . . AgAsO$_2$F$_2$ . . . . 61 (Ag): Hb/B4−52
AgAsF$_6$ . . . . AgAsF$_6$ . . . . 61 (Ag): Hb/B4−51/2
AgAsF$_{11}$Sb . . . . . . AgSbAsF$_{11}$ . . . . 61 (Ag): Hb/B4−90
AgAsH$_2$O$_4$ . . . . . AgH$_2$AsO$_4$ . . . . 61 (Ag): Hb/B4−50
AgAsMg . . . . AgMgAs . . . . 27 (Mg): Hb/A4−743
                                                                                61 (Ag): Hb/B4−45
AgAsO$_2$ . . . . AgAsO$_2$ = Ag$_2$O · As$_2$O$_3$ . . . . . 61 (Ag): Hb/B4−45
AgAsO$_3$ . . . . AgAsO$_3$ . . . . 61 (Ag): Hb/B4−50/1
AgAsO$_6$U . . . . . . AgUO$_2$AsO$_4$ · 3 H$_2$O . . . . 61 (Ag): Hb/B4−358
AgAsO$_8$P$_2$ . . . . AgAsP$_2$O$_8$ . . . . 61 (Ag): Hb/B4−68
AgAsS . . . . AgAsS . . . . 61 (Ag): Hb/B4−56
AgAsS$_2$ . . . . AgAsS$_2$ = Ag$_2$S · As$_2$S$_3$ . . . . . . 61 (Ag): Hb/B4−63/5
AgAsSe . . . . AgAsSe . . . . 61 (Ag): Hb/B4−68
AgAsSe$_2$ . . . . AgAsSe$_2$ . . . . 61 (Ag): Hb/B4−68
AgAsTe$_2$ . . . . AgAsTe$_2$ . . . . 61 (Ag): Hb/B4−68
AgAsZn . . . . AgZnAs . . . . 61 (Ag): Hb/B4−142
AgAs$_3$C$_{21}$CoH$_{23}$O$_4$ . . (C$_{17}$H$_{23}$As$_3$)AgCo(CO)$_4$ . . . . . . Erg. W. 5−150
AgAt . . . . AgAt . . . . 61 (Ag): Hb/B2−462
AgAuBr$_6$Cs$_2$ . . . . . AgCs$_2$[AuBr$_6$] . . . . 62 (Au): Hb/3−769
AgAuC$_2$N$_2$ . . . . . . Ag[Au(CN)$_2$] . . . . 62 (Au): Hb/3−767
AgAuC$_2$N$_2$S$_2$ . . . . . Ag[Au(CNS)$_2$] . . . . 62 (Au): Hb/3−767
AgAuC$_4$N$_4$ . . . . . . Ag[Au(CN)$_4$] . . . . 62 (Au): Hb/3−767
AgAuCl$_4$ . . . . Ag[AuCl$_4$] . . . . 62 (Au): Hb/3−765/6
AgAuCl$_6$Cs$_2$ . . . . . AgCs$_2$[AuCl$_6$] . . . . 62 (Au): Hb/3−769
AgAuF$_4$ . . . . Ag[AuF$_4$] . . . . 62 (Au): Hb/3−765
AgAuH$_{12}$N$_8$O$_{12}$ . . . . [Au(NH$_3$)$_4$] (NO$_3$)$_3$ · AgNO$_3$ . . . . . . 62 (Au): Hb/3−681
AgAuO$_8$S$_2$ . . . . . . Ag[Au(SO$_4$)$_2$] . . . . 62 (Au): Hb/3−766
AgAu$_4$I$_{11}$Rb$_4$ . . . . . AgRb$_4$Au$_4$I$_{11}$
                         = AgI · 4 RbI · 3 AuI · AuI$_3$ . . . . . 62 (Au): Hb/3−768
AgBBr$_3$CN . . . . . AgCN · BBr$_3$ . . . . 61 (Ag): Hb/B3−319
AgBCCl$_3$N . . . . . AgCN · BCl$_3$ . . . . 61 (Ag): Hb/B3−319
AgBC$_4$N$_4$ . . . . Ag[B(CN)$_4$] . . . . 61 (Ag): Hb/B3−248
AgBC$_{19}$H$_{15}$N . . . . . Ag[B(CN) (C$_6$H$_5$)$_3$] . . . . 61 (Ag): Hb/B3−248
AgBC$_{24}$H$_{20}$ . . . . . Ag[B(C$_6$H$_5$)$_4$] . . . . 61 (Ag): Hb/B3−247/8
AgBF$_3$HO . . . . . . Ag[B(OH)F$_3$] . . . . 61 (Ag): Hb/B3 262
AgBF$_4$ . . . . AgBF$_4$ . . . . 61 (Ag): Hb/B3−258/61
−. . . . . AgBF$_4$ · H$_2$O . . . . 61 (Ag): Hb/B3−261/2
−. . . . . AgBF$_4$ solutions:
                         AgBF$_4$−CH$_3$CN . . . . 61 (Ag): Hb/B3−261
                         AgBF$_4$−H$_2$O . . . . 61 (Ag): Hb/B3−260/1
AgBH$_4$ . . . . AgBH$_4$ . . . . 61 (Ag): Hb/B3−246/7
AgBO$_2$ . . . . AgBO$_2$ . . . . 61 (Ag): Hb/B3−254
AgBO$_8$S$_2$ . . . . . . AgB(SO$_4$)$_2$ . . . . 61 (Ag): Hb/B3−263/4
AgBS . . . . AgBS . . . . 61 (Ag): Hb/B3−263
AgBSe . . . . AgBSe . . . . 61 (Ag): Hb/B3−264
AgB$_2$ . . . . AgB$_2$ . . . . 61 (Ag): Hb/B3−246
AgB$_2$F$_7$ . . . . AgB$_2$F$_7$ . . . . 61 (Ag): Hb/B3−262

AgB$_3$F$_{10}$ . . . .   AgB$_3$F$_{10}$. . . . . 61 (Ag):   Hb/B3–262
AgBaC$_3$N$_3$S$_3$ . . . .   BaAg(SCN)$_3$ · 2 H$_2$O . . . . 61 (Ag):   Hb/B3–367/8
AgBaCs$_3$N$_6$O$_{12}$ . . . .   Cs$_3$BaAg(NO$_2$)$_6$ · 2 H$_2$O . . . . 30 (Ba):   Hb–149
AgBaF$_4$ . . . .   BaAgF$_4$ . . . . 61 (Ag):   Hb/B1–315
AgBaF$_5$ . . . .   BaAgF$_5$ . . . . 61 (Ag):   Hb/B1–316
AgBaN$_3$O$_6$ . . . . . .   AgBa(NO$_2$)$_3$ · H$_2$O
                              = AgNO$_2$ · Ba(NO$_2$)$_2$ · H$_2$O . . . . . . 61 (Ag):   Hb/B1–184/5
AgBaN$_3$O$_9$ . . . . . .   AgBa(NO$_3$)$_3$ = AgNO$_3$ · Ba(NO$_3$)$_2$ . . . . 61 (Ag):   Hb/B1–285
AgBaO$_4$P . . . .   AgBaPO$_4$ . . . . 61 (Ag):   Hb/B4–17
AgBa$_3$ . . . .   AgBa$_3$ . . . . 61 (Ag):   Hb/C–37
AgBa$_3$HI$_2$O$_{12}$ . . . . .   Ba$_3$H[Ag(IO$_6$)$_2$] . . . . 61 (Ag):   Hb/B2–459
AgBe$_{12}$ . . . .   AgBe$_{12}$ . . . . 61 (Ag):   Hb/C–9/12
AgBi . . . .   AgBi . . . . 61 (Ag):   Hb/B4–115
AgBiCs$_2$N$_6$O$_{12}$ . . . .   Cs$_2$AgBi(NO$_2$)$_6$ . . . . 61 (Ag):   Hb/B4–126
AgBiF$_6$ . . . .   AgBiF$_6$ . . . . 61 (Ag):   Hb/B4–126
AgBiGeSe$_3$ . . . . . .   AgGeBiSe$_3$ . . . . 61 (Ag):   Hb/B4–244
AgBiH$_8$N$_8$O$_{12}$ . . . . .   (NH$_4$)$_2$AgBi(NO$_2$)$_6$ . . . . 61 (Ag):   Hb/B4–125/6
AgBiK$_2$N$_6$O$_{12}$ . . . .   K$_2$AgBi(NO$_2$)$_6$ . . . . 61 (Ag):   Hb/B4–125
AgBiLi$_2$ . . . .   Li$_2$AgBi . . . . 61 (Ag):   Hb/B4–125
AgBiMg . . . .   AgBiMg . . . . 61 (Ag):   Hb/B4–125
AgBiN$_6$O$_{12}$Rb$_2$ . . .   Rb$_2$AgBi(NO$_2$)$_6$ . . . . 61 (Ag):   Hb/B4–126
AgBiN$_6$O$_{12}$Tl$_2$ . . . .   Tl$_2$AgBi(NO$_2$)$_6$ . . . . 19 (Bi):   Hb–124
AgBiO$_3$ . . . .   AgBiO$_3$ . . . . 61 (Ag):   Hb/B4–125
AgBiPbSe$_3$ . . . . . .   AgPbBiSe$_3$ = AgBiSe$_2$ · PbSe . . . . . = 61 (Ag):   Hb/B4–269
AgBiPbTe$_3$ . . . . . .   AgBiPbTe$_3$ . . . . 61 (Ag):   Hb/B4–271
AgBiS$_2$ . . . .   AgBiS$_2$ = Ag$_2$S · Bi$_2$S$_3$ . . . . 61 (Ag):   Hb/B4–129/30
–. . . . .   AgBiS$_2$ systems:
                              AgBiS$_2$–AgBiSe$_2$ . . . . 61 (Ag):   Hb/B4–132
                              AgBiS$_2$–AgSbS$_2$ . . . . 61 (Ag):   Hb/B4–135
                              AgBiS$_2$–PbS. . . . . 61 (Ag):   Hb/B4–266
AgBiSe$_2$ . . . .   AgBiSe$_2$ = Ag$_2$Se · Bi$_2$Se$_3$ . . . . . . 61 (Ag):   Hb/B4–131/2
–. . . . .   AgBiSe$_2$ systems:
                              AgBiSe$_2$–AgBiS$_2$ . . . . 61 (Ag):   Hb/B4–132
                              AgBiSe$_2$–AgBiTe$_2$ . . . . 61 (Ag):   Hb/B4–134/5
                              AgBiSe$_2$–AgSbSe$_2$ . . . . 61 (Ag):   Hb/B4–135/6
                              AgBiSe$_2$–AgSbTe$_2$ . . . . 61 (Ag):   Hb/B4–136
                              AgBiSe$_2$–PbSe . . . . 61 (Ag):   Hb/B4–268/9
                              AgBiSe$_2$–PbTe . . . . 61 (Ag):   Hb/B4–273
AgBiSe$_3$Sn . . . . . .   AgSnBiSe$_3$ . . . . 61 (Ag):   Hb/B4–250
AgBiTe$_2$ . . . .   AgBiTe$_2$ = Ag$_2$Te · Bi$_2$Te$_3$ . . . . 61 (Ag):   Hb/B4–133/4
–. . . . .   AgBiTe$_2$ solid solutions:
                              AgBiTe$_2$–SnTe . . . . 61 (Ag):   Hb/B4–252
–. . . . .   AgBiTe$_2$ systems:
                              AgBiTe$_2$–AgBiSe$_2$. . . . . 61 (Ag):   Hb/B4–134/5
                              AgBiTe$_2$–AgSbTe$_2$ . . . . 61 (Ag):   Hb/B4–136
                              AgBiTe$_2$–PbTe . . . . 61 (Ag):   Hb/B4–270/2
AgBi$_3$S$_5$ . . . .   AgBi$_3$S$_5$ = Ag$_2$S · 3 Bi$_2$S$_3$ . . . . 61 (Ag):   Hb/B4–130

AgBr . . . . AgBr . . . . 61 (Ag):   Hb/B2−1/141
                      Absorption of light . . . . 61 (Ag):   Hb/B2−95/102
                      Band structure . . . . 61 (Ag):   Hb/B2−67/8
                      Boiling point . . . . 61 (Ag):   Hb/B2−62
                      Bond . . . . 61 (Ag):   Hb/B2−30/1
                      Bond energy . . . . 61 (Ag):   Hb/B2−11
                      Carrier mobility . . . . 61 (Ag):   Hb/B2−68/70
                      Chemical reactions . . . . 61 (Ag):   Hb/B2−106/20
                      Colloidal forms . . . . 61 (Ag):   Hb/B2−132/41
                      Color . . . . 61 (Ag):   Hb/B2−93/4
                      Compressibility . . . . 61 (Ag):   Hb/B2−56
                      Constitution of melt . . . . 61 (Ag):   Hb/B2−53
                      Crystallization . . . . 61 (Ag):   Hb/B2−13/24
                      Crystallographic properties . . . . . 61 (Ag):   Hb/B2−12/53
                      Cyclotron resonance . . . . 61 (Ag):   Hb/B2−71
                      Debye temperature . . . . 61 (Ag):   Hb/B2−63/4
                      Decomposition . . . . 61 (Ag):   Hb/B2−106/11
                      Deformation . . . . 61 (Ag):   Hb/B2−51/2
                      Density . . . . 61 (Ag):   Hb/B2−53/4
                      Dielectric properties . . . . 61 (Ag):   Hb/B2−65/6
                      Diffusion . . . . 61 (Ag):   Hb/B2−58/60
                      Disorder . . . . 61 (Ag):   Hb/B2−31/51
                      Dissociation energy . . . . 61 (Ag):   Hb/B2−11
                      Elasticity . . . . 61 (Ag):   Hb/B2−55/6
                      Electrical conductivity . . . . 61 (Ag):   Hb/B2−71/9
                      Electrical properties . . . . 61 (Ag):   Hb/B2−64/93
                      Electrochemical behavior . . . . . . 61 (Ag):   Hb/A4−40/1
                                                                          Hb/B2−105
                      Electron emission . . . . 61 (Ag):   Hb/B2−92/3
                      Enthalpy of fusion . . . . 61 (Ag):   Hb/B2−60/1
                      − of vaporization . . . . 61 (Ag):   Hb/B2−62
                      Entropy of fusion . . . . 61 (Ag):   Hb/B2−60/1
                      − of vaporization . . . . 61 (Ag):   Hb/B2−62
                      Estimation . . . . 61 (Ag):   Hb/B2−5
                      Exchange reactions . . . . 61 (Ag):   Hb/B2−111/2
                      Formation . . . . 61 (Ag):   Hb/B2−1/10
                      Galvanomagnetic effects . . . . . . 61 (Ag):   Hb/B2−90/1
                      Hall effect . . . . 61 (Ag):   Hb/B2−91
                      Heat capacity . . . . 61 (Ag):   Hb/B2−62/3
                      History . . . . 61 (Ag):   Hb/A1−29
                      Hydrosols . . . . 61 (Ag):   Hb/B2−132/40
                      Ion emission . . . . 61 (Ag):   Hb/B2−93
                      Lattice defects . . . . 61 (Ag):   Hb/B2−31/51
                      Lattice energy . . . . 61 (Ag):   Hb/B2−28/30
                      Lattice structure . . . . 61 (Ag):   Hb/B2−25/8
                      Luminescence . . . . 61 (Ag):   Hb/B2−102/5
                      Magnetic properties . . . . 61 (Ag):   Hb/B2−64, 90/1
                      Mechanical properties . . . . 61 (Ag):   Hb/B2−53/64
                      Melting point . . . . 61 (Ag):   Hb/B2−60/1
                      Mobility of defect electrons . . . . . 61 (Ag):   Hb/B2−69/70

AgBr . . . . AgBr:

Mobility of electrons . . . . 61 (Ag):   Hb/B2–68/9
– of ions . . . . 61 (Ag):   Hb/B2–70
Modifications . . . . 61 (Ag):   Hb/B2–12/3
Molar refraction. . . . . 61 (Ag):   Hb/B2–94
Molar volume . . . . 61 (Ag):   Hb/B2–53/4
Molecule. . . . . 61 (Ag):   Hb/B2–10/2
Optical properties. . . . . 61 (Ag):   Hb/B2–93/105
Photochemical decomposition. . . . . 61 (Ag):   Hb/B2–106/9
Photoelectric properties . . . . 61 (Ag):   Hb/B2–79/90
Photographic process . . . . 61 (Ag):   Hb/B2–462/78
Photo-Hall effect . . . . 61 (Ag):   Hb/B2–90
Phototropic glasses. . . . . 61 (Ag):   Hb/B2–479/81
Polymorphism . . . . 61 (Ag):   Hb/B2–12/3
Preparation . . . . 61 (Ag):   Hb/B2–1/10
Purification . . . . 61 (Ag):   Hb/B2–5
Purity testing . . . . 61 (Ag):   Hb/B2–5
Radiochemical decomposition. . . . . 61 (Ag):   Hb/B2–109/11
Recrystallization . . . . 61 (Ag):   Hb/B2–52
Reflectivity . . . . 61 (Ag):   Hb/B2–94/5
Refractive index. . . . . 61 (Ag):   Hb/B2–94
Solubility . . . . 61 (Ag):   Hb/B2–120/30
Sorption . . . . 61 (Ag):   Hb/B2–118/20
Special forms . . . . 61 (Ag):   Hb/B2–5/7, 132/41
Spectra . . . . 61 (Ag):   Hb/B2–10/1
Strength . . . . 61 (Ag):   Hb/B2–56/7
Structural properties . . . . 61 (Ag):   Hb/B2–12/53
Surface potential . . . . 61 (Ag):   Hb/B2–67
Surface tension . . . . 61 (Ag):   Hb/B2–57
Susceptibility . . . . 61 (Ag):   Hb/B2–64/5
Thermal conductivity. . . . . 61 (Ag):   Hb/B2–64
Thermal decomposition . . . . 61 (Ag):   Hb/B2–111
Thermal expansion . . . . 61 (Ag):   Hb/B2–54/5
Thermal properties . . . . 61 (Ag):   Hb/B2–53/64
Thermodynamic data of
   formation . . . . 61 (Ag):   Hb/B2–7/10
Thermodynamic functions . . . . . . 61 (Ag):   Hb/B2–62/3
Thermoelectric force . . . . 61 (Ag):   Hb/B2–91/2
Uses . . . . 61 (Ag):   Hb/B2–462/81
Vapor pressure . . . . 61 (Ag):   Hb/B2–61/2
Viscosity. . . . . 61 (Ag):   Hb/B2–57/8

–. . . . . AgBr melts:

AgBr–AgCl . . . . 61 (Ag):   Hb/B2–150/2
AgBr–KBr . . . . 61 (Ag):   Hb/B2–161/3
AgBr–LiBr. . . . . 61 (Ag):   Hb/B2–154/6
AgBr–NaBr . . . . 61 (Ag):   Hb/B2–159/60
AgBr–PbBr$_2$ . . . . 61 (Ag):   Hb/B4–261/2

–. . . . . AgBr solid solutions:

AgBr–AgCN. . . . . 61 (Ag):   Hb/B3–318
Ag(Br,Cl). . . . . 61 (Ag):   Hb/B2–148/50

AgBr . . . . AgBr solid solutions:
                        Ag(Br,I) . . . . 61 (Ag):   Hb/B2−399/403
                        AgBr−AgSCN . . . . 61 (Ag):   Hb/B3−361
                        AgBr−CdBr$_2$ . . . . 61 (Ag):   Hb/B4−149/50
                        (Ag,Cu)Br . . . . 61 (Ag):   Hb/B4−447/8
                        (Ag,Li)Br . . . . 61 (Ag):   Hb/B2−154
                        (Ag,Na)Br . . . . 61 (Ag):   Hb/B2−157/9
                        AgBr−PbS . . . . 61 (Ag):   Hb/B4−265
−. . . . . AgBr solutions:
                        AgBr−AlBr$_3$ . . . . 61 (Ag):   Hb/B2−131
                        AgBr−AlBr$_3$−organic solvents . . . . . 61 (Ag):   Hb/B4−182
                        AgBr−CdBr$_2$ . . . . 61 (Ag):   Hb/B2−131
                        AgBr−H$_2$O . . . . 61 (Ag):   Hb/B2−120/1, 130/1
                        AgBr−HgBr$_2$ . . . . 61 (Ag):   Hb/B2−131
                        AgBr−KBr−NaBr . . . . 61 (Ag):   Hb/B2−131
                        AgBr−NH$_3$ . . . . 61 (Ag):   Hb/B2−126/7, 131
                        AgBr−N$_2$H$_5$Br . . . . 61 (Ag):   Hb/B2−131
                        AgBr−organic solvents . . . . 61 (Ag):   Hb/B2−131/2
                        AgBr−ZnBr$_2$ . . . . 61 (Ag):   Hb/B2−131
−. . . . . AgBr systems:
                        AgBr−Ag−Cu−CuBr . . . . 61 (Ag):   Hb/B4−448
                        AgBr−AgCl . . . . 61 (Ag):   Hb/B2−147/52
                        AgBr−AgCl−AgI . . . . 61 (Ag):   Hb/B2−403/4
                        AgBr−AgCl−AgI−AgNO$_3$−KBr−KCl
                          −KI−KNO$_3$−NaBr−NaCl−NaI
                          −NaNO$_3$ . . . . 61 (Ag):   Hb/B2−433
                        AgBr−AgCl−AgNO$_3$ . . . . 61 (Ag):   Hb/B2−152
                        AgBr−AgCl−AgNO$_3$−KBr−KCl−KNO$_3$ 61 (Ag):   Hb/B2−171
                        AgBr−AgCl−AgNO$_3$−NaBr−NaCl
                          −NaNO$_3$ . . . . 61 (Ag):   Hb/B2−170
                        AgBr−AgCl−HgBr$_2$−HgCl$_2$ . . . . . . 61 (Ag):   Hb/B4−162
                        AgBr−AgCl−KBr−KCl . . . . 61 (Ag):   Hb/B2−167/9
                        AgBr−AgCl−LiBr−LiCl . . . . 61 (Ag):   Hb/B2−166
                        AgBr−AgCl−NaBr−NaCl . . . . 61 (Ag):   Hb/B2−166/7
                        AgBr−AgCl−TlBr−TlCl . . . . 61 (Ag):   Hb/B4−223
                        AgBr−AgI . . . . 61 (Ag):   Hb/B2−397/9
                        AgBr−AgI−KBr−KI . . . . 61 (Ag):   Hb/B2−429/30
                        AgBr−AgI−NaBr−NaI . . . . 61 (Ag):   Hb/B2−428/9
                        AgBr−AgNO$_3$ . . . . 61 (Ag):   Hb/B2−146/7
                        AgBr−AgNO$_3$−CsBr−CsNO$_3$ . . . . . 61 (Ag):   Hb/B2−171
                        AgBr−AgNO$_3$−KBr−KNO$_3$ . . . . . . 61 (Ag):   Hb/B2−170/1
                        AgBr−AgNO$_3$−KBr−KNO$_3$−NaBr
                          −NaNO$_3$ . . . . 61 (Ag):   Hb/B2−171
                        AgBr−AgNO$_3$−LiBr−LiNO$_3$ . . . . . . 61 (Ag):   Hb/B2−169
                        AgBr−AgNO$_3$−NaBr−NaNO$_3$ . . . . . 61 (Ag):   Hb/B2−169
                        AgBr−Ag$_2$MoO$_4$ . . . . 61 (Ag):   Hb/B4−339
                        AgBr−Ag$_2$MoO$_4$−KBr−K$_2$MoO$_4$ . . . . 61 (Ag):   Hb/B4−340/1
                        AgBr−Ag$_2$MoO$_4$−LiBr−Li$_2$MoO$_4$ . . . . 61 (Ag):   Hb/B4−340/1

AgBr . . . . AgBr systems:

AgBr–Ag$_2$MoO$_4$–NaBr–Na$_2$MoO$_4$ . . 61 (Ag):   Hb/B4–340/1

AgBr–Ag$_2$S . . . . 61 (Ag):   Hb/B3–144

AgBr–Ag$_2$SO$_4$. . . . . 61 (Ag):   Hb/B3–100

AgBr–Ag$_2$SO$_4$–TlBr–Tl$_2$SO$_4$. . . . . 61 (Ag):   Hb/B4–226/7

AgBr–Ag$_2$Se . . . . 61 (Ag):   Hb/B3–197/8

AgBr–Ag$_2$Te . . . . 61 (Ag):   Hb/B3–243/4

AgBr–Ag$_2$WO$_4$–KBr–K$_2$WO$_4$ . . . . . 61 (Ag):   Hb/B4–353

AgBr–Ag$_2$WO$_4$–LiBr–Li$_2$WO$_4$ . . . . . 61 (Ag):   Hb/B4–353

AgBr–Ag$_2$WO$_4$–NaBr–Na$_2$WO$_4$. . . . 61 (Ag):   Hb/B4–353

AgBr–AlBr$_3$ . . . . 61 (Ag):   Hb/B4–182

AgBr–AlCl$_3$ . . . . 61 (Ag):   Hb/B4–184

AgBr–BaBr$_2$. . . . . 61 (Ag):   Hb/B2–165

AgBr–CdBr$_2$. . . . . 61 (Ag):   Hb/B4–149

AgBr–CsBr . . . . 61 (Ag):   Hb/B2–165

AgBr–CuBr . . . . 61 (Ag):   Hb/B4–446/7

AgBr–HgBr$_2$. . . . . 61 (Ag):   Hb/B4–161

AgBr–KBr . . . . 61 (Ag):   Hb/B2–160/3

AgBr–KBr–H$_2$O . . . . 61 (Ag):   Hb/B2–163

AgBr–KVO$_3$ . . . . 61 (Ag):   Hb/B4–281

AgBr–K$_2$CrO$_4$ . . . . 61 (Ag):   Hb/B4–328

AgBr–LiBr. . . . . 61 (Ag):   Hb/B2–153/6

AgBr–LiVO$_3$. . . . . 61 (Ag):   Hb/B4–281

AgBr–Li$_2$CrO$_4$ . . . . 61 (Ag):   Hb/B4–327

AgBr–(NH$_4$)$_2$S$_2$O$_3$–H$_2$O . . . . 61 (Ag):   Hb/B3–128

AgBr–NaBr . . . . 61 (Ag):   Hb/B2–156/160

AgBr–NaVO$_3$ . . . . 61 (Ag):   Hb/B4–281

AgBr–Na$_2$CrO$_4$ . . . . 61 (Ag):   Hb/B4–327

AgBr–PbBr$_2$. . . . . 61 (Ag):   Hb/B4–260/1

AgBr–RbBr . . . . 61 (Ag):   Hb/B2–163/4

AgBr–TlBr. . . . . 61 (Ag):   Hb/B4–222

AgBr$^+$ . . . . AgBr$^+$ . . . . 61 (Ag):   Hb/B2–12

AgBrCNO. . . . . . . Ag(NCO)Br. . . . . 61 (Ag):   Hb/B3–339

AgBrC$_4$H$_8$N$_2$S . . . . AgBr · C$_4$H$_8$N$_2$S . . . . 61 (Ag):   Hb/B2–118

AgBrCd^{2+} . . . . . . [AgCdBr]$^{2+}$ . . . . 61 (Ag):   Hb/B4–149

AgBrCl$^-$ . . . . AgBrCl$^-$ . . . . 61 (Ag):   Hb/B2–143

AgBrCl$_3$$^{3-}$ . . . . . [AgBrCl$_3$]$^{3-}$ . . . . 61 (Ag):   Hb/B2–142/3

AgBrF$_4$ . . . . AgBrF$_4$ . . . . 61 (Ag):   Hb/B2–185

AgBrH$_6$N$_2$O$_3$ . . . . . AgBrO$_3$ · 2 NH$_3$ . . . . 61 (Ag):   Hb/B2–183

AgBrH$_{14}$N$_8$O$_9$Pt. . . . [PtBr(NH$_3$)$_4$(NH$_2$Ag)] (NO$_3$)$_3$ . . . 61 (Ag):   Hb/B1–170

AgBrHg^{2+} . . . . . . [AgHgBr]$^{2+}$ . . . . 61 (Ag):   Hb/B4–161

AgBrO . . . . AgBrO . . . . 61 (Ag):   Hb/B2–171/2

AgBrO$_2$. . . . . . . AgBrO$_2$. . . . . 61 (Ag):   Hb/B2–172

AgBrO$_3$. . . . . . . AgBrO$_3$. . . . . 61 (Ag):   Hb/A3–182

                                                                              Hb/B2–172/83

–. . . . . AgBrO$_3$ solutions:

AgBrO$_3$–H$_2$O . . . . 61 (Ag):   Hb/B2–183

AgBrO$_3$–NH$_3$–H$_2$O . . . . 61 (Ag):   Hb/B2–183

AgBrO$_3$–organic solvents . . . . 61 (Ag):   Hb/B2–184

AgBrO$_3$ . . . . AgBrO$_3$ solutions:
                    AgBrO$_3$–organic solvents–H$_2$O . . . . 61 (Ag):   Hb/B2–183/4

–. . . . . AgBrO$_3$ systems:
                    AgBrO$_3$–KBrO$_3$–H$_2$O . . . . 61 (Ag):   Hb/B2–185
                    AgBrO$_3$–NaBrO$_3$–H$_2$O . . . . 61 (Ag):   Hb/B2–185
AgBrO$_4$ . . . . AgBrO$_4$ . . . . 61 (Ag):   Hb/B2–184
AgBrO$_6$S$_2^{4-}$ . . . . . [AgBr(SO$_3$)$_2$]$^{4-}$ . . . . 61 (Ag):   Hb/B3–67
AgBrO$_6$S$_4^{4-}$ . . . . . [AgBr(S$_2$O$_3$)$_2$]$^{4-}$ . . . . 61 (Ag):   Hb/B3–116
AgBr$_2$ . . . . AgBr$_2$ . . . . 61 (Ag):   Hb/B2–1
AgBr$_2^-$ . . . . [AgBr$_2$]$^-$ . . . . 61 (Ag):   Hb/B2–128, 141/5
AgBr$_2$C$_4$H$_{12}$N . . . . . (CH$_3$)$_4$NAgBr$_2$ . . . . 61 (Ag):   Hb/B2–145/6
AgBr$_2$C$_4$H$_{12}$P . . . . . (CH$_3$)$_4$PAgBr$_2$ . . . . 61 (Ag):   Hb/B2–145/6
AgBr$_2$C$_4$H$_{16}$N$_4$Ni . . [Ni(C$_2$H$_8$N$_2$)$_2$] [AgBr$_2$] . . . . 61 (Ag):   Hb/B2–141
AgBr$_2$C$_{14}$H$_{12}$O$_4$P . . AgPO$_2$(OCH$_2$C$_6$H$_4$Br)$_2$ . . . . 61 (Ag):   Hb/B4–40
AgBr$_2$C$_{16}$H$_{36}$N . . . (C$_4$H$_9$)$_4$NAgBr$_2$ . . . . 61 (Ag):   Hb/B2–145/6
AgBr$_2$C$_{20}$H$_{20}$N$_6$O$_6$Rh . [Rh(C$_5$H$_5$N)$_4$Br$_2$Ag] (NO$_3$)$_2$ . . . . 64 (Rh):   Hb–144
AgBr$_2$H$_6$N$_2$O$_6^-$ . . . . [Ag(BrO$_3$)$_2$(NH$_3$)$_2$]$^-$ . . . . . 61 (Ag):   Hb/B2–183
AgBr$_2$H$_{12}$N$_4$O$_4$RuS . . [Ru(NH$_3$)$_4$Br$_2$]AgSO$_4$ . . . . 63 (Ru):   Hb–123
AgBr$_2$H$_{36}$N$_9$O$_{12}$S$_8$ . . (NH$_4$)$_9$Ag(S$_2$O$_3$)$_4$Br$_2$ . . . . . . 61 (Ag):   Hb/B3–129/31
AgBr$_2$K$_9$O$_{12}$S$_8$ . . . . K$_9$Ag(S$_2$O$_3$)$_4$Br$_2$ . . . . 61 (Ag):   Hb/B3–128
AgBr$_2$NaO$_6$ . . . . . . AgNa(BrO$_3$)$_2$ . . . . 61 (Ag):   Hb/B2–185
AgBr$_2$O$_3$S$_2^{3-}$ . . . . . [AgBr$_2$(S$_2$O$_3$)]$^{3-}$ . . . . 61 (Ag):   Hb/B3–116
AgBr$_3^{2-}$ . . . . [AgBr$_3$]$^{2-}$ . . . . 61 (Ag):   Hb/B2–128, 141/5
AgBr$_3$C$_{10}$H$_{10}$IrN$_3$O$_3$. Ag[Ir(C$_5$H$_5$N)$_2$(NO$_3$)Br$_3$] · 3 H$_2$O . . . . 67 (Ir):   Hb–186
AgBr$_3$Cl^{3-} . . . . . [AgBr$_3$Cl]$^{3-}$ . . . . 61 (Ag):   Hb/B2–142/3
AgBr$_3$O$_3$S$_2^{4-}$ . . . . . [AgBr$_3$(S$_2$O$_3$)]$^{4-}$ . . . . 61 (Ag):   Hb/B3–116
AgBr$_3$Pb . . . . AgPbBr$_3$ . . . . 61 (Ag):   Hb/B4–262
AgBr$_3$Tl$_2$ . . . . AgTl$_2$Br$_3$ = AgBr · 2 TlBr . . . . . . 61 (Ag):   Hb/B4–223/7
AgBr$_4^{3-}$ . . . . [AgBr$_4$]$^{3-}$ . . . . 61 (Ag):   Hb/B2–141/3
AgBr$_4$C$_{10}$H$_{10}$IrN$_2$. Ag[Ir(C$_5$H$_5$N)$_2$Br$_4$] . . . . 67 (Ir):   Hb–186
AgBr$_4$C$_{20}$H$_{20}$N$_4$Rh . [Rh(C$_5$H$_5$N)$_4$Br$_2$Ag]Br$_2$ . . . . 64 (Rh):   Hb–145
AgBr$_4$In . . . . AgInBr$_4$ . . . . 61 (Ag):   Hb/B4–205
AgBr$_5^{4-}$ . . . . [AgBr$_5$]$^{4-}$ . . . . 61 (Ag):   Hb/B2–141/3
AgBr$_5$Pb$_2$ . . . . AgPb$_2$Br$_5$ . . . . 61 (Ag):   Hb/B4–262
AgBr$_7$Pb$_3$ . . . . AgPb$_3$Br$_7$ . . . . 61 (Ag):   Hb/B4–262
AgBr$_9$C$_{30}$H$_{35}$Ir$_3$N$_6$O$_3$. AgH$_2$[Ir(C$_5$H$_5$N)$_2$(OH)Br$_3$]$_3$ . . . . 67 (Ir):   Hb–181
AgCClCoH$_{12}$N$_7$O$_5$S . [Co(NH$_3$)$_4$(NO$_2$) (CNS)]Cl · AgNO$_3$ . . . . 58 (Co):   Hb/B–267/8
AgCClNS$^-$ . . . . . . [AgCl(SCN)]$^-$ . . . . 61 (Ag):   Hb/B3–357
AgCCoF$_9$OP$_3$ . . . . . Ag[Co(CO) (PF$_3$)$_3$] . . . . Erg. W. 5–72
AgCCoH$_{15}$N$_8$O$_6$S . . . [CoAg(SCN) (NH$_3$)$_5$] (NO$_3$)$_2$ . . . . 58 (Co):   Eb/B2–449
AgCCoH$_{15}$N$_9$O$_9$S . . . [Co(NH$_3$)$_5$(NCS)] (NO$_3$)$_2$ · AgNO$_3$ . . . . . 58 (Co):   Hb/B–181
AgCCrN^{3+} . . . . . . [AgCNCr]$^{3+}$ . . . . 61 (Ag):   Hb/B4–332/3
AgCF$_3$O$_2$S . . . . . . CF$_3$S(O)OAg . . . . Erg. W. 12–51, 58/9,
                                                                 69/70
AgCF$_3$O$_3$S . . . . . . AgCF$_3$SO$_3$ . . . . Erg. W. 12–80/5, 88/9,
                                                                 95/7
AgCF$_3$S . . . . AgSCF$_3$ . . . . 61 (Ag):   Hb/B3–306
                                                            Erg. W. 12–32, 37, 44/7
AgCF$_4$NO$_4$S$_2$ . . . . . AgN(SO$_2$F)SO$_2$CF$_3$ . . . . Erg. W. 12–122, 129, 134/6

AgCF₆HNP . . . . . Ag(HCN)PF₆ . . . . 61 (Ag): Hb/B3−305
AgCHN⁺ . . . . . . [Ag(HCN)]⁺ . . . . 14 (C): Hb/D1−241
AgCHNO⁻ . . . . . [AgOH(CN)]⁻ . . . . 61 (Ag): Hb/B3−316
AgCHN₂. . . . . . . AgHNCN . . . . 61 (Ag): Hb/B3−333
AgCHO₃. . . . . . . AgHCO₃ . . . . 61 (Ag): Hb/B3−295
AgCH₃ . . . . AgCH₃ . . . . 61 (Ag): Hb/B1−219
AgCH₃O⁺. . . . . . AgOCH₃⁺ . . . . 61 (Ag): Hb/B1−533
AgCH₄IN₂S . . . . . AgI · CS(NH₂)₂ . . . . 61 (Ag): Hb/B2−311
AgCH₄N₃ . . . . . . AgCN · N₂H₄. . . . . 61 (Ag): Hb/B3−305
AgCH₄N₃O₄. . . . . AgNO₃ · CO(NH₂)₂. . . . . 61 (Ag): Hb/B1−218
AgCH₆O₂⁺ . . . . . [Ag(H₂O) (CH₃OH)]⁺ . . . . 61 (Ag): Hb/B2−183
AgCINS⁻ . . . . . . [AgI(SCN)]⁻ . . . . 61 (Ag): Hb/B3−357
AgCI₂K₂NSe . . . . . K₂AgI₂(SeCN) . . . . 61 (Ag): Hb/B3−372
AgCI₃NSe³⁻ . . . . . [AgI₃(SeCN)]³⁻ . . . . 61 (Ag): Hb/B3−370
AgCKO₃. . . . . . . KAgCO₃ . . . . 61 (Ag): Hb/B3−296
AgCN . . . . AgCN . . . . 61 (Ag): Hb/B3−297/311
                    Chemical reactions . . . . 61 (Ag): Hb/B3−303/7
                    Formation . . . . 61 (Ag): Hb/B3−297/8
                    History . . . . 61 (Ag): Hb/A1−31
                    Physical properties . . . . 61 (Ag): Hb/B3−299/302
                    Preparation . . . . 61 (Ag): Hb/B3−297/8
                    Solubility . . . . 61 (Ag): Hb/B3−307/9
                    Toxicity . . . . 61 (Ag): Hb/A3−182
−. . . . . AgCN solid solutions:
                    AgCN−AgBr. . . . . 61 (Ag): Hb/B3−318
                    AgCN−AgCl. . . . . 61 (Ag): Hb/B3−318
−. . . . . AgCN solutions:
                    AgCN−HF . . . . 61 (Ag): Hb/B3−310
                    AgCN−H₂O . . . . 61 (Ag): Hb/B3−310
                    AgCN−KSCN . . . . 61 (Ag): Hb/B3−311
                    AgCN−NH₃ . . . . 61 (Ag): Hb/B3−310
                    AgCN−organic solvents . . . . . . 61 (Ag): Hb/B3−311
−. . . . . AgCN systems:
                    AgCN−KCN . . . . 61 (Ag): Hb/B3−320/1
                    AgCN−KCN−H₂O. . . . . 61 (Ag): Hb/B3−321
                    AgCN−NaCN . . . . 61 (Ag): Hb/B3−319
AgCNO . . . . AgCNO . . . . 61 (Ag): Hb/B3−340/2
−. . . . . AgNCO . . . . 61 (Ag): Hb/B3−334/9
−. . . . . AgOCN . . . . 61 (Ag): Hb/B3−334
−. . . . . AgNCO solid solutions:
                    AgNCO−AgCl. . . . . 61 (Ag): Hb/B3−339
AgCNO₆S₂⁴⁻ . . . . . [AgCN(SO₃)₂]⁴⁻ . . . . 61 (Ag): Hb/B3−316
AgCNO₆S₄⁴⁻ . . . . . [AgCN(S₂O₃)₂]⁴⁻ . . . . 61 (Ag): Hb/B3−317
AgCNS . . . . AgSCN . . . . 61 (Ag): Hb/B3−343/54
−. . . . . AgSCN solid solutions:
                    AgSCN−AgBr. . . . . 61 (Ag): Hb/B3−361
−. . . . . AgSCN solutions:
                    AgSCN−H₂O . . . . 61 (Ag): Hb/B3−354

AgCNS . . . . AgSCN solutions:

AgSCN–organic solvents . . . . 61 (Ag): Hb/B3–355

–. . . . . AgSCN systems:

AgSCN–Ba(SCN)$_2$–H$_2$O . . . . 61 (Ag): Hb/B3–367

AgSCN–Ca(SCN)$_2$–H$_2$O . . . . 61 (Ag): Hb/B3–366

AgSCN–KSCN–H$_2$O . . . . 61 (Ag): Hb/B3–362/3

AgSCN–NH$_4$SCN–H$_2$O. . . . . 61 (Ag): Hb/B3–364

AgSCN–NaSCN–H$_2$O . . . . 61 (Ag): Hb/B3–361

AgCNSe . . . . AgSeCN . . . . 61 (Ag): Hb/B3–368/9

AgCN$_3$O . . . . AgNO(NCN) . . . . 61 (Ag): Hb/B3–334

AgCN$_3$O$_2$ . . . . AgN(NO$_2$)CN. . . . . 61 (Ag): Hb/B3–333/4

AgCO$_3$ . . . . AgCO$_3$ . . . . 61 (Ag): Hb/B3–295/6

AgC$_2$ClF$_6$HgO$_4$S$_2$ . . . AgClO$_4$ · Hg(SCF$_3$)$_2$ . . . . Erg. W. 12–40

AgC$_2$ClH$_8$N$_4$S$_2$ . . . AgCl · 2 CS(NH$_2$)$_2$ . . . . 61 (Ag): Hb/B1–464

AgC$_2$ClH$_{10}$N$_2$O$_4$ . . . AgClO$_4$ · 2 CH$_3$NH$_2$ . . . . 61 (Ag): Hb/B1–526

AgC$_2$Cl$_3$H$_4$Pt . . . . Ag[Pt(C$_2$H$_4$)Cl$_3$] . . . . 68 (Pt): Hb/D–432

AgC$_2$CoH$_6$N$_4$O$_8$ . . . . Ag[Co(NO$_2$)$_2$C$_2$O$_4$(NH$_3$)$_2$] · H$_2$O. . . . . 61 (Ag): Hb/B4–394

AgC$_2$CoH$_8$N$_6$O$_8$ . . . . Ag[Co(NO$_2$)$_4$C$_2$H$_8$N$_2$] . . . . 61 (Ag): Hb/B4–390

AgC$_2$Cr$_2$N$_2$$^{5+}$ . . . . . [Ag(CNCr)$_2$]$^{5+}$ . . . . 61 (Ag): Hb/B4–332/3

AgC$_2$CsN$_2$. . . . . . . CsAg(CN)$_2$ . . . . 61 (Ag): Hb/B3–328

–. . . . . CsAg(CN)$_2$ · H$_2$O . . . . 61 (Ag): Hb/B3–328

AgC$_2$CsN$_2$S$_2$ . . . . . CsAg(SCN)$_2$ . . . . 61 (Ag): Hb/B3–366

AgC$_2$F. . . . . AgC$_2$F . . . . 61 (Ag): Hb/B3–273

AgC$_2$F$_3$N$_2$S . . . . . CF$_3$SN(Ag)CN . . . . Erg. W. 9–133, 142

AgC$_2$F$_3$S$_2$ . . . . . . [CF$_3$C(S)S]Ag . . . . Erg. W. 9–26

AgC$_2$F$_5$O$_2$S . . . . . F$_3$SCF$_2$C(O)OAg . . . . Erg. W. 12–53/4, 62/3, 70/1

AgC$_2$F$_5$O$_3$S . . . . . AgC$_2$F$_5$SO$_3$ . . . . Erg. W. 12–80

AgC$_2$F$_6$HgNO$_3$S$_2$ . . . AgNO$_3$ · Hg(SCF$_3$)$_2$ . . . . Erg. W. 12–40

AgC$_2$F$_6$NOS . . . . . (CF$_3$)$_2$S(O)NAg . . . . Erg. W. 12–122/3, 134/6

AgC$_2$F$_6$O$_2$P . . . . . . AgPO$_2$(CF$_3$)$_2$ . . . . 61 (Ag): Hb/B4–41

AgC$_2$F$_7$O$_2$S . . . . . F$_5$SCF$_2$C(O)OAg . . . . Erg. W. 12–167, 168, 181

AgC$_2$F$_{10}$P . . . . AgPF$_4$(CF$_3$)$_2$ . . . . 61 (Ag): Hb/B4–41

AgC$_2$H . . . . AgHC$_2$ . . . . 61 (Ag): Hb/B3–269/70

AgC$_2$HN$_2$ . . . . H[Ag(CN)$_2$]. . . . . 61 (Ag): Hb/B3–310, 312, 317

AgC$_2$HN$_2$O$_2$. . . . . . HAg(CNO)$_2$. . . . . 61 (Ag): Hb/B3–343

AgC$_2$H$_2$N$_2$$^+$ . . . . . . [Ag(HCN)$_2$]$^+$ . . . . 61 (Ag): Hb/B3–310

AgC$_2$H$_3$N$^+$ . . . . . . [Ag(CH$_3$CN)]$^+$ . . . . 61 (Ag): Hb/B1–252

AgC$_2$H$_3$N$_2$O$_3$ . . . . . [Ag(CH$_3$CN)]NO$_3$. . . . . 61 (Ag): Hb/B1–252

AgC$_2$H$_3$N$_4$. . . . . . . AgC$_2$H$_3$N$_4$ . . . . 14 (C): Hb/D1–292, 294
61 (Ag): Hb/B3–334

AgC$_2$H$_4$NO . . . . . CH$_3$CONHAg. . . . . 61 (Ag): Hb/B1–170

AgC$_2$H$_4$N$_3$O$_2$ . . . . . NH$_4$Ag(CNO)$_2$ . . . . 61 (Ag): Hb/B3–341

AgC$_2$H$_4$N$_3$S$_2$ . . . . NH$_4$Ag(SCN)$_2$ . . . . 61 (Ag): Hb/B3–364/6

AgC$_2$H$_5$ . . . . Ag(C$_2$H$_5$) . . . . 61 (Ag): Hb/B1–96

AgC$_2$H$_5$NO$_3$$^-$ . . . . [Ag(OH)NH$_2$CH$_2$COO]$^-$ . . . . 61 (Ag): Hb/B1–101

AgC$_2$H$_5$N$_2$O$_4$ . . . . AgNO$_3$·CH$_3$CONH$_2$ . . . . 61 (Ag): Hb/B1–218

AgC$_2$H$_5$O$^+$ . . . . . . (AgOC$_2$H$_5$)$^+$ . . . . 61 (Ag): Hb/B1–533

AgC$_2$H$_6$NO$_3$S . . . . AgNO$_3$ · (CH$_3$)$_2$S. . . . . 61 (Ag): Hb/B1–219

$AgC_2H_6NO_3S_2$ . . . . $AgNO_3 \cdot (CH_3)_2S_2$ . . . . 61 (Ag):   Hb/B1−219

$AgC_2H_6N_5$ . . . . $AgC_2H_3N_4 \cdot NH_3$ . . . . 14 (C):   Hb/D1−292, 294

$AgC_2H_6N_5O_3PtS_2$ . . . $[Pt(NH_3)_2(CNS)_2] \cdot AgNO_3$ . . . . 68 (Pt):   Hb/D−211/2, 256

$AgC_2H_6O_2PS_2$ . . . . . $AgPS_2(OCH_3)_2$ . . . . 61 (Ag):   Hb/B4−40

$AgC_2H_6O_4P$ . . . . . . $AgPO_2(OCH_3)_2$ . . . . 61 (Ag):   Hb/B4−39

$AgC_2H_7N_2O_3$ . . . . . $AgNO_2 \cdot C_2H_4OHNH_2$ . . . . 61 (Ag):   Hb/B1−182

$AgC_2H_8IN_4S_2$ . . . . . $AgI \cdot 2\ CS(NH_2)_2$ . . . . 61 (Ag):   Hb/B2−311

$AgC_2H_8N_4O_2{}^+$ . . . . . $[Ag(CO(NH_2)_2)_2]^+$ . . . . 61 (Ag):   Hb/B1−250

$AgC_2H_8N_5O_5$ . . . . . $AgNO_3 \cdot 2\ CO(NH_2)_2 \cdot nH_2O$ . . . . . 61 (Ag):   Hb/B1−218

$AgC_2H_8O_2{}^+$ . . . . . . $[Ag(CH_3OH)_2]^+$ . . . . 61 (Ag):   Hb/B2−183

−. . . . . $[Ag(H_2O)(C_2H_5OH)]^+$ . . . . 61 (Ag):   Hb/B2−183

$AgC_2H_9N_6$. $AgC_2H_3N_4 \cdot 2\ NH_3$ . . . . 14 (C):   Hb/D1−292, 294

$AgC_2H_{10}IN_2$ . . . . . . $[Ag(CH_3NH_2)_2]I$ . . . . 61 (Ag):   Hb/B2−337

$AgC_2H_{36}N_{11}O'_{12}S_{10}$ . . $(NH_4)_9Ag(S_2O_3)_4(SCN)_2$ . . . . 61 (Ag):   Hb/B3−368

$AgC_2HgN_3O_3$ . . . . . $AgNO_3 \cdot Hg(CN)_2 \cdot 2\ H_2O$

                 $= Ag[Hg(CN)_2NO_3] \cdot 2\ H_2O$ . . . 61 (Ag):   Hb/B4−178/9

AgC_2HgN_5 . . . . . $AgN_3 \cdot Hg(CN)_2$ . . . . 61 (Ag):   Hb/B4−178

$AgC_2IN_2Se_2{}^{2-}$ . . . . $[AgI(SeCN)_2]^{2-}$ . . . . 61 (Ag):   Hb/B3−370

AgC_2K . . . . $KAgC_2$ . . . . 61 (Ag):   Hb/B3−273

AgC_2KN_2 . . . . . . $KAg(CN)_2$ . . . . 61 (Ag):   Hb/A3−182

                                                Hb/B3−321/7

−. . . . . $KAg(CN)_2$ solutions:

           $KAg(CN)_2$−HCN . . . . 61 (Ag):   Hb/B3−327

           $KAg(CN)_2$−HF . . . . 61 (Ag):   Hb/B3−327

           $KAg(CN)_2$−H_2O . . . . 61 (Ag):   Hb/B3−325/6

           $KAg(CN)_2$−KSCN . . . . 61 (Ag):   Hb/B3−327

           $KAg(CN)_2$−NH_3 . . . . 61 (Ag):   Hb/B3−327

           $KAg(CN)_2$−organic solvents . . . . . . 61 (Ag):   Hb/B3−327

$AgC_2KN_2O_8Pt$ . . . . . $KAg[Pt(C_2O_4)(NO_2)_2] \cdot H_2O$ . . . . . 68 (Pt):   Hb/C3−348

$AgC_2KN_2S_2$ . . . . . . $KAg(SCN)_2$ . . . . 61 (Ag):   Hb/B3−363

$AgC_2KN_2Se_2$ . . . . . $KAg(SeCN)_2$ . . . . 61 (Ag):   Hb/B3−371

AgC_2LiN_2 . . . . $LiAg(CN)_2$ . . . . 61 (Ag):   Hb/B3−319

$AgC_2N_2{}^-$ . . . . $[Ag(CN)_2]^-$ . . . . 61 (Ag):   Hb/A4−24

                                                Hb/B3−312/6

AgC_2N_2Na . . . . . . $NaAg(CN)_2$ . . . . 61 (Ag):   Hb/B3−319/20

$AgC_2N_2NaO_2$ . . . . . $NaAg(CNO)_2$ . . . . 61 (Ag):   Hb/B3−343

$AgC_2N_2NaS_2$ . . . . . $NaAg(SCN)_2 \cdot 2\ H_2O$ . . . . 61 (Ag):   Hb/B3−361/2

$AgC_2N_2O_2{}^-$ . . . . . . $[Ag(NCO)_2]^-$ . . . . 61 (Ag):   Hb/B3−339

$AgC_2N_2O_6S_2{}^{5-}$ . . . . $[Ag(CN)_2(SO_3)_2]^{5-}$ . . . . 61 (Ag):   Hb/B3−316

$AgC_2N_2O_6S_4{}^{5-}$ . . . . $[Ag(CN)_2(S_2O_3)_2]^{5-}$ . . . . 61 (Ag):   Hb/B3−317

AgC_2N_2Rb . . . . . . $RbAg(CN)_2 \cdot H_2O$ . . . . 61 (Ag):   Hb/B3−328

$AgC_2N_2S_2{}^-$ . . . . . . $[Ag(SCN)_2]^-$ . . . . 61 (Ag):   Hb/B3−356/9

$AgC_2N_2Se_2{}^-$ . . . . . $[Ag(SeCN)_2]^-$ . . . . 61 (Ag):   Hb/B3−369/70

AgC_2N_2Tl . . . . $Tl[Ag(CN)_2]$. . . . . 61 (Ag):   Hb/B4−230

AgC_2N_3 . . . . $AgN(CN)_2$ . . . . 61 (Ag):   Hb/B3−333

AgC_3CdN_3 . . . . . $Ag[Cd(CN)_3]$ . . . . 61 (Ag):   Hb/B4−154

−. . . . . $Cd[Ag(CN)_3]$ . . . . 61 (Ag):   Hb/B4−154

$AgC_3ClCoH_{18}N_9S_3$ . . . $[Co(NH_3)_6]Cl[Ag(SCN)_3]$ . . . . 61 (Ag):   Hb/B4−401

$AgC_3ClCrH_{18}N_9S_3$ . . $[Cr(NH_3)_6]Cl[Ag(SCN)_3]$ . . . . 61 (Ag):   Hb/B4−333

$AgC_3CoN_3S_3$	$AgCo(SCN)_3 \cdot 2\,H_2O$	61 (Ag):	Hb/B4−400
$AgC_3CrH_8N_6O_4S_3$ . . .	$[Cr(SCN)_3(H_2O)\,(NH_3)_2] \cdot AgNO_3$	52 (Cr):	Hb/C−222
$AgC_3Cs_2N_3S_3$	$Cs_2Ag(SCN)_3$	61 (Ag):	Hb/B3−366
$AgC_3CuH_6N_5S_3$	$[Cu(NH_3)_2]\,[Ag(SCN)_3]$	61 (Ag):	Hb/B4−483/4
$AgC_3CuH_{12}N_7S_3$ . . .	$[Cu(NH_3)_4]\,[Ag(SCN)_3]$	61 (Ag):	Hb/B4−484
$AgC_3CuN_3S_3$	$Cu[Ag(SCN)_3]$	61 (Ag):	Hb/B4−482
$AgC_3F_7O_3S$	$C_3F_7SO_3Ag$	Erg. W. 12−80	
$AgC_3H_8NO_3S$	$AgNO_3 \cdot CH_3SC_2H_5$	61 (Ag):	Hb/B1−219
$AgC_3H_{10}O_2{}^+$	$[Ag(H_2O)\,(C_3H_7OH)]^+$	61 (Ag):	Hb/B2−183
$AgC_3IN_3Se_3{}^{3-}$	$[AgI(SeCN)_3]^{3-}$	61 (Ag):	Hb/B3−370
$AgC_3K_2N_3$	$K_2Ag(CN)_3$	61 (Ag):	Hb/B3−327
$AgC_3K_2N_3SSe_2$	$K_2Ag(SCN)\,(SeCN)_2$	61 (Ag):	Hb/B3−372
$AgC_3K_2N_3S_2Se$	$K_2Ag(SCN)_2(SeCN)$	61 (Ag):	Hb/B3−372
$AgC_3K_2N_3S_3$	$K_2Ag(SCN)_3$	61 (Ag):	Hb/B3−363
$AgC_3K_2N_3Se_3$	$K_2Ag(SeCN)_3$	61 (Ag):	Hb/B3−371
AgC_3MgN_3	$MgAg(CN)_3$	61 (Ag):	Hb/B3−328
$AgC_3N_3{}^{2-}$	$[Ag(CN)_3]^{2-}$	61 (Ag):	Hb/A4−24
			Hb/B3−312/6
$AgC_3N_3Na_2$	$Na_2Ag(CN)_3 \cdot 3\,H_2O$	61 (Ag):	Hb/B3−320
$AgC_3N_3O_3S_2{}^{4-}$	$[Ag(CN)_3S_2O_3]^{4-}$	61 (Ag):	Hb/B3−317
$AgC_3N_3S_2Se^{2-}$	$[Ag(SCN)_2(SeCN)]^{2-}$	61 (Ag):	Hb/B3−370
$AgC_3N_3S_3{}^{2-}$	$[Ag(SCN)_3]^{2-}$	61 (Ag):	Hb/B3−356/9
$AgC_3N_3Se_3{}^{2-}$	$[Ag(SeCN)_3]^{2-}$	61 (Ag):	Hb/B3−369/70
$AgC_4ClH_8O_4S_2$	$AgClO_4 \cdot C_4H_8S_2$	61 (Ag):	Hb/B1−533
$AgC_4Cl_2CoH_{16}I_2N_4$ . .	$[CoCl_2(C_2H_8N_2)_2]\,[AgI_2]$	61 (Ag):	Hb/B4−391
$AgC_4Cl_3CoH_{16}N_5O_3$ . .	$[Co(C_2H_8N_2)_2Cl_2]Cl \cdot AgNO_3$	58 (Co):	Hb/B−240
$AgC_4CoH_4N_4O_2$	$Ag[Co(CN)_4(H_2O)_2]$	61 (Ag):	Hb/B4−399
$AgC_4CoH_6N_2O_8$	$Ag[Co(C_2O_4)_2(NH_3)_2] \cdot H_2O$	61 (Ag):	Hb/B4−394
AgC_4CoO_4	$Ag[Co(CO)_4]$	61 (Ag):	Hb/B4−393
		Erg. W. 5−118	
$AgC_4CrH_6N_6S_4$	$Ag[Cr(SCN)_4(NH_3)_2]$	61 (Ag):	Hb/B4−333
$AgC_4CsN_4S_4Zn$	$CsAgZn(SCN)_4 \cdot H_2O$	61 (Ag):	Hb/B4−142
$AgC_4Cs_3N_4S_4$	$Cs_3Ag(SCN)_4$	61 (Ag):	Hb/B3−366
$AgC_4CuH_3O_5$	$Ag[CuC_4H_3O_5] \cdot nH_2O$	60 (Cu):	Hb/B2−774
$AgC_4F_6H_3HgO_2S_2$ . .	$AgOC(O)CH_3 \cdot Hg(SCF_3)_2$	Erg. W. 12−40	
$AgC_4F_6H_6N_2P$	$AgPF_6 \cdot 2\,CH_3CN$	61 (Ag):	Hb/B4−36
$AgC_4F_9HgO_2S_2$	$AgOC(O)CF_3 \cdot Hg(SCF_3)_2$	Erg. W. 12−40	
$AgC_4F_9O_3S$	$C_4F_9SO_3Ag$	Erg. W. 12−80	
AgC_4H_2K	$K[Ag(C_2H)_2]$	61 (Ag):	Hb/B3−273
$AgC_4H_5N_2$	$C_2H_5Ag(CN)_2$	61 (Ag):	Hb/B3−317
$AgC_4H_6NO_3$	$AgNO_3 \cdot C_4H_6$	61 (Ag):	Hb/B1−217
$AgC_4H_6N_2{}^+$	$[Ag(CH_3CN)_2]^+$	61 (Ag):	Hb/B1−252
$AgC_4H_6N_3O_3$	$[Ag(CH_3CN)_2]NO_3$	61 (Ag):	Hb/B1−252
$AgC_4H_8N_2O_4{}^-$	$[Ag(NH_2CH_2COO)_2]^-$	61 (Ag):	Hb/B1−101
$AgC_4H_{10}NO_3S$	$AgNO_3 \cdot (C_2H_5)_2S$	61 (Ag):	Hb/B1−219
$AgC_4H_{10}NO_3S_2$	$AgNO_3 \cdot (C_2H_5)_2S_2$	61 (Ag):	Hb/B1−219
$AgC_4H_{10}O_2PS_2$	$AgPS_2(OC_2H_5)_2$	61 (Ag):	Hb/B4−40
$AgC_4H_{10}O_3P$	$AgPO(OC_2H_5)_2$	61 (Ag):	Hb/B4−38
$AgC_4H_{10}O_4P$	$AgPO_2(OC_2H_5)_2$	61 (Ag):	Hb/B4−39
$AgC_4H_{11}Si$	$(CH_3)_3SiCH_2Ag$	61 (Ag):	Hb/B2−117

$AgC_4H_{12}N_2O_2P$ . . . . $AgPO_2(N(CH_3)_2)_2$ . . . . 61 (Ag):   Hb/B4–35

$AgC_4H_{12}O_2^+$ . . . . . $[Ag(C_2H_5OH)_2]^+$ . . . . 61 (Ag):   Hb/B2–183

$AgC_4H_{14}IN_2$ . . . . . . $[Ag(C_2H_5NH_2)_2]I$ . . . . 61 (Ag):   Hb/B2–337

$AgC_4H_{16}N_5O_2$ . . . . . $AgNO_2 \cdot 2 (C_2H_4(NH_2)_2)$ . . . . 61 (Ag):   Hb/B1–181

$AgC_4K_3N_4$ . . . . $K_3Ag(CN)_4$ . . . . 61 (Ag):   Hb/B3–327

–. . . . . $K_3Ag(CN)_4 \cdot H_2O$ . . . . 61 (Ag):   Hb/B3–327/8

$AgC_4K_3N_4S_4$ . . . . . $K_3Ag(SCN)_4$ . . . . 61 (Ag):   Hb/B3–363/4

$AgC_4K_3N_4Se_4$ . . . . . $K_3Ag(SeCN)_4$ . . . . 61 (Ag):   Hb/B3–371

$AgC_4N_4^{3-}$ . . . . $[Ag(CN)_4]^{3-}$ . . . . 61 (Ag):   Hb/B3–312/6

$AgC_4N_4Na_3$ . . . . . . $Na_3Ag(CN)_4 \cdot 5 H_2O$ . . . . 61 (Ag):   Hb/B3–320

$AgC_4N_4Na_3S_4$. . . . . $Na_3Ag(SCN)_4$. . . . . 61 (Ag):   Hb/B3–362

AgC_4N_4Pt . . . . $Ag[Pt(CN)_4]$. . . . . 68 (Pt):   Hb/C3–348

$AgC_4N_4SSe_3^{3-}$ . . . . $[Ag(SCN) (SeCN)_3]^{3-}$ . . . . 61 (Ag):   Hb/B3–370

$AgC_4N_4S_4^{3-}$ . . . . . $[Ag(SCN)_4]^{3-}$ . . . . 61 (Ag):   Hb/B3–356/9

$AgC_4N_4Se_4^{3-}$ . . . . . $[Ag(SeCN)_4]^{3-}$ . . . . 61 (Ag):   Hb/B3–369/70

$AgC_{4.5}CoO_{4.5}$ . . . . . $Ag[Co(CO)_4] \cdot 0.5 CO \cdot 0.5 H_2O$ . . . . . 61 (Ag):   Hb/B4–393/4

$AgC_5ClCoH_{16}N_7O_6S$. $[Co(C_2H_8N_2)_2Cl(NCS)]NO_3 \cdot AgNO_3$ . . . 58 (Co):   Hb/B–273/4

$AgC_5ClH_{16}N_8O_9Pt$ . . $[PtCl(NH_3)_3(C_5H_5N) (NH_2Ag)] (NO_3)_3$ . . 61 (Ag):   Hb/B1–170

$AgC_5Cl_2CoH_{18}N_6O_{12}S$ $[Co(C_2H_8N_2)_2(H_2O) (NCS)]$

                               $(ClO_4)_2 \cdot AgNO_3 \cdot 2 H_2O$ . . . . 58 (Co):   Hb/B–185

$AgC_5Cl_5H_5IrN$ . . . . . $Ag[Ir(C_5H_5N)Cl_5]$ . . . . 67 (Ir):   Hb–195

$AgC_5CoH_{16}I_2N_4O_3$ . . . $[CoCO_3(C_2H_8N_2)_2] [AgI_2]$. . . . . 61 (Ag):   Hb/B4–391

$AgC_5CoH_{16}N_8O_8S$ . . $[Co(C_2H_8N_2)_2(NO_2) (NCS)]NO_3$

                               $\cdot AgNO_3$ . . . . 58 (Co):   Hb/B–271

$AgC_5CoH_{19}N_7O_9S_3$ . . $[Co(NH_3) (C_2H_8N_2)_2(NCS)]S_2O_6$

                               $\cdot AgNO_3$ . . . . 58 (Co):   Hb/B–184

$AgC_5Cs_2N_5S_5Zn$ . . . $Cs_2AgZn(SCN)_5$ . . . . 61 (Ag):   Hb/B4–142

$AgC_5F_{11}O_3S$ . . . . . $C_5F_{11}SO_3Ag$ . . . . Erg. W. 12–80

AgC_5H_5IN . . . . $AgI \cdot C_5H_5N$ . . . . 61 (Ag):   Hb/B2–310

$AgC_5H_6KN_2OSSe$. . . $KAg(SCN) (SeCN) \cdot CH_3COCH_3$ . . . . 61 (Ag):   Hb/B3–372

$AgC_5H_6KN_2OS_2$. . . . $KAg(SCN)_2 \cdot CH_3COCH_3$ . . . . . . 61 (Ag):   Hb/B3–358

$AgC_5H_{11}IN$ . . . . . $AgI \cdot C_5H_{11}N$ . . . . 61 (Ag):   Hb/B2–311

$AgC_{5.4}H_{8.1}N_{2.7}^+$ . . . $[Ag(CH_3CN)_{2.7}]^+$ . . . . 61 (Ag):   Hb/B1–538

$AgC_6ClH_6O_4$ . . . . . $AgClO_4 \cdot C_6H_6$ . . . . 61 (Ag):   Hb/B1–514/6

$AgC_6ClH_7NO_4$ . . . . $AgClO_4 \cdot C_6H_5NH_2$ . . . . 61 (Ag):   Hb/B1–517

$AgC_6Cl_2CoH_{16}N_6O_8S_2$

                     $[Co(NCS)_2(C_2H_8N_2)_2]ClO_4 \cdot AgClO_4$ . . . . 58 (Co):   Eb/B2–544

$AgC_6CoH_{28}I_2N_6O_{12}$ . . $[Co(C_2H_8N_2)_3]H_4[Ag(IO_6)_2]$. . . . . 61 (Ag):   Hb/B4–392

$AgC_6CoN_6Tl_2$ . . . . . $Tl_2Ag[Co(CN)_6]$ . . . . 61 (Ag):   Hb/B4–397

$AgC_6Co_4H_{18}N_{12}O_{24}$ · $AgCo[Co(NH_3)_2(C_2O_4) (NO_2)_2]_3 \cdot 9 H_2O$ . . 58 (Co):   Hb/B–330

$AgC_6CrH_8N_2O_8$ . . . . $Ag[Cr(C_2O_4)_2(C_2H_8N_2)] \cdot H_2O$ . . . . . 52 (Cr):   Hb/C–275

$AgC_6FH_{12}N_4$ . . . . . $AgF \cdot (CH_2)_6N_4 \cdot 3 H_2O$ . . . . 61 (Ag):   Hb/B1–300

AgC_6F_5S . . . . $AgSC_6F_5$ . . . . Erg. W. 9–114

                                                              Erg. W. 12–27, 33, 35, 48

$AgC_6F_{13}O_3S$ . . . . . $C_6F_{13}SO_3Ag$ . . . . Erg. W. 12–80

$AgC_6FeN_6Tl_2$ . . . . . $Tl_2Ag[Fe(CN)_6]$ . . . . 61 (Ag):   Hb/B4–433/4

AgC_6H_5 . . . . C_6H_5Ag . . . . 61 (Ag):   Hb/B3–293

$AgC_6H_6IN_6S_6$ . . . . . $H_6[AgI(SCN)_6]$ . . . . 61 (Ag):   Hb/B3–361

$AgC_6H_8I_2N$ . . . . . . $C_5H_5NCH_3AgI_2$ . . . . 61 (Ag):   Hb/B2–388

$AgC_6H_9O_8U$. . . . . . . $AgUO_2(CH_3COO)_3 \cdot H_2O$ . . . . 61 (Ag):   Hb/B4−358
$AgC_6H_{10}NO_3$ . . . . . $AgNO_3 \cdot C_6H_{10}$ . . . . 61 (Ag):   Hb/B1−217
$AgC_6H_{12}N_3O_2$. . . . . $[(CH_3)_4N]Ag(NCO)_2$ . . . . 61 (Ag):   Hb/B3−339
$AgC_6H_{12}N_3O_2S$ . . . . $C_6H_5SO_2NHAg \cdot 2 NH_3$ . . . . 61 (Ag):   Hb/B1−170
$AgC_6H_{12}O_2^+$ . . . . . $[Ag(CH_3COCH_3)_2]^+$ . . . . 61 (Ag):   Hb/B1−536
$AgC_6H_{14}NO_3S$ . . . . $AgNO_3 \cdot (C_3H_7)_2S$ . . . . 61 (Ag):   Hb/B1−219
$AgC_6H_{14}O_2PS_2$ . . . . $AgPS_2(OC_3H_7)_2$ . . . . 61 (Ag):   Hb/B4−40
$AgC_6H_{14}O_3P$ . . . . . $AgPO(OC_3H_7)_2$ . . . . 61 (Ag):   Hb/B4−38/9
$AgC_6H_{14}O_4P$ . . . . . $AgPO_2(OC_3H_7)_2$ . . . . 61 (Ag):   Hb/B4−39
$AgC_6H_{16}O_2^+$ . . . . . $[Ag(C_3H_7OH)_2]^+$ . . . . 61 (Ag):   Hb/B2−183
$AgC_6H_{20}N_{11}S_6$ . . . . $(NH_4)_5Ag(SCN)_6$ . . . . 61 (Ag):   Hb/B3−366
$AgC_6IK_6N_6S_6$ . . . . . $K_6AgI(SCN)_6$ . . . . 61 (Ag):   Hb/B3−368
$AgC_6IN_6Na_6S_6$ . . . . $Na_6AgI(SCN)_6$ . . . . 61 (Ag):   Hb/B3−368
$AgC_7ClH_8O_4$ . . . . . $AgClO_4 \cdot CH_3C_6H_5$ . . . . 61 (Ag):   Hb/B1−516/7
$AgC_7CuH_{16}N_7S_3$ . . . . $[Cu(C_2H_8N_2)_2] [Ag(SCN)_3]$ . . . . . 61 (Ag):   Hb/B4−484
$AgC_7F_3H_5O_2P$ . . . . . $AgPO_2(CF_3) (C_6H_5)$ . . . . 61 (Ag):   Hb/B4−41
$AgC_7F_{15}O_3S$ . . . . . $C_7F_{15}SO_3Ag$ . . . . Erg. W. 12−80
$AgC_7H_8^+$ . . . . $Ag(CH_3C_6H_5)^+$ . . . . 61 (Ag):   Hb/B1−532
$AgC_7H_8^{2+}$ . . . . $Ag(CH_3C_6H_5)^{2+}$ . . . . 61 (Ag):   Hb/B1−532
$AgC_7H_{16}N_7NiS_3$ . . . . $[Ni(C_2H_8N_2)_2] [Ag(SCN)_3]$ . . . . . 61 (Ag):   Hb/B4−385
$AgC_8Cl_2CoH_{14}N_4O_4$ . . $Ag[CoCl_2(C_4H_7N_2O_2)_2]$ . . . . 58 (Co):   Eb/B2−713/4
$AgC_8CoH_{16}N_8S_4$ . . . . $[Co(SCN)_2(C_2H_8N_2)_2] [Ag(SCN)_2]$ . . . . 61 (Ag):   Hb/B4−401
$AgC_8CrH_{12}N_2O_8$ . . . $Ag[Cr(C_2O_4)_2(CH_3NHC_2H_4NHCH_3)] \cdot H_2O$. 52 (Cr):   Hb/C−280
$AgC_8F_{17}O_3S$ . . . . . $C_8F_{17}SO_3Ag$ . . . . Erg. W. 12−80/1, 88
AgC_8H_8NO . . . . . . $CH_3CONAgC_6H_5$ . . . . 61 (Ag):   Hb/B1−170
$AgC_8H_8N_3S_2$ . . . . . $[C_6H_5NH_3]Ag(SCN)_2$ . . . . 61 (Ag):   Hb/B3−360
$AgC_8H_{16}N_3$ . . . . . . $[(C_2H_5)_3NH] [Ag(CN)_2]$ . . . . 14 (C):   Hb/D1−225
                                                                            61 (Ag):   Hb/B3−317
$AgC_8H_{18}NO_3S$ . . . . $AgNO_3 \cdot (C_4H_9)_2S$ . . . . 61 (Ag):   Hb/B1−219
$AgC_8H_{18}O_3P$ . . . . . $AgPO(OC_4H_9)_2$ . . . . 61 (Ag):   Hb/B4−38/9
$AgC_8H_{18}O_4P$ . . . . . $AgPO_2(OC_4H_9)_2$ . . . . 61 (Ag):   Hb/B4−39
$AgC_8H_{32}IN_{16}S_8$ . . . . $(NH_4)_8AgI(SCN)_8$ . . . . 61 (Ag):   Hb/B3−368
$AgC_8IN_8S_8^{8-}$ . . . . . $[AgI(SCN)_8]^{8-}$ . . . . 61 (Ag):   Hb/B3−368
$AgC_9CaH_{12}N_7$ . . . . . $Ca[Ag(CN)_3] \cdot C_6H_{12}N_4 \cdot 3 H_2O$ . . . 28 (Ca):   Hb/B3−1398
$AgC_9ClH_{18}O_7$ . . . . . $AgClO_4 \cdot 3 CH_3COCH_3$ . . . . 61 (Ag):   Hb/B1−536
$AgC_9F_6H_{18}Sb$ . . . . . $AgSbF_6 \cdot 3 C_3H_6$ . . . . 61 (Ag):   Hb/B4−90
$AgC_9H_5N_2O_9Ru$. . . . $Ag[Ru(C_5H_5N) (NO) (C_2O_4)_2]$ . . . . . 63 (Ru):   Hb−124
$AgC_9H_{13}Si$ . . . . . . $C_6H_5(CH_3)_2SiCH_2Ag$ . . . . 61 (Ag):   Hb/B2−117
$AgC_9H_{18}I_2NaO_3$. . . . $NaAgI_2 \cdot 3 CH_3COCH_3$ . . . . 61 (Ag):   Hb/B2−404/5
$AgC_{10}ClH_{10}N_2O_4$ . . . $AgClO_4 \cdot 2 C_5H_5N$ . . . . 61 (Ag):   Hb/B1−518/9
$AgC_{10}Cl_3H_{10}IrN_3O_3$ . . $Ag[Ir(C_5H_5N)_2(NO_3)Cl_3] \cdot H_2O$ . . . 67 (Ir):   Hb−185
$AgC_{10}Cl_3H_{10}N_3O_3Rh$. $Ag[Rh(C_5H_5N)_2(NO_3)Cl_3]$ . . . . . . 64 (Rh):   Hb−150
$AgC_{10}Cl_4H_{10}IrN_2$ . . $Ag[Ir(C_5H_5N)_2Cl_4]$ . . . . 67 (Ir):   Hb−184
$AgC_{10}Cl_4H_{10}N_2Rh$ . . $Ag[Rh(C_5H_5N)_2Cl_4]$ . . . . 64 (Rh):   Hb−150
$AgC_{10}CoH_{14}N_6O_4S_2$ . . $[CoAg(NCS)_2(C_4H_7N_2O_2)_2]$ . . . . 58 (Co):   Eb/B2−719
$AgC_{10}CoH_{24}N_{10}S_4$ . . $[Co(C_2H_8N_2)_3] [Ag(SCN)_4]$ . . . . . . 61 (Ag):   Hb/B4−401
$AgC_{10}Co_3H_{24}N_8O_{20}$ . . $Ag[Co(NH_3)_4(C_2O_4)]_2[Co(C_2O_4)_3] \cdot 2 H_2O$ 58 (Co):   Hb/B−287
$AgC_{10}CrH_{24}N_{10}S_4$ . . $[Cr(C_2H_8N_2)_3] [Ag(SCN)_4]$ . . . . . . 61 (Ag):   Hb/B4−334
$AgC_{10}FH_{10}N_2$ . . . . . $AgF \cdot 2 C_5H_5N \cdot 5 H_2O$ . . . . . 61 (Ag):   Hb/B1−301
$AgC_{10}FeH_{12}N_7O_3$ . . . $(CH_3)_4Fe(CN)_6 \cdot AgNO_3$ . . . . 59 (Fe):   Hb/B3−620

$AgC_{10}H_{10}MnN_2O_4$ . . . $[Ag(C_5H_5N)_2]MnO_4$. . . . . 61 (Ag):   Hb/B4–374

$AgC_{10}H_{10}N_3O_3$ . . . . $AgNO_3 \cdot 2 C_5H_5N$ . . . . 61 (Ag):   Hb/B1–218

$AgC_{10}H_{20}N_3O_2$ . . . . $[(C_2H_5)_4N]Ag(CNO)_2$ . . . . 61 (Ag):   Hb/B3–343

–. . . . . $[(C_2H_5)_4N]Ag(NCO)_2$ . . . . 61 (Ag):   Hb/B3–339

$AgC_{11}CoH_{14}N_2O_8$ . . . $Ag[Co(C_{11}H_{14}N_2O_8)] \cdot H_2O$ . . . . . 58 (Co):   Eb/B2–685

$AgC_{12}ClH_{14}N_2O_4$ . . . $AgClO_4 \cdot 2 C_6H_5NH_2$ . . . . 61 (Ag):   Hb/B1–517

$AgC_{12}ClH_{18}O_4$ . . . . . $AgClO_4 \cdot 3 C_4H_6$ . . . . 61 (Ag):   Hb/B1–528

$AgC_{12}Co_3FeO_{12}$. . . . $Ag[FeCo_3(CO)_{12}]$ . . . . Erg. W. 6–141

$AgC_{12}F_6H_{12}P$ . . . . . $AgPF_6 \cdot 2 C_6H_6$. . . . . 61 (Ag):   Hb/B4–36

$AgC_{12}F_6H_{12}Ta$ . . . . $AgTaF_6 \cdot 2 C_6H_6$ . . . . 61 (Ag):   Hb/B4–287

$AgC_{12}F_{10}S_2^-$ . . . . . $[Ag(SC_6F_5)_2]^-$ . . . . Erg. W. 9–114

$AgC_{12}H_{10}O_4P$ . . . . . $AgPO_2(OC_6H_5)_2$ . . . . 61 (Ag):   Hb/B4–40

$AgC_{12}H_{12}NO_5$. . . . . $AgNO_3 \cdot 2 C_6H_5OH$ . . . . 61 (Ag):   Hb/B1–217

$AgC_{12}H_{30}I_2LiO_3$ . . . . $LiAgI_2 \cdot 3 (C_2H_5)_2O$ . . . . 61 (Ag):   Hb/B2–404

$AgC_{13}H_{10}O_5P$ . . . . . $AgPO_2(OC_6H_5) (OCOC_6H_5)$. . . . . . 61 (Ag):   Hb/B4–40

$AgC_{13}H_{11}N_4S$ . . . . . $AgC_{13}H_{11}N_4S$ . . . . 61 (Ag):   Hb/A3–100

$AgC_{13}H_{12}O_4P$ . . . . . $AgPO_2(OCH_2C_6H_5) (OC_6H_5)$ . . . . 61 (Ag):   Hb/B4–40

$AgC_{13}H_{14}N_3O$ . . . . . $AgCNO \cdot 2 C_6H_5NH_2$. . . . . 61 (Ag):   Hb/B3–342

$AgC_{14}CoH_8N_2O_4$ . . . $[Ag(NC_5H_4C_5H_4N)] [Co(CO)_4]$ . . . . 61 (Ag):   Hb/B4–393

                                                                 Erg. W. 5–119/20

$AgC_{14}CrH_{14}N_2O_6$ . . . $Ag[Cr(C_7H_4O_3)_2(NH_3)_2]$. . . . . 52 (Cr):   Hb/C–235

$AgC_{14}F_6H_{16}P$ . . . . . $AgPF_6 \cdot 2 CH_3C_6H_5$ . . . . 61 (Ag):   Hb/B4–36

$AgC_{14}H_{12}I_2O_4P$ . . . . $AgPO_2(OCH_2C_6H_4I)_2$ . . . . 61 (Ag):   Hb/B4–40

$AgC_{14}H_{12}N_2O_8P$ . . . $AgPO_2(OCH_2C_6H_4NO_2)_2$ . . . . . . 61 (Ag):   Hb/B4–40

$AgC_{14}H_{14}NO_3S$ . . . . $AgNO_3 \cdot (C_6H_5CH_2)_2S$ . . . . 61 (Ag):   Hb/B1–219

$AgC_{14}H_{14}NO_3S_2$ . . . $AgNO_3 \cdot (C_6H_5CH_2)_2S_2$ . . . . . . 61 (Ag):   Hb/B1–219

$AgC_{14}H_{14}O_4P$ . . . . . $AgPO_2(OCH_2C_6H_5)_2$ . . . . 61 (Ag):   Hb/B4–40

$AgC_{15}H_{24}NO_3$. . . . . $AgNO_3 \cdot 3 C_5H_8$ . . . . 61 (Ag):   Hb/B1–217

$AgC_{16}CrH_8N_6S_4$. . . . $Ag[Cr(SCN)_4C_{12}H_8N_2]$ . . . . 61 (Ag):   Hb/B4–334

$AgC_{16}F_6H_{20}P$ . . . . . $AgPF_6 \cdot 2 (CH_3)_2C_6H_4$ . . . . 61 (Ag):   Hb/B4–36

$AgC_{16}H_{36}I_2N$ . . . . . $(C_4H_9)_4NAgI_2$ . . . . 61 (Ag):   Hb/B2–386

$AgC_{17}H_{18}N_3$. . . . . . $[(CH_3)_2C_6H_5CH_2NC_6H_5] [Ag(CN)_2]$ . . . . . 61 (Ag):   Hb/B3–318

$AgC_{18}ClH_{15}P$ . . . . . $(C_6H_5)_3P \cdot AgCl$ . . . . 61 (Ag):   Hb/B1–448

$AgC_{18}ClH_{21}N_3O_4$ . . . $AgClO_4 \cdot 3 C_6H_5NH_2$ . . . . 61 (Ag):   Hb/B1–517

$AgC_{18}H_{36}N_3S_2$ . . . . $[(C_4H_9)_4N]Ag(SCN)_2$ . . . . 61 (Ag):   Hb/B3–358

$AgC_{20}ClH_{20}N_4O_4$ . . . $AgClO_4 \cdot 4 C_5H_5N$ . . . . 61 (Ag):   Hb/B1–518

$AgC_{20}Cl_6H_{23}Ir_2N_4O_2$ . . $AgH[Ir(C_5H_5N)_2(OH)Cl_3]_2$ . . . . . 67 (Ir):   Hb–185

$AgC_{20}H_{18}I_2NO_4$ . . . . $C_{20}H_{18}O_4NAgI_2$. . . . . 61 (Ag):   Hb/B2–388

$AgC_{20}H_{20}N_4O_4Re$ . . . $[Ag(C_5H_5N)_4]ReO_4$ . . . . 70 (Re):   Hb–153

$AgC_{21}CoH_{15}O_3P$ . . . $Ag[Co(CO)_3P(C_6H_5)_3]$ . . . . 61 (Ag):   Hb/B4–402

                                                                 Erg. W. 5–90

$AgC_{21}H_{18}N_2P$ . . . . . $[(C_6H_5)_3PCH_3] [Ag(CN)_2]$. . . . . . . 61 (Ag):   Hb/B3–317/8

$AgC_{21}H_{21}O_7P_2$ . . . . $AgP_2O_4(OCH_2C_6H_5)_3$ . . . . 61 (Ag):   Hb/B4–40

$AgC_{23}H_{27}HgN_6O_3$. . . $[Ag(CH_3C_6H_4NH_2)_3] [Hg(CN)_2NO_3]$ . . . . 61 (Ag):   Hb/B4–179

$AgC_{25}Cl_2H_{20}NOP_2$ . . . $AgNCO \cdot 2 (C_6H_5)_2PCl$. . . . . 61 (Ag):   Hb/B3–338

$AgC_{27}F_6H_{36}P$ . . . . . $AgPF_6 \cdot 3 (CH_3)_3C_6H_3$ . . . . 61 (Ag):   Hb/B4–36

$AgC_{27}H_{28}MnN_7S_3$ . . . $[Mn(C_6H_5NH_2)_4] [Ag(SCN)_3]$. . . . . 61 (Ag):   Hb/B4–381

$AgC_{29}H_{50}N_3$. . . . . . $[(CH_3)_2C_6H_5CH_2NC_{18}H_{37}] [Ag(CN)_2]$ . . . 61 (Ag):   Hb/B3–318

$AgC_{36}ClH_{42}N_6O_4$ . . . $AgClO_4 \cdot 6 C_6H_5NH_2$ . . . . 61 (Ag):   Hb/B1–532

$AgC_{36}H_{30}N_3P_2$ . . . . $AgN_3 \cdot 2 (C_6H_5)_3P$ . . . . 61 (Ag):   Hb/B1–166

$AgC_{40}CoH_{35}I_2N_5$ . . . [Co(CH$_3$C$_6$H$_4$NC)$_5$] [AgI$_2$] . . . . 61 (Ag):   Hb/B4−391/2
$AgC_{45}ClH_{45}N_9O_4$ . . . AgClO$_4$ · 9 C$_5$H$_5$N . . . . 61 (Ag):   Hb/B1−519
$AgC_{2x}ClH_{6x}O_{x+4}$ . . . [Ag(C$_2$H$_5$OH)$_n$]ClO$_4$ . . . . 61 (Ag):   Hb/B1−533
AgCa . . . . AgCa . . . . 61 (Ag):   Hb/C−34
AgCaF$_4$ . . . . CaAgF$_4$ . . . . 61 (Ag):   Hb/B1−315
AgCaO$_9$P$_3$ . . . . . . AgCaP$_3$O$_9$ . . . . 61 (Ag):   Hb/B4−27
AgCa$_3$ . . . . AgCa$_3$ . . . . 61 (Ag):   Hb/C−32/3
AgCa$_3$HI$_2$O$_{12}$ . . . . . Ca$_3$H[Ag(IO$_6$)$_2$] . . . . 61 (Ag):   Hb/B2−459
AgCd^{2+} . . . . [AgCd]$^{2+}$ . . . . 61 (Ag):   Hb/B4−145
AgCdF$_4$ . . . . CdAgF$_4$ . . . . 61 (Ag):   Hb/B4−146
AgCdO$_6$S$_4$ . . . . . Cd[Ag(S$_2$O$_3$)$_2$] · H$_2$O . . . . 61 (Ag):   Hb/B4−153/4
AgCdO$_9$P$_3$ . . . . . . AgCd(PO$_3$)$_3$ . . . . 61 (Ag):   Hb/B4−156
AgCdSb . . . . AgCdSb . . . . 61 (Ag):   Hb/B4−159
AgCd$_2$GaSe$_4$ . . . . . AgCd$_2$GaSe$_4$ . . . . 61 (Ag):   Hb/B4−198
AgCd$_2$GaTe$_4$ . . . . . AgCd$_2$GaTe$_4$ . . . . 61 (Ag):   Hb/B4−201
AgCd$_2$InS$_4$ . . . . . . AgCd$_2$InS$_4$ . . . . 61 (Ag):   Hb/B4−207
AgCd$_2$InSe$_4$ . . . . . AgCd$_2$InSe$_4$ . . . . 61 (Ag):   Hb/B4−212
AgCd$_2$InTe$_4$ . . . . . AgCd$_2$InTe$_4$ . . . . 61 (Ag):   Hb/B4−217/8
AgCd$_3$ . . . . AgCd$_3$ . . . . 61 (Ag):   Hb/C−91
AgCe . . . . AgCe . . . . 61 (Ag):   Hb/C−215/6
AgCeCs$_2$N$_6$O$_{12}$ . . . . Cs$_2$Ag[Ce(NO$_2$)$_6$] . . . . 61 (Ag):   Hb/B4−231
AgCe$_3$GeS$_7$ . . . . . AgCe$_3$GeS$_7$ . . . . 61 (Ag):   Hb/B4−233/4
AgCe$_3$S$_7$Si . . . . . AgCe$_3$SiS$_7$ . . . . 61 (Ag):   Hb/B4−233/4
AgCe$_3$Se$_7$Si . . . . . AgCe$_3$SiSe$_7$ . . . . 61 (Ag):   Hb/B4−236/7
AgCe$_5$Pb$_3$ . . . . . . AgPb$_3$Ce$_5$ . . . . 61 (Ag):   Hb/C−311/2
AgCe$_5$S$_8$ . . . . . . AgCe$_5$S$_8$ . . . . 61 (Ag):   Hb/B4−232
AgCe$_5$Sn$_3$ . . . . . . AgSn$_3$Ce$_5$ . . . . 61 (Ag):   Hb/C−292
AgCl . . . . AgCl . . . . 61 (Ag):   Hb/B1−317/464
                        Absorption of light . . . . 61 (Ag):   Hb/B1−418/28
                        Band structure . . . . 61 (Ag):   Hb/B1−403
                        Birefringence . . . . 61 (Ag):   Hb/B1−417/8
                        Boiling point . . . . 61 (Ag):   Hb/B1−395
                        Chemical reactions . . . . 61 (Ag):   Hb/B1−435/64
                        − on heating . . . . 61 (Ag):   Hb/B1−438/9
                        − with compounds . . . . 61 (Ag):   Hb/B1−444/9
                        − with elemental particles . . . . . 61 (Ag):   Hb/B1−438
                        − with elements . . . . 61 (Ag):   Hb/B1−439/44
                        − with light . . . . 61 (Ag):   Hb/B1−435/8
                        Cleavage . . . . 61 (Ag):   Hb/B1−375/6
                        Colloidal forms . . . . 61 (Ag):   Hb/B1−327/30
                        Compressibility . . . . 61 (Ag):   Hb/B1−386/7
                        Constitution of melt . . . . 61 (Ag):   Hb/B1−381
                        − of vapor . . . . 61 (Ag):   Hb/B1−395
                        Crystallization . . . . 61 (Ag):   Hb/B1−337/44
                        Crystallographic properties . . . . . 61 (Ag):   Hb/B1−336/81
                        Crystal photoelectric effect . . . . . 61 (Ag):   Hb/B1−415
                        Debye temperature . . . . 61 (Ag):   Hb/B1−400
                        Decomposition . . . . 61 (Ag):   Hb/B1−435/9
                        Deformation . . . . 61 (Ag):   Hb/B1−370/7
                        Density . . . . 61 (Ag):   Hb/B1−381/2

AgCl . . . . AgCl:
                Dielectric properties . . . . 61 (Ag):   Hb/B1 – 402/3
                Diffusion. . . . . 61 (Ag):   Hb/B1 – 393/4
                Dislocations . . . . 61 (Ag):   Hb/B1 – 363/9
                Disorder . . . . 61 (Ag):   Hb/B1 – 351/70
                Disperse forms . . . . 61 (Ag):   Hb/B1 – 330
                Dissociation . . . . 61 (Ag):   Hb/B1 – 336
                Elasticity. . . . . 61 (Ag):   Hb/B1 – 384/6
                Electrical conductivity . . . . 61 (Ag):   Hb/B1 – 405/9
                Electrical properties . . . . 61 (Ag):   Hb/B1 – 402/17
                Electrochemical behavior . . . . 61 (Ag):   Hb/A4 – 40
                                                     Hb/B1 – 435
                Electron emission. . . . . 61 (Ag):   Hb/B1 – 416
                Electron mobility . . . . 61 (Ag):   Hb/B1 – 403/5
                Enthalpy of fusion . . . . 61 (Ag):   Hb/B1 – 396/7
                – of sublimation. . . . . 61 (Ag):   Hb/B1 – 397
                – of vaporization . . . . 61 (Ag):   Hb/B1 – 397
                Entropy of fusion . . . . 61 (Ag):   Hb/B1 – 396/7
                – of vaporization . . . . 61 (Ag):   Hb/B1 – 397
                Equation of state . . . . 61 (Ag):   Hb/B1 – 394
                Formation . . . . 61 (Ag):   Hb/B1 – 317/33
                Galvanomagnetic effects. . . . . . . 61 (Ag):   Hb/B1 – 410
                Hardness . . . . 61 (Ag):   Hb/B1 – 391
                Heat capacity . . . . 61 (Ag):   Hb/B1 – 397/8
                History. . . . . 61 (Ag):   Hb/A1 – 27/9
                Internal friction . . . . 61 (Ag):   Hb/B1 – 387/8
                Ion emission . . . . 61 (Ag):   Hb/B1 – 416/7
                Isotopic exchange reactions . . . . . 61 (Ag):   Hb/B1 – 439
                Lattice defects. . . . . 61 (Ag):   Hb/B1 – 351/70
                Lattice energy. . . . . 61 (Ag):   Hb/B1 – 347/51
                Lattice structure. . . . . 61 (Ag):   Hb/B1 – 344/7
                Lattice vibrations . . . . 61 (Ag):   Hb/B1 – 380/1
                Luminescence. . . . . 61 (Ag):   Hb/B1 – 428/34
                Magnetic properties . . . . 61 (Ag):   Hb/B1 – 401/2
                Mechanical properties . . . . 61 (Ag):   Hb/B1 – 381/94
                Melting point . . . . 61 (Ag):   Hb/B1 – 394/5
                Modifications . . . . 61 (Ag):   Hb/B1 – 336/7
                Molar refraction. . . . . 61 (Ag):   Hb/B1 – 417
                Molecule. . . . . 61 (Ag):   Hb/B1 – 333/6
                Optical properties. . . . . 61 (Ag):   Hb/B1 – 417/34
                Photochemical decomposition. . . . . 61 (Ag):   Hb/B1 – 435/8
                Photoconductivity . . . . 61 (Ag):   Hb/B1 – 410/5
                Photographic process . . . . 61 (Ag):   Hb/B2 – 462/78
                Phototropic glasses. . . . . 61 (Ag):   Hb/B2 – 479/81
                Polymorphism . . . . 61 (Ag):   Hb/B1 – 336/7
                Preparation . . . . 61 (Ag):   Hb/B1 – 317/30
                Purification . . . . 61 (Ag):   Hb/B1 – 323/4
                Purity testing . . . . 61 (Ag):   Hb/B1 – 324
                Recovery . . . . 61 (Ag):   Hb/B1 – 377/8
                Recrystallization . . . . 61 (Ag):   Hb/B1 – 377/80

AgCl . . . . AgCl:
                          Reflectivity . . . . 61 (Ag):   Hb/B1−418
                          Refractive index. . . . . 61 (Ag):   Hb/B1−417
                          Solubility in inorganic solvents. . . . 61 (Ag):   Hb/B1−449/60
                          − in melts . . . . 61 (Ag):   Hb/B1−464
                          − in organic solvents . . . . 61 (Ag):   Hb/B1−460/4
                          Special forms . . . . 61 (Ag):   Hb/B1−324/30
                          Spectra . . . . 61 (Ag):   Hb/B1−334/6, 418/21,
                                                                                      429/30
                          Strength . . . . 61 (Ag):   Hb/B1−388/91
                          Surface tension . . . . 61 (Ag):   Hb/B1−391/2
                          Susceptibility . . . . 61 (Ag):   Hb/B1−401/2
                          Thermal conductivity. . . . . 61 (Ag):   Hb/B1−400/1
                          Thermal decomposition . . . . 61 (Ag):   Hb/B1−438/9
                          Thermal expansion . . . . 61 (Ag):   Hb/B1−382/4
                          Thermal properties . . . . 61 (Ag):   Hb/B1−394/401
                          Thermodynamic data of formation . . 61 (Ag):   Hb/B1−330/3
                          Thermodynamic functions . . . . . . 61 (Ag):   Hb/B1−398/400
                          Thermoelectric force . . . . 61 (Ag):   Hb/B1−415/6
                          Toxicity . . . . 61 (Ag):   Hb/A3−182
                          Uses . . . . 61 (Ag):   Hb/B2−462/81
                          Vapor pressure . . . . 61 (Ag):   Hb/B1−395/6
                          Viscosity. . . . . 61 (Ag):   Hb/B1−392

−. . . . . AgCl melts:
                          $AgCl-AgBr$ . . . . 61 (Ag):   Hb/B2−150/2
                          $AgCl-Ag_2S$ . . . . 61 (Ag):   Hb/B3−143/4
                          $AgCl-CaCl_2-NaCl$ . . . . 61 (Ag):   Hb/B1−486
                          $AgCl-CdCl_2$ . . . . 61 (Ag):   Hb/B4−147/8
                          $AgCl-CsCl-NaCl$ . . . . 61 (Ag):   Hb/B1−485
                          $AgCl-PbCl_2$ . . . . 61 (Ag):   Hb/B4−258/9

−. . . . . AgCl solid solutions:
                          $Ag(Br,Cl)$. . . . . 61 (Ag):   Hb/B2−148/50
                          $AgCl-AgCN$ . . . . 61 (Ag):   Hb/B3−318
                          $Ag(Cl,I)$. . . . . 61 (Ag):   Hb/B2−396
                          $AgCl-AgNCO$ . . . . 61 (Ag):   Hb/B3−339
                          $AgCl-Ag_2Cr_2O_7$ . . . . 61 (Ag):   Hb/B4−328
                          $AgCl-CdCl_2$ . . . . 61 (Ag):   Hb/B4−147
                          $(Ag,Cu)Cl$ . . . . 61 (Ag):   Hb/B4−443/4
                          $AgCl-MnCl_2$. . . . . 61 (Ag):   Hb/B4−379

−. . . . . AgCl solutions:
                          $AgCl-AlBr_3$−organic solvents . . . . 61 (Ag):   Hb/B4−184
                          $AgCl-H_2O$ . . . . 61 (Ag):   Hb/B1−464/7
                          $AgCl-NH_3$ . . . . 61 (Ag):   Hb/B1−465
                          AgCl−organic solvents . . . . 61 (Ag):   Hb/B1−465/8
                          $AgCl-SOCl_2$ . . . . 61 (Ag):   Hb/B1−465

−. . . . . AgCl systems:
                          $AgCl-Ag-Bi-BiCl_3$ . . . . 61 (Ag):   Hb/B4−126/7

AgCl . . . . AgCl systems:

$AgCl-Ag-Cu-CuCl$	61 (Ag):	Hb/B4-444/6
$AgCl-Ag-Sn-SnCl_2$	61 (Ag):	Hb/B4-247
$AgCl-AgBr$	61 (Ag):	Hb/B2-147/52
$AgCl-AgBr-AgI$	61 (Ag):	Hb/B2-403/4
$AgCl-AgBr-AgI-AgNO_3-KBr-KCl$ $-KI-KNO_3-NaBr-NaCl-NaI$ $-NaNO_3$.	61 (Ag):	Hb/B2-433
$AgCl-AgBr-AgNO_3$	61 (Ag):	Hb/B2-152
$AgCl-AgBr-AgNO_3-KBr-KCl-KNO_3$	61 (Ag):	Hb/B2-171
$AgCl-AgBr-AgNO_3-NaBr-NaCl$ $-NaNO_3$.	61 (Ag):	Hb/B2-170
$AgCl-AgBr-HgBr_2-HgCl_2$.	61 (Ag):	Hb/B4-162
$AgCl-AgBr-KBr-KCl$	61 (Ag):	Hb/B2-167/9
$AgCl-AgBr-LiBr-LiCl$	61 (Ag):	Hb/B2-166
$AgCl-AgBr-NaBr-NaCl$.	61 (Ag):	Hb/B2-166/7
$AgCl-AgBr-TlBr-TlCl$	61 (Ag):	Hb/B4-223
$AgCl-AgI$	61 (Ag):	Hb/B2-394/7
$AgCl-AgI-AgNO_3-KCl-KI-KNO_3$ $-NaCl-NaI-NaNO_3$	61 (Ag):	Hb/B2-433
$AgCl-AgI-CdCl_2-CdI_2$.	61 (Ag):	Hb/B4-151/2
$AgCl-AgI-CsCl-CsI$	61 (Ag):	Hb/B2-428
$AgCl-AgI-CuCl-CuI$.	61 (Ag):	Hb/B4-454
$AgCl-AgI-HgCl_2-HgI_2$.	61 (Ag):	Hb/B4-173
$AgCl-AgI-KCl-KI$	61 (Ag):	Hb/B2-426/8
$AgCl-AgI-LiCl-LiI$.	61 (Ag):	Hb/B2-426
$AgCl-AgI-NaCl-NaI$.	61 (Ag):	Hb/B2-426
$AgCl-AgI-RbCl-RbI$	61 (Ag):	Hb/B2-428
$AgCl-AgNO_3$	61 (Ag):	Hb/B1-469/70
$AgCl-AgNO_3-BaCl_2-Ba(NO_3)_2$	61 (Ag):	Hb/B1-494
$AgCl-AgNO_3-BaCl_2-Ba(NO_3)_2$ $-KCl-KNO_3$	61 (Ag):	Hb/B1-494
$AgCl-AgNO_3-CaCl_2-Ca(NO_3)_2$	61 (Ag):	Hb/B1-492/3
$AgCl-AgNO_3-CaCl_2-Ca(NO_3)_2$ $-KCl-KNO_3$	61 (Ag):	Hb/B1-493
$AgCl-AgNO_3-CsCl-CsNO_3$	61 (Ag):	Hb/B1-492
$AgCl-AgNO_3-CsCl-CsNO_3-KCl$ $-KNO_3$	61 (Ag):	Hb/B1-492
$AgCl-AgNO_3-KCl-KNO_3$	61 (Ag):	Hb/B1-488/9
$AgCl-AgNO_3-KCl-KNO_3-H_2O$	61 (Ag):	Hb/B1-490
$AgCl-AgNO_3-KCl-KNO_3-LiCl-LiNO_3$	61 (Ag):	Hb/B1-491/2
$AgCl-AgNO_3-KCl-KNO_3-NaCl$ $-NaNO_3$.	61 (Ag):	Hb/B1-491
$AgCl-AgNO_3-KCl-KNO_3-SrCl_2$ $-Sr(NO_3)_2$.	61 (Ag):	Hb/B1-494
$AgCl-AgNO_3-LiCl-LiNO_3$.	61 (Ag):	Hb/B1-486/7
$AgCl-AgNO_3-NH_4Cl-NH_4NO_3-H_2O$.	61 (Ag):	Hb/B1-492
$AgCl-AgNO_3-NaCl-NaNO_3$.	61 (Ag):	Hb/B1-487/8
$AgCl-AgNO_3-SrCl_2-Sr(NO_3)_2$	61 (Ag):	Hb/B1-494
$AgCl-Ag_2CrO_4-LiCl-Li_2CrO_4$	61 (Ag):	Hb/B4-326/7

AgCl . . . . AgCl systems:

$AgCl-Ag_2MoO_4-KCl-K_2MoO_4$	61 (Ag):	Hb/B4-340
$AgCl-Ag_2MoO_4-LiCl-Li_2MoO_4$	61 (Ag):	Hb/B4-340
$AgCl-Ag_2MoO_4-NaCl-Na_2MoO_4$ . . .	61 (Ag):	Hb/B4-340
$AgCl-Ag_2S$	61 (Ag):	Hb/B3-142
$AgCl-Ag_2S-CuCl-Cu_2S$	61 (Ag):	Hb/B4-472/3
$AgCl-Ag_2SO_4$	61 (Ag):	Hb/B3-99/100
$AgCl-Ag_2SO_4-CdCl_2-CdSO_4$	61 (Ag):	Hb/B4-152/3
$AgCl-Ag_2SO_4-LiCl-Li_2SO_4$	61 (Ag):	Hb/B3-108/9
$AgCl-Ag_2SO_4-NaCl-Na_2SO_4$	61 (Ag):	Hb/B3-109/10
$AgCl-Ag_2SO_4-PbCl_2-PbSO_4$	61 (Ag):	Hb/B4-267
$AgCl-Ag_2SO_4-TlCl-Tl_2SO_4$	61 (Ag):	Hb/B4-226
$AgCl-Ag_2WO_4$	61 (Ag):	Hb/B4-350
$AgCl-Ag_2WO_4-KCl-K_2WO_4$	61 (Ag):	Hb/B4-353
$AgCl-Ag_2WO_4-LiCl-Li_2WO_4$	61 (Ag):	Hb/B4-353
$AgCl-Ag_2WO_4-NaCl-Na_2WO_4$	61 (Ag):	Hb/B4-353
$AgCl-AlBr_3$	61 (Ag):	Hb/B4-183
$AgCl-AlCl_3$	61 (Ag):	Hb/B4-181
$AgCl-BaCl_2$	61 (Ag):	Hb/B1-486
$AgCl-Ba(NO_3)_2-KNO_3$	61 (Ag):	Hb/B1-494
$AgCl-BeCl_2$	61 (Ag):	Hb/B1-485
$AgCl-BiCl_3$	61 (Ag):	Hb/B4-126
$AgCl-CaCl_2$	61 (Ag):	Hb/B1-486
$AgCl-Ca(NO_3)_2$	61 (Ag):	Hb/B1-492/3
$AgCl-Ca(NO_3)_2-KNO_3$	61 (Ag):	Hb/B1-493
$AgCl-CdCl_2$	61 (Ag):	Hb/B4-146/7
$AgCl-CdCl_2-TlCl$	61 (Ag):	Hb/B4-222
$AgCl-CdCl_2-ZnCl_2$	61 (Ag):	Hb/B4-148
$AgCl-CsCl$	61 (Ag):	Hb/B1-484/5
$AgCl-CsNO_3$	61 (Ag):	Hb/B1-492
$AgCl-CuCl$	61 (Ag):	Hb/B4-443
$AgCl-CuCl_2$	61 (Ag):	Hb/B4-446
$AgCl-CuCl_2-TlCl$	61 (Ag):	Hb/B4-455
$AgCl-FeCl_3$	61 (Ag):	Hb/B4-410
$AgCl-GaCl_3$	61 (Ag):	Hb/B4-189
$AgCl-HgCl_2$	61 (Ag):	Hb/B4-161
$AgCl-Hg_2Cl_2$	61 (Ag):	Hb/B4-160
$AgCl-InCl_3$	61 (Ag):	Hb/B4-204
$AgCl-KCl$	61 (Ag):	Hb/B1-478/85
$AgCl-KCl-H_2O$	61 (Ag):	Hb/B1-481
$AgCl-KCl-LiCl$	61 (Ag):	Hb/B1-481/2
$AgCl-KCl-NaCl$	61 (Ag):	Hb/B1-482/3
$AgCl-KNO_3$	61 (Ag):	Hb/B1-488/9
$AgCl-KNO_3-LiNO_3$	61 (Ag):	Hb/B1-490/1
$AgCl-KNO_3-NaNO_3$	61 (Ag):	Hb/B1-491
$AgCl-KNO_3-Sr(NO_3)_2$	61 (Ag):	Hb/B1-494
$AgCl-KVO_3$	61 (Ag):	Hb/B4-281
$AgCl-K_2CrO_4$	61 (Ag):	Hb/B4-328
$AgCl-LiCl$	61 (Ag):	Hb/B1-471/86

AgCl . . . . AgCl systems:
                                $AgCl-LiNO_3$ . . . . 61 (Ag):   Hb/B1−486/7
                                $AgCl-LiVO_3$ . . . . 61 (Ag):   Hb/B4−281
                                $AgCl-MgCl_2$ . . . . 61 (Ag):   Hb/B1−485
                                $AgCl-MnCl_2$ . . . . 61 (Ag):   Hb/B4−379
                                $AgCl-NH_4Cl$ . . . . 61 (Ag):   Hb/B1−483
                                $AgCl-(NH_4)_2S_2O_3-H_2O$ . . . . 61 (Ag):   Hb/B3−128
                                $AgCl-NaCl$ . . . . 61 (Ag):   Hb/B1−473/7
                                $AgCl-NaCl-PbCl_2$ . . . . 61 (Ag):   Hb/B4−260
                                $AgCl-NaNO_3$ . . . . 61 (Ag):   Hb/B1−487/8
                                $AgCl-NaVO_3$ . . . . 61 (Ag):   Hb/B4−281
                                $AgCl-Na_2CrO_4$ . . . . 61 (Ag):   Hb/B4−327
                                $AgCl-NbCl_5$ . . . . 61 (Ag):   Hb/B4−284
                                $AgCl-PbCl_2$ . . . . 61 (Ag):   Hb/B4−256/8
                                $AgCl-RbCl$ . . . . 61 (Ag):   Hb/B1−484
                                $AgCl-TaCl_5$ . . . . 61 (Ag):   Hb/B4−287
                                $AgCl-TeCl_4$ . . . . 61 (Ag):   Hb/B3−243
                                $AgCl-TlCl$ . . . . 61 (Ag):   Hb/B4−221/2
                                $AgCl-ZnCl_2$ . . . . 61 (Ag):   Hb/B4−140

$AgCl^+$ . . . . $AgCl^+$ . . . . 61 (Ag):   Hb/B1−336
$AgClCoH_{20}I_2N_5O_{12}$ . . $[CoCl(NH_3)_5]H_5[Ag(IO_6)_2]$ . . . . 61 (Ag):   Hb/B4−392
$AgClHNO_3$ . . . . . . $AgHNClO_3$ . . . . 61 (Ag):   Hb/B1−542
$AgClH_3N$ . . . . . . $AgCl \cdot NH_3$ . . . . 61 (Ag):   Hb/B1−445
$AgClH_3NO_2$ . . . . . $AgClO_2 \cdot NH_3$ . . . . 61 (Ag):   Hb/B1−497
$AgClH_{4.5}N_{1.5}$ . . . . $AgCl \cdot 1.5 NH_3$ . . . . 61 (Ag):   Hb/B1−445
$AgClH_6N_2O_2$ . . . . . $AgClO_2 \cdot 2 NH_3$ . . . . 61 (Ag):   Hb/B1−497
$AgClH_6N_2O_3$ . . . . . $AgClO_3 \cdot 2 NH_3$ . . . . 61 (Ag):   Hb/B1−503
$AgClH_9N_3$ . . . . . . $AgCl \cdot 3 NH_3$ . . . . 61 (Ag):   Hb/B1−445
$AgClH_9N_3O_2$ . . . . . $AgClO_2 \cdot 3 NH_3$ . . . . 61 (Ag):   Hb/B1−497
$AgClH_9N_3O_4$ . . . . . $AgClO_4 \cdot 3 NH_3$ . . . . 61 (Ag):   Hb/B1−511
$AgClH_{32}N_8O_{12}S_8$ . . . $(NH_4)_8Ag(S_2O_3)_4Cl \cdot H_2O$ . . . . 61 (Ag):   Hb/B3−128
$AgClH_{2x}O_{x+4}$ . . . . . $[Ag(H_2O)_n]ClO_4$ . . . . 61 (Ag):   Hb/B1−521
$AgClN_3$ . . . . AgN_3Cl . . . . 61 (Ag):   Hb/B1−168/9
$AgClO$ . . . . $AgClO$ . . . . 61 (Ag):   Hb/B1−494/5
$AgClO_2$ . . . . $AgClO_2$ . . . . 61 (Ag):   Hb/B1−495/9
$AgClO_3$ . . . . $AgClO_3$ . . . . 61 (Ag):   Hb/B1−498/506

−. . . . . $AgClO_3$ solid solutions:
                                $(Ag,K)ClO_3$ . . . . 61 (Ag):   Hb/B1−508

−. . . . . $AgClO_3$ systems:
                                $AgClO_3-AgNO_3-KClO_3-KNO_3$ . . . . 61 (Ag):   Hb/B1−508
                                $AgClO_3-NaClO_3$ . . . . 61 (Ag):   Hb/B1−506/7
                                $AgClO_3-NaClO_3-H_2O$ . . . . 61 (Ag):   Hb/B1−507

$AgClO_4$ . . . . $AgClO_4$ . . . . 61 (Ag):   Hb/A4−23
                                                                                   Hb/B1−508/19

−. . . . . $AgClO_4 \cdot H_2O$ . . . . 61 (Ag):   Hb/B1−520

−. . . . . $AgClO_4$ solid solutions:
                                $AgClO_4-AgMnO_4$ . . . . 61 (Ag):   Hb/B4−378

−. . . . . $AgClO_4$ solutions:
                                $AgClO_4-Cl$ . . . . 61 (Ag):   Hb/B1−528

AgClO$_4$ . . . . AgClO$_4$ solutions:

AgClO$_4$–HCN . . . . 61 (Ag): Hb/B1–528

AgClO$_4$–H$_2$O . . . . 61 (Ag): Hb/B1–520/7

AgClO$_4$–organic solvents . . . . . . 61 (Ag): Hb/B1–528/39

AgClO$_4$–SO$_2$ . . . . 61 (Ag): Hb/B1–528

AgClO$_4$–SbBr$_3$ . . . . 61 (Ag): Hb/B1–528

AgClO$_4$–SbCl$_3$. . . . . 61 (Ag): Hb/B1–528

–. . . . . AgClO$_4$ systems:

AgClO$_4$–C$_6$H$_6$–H$_2$O . . . . 61 (Ag): Hb/B1–515

AgClO$_4$–CH$_3$C$_6$H$_5$–H$_2$O . . . . 61 (Ag): Hb/B1–516/7

AgClO$_4$–H$_2$O . . . . 61 (Ag): Hb/B1–519

AgClO$_5$ . . . . AgO$_2$ClO$_3$. . . . . 61 (Ag): Hb/B1–91

AgClO$_6$S$_2$$^{4-}$ . . . . . [AgCl(SO$_3$)$_2$]$^{4-}$ . . . . 61 (Ag): Hb/B3–67

AgClO$_6$S$_4$$^{4-}$ . . . . . [AgCl(S$_2$O$_3$)$_2$]$^{4-}$ . . . . 61 (Ag): Hb/B3–116

AgCl$_2$ . . . . AgCl$_2$ . . . . 61 (Ag): Hb/B1–494

AgCl$_2$$^-$ . . . . AgCl$_2$$^-$ . . . . 61 (Ag): Hb/B1–381, 466/7

AgCl$_2$CoH$_{11}$N$_3$O$_5$S . . [CoCl$_2$H$_2$O(NH$_3$)$_3$]AgSO$_4$ . . . . . 61 (Ag): Hb/B4–393

AgCl$_2$CoH$_{12}$N$_4$O$_4$S . . [CoCl$_2$(NH$_3$)$_4$]AgSO$_4$ . . . . 61 (Ag): Hb/B4–393

AgCl$_2$Cs. . . . . AgCl · CsCl = CsAgCl$_2$ . . . . . 61 (Ag): Hb/B1–485/6

AgCl$_2$H . . . . HAgCl$_2$ . . . . 61 (Ag): Hb/B1–466

AgCl$_2$H$_3$N$_2$O$_3$Pt . . Ag[Pt(NH$_3$)Cl$_2$NO$_3$]. . . . . 68 (Pt): Hb/D–420, 422

AgCl$_2$H$_{12}$N$_4$O$_4$RuS . . [Ru(NH$_3$)$_4$Cl$_2$]AgSO$_4$ . . . . . . 63 (Ru): Hb–123

AgCl$_2$H$_{36}$N$_9$O$_{12}$S$_8$ . . . (NH$_4$)$_9$Ag(S$_2$O$_3$)$_4$Cl$_2$ . . . . . . 61 (Ag): Hb/B3–129/31

AgCl$_2$Hg . . . . AgHgCl$_2$ . . . . 61 (Ag): Hb/B4–161

AgCl$_2$IO$_8$ . . . . AgClO$_4$ · IClO$_4$ . . . . 61 (Ag): Hb/B2–461

AgCl$_2$KO$_6$ . . . . . . AgK(ClO$_3$)$_2$ . . . . 61 (Ag): Hb/B1–508

AgCl$_2$O$_3$S^{3-} . . . . . [AgCl$_2$SO$_3$]$^{3-}$ . . . . 61 (Ag): Hb/B3–67

AgCl$_2$O$_8$. . . . . Ag(ClO$_4$)$_2$ . . . . 61 (Ag): Hb/B1–541

AgCl$_3$$^{2-}$ . . . . AgCl$_3$$^{2-}$ . . . . 61 (Ag): Hb/B1–466

AgCl$_3$Cs$_2$ . . . . . . AgCl · 2 CsCl = Cs$_2$AgCl$_3$ . . . 61 (Ag): Hb/B1–485

AgCl$_3$HIrO . . . . . Ag(OH) · IrCl$_3$ . . . . 67 (Ir): Hb–59

–. . . . . IrCl$_3$ · AgOH · H$_2$O . . . . 67 (Ir): Hb–138

AgCl$_3$H$_3$NPt. . . . . Ag[Pt(NH$_3$)Cl$_3$] . . . . 68 (Pt): Hb/D–422

AgCl$_3$Tl$_2$ . . . . . . AgTl$_2$Cl$_3$ = AgCl · 2 TlCl . . . . 61 (Ag): Hb/B4–222

AgCl$_4$$^{3-}$ . . . . AgCl$_4$$^{3-}$ . . . . 61 (Ag): Hb/B1–466/7

AgCl$_4$Fe. . . . . . . AgFeCl$_4$ . . . . 61 (Ag): Hb/B4–410/1

AgCl$_4$Ga . . . . . . AgGaCl$_4$ . . . . 61 (Ag): Hb/B4–189

AgCl$_4$H$_3$O$_8$Pt$_4$. . . . AgCl · 4 PtO$_2$ · 3 HCl · 4 H$_2$O . . . . . 68 (Pt): Hb/C3–346

AgCl$_6$Nb . . . . AgNbCl$_6$ . . . . 61 (Ag): Hb/B4–285

–. . . . . AgNbCl$_6$ systems:

AgNbCl$_6$–AgTaCl$_6$ . . . . 61 (Ag): Hb/B4–287

AgCl$_6$Ta. . . . . AgTaCl$_6$ . . . . 61 (Ag): Hb/B4–287

–. . . . . AgTaCl$_6$ systems:

AgTaCl$_6$–AgNbCl$_6$ . . . . 61 (Ag): Hb/B4–287

AgCl$_6$U . . . . AgUCl$_6$ . . . . 61 (Ag): Hb/B4–358

AgCl$_{11}$Cu$_4$H$_8$O$_8$Pb$_5$ . . Pb$_5$Cu$_4$AgCl$_{11}$(OH)$_8$ · 1.5 H$_2$O . . 61 (Ag): Hb/B4–455/6

AgCoCsF$_6$. . . . . . . CsAgCoF$_6$ . . . . 61 (Ag): Hb/B4–390/1

AgCoCs$_2$N$_6$O$_{12}$ . . . . Cs$_2$Ag[Co(NO$_2$)$_6$]. . . . . 61 (Ag): Hb/B4–388/9

$AgCoF_3$	$AgCoF_3$	61 (Ag):	Hb/B4−390
$AgCoF_6K$	$KAgCoF_6$	61 (Ag):	Hb/B4−390/1
$AgCoF_6Rb$	$RbAgCoF_6$	61 (Ag):	Hb/B4−390/1
$AgCoH_6N_6O_8$	$Ag[Co(NO_2)_4(NH_3)_2]$	58 (Co):	Hb/B−323
			Eb/B2−608/9
		61 (Ag):	Hb/B4−390
$AgCoH_8N_8O_{12}$	$(NH_4)_2Ag[Co(NO_2)_6]$	61 (Ag):	Hb/B4−388/9
$AgCoH_{15}N_5O_7P_2$ . . .	$Ag[CoP_2O_7(NH_3)_5]$	58 (Co):	Eb/B2−451
$AgCoH_{15}N_9O_8$ . . .	$[Co(NH_3)_5(NO_2)] (NO_2)_2 \cdot AgNO_2$	58 (Co):	Hb/B−133
$AgCoH_{20}I_2N_6O_{15}$ . . .	$[CoNO_3(NH_3)_5]H_5[Ag(IO_6)_2]$	61 (Ag):	Hb/B4−392
$AgCoH_{21}I_2N_5O_{13}$ . . .	$[Co(NH_3)_5H_2O]H_4[Ag(IO_6)_2]$	61 (Ag):	Hb/B4−392
$AgCoH_{22}I_2N_6O_{12}$ . . .	$[Co(NH_3)_6]H_4[Ag(IO_6)_2]$	61 (Ag):	Hb/B4−392
$AgCoK_2N_6O_{12}$	$K_2Ag[Co(NO_2)_6]$	61 (Ag):	Hb/B4−388/9
$AgCoN_6O_{12}Rb_2$	$Rb_2Ag[Co(NO_2)_6]$	61 (Ag):	Hb/B4−388/9
$AgCoN_6O_{12}Tl_2$	$Tl_2Ag[Co(NO_2)_6]$	61 (Ag):	Hb/B4−389
$AgCoO_2$	$AgCoO_2$	61 (Ag):	Hb/B4−387/8
$AgCoO_6S_4$	$Co[Ag(S_2O_3)_2] \cdot nH_2O$	61 (Ag):	Hb/B4−392
$AgCoTe_2$	$AgCoTe_2$	61 (Ag):	Hb/B4−393/4
$AgCrF_4O$	$AgCrOF_4$	61 (Ag):	Hb/B4−329
$AgCrF_6$	$AgCrF_6$	61 (Ag):	Hb/B4−329
$AgCrHfSe_4$	$AgCrHfSe_4$	61 (Ag):	Hb/B4−332
$AgCrO_2$	$AgCrO_2 = Ag_2O \cdot Cr_2O_3$	61 (Ag):	Hb/B4−288/9
$AgCrO_4$	$AgCrO_4 \cdot 2 H_2O$	61 (Ag):	Hb/B4−325
$AgCrO_7P_2$	$AgCrP_2O_7 \cdot 5 H_2O$	61 (Ag):	Hb/B4−334
$AgCrO_8S_2$	$AgCr(SO_4)_2$	61 (Ag):	Hb/B4−331
$AgCrS_2$	$AgCrS_2$	61 (Ag):	Hb/B4−329/30
$AgCrS_4Sn$	$AgCrSnS_4$	61 (Ag):	Hb/B4−331
$AgCrS_4Ti$	$AgCrTiS_4$	61 (Ag):	Hb/B4−331
$AgCrS_4Zr$	$AgCrZrS_4$	61 (Ag):	Hb/B4−331
$AgCrSe_2$	$AgCrSe_2$	61 (Ag):	Hb/B4−331/2
$AgCrSe_4Sn$	$AgCrSnSe_4$	61 (Ag):	Hb/B4−332
$AgCrSe_4Ti$	$AgCrTiSe_4$	61 (Ag):	Hb/B4−332
$AgCsF_3$	$CsAgF_3$	61 (Ag):	Hb/B1−315
$AgCsF_4$	$CsAgF_4$	61 (Ag):	Hb/B1−316
$AgCsF_6Fe$	$CsAgFeF_6$	61 (Ag):	Hb/B4−409/10
$AgCsF_6Ga$	$CsAgGaF_6$	61 (Ag):	Hb/B4−188/9
$AgCsF_6In$	$CsAgInF_6$	61 (Ag):	Hb/B4−204
$AgCsF_6Sc$	$CsAgScF_6$	61 (Ag):	Hb/B4−231
$AgCsF_6Tl$	$CsAgTlF_6$	61 (Ag):	Hb/B4−221
$AgCsF_7Mn$	$CsAgMnF_7$	61 (Ag):	Hb/B4−379
$AgCsI_2$	$CsAgI_2$	61 (Ag):	Hb/B2−415
$AgCsN_2O_6$	$AgCs(NO_3)_2 = AgNO_3 \cdot CsNO_3$	61 (Ag):	Hb/B1−280
$AgCsO$	$CsAgO$	61 (Ag):	Hb/B1−140
$AgCs_2F_6$	Cs_2AgF_6	61 (Ag):	Hb/B1−315
$AgCs_2F_6K$	Cs_2KAgF_6	61 (Ag):	Hb/B1−316
$AgCs_2F_6Rb$	Cs_2RbAgF_6	61 (Ag):	Hb/B1−316
$AgCs_2I_3$	Cs_2AgI_3	61 (Ag):	Hb/B2−415
$AgCuF_3$	$AgCuF_3$	61 (Ag):	Hb/B4−443
$AgCuFeS_4Sn$	$AgCuFeSnS_4$	61 (Ag):	Hb/B4−472
$AgCuS_4$	$AgCuS_4$	61 (Ag):	Hb/B4−470

AgCuSe.	AgCuSe	61 (Ag):	Hb/B4–475/6
AgDy	AgDy	61 (Ag):	Hb/C–229
AgDyS$_2$.	AgDyS$_2$.	61 (Ag):	Hb/B4–232/3
AgDySe$_2$	AgDySe$_2$	61 (Ag):	Hb/B4–235/6
AgDy$_5$S$_8$	AgDy$_5$S$_8$	61 (Ag):	Hb/B4–232
AgEr	AgEr	61 (Ag):	Hb/C–232/4
AgErS$_2$	AgErS$_2$	61 (Ag):	Hb/B4–232/3
AgErSe$_2$	AgErSe$_2$	61 (Ag):	Hb/B4–234/6
AgEu	AgEu	61 (Ag):	Hb/C–223
AgF	AgF	61 (Ag):	Hb/A4–23
			Hb/B1–293/301,
			304/7
–.	AgF · H$_2$O	61 (Ag):	Hb/A3–182
			Hb/B1–304
–.	3 AgF · 5 H$_2$O	61 (Ag):	Hb/B1–303/4
–.	AgF · 2 H$_2$O	61 (Ag):	Hb/B1–303
–.	AgF · 4 H$_2$O	61 (Ag):	Hb/B1–302/3
–.	AgF systems:		
	AgF–Ag–Bi–BiF$_3$.	61 (Ag):	Hb/B4–126
	AgF–AgI.	61 (Ag):	Hb/B2–394
	AgF–AgI–H$_2$O	61 (Ag):	Hb/B2–394
	AgF–FeF$_3$–H$_2$O	61 (Ag):	Hb/B4–408
	AgF–HF	61 (Ag):	Hb/B1–307
	AgF–HF–H$_2$O	61 (Ag):	Hb/B1–307
	AgF–H$_2$O	61 (Ag):	Hb/B1–302
	AgF–InF$_3$–H$_2$O	61 (Ag):	Hb/B4–203
	AgF–MgF$_2$–H$_2$O	61 (Ag):	Hb/B1–308
	AgF–NaF–H$_2$O	61 (Ag):	Hb/B1–308
	AgF–ZnF$_2$	61 (Ag):	Hb/B4–140
AgFH$^+$	AgHF$^+$	61 (Ag):	Hb/B1–307
AgFO$_3$.	AgFO$_3$	61 (Ag):	Hb/B1–309
AgFO$_3$S	AgSO$_3$F.	61 (Ag):	Hb/B3–151/2
AgF$_2$	AgF$_2$	61 (Ag):	Hb/B1–309/15
AgF$_2^-$.	[AgF$_2$]$^-$	61 (Ag):	Hb/B1–307
AgF$_2$H.	AgF · HF	61 (Ag):	Hb/B1–307/8
AgF$_2$H$_4$N	AgNH$_4$F$_2$ = AgF · NH$_4$F.	61 (Ag):	Hb/B1–308
–.	AgNH$_4$F$_2$ · H$_2$O	61 (Ag):	Hb/B1–308
AgF$_2$IO$_2$.	AgIF$_2$O$_2$.	61 (Ag):	Hb/B2–461
AgF$_2$NO$_4$S$_2$	AgN(SO$_2$F)$_2$	61 (Ag):	Hb/B3–138
AgF$_2$PS$_2$	AgPS$_2$F$_2$	61 (Ag):	Hb/B4–38
AgF$_3$H$_2$	AgF · 2 HF	61 (Ag):	Hb/B1–307
AgF$_3$K.	KAgF$_3$	61 (Ag):	Hb/B1–315
AgF$_3$Mg.	AgMgF$_3$	61 (Ag):	Hb/B1–308
AgF$_3$Mn.	AgMnF$_3$	61 (Ag):	Hb/B4–378
AgF$_3$Ni	AgNiF$_3$	61 (Ag):	Hb/B4–383
AgF$_3$O$_3$Os	AgOsO$_3$F$_3$	61 (Ag):	Hb/B2–439
AgF$_3$Rb	RbAgF$_3$	61 (Ag):	Hb/B1–315
AgF$_3$Zn	AgZnF$_3$	61 (Ag):	Hb/B4–140
AgF$_4$H$_3$	AgF · 3 HF	61 (Ag):	Hb/B1–307

AgF$_4$Hg	HgAgF$_4$	61 (Ag):	Hb/B4–160
AgF$_4$In	AgInF$_4$	61 (Ag):	Hb/B4–203
AgF$_4$K	KAgF$_4$	61 (Ag):	Hb/B1–315
AgF$_4$K$_2$	K$_2$AgF$_4$	61 (Ag):	Hb/B1–315
AgF$_4$K$_3$	AgK$_3$F$_4$ = AgF · 3 KF	61 (Ag):	Hb/B1–308
AgF$_4$Mn	AgF · MnF$_3$ · 4 H$_2$O	61 (Ag):	Hb/B4–379
AgF$_4$Na	NaAgF$_4$	61 (Ag):	Hb/B1–315
AgF$_4$Sr	SrAgF$_4$	61 (Ag):	Hb/B1–315
AgF$_4$Tl	AgTlF$_4$	61 (Ag):	Hb/B4–221
AgF$_4$Y	AgYF$_4$	61 (Ag):	Hb/B4–231
AgF$_5$Se	AgSeF$_5$	61 (Ag):	Hb/B3–197
AgF$_5$Si	AgSiF$_5$	61 (Ag):	Hb/B3–386/7
AgF$_6$$^{3-}$	AgF$_6$$^{3-}$	61 (Ag):	Hb/B1–316
AgF$_6$FeK	KAgFeF$_6$	61 (Ag):	Hb/B4–409/10
AgF$_6$FeRb	RbAgFeF$_6$	61 (Ag):	Hb/B4–409/10
AgF$_6$GaK	KAgGaF$_6$	61 (Ag):	Hb/B4–188/9
AgF$_6$GaRb	RbAgGaF$_6$	61 (Ag):	Hb/B4–188/9
AgF$_6$Ge	AgGeF$_6$	61 (Ag):	Hb/B4–241
AgF$_6$H$_5$	AgF · 5 HF	61 (Ag):	Hb/B1–307/8
AgF$_6$Hf	AgHfF$_6$	61 (Ag):	Hb/B4–239/40
AgF$_6$I	AgIF$_6$	61 (Ag):	Hb/B2–461
AgF$_6$InK	KAgInF$_6$	61 (Ag):	Hb/B4–204
AgF$_6$InRb	RbAgInF$_6$	61 (Ag):	Hb/B4–204
AgF$_6$KSc	KAgScF$_6$	61 (Ag):	Hb/B4–231
AgF$_6$K$_2$	K$_2$AgF$_6$	61 (Ag):	Hb/B1–315
AgF$_6$Mn	AgMnF$_6$	61 (Ag):	Hb/B4–378/9
AgF$_6$Nb	AgNbF$_6$	61 (Ag):	Hb/B4–284
AgF$_6$P	AgPF$_6$	61 (Ag):	Hb/B4–36
AgF$_6$Pb	AgPbF$_6$	61 (Ag):	Hb/B4–256
AgF$_6$RbSc	RbAgScF$_6$	61 (Ag):	Hb/B4–231
AgF$_6$Ru	AgRuF$_6$	63 (Ru):	Eb–273
AgF$_6$Sb	AgSbF$_6$	61 (Ag):	Hb/B4–90
AgF$_6$Sn	AgSnF$_6$	61 (Ag):	Hb/B4–246
AgF$_6$Ta	AgTaF$_6$	61 (Ag):	Hb/B4–287
AgF$_6$Ti	AgTiF$_6$	61 (Ag):	Hb/B4–238
AgF$_6$U	AgUF$_6$	61 (Ag):	Hb/B4–357
AgF$_6$V	AgVF$_6$	61 (Ag):	Hb/B4–281
AgF$_6$Zr	AgZrF$_6$	61 (Ag):	Hb/B4–239
AgF$_7$Te	AgTeF$_7$	61 (Ag):	Hb/B3–243
AgF$_{16}$H$_{60}$N$_{15}$	AgF · 15 NH$_4$F · 4 H$_2$O	61 (Ag):	Hb/B1–308
AgFeO$_2$	AgFeO$_2$ = Ag$_2$O · Fe$_2$O$_3$	59 (Fe):	D/2. Eb–452
		61 (Ag):	Hb/B4–403/7
AgFeO$_8$S$_2$	AgFe(SO$_4$)$_2$	61 (Ag):	Hb/B4–414
AgFeS$_2$	AgFeS$_2$	61 (Ag):	Hb/B4–413
AgFeSe$_2$	AgFeSe$_2$	61 (Ag):	Hb/B4–414
AgFeTe$_2$	AgFeTe$_2$	61 (Ag):	Hb/B4–415/6
AgFe$_2$S$_3$	AgFe$_2$S$_3$	61 (Ag):	Hb/B4–413/4
AgGa	AgGa	61 (Ag):	Hb/C–176
AgGaH$_4$	AgGaH$_4$	61 (Ag):	Hb/B4–188
AgGaI$_4$	AgGaI$_4$	61 (Ag):	Hb/B4–190

AgGaLi$_2$ . . . . Li$_2$AgGa . . . . 61 (Ag):   Hb/C−183
AgGaO$_2$ . . . . AgGaO$_2$ . . . . 61 (Ag):   Hb/B4−188
AgGaO$_8$S$_2$ . . . . . AgGa(SO$_4$)$_2$ . . . . 61 (Ag):   Hb/B4−195
AgGaS$_2$ . . . . AgGaS$_2$ . . . . 61 (Ag):   Hb/B4−190/4
−. . . . . AgGaS$_2$ systems:
        AgGaS$_2$−AgGaSe$_2$ . . . . 61 (Ag):   Hb/B4−198
        AgGaS$_2$−ZnS . . . . 61 (Ag):   Hb/B4−194
AgGaSe$_2$ . . . . . . AgGaSe$_2$ . . . . 61 (Ag):   Hb/B4−195/8
−. . . . . AgGaSe$_2$ systems:
        AgGaSe$_2$−AgGaS$_2$ . . . . 61 (Ag):   Hb/B4−198
AgGaTe$_2$ . . . . . . AgGaTe$_2$ . . . . 61 (Ag):   Hb/B4−199/201
AgGa$_5$Te$_8$ . . . . . . AgGa$_5$Te$_8$ . . . . 61 (Ag):   Hb/B4−201
AgGd . . . . AgGd . . . . 61 (Ag):   Hb/C−224/5
AgGdS$_2$ . . . . AgGdS$_2$ . . . . 61 (Ag):   Hb/B4−232
AgGdSe$_2$ . . . . . . AgGdSe$_2$ . . . . 61 (Ag):   Hb/B4−235/6
AgGd$_5$S$_8$ . . . . . . AgGd$_5$S$_8$ . . . . 61 (Ag):   Hb/B4−232
AgGeLa$_3$S$_7$ . . . . . AgLa$_3$GeS$_7$ . . . . 61 (Ag):   Hb/B4−233/4
AgGeLi$_2$ . . . . Li$_2$AgGe . . . . 61 (Ag):   Hb/C−265
AgGePr$_3$S$_7$ . . . . . AgPr$_3$GeS$_7$ . . . . 61 (Ag):   Hb/B4−233/4
AgGeSbSe$_3$ . . . . AgGeSbSe$_3$ . . . . 61 (Ag):   Hb/B4−244
AgGe$_2$P$_3$ . . . . . . AgGe$_2$P$_3$ . . . . 61 (Ag):   Hb/B4−246
AgH . . . . AgH . . . . 61 (Ag):   Hb/B1−18/26
−. . . . . AgD . . . . 61 (Ag):   Hb/B1−27/30
−. . . . . AgT . . . . 61 (Ag):   Hb/B1−30/1
AgH$^+$ . . . . AgH$^+$ . . . . 61 (Ag):   Hb/B1−26
AgH$^-$ . . . . AgH$^-$ . . . . 61 (Ag):   Hb/B1−24
AgHI$_2$KNa$_5$O$_{12}$ . . . . Na$_5$KH[Ag(IO$_6$)$_2$] · 16 H$_2$O . . . . . 61 (Ag):   Hb/B2−458/9
AgHI$_2$KNa$_7$O$_{13}$ . . . . Na$_6$K[Ag(IO$_6$)$_2$] · NaOH · H$_2$O . . . 61 (Ag):   Hb/B2−459
AgHI$_2$K$_6$O$_{12}$ . . . . . K$_6$H[Ag(IO$_6$)$_2$] · 8 H$_2$O. . . . . . . 61 (Ag):   Hb/B2−458
−. . . . . K$_6$H[Ag(IO$_6$)$_2$] · 10 H$_2$O . . . . 61 (Ag):   Hb/B2−458
AgHI$_2$K$_8$O$_{13}$ . . . . . K$_7$[Ag(IO$_6$)$_2$] · KOH · 8 H$_2$O . . . . 61 (Ag):   Hb/B2−458
AgHI$_2$Na$_6$O$_{12}$ . . . . Na$_6$H[Ag(IO$_6$)$_2$] · 15 H$_2$O . . . . . 61 (Ag):   Hb/B2−457
AgHIr$_4$O$_{21}$S$_7$ . . . . AgHIr$_4$(SO$_3$)$_7$ . . . . 67 (Ir):   Hb−78, 140
AgHKN . . . . AgKNH . . . . 61 (Ag):   Hb/B1−170
AgHKNO$_3$S . . . . . KSO$_3$NHAg · H$_2$O . . . . 61 (Ag):   Hb/B3−141
AgHMnO$_3$ . . . . . AgHMnO$_3$ . . . . 61 (Ag):   Hb/B4−363
−. . . . . AgO · MnO(OH) . . . . 61 (Ag):   Hb/B4−364
AgHNNaO$_3$S . . . . NaSO$_3$NHAg · H$_2$O . . . . 61 (Ag):   Hb/B3−140
AgHN$_3$O$_{10}{}^{3-}$ . . . . [AgOH(NO$_3$)$_3$]$^{3-}$ . . . . 61 (Ag):   Hb/B1−255
AgHO . . . . AgOH . . . . 61 (Ag):   Hb/B1−96, 122/7
AgHOSe$_2{}^{4-}$ . . . . [Ag(OH) (Se)$_2$]$^{4-}$ . . . . 61 (Ag):   Hb/B3−187
AgHO$_3$S$_2$ . . . . . . HAgS$_2$O$_3$ · H$_2$O . . . . 61 (Ag):   Hb/B3−116
AgHO$_4$S . . . . AgHSO$_4$ . . . . 61 (Ag):   Hb/B3−96/9
AgHO$_4$Se . . . . . . AgHSeO$_4$ . . . . 61 (Ag):   Hb/B3−194
AgHS . . . . AgSH . . . . 61 (Ag):   Hb/B3−60
AgHZr . . . . AgZrH . . . . 61 (Ag):   Hb/B4−239
AgH$_{1.5}$IN$_{0.5}$ . . . . . AgI · 0.5 NH$_3$ . . . . 61 (Ag):   Hb/B2−296
AgH$_2{}^+$ . . . . AgH$_2{}^+$ . . . . 61 (Ag):   Hb/B1−24
AgH$_2$I$_2$K$_{0.4}$Na$_{4.6}$O$_{12}$ . . Na$_{4.6}$K$_{0.4}$H$_2$[Ag(IO$_6$)$_2$] · 13.6 H$_2$O . . . . . 61 (Ag):   Hb/B2−458

$AgH_2I_2K_5O_{12}$ . . . . . $K_5H_2[Ag(IO_6)_2]$ . . . . 61 (Ag):   Hb/B2–458

$AgH_2I_2Na_5O_{12}$ . . . . $Na_5H_2[Ag(IO_6)_2] \cdot 16\ H_2O$ . . . . 61 (Ag):   Hb/B2–457

–. . . . . $Na_5H_2[Ag(IO_6)_2] \cdot 18\ H_2O$ . . . . 61 (Ag):   Hb/B2–457

$AgH_2I_3N_2$ . . . . $AgNH_2 \cdot NI_3$ . . . . 61 (Ag):   Hb/B1–170/1

$AgH_2K_2N_2O_2P$ . . . . $AgK_2PO_2N_2H_2$ . . . . 61 (Ag):   Hb/B4–35

AgH_2N . . . . $AgNH_2$ . . . . 61 (Ag):   Hb/B1–169/70

AgH_2NO_3S . . . . . $AgSO_3NH_2$ . . . . 61 (Ag):   Hb/B3–134/5

AgH_2NO_3Se . . . . $AgSeO_3NH_2$ . . . . 61 (Ag):   Hb/B3–194/5

AgH_2NO_4S . . . . . $AgSO_3ONH_2$ . . . . 61 (Ag):   Hb/B3–140

$AgH_2Na_7O_{12}Te_2$ . . . $Na_7H_2[Ag(TeO_6)_2] \cdot 14\ H_2O$ . . . . 61 (Ag):   Hb/B3–241

–. . . . . $Na_7H_2[Ag(TeO_6)_2] \cdot 24\ H_2O$ . . . . 61 (Ag):   Hb/B3–241

AgH_2O_2 . . . . $Ag(OH)_2$ . . . . 61 (Ag):   Hb/B1–124

$AgH_2O_2^+$ . . . . . . $[Ag(OH)_2]^+$ . . . . 61 (Ag):   Hb/B1–126

$AgH_2O_2^-$ . . . . . . $[Ag(OH)_2]^-$ . . . . 61 (Ag):   Hb/B1–96, 123/4, 126

AgH_2O_2P . . . . . . AgH_2PO_2 . . . . 61 (Ag):   Hb/B4–6

AgH_2O_4P . . . . . . AgH_2PO_4 . . . . 61 (Ag):   Hb/B4–17

$AgH_2O_{12}Te_2^{7-}$ . . . . $[Ag(HTeO_6)_2]^{7-}$ . . . . 61 (Ag):   Hb/B3–241

$AgH_2S_2^-$ . . . . . . $[Ag(SH)_2]^-$ . . . . 61 (Ag):   Hb/B3–60

AgH_3IN . . . . $AgI \cdot NH_3$ . . . . 61 (Ag):   Hb/B2–296

$AgH_3I_2K_4O_{12}$ . . . . $K_4H_3[Ag(IO_6)_2] \cdot 4\ H_2O$ . . . . . . 61 (Ag):   Hb/B2–458

AgH_3Li_4 . . . . Li_4AgH_3 . . . . 61 (Ag):   Hb/B1–31

AgH_3MgO_3 . . . . . $AgMg(OH)_3$ . . . . 61 (Ag):   Hb/B1–146

AgH_3MnO_4 . . . . . $AgO \cdot Mn(OH)_3$ . . . . 61 (Ag):   Hb/B4–364

AgH_3NO_3P . . . . . $AgPO_3NH_3 = AgHPO_3NH_2$ . . . . 61 (Ag):   Hb/B4–31

$AgH_3N_2O_2$ . . . . . $[Ag(NH_3)]NO_2$ . . . . 61 (Ag):   Hb/B1–180

$AgH_3N_2O_3S$ . . . . . $AgSO_3NHNH_2$ . . . . 61 (Ag):   Hb/B3–140

$AgH_3N_8P_4$ . . . . . $AgP_4N_8H_3 = AgNPN \cdot 3\ HNPN$ . . 61 (Ag):   Hb/B4–28

$AgH_3Na_6O_{12}Te_2$ . . . $Na_6H_3[Ag(TeO_6)_2] \cdot 18\ H_2O$ . . . . 61 (Ag):   Hb/B3–241

$AgH_3O_3^-$ . . . . . . $[Ag(OH)_3]^-$ . . . . 61 (Ag):   Hb/B1–124

$AgH_3O_3^{2-}$ . . . . . . $[Ag(OH)_3]^{2-}$ . . . . 61 (Ag):   Hb/B1–123

$AgH_3O_8S_2$ . . . . . . $AgH_3(SO_4)_2 \cdot H_2O$

         $= Ag_2SO_4 \cdot 3\ H_2SO_4 \cdot 2\ H_2O$ . . . . 61 (Ag):   Hb/B3–98

AgH_4IO_6 . . . . AgH_4IO_6 . . . . 61 (Ag):   Hb/B2–456

$AgH_4I_2K_3O_{12}$ . . . . . $K_3H_4[Ag(IO_6)_2] \cdot 3\ H_2O$ . . . . . . 61 (Ag):   Hb/B2–457/8

–. . . . . $K_3H_4[Ag(IO_6)_2] \cdot 4\ H_2O$ . . . . . . 61 (Ag):   Hb/B2–457/8

AgH_4KN_2 . . . . . . $AgNH_2 \cdot KNH_2 = AgKNH \cdot NH_3$ . . . 61 (Ag):   Hb/B1–171

$AgH_4KN_4O_9$ . . . . . $AgNH_4K(NO_3)_3$

         $= AgNO_3 \cdot NH_4NO_3 \cdot KNO_3$ . . . . . 61 (Ag):   Hb/B1–276

$AgH_4NO_3S_2$ . . . . . $NH_4AgS_2O_3$ . . . . 61 (Ag):   Hb/B3–125

$AgH_4N_2O_2P$ . . . . . $AgPO_2N_2H_4 = AgPO_2(NH_2)_2$ . . . 61 (Ag):   Hb/B4–32/4

$AgH_4N_3O_4S_2$ . . . . . $AgN(SO_2NH_2)_2$ . . . . 61 (Ag):   Hb/B3–137

–. . . . . $AgN(SO_2NH_2)_2 \cdot 2\ H_2O$ . . . . . . 61 (Ag):   Hb/B3–137

$AgH_4N_3O_6$ . . . . . $AgNH_4(NO_3)_2 = AgNO_3 \cdot NH_4NO_3$ . . . 61 (Ag):   Hb/B1–256, 272

$AgH_4O_4^+$ . . . . . . $[Ag(H_2O_2)_2]^+$ . . . . 61 (Ag):   Hb/B1–124

$AgH_4O_4^-$ . . . . . . $[Ag(OH)_4]^-$ . . . . 61 (Ag):   Hb/B1–124

$AgH_4O_4^{3-}$ . . . . . . $[Ag(OH)_4]^{3-}$ . . . . 61 (Ag):   Hb/B1–123

$AgH_{4.5}IN_{1.5}$ . . . . . $AgI \cdot 1.5\ NH_3$ . . . . 61 (Ag):   Hb/B2–296

$AgH_5N_5O_3P_3$ . . . . . $AgP_3O_3N_5H_5$ . . . . 61 (Ag):   Hb/B4–30

AgH_6IN_2 . . . . $AgI \cdot 2\ NH_3$ . . . . 61 (Ag):   Hb/B2–296

$AgH_6IN_2O_3$ . . . . . . $AgIO_3 \cdot 2\ NH_3$ . . . . 61 (Ag):   Hb/B2–239, 445

$AgH_6I_2N_2O_6^-$ . . . . . $[Ag(IO_3)_2(NH_3)_2]^-$ . . . . 61 (Ag):   Hb/B2–445

AgH_6NO_9Te . . . . . . $AgNO_3 \cdot H_6TeO_6$ . . . . 61 (Ag):   Hb/B3–241

$AgH_6N_2^+$ . . . . $[Ag(NH_3)_2]^+$ . . . . 61 (Ag):   Hb/B1–452

$AgH_6N_2O_4Re$ . . . . $[Ag(NH_3)_2]ReO_4$ . . . . 70 (Re):   Hb–153

$AgH_6N_3Na_2O_9S_3$ . . . $Na_2Ag(SO_3NH_2)_3$ . . . . 61 (Ag):   Hb/B3–140

$AgH_6N_3O_2$ . . . . . . $[Ag(NH_3)_2]NO_2$ . . . . 61 (Ag):   Hb/B1–180

AgH_6O_6Sb . . . . . $AgSb(OH)_6 = AgSbO_3 \cdot 3 H_2O$ . . . . . . 61 (Ag):   Hb/B4–89

AgH_7N_2O . . . . $[Ag(NH_3)_2]OH$ . . . . 61 (Ag):   Hb/B1–99

$AgH_8I_3N_2$ . . . . $(NH_4)_2AgI_3$ . . . . 61 (Ag):   Hb/B2–410

$AgH_8N_3O_3Se$ . . . . . $[Ag(NH_3)_2]SeO_3NH_2$ . . . . 61 (Ag):   Hb/B3–194

$AgH_8N_3O_6S_2$ . . . . . $NH_4Ag(SO_3NH_2)_2$ . . . . 61 (Ag):   Hb/B3–141

AgH_9IN_3 . . . . $AgI \cdot 3 NH_3$ . . . . 61 (Ag):   Hb/B2–296

$AgH_9N_4O_2$ . . . . . . $[Ag(NH_3)_3]NO_2$ . . . . 61 (Ag):   Hb/B1–180

$AgH_{12}N_3O_6S_4$ . . . . $(NH_4)_3[Ag(S_2O_3)_2]$ . . . . 61 (Ag):   Hb/B3–115, 124

$AgH_{15}N_5O_{21}$ . . . . . $[Ag(H_2O)_6] (NO_3)_2 \cdot 3 HNO_3$ . . . . 61 (Ag):   Hb/B1–285/6

$AgH_{17}N_{10}O_{12}Pt$ . . . . $[Pt(NH_3)_5(NH_2Ag)] (NO_3)_4$ . . . . 61 (Ag):   Hb/B1–170

$AgH_{20}N_5O_9S_6$ . . . . . $(NH_4)_5Ag(S_2O_3)_3$ . . . . 61 (Ag):   Hb/B3–125

$AgH_{36}I_2N_9O_{12}S_8$ . . . $(NH_4)_9Ag(S_2O_3)_4I_2$ . . . . 61 (Ag):   Hb/B3–129/31

AgHf . . . . AgHf . . . . 61 (Ag):   Hb/C–253/4

$AgHf_2$ . . . . $AgHf_2$ . . . . 61 (Ag):   Hb/C–253/4

$AgHg^{2+}$ . . . . $[AgHg]^{2+}$ . . . . 61 (Ag):   Hb/B4–160

$AgHgI^{2+}$ . . . . . . $[AgHgI]^{2+}$ . . . . 61 (Ag):   Hb/B4–162

$AgHgI_2$ . . . . $AgHgI_2$ . . . . 61 (Ag):   Hb/B4–162

$AgHgI_2NO_3$ . . . . . $AgNO_3 \cdot HgI_2$ . . . . 61 (Ag):   Hb/B4–175

$AgHgI_3$ . . . . $AgHgI_3$ . . . . 61 (Ag):   Hb/B4–173

AgHo . . . . AgHo . . . . 61 (Ag):   Hb/C–230/2

$AgHoS_2$ . . . . $AgHoS_2$ . . . . 61 (Ag):   Hb/B4–232/3

$AgHoSe_2$ . . . . . . $AgHoSe_2$ . . . . 61 (Ag):   Hb/B4–235/6

AgI . . . . AgI . . . . 61 (Ag):   Hb/B2–186/311

          Absorption of light . . . . 61 (Ag):   Hb/B2–276/84

          Aerosols . . . . 61 (Ag):   Hb/B2–321/37

          Band structure . . . . 61 (Ag):   Hb/B2–252

          Boiling point . . . . 61 (Ag):   Hb/B2–245

          Bond . . . . 61 (Ag):   Hb/B2–215, 221/3, 228

          Chemical reactions . . . . 61 (Ag):   Hb/B2–289/99, 321, 335/7, 380/2

          Cleavage. . . . . 61 (Ag):   Hb/B2–224/.5

          Colloidal forms:

              Aerosols . . . . 61 (Ag):   Hb/B2–321/37

              Colloidal solid . . . . 61 (Ag):   Hb/B2–316/21

              Hydrosols . . . . 61 (Ag):   Hb/B2–337/82

              Organosols . . . . 61 (Ag):   Hb/B2–382/3

          Color. . . . . 61 (Ag):   Hb/B2–272/3

          Crystallization . . . . 61 (Ag):   Hb/B2–213, 216/8, 225/6

          Crystallographic properties . . . . . 61 (Ag):   Hb/B2–200/31

          Debye temperature . . . . 61 (Ag):   Hb/B2–249/50

          Decomposition, photochemical . . . . 61 (Ag):   Hb/B2–289/90, 336, 380

AgI . . . . AgI:

Decomposition, radiochemical . . . . 61 (Ag):   Hb/B2−290/1
−, thermal . . . . 61 (Ag):   Hb/B2−291, 335/6
Decomposition voltage. . . . . 61 (Ag):   Hb/B2−288/9
Deformation. . . . . 61 (Ag):   Hb/B2−225
Density . . . . 61 (Ag):   Hb/B2−231/4
Dielectric constant . . . . 61 (Ag):   Hb/B2−250/1
Diffusion. . . . . 61 (Ag):   Hb/B2−240/4
Disorder . . . . 61 (Ag):   Hb/B2−215/6, 223/4,
                                                    228, 229
Dissociation . . . . 61 (Ag):   Hb/B2−199/200
Elasticity. . . . . 61 (Ag):   Hb/B2−237/8
Electrical conductivity . . . . 61 (Ag):   Hb/B2−252/63
Electrical properties . . . . 61 (Ag):   Hb/B2−250/72
Electrochemical behavior . . . . 61 (Ag):   Hb/A4−41
                                                    Hb/B2−287/9, 368/79
Electron emission. . . . . 61 (Ag):   Hb/B2−271/2
Enthalpy of fusion . . . . 61 (Ag):   Hb/B2−246
− of sublimation. . . . . 61 (Ag):   Hb/B2−246
− of transformation . . . . 61 (Ag):   Hb/B2−245/6
− of vaporization . . . . 61 (Ag):   Hb/B2−246
Exchange reactions. . . . . 61 (Ag):   Hb/B2−292/3, 380/1
Formation . . . . 61 (Ag):   Hb/B2−186/90, 194/7
Grüneisen constant. . . . . 61 (Ag):   Hb/B2−237
Hall effect . . . . 61 (Ag):   Hb/B2−264
Hardness . . . . 61 (Ag):   Hb/B2−238/9
Heat capacity . . . . 61 (Ag):   Hb/B2−246/9
History. . . . . 61 (Ag):   Hb/A1−29
Hydrosols . . . . 61 (Ag):   Hb/B2−337/82
Lattice energy. . . . . 61 (Ag):   Hb/B2−215, 220/1,
                                                    228, 229
Lattice structure. . . . . 61 (Ag):   Hb/B2−213/5, 218/20,
                                                    226/30
Lattice vibrations . . . . 61 (Ag):   Hb/B2−225
Luminescence. . . . . 61 (Ag):   Hb/B2−284/7
Magnetic properties . . . . 61 (Ag):   Hb/B2−250/72
Mechanical properties . . . . 61 (Ag):   Hb/B2−231/44
Melting point . . . . 61 (Ag):   Hb/B2−244/5
Modifications . . . . 61 (Ag):   Hb/B2−192/4, 200/13
Molar polarization . . . . 61 (Ag):   Hb/B2−250
Molar refraction. . . . . 61 (Ag):   Hb/B2−273/4
Molar volume . . . . 61 (Ag):   Hb/B2−231/4
Molecule. . . . . 61 (Ag):   Hb/B2−197/200
Optical properties. . . . . 61 (Ag):   Hb/B2−272/87
Organosols . . . . 61 (Ag):   Hb/B2−382/3
Photoconductivity . . . . 61 (Ag):   Hb/B2−264/8
Photoelectric properties . . . . 61 (Ag):   Hb/B2−264/8
Photographic process . . . . 61 (Ag):   Hb/B2−462/78
Phototropic glasses. . . . . 61 (Ag):   Hb/B2−479/81
Photovoltaic effect . . . . 61 (Ag):   Hb/B2−268

AgI . . . . AgI:

Piezoelectricity . . . . 61 (Ag):   Hb/B2–251/2
Plasticity. . . . . 61 (Ag):   Hb/B2–239
Polymorphism . . . . 61 (Ag):   Hb/B2–192/4, 200/13
Preparation . . . . 61 (Ag):   Hb/B2–186/94
– of special forms. . . . . 61 (Ag):   Hb/B2–192/4, 316/7,
                                                     321/5, 337/42,
                                                     382
Purification . . . . 61 (Ag):   Hb/B2–191, 340/1
Rain production. . . . . 61 (Ag):   Hb/B2–327/35
Rectifying effect . . . . 61 (Ag):   Hb/B2–263/4
Reflectivity . . . . 61 (Ag):   Hb/B2–274/6
Refractive index. . . . . 61 (Ag):   Hb/B2–273/4
Sintering. . . . . 61 (Ag):   Hb/B2–244
Solubility . . . . 61 (Ag):   Hb/B2–299/311
Sorption . . . . 61 (Ag):   Hb/B2–190/1
Special forms . . . . 61 (Ag):   Hb/B2–192/4, 316/83
Spectra . . . . 61 (Ag):   Hb/B2–198/9, 276/87
Strength . . . . 61 (Ag):   Hb/B2–238/9
Structural properties . . . . 61 (Ag):   Hb/B2–200/31
Structure of colloids . . . . 61 (Ag):   Hb/B2–317/8, 325/6,
                                                     342/6
– of melt . . . . 61 (Ag):   Hb/B2–230/1
Surface tension . . . . 61 (Ag):   Hb/B2–239
Susceptibility . . . . 61 (Ag):   Hb/B2–250
Thermal conductivity. . . . . 61 (Ag):   Hb/B2–250
Thermal expansion . . . . 61 (Ag):   Hb/B2–234/6
Thermal properties . . . . 61 (Ag):   Hb/B2–231/50
Thermodynamic data of formation . . 61 (Ag):   Hb/B2–194/7
Thermodynamic functions . . . . . . 61 (Ag):   Hb/B2–246/9
Thermoelectric force . . . . 61 (Ag):   Hb/B2–268/70
Thermogalvanic cells. . . . . 61 (Ag):   Hb/B2–270/1
Toxicity . . . . 61 (Ag):   Hb/A3–182
Uses . . . . 61 (Ag):   Hb/B2–327, 462/81
Vapor pressure . . . . 61 (Ag):   Hb/B2–245
Viscosity. . . . . 61 (Ag):   Hb/B2–239/40

–. . . . . AgI solid solutions:

Ag(I,Br) . . . . 61 (Ag):   Hb/B2–399/403
Ag(I,Cl). . . . . 61 (Ag):   Hb/B2–396
(Ag,Cu)I . . . . 61 (Ag):   Hb/B4–450/4

–. . . . . AgI solutions:

AgI–AlBr$_3$–organic solvents. . . . . . 61 (Ag):   Hb/B4–184/5
AgI–H$_2$O. . . . . 61 (Ag):   Hb/B2–312
AgI–NH$_3$. . . . . 61 (Ag):   Hb/B2–312/5
AgI–organic solvents. . . . . 61 (Ag):   Hb/B2–315/6

–. . . . . AgI systems:

AgI–AgBr . . . . 61 (Ag):   Hb/B2–397/403
AgI–AgBr–AgCl . . . . 61 (Ag):   Hb/B2–403/4

AgI . . . . AgI systems:
                    AgI–AgBr–AgCl–AgNO$_3$–KBr–KCl
                      –KI–KNO$_3$–NaBr–NaCl–NaI
                      –NaNO$_3$. . . . . 61 (Ag):   Hb/B2–433
                    AgI–AgBr–KBr–KI . . . . 61 (Ag):   Hb/B2–429/30
                    AgI–AgBr–NaBr–NaI . . . . 61 (Ag):   Hb/B2–428/9
                    AgI–AgCl . . . . 61 (Ag):   Hb/B2–394/7
                    AgI–AgCl–AgNO$_3$–KCl–KI–KNO$_3$
                      –NaCl–NaI–NaNO$_3$ . . . . 61 (Ag):   Hb/B2–433
                    AgI–AgCl–CdCl$_2$–CdI$_2$ . . . . 61 (Ag):   Hb/B4–151/2
                    AgI–AgCl–CsCl–CsI . . . . 61 (Ag):   Hb/B2–428
                    AgI–AgCl–CuCl–CuI . . . . 61 (Ag):   Hb/B4–454
                    AgI–AgCl–HgCl$_2$–HgI$_2$. . . . . 61 (Ag):   Hb/B4–173
                    AgI–AgCl–KCl–KI . . . . 61 (Ag):   Hb/B2–426/8
                    AgI–AgCl–LiCl–LiI . . . . 61 (Ag):   Hb/B2–426
                    AgI–AgCl–NaCl–NaI. . . . . 61 (Ag):   Hb/B2–426
                    AgI–AgCl–RbCl–RbI . . . . 61 (Ag):   Hb/B2–428
                    AgI–AgF. . . . . 61 (Ag):   Hb/B2–394
                    AgI–AgF–H$_2$O . . . . 61 (Ag):   Hb/B2–394
                    AgI–AgIO$_3$–AgNO$_3$. . . . . 61 (Ag):   Hb/B2–446
                    AgI–AgNO$_3$. . . . . 61 (Ag):   Hb/B2–392/3
                    AgI–AgNO$_3$–H$_2$O. . . . . 61 (Ag):   Hb/B2–393/4
                    AgI–AgNO$_3$–KI–KNO$_3$. . . . . 61 (Ag):   Hb/B2–431/3
                    AgI–AgNO$_3$–NaI–NaNO$_3$ . . . . . . 61 (Ag):   Hb/B2–430/1
                    AgI–AgNO$_3$–TlI–TlNO$_3$ . . . . 61 (Ag):   Hb/B4–224/5
                    AgI–Ag$_2$MoO$_4$–KI–K$_2$MoO$_4$ . . . . . 61 (Ag):   Hb/B4–341
                    AgI–Ag$_2$MoO$_4$–LiI–Li$_2$MoO$_4$. . . . . 61 (Ag):   Hb/B4–341
                    AgI–Ag$_2$MoO$_4$–NaI–Na$_2$MoO$_4$ . . . . 61 (Ag):   Hb/B4–341
                    AgI–Ag$_2$MoO$_4$–RbI–Rb$_2$MoO$_4$ . . . . 61 (Ag):   Hb/B4–341
                    AgI–Ag$_2$S . . . . 61 (Ag):   Hb/B3–146/7
                    AgI–Ag$_2$S–HgI$_2$. . . . . 61 (Ag):   Hb/B4–176
                    AgI–Ag$_2$SO$_4$. . . . . 61 (Ag):   Hb/B3–100
                    AgI–Ag$_2$SO$_4$–TlI–Tl$_2$SO$_4$ . . . . . . 61 (Ag):   Hb/B4–227
                    AgI–Ag$_2$Se . . . . 61 (Ag):   Hb/B3–197/8
                    AgI–Ag$_2$Se–HgI$_2$ . . . . 61 (Ag):   Hb/B4–177
                    AgI–Ag$_2$Te . . . . 61 (Ag):   Hb/B3–244
                    AgI–Ag$_2$Te–HgI$_2$ . . . . 61 (Ag):   Hb/B4–178
                    AgI–Ag$_2$WO$_4$ . . . . 61 (Ag):   Hb/B4–351
                    AgI–Ag$_2$WO$_4$–KI–K$_2$WO$_4$ . . . . . . 61 (Ag):   Hb/B4–353/4
                    AgI–Ag$_2$WO$_4$–LiI–Li$_2$WO$_4$ . . . . . . 61 (Ag):   Hb/B4–353/4
                    AgI–Ag$_2$WO$_4$–NaI–Na$_2$WO$_4$. . . . . 61 (Ag):   Hb/B4–353/4
                    AgI–Ag$_2$WO$_4$–RbI–Rb$_2$WO$_4$ . . . . . 61 (Ag):   Hb/B4–353/4
                    AgI–AlI$_3$. . . . . 61 (Ag):   Hb/B4–184
                    AgI–CdI$_2$. . . . . 61 (Ag):   Hb/B4–150/1
                    AgI–CsI . . . . 61 (Ag):   Hb/B2–425/6
                    AgI–CuI . . . . 61 (Ag):   Hb/B4–448/50
                    AgI–GaI$_3$ . . . . 61 (Ag):   Hb/B4–190
                    AgI–HgI$_2$ . . . . 61 (Ag):   Hb/B4–163
                    AgI–InI$_3$ . . . . 61 (Ag):   Hb/B4–205
                    AgI–KCN . . . . 61 (Ag):   Hb/B3–328/9

AgI . . . .   AgI systems:

	$AgI-KI$	61 (Ag):	Hb/B2−419/22
	$AgI-KI-H_2O$	61 (Ag):	Hb/B2−422/3
	$AgI-KI-RbI$	61 (Ag):	Hb/B2−424/5
	$AgI-K_2CrO_4$	61 (Ag):	Hb/B4−328
	$AgI-LiI$	61 (Ag):	Hb/B2−416/7
	$AgI-Li_2CrO_4$	61 (Ag):	Hb/B4−327
	$AgI-NH_4I$	61 (Ag):	Hb/B2−423
	$AgI-(NH_4)_2S_2O_3-H_2O$	61 (Ag):	Hb/B3−128
	$AgI-NaI$	61 (Ag):	Hb/B2−417/8
	$AgI-NaI-H_2O$	61 (Ag):	Hb/B2−418/9
	$AgI-Na_2CrO_4$	61 (Ag):	Hb/B4−327
	$AgI-PbI_2$	61 (Ag):	Hb/B4−262/3
	$AgI-RbI$	61 (Ag):	Hb/B2−423/4
	$AgI-TlI$	61 (Ag):	Hb/B4−223

$AgIn_2Se_3$	$AgIn_2Se_3I$	61 (Ag):	Hb/B4−212
$AgIO$	$AgIO$	61 (Ag):	Hb/B2−434
$AgIO_2$	$AgIO_2$	61 (Ag):	Hb/B2−434
$AgIO_3$	$AgIO_3$	61 (Ag):	Hb/B2−434/44, 445
−.	$AgIO_3$ solutions:		
	$AgIO_3-H_2O$	61 (Ag):	Hb/B2−444
	$AgIO_3-NH_3-H_2O$	61 (Ag):	Hb/B2−445
−.	$AgIO_3$ systems:		
	$AgIO_3-AgI-AgNO_3$	61 (Ag):	Hb/B2−446
	$AgIO_3-AgNO_3$	61 (Ag):	Hb/B2−446
	$AgIO_3-I_2O_5-H_2O$	61 (Ag):	Hb/B2−446
$AgIO_4$	$AgIO_4$	61 (Ag):	Hb/B2−446/8
$AgIO_6S_4^{4-}$	$[AgI(S_2O_3)_2]^{4-}$	61 (Ag):	Hb/B3−116
AgI_2	AgI_2	61 (Ag):	Hb/B2−433
AgI_2^-	AgI_2^-	61 (Ag):	Hb/B2−383/8
AgI_2K	$KAgI_2 = AgI \cdot KI$	61 (Ag):	Hb/B2−407
−.	$KAgI_2 \cdot 0.25\ H_2O$	61 (Ag):	Hb/B2−407
−.	$KAgI_2 \cdot 0.5\ H_2O$	61 (Ag):	Hb/B2−407
−.	$KAgI_2 \cdot H_2O$	61 (Ag):	Hb/B2−407
−.	$KAgI_2 \cdot 2\ H_2O$	61 (Ag):	Hb/B2−407
AgI_2Li	$LiAgI_2$	61 (Ag):	Hb/B2−404
AgI_2N	$AgNI_2$	61 (Ag):	Hb/B1−170
AgI_2Na	$NaAgI_2 \cdot 3.5\ H_2O$	61 (Ag):	Hb/B2−404
$AgI_2O_3S_2^{3-}$	$[AgI_2(S_2O_3)]^{3-}$	61 (Ag):	Hb/B3−116
$AgI_2O_6^-$	$[Ag(IO_3)_2]^-$	61 (Ag):	Hb/B2−445/6
AgI_2Rb	$RbAgI_2$	61 (Ag):	Hb/B2−413
AgI_2Tl	$AgTlI_2 = AgI \cdot TlI$	61 (Ag):	Hb/B4−223
AgI_3^{2-}	$[AgI_3]^{2-}$	61 (Ag):	Hb/B2−383/5
AgI_3K_2	K_2AgI_3	61 (Ag):	Hb/B2−408
−.	$K_2AgI_3 \cdot 0.5\ H_2O$	61 (Ag):	Hb/B2−409
−.	$K_2AgI_3 \cdot H_2O$	61 (Ag):	Hb/B2−409
−.	K_2AgI_3 solid solutions:		
	$(Rb,K)_2AgI_3$	61 (Ag):	Hb/B2−414

AgI$_3$O$_3$S$_2$$^{4-}$	[AgI$_3$(S$_2$O$_3$)]$^{4-}$	61 (Ag):	Hb/B3–116
AgI$_3$O$_8$	AgIO$_3$ · I$_2$O$_5$	61 (Ag):	Hb/B2–446
AgI$_3$Rb$_2$	Rb$_2$AgI$_3$	61 (Ag):	Hb/B2–413/4
–.	Rb$_2$AgI$_3$ solid solutions:		
	(Rb,K)$_2$AgI$_3$	61 (Ag):	Hb/B2–414
AgI$_3$Tl$_2$	AgTl$_2$I$_3$ = AgI · 2 TlI	61 (Ag):	Hb/B4–223/4
AgI$_4$$^{3-}$	[AgI$_4$]$^{3-}$	61 (Ag):	Hb/A4–23
			Hb/B2–383/6
AgI$_4$K$_3$	K$_3$AgI$_4$	61 (Ag):	Hb/B2–409
–.	K$_3$AgI$_4$ · 0.5 H$_2$O	61 (Ag):	Hb/B2–409
–.	K$_3$AgI$_4$ · H$_2$O	61 (Ag):	Hb/B2–409
–.	K$_3$AgI$_4$ · 2 H$_2$O	61 (Ag):	Hb/B2–409
AgI$_5$$^{4-}$	AgI$_5$$^{4-}$	61 (Ag):	Hb/B2–384
AgI$_7$K$_6$	K$_6$AgI$_7$	61 (Ag):	Hb/B2–409
AgI$_{12}$Zr$_3$	AgZr$_3$I$_{12}$	61 (Ag):	Hb/B4–239
AgI$_{13}$K$_4$	K$_3$AgI$_{12}$ · KI	61 (Ag):	Hb/B2–409
–.	K$_4$AgI$_{13}$ · 5 H$_2$O	61 (Ag):	Hb/B2–409
AgIn.	AgIn	61 (Ag):	Hb/C–188
AgInLi$_2$	AgInLi$_2$	61 (Ag):	Hb/C–200/1
AgInO$_2$	AgInO$_2$	61 (Ag):	Hb/B4–203
AgInS$_2$	AgInS$_2$	61 (Ag):	Hb/B4–205/6
–.	AgInS$_2$ systems:		
	AgInS$_2$–AgInSe$_2$	61 (Ag):	Hb/B4–211/2
	AgInS$_2$–ZnS.	61 (Ag):	Hb/B4–207
AgInS$_4$Sn	AgInSnS$_4$.	61 (Ag):	Hb/B4–249
AgInS$_4$Zn$_2$	AgZn$_2$InS$_4$	61 (Ag):	Hb/B4–207
AgInSe$_2$.	AgInSe$_2$	61 (Ag):	Hb/B4–208/11
–.	AgInSe$_2$ systems:		
	AgInSe$_2$–AgInS$_2$	61 (Ag):	Hb/B4–211/2
AgInTe$_2$.	AgInTe$_2$.	61 (Ag):	Hb/B4–213/6
–.	AgInTe$_2$ solid solutions:		
	(Ag,Cu)InTe$_2$.	61 (Ag):	Hb/B4–480/2
–.	AgInTe$_2$ systems:		
	AgInTe$_2$–CdTe–HgTe	61 (Ag):	Hb/B4–216/7
	AgInTe$_2$–CuInTe$_2$.	61 (Ag):	Hb/B4–479/80
AgInTe$_4$Zn$_2$	AgZn$_2$InTe$_4$.	61 (Ag):	Hb/B4–217/8
AgIn$_2$	AgIn$_2$	61 (Ag):	Hb/C–190
AgIn$_3$	AgIn$_3$	37 (In):	Hb–62
AgIn$_3$Te$_5$	AgIn$_3$Te$_5$ = Ag$_2$Te · 3 In$_2$Te$_3$	61 (Ag):	Hb/B4–216
AgIn$_5$S$_8$.	AgIn$_5$S$_8$.	61 (Ag):	Hb/B4–206/7
AgIn$_5$Se$_8$	AgIn$_5$Se$_8$.	61 (Ag):	Hb/B4–211
AgIn$_5$Te$_8$	AgIn$_5$Te$_8$ = Ag$_2$Te · 5 In$_2$Te$_3$	61 (Ag):	Hb/B4–216
AgIn$_9$Te$_{14}$.	AgIn$_9$Te$_{14}$ = Ag$_2$Te · 9 In$_2$Te$_3$	61 (Ag):	Hb/B4–216
AgKN$_2$O$_4$	KAg(NO$_2$)$_2$ · 0.5 H$_2$O	61 (Ag):	Hb/B1–184
AgKN$_2$O$_6$	AgK(NO$_3$)$_2$	61 (Ag):	Hb/B1–255, 264
AgKO	KAgO	61 (Ag):	Hb/B1–137/9
AgKO$_3$S$_2$	KAgS$_2$O$_3$	61 (Ag):	Hb/B3–123
–.	KAgS$_2$O$_3$ · 1.5 H$_2$O	61 (Ag):	Hb/B3–123

AgKO$_6$V$_2$ . . . . KAgV$_2$O$_6$ . . . . 61 (Ag):   Hb/B4−280

AgKO$_x$ . . . . KAgO$_x$ . . . . 61 (Ag):   Hb/B1−139

AgK$_3$O$_6$S$_4$ . . . . . . K$_3$Ag(S$_2$O$_3$)$_2$ · H$_2$O. . . . . 61 (Ag):   Hb/B3−124

AgK$_7$O$_{14}$P$_4$ . . . . . K$_7$[Ag(P$_2$O$_7$)$_2$] . . . . 61 (Ag):   Hb/B4−20

AgLa . . . . AgLa . . . . 61 (Ag):   Hb/C−214

AgLaO$_6$Ti$_2$ . . . . . AgLaTi$_2$O$_6$ . . . . 61 (Ag):   Hb/B4−238

AgLa$_3$S$_7$Si . . . . . AgLa$_3$SiS$_7$ . . . . 61 (Ag):   Hb/B4−233/4

AgLa$_3$Se$_7$Si . . . . . AgLa$_3$SiSe$_7$. . . . . 61 (Ag):   Hb/B4−236/7

AgLa$_5$S$_8$. . . . . . . AgLa$_5$S$_8$ . . . . 61 (Ag):   Hb/B4−232

AgLi. . . . . AgLi . . . . 61 (Ag):   Hb/C−1/3

AgLiO . . . . LiAgO. . . . . 61 (Ag):   Hb/B1−135

AgLiO$_3$S$_2$ . . . . . . LiAgS$_2$O$_3$ · 0.5 H$_2$O . . . . 61 (Ag):   Hb/B3−117

AgLi$_2$Pb. . . . . . . AgPbLi$_2$. . . . . 61 (Ag):   Hb/C−307/8

AgLi$_2$Sb. . . . . . . Li$_2$AgSb . . . . 61 (Ag):   Hb/B4−87

AgLi$_2$Sn. . . . . . . AgSnLi$_2$ . . . . 61 (Ag):   Hb/C−285

AgLi$_2$Tl . . . . . . AgTlLi$_2$ . . . . 61 (Ag):   Hb/C−209

AgLu . . . . AgLu . . . . 61 (Ag):   Hb/C−237

AgLuSe$_2$ . . . . . . AgLuSe$_2$ . . . . 61 (Ag):   Hb/B4−235/6

AgMg. . . . . AgMg. . . . . 27 (Mg):   Hb/A4−741/2

                                                                            61 (Ag):   Hb/C−19

AgMgSb . . . . . . AgMgSb . . . . 27 (Mg):   Hb/A4−743

                                                                            61 (Ag):   Hb/B4−87/8

AgMg$_3$ . . . . AgMg$_3$ . . . . 27 (Mg):   Hb/A4−742/3

                                                                            61 (Ag):   Hb/C−14/6, 19

AgMnO$_2$ . . . . . . AgMnO$_2$ . . . . 61 (Ag):   Hb/B4−362

AgMnO$_{2.5}$. . . . . . AgMnO$_{2.5}$ · 0.5 H$_2$O

                  = Ag$_2$Mn$_2$O$_5$ · H$_2$O . . . . 61 (Ag):   Hb/B4−363

AgMnO$_3$ . . . . . . AgMnO$_3$ . . . . 61 (Ag):   Hb/B4−361

−. . . . . AgMnO$_3$ · 0.5 H$_2$O. . . . . 61 (Ag):   Hb/B4−364

AgMnO$_4$ . . . . . . AgMnO$_4$ . . . . 61 (Ag):   Hb/A3−182

                                                                                        Hb/B4−364/75

−. . . . . AgMnO$_4$ solid solutions:

                  AgMnO$_4$−AgClO$_4$ . . . . 61 (Ag):   Hb/B4−378

                  AgMnO$_4$−BaSO$_4$ . . . . 30 (Ba):   Eb−425

                                                                            61 (Ag):   Hb/B4−378

−. . . . . AgMnO$_4$ solutions:

                  AgMnO$_4$−H$_2$O. . . . . 61 (Ag):   Hb/B4−375/8

AgMnO$_7$P$_2$ . . . . . AgMnP$_2$O$_7$ · 3 H$_2$O . . . . 61 (Ag):   Hb/B4−381

AgMnO$_x$ . . . . . . AgMnO$_x$ . . . . 61 (Ag):   Hb/B4−361/2

AgMnTe$_2$ . . . . . . AgMnTe$_2$ . . . . 61 (Ag):   Hb/B4−380

AgMn$_2$O$_4$ . . . . . . AgMn$_2$O$_4$ . . . . 61 (Ag):   Hb/B4−360

AgMn$_3$N . . . . . . AgMn$_3$N . . . . 61 (Ag):   Hb/B4−378

AgMoO$_6$P. . . . . . AgMoO$_2$PO$_4$ = Ag$_2$O · 2 MoO$_3$ · P$_2$O$_5$. . 61 (Ag):   Hb/B4−343

AgN. . . . . AgN. . . . . 61 (Ag):   Hb/B1−159

AgNNa$_2$O$_6$S$_2$ . . . . . AgN(SO$_3$Na)$_2$ . . . . 61 (Ag):   Hb/B3−141

AgNOS . . . . AgNSO . . . . 61 (Ag):   Hb/B3−134

AgNO$_2$ . . . . AgNO$_2$ . . . . 61 (Ag):   Hb/A1−27

                                                                                        Hb/B1−173/83

AgNO$_2$ . . . . AgNO$_2$ systems:
                        AgNO$_2$–Ba(NO$_2$)$_2$–H$_2$O . . . . 61 (Ag):   Hb/B1–186
                        AgNO$_2$–Ca(NO$_2$)$_2$–H$_2$O . . . . 61 (Ag):   Hb/B1–185
                        AgNO$_2$–KNO$_2$–H$_2$O . . . . . . 61 (Ag):   Hb/B1–185
                        AgNO$_2$–LiNO$_2$–H$_2$O . . . . . . 61 (Ag):   Hb/B1–185
                        AgNO$_2$–NaNO$_2$–H$_2$O . . . . 61 (Ag):   Hb/B1–185
                        AgNO$_2$–Sr(NO$_2$)$_2$–H$_2$O . . . . 61 (Ag):   Hb/B1–185
AgNO$_2$S . . . . (AgNSO$_2$)$_3$ . . . . 61 (Ag):   Hb/B3–139
–. . . . . (AgNSO$_2$ · H$_2$O)$_3$ . . . . 61 (Ag):   Hb/B3–139
–. . . . . (AgNSO$_2$)$_4$ . . . . 61 (Ag):   Hb/B3–140
AgNO$_2$Se . . . . (AgNSeO$_2$)$_3$ . . . . 61 (Ag):   Hb/B3–197
AgNO$_3$ . . . . AgNO$_3$ . . . . 61 (Ag):   Hb/B1–187/225
                        Chemical reactions . . . . 61 (Ag):   Hb/B1–211/6
                        Constitution of melt . . . . 61 (Ag):   Hb/B1–197/8
                        Crystallographic properties . . . . . . 61 (Ag):   Hb/B1–192/8
                        Diffusion. . . . . 61 (Ag):   Hb/B1–201
                        Electrical properties . . . . 61 (Ag):   Hb/B1–204/5
                        Electrochemical behavior . . . . . . 61 (Ag):   Hb/B1–209/11
                        Formation . . . . 61 (Ag):   Hb/B1–186/8, 191
                        History. . . . . 61 (Ag):   Hb/A1–24/7
                        Preparation . . . . 61 (Ag):   Hb/B1–186/91
                        Magnetic properties . . . . 61 (Ag):   Hb/B1–204/5
                        Mechanical properties . . . . 61 (Ag):   Hb/B1–198/204
                        Molecule. . . . . 61 (Ag):   Hb/B1–191/2
                        Optical properties. . . . . 61 (Ag):   Hb/B1–206/9
                        Solubility . . . . 61 (Ag):   Hb/B1–220/3
                        Special forms . . . . 61 (Ag):   Hb/B1–191
                        Thermal properties . . . . 61 (Ag):   Hb/B1–198/204
                        Toxicity . . . . 61 (Ag):   Hb/A3–182/3
–. . . . . AgNO$_3$ melts:
                        AgNO$_3$–CsNO$_3$–LiNO$_3$ . . . . 61 (Ag):   Hb/B1–281/2
                        AgNO$_3$–CsNO$_3$–NaNO$_3$ . . . . 61 (Ag):   Hb/B1–281/2
                        AgNO$_3$–KNO$_3$. . . . . 61 (Ag):   Hb/B1–265/9
                        AgNO$_3$–KNO$_3$–LiNO$_3$ . . . . 61 (Ag):   Hb/B1–270/1
                        AgNO$_3$–LiNO$_3$. . . . . 61 (Ag):   Hb/B1–256/8
                        AgNO$_3$–LiNO$_3$–NaNO$_3$. . . . . 61 (Ag):   Hb/B1–263
                        AgNO$_3$–NaNO$_3$ . . . . 61 (Ag):   Hb/B1–259/63
–. . . . . AgNO$_3$ solid solutions:
                        (Ag,K)NO$_3$ . . . . 61 (Ag):   Hb/B1–255
                        (Ag,Na)NO$_3$ . . . . 61 (Ag):   Hb/B1–255
–. . . . . AgNO$_3$ solutions:
                        AgNO$_3$–HF . . . . 61 (Ag):   Hb/B1–244
                        AgNO$_3$–HNO$_3$–H$_2$O . . . . 61 (Ag):   Hb/B1–243
                        AgNO$_3$–H$_2$O. . . . . 61 (Ag):   Hb/B1–225/43
                        Chemical behavior . . . . 61 (Ag):   Hb/B1–243
                        Constitution . . . . 61 (Ag):   Hb/B1–225/8
                        Diffusion . . . . 61 (Ag):   Hb/B1–232/6

AgNO$_3$ . . . . AgNO$_3$ solutions:

  AgNO$_3$–H$_2$O:

Electrochemical behavior . . . . . . 61 (Ag):   Hb/A4–20/3

                                                Hb/B1–239/43

Physical properties . . . . 61 (Ag):   Hb/B1–228/39

AgNO$_3$–HgBr$_2$. . . . . 61 (Ag):   Hb/B1–244

AgNO$_3$–NH$_3$. . . . . 61 (Ag):   Hb/B1–244

AgNO$_3$–NH$_3$–H$_2$O . . . . 61 (Ag):   Hb/B1–243

AgNO$_3$–organic solvents. . . . . . . 61 (Ag):   Hb/B1–244/55

–. . . . . AgNO$_3$ systems:

AgNO$_3$–AgBr . . . . 61 (Ag):   Hb/B2–146/7

AgNO$_3$–AgBr–AgCl . . . . 61 (Ag):   Hb/B2–152

AgNO$_3$–AgBr–AgCl–AgI– KBr–KCl

  –KI–KNO$_3$–NaBr–NaCl–NaI

  –NaNO$_3$. . . . . 61 (Ag):   Hb/B2–433

AgNO$_3$–AgBr–AgCl–KBr–KCl–KNO$_3$ 61 (Ag):   Hb/B2–171

AgNO$_3$–AgBr–AgCl–NaBr–NaCl

  –NaNO$_3$. . . . . 61 (Ag):   Hb/B2–170

AgNO$_3$–AgBr–CsBr–CsNO$_3$. . . . . . 61 (Ag):   Hb/B2–171

AgNO$_3$–AgBr–KBr–KNO$_3$ . . . . 61 (Ag):   Hb/B2–170/1

AgNO$_3$–AgBr–KBr–KNO$_3$–NaBr

  –NaNO$_3$. . . . . 61 (Ag):   Hb/B2–171

AgNO$_3$–AgBr–LiBr–LiNO$_3$ . . . . . . 61 (Ag):   Hb/B2–169

AgNO$_3$–AgBr–NaBr–NaNO$_3$ . . . . . 61 (Ag):   Hb/B2–169

AgNO$_3$–AgCl . . . . 61 (Ag):   Hb/B1–469/70

AgNO$_3$–AgCl–AgI–KCl–KI–KNO$_3$

  –NaCl–NaI–NaNO$_3$ . . . . 61 (Ag):   Hb/B2–433

AgNO$_3$–AgCl–BaCl$_2$–Ba(NO$_3$)$_2$ . . . . 61 (Ag):   Hb/B1–494

AgNO$_3$–AgCl–BaCl$_2$–Ba(NO$_3$)$_2$

  –KCl–KNO$_3$ . . . . 61 (Ag):   Hb/B1–494

AgNO$_3$–AgCl–CaCl$_2$–Ca(NO$_3$)$_2$ . . . . 61 (Ag):   Hb/B1–492/3

AgNO$_3$–AgCl–CaCl$_2$–Ca(NO$_3$)$_2$

  –KCl–KNO$_3$ . . . . 61 (Ag):   Hb/B1–493

AgNO$_3$–AgCl–CsCl–CsNO$_3$ . . . . . . 61 (Ag):   Hb/B1–492

AgNO$_3$–AgCl–CsCl–CsNO$_3$–KCl

  –KNO$_3$ . . . . 61 (Ag):   Hb/B1–492

AgNO$_3$–AgCl–KCl–KNO$_3$ . . . . 61 (Ag):   Hb/B1–488/9

AgNO$_3$–AgCl–KCl–KNO$_3$–H$_2$O . . . . 61 (Ag):   Hb/B1–490

AgNO$_3$–AgCl–KCl–KNO$_3$–LiCl–LiNO$_3$ 61 (Ag):   Hb/B1–491/2

AgNO$_3$–AgCl–KCl–KNO$_3$–NaCl

  –NaNO$_3$ . . . . 61 (Ag):   Hb/B1–491

AgNO$_3$–AgCl–KCl–KNO$_3$–SrCl$_2$

  –Sr(NO$_3$)$_2$. . . . . 61 (Ag):   Hb/B1–494

AgNO$_3$–AgCl–LiCl–LiNO$_3$ . . . . 61 (Ag):   Hb/B1–486/7

AgNO$_3$–AgCl–NH$_4$Cl–NH$_4$NO$_3$–H$_2$O . 61 (Ag):   Hb/B1–492

AgNO$_3$–AgCl–NaCl–NaNO$_3$. . . . . . 61 (Ag):   Hb/B1–487/8

AgNO$_3$–AgCl–SrCl$_2$–Sr(NO$_3$)$_2$ . . . . 61 (Ag):   Hb/B1–494

AgNO$_3$–AgClO$_3$–KClO$_3$–KNO$_3$ . . . . 61 (Ag):   Hb/B1–508

AgNO$_3$–AgI . . . . 61 (Ag):   Hb/B2–392/3

AgNO$_3$ . . . . AgNO$_3$ systems:

AgNO$_3$–AgI–AgIO$_3$ . . . . 61 (Ag):   Hb/B2–446

AgNO$_3$–AgI–H$_2$O . . . . 61 (Ag):   Hb/B2–393/4

AgNO$_3$–AgI–KI–KNO$_3$ . . . . 61 (Ag):   Hb/B2–431/3

AgNO$_3$–AgI–NaI–NaNO$_3$ . . . . . . 61 (Ag):   Hb/B2–430/1

AgNO$_3$–AgI–TlI–TlNO$_3$ . . . . 61 (Ag):   Hb/B4–224/5

AgNO$_3$–AgIO$_3$ . . . . 61 (Ag):   Hb/B2–446

AgNO$_3$–Ag$_2$C$_2$–H$_2$O . . . . 61 (Ag):   Hb/B3–270

AgNO$_3$–Ag$_2$MoO$_4$–H$_2$O . . . . 61 (Ag):   Hb/B4–339

AgNO$_3$–Ag$_2$SO$_4$ . . . . 61 (Ag):   Hb/B3–99

AgNO$_3$–Ag$_2$SO$_4$–KNO$_3$–K$_2$SO$_4$ . . . . 61 (Ag):   Hb/B3–108

AgNO$_3$–Ag$_2$SO$_4$–TlNO$_3$–Tl$_2$SO$_4$ . . . . 61 (Ag):   Hb/B4–226

AgNO$_3$–BaCl$_2$ . . . . 61 (Ag):   Hb/B1–494

AgNO$_3$–Ba(NO$_3$)$_2$ . . . . 61 (Ag):   Hb/B1–283/4

AgNO$_3$–Ba(NO$_3$)$_2$–NH$_4$NO$_3$–H$_2$O . . . 61 (Ag):   Hb/B1–284

AgNO$_3$–Ba(NO$_3$)$_2$–NaNO$_3$ . . . . . . 61 (Ag):   Hb/B1–285

AgNO$_3$–C$_3$H$_6$ . . . . 61 (Ag):   Hb/B1–221

AgNO$_3$–C$_3$H$_6$–C$_3$H$_8$ . . . . 61 (Ag):   Hb/B1–221

AgNO$_3$–C$_3$H$_6$–H$_2$O . . . . 61 (Ag):   Hb/B1–221

AgNO$_3$–C$_6$H$_5$OH . . . . 61 (Ag):   Hb/B1–222

AgNO$_3$–C$_6$H$_5$OH–H$_2$O . . . . 61 (Ag):   Hb/B1–222

AgNO$_3$–C$_6$H$_{12}$–H$_2$O . . . . 61 (Ag):   Hb/B1–221

AgNO$_3$–Ca(NO$_3$)$_2$ . . . . 61 (Ag):   Hb/B1–282/3

AgNO$_3$–CdCl$_2$ . . . . 61 (Ag):   Hb/B4–148

AgNO$_3$–CdI$_2$ . . . . 61 (Ag):   Hb/B4–151

AgNO$_3$–Cd(NO$_3$)$_2$ . . . . 61 (Ag):   Hb/B4–145

AgNO$_3$–Cd(NO$_3$)$_2$–KNO$_3$ . . . . 61 (Ag):   Hb/B4–145/6

AgNO$_3$–Cd(NO$_3$)$_2$–LiNO$_3$ . . . . . . 61 (Ag):   Hb/B4–145

AgNO$_3$–CsNO$_3$ . . . . 61 (Ag):   Hb/B1–280/1

AgNO$_3$–Cu(NO$_3$)$_2$–H$_2$O . . . . 61 (Ag):   Hb/B4–442

AgNO$_3$–Cu(OH)$_2$–H$_2$O . . . . 61 (Ag):   Hb/B4–442

AgNO$_3$–H$_2$O . . . . 61 (Ag):   Hb/B1–223/5

AgNO$_3$–HgBr$_2$ . . . . 61 (Ag):   Hb/B4–162

AgNO$_3$–HgCl$_2$ . . . . 61 (Ag):   Hb/B4–161

AgNO$_3$–HgI$_2$ . . . . 61 (Ag):   Hb/B4–174/5

AgNO$_3$–KNO$_3$ . . . . 61 (Ag):   Hb/B1–264/5

AgNO$_3$–KNO$_3$–H$_2$O . . . . 61 (Ag):   Hb/B1–269/70

AgNO$_3$–KNO$_3$–NH$_4$NO$_3$ . . . . 61 (Ag):   Hb/B1–276/7

AgNO$_3$–KNO$_3$–NaNO$_3$ . . . . 61 (Ag):   Hb/B1–271/2

AgNO$_3$–KNO$_3$–NaNO$_3$–TlNO$_3$ . . . . 61 (Ag):   Hb/B4–221

AgNO$_3$–KNO$_3$–TlNO$_3$ . . . . 61 (Ag):   Hb/B4–221

AgNO$_3$–LiNO$_3$ . . . . 61 (Ag):   Hb/B1–256

AgNO$_3$–LiNO$_3$–H$_2$O . . . . 61 (Ag):   Hb/B1–258

AgNO$_3$–LiNO$_3$–NH$_4$NO$_3$ . . . . 61 (Ag):   Hb/B1–276

AgNO$_3$–LiNO$_3$–RbNO$_3$ . . . . 61 (Ag):   Hb/B1–279/80

AgNO$_3$–Mg(NO$_3$)$_2$ . . . . 61 (Ag):   Hb/B1–282

AgNO$_3$–Mg(NO$_3$)$_2$ · 6 H$_2$O . . . . . . 61 (Ag):   Hb/B1–282

AgNO$_3$–NH$_3$–H$_2$O . . . . 61 (Ag):   Hb/B1–243

AgNO$_3$–NH$_4$NO$_3$ . . . . 61 (Ag):   Hb/B1–272/3

AgNO$_3$–NH$_4$NO$_3$–H$_2$O . . . . 61 (Ag):   Hb/B1–273/5

AgNO$_3$ . . . . AgNO$_3$ systems:
         AgNO$_3$–NH$_4$NO$_3$–NaNO$_3$ . . . . 61 (Ag): Hb/B1–276
         AgNO$_3$–NH$_4$NO$_3$–Pb(NO$_3$)$_2$ . . . . . . 61 (Ag): Hb/B4–255/6
         AgNO$_3$–NH$_4$NO$_3$–Pb(NO$_3$)$_2$–H$_2$O . . . 61 (Ag): Hb/B4–255/6
         AgNO$_3$–NaNO$_3$ . . . . 61 (Ag): Hb/B1–258
         AgNO$_3$–NaNO$_3$–TlNO$_3$. . . . . 61 (Ag): Hb/B4–221
         AgNO$_3$–Pb(NO$_3$)$_2$ . . . . 61 (Ag): Hb/B4–255
         AgNO$_3$–Pb(NO$_3$)$_2$–H$_2$O. . . . . 61 (Ag): Hb/B4–255
         AgNO$_3$–RbNO$_3$ . . . . 61 (Ag): Hb/B1–277/80
         AgNO$_3$–SrCl$_2$ . . . . 61 (Ag): Hb/B1–494
         AgNO$_3$–Sr(NO$_3$)$_2$ . . . . 61 (Ag): Hb/B1–283
         AgNO$_3$–TlNO$_3$ . . . . 61 (Ag): Hb/B4–219/20
         AgNO$_3$–ZnSO$_4$ . . . . 61 (Ag): Hb/B4–141
AgNO$_3$$^+$ . . . . [AgNO$_3$]$^+$ . . . . 61 (Ag): Hb/B1–285
AgNO$_3$$^-$ . . . . AgNO$_3$$^-$ . . . . 61 (Ag): Hb/B1–211
AgNO$_3$Os . . . . . . Ag[OsO$_3$N] . . . . 66 (Os): Hb–96
AgNO$_4$P$_2$ . . . . . . AgP$_2$O$_4$N . . . . 61 (Ag): Hb/B4–28
AgN$_2$NaO$_4$ . . . . . NaAg(NO$_2$)$_2$ . . . . 61 (Ag): Hb/B1–183/4
AgN$_2$O$_4$$^-$ . . . . . . [Ag(NO$_2$)$_2$]$^-$ . . . . 61 (Ag): Hb/B1–181/2, 183
AgN$_2$O$_6$ . . . . Ag(NO$_3$)$_2$ . . . . 61 (Ag): Hb/B1–285
AgN$_2$O$_6$$^-$ . . . . . . [Ag(NO$_3$)$_2$]$^-$ . . . . 61 (Ag): Hb/B1–225/6, 255
AgN$_2$O$_6$Rb . . . . . AgRb(NO$_3$)$_2$ = AgNO$_3$ · RbNO$_3$ . . . . . 61 (Ag): Hb/B1–277, 279/80
AgN$_2$O$_6$Tl . . . . . . AgTl(NO$_3$)$_2$ . . . . 61 (Ag): Hb/A3–182
                                                                                  Hb/B4–220
AgN$_2$S$_2$ . . . . AgN$_2$S$_2$ . . . . 61 (Ag): Hb/B3–133
AgN$_3$ . . . . AgN$_3$ . . . . 61 (Ag): Hb/B1–147/68
         Chemical reactions . . . . 61 (Ag): Hb/B1–155/66
         Formation and preparation . . . . . 61 (Ag): Hb/B1–147/8
         Physical properties . . . . 61 (Ag): Hb/B1–148/55
         Solubility . . . . 61 (Ag): Hb/B1–166/8
–. . . . . AgN^{15}NN . . . . 61 (Ag): Hb/B1–147, 165
–. . . . . ^{110}AgN$_3$. . . . . 61 (Ag): Hb/B1–153
–. . . . . AgN$_3$ solid solutions:
         AgN$_3$–NaN$_3$ . . . . 61 (Ag): Hb/B1–166
         AgN$_3$–Pb(N$_3$)$_2$. . . . . 61 (Ag): Hb/B4–254/5
–. . . . . AgN$_3$ systems:
         AgN$_3$–Ag$_2$CO$_3$ . . . . 61 (Ag): Hb/B1–166
         AgN$_3$–Cu(N$_3$)$_2$. . . . . 61 (Ag): Hb/B1–166
         AgN$_3$–Pb(N$_3$)$_2$. . . . . 61 (Ag): Hb/B1–166
AgN$_3$O$_9$$^{2-}$ . . . . . . [Ag(NO$_3$)$_3$]$^{2-}$ . . . . 61 (Ag): Hb/B1–255
AgN$_3$O$_9$Rb$_2$ . . . . . AgRb$_2$(NO$_3$)$_3$ = AgNO$_3$ · 2 RbNO$_3$ . . . . 61 (Ag): Hb/B1–277, 279/80
AgN$_4$O$_{12}$Rb$_3$ . . . . . AgRb$_3$(NO$_3$)$_4$ = AgNO$_3$ · 3 RbNO$_3$ . . . 61 (Ag): Hb/B1–277
AgN$_6$$^-$ . . . . [Ag(N$_3$)$_2$]$^-$ . . . . 61 (Ag): Hb/B1–167, 168
AgN$_9$$^{2-}$ . . . . [Ag(N$_3$)$_3$]$^{2-}$ . . . . 61 (Ag): Hb/B1–167, 168
AgN$_{12}$$^{3-}$ . . . . [Ag(N$_3$)$_4$]$^{3-}$ . . . . 61 (Ag): Hb/B1–167, 168
AgNaO . . . . AgNaO . . . . 61 (Ag): Hb/B1–136
AgNaO$_3$S . . . . . . NaAgSO$_3$ · 2 H$_2$O . . . . 61 (Ag): Hb/B3–68
AgNaO$_3$S$_2$ . . . . . . NaAgS$_2$O$_3$ . . . . 61 (Ag): Hb/B3–118

AgNaO$_3$S$_2$ . . . . . . NaAgS$_2$O$_3 \cdot$ H$_2$O . . . . 61 (AG):   Hb/B3–115, 118/9
–. . . . . NaAgS$_2$O$_3 \cdot$ 1.5 H$_2$O. . . . . 61 (Ag):   Hb/B3–119
AgNa$_3$O$_2$ . . . . Na$_3$AgO$_2$ = 3 Na$_2$O $\cdot$ Ag$_2$O . . . . . . 61 (Ag):   Hb/B1–137
AgNa$_3$O$_6$S$_4$ . . . . . Na$_3$Ag(S$_2$O$_3$)$_2$ . . . . 61 (Ag):   Hb/B3–121/2
–. . . . . Na$_3$Ag(S$_2$O$_3$)$_2 \cdot$ 2 H$_2$O . . . . 61 (Ag):   Hb/B3–115, 117, 122
–. . . . . Na$_3$Ag(S$_2$O$_3$)$_2 \cdot$ 3 H$_2$O . . . . 61 (Ag):   Hb/B3–122
AgNa$_5$O$_9$S$_6$ . . . . . Na$_5$Ag(S$_2$O$_3$)$_3$ . . . . 61 (Ag):   Hb/B3–122
AgNa$_7$O$_{12}$S$_8$ . . . . Na$_7$Ag(S$_2$O$_3$)$_4$ . . . . 61 (Ag):   Hb/B3–122
AgNa$_9$O$_{15}$S$_{10}$ . . . . Na$_9$Ag(S$_2$O$_3$)$_5$ . . . . 61 (Ag):   Hb/B3–123
AgNb$_{0.7}$O$_3$V$_{0.3}$ . . . . AgNb$_{0.7}$V$_{0.3}$O$_3$ solid solutions:
                         (Na$_{1-x}$Ag$_x$)Nb$_{0.7}$V$_{0.3}$O$_3$ . . . . 61 (Ag):   Hb/B4–284
AgNbO$_3$. . . . . . . AgNbO$_3$ . . . . 61 (Ag):   Hb/B4–282
–. . . . . AgNbO$_3 \cdot$ H$_2$O . . . . 61 (Ag):   Hb/B4–283
–. . . . . AgNbO$_3$ solid solutions:
                         Ag(Nb,Ta)O$_3$. . . . . 61 (Ag):   Hb/B4–286
                         (Ag,K)NbO$_3$ . . . . 61 (Ag):   Hb/B4–284
                         (Ag,Na)NbO$_3$ . . . . 61 (Ag):   Hb/B4–284
AgNbO$_6$W . . . . . AgNbWO$_6 \cdot$ H$_2$O. . . . . 61 (Ag):   Hb/B4–350
AgNb$_3$O$_8$ . . . . . . AgNb$_3$O$_8$ = Ag$_2$O $\cdot$ 3 Nb$_2$O$_5$ . . . . . 61 (Ag):   Hb/B4–283
AgNb$_7$O$_{18}$. . . . . . AgNb$_7$O$_{18}$ = Ag$_2$O $\cdot$ 7 Nb$_2$O$_5$ . . . . . 61 (Ag):   Hb/B4–283
AgNb$_{13}$O$_{33}$ . . . . . AgNb$_{13}$O$_{33}$ = Ag$_2$O $\cdot$ 13 Nb$_2$O$_5$ . . . . 61 (Ag):   Hb/B4–283
AgNd . . . . AgNd . . . . 61 (Ag):   Hb/C–219
AgNd$_3$S$_7$Si . . . . . AgNd$_3$SiS$_7$ . . . . 61 (Ag):   Hb/B4–233/4
AgNd$_3$Se$_7$Si . . . . AgNd$_3$SiSe$_7$ . . . . 61 (Ag):   Hb/B4–236/7
AgNd$_5$S$_8$ . . . . . . AgNd$_5$S$_8$ . . . . 61 (Ag):   Hb/B4–232
AgNe . . . . AgNe . . . . 61 (Ag):   Hb/B1–1
AgNiO$_2$ . . . . AgNiO$_2$ . . . . 61 (Ag):   Hb/B4–383
AgNiO$_6$S$_4$ . . . . . . Ni[Ag(S$_2$O$_3$)$_2$] $\cdot$ H$_2$O . . . . 61 (Ag):   Hb/B4–384
AgNi$_3$ . . . . Ni$_3$Ag . . . . 61 (Ag):   Hb/C–358
AgO . . . . AgO, molecule. . . . . 61 (Ag):   Hb/B1–102/6
–. . . . . AgO = AgAgO$_2$ . . . . 61 (Ag):   Hb/B1–106/16, 124,
                                                                                    125/8
–. . . . . AgO solid solutions:
                         (Ag,Cu)O. . . . . 61 (Ag):   Hb/B4–440
                         (Ag,Mn)O . . . . 61 (Ag):   Hb/B4–362
AgO$^+$ . . . . AgO$^+$ . . . . 61 (Ag):   Hb/B1–126
AgO$^-$ . . . . AgO$^-$ . . . . 61 (Ag):   Hb/B1–126
AgORb . . . . RbAgO . . . . 61 (Ag):   Hb/B1–139/40
AgO$_2$ . . . . AgO$_2$ . . . . 61 (Ag):   Hb/B1–122
AgO$_2$Sc . . . . AgScO$_2$ . . . . 61 (Ag):   Hb/B4–231
AgO$_2$Tl . . . . AgTlO$_2$ . . . . 61 (Ag):   Hb/B4–218/9
AgO$_3$P . . . . Ag$_3$P$_3$O$_9 \cdot$ H$_2$O . . . . 61 (Ag):   Hb/B4–25/6
–. . . . . Ag$_4$P$_4$O$_{12} \cdot$ nH$_2$O . . . . 61 (Ag):   Hb/B4–26
–. . . . . Ag$_5$P$_5$O$_{15} \cdot$ nH$_2$O. . . . . 61 (Ag):   Hb/B4–26
–. . . . . Ag$_6$P$_6$O$_{18} \cdot$ nH$_2$O. . . . . 61 (Ag):   Hb/B4–26
–. . . . . Ag$_8$P$_8$O$_{24} \cdot$ nH$_2$O. . . . . 61 (Ag):   Hb/B4–26/7
–. . . . . Ag$_n$P$_n$O$_{3n}$ . . . . 61 (Ag):   Hb/B4–25
–. . . . . AgPO$_3$ systems:
                         (AgPO$_3$)$_n$–Ag$_3$PO$_4$ . . . . 61 (Ag):   Hb/B4–17

AgO_3P . . . . $AgPO_3$ systems:
$AgPO_3$–$Cd(PO_3)_2$ . . . . 61 (Ag):   Hb/B4–155/6
$AgPO_3$–$Cu(PO_3)_2$ . . . . 61 (Ag):   Hb/B4–486
AgO_3S^- . . . . $AgSO_3^-$ . . . . 61 (Ag):   Hb/B3–66/7
$AgO_3S_2^-$ . . . . $[Ag(S_2O_3)]^-$ . . . . 61 (Ag):   Hb/B3–111/6
AgO_3Sb . . . . $AgSbO_3$ . . . . 61 (Ag):   Hb/B4–88/9
–. . . . . $AgSbO_3 \cdot 3\,H_2O = AgSb(OH)_6$ . . . . . 61 (Ag):   Hb/B4–89
AgO_3Se^- . . . . $[Ag(SeO_3)]^-$ . . . . 61 (Ag):   Hb/B3–191
AgO_3Ta . . . . $AgTaO_3 = Ag_2O \cdot Ta_2O_5$ . . . . . 61 (Ag):   Hb/B4–285/6
–. . . . . $AgTaO_3$ solid solutions:
$Ag(Ta,Nb)O_3$ . . . . 61 (Ag):   Hb/B4–286
$(Ag,K)TaO_3$ . . . . 61 (Ag):   Hb/B4–286
AgO_3V . . . . $AgVO_3$ . . . . 61 (Ag):   Hb/B4–278/9
–. . . . . $AgVO_3$ systems:
$AgVO_3$–KVO_3 . . . . 61 (Ag):   Hb/B4–280
AgO_3W . . . . $AgWO_3$ . . . . 61 (Ag):   Hb/B4–346
AgO_4Re . . . . $AgReO_4$ . . . . 70 (Re):   Hb–152/3
AgO_4S^- . . . . $AgSO_4^-$ . . . . 61 (Ag):   Hb/B3–77, 95
AgO_4STl . . . . . . $AgTlSO_4 = Ag_2SO_4 \cdot Tl_2SO_4$ . . . . . 61 (Ag):   Hb/B4–225
AgO_4Sb . . . . $AgSbO_4 \cdot 2\,H_2O$ . . . . 61 (Ag):   Hb/B4–89
AgO_5TeV . . . . . . $AgVTeO_5$ . . . . 61 (Ag):   Hb/B4–282
AgO_5V_2 . . . . AgV_2O_5 . . . . 61 (Ag):   Hb/B4–274
AgO_6PU . . . . . . $AgUO_2PO_4 \cdot 3\,H_2O$ . . . . 61 (Ag):   Hb/B4–358
$AgO_6S_2^{3-}$ . . . . . . $[Ag(SO_3)_2]^{3-}$ . . . . 61 (Ag):   Hb/B3–66/7
$AgO_6S_4^{3-}$ . . . . . . $[Ag(S_2O_3)_2]^{3-}$ . . . . 61 (Ag):   Hb/B3–111/6
AgO_6SbW . . . . . $AgSbWO_6 \cdot H_2O$ . . . . 61 (Ag):   Hb/B4–350
$AgO_6Se_2^{3-}$ . . . . . . $[Ag(SeO_3)_2]^{3-}$ . . . . 61 (Ag):   Hb/B3–191
AgO_6TaW . . . . . . $AgTaWO_6 \cdot H_2O$ . . . . 61 (Ag):   Hb/B4–350
AgO_6V_2 . . . . $Ag(VO_3)_2$ . . . . 61 (Ag):   Hb/B4–280
$AgO_8S_2^{3-}$ . . . . . . $[Ag(SO_4)_2]^{3-}$ . . . . 61 (Ag):   Hb/B3–95
AgO_8S_2Sb . . . . . $AgSb(SO_4)_2$ . . . . 61 (Ag):   Hb/B4–101
AgO_8S_2V . . . . . $AgV(SO_4)_2$ . . . . 61 (Ag):   Hb/B4–281
$AgO_9S_3^{5-}$ . . . . . . $[Ag(SO_3)_3]^{5-}$ . . . . 61 (Ag):   Hb/B3–66/7
$AgO_9S_6^{5-}$ . . . . . . $[Ag(S_2O_3)_3]^{5-}$ . . . . 61 (Ag):   Hb/B3–111/6
$AgO_{12}P_3Th_2$ . . . . . $AgTh_2(PO_4)_3$ . . . . 61 (Ag):   Hb/B4–240
$AgO_{12}P_3Ti_2$ . . . . . $AgTi_2(PO_4)_3$ . . . . 61 (Ag):   Hb/B4–238
$AgO_{12}S_3^{5-}$ . . . . . $[Ag(SO_4)_3]^{5-}$ . . . . 61 (Ag):   Hb/B3–95
$AgO_{12}S_8^{7-}$ . . . . . $[Ag(S_2O_3)_4]^{7-}$ . . . . 61 (Ag):   Hb/B3–111/6
$AgO_{12}Te_2^{9-}$ . . . . . $[Ag(TeO_6)_2]^{9-}$ . . . . 61 (Ag):   Hb/B3–241
$AgO_{15}S_{10}^{9-}$ . . . . . $[Ag(S_2O_3)_5]^{9-}$ . . . . 61 (Ag):   Hb/B3–111/6
$AgO_{18}V_7$ . . . . . AgV_7O_{18} . . . . 61 (Ag):   Hb/B4–277, 279
AgO_x . . . . AgO_x . . . . 61 (Ag):   Hb/B1–106, 128/32
AgO_xRb . . . . $RbAgO_x$ . . . . 61 (Ag):   Hb/B1–140
$AgPS$ . . . . $AgPS$ . . . . 61 (Ag):   Hb/B4–37
$AgPS_{1.3}$ . . . . $AgPS_{1.3}$ . . . . 61 (Ag):   Hb/B4–37
$AgPS_3$ . . . . $(AgPS_3)_x$ . . . . 61 (Ag):   Hb/B4–37
AgP_2 . . . . AgP_2 . . . . 61 (Ag):   Hb/B4–3/4
–. . . . . AgP_2 solid solutions:
AgP_2–Cu_3P . . . . 61 (Ag):   Hb/B4–485/6

AgP$_3$ . . . . AgP$_3$ . . . . 61 (Ag):   Hb/B4–4
AgPbS$_3$Sb . . . . . . AgPbSbS$_3$ . . . . 61 (Ag):   Hb/B4–265/6
AgPr . . . . AgPr . . . . 61 (Ag):   Hb/C–218
AgPr$_3$S$_7$Si . . . . . . AgPr$_3$SiS$_7$ . . . . 61 (Ag):   Hb/B4–233/4
AgPr$_3$Se$_7$Si . . . . . . AgPr$_3$SiSe$_7$ . . . . 61 (Ag):   Hb/B4–236/7
AgPr$_5$S$_8$ . . . . AgPr$_5$S$_8$. . . . . 61 (Ag):   Hb/B4–232
AgPt . . . . PtAg . . . . 68 (Pt):   Hb/A6–810/4
AgPt$_3$ . . . . Pt$_3$Ag . . . . 68 (Pt):   Hb/A6–810/4
AgS . . . . AgS . . . . 61 (Ag):   Hb/B3–1
AgSTl . . . . AgTlS . . . . 61 (Ag):   Hb/B4–225
AgS$_2$Sb . . . . AgSbS$_2$ . . . . 61 (Ag):   Hb/B4–98/100
–. . . . . AgSbS$_2$ systems:
                    AgSbS$_2$–AgBiS$_2$ . . . . 61 (Ag):   Hb/B4–135
                    AgSbS$_2$–PbS . . . . 61 (Ag):   Hb/B4–265/6
AgS$_2$Sm . . . . . . AgSmS$_2$ . . . . 61 (Ag):   Hb/B4–232/3
AgS$_2$Tb . . . . AgTbS$_2$ . . . . 61 (Ag):   Hb/B4–232/3
AgS$_2$Tl . . . . AgTlS$_2$ . . . . 61 (Ag):   Hb/B4–225
AgS$_2$Tm . . . . . . AgTmS$_2$ . . . . 61 (Ag):   Hb/B4–232/3
AgS$_2$Y . . . . AgYS$_2$ . . . . 61 (Ag):   Hb/B4–232/3
AgS$_2$Yb . . . . AgYbS$_2$. . . . . 61 (Ag):   Hb/B4–232/3
AgS$_7$SiSm$_3$ . . . . . AgSm$_3$SiS$_7$ . . . . 61 (Ag):   Hb/B4–233/4
AgS$_8$Sm$_5$ . . . . . . AgSm$_5$S$_8$ . . . . 61 (Ag):   Hb/B4–232
AgS$_8$Tb$_5$ . . . . . . AgTb$_5$S$_8$ . . . . 61 (Ag):   Hb/B4–232
AgSb . . . . AgSb . . . . 61 (Ag):   Hb/B4–69
AgSbSeTe . . . . . AgSbTeSe . . . . 61 (Ag):   Hb/B4–113
AgSbSe$_2$ . . . . AgSbSe$_2$ . . . . 61 (Ag):   Hb/B4–103/5
–. . . . . AgSbSe$_2$ systems:
                    AgSbSe$_2$–AgBiSe$_2$ . . . . 61 (Ag):   Hb/B4–135/6
                    AgSbSe$_2$–AgSbTe$_2$ . . . . 61 (Ag):   Hb/B4–113/4
                    AgSbSe$_2$–PbSe . . . . 61 (Ag):   Hb/B4–268
                    AgSbSe$_2$–PbTe . . . . 61 (Ag):   Hb/B4–273
AgSbSe$_3$Sn . . . . . . AgSnSbSe$_3$ . . . . 61 (Ag):   Hb/B4–250
AgSbTe$_2$ . . . . AgSbTe$_2$ . . . . 61 (Ag):   Hb/B4–108/13
–. . . . . AgSbTe$_2$ solid solutions:
                    AgSbTe$_2$–GeTe–PbTe . . . . 61 (Ag):   Hb/B4–273
                    AgSbTe$_2$–PbTe–SnTe . . . . 61 (Ag):   Hb/B4–272
                    AgSbTe$_2$–SnTe . . . . 61 (Ag):   Hb/B4–251
–. . . . . AgSbTe$_2$ systems:
                    AgSbTe$_2$–AgBiSe$_2$ . . . . 61 (Ag):   Hb/B4–136
                    AgSbTe$_2$–AgBiTe$_2$ . . . . 61 (Ag):   Hb/B4–136
                    AgSbTe$_2$–AgSbSe$_2$ . . . . 61 (Ag):   Hb/B4–113/4
                    AgSbTe$_2$–GeTe . . . . 61 (Ag):   Hb/B4–245/6
                    AgSbTe$_2$–PbSe . . . . 61 (Ag):   Hb/B4–273
                    AgSbTe$_2$–PbTe . . . . 61 (Ag):   Hb/B4–269/70
AgSb$_3$Si$_2$ . . . . AgSi$_2$Sb$_3$ . . . . 61 (Ag):   Hb/B4–114
AgSb$_3$Sn$_2$. . . . . . . AgSn$_2$Sb$_3$ . . . . 61 (Ag):   Hb/B4–252
–. . . . . AgSn$_2$Sb$_3$ solid solutions:
                    AgSn$_2$Sb$_3$–InSb. . . . . 61 (Ag):   Hb/B4–252

AgSc . . . . AgSc . . . . 61 (Ag): Hb/C−210
AgScSe$_2$ . . . . . . AgScSe$_2$ . . . . 61 (Ag): Hb/B4−235/6
AgSe . . . . AgSe . . . . 61 (Ag): Hb/B3−187
AgSeTl . . . . AgTlSe . . . . 61 (Ag): Hb/B4−227
AgSe$_2$Tb . . . . . . AgTbSe$_2$ . . . . 61 (Ag): Hb/B4−235/6
AgSe$_2$Tl . . . . . . AgTlSe$_2$ . . . . 61 (Ag): Hb/B4−227/8
AgSe$_2$Tm . . . . . . AgTmSe$_2$ . . . . 61 (Ag): Hb/B4−235/6
AgSe$_2$Y . . . . . . AgYSe$_2$ . . . . 61 (Ag): Hb/B4−235/6
AgSe$_2$Yb . . . . . . AgYbSe$_2$ . . . . 61 (Ag): Hb/B4−235/6
AgSm . . . . AgSm . . . . 61 (Ag): Hb/C−221
AgSnTe$_2$ . . . . . . AgSnTe$_2$ . . . . 61 (Ag): Hb/B4−251
AgTb . . . . AgTb . . . . 61 (Ag): Hb/C−228
AgTe . . . . AgTe . . . . 61 (Ag): Hb/B3−203, 237
AgTeTl . . . . AgTlTe . . . . 61 (Ag): Hb/B4−229
AgTe$_2$Tl . . . . . . AgTlTe$_2$ . . . . 61 (Ag): Hb/B4−229/30
AgTh$_2$ . . . . AgTh$_2$ . . . . 61 (Ag): Hb/C−254/6
−. . . . . AgTh$_2$ solid solutions:
                    AgTh$_2$−AlTh$_2$ . . . . 61 (Ag): Hb/C−256

AgTi . . . . AgTi . . . . 61 (Ag): Hb/C−241/5
AgTi$_2$ . . . . AgTi$_2$ . . . . 61 (Ag): Hb/C−241/5
AgTi$_3$ . . . . AgTi$_3$ . . . . 61 (Ag): Hb/C−241/5
AgTm . . . . AgTm . . . . 61 (Ag): Hb/C−235
AgY . . . . AgY . . . . 61 (Ag): Hb/C−212
AgYb . . . . AgYb . . . . 61 (Ag): Hb/C−235/6
AgZr . . . . AgZr . . . . 61 (Ag): Hb/C−248/50
AgZr$_2$ . . . . AgZr$_2$ . . . . 61 (Ag): Hb/C−248/9
AgZr$_3$ . . . . AgZr$_3$ . . . . 61 (Ag): Hb/C−248/9
Ag$_{1.2}$Cu$_{0.8}$S . . . . . Ag$_{1.2}$Cu$_{0.8}$S . . . . 61 (Ag): Hb/B4−464
Ag$_{1.5}$C$_{12}$Cl$_{0.5}$CoH$_8$O$_6$. Ag[Co(C$_5$H$_4$COO)$_2$] · 0.5 AgClO$_4$ . . . . . Erg. W. 5−389
Ag$_{1.5}$S$_2$Ta . . . . . Ag$_{1.5}$TaS$_2$ . . . . 61 (Ag): Hb/B4−287
Ag$_{1.55}$Cu$_{0.45}$S . . . . . Ag$_{1.55}$Cu$_{0.45}$S . . . . 61 (Ag): Hb/B4−463/4
Ag$_{1.65}$CoK$_{1.35}$N$_6$O$_{12}$. K$_{1.35}$Ag$_{1.65}$[Co(NO$_2$)$_6$] . . . . . 61 (Ag): Hb/B4−389
Ag$_{1.9}$Te . . . . Ag$_{1.9}$Te . . . . 61 (Ag): Hb/B3−201/6
Ag$_2$ . . . . Ag$_2$ . . . . 61 (Ag): Hb/A2−152/4
Ag$_2^+$ . . . . Ag$_2^+$ . . . . 61 (Ag): Hb/A2−12, 152, 154
Ag$_2^-$ . . . . Ag$_2^-$ . . . . 61 (Ag): Hb/A2−152
Ag$_2$Al . . . . Ag$_2$Al . . . . 61 (Ag): Hb/C−147/8
Ag$_2$AlHf$_3$ . . . . . . Ag$_2$Hf$_3$Al . . . . 61 (Ag): Hb/C−254
Ag$_2$Al$_2$O$_{12}$Si$_4$ . . . . Ag$_2$O · Al$_2$O$_3$ · 4 SiO$_2$ · 2 H$_2$O
                    = AgAlSi$_2$O$_6$ · H$_2$O . . . . 61 (Ag): Hb/B4−187
Ag$_2$Al$_3$Br$_{11}$ . . . . . Ag$_2$Al$_3$Br$_{11}$ = 2 AgBr · 3 AlBr$_3$ . . . 61 (Ag): Hb/B4−183
Ag$_2$Al$_4$O$_{27}$P$_8$ . . . . . 2 Al$_2$O$_3$ · Ag$_2$O · 4 P$_2$O$_5$ . . . . . 35 (Al): Hb/B2−349
Ag$_2$Al$_{10}$S$_{16}$ . . . . . Ag$_2$S · 5 Al$_2$S$_3$ = AgAl$_5$S$_8$ . . . . 61 (Ag): Hb/B4−185
Ag$_2$AsC$_2$F$_5$O$_3$ . . . . Ag$_2$[C$_2$F$_5$)AsO$_3$] . . . . 61 (Ag): Hb/B4−52
Ag$_2$AsHO$_4$ . . . . . Ag$_2$HAsO$_4$ . . . . 61 (Ag): Hb/B4−50
Ag$_2$AsKS$_3$ . . . . . KAg$_2$AsS$_3$ . . . . 61 (Ag): Hb/B4−65
Ag$_2$AsO$_4$Tl . . . . . Ag$_2$TlAsO$_4$ . . . . 61 (Ag): Hb/B4−231
Ag$_2$As$_2$CF$_{12}$HN . . . . Ag$_2$(HCN)As$_2$F$_{12}$ . . . . 61 (Ag): Hb/B3−305
Ag$_2$As$_2$O$_4$ . . . . . . Ag$_2$O · As$_2$O$_3$ = AgAsO$_2$ . . . . 61 (Ag): Hb/B4−45

$Ag_2As_2S_4$ . . . . . . $Ag_2S \cdot As_2S_3 = AgAsS_2$ . . . . 61 (Ag):   Hb/B4–63/5

Ag_2AuCl_3O . . . . . . $Ag_2[AuCl_3O]$ . . . . 62 (Au):   Hb/3–766

$Ag_2Au_2S_2$ . . . . $Ag_2S \cdot Au_2S$ . . . . 62 (Au):   Hb/3–766

$Ag_2Au_3Cl_{17}H_{24}N_6$ . . . $Ag_2(NH_4)_6Au_3Cl_{17}$ . . . . 62 (Au):   Hb/3–768

$Ag_2Au_3Cl_{17}Rb_6$ . . . . $Ag_2Rb_6Au_3Cl_{17}$ . . . . 62 (Au):   Hb/3–768

$Ag_2Au_4I_{11}Rb_3$ . . . . . $Ag_2Rb_3Au_4I_{11}$

                     $= 2\ AgI \cdot 3\ RbI \cdot 3\ AuI \cdot AuI_3$ . . . . . 62 (Au):   Hb/3–768

Ag_2BF_6H . . . . . . $AgBF_4 \cdot AgF \cdot HF \cdot 5\ H_2O$ . . . . 61 (Ag):   Hb/B3–262

$Ag_2B_4H_4O_9$ . . . . . $Ag_2B_4O_5(OH)_4$ . . . . 61 (Ag):   Hb/B3–253

$Ag_2B_4O_7$ . . . . $Ag_2B_4O_7 = Ag_2O \cdot 2\ B_2O_3$ . . . . 61 (Ag):   Hb/B3–254

–. . . . . $Ag_2B_4O_7 \cdot 2\ H_2O$ . . . . 61 (Ag):   Hb/B3–254/5

$Ag_2B_6Ni_{21}$ . . . . . . $Ag_2Ni_{21}B_6$ . . . . 61 (Ag):   Hb/B4–385

$Ag_2B_8O_{13}$ . . . . $Ag_2B_8O_{13} = Ag_2O \cdot 4\ B_2O_3$ . . . . . . 61 (Ag):   Hb/B3–255/6

–. . . . . $Ag_2B_8O_{13}$ solid solutions:

                     $Ag_2B_8O_{13}$–$Na_2B_8O_{13}$ . . . . . 61 (Ag):   Hb/B3–258

$Ag_2B_{10}Br_{10}$ . . . . . $Ag_2B_{10}Br_{10}$ . . . . 61 (Ag):   Hb/B3–263

$Ag_2B_{10}Cl_{10}$ . . . . . $Ag_2B_{10}Cl_{10}$ . . . . 61 (Ag):   Hb/B3–262/3

$Ag_2B_{10}H_{10}$ . . . . . $Ag_2B_{10}H_{10}$ . . . . 61 (Ag):   Hb/B3–247

$Ag_2B_{10}H_{10}N_2$ . . . . . $Ag_2B_{10}H_8(NH)_2$ . . . . 61 (Ag):   Hb/B3–247

$Ag_2B_{12}Br_{12}$ . . . . . $Ag_2B_{12}Br_{12}$ . . . . 61 (Ag):   Hb/B3–263

$Ag_2B_{12}CH_{12}O_2$ . . . . $Ag_2B_{12}H_{11}COOH \cdot 0.5\ H_2O$ . . . . . . 61 (Ag):   Hb/B3–247

$Ag_2B_{12}Cl_{12}$ . . . . . $Ag_2B_{12}Cl_{12}$ . . . . 61 (Ag):   Hb/B3–262/3

$Ag_2B_{12}H_{12}$ . . . . . $Ag_2B_{12}H_{12}$ . . . . 61 (Ag):   Hb/B3–247

$Ag_2B_{12}I_{12}$ . . . . . . $Ag_2B_{12}I_{12}$ . . . . 61 (Ag):   Hb/B3–263

$Ag_2B_{18}O_{28}$ . . . . . $Ag_2B_{18}O_{28} = Ag_2O \cdot 9\ B_2O_3$ . . . . . 61 (Ag):   Hb/B3–256

Ag_2Ba . . . . Ag_2Ba . . . . 61 (Ag):   Hb/C–38

$Ag_2BaC_4N_4S_4$ . . . . . $BaAg_2(SCN)_4 \cdot 2\ H_2O$ . . . . 61 (Ag):   Hb/B3–367

$Ag_2BaC_7Cs_3N_7S_7$ . . . $Cs_3BaAg_2(SCN)_7$ . . . . 61 (Ag):   Hb/B3–368

$Ag_2BaC_8K_4N_8S_8$ . . . $K_4BaAg_2(SCN)_8 \cdot H_2O$ . . . . 61 (Ag):   Hb/B3–368

$Ag_2BaN_4O_8$ . . . . . . $Ag_2Ba(NO_2)_4 \cdot H_2O$ . . . . 30 (Ba):   Hb–149

$Ag_2BaN_4O_{12}$ . . . . . $Ag_2Ba(NO_3)_4 = 2\ AgNO_3 \cdot Ba(NO_3)_2$ . . . 61 (Ag):   Hb/B1–283

$Ag_2BaO_6S_4$ . . . . . $BaAg_2(S_2O_3)_2 \cdot 4\ H_2O$ . . . . 61 (Ag):   Hb/B3–127

Ag_2BaS_2 . . . . . . $Ag_2S \cdot BaS$ . . . . 61 (Ag):   Hb/B3–60/1

$Ag_2Ba_2O_3$ . . . . . . $Ba_2Ag_2O_3 = 2\ BaO \cdot Ag_2O$ . . . . . . 61 (Ag):   Hb/B1–140

$Ag_2Ba_3O_{12}S_8$ . . . . $Ba_3[Ag(S_2O_3)_2]_2$ . . . . 61 (Ag):   Hb/B3–115

$Ag_2Ba_5O_{18}S_{12}$ . . . . $Ba_5[Ag(S_2O_3)_3]_2$ . . . . 61 (Ag):   Hb/B3–127

$Ag_2Ba_7O_{24}S_{16}$ . . . . $Ba_7[Ag(S_2O_3)_4]_2$ . . . . 61 (Ag):   Hb/B3–127

$Ag_2Ba_9O_{30}S_{20}$ . . . . $Ba_9[Ag(S_2O_3)_5]_2$ . . . . 61 (Ag):   Hb/B3–127

Ag_2BeF_3HO . . . . . . $Ag_2Be(OH)F_3$ . . . . 61 (Ag):   Hb/B1–308

$Ag_2BiSbTe_4$ . . . . . . $Ag_2SbBiTe_4$ . . . . 61 (Ag):   Hb/B4–136

$Ag_2Bi_2S_4$ . . . . $Ag_2S \cdot Bi_2S_3$

                   see $AgBiS_2$ ... $AgBiS_2$

$Ag_2Bi_2Se_4$ . . . . . . $Ag_2Se \cdot Bi_2Se_3$

                   see $AgBiSe_2$ ... $AgBiSe_2$

$Ag_2Bi_2Te_4$ . . . . . . $Ag_2Te \cdot Bi_2Te_3$

                   see $AgBiTe_2$ ... $AgBiTe_2$

$Ag_2Bi_6S_{10}$ . . . . . . $Ag_2S \cdot 3\ Bi_2S_3 = AgBi_3S_5$ . . . . 61 (Ag):   Hb/B4–130

Ag_2Br . . . . Ag_2Br . . . . 61 (Ag):   Hb/B2–1

Ag_2Br^+ . . . . $[Ag_2Br]^+$ . . . . 61 (Ag):   Hb/B2−12, 128,
                                                                                            141/5
Ag_2BrF . . . . $[Ag_2Br]F = AgBr \cdot AgF$ . . . . 61 (Ag):   Hb/B2−185
Ag_2BrNO_3 . . . . . $AgNO_3 \cdot AgBr = [Ag_2Br]NO_3$ . . . . . . 61 (Ag):   Hb/B2−185
$Ag_2Br_2C_4CuH_{16}I_2N_4$. $[Cu(C_2H_8N_2)_2] [AgIBr]_2$ . . . . 61 (Ag):   Hb/B4−455
$Ag_2Br_2C_4H_{16}I_2N_4Ni$ . . $[Ni(C_2H_8N_2)_2] [AgIBr]_2$ . . . . 61 (Ag):   Hb/B4−384
$Ag_2Br_2C_4N_4Pt$ . . . . . $Ag_2[Pt(CN)_4Br_2]$ . . . . 68 (Pt):   Hb/C3−349
$Ag_2Br_2Cl_2HgO_8$ . . . . 2 $AgBr \cdot Hg(ClO_4)_2$ . . . . 61 (Ag):   Hb/B4−162
Ag_2Br_2HgS . . . . Ag_2HgSBr_2 . . . . 61 (Ag):   Hb/B4−175
$Ag_2Br_2N_4O_8Pt$ . . . . $Ag_2[PtBr_2(NO_2)_4]$ . . . . 68 (Pt):   Hb/C3−347
Ag_2Br_2O . . . . . . $AgBr \cdot AgBrO$ . . . . 61 (Ag):   Hb/B2−184
$Ag_2Br_3^-$ . . . . $Ag_2Br_3^-$ . . . . 61 (Ag):   Hb/B2−141
$Ag_2Br_3C_8H_{20}N$ . . . . $(C_2H_5)_4NAg_2Br_3$ . . . . 61 (Ag):   Hb/B2−146
$Ag_2Br_3C_8H_{20}P$ . . . . . $(C_2H_5)_4PAg_2Br_3$. . . . . 61 (Ag):   Hb/B2−146
$Ag_2Br_4^{2-}$ . . . . $Ag_2Br_4^{2-}$ . . . . 61 (Ag):   Hb/B2−141, 146
$Ag_2Br_4C_4H_{16}N_4Ni$ . . . $[Ni(C_2H_8N_2)_2] [AgBr_2]_2$. . . . . . . 61 (Ag):   Hb/B4−383
$Ag_2Br_4C_{12}H_{14}N_2$ . . . $C_{12}H_{14}N_2Ag_2Br_4$ . . . . 61 (Ag):   Hb/B2−146
$Ag_2Br_4H_2O_2Pt$ . . . . $Ag_2[PtBr_4(OH)_2]$ . . . . 68 (Pt):   Hb/C3−347
$Ag_2Br_5H_3N_2ORu$ . . 2 $AgBr \cdot RuBr_3 \cdot NO \cdot NH_3$ . . . . . 63 (Ru):   Hb−123
Ag_2Br_5Ir. . . . . . . $Ag_2IrBr_5 \cdot xH_2O$ . . . . 67 (Ir):   Hb−139
$Ag_2Br_5Tl_3$ . . . . . . $Ag_2Tl_3Br_5 = 2 AgBr \cdot 3 TlBr$ . . . . . 61 (Ag):   Hb/B4−223
$Ag_2Br_6^{4-}$ . . . . $[Ag_2Br_6]^{4-}$ . . . . 61 (Ag):   Hb/B2−141/4
Ag_2Br_6Os . . . . . . $Ag_2[OsBr_6]$ . . . . 66 (Os):   Hb−96/7
Ag_2Br_6Pt . . . . . . $Ag_2[PtBr_6]$ . . . . 68 (Pt):   Hb/C3−346
Ag_2Br_6Re . . . . . . $Ag_2[ReBr_6]$ . . . . 70 (Re):   Hb−154
$Ag_2Br_9C_{30}H_{34}Ir_3N_6O_3$ $Ag_2H[Ir(C_5H_5N)_2(OH)Br_3]_3$ . . . . . 67 (Ir):   Hb−186
Ag_2CClNO_4Se . . . . $[Ag_2SeCN]ClO_4$ . . . . 61 (Ag):   Hb/B3−371
$Ag_2CF_3H_3N_2O_2S$ . . . $CF_3SO_2NAg_2 \cdot NH_3$ . . . . Erg. W. 12−120, 126,
                                                                                            134/6
$Ag_2CF_3NO_2S$ . . . . . $CF_3SO_2NAg_2$ . . . . Erg. W. 12−120, 126,
                                                                                            134/6
$Ag_2CH_3O_3P$ . . . . . . $Ag_2PO_2(OCH_3) \cdot H_2O$ . . . . 61 (Ag):   Hb/B4−39
$Ag_2CH_4N_4O_7$ . . . . . 2 $AgNO_3 \cdot CO(NH_2)_2$ . . . . 61 (Ag):   Hb/B1−218
$Ag_2CH_6I_3N$ . . . . . . $CH_3H_3NAg_2I_3$ . . . . 61 (Ag):   Hb/B2−389
$Ag_2CH_{12}N_4O_3$ . . . . . $[Ag(NH_3)_2]_2CO_3$ . . . . 61 (Ag):   Hb/B3−292
Ag_2ClNS . . . . $[Ag_2I]SCN$ . . . . 61 (Ag):   Hb/B2−459
Ag_2CN^+. . . . . $[Ag_2CN]^+$ . . . . 61 (Ag):   Hb/B3−316
Ag_2CNS^+ . . . . $[Ag_2SCN]^+$ . . . . 61 (Ag):   Hb/B3−356
Ag_2CNSe^+ . . . . . . $[Ag_2SeCN]^+$ . . . . 61 (Ag):   Hb/B3−370
Ag_2CN_2 . . . . Ag_2NCN . . . . 61 (Ag):   Hb/B3−330/3
−. . . . . $Ag_2N^{14}CN$ . . . . 61 (Ag):   Hb/B3−330
Ag_2CO_3 . . . . Ag_2CO_3 . . . . 61 (Ag):   Hb/B3−273/95
                        Chemical reactions . . . . 61 (Ag):   Hb/B3−282/94
                        Decomposition . . . . 61 (Ag):   Hb/B3−283/91
                        Electrochemical behavior . . . . . . 61 (Ag):   Hb/B3−282
                        Formation . . . . 61 (Ag):   Hb/B3−273/6, 277/8,
                                                                                            288/9
                        History. . . . . 61 (Ag):   Hb/A1−30/1
                        Physical properties . . . . 61 (Ag):   Hb/B3−278/82
                        Preparation . . . . 61 (Ag):   Hb/B3−273/6

Ag_2CO_3	Ag_2CO_3:		
	Preparation of special forms	61 (Ag):	Hb/B3–276/7
	Solubility	61 (Ag):	Hb/B3–294
	Toxicity	61 (Ag):	Hb/A3–182
–.	Ag_2CO_3 solid solutions:		
	$Ag_2CO_3–CdCO_3$	61 (Ag):	Hb/B4–154
–.	Ag_2CO_3 solutions:		
	$Ag_2CO_3–H_2O$	61 (Ag):	Hb/B3–294/5
–.	Ag_2CO_3 systems:		
	$Ag_2CO_3–AgN_3$	61 (Ag):	Hb/B1–166
	$Ag_2CO_3–CaCO_3$	61 (Ag):	Hb/B3–296
Ag_2C_2	Ag_2C_2	61 (Ag):	Hb/B3–265/9
–.	Ag_2C_2 systems:		
	$Ag_2C_2–AgNO_3–H_2O$	61 (Ag):	Hb/B3–270
$Ag_2C_2ClN_3$	$AgN(CN)_2 \cdot AgCl$	14 (C):	Hb/D1–296
$Ag_2C_2Cl_4N_2O_2Ti$ . . .	$Ag_2[TiCl_4(NCO)_2]$.	61 (Ag):	Hb/B3–338
$Ag_2C_2Cl_5H_3NRh$ . . .	$Ag_2[Rh(CH_3CN)Cl_5] \cdot H_2O$	64 (Rh):	Hb–153
$Ag_2C_2H_8I_3N$	$(CH_3)_2H_2NAg_2I_3$	61 (Ag):	Hb/B2–389
$Ag_2C_2MoO_7$.	$Ag_2[MoO_3(C_2O_4)]$	53 (Mo):	Hb–327
$Ag_2C_2N_2S$.	$AgSCN \cdot AgCN$	61 (Ag):	Hb/B3–361
$Ag_2C_2O_4$	$Ag_2C_2O_4$ solid solutions:		
	$Ag_2C_2O_4–CdC_2O_4$	61 (Ag):	Hb/B4–154
$Ag_2C_3Ca_2O_9$	$Ag_2CO_3 \cdot 2 CaCO_3$	61 (Ag):	Hb/B3–296
$Ag_2C_3H_{10}I_3N$	$(CH_3)_3HNAg_2I_3$	61 (Ag):	Hb/B2–389
$Ag_2C_3KN_3$.	$KAg_2(CN)_3 \cdot H_2O$.	61 (Ag):	Hb/B3–321
$Ag_2C_3KN_3O_3$	$KAg_2(NCO)_3$	61 (Ag):	Hb/B3–340
$Ag_2C_3KN_3Se_3$.	$KAg_2(SeCN)_3$	61 (Ag):	Hb/B3–371
$Ag_2C_4CdH_6N_6$.	$[Cd(NH_3)_2] [Ag(CN)_2]_2$	61 (Ag):	Hb/B4–154
$Ag_2C_4CdH_6N_6S_4$ . . .	$[Cd(NH_3)_2] [Ag(SCN)_2]_2$	61 (Ag):	Hb/B4–155
$Ag_2C_4CdH_{16}I_4N_4$ . . .	$[Cd(C_2H_8N_2)_2] [AgI_2]_2$	33 Cd):	Eb–742
		61 (Ag):	Hb/B4–151
$Ag_2C_4CdH_{18}N_{10}S_4$ . .	$[Cd(NH_3)_6] [Ag(SCN)_2]_2$	61 (Ag):	Hb/B4–155
$Ag_2C_4CdN_4$	$Ag_2[Cd(CN)_4]$.	33 (Cd):	Eb–689
		61 (Ag):	Hb/B4–154
$Ag_2C_4Cl_2N_4Pt$.	$Ag_2[Pt(CN)_4Cl_2]$	68 (Pt):	Hb/C3–349
$Ag_2C_4Cl_4H_{14}N_2Pt$ . . .	$[Ag(C_2H_5NH_2)]_2[PtCl_4]$	68 (Pt):	Hb/C3–344
$Ag_2C_4Cl_4H_{16}N_4Pt$ . . .	$[AgC_2H_4(NH_2)_2]_2[PtCl_4]$	68 (Pt):	Hb/C3–344
$Ag_2C_4CoH_{16}I_4N_4$ . . .	$[Co(C_2H_8N_2)_2] [AgI_2]_2$	61 (Ag):	Hb/B4–391
$Ag_2C_4CoN_4S_4$.	$Ag_2[Co(SCN)_4]$	61 (Ag):	Hb/B4–400
$Ag_2C_4CuH_6N_6$.	$[Cu(NH_3)_2] [Ag(CN)_2]_2$	61 (Ag):	Hb/B4–482
$Ag_2C_4CuH_{16}I_4N_4$ . . .	$[Cu(C_2H_8N_2)_2] [AgI_2]_2$	60 (Cu):	Hb/B4–1491
		61 (Ag):	Hb/B4–454
$Ag_2C_4CuN_4S_4$.	$Cu Ag(SCN)_2]_2$	61 (Ag):	Hb/B4–482
$Ag_2C_4F_6H_7NS_2$ . . .	$2 AgSCF_3 \cdot (CH_3)_2NH$.	Erg. W. 12–44	
$Ag_2C_4H_4MoO_9$	$Ag_2[MoO_3(C_4H_4O_6)]$	61 (Ag):	Hb/B4–342
$Ag_2C_4H_4O_9W$	$Ag_2[WO_3(C_4H_4O_6)]$.	61 (Ag):	Hb/B4–355
$Ag_2C_4H_6N_2O_6$.	$2 AgNO_3 \cdot C_4H_6$	61 (Ag):	Hb/B1–217

Ag$_2$C$_4$H$_6$N$_6$Ni . . . . . [Ni(NH$_3$)$_2$] [Ag(CN)$_2$]$_2$ . . . . 57 (Ni): Hb/C1−40
                                                                61 (Ag): Hb/B4−385
Ag$_2$C$_4$H$_6$N$_6$Pt . . . . . Ag$_2$[Pt(CN)$_4$] · 2 NH$_3$ . . . . 68 (Pt): Hb/C3−348
Ag$_2$C$_4$H$_6$N$_6$PtS$_4$ . . . . [Pt(NH$_3$)$_2$(CNS)$_2$] · 2 AgCNS . . . . . . 68 (Pt): Hb/D−256
Ag$_2$C$_4$H$_7$NO$_7$ . . . . . Ag$_2$(CH$_3$COO)NO$_3$ · CH$_3$COOH . . . . . 61 (Ag): Hb/B1−217
Ag$_2$C$_4$H$_{12}$I$_3$N . . . . (CH$_3$)$_4$NAg$_2$I$_3$ . . . . 61 (Ag): Hb/B2−388/9
Ag$_2$C$_4$H$_{12}$I$_3$P . . . . (CH$_3$)$_4$PAg$_2$I$_3$ . . . . 61 (Ag): Hb/B2−390
Ag$_2$C$_4$H$_{12}$N$_8$O$_2$Os . . Ag$_2$[OsO$_2$(CN)$_4$] · 4 NH$_3$ . . . . 66 (Os): Hb−97
Ag$_2$C$_4$H$_{12}$N$_8$Pt . . . . Ag$_2$[Pt(CN)$_4$] · 4 NH$_3$ · H$_2$O . . . . . . 68 (Pt): Hb/C3−348
Ag$_2$C$_4$H$_{12}$N$_8$PtS$_4$ . . . Ag$_2$[Pt(CNS)$_4$] · 4 NH$_3$ . . . . 68 (Pt): Hb/C3−349
Ag$_2$C$_4$H$_{16}$I$_4$N$_4$Ni . . . [Ni(C$_2$H$_8$N$_2$)$_2$] [AgI$_2$]$_2$ . . . . 61 (Ag): Hb/B4−383/4
Ag$_2$C$_4$H$_{18}$N$_{10}$NiO$_4$ . . [Ag(NH$_3$)$_2$]$_2$[Ni(C$_2$H$_3$N$_3$O$_2$)$_2$] · 6 H$_2$O . . 57 (Ni): Hb/C2−898
Ag$_2$C$_4$H$_{18}$N$_{10}$Pt . . . . Ag$_2$[Pt(CN)$_4$] · 6 NH$_3$ . . . . 68 (Pt): Hb/C3−348
Ag$_2$C$_4$H$_{18}$N$_{10}$PtS$_4$ . . . Ag$_2$[Pt(CNS)$_4$] · 6 NH$_3$ . . . . 68 (Pt): Hb/C3−349
Ag$_2$C$_4$I$_2$N$_4$Pt . . . . . Ag$_2$[Pt(CN)$_4$I$_2$] . . . . 68 (Pt): Hb/C3−349
Ag$_2$C$_4$MgN$_4$ . . . . . . Mg(Ag(CN)$_2$)$_2$ · 4 H$_2$O . . . . 61 (Ag): Hb/B3−328
Ag$_2$C$_4$MgN$_4$O$_4$ . . . . Mg[Ag(CNO)$_2$]$_2$ . . . . 61 (Ag): Hb/B3−343
Ag$_2$C$_4$N$_4$O$_2$Os . . . . Ag$_2$[OsO$_2$(CN)$_4$] . . . . 66 (Os): Hb−97
Ag$_2$C$_4$N$_4$Pd . . . . . . Ag$_2$[Pd(CN)$_4$] . . . . 65 (Pd): Hb/2−342
Ag$_2$C$_4$N$_4$PdS$_4$ . . . . Ag$_2$[Pd(CNS)$_4$] . . . . 65 (Pd): Hb/2−342
Ag$_2$C$_4$N$_4$Pt . . . . . . Ag$_2$[Pt(CN)$_4$] . . . . 68 (Pt): Hb/C3−348
Ag$_2$C$_4$N$_4$PtS$_4$ . . . . Ag$_2$[Pt(CNS)$_4$] . . . . 68 (Pt): Hb/C3−349
Ag$_2$C$_4$N$_4$S$_4$Sr . . . . SrAg$_2$(SCN)$_4$ · 2 H$_2$O . . . . 61 (Ag): Hb/B3−366
Ag$_2$C$_4$N$_4$S$_4$Zn . . . . Zn[Ag(SCN)$_2$]$_2$ . . . . 61 (Ag): Hb/B4−142
Ag$_2$C$_4$N$_4$Zn . . . . . . Zn[Ag(CN)$_2$]$_2$ . . . . 61 (Ag): Hb/B4−141
Ag$_2$C$_4$O$_8$Pd . . . . . . Ag$_2$[Pd(C$_2$O$_4$)$_2$] · 3 H$_2$O . . . . 65 (Pd): Hb/2−342
Ag$_2$C$_4$O$_8$Pt . . . . . . Ag$_2$[Pt(C$_2$O$_4$)$_2$] · 2 H$_2$O . . . . 68 (Pt): Hb/C3−347/8
Ag$_2$C$_4$O$_9$Pt . . . . . . Ag$_2$[Pt(C$_2$O$_4$)$_2$O] · 2 H$_2$O . . . . 68 (Pt): Hb/C3−348
Ag$_2$C$_4$O$_{10}$Os . . . . . Ag$_2$[OsO$_2$(C$_2$O$_4$)$_2$] . . . . 66 (Os): Hb−97
Ag$_2$C$_5$ClCoH$_{16}$N$_8$O$_9$S . [Co(C$_2$H$_8$N$_2$)$_2$Cl(NCS)]NO$_3$ · 2 AgNO$_3$ . . 58 (Co): Hb/B−274
Ag$_2$C$_5$Cl$_5$H$_5$IrN . . . . Ag$_2$[Ir(C$_5$H$_5$N)Cl$_5$] . . . . 67 (Ir): Hb−190
Ag$_2$C$_5$Cl$_5$H$_{11}$IrN$_3$ . . . (AgNH$_3$)$_2$[Ir(C$_5$H$_5$N)Cl$_5$] · H$_2$O . . . . . 67 (Ir): Hb−190
Ag$_2$C$_5$CoH$_2$N$_5$O . . . . Ag$_2$[Co(CN)$_5$H$_2$O] . . . . 61 (Ag): Hb/B4−398/9
− . . . . Ag$_2$[Co(CN)$_5$H$_2$O] · 5 H$_2$O . . . . 61 (Ag): Hb/B4−398/9
Ag$_2$C$_5$CoH$_{18}$N$_9$O$_{13}$S . [Co(C$_2$H$_8$N$_2$)$_2$(H$_2$O) (NCS)] (NO$_3$)$_2$
                              · 2 AgNO$_3$ · H$_2$O . . . . 58 (Co): Hb/B−186
Ag$_2$C$_5$CoH$_{18}$N$_{11}$S$_5$ . . [Co(NH$_3$)$_6$] (CNS)$_3$ · 2 AgCNS . . . . . . 58 (Co): Hb/B−66
Ag$_2$C$_5$CoH$_{19}$N$_{10}$O$_{12}$S . [Co(NH$_3$) (C$_2$H$_8$N$_2$)$_2$(NCS)] (NO$_3$)$_2$
                              · 2 AgNO$_3$ . . . . 58 (Co): Hb/B−184
Ag$_2$C$_5$CoN$_5$ . . . . . . [Ag$_2$Co(CN)$_5$]$_n$ . . . . 61 (Ag): Hb/B4−398
− . . . . (Ag$_2$Co(CN)$_5$ · 1.5 H$_2$O)$_n$ . . . . 61 (Ag): Hb/B4−398
Ag$_2$C$_5$FeN$_6$O . . . . . Ag$_2$[Fe(CN)$_5$NO] . . . . 61 (Ag): Hb/B4−434/5
Ag$_2$C$_5$H$_6$I$_3$N . . . . . C$_5$H$_5$NHAg$_2$I$_3$ . . . . 61 (Ag): Hb/B2−389
Ag$_2$C$_5$MnN$_6$O . . . . . Ag$_2$[Mn(CN)$_5$NO] . . . . 61 (Ag): Hb/B4−380/1
Ag$_2$C$_6$CaCs$_2$N$_6$S$_6$ . . . Cs$_2$CaAg$_2$(SCN)$_6$ · 2 H$_2$O . . . . 61 (Ag): Hb/B3−366
Ag$_2$C$_6$CdCs$_2$N$_6$S$_6$ . . . Cs$_2$Ag$_2$Cd(SCN)$_6$ . . . . 61 (Ag): Hb/B4−155
− . . . . Cs$_2$Ag$_2$Cd(SCN)$_6$ · 2 H$_2$O . . . . 61 (Ag): Hb/B4−155
Ag$_2$C$_6$Cl$_5$H$_7$IrN . . . . Ag$_2$[Ir(CH$_3$C$_5$H$_4$N)Cl$_5$] . . . . 67 (Ir): Hb−192
Ag$_2$C$_6$CoCs$_2$N$_6$S$_6$ . . . Cs$_2$Ag$_2$Co(SCN)$_6$ . . . . 61 (Ag): Hb/B4−401
− . . . . Cs$_2$Ag$_2$Co(SCN)$_6$ · 2 H$_2$O . . . . 61 (Ag): Hb/B4−401

$Ag_2C_6CoH_{24}I_5N_6$ . . . [Co($C_2H_8N_2$)$_3$] [AgI$_2$]$_2$I . . . . 61 (Ag): Hb/B4–391

$Ag_2C_6CoKN_6$ . . . . . KAg$_2$[Co(CN)$_6$] . . . . 61 (Ag): Hb/B4–396/7

$Ag_2C_6CoN_6Rb$ . . . . RbAg$_2$[Co(CN)$_6$] . . . . 61 (Ag): Hb/B4–396/7

$Ag_2C_6CoN_6Tl$ . . . . . TlAg$_2$[Co(CN)$_6$]. . . . . 61 (Ag): Hb/B4–397

$Ag_2C_6CrH_{24}I_5N_6$ . . . . [Cr($C_2H_8N_2$)$_3$]I [AgI$_2$]$_2$ . . . . 61 (Ag): Hb/B4–329

$Ag_2C_6CrH_{24}I_5N_{12}O_6$ . . [Cr(CO(NH$_2$)$_2$)$_6$] [Ag$_2$I$_5$] . . . . . . 61 (Ag): Hb/B4–329

$Ag_2C_6CsFeN_6$ . . . . . CsAg$_2$[Fe(CN)$_6$] . . . . 61 (Ag): Hb/B4–433

$Ag_2C_6Cs_2FeN_6$ . . . . Cs$_2$Ag$_2$[Fe(CN)$_6$] . . . . 61 (Ag): Hb/B4–426

$Ag_2C_6Cs_2MgN_6S_6$ . . Cs$_2$MgAg$_2$(SCN)$_6$ · 2 H$_2$O . . . . . . 61 (Ag): Hb/B3–366

$Ag_2C_6Cs_2MnN_6S_6$ . . 2 AgSCN · Mn(SCN)$_2$ · 2 CsSCN · 2 H$_2$O . 61 (Ag): Hb/B4–381

$Ag_2C_6Cs_2N_6NiS_6$ . . 2 AgSCN · Ni(SCN)$_2$ · 2 CsSCN · 2 H$_2$O. 61 (Ag): Hb/B4–386

$Ag_2C_6CuH_{20}I_4N_4$ . . . [Cu(NH$_2$C$_3$H$_6$NH$_2$)$_2$] [AgI$_2$]$_2$ . . . . 61 (Ag): Hb/B4–454/5

$Ag_2C_6FeN_6Rb$ . . . . . RbAg$_2$[Fe(CN)$_6$] . . . . 61 (Ag): Hb/B4–433

$Ag_2C_6FeN_6Rb_2$ . . . . Rb$_2$Ag$_2$[Fe(CN)$_6$] . . . . 61 (Ag): Hb/B4–426

$Ag_2C_6FeN_6Tl$ . . . . . TlAg$_2$[Fe(CN)$_6$] . . . . 61 (Ag): Hb/B4–433/4

$Ag_2C_6FeN_6Tl_2$. . . . . Tl$_2$Ag$_2$[Fe(CN)$_6$] . . . . 61 (Ag): Hb/B4–426/7

$Ag_2C_6H_5O_4P$ . . . . . Ag$_2$PO$_3$(OC$_6$H$_5$) . . . . 61 (Ag): Hb/B4–40

$Ag_2C_6H_8I_3N$ . . . . . . C$_5$H$_5$NCH$_3$Ag$_2$I$_3$ . . . . 61 (Ag): Hb/B2–389

$Ag_2C_6H_{12}I_3KO_2$ . . . . KAg$_2$I$_3$ · 2 CH$_3$COCH$_3$ . . . . 61 (Ag): Hb/B2–406

$Ag_2C_6H_{12}I_3O_2Rb$ . . . RbAg$_2$I$_3$ · 2 CH$_3$COCH$_3$. . . . . 61 (Ag): Hb/B2–413

$Ag_2C_6H_{16}I_3N$ . . . . . (CH$_3$)$_2$(C$_2$H$_5$)$_2$NAg$_2$I$_3$ . . . . 61 (Ag): Hb/B2–389

$Ag_2C_6H_{18}N_{12}PtS_6$ . . . Ag$_2$[Pt(CNS)$_6$] · 6 NH$_3$ . . . . 68 (Pt): Hb/C3–349

$Ag_2C_6H_{24}I_4N_6Ni$. . . . [Ni($C_2H_8N_2$)$_3$] [AgI$_2$]$_2$. . . . . 57 (Ni): Hb/C1–153

61 (Ag): Hb/B4–384

$Ag_2C_6H_{24}I_4N_6Zn$ . . . [Zn($C_2H_8N_2$)$_3$] [AgI$_2$]$_2$ . . . . 61 (Ag): Hb/B4–140

$Ag_2C_6H_{42}N_{20}PtS_6$ . . . Ag$_2$[Pt(CNS)$_6$] · 14 NH$_3$ . . . . 68 (Pt): Hb/C3–349

$Ag_2C_6Hg_2MnO_{12}$ . . . Ag$_2$Hg$_2$Mn(C$_2$O$_4$)$_3$ . . . . 61 (Ag): Hb/B4–382

$Ag_2C_6N_6PtS_6$ . . . . . Ag$_2$[Pt(CNS)$_6$] . . . . 68 (Pt): Hb/C3–349

$Ag_2C_6N_6PtSe_6$ . . . . Ag$_2$[Pt(CNSe)$_6$]. . . . . 68 (Pt): Hb/C3–349

$Ag_2C_7Cs_3N_7S_7Sr$ . . . Cs$_3$SrAg$_2$(SCN)$_7$ . . . . 61 (Ag): Hb/B3–367

$Ag_2C_7F_6H_5NS_2$ . . . . 2 AgSCF$_3$ · C$_5$H$_5$N . . . . Erg. W. 12–44

$Ag_2C_7FeH_3N_6$ . . . . . Ag$_2$[Fe(CN)$_5$CNCH$_3$] . . . . 61 (Ag): Hb/B4–435

$Ag_2C_8CdH_{16}N_8S_4$ . . . [Cd($C_2H_8N_2$)$_2$] [Ag(SCN)$_2$]$_2$ . . . . 33 (Cd): Eb–742

$Ag_2C_8CdH_{16}N_8Se_4$ . . . [Cd($C_2H_8N_2$)$_2$] [Ag(SeCN)$_2$]$_2$ . . . 33 (Cd): Eb–743

61 (Ag): Hb/B4–155

$Ag_2C_8Cl_4Co_2H_{32}N_{10}O_{10}S$

[Co($C_2H_8N_2$)$_2$Cl$_2$]$_2$SO$_4$

· 2 AgNO$_3$ . . . . 58 (Co): Hb/B–241

$Ag_2C_8Cl_4H_{28}N_4Pt$ . . . [Ag(C$_2$H$_5$NH$_2$)$_2$]$_2$[PtCl$_4$] . . . . . . 68 (Pt): Hb/C3–344

$Ag_2C_8CoH_5N_6$· . . . . . Ag$_2$C$_2$H$_5$[Co(CN)$_6$] . . . . 58 (Co): Hb/A2–377

$Ag_2C_8CrF_{12}O_{10}$ . . . . Ag$_2$CrO$_2$(CF$_3$COO)$_4$ . . . . 61 (Ag): Hb/B4–332

$Ag_2C_8CuH_{16}N_8Se_4$ . . [Cu($C_2H_8N_2$)$_2$] [Ag(SeCN)$_2$]$_2$ . . . 61 (Ag): Hb/B4–484

$Ag_2C_8FeH_5N_6$ . . . . Ag$_2$[Fe(CN)$_5$CNC$_2$H$_5$] . . . . 61 (Ag): Hb/B4–435

$Ag_2C_8H_2N_8W$ . . . . . Ag$_2$H$_2$W(CN)$_8$ . . . . 61 (Ag): Hb/B4–355

$Ag_2C_8H_8O_8PtS_2$ . . . . Ag$_2$[Pt(S(CH$_2$COO)$_2$)$_2$] . . . . 68 (Pt): Hb/D–380

$Ag_2C_8H_{16}N_4O_8Pt$ . . . Ag$_2$[Pt(NH$_2$CH$_2$COO)$_4$] . . . . 68 (Pt): Hb/D–130

$Ag_2C_8H_{16}N_8NiSe_4$ . . [Ni($C_2H_8N_2$)$_2$] [Ag(SeCN)$_2$]$_2$ . . . 61 (Ag): Hb/B4–386

$Ag_2C_8H_{16}N_8Se_4Zn$ . . [Zn($C_2H_8N_2$)$_2$] [Ag(SeCN)$_2$]$_2$ . . . 61 (Ag): Hb/B4–142

$Ag_2C_8H_{20}I_3N$ . . . . . (C$_2$H$_5$)$_4$NAg$_2$I$_3$ . . . . 61 (Ag): Hb/B2–389

$Ag_2C_8H_{20}I_3P$ . . . . . (C$_2$H$_5$)$_4$PAg$_2$I$_3$. . . . . 61 (Ag): Hb/B2–390

$Ag_2C_8K_2N_8PtS_8$ . . . . $K_2[Pt(CNS)_6] \cdot 2\ AgCNS$ . . . . 68 (Pt):   Hb/C3–349

$Ag_2C_8N_8Pt_2$ . . . . . . $Ag_2[Pt_2(CN)_8]$ . . . . 68 (Pt):   Hb/C3–348

$Ag_2C_9H_5N_5Zn$ . . . . . $[Zn(C_5H_5N)]\ [Ag(CN)_2]_2$ . . . . 61 (Ag):   Hb/B4–141

$Ag_2C_9H_8HgNO_3$ . . . . $Ag_2[HgC_9H_6ON(OH)_2]$ . . . . 34 (Hg):   Hb/A2–871

$Ag_2C_9H_8I_3N$ . . . . . . $C_9H_7NHAg_2I_3$ . . . . 61 (Ag):   Hb/B2–389

$Ag_2C_9H_{22}I_3NO_3$ . . . . $NH_4Ag_2I_3 \cdot 3\ CH_3COCH_3$ . . . . 61 (Ag):   Hb/B2–410

$Ag_2C_9Ni_4O_9$ . . . . . . $Ag_2[Ni_4(CO)_9]$ . . . . 61 (Ag):   Hb/B4–385

$Ag_2C_{10}Cl_6H_{10}N_2Pt$ . . $[AgC_5H_5N]_2[PtCl_6]$ . . . . 68 (Pt):   Hb/C3–346

$Ag_2C_{10}Co_2O_{10}$ . . . . . $Co_2(CO)_6C_2(COOAg)_2$ . . . . Erg. W. 6–97

$Ag_2C_{10}H_{10}N_2O_6PtS_2$. $Ag_2[Pt(C_5H_5N)_2(SO_3)_2]$ . . . . 68 (Pt):   Hb/D–364

$Ag_2C_{10}H_{16}I_3N$ . . . . . $(CH_3)_3C_7H_7NAg_2I_3$ . . . . 61 (Ag):   Hb/B2–389

$Ag_2C_{12}Cr_4H_{54}I_8N_{12}O_6$. $[Cr_4(OH)_6(C_2H_8N_2)_6]I_4[AgI_2]_2$ . . . . . 52 (Cr):   Hb/C–292

$Ag_2C_{12}F_8S_2$ . . . . . . $AgSC_6F_4C_6F_4SAg$ . . . . Erg. W. 12–33, 35

$Ag_2C_{12}H_{24}MoN_8O_4$ . . $Ag_2MoO_4 \cdot 2\ (CH_2)_6N_4 \cdot 2\ H_2O$ . . . . . 61 (Ag):   Hb/B4–337

$Ag_2C_{12}H_{24}N_8O_4Se$ . . $Ag_2SeO_4 \cdot 2\ (CH_2)_6N_4 \cdot 12\ H_2O$ . . . . . 61 (Ag):   Hb/B3–193

$Ag_2C_{12}H_{24}N_8O_4W$ . . $Ag_2WO_4 \cdot 2\ (CH_2)_6N_4 \cdot 2\ H_2O$ . . . . . 61 (Ag):   Hb/B4–349

$Ag_2C_{13}H_{10}N_4S$ . . . . $Ag_2C_{13}H_{10}N_4S$ . . . . 61 (Ag):   Hb/A3–100

$Ag_2C_{14}H_8O_6Pd$ . . . . $Ag_2[Pd(C_6H_4OCOO)_2]$ . . . . 65 (Pd):   Hb/2–342

$Ag_2C_{15}H_{17}N_5O_5S_2$ . . $S_2O_5(NHAg)_2 \cdot 3\ C_5H_5N$ . . . . 61 (Ag):   Hb/B3–136

$Ag_2C_{15}H_{21}NNiO_9$ . . $Ag[Ni(C_5H_7O_2)_3] \cdot AgNO_3 \cdot H_2O$ . . . . . 57 (Ni):   Hb/C2–523

$Ag_2C_{16}CuH_{12}O_6$ . . . . $Ag_2[Cu(C_8H_6O_3)_2]$ . . . . 60 (Cu):   Hb/B2–809

$Ag_2C_{16}H_{12}N_2NiO_8S_2$. $Ag_2[NiC_{16}H_{12}N_2O_8S_2] \cdot 1.5\ H_2O$ . . . . . 57 (Ni):   Hb/C2–692

$Ag_2C_{16}H_{14}N_6NiS_4$ . . . $[Ni(C_6H_5NH_2)_2]\ [Ag(SCN)_2]_2$ . . . . 61 (Ag):   Hb/B4–385/6

$Ag_2C_{16}H_{36}I_3N$ . . . . . $(C_4H_9)_4NAg_2I_3$ . . . . 61 (Ag):   Hb/B2–389

$Ag_2C_{18}CoH_{16}N_8O_2S_4$. $[Co(C_7H_8N_2O)_2]\ [Ag(SCN)_2]_2$ . . . . . . 61 (Ag):   Hb/B3–365

$Ag_2C_{18}CoH_{18}N_6S_4$ . . $[Co(CH_3C_6H_4NH_2)_2]\ [Ag(SCN)_2]_2$ . . . . 61 (Ag):   Hb/B3–365

$Ag_2C_{18}H_{16}N_8NiO_2S_4$. $[Ni(C_7H_8N_2O)_2]\ [Ag(SCN)_2]_2$ . . . . . . 61 (Ag):   Hb/B3–365

$Ag_2C_{18}H_{18}N_6NiS_4$ . . . $[Ni(CH_3C_6H_4NH_2)_2]\ [Ag(SCN)_2]_2$ . . . . 61 (Ag):   Hb/B3–365

$Ag_2C_{18}H_{18}N_6S_4Zn$ . . $[Zn(CH_3C_6H_4NH_2)_2]\ [Ag(SCN)_2]_2$ . . . . 61 (Ag):   Hb/B3–365

$Ag_2C_{24}CdH_{20}N_8$ . . . . $[Cd(C_5H_5N)_4]\ [Ag(CN)_2]_2$ . . . . 61 (Ag):   Hb/B4–154/5

$Ag_2C_{24}CuH_{20}N_8$ . . . . $[Cu(C_5H_5N)_4]\ [Ag(CN)_2]_2$ . . . . 61 (Ag):   Hb/B4–482

$Ag_2C_{24}H_{20}N_8Ni$ . . . . $[Ni(C_5H_5N)_4]\ [Ag(CN)_2]_2$ . . . . 61 (Ag):   Hb/B4–385

$Ag_2C_{24}H_{21}N_9S_6Zn_2$ . . $[Zn_2(C_6H_5NH_2)_3]\ [Ag(SCN)_3]_2$ . . . . . . 61 (Ag):   Hb/B4–142

$Ag_2C_{25}CdH_{24}N_{10}O_3S_4$

                  $[Cd(C_7H_8N_2O)_3]\ [Ag(SCN)_2]_2$ . . . . 61 (Ag):   Hb/B3–365

$Ag_2C_{26}CuH_{20}N_4O_{12}S_4$

                  $Ag_2[Cu(C_{13}H_{10}N_2O_6S_2)_2] \cdot 0.5\ H_2O$ . . . . 60 (Cu):   Hb/B4–1823/4

$Ag_2C_{26}H_{20}N_4NiO_{12}S_4$

                  $Ag_2[Ni(C_{13}H_{10}N_2O_6S_2)_2] \cdot 3\ H_2O$ . . . . . . 57 (Ni):   Hb/C2–673

$Ag_2C_{28}CoH_{28}N_8S_4$ . . $[Co(C_6H_5NH_2)_4]\ [Ag(SCN)_2]_2$ . . . . . . 61 (Ag):   Hb/B4–401

Ag_2Ca . . . . Ag_2Ca . . . . 61 (Ag):   Hb/C–34

Ag_2CaI_4 . . . . $CaAg_2I_4 \cdot 6\ H_2O$ . . . . 61 (Ag):   Hb/B2–416

$Ag_2CaO_6S_4$ . . . . . . $CaAg_2(S_2O_3)_2 \cdot H_2O$ . . . . 61 (Ag):   Hb/B3–127

–. . . . . $CaAg_2(S_2O_3)_2 \cdot 2\ H_2O$ . . . . 61 (Ag):   Hb/B3–127

$Ag_2Ca_2O_9S_6$ . . . . . $Ca_2Ag_2(S_2O_3)_3 \cdot 5\ H_2O$ . . . . 61 (Ag):   Hb/B3–127

Ag_2CdGeS_4 . . . . . . Ag_2CdGeS_4 . . . . 61 (Ag):   Hb/B4–243

Ag_2CdI_4 . . . . Ag_2CdI_4 . . . . 61 (Ag):   Hb/B4–151

–. . . . . Ag_2CdI_4 systems:

                  $Ag_2CdI_4–Ag_2HgI_4$ . . . . 61 (Ag):   Hb/B4–173

Formula	Name	Page (Element)	Reference
$Ag_2CdN_4O_{12}$	$2\,AgNO_3 \cdot Cd(NO_3)_2$	61 (Ag):	Hb/B4–145
$Ag_2CdO_6S_4$	$Cd(AgS_2O_3)_2 \cdot H_2O$	33 (Cd):	Eb–633
Ag_2CdS_4Sn	Ag_2CdSnS_4	61 (Ag):	Hb/B4–249
Ag_2CdSe_4Sn	$Ag_2SnCdSe_4$	61 (Ag):	Hb/B4–251
$Ag_2Cd_2O_9S_6$	$Cd_2[Ag_2(S_2O_3)_3]$	61 (Ag):	Hb/B4–154
Ag_2Ce	Ag_2Ce	61 (Ag):	Hb/C–215
$Ag_2Ce_4Se_7$	$Ag_2Ce_4Se_7$	61 (Ag):	Hb/B4–236
$Ag_2Ce_{10}Se_{16}$	$Ag_2Se \cdot 5\,Ce_2Se_3$	61 (Ag):	Hb/B4–234/5
$Ag_2Ce_{20}Se_{31}$	$Ag_2Se \cdot 10\,Ce_2Se_3$	61 (Ag):	Hb/B4–234/5
$Ag_2Ce_{40}Se_{61}$	$Ag_2Se \cdot 20\,Ce_2Se_3$	61 (Ag):	Hb/B4–234/5
Ag_2Cl	Ag_2Cl	61 (Ag):	Hb/B1–316/7, 494
Ag_2Cl^+	$[Ag_2Cl]^+$	61 (Ag):	Hb/B1–336, 381, 466/8
$Ag_2ClH_5O_5Pt$	$Ag_2[PtCl(OH)_5]$	68 (Pt):	Hb/C3–346
Ag_2ClNO_3	$AgNO_3 \cdot AgCl$	61 (Ag):	Hb/B1–469/70
–	$Ag_2NClO_3 \cdot nH_2O$	61 (Ag):	Hb/B1–541/2
Ag_2Cl_2	Ag_2Cl_2		
	see AgCl ... AgCl		
$Ag_2Cl_2H_2O_2Pd$	$Ag_2[PdCl_2(OH)_2]$	65 (Pd):	Hb/2–341
$Ag_2Cl_2H_2O_2Pt$	$Ag_2[PtCl_2(OH)_2]$	68 (Pt):	Hb/C3–346
$Ag_2Cl_2H_2O_4S$	$2\,AgCl \cdot H_2SO_4$	61 (Ag):	Hb/B3–100
–	$Ag_2SO_4 \cdot 2\,HCl$	61 (Ag):	Hb/B3–100
$Ag_2Cl_2H_4O_4Pt$	$Ag_2[PtCl_2(OH)_4]$	68 (Pt):	Hb/C3–346
$Ag_2Cl_2H_6N_6O_8Pt$	$[Pt(NH_3)_2(NO_2)_2Cl_2] \cdot 2\,AgNO_2$	68 (Pt):	Hb/D–560
$Ag_2Cl_2H_{13}N_5OPt$	$[Pt(NH_3)_2(NH_2)_3(OH)] \cdot 2\,AgCl$	68 (Pt):	Hb/D–552
$Ag_2Cl_2H_{56}N_{14}O_{21}S_{14}$	$(NH_4)_{14}Ag_2(S_2O_3)_7Cl_2 \cdot 2\,H_2O$	61 (Ag):	Hb/B3–128
$Ag_2Cl_2HgI_2$	$2\,AgCl \cdot HgI_2$	61 (Ag):	Hb/B4–174
$Ag_2Cl_2O_8$	$[AgClO_4]_2$	61 (Ag):	Hb/B1–529, 535
Ag_2Cl_3HOPt	$Ag_2[PtCl_3(OH)]$	68 (Pt):	Hb/C3–346
$Ag_2Cl_4HNO_2Ru$	$Ag_2[Ru(NO)(OH)Cl_4]$	63 (Ru):	Eb–341, 371
$Ag_2Cl_4H_2O_2Pt$	$Ag_2[PtCl_4(OH)_2]$	68 (Pt):	Hb/C3–346
$Ag_2Cl_4H_6N_2Pt$	$[Ag(NH_3)]_2[PtCl_4]$	68 (Pt):	Hb/C3–344
$Ag_2Cl_4H_9N_3Pt$	$Ag_2[PtCl_4] \cdot 3\,NH_3$	68 (Pt):	Hb/C3–344
$Ag_2Cl_4H_{12}N_4Pt$	$[Ag(NH_3)_2]_2[PtCl_4]$	68 (Pt):	Hb/C3–344
$Ag_2Cl_4H_{18}N_6Pt$	$[Ag(NH_3)_3]_2[PtCl_4]$	68 (Pt):	Hb/C3–344
Ag_2Cl_4Pt	$Ag_2[PtCl_4]$	68 (Pt):	Hb/C3–343
Ag_2Cl_5HOOs	$Ag_2[Os(OH)Cl_5]$	66 (Os):	Hb–96
Ag_2Cl_5HOPt	$Ag_2[PtCl_5(OH)]$	68 (Pt):	Hb/C3–346
$Ag_2Cl_5H_3N_2ORu$	$2\,AgCl \cdot RuCl_3 \cdot NO \cdot NH_3$	63 (Ru):	Hb–123
$Ag_2Cl_5Tl_3$	$2\,AgCl \cdot 3\,TlCl$	61 (Ag):	Hb/B4–222
Ag_2Cl_6Ge	Ag_2GeCl_6	61 (Ag):	Hb/B4–242
$Ag_2Cl_6H_6N_2Pt$	$[Ag(NH_3)]_2[PtCl_6] \cdot H_2O$	68 (Pt):	Hb/C3–345
$Ag_2Cl_6H_{12}N_4Pt$	$[Ag(NH_3)_2]_2[PtCl_6]$	68 (Pt):	Hb/C3–345
$Ag_2Cl_6H_{24}N_8Pt$	$[Ag(NH_3)_4]_2[PtCl_6]$	68 (Pt):	Hb/C3–345
Ag_2Cl_6Ir	$Ag_2[IrCl_6]$	67 (Ir):	Hb–139
Ag_2Cl_6Os	$Ag_2[OsCl_6]$	66 (Os):	Hb–96
Ag_2Cl_6Pb	Ag_2PbCl_6	61 (Ag):	Hb/B4–259/60
Ag_2Cl_6Pt	$Ag_2[PtCl_6]$	68 (Pt):	Hb/C3–344/5
Ag_2Cl_6Re	$Ag_2[ReCl_6]$	70 (Re):	Hb–153
Ag_2Cl_6Ru	Ag_2RuCl_6	63 (Ru):	Eb–306

Ag$_2$CoO$_2$ . . . . Ag$_2$O · CoO . . . . 61 (Ag): Hb/B4–388
Ag$_2$CoO$_6$S$_4$ . . . . . . Co[Ag(S$_2$O$_3$)]$_2$ · nH$_2$O . . . . 58 (Co): Eb/A–656
Ag$_2$CrH$_{12}$N$_4$O$_4$ . . . . [Ag(NH$_3$)$_2$]$_2$CrO$_4$ . . . . 61 (Ag): Hb/B4–296
Ag$_2$CrO$_4$ . . . . Ag$_2$CrO$_4$ . . . . 61 (Ag): Hb/B4–289/317
　　　　　　　　　　　Chemical reactions . . . . 61 (Ag): Hb/B4–296/7
　　　　　　　　　　　Formation and preparation . . . . . 61 (Ag): Hb/B4–289/93
　　　　　　　　　　　Periodic precipitations
　　　　　　　　　　　　(Liesegang rings). . . . . 61 (Ag): Hb/B4–304/17
　　　　　　　　　　　Physical properties . . . . 61 (Ag): Hb/B4–293/6
　　　　　　　　　　　Solubility . . . . 61 (Ag): Hb/B4–297/301
–. . . . . Ag$_2$CrO$_4$ solid solutions:
　　　　　　　　　　　Ag$_2$CrO$_4$–KNO$_3$ . . . . 61 (Ag): Hb/B4–325/6
　　　　　　　　　　　Ag$_2$CrO$_4$–NH$_4$NO$_3$ . . . . 61 (Ag): Hb/B4–325/6
–. . . . . Ag$_2$CrO$_4$ solutions:
　　　　　　　　　　　Ag$_2$CrO$_4$–H$_2$O . . . . 61 (Ag): Hb/B4–301/2
　　　　　　　　　　　Ag$_2$CrO$_4$–organic solvents . . . . . . 61 (Ag): Hb/B4–302/3
–. . . . . Ag$_2$CrO$_4$ systems:
　　　　　　　　　　　Ag$_2$CrO$_4$–AgCl–LiCl–Li$_2$CrO$_4$ . . . . . 61 (Ag): Hb/B4–326/7
　　　　　　　　　　　Ag$_2$CrO$_4$–Ag$_2$MoO$_4$–Li$_2$CrO$_4$
　　　　　　　　　　　　–Li$_2$MoO$_4$. . . . . 61 (Ag): Hb/B4–341
　　　　　　　　　　　Ag$_2$CrO$_4$–Ag$_2$SO$_4$–Li$_2$CrO$_4$–Li$_2$SO$_4$ . . 61 (Ag): Hb/B4–328
　　　　　　　　　　　Ag$_2$CrO$_4$–Ag$_2$WO$_4$–Li$_2$CrO$_4$–Li$_2$WO$_4$. 61 (Ag): Hb/B4–354/5
Ag$_2$CrO$_5$ . . . . AgO · AgCrO$_4$ . . . . 61 (Ag): Hb/B4–325
Ag$_2$Cr$_2$O$_4$ . . . . Ag$_2$O · Cr$_2$O$_3$ = AgCrO$_2$ . . . . 61 (Ag): Hb/B4–288/9
Ag$_2$Cr$_2$O$_7$ . . . . Ag$_2$Cr$_2$O$_7$ . . . . 61 (Ag): Hb/B4–317/25
–. . . . . Ag$_2$Cr$_2$O$_7$ solid solutions:
　　　　　　　　　　　Ag$_2$Cr$_2$O$_7$–AgCl . . . . 61 (Ag): Hb/B4–328
　　　　　　　　　　　Ag$_2$Cr$_2$O$_7$–Ag$_2$SO$_4$ . . . . 61 (Ag): Hb/B4–328/9
　　　　　　　　　　　Ag$_2$Cr$_2$O$_7$–KNO$_3$ . . . . 61 (Ag): Hb/B4–329
　　　　　　　　　　　Ag$_2$Cr$_2$O$_7$–NH$_4$NO$_3$ . . . . 61 (Ag): Hb/B4–329
Ag$_2$CsI$_3$ . . . . CsAg$_2$I$_3$ . . . . 61 (Ag): Hb/B2–414/5
Ag$_2$Cs$_2$O$_8$S$_2$ . . . . . . Ag$_2$SO$_4$ · Cs$_2$SO$_4$ . . . . 61 (Ag): Hb/B3–106/7
Ag$_2$Cs$_4$O$_9$S$_6$ . . . . . . Cs$_4$Ag$_2$(S$_2$O$_3$)$_3$ · 3 H$_2$O. . . . . 61 (Ag): Hb/B3–126
Ag$_2$CuH$_{12}$N$_4$Na$_4$O$_{12}$S$_8$
　　　　　　　　　　　Na$_4$[Cu(NH$_3$)$_4$] [Ag(S$_2$O$_3$)$_2$]$_2$ . . . . 61 (Ag): Hb/B3–115
　　　　　　　　　　　　　　　　　　　　　　　　　　　　Hb/B4–474
Ag$_2$CuO$_{12}$P$_4$ . . . . . Ag$_2$Cu(PO$_3$)$_4$ . . . . 61 (Ag): Hb/B4–486
Ag$_2$Cu$_3$N$_2$O$_9$ . . . . . 2 AgNO$_3$ · 3 CuO · 3 H$_2$O . . . . 61 (Ag): Hb/B4–442/3
Ag$_2$Cu$_3$O$_7$S . . . . . . Ag$_2$SO$_4$ · 3 CuO · 3 H$_2$O . . . . 61 (Ag): Hb/B4–474
Ag$_2$Cu$_4$S$_6$Sb$_2$ . . . . . Ag$_2$S · 2 Cu$_2$S · Sb$_2$S$_3$ . . . . 61 (Ag): Hb/B4–493
Ag$_2$Cu$_6$S$_7$Sb$_2$ . . . . . Ag$_2$S · 3 Cu$_2$S · Sb$_2$S$_3$ . . . . 61 (Ag): Hb/B4–493
Ag$_2$Dy . . . . Ag$_2$Dy . . . . 61 (Ag): Hb/C–229
Ag$_2$Er . . . . Ag$_2$Er . . . . 61 (Ag): Hb/C–232/4
Ag$_2$Eu . . . . Ag$_2$Eu. . . . . 61 (Ag): Hb/C–223
Ag$_2$F . . . . Ag$_2$F . . . . 61 (Ag): Hb/B1–290/3
Ag$_2$FI . . . . [Ag$_2$I]F . . . . 61 (Ag): Hb/B2–461
–. . . . . [Ag$_2$I]F · 2 H$_2$O . . . . 61 (Ag): Hb/B2–461
Ag$_2$FO$_3$P . . . . Ag$_2$PO$_3$F . . . . 61 (Ag): Hb/B4–36/7

$Ag_2F_2O_7S_2$ . . . . . . $Ag_2O(SO_3F)_2$ . . . . 61 (Ag): Hb/B3–152

$Ag_2F_5FeH_2O$ . . . . . $Ag_2[FeF_5H_2O] \cdot 2 H_2O$ . . . . . . 61 (Ag): Hb/B4–409

Ag_2F_6Si . . . . Ag_2SiF_6 . . . . 61 (Ag): Hb/B3–386/7

–. . . . . $Ag_2SiF_6 \cdot 4 H_2O$ . . . . 61 (Ag): Hb/B3–387

Ag_2FeO_2 . . . . $Ag_2O \cdot FeO$ . . . . 61 (Ag): Hb/B4–403

Ag_2FeO_3 . . . . $Ag_2FeO_3 \cdot nH_2O$ . . . . 61 (Ag): Hb/B4–407

Ag_2FeO_4 . . . . Ag_2FeO_4 . . . . 61 (Ag): Hb/B4–407

$Ag_2FeO_{10}P_3$ . . . . . $Ag_2[FeP_3O_{10}] \cdot 2 H_2O$ . . . . . 61 (Ag): Hb/B4–437

$Ag_2Fe_2O_4$ . . . . $Ag_2O \cdot Fe_2O_3 = AgFeO_2$ . . . . 59 (Fe): D/2. Eb–452

61 (Ag): Hb/B4–403/7

Ag_2Gd . . . . Ag_2Gd . . . . 61 (Ag): Hb/C–224/5

$Ag_2Gd_4Se_7$ . . . . . $Ag_2Gd_4Se_7$ . . . . 61 (Ag): Hb/B4–236

$Ag_2Gd_{10}Se_{16}$ . . . . $Ag_2Se \cdot 5 Gd_2Se_3$ . . . . . . 61 (Ag): Hb/B4–234/5

$Ag_2Gd_{14}Se_{22}$ . . . . $Ag_2Se \cdot 7 Gd_2Se_3$ . . . . . . 61 (Ag): Hb/B4–234/5

$Ag_2Gd_{20}Se_{31}$ . . . . $Ag_2Se \cdot 10 Gd_2Se_3$ . . . . . 61 (Ag): Hb/B4–234/5

$Ag_2Gd_{40}Se_{61}$ . . . . $Ag_2Se \cdot 20 Gd_2Se_3$ . . . . . 61 (Ag): Hb/B4–234/5

$Ag_2Gd_{80}Se_{121}$ . . . . $Ag_2Se \cdot 40 Gd_2Se_3$ . . . . . 61 (Ag): Hb/B4–234/5

Ag_2GeO_3 . . . . $(Ag_2GeO_3)_n$ . . . . 61 (Ag): Hb/B4–240

Ag_2GeSe_3 . . . . . . Ag_2GeSe_3 . . . . 61 (Ag): Hb/B4–244

Ag_2GeSe_4Zn . . . . $Ag_2ZnGeSe_4$ . . . . 61 (Ag): Hb/B4–245

$Ag_2Ge_2S_3$ . . . . . . $Ag_2Ge_2S_3$ . . . . 61 (Ag): Hb/B4–243

$Ag_2Ge_4O_9$ . . . . . . $Ag_2Ge_4O_9$ . . . . 61 (Ag): Hb/B4–240

Ag_2H^{2+} . . . . Ag_2H^{2+} . . . . 61 (Ag): Hb/B1–27

Ag_2HIO_5 . . . . $Ag_2HIO_5 = Ag_4I_2O_9 \cdot H_2O$ . . . . . . 61 (Ag): Hb/B2–448/9

Ag_2HN . . . . Ag_2NH . . . . 61 (Ag): Hb/B1–169

Ag_2HNO_3Se . . . . . $AgSeO_3NHAg$ . . . . 61 (Ag): Hb/B3–195

$Ag_2HNO_6S_2$ . . . . . $HN(SO_3Ag)_2$ . . . . 61 (Ag): Hb/B3–136

$Ag_2HN_5O_{10}Ru$ . . . . $Ag_2[Ru(NO)OH(NO_2)_4]$ . . . . 63 (Ru): Eb–348

Ag_2HO^+ . . . . $[Ag_2(OH)]^+$ . . . . 61 (Ag): Hb/B1–123

Ag_2HO_3P . . . . Ag_2HPO_3 . . . . 61 (Ag): Hb/B4–6

Ag_2HO_4P . . . . Ag_2HPO_4 . . . . 61 (Ag): Hb/B4–17

$Ag_2HO_{40}PW_{12}$ . . . . $Ag_2H[PW_{12}O_{40}] \cdot xH_2O$ . . . . 61 (Ag): Hb/B4–356

$Ag_2H_2I_4O_2Pt$ . . . . . $Ag_2[PtI_4(OH)_2]$ . . . . 68 (Pt): Hb/C3–347

$Ag_2H_2KN_2O_2P$ . . . . $Ag_2KPO_2N_2H_2 \cdot 2 H_2O$

$= KPO_2(NHAg)_2 \cdot 2 H_2O$ . . . . 61 (Ag): Hb/B4–35

$Ag_2H_2KN_3O_4S_2$ . . . . $KN(SO_2NHAg)_2$ . . . . 61 (Ag): Hb/B3–141

$Ag_2H_2MnO_4$ . . . . . . $(AgO)_2 \cdot Mn(OH)_2$ . . . . 61 (Ag): Hb/B4–364

$Ag_2H_2NO_3P$ . . . . . . $Ag_2PO_3NH_2$ . . . . 61 (Ag): Hb/B4–31/2

$Ag_2H_2N_2O_2S$ . . . . . $SO_2(NHAg)_2$ . . . . 61 (Ag): Hb/B3–138

$Ag_2H_2N_2O_5S_2$ . . . . . $SO_2(NH_2)NAgSO_3Ag$ . . . . 61 (Ag): Hb/B3–138

–. . . . . $S_2O_5(NHAg)_2$ . . . . 61 (Ag): Hb/B3–136

Ag_2H_2OSe . . . . . . $[Ag_2(OH) (HSe)]$ . . . . 61 (Ag): Hb/B3–187

$Ag_2H_2O_2$ . . . . $[Ag_2(OH)_2]$ . . . . 61 (Ag): Hb/B1–123

$Ag_2H_2O_6Te_2$ . . . . . $Ag_2TeO_3 \cdot H_2TeO_3$ . . . . . . 61 (Ag): Hb/B3–239

$Ag_2H_2O_7P_2$ . . . . . $Ag_2H_2P_2O_7$ . . . . 61 (Ag): Hb/B4–20

$Ag_2H_2S_3{}^{2-}$ . . . . . . $[(HS)AgSAg(SH)]^{2-}$ . . . . . 61 (Ag): Hb/B3–60

$Ag_2H_3IO_6$ . . . . $Ag_2H_3IO_6 = Ag_4I_2O_9 \cdot 3 H_2O$ . . . . . 61 (Ag): Hb/B2–449/54

–. . . . . $Ag_2D_3IO_6$ . . . . 61 (Ag): Hb/B2–449

$Ag_2H_3N_2O_2P$ . . . . . $Ag_2PO_2N_2H_3 = AgPO_2(NH_2) (NHAg)$ . . . 61 (Ag): Hb/B4–32/4

$Ag_2H_4N_2O_5P_2$ . . . . . $Ag_2P_2O_5N_2H_4 = Ag_2P_2O_5(NH_2)_2$ . . . . . 61 (Ag): Hb/B4–35

$Ag_2H_4N_2O_6S_2$. . . . . $NH_4N(SO_3Ag)_2$ . . . . 61 (Ag): Hb/B3–141

$Ag_2H_4N_4O_6S_3$. . . . . $SO_2(NAgSO_2NH_2)_2$. . . . . 61 (Ag): Hb/B3–138

$Ag_2H_4O_6Te$ . . . . . $Ag_2H_4TeO_6$ . . . . 61 (Ag): Hb/B3–240

$Ag_2H_4O_{12}S_3$. . . . . $Ag_2SO_4 \cdot 2 H_2SO_4$ . . . . 61 (Ag): Hb/B3–96, 98

$Ag_2H_6KN_3O_9S_3$. . . . $KAg_2(SO_3NH_2)_3$ . . . . 61 (Ag): Hb/B3–141

$Ag_2H_6LiN_3O_9S_3$. . . . $LiAg_2(SO_3NH_2)_3$ . . . . 61 (Ag): Hb/B3–140

$Ag_2H_6N_2O_4S$ . . . . . $Ag_2SO_4 \cdot 2 NH_3$ . . . . 61 (Ag): Hb/B3–79

$Ag_2H_6N_2O_6PtS_2$. . . . $Ag_2[Pt(NH_3)_2(SO_3)_2] \cdot H_2O$ . . . . 68 (Pt): Hb/D–361

$Ag_2H_6O_6Pt$ . . . . . $Ag_2[Pt(OH)_6]$ . . . . 68 (Pt): Hb/C3–342

$Ag_2H_6O_{16}S_4$. . . . . $Ag_2SO_4 \cdot 3 H_2SO_4 \cdot 2 H_2O$

                  $= AgH_3(SO_4)_2 \cdot H_2O$ . . . . 61 (Ag): Hb/B3–98

$Ag_2H_8I_2N_2O_3S_2$. . . . $(NH_4)_2Ag_2(S_2O_3)I_2$ . . . . 61 (Ag): Hb/B3–128/9

$Ag_2H_8N_2O_6S_2$. . . . . $Ag_2SO_3 \cdot (NH_4)_2SO_3$. . . . . 61 (Ag): Hb/B3–68

$Ag_2H_8N_4O_9P_4$. . . . . $Ag_2P_4O_9N_4H_8 = Ag_2P_4O_9(NH_2)_4$ . . . . . 61 (Ag): Hb/B4–35

$Ag_2H_{10}N_4O_6S_4$ . . . . $(N_2H_5)_2Ag_2(S_2O_3)_2$ . . . . 61 (Ag): Hb/B3–126

$Ag_2H_{10}N_8O_4P_4$ . . . . $(Ag_2P_4N_8O_4H_{10})_x$ . . . . 61 (Ag): Hb/B4–29

$Ag_2H_{12}N_4Na_4NiO_{12}S_8$ . . . $Na_4[Ni(NH_3)_4] [Ag(S_2O_3)_2]_2$ . . . . 61 (Ag): Hb/B3–115

                                                         Hb/B4–384/5

$Ag_2H_{12}N_4O_3S$ . . . . . $Ag_2SO_3 \cdot 4 NH_3 = [Ag(NH_3)_2]_2SO_3$. . . . 61 (Ag): Hb/B3–65

$Ag_2H_{12}N_4O_4S$ . . . . . $Ag_2SO_4 \cdot 4 NH_3$ . . . . 61 (Ag): Hb/B3–79, 95

$Ag_2H_{12}N_4O_4Se$ . . . . $[Ag(NH_3)_2]_2SeO_4$. . . . . 61 (Ag): Hb/B3–193

$Ag_2H_{12}N_4O_6S_2$ . . . . $Ag_2S_2O_6 \cdot 2 H_2O \cdot 4 NH_3$ . . . . 61 (Ag): Hb/B3–131

$Ag_2H_{16}N_4O_9S_6$ . . . . $(NH_4)_4Ag_2(S_2O_3)_3 \cdot H_2O$ . . . . 61 (Ag): Hb/B3–125

$Ag_2H_{44}N_{10}O_{24}S_8$ . . . $Ag_2SO_3 \cdot 3 (NH_4)_2SO_3 \cdot 4 NH_4HSO_3$

                  $\cdot 18 H_2O$. . . . . 61 (Ag): Hb/B3–68

$Ag_2H_{48}N_{12}O_{21}S_7$ . . . $Ag_2SO_3 \cdot 6 (NH_4)_2SO_3 \cdot 19 H_2O$ . . . . . 61 (Ag): Hb/B3–68

$Ag_2H_{52}N_{12}O_{27}S_9$ . . . $Ag_2SO_3 \cdot 4 (NH_4)_2SO_3 \cdot 4 NH_4HSO_3$

                  $\cdot 16 H_2O$. . . . . 61 (Ag): Hb/B3–68

$Ag_2H_{64}N_{16}O_{27}S_9$ . . . $Ag_2SO_3 \cdot 8 (NH_4)_2SO_3 \cdot 12 H_2O$ . . . . . 61 (Ag): Hb/B3–68

$Ag_2HgI_2N_2O_6$ . . . . . $2 AgNO_3 \cdot HgI_2$ . . . . 61 (Ag): Hb/B4–175

Ag_2HgI_2S . . . . . . Ag_2HgSI_2 . . . . 61 (Ag): Hb/B4–177

Ag_2HgI_4 . . . . Ag_2HgI_4 . . . . 61 (Ag): Hb/B4–164/72

–. . . . . Ag_2HgI_4 solid solutions:

                  $(Ag,Cu)_2HgI_4$. . . . . 61 (Ag): Hb/B4–456/8

–. . . . . Ag_2HgI_4 systems:

                  $Ag_2HgI_4–Ag_2CdI_4$ . . . . 61 (Ag): Hb/B4–173

                  $Ag_2HgI_4–Ag_2S$ . . . . 61 (Ag): Hb/B4–176/7

                  $Ag_2HgI_4–Cu_2HgI_4$ . . . . 61 (Ag): Hb/B4–456

$Ag_2HgK_2N_2O_{12}S_4$. . . $(KO_3S)_2NHgN(SO_3Ag)_2 \cdot 3 H_2O$. . . . . 34 (Hg): Hb/B1–261

Ag_2Ho. . . . . Ag_2Ho . . . . 61 (Ag): Hb/C–230/2

Ag_2I . . . . Ag_2I . . . . 61 (Ag): Hb/B2–200

Ag_2I^+ . . . . Ag_2I^+ . . . . 61 (Ag): Hb/B2–200

$Ag_2IK_3O_6S_4$ . . . . . $K_3Ag_2(S_2O_3)_2I$ . . . . 61 (Ag): Hb/B3–128

Ag_2INO_3 . . . . . . $[Ag_2I]NO_3 = AgI \cdot AgNO_3$ . . . . 61 (Ag): Hb/B2–459

$Ag_2I_2Mn_2O_{12}$ . . . . . $Ag_2O \cdot 2 MnO_2 \cdot I_2O_7 \cdot 2 H_2O$ . . . . . . 61 (Ag): Hb/B4–379

$Ag_2I_2Mo_2O_{12}$ . . . . . $Ag_2O \cdot I_2O_5 \cdot 2 MoO_3 \cdot 1.5 H_2O$ . . . . . 53 (Mo): Hb–314

$Ag_2I_2N_2O_4Pt$ . . . . . $Ag_2[PtI_2(NO_2)_2]$. . . . . 68 (Pt): Hb/C3–347

Ag_2I_2O . . . . Ag_2I_2O . . . . 61 (Ag): Hb/B2–433

$Ag_2I_2O_8$ . . . . $Ag_2O \cdot I_2O_7$ . . . . 61 (Ag): Hb/B1–94

$Ag_2I_3^-$	$Ag_2I_3^-$	61 (Ag):	Hb/B2–384, 387, 388/9
Ag_2I_3K	KAg_2I_3	61 (Ag):	Hb/B2–406/7
Ag_2I_3Li	$LiAg_2I_3$	61 (Ag):	Hb/B2–404
$Ag_2I_4^{2-}$	$Ag_2I_4^{2-}$	61 (Ag):	Hb/A4–23 Hb/B2–383/4, 390
$Ag_2I_4K_2$	$K_2Ag_2I_4$	61 (Ag):	Hb/B2–407
$Ag_2I_5^{3-}$	$Ag_2I_5^{3-}$	61 (Ag):	Hb/B2–384
$Ag_2I_5K_3$	$K_3Ag_2I_5 \cdot H_2O$	61 (Ag):	Hb/B2–407/8
–.	$K_3Ag_2I_5 \cdot 2 H_2O$	61 (Ag):	Hb/B2–407/8
$Ag_2I_6^{4-}$	$[Ag_2I_6]^{4-}$	61 (Ag):	Hb/B2–383/4
Ag_2In	Ag_2In	61 (Ag):	Hb/C–190
$Ag_2In_6Te_{10}$	$Ag_2Te \cdot 3 In_2Te_3 = AgIn_3Te_5$	61 (Ag):	Hb/B4–216
$Ag_2In_{10}Te_{16}$.	$Ag_2Te \cdot 5 In_2Te_3 = AgIn_5Te_8$	61 (Ag):	Hb/B4–216
$Ag_2In_{18}Te_{28}$	$Ag_2Te \cdot 9 In_2Te_3 = AgIn_9Te_{14}$	61 (Ag):	Hb/B4–216
$Ag_2KN_3O_9$.	$Ag_2K(NO_3)_3 = 2 AgNO_3 \cdot KNO_3$	61 (Ag):	Hb/B1–264
Ag_2KS_3Sb.	KAg_2SbS_3	61 (Ag):	Hb/B4–100
$Ag_2K_4O_9S_6$	$K_4Ag_2(S_2O_3)_3$	61 (Ag):	Hb/B3–124
Ag_2La	Ag_2La	61 (Ag):	Hb/C–214
$Ag_2La_4Se_7$	$Ag_2La_4Se_7$	61 (Ag):	Hb/B4–236
$Ag_2La_{10}Se_{16}$	$Ag_2Se \cdot 5 La_2Se_3$	61 (Ag):	Hb/B4–234/5
$Ag_2La_{20}Se_{31}$	$Ag_2Se \cdot 10 La_2Se_3$	61 (Ag):	Hb/B4–234/5
$Ag_2La_{40}Se_{61}$	$Ag_2Se \cdot 20 La_2Se_3$	61 (Ag):	Hb/B4–234/5
Ag_2LiSn.	Ag_2SnLi	61 (Ag):	Hb/C–285
$Ag_2Li_2O_8S_2$	$Li_2SO_4 \cdot Ag_2SO_4$	61 (Ag):	Hb/B3–101
$Ag_2Li_4O_3$	$Li_4Ag_2O_3 = 2 Li_2O \cdot Ag_2O$	61 (Ag):	Hb/B1–135
Ag_2Lu.	Ag_2Lu.	61 (Ag):	Hb/C–237
$Ag_2Lu_5S_8$	$Ag_2Lu_5S_8$	61 (Ag):	Hb/B4–232
$Ag_2Lu_5Se_8$	$Ag_2Lu_5Se_8$	61 (Ag):	Hb/B4–234
$Ag_2MgO_6S_4$.	$MgAg_2(S_2O_3)_2 \cdot 3 H_2O$.	61 (Ag):	Hb/B3–126
$Ag_2Mg_2O_9S_6$	$Mg_2Ag_2(S_2O_3)_3 \cdot 9 H_2O$	61 (Ag):	Hb/B3–126
Ag_2Mn	Ag_2Mn	61 (Ag):	Hb/C–316
Ag_2MnNO_7	$AgMnO_4 \cdot AgNO_3$	61 (Ag):	Hb/B4–375
Ag_2MnO_2	Ag_2MnO_2	61 (Ag):	Hb/B4–359/60
Ag_2MnO_3	$(AgO)_2 \cdot MnO$	61 (Ag):	Hb/B4–364
Ag_2MnO_4	Ag_2MnO_4	61 (Ag):	Hb/B4–361
$Ag_2MnO_6S_4$	$Mn[Ag(S_2O_3)]_2 \cdot 3 H_2O$	61 (Ag):	Hb/B4–380
$Ag_2Mn_2O_4$	$Ag_2Mn_2O_4$	61 (Ag):	Hb/B4–362
$Ag_2Mn_2O_5$	$Ag_2Mn_2O_5$	61 (Ag):	Hb/B4–362
–.	$Ag_2Mn_2O_5 \cdot H_2O$ $= AgMnO_{2.5} \cdot 0.5 H_2O$	61 (Ag):	Hb/B4–363
$Ag_2Mn_2O_6$	$Ag_2O \cdot Mn_2O_5$	61 (Ag):	Hb/B4–361
$Ag_2Mn_4O_7$	$Ag_2O \cdot 2 MnO \cdot 2 MnO_2$	61 (Ag):	Hb/B4–362
$Ag_2Mn_8O_{14}$	$Ag_2O \cdot 3 MnO \cdot 5 MnO_2$	61 (Ag):	Hb/B4–362
Ag_2MoO_4	Ag_2MoO_4	61 (Ag):	Hb/B4–335/8
–.	Ag_2MoO_4 systems:		
	$Ag_2MoO_4–AgBr$	61 (Ag):	Hb/B4–339
	$Ag_2MoO_4–AgBr–KBr–K_2MoO_4$	61 (Ag):	Hb/B4–340/1
	$Ag_2MoO_4–AgBr–LiBr–Li_2MoO_4$	61 (Ag):	Hb/B4–340/1
	$Ag_2MoO_4–AgBr–NaBr–Na_2MoO_4$	61 (Ag):	Hb/B4–340/1

Ag$_2$MoO$_4$ . . . .   Ag$_2$MoO$_4$ systems:

Ag$_2$MoO$_4$–AgCl–KCl–K$_2$MoO$_4$ . . . . 61 (Ag):   Hb/B4–340
Ag$_2$MoO$_4$–AgCl–LiCl–Li$_2$MoO$_4$ . . . . 61 (Ag):   Hb/B4–340
Ag$_2$MoO$_4$–AgCl–NaCl–Na$_2$MoO$_4$ . . . 61 (Ag):   Hb/B4–340
Ag$_2$MoO$_4$–AgI–KI–K$_2$MoO$_4$ . . . . . . 61 (Ag):   Hb/B4–341
Ag$_2$MoO$_4$–AgI–LiI–Li$_2$MoO$_4$· . . . . . 61 (Ag):   Hb/B4–341
Ag$_2$MoO$_4$–AgI–NaI–Na$_2$MoO$_4$ . . . . 61 (Ag):   Hb/B4–341
Ag$_2$MoO$_4$–AgI–RbI–Rb$_2$MoO$_4$ . . . . 61 (Ag):   Hb/B4–341
Ag$_2$MoO$_4$–AgNO$_3$–H$_2$O . . . . 61 (Ag):   Hb/B4–339
Ag$_2$MoO$_4$–Ag$_2$CrO$_4$–Li$_2$CrO$_4$–Li$_2$MoO$_4$ 61 (Ag):   Hb/B4–341
Ag$_2$MoO$_4$–Ag$_2$SO$_4$ . . . . 61 (Ag):   Hb/B4–339
Ag$_2$MoO$_4$–Ag$_2$SO$_4$–Li$_2$MoO$_4$
    –Li$_2$SO$_4$ . . . . 61 (Ag):   Hb/B4–341
Ag$_2$MoO$_4$–Ag$_2$SO$_4$–Na$_2$MoO$_4$
    –Na$_2$SO$_4$ . . . . 61 (Ag):   Hb/B4–341
Ag$_2$MoO$_4$–Ag$_2$WO$_4$–Li$_2$MoO$_4$
    –Li$_2$WO$_4$ . . . . 61 (Ag):   Hb/B4–355
Ag$_2$MoO$_4$–K$_2$MoO$_4$ . . . . 61 (Ag):   Hb/B4–339/40
Ag$_2$MoO$_4$–Li$_2$MoO$_4$ . . . . 61 (Ag):   Hb/B4–339/40
Ag$_2$MoO$_4$–MoO$_3$ . . . . 61 (Ag):   Hb/B4–338
Ag$_2$MoO$_4$–Na$_2$MoO$_4$ . . . . 61 (Ag):   Hb/B4–339/40
Ag$_2$MoO$_4$–Na$_2$MoO$_4$–H$_2$O . . . . . 61 (Ag):   Hb/B4–339
Ag$_2$MoSe$_3$ . . . . . .   Ag$_2$MoSe$_3$ . . . . 61 (Ag):   Hb/B4–342
Ag$_2$MoTe$_3$ . . . . . .   Ag$_2$MoTe$_3$ . . . . 61 (Ag):   Hb/B4–342
Ag$_2$Mo$_{1.4}$O$_{5.2}$ . . . .   Ag$_2$O · 1.4 MoO$_3$ · xH$_2$O . . . . . 61 (Ag):   Hb/B4–335
Ag$_2$Mo$_2$O$_7$ . . . . . .   Ag$_2$Mo$_2$O$_7$ = Ag$_2$O · 2 MoO$_3$ . . . . . . 61 (Ag):   Hb/B4–338
Ag$_2$Mo$_2$O$_{12}$P$_2$ . . . .   Ag$_2$O · 2 MoO$_3$ · P$_2$O$_5$ = AgMoO$_2$PO$_4$. . 61 (Ag):   Hb/B4–343
Ag$_2$Mo$_{2.26}$O$_{7.78}$ . . . .   Ag$_2$O · 2.26 MoO$_3$ · xH$_2$O . . . . . 61 (Ag):   Hb/B4–335
Ag$_2$Mo$_3$O$_{10}$ . . . . .   Ag$_2$Mo$_3$O$_{10}$ = Ag$_2$O · 3 MoO$_3$ . . . . 61 (Ag):   Hb/B4–338
Ag$_2$Mo$_4$O$_{13}$ . . . . .   Ag$_2$Mo$_4$O$_{13}$ = Ag$_2$O · 4 MoO$_3$ . . . . 61 (Ag):   Hb/B4–338
Ag$_2$NNaO$_6$S$_2$ . . . . .   NaN(SO$_3$Ag)$_2$ . . . . 61 (Ag):   Hb/B3–141
Ag$_2$NO$_3$$^+$ . . . .   [Ag$_2$(NO$_3$)]$^+$ . . . . 61 (Ag):   Hb/B1–225
Ag$_2$N$_2$O$_2$ . . . .   Ag$_2$N$_2$O$_2$ . . . . 61 (Ag):   Hb/B1–171/3
Ag$_2$N$_2$O$_6$ . . . .   Ag$_2$N$_2$O$_6$ . . . . 61 (Ag):   Hb/B1–173
Ag$_2$N$_2$O$_7$Os . . . . . .   Ag$_2$[OsO$_2$O(NO$_2$)$_2$] · H$_2$O . . . . . 66 (Os):   Hb–96
Ag$_2$N$_4$O$_8$Pd . . . . . .   Ag$_2$[Pd(NO$_2$)$_4$] . . . . 65 (Pd):   Hb/2–341
Ag$_2$N$_4$O$_8$Pt . . . . . .   Ag$_2$[Pt(NO$_2$)$_4$] . . . . 68 (Pt):   Hb/C3–343
Ag$_2$N$_4$O$_9$Pt$_2$ . . . . . .   Ag$_2$[Pt(NO$_2$)$_4$] · PtO
                                = Ag$_2$[Pt$_2$(NO$_2$)$_4$O] . . . . 68 (Pt):   Hb/C3–343
Ag$_2$N$_4$O$_{12}$Pb . . . .   2 AgNO$_3$ · Pb(NO$_3$)$_2$ . . . . 61 (Ag):   Hb/B4–255
Ag$_2$N$_5$O$_{10}$Os . . . . .   Ag$_2$[Os(NO$_2$)$_5$] · 2 H$_2$O . . . . . . 66 (Os):   Hb–96
Ag$_2$Na. . . . .   Ag$_2$Na . . . . 61 (Ag):   Hb/C–6
Ag$_2$NaO$_4$P . . . . . .   Ag$_2$NaPO$_4$ . . . . 61 (Ag):   Hb/B4–17
Ag$_2$Na$_4$O$_3$ . . . . . .   Na$_4$Ag$_2$O$_3$ = 2 Na$_2$O · Ag$_2$O . . . . 61 (Ag):   Hb/B1–136/7
Ag$_2$Na$_4$O$_9$S$_6$ . . . . .   Na$_4$Ag$_2$(S$_2$O$_3$)$_3$ . . . . 61 (Ag):   Hb/B3–120/1
–. . . . .   Na$_4$Ag$_2$(S$_2$O$_3$)$_3$ · H$_2$O . . . . . . 61 (Ag):   Hb/B3–120/1
–. . . . .   Na$_4$Ag$_2$(S$_2$O$_3$)$_3$ · 2 H$_2$O . . . . . 61 (Ag):   Hb/B3–120/1
Ag$_2$Na$_6$O$_4$ . . . .   3 Na$_2$O · Ag$_2$O = Na$_3$AgO$_2$ . . . . . . 61 (Ag):   Hb/B1–137
Ag$_2$Na$_6$O$_{18}$Si$_7$ . . . . .   Ag$_2$O · 3 Na$_2$O · 7 SiO$_2$ . . . . . 61 (Ag):   Hb/B3–385
Ag$_2$Nb$_4$O$_{11}$ . . . . . .   Ag$_2$Nb$_4$O$_{11}$ = Ag$_2$O · 2 Nb$_2$O$_5$ . . . . . 61 (Ag):   Hb/B4–283

Ag$_2$Nb$_4$O$_{11}$ . . . . . .   Ag$_2$Nb$_4$O$_{11}$ solid solutions:
                                    (Ag,Na)$_2$Nb$_4$O$_{11}$ . . . . 61 (Ag):   Hb/B4−284
Ag$_2$Nb$_6$O$_{16}$ . . . . . .   Ag$_2$O · 3 Nb$_2$O$_5$ = AgNb$_3$O$_8$ . . . . . . 61 (Ag):   Hb/B4−283
Ag$_2$Nb$_8$O$_{21}$ . . . . . .   Ag$_2$Nb$_8$O$_{21}$ = Ag$_2$O · 4 Nb$_2$O$_5$ . . . . . 61 (Ag):   Hb/B4−283
Ag$_2$Nb$_{14}$O$_{36}$· . . . . .   Ag$_2$O · 7 Nb$_2$O$_5$ = AgNb$_7$O$_{18}$ . . . . . . 61 (Ag):   Hb/B4−283
Ag$_2$Nb$_{26}$O$_{66}$· . . . . .   Ag$_2$O · 13 Nb$_2$O$_5$ = AgNb$_{13}$O$_{33}$ . . . . . 61 (Ag):   Hb/B4−283
Ag$_2$Nb$_{28}$O$_{71}$· . . . . .   Ag$_2$Nb$_{28}$O$_{71}$ = Ag$_2$O · 14 Nb$_2$O$_5$ . . . . . 61 (Ag):   Hb/B4−283
Ag$_2$Nd . . . .   Ag$_2$Nd . . . . 61 (Ag):   Hb/C−219
Ag$_2$Nd$_4$Se$_7$ . . . . . .   Ag$_2$Nd$_4$Se$_7$ . . . . 61 (Ag):   Hb/B4−236
Ag$_2$Nd$_{10}$Se$_{16}$ . . . . .   Ag$_2$Se · 5 Nd$_2$Se$_3$ . . . . 61 (Ag):   Hb/B4−234/5
Ag$_2$O . . . .   Ag$_2$O . . . . 61 (Ag):   Hb/B1−53/101
                                    Chemical reactions . . . . 61 (Ag):   Hb/B1−76/96
                                    – with elements . . . . 61 (Ag):   Hb/B1−85/90
                                    – with inorganic compounds . . . . . 61 (Ag):   Hb/B1−90/5
                                    – with organic compounds . . . . . . 61 (Ag):   Hb/B1−95/6
                                    Colloidal forms . . . . 61 (Ag):   Hb/B1.−60/1
                                    Crystallographic properties . . . . . . 61 (Ag):   Hb/B1−63/8
                                    Decomposition . . . . 61 (Ag):   Hb/B1−76/85
                                    Diffusion . . . . 61 (Ag):   Hb/B1−69
                                    Electrical properties . . . . 61 (Ag):   Hb/B1−72/4
                                    Electrochemical behavior . . . . 61 (Ag):   Hb/B1−76, 125/34
                                    Formation . . . . 61 (Ag):   Hb/B1−53/7
                                    History . . . . 61 (Ag):   Hb/A1−24
                                    Magnetic properties . . . . 61 (Ag):   Hb/B1−72
                                    Mechanical properties . . . . 61 (Ag):   Hb/B1−68/72
                                    Optical properties . . . . 61 (Ag):   Hb/B1−74/6
                                    Preparation . . . . 61 (Ag):   Hb/B1−57/60
                                    Solubility . . . . 61 (Ag):   Hb/B1−96/101
                                    Special forms . . . . 61 (Ag):   Hb/B1−60/3
                                    Thermal properties . . . . 61 (Ag):   Hb/B1−68/72
−. . . . .   Ag$_2$O glasses:
                                    Ag$_2$O−B$_2$O$_3$ . . . . 61 (Ag):   Hb/B3−250/2
                                    Ag$_2$O−B$_2$O$_3$−K$_2$O . . . . 61 (Ag):   Hb/B3−256/8
                                    Ag$_2$O−B$_2$O$_3$−Li$_2$O . . . . 61 (Ag):   Hb/B3−256/8
                                    Ag$_2$O−B$_2$O$_3$−Na$_2$O . . . . 61 (Ag):   Hb/B3−256/8
                                    Ag$_2$O−B$_2$O$_3$−SiO$_2$ . . . . 61 (Ag):   Hb/B3−389
                                    Ag$_2$O−CaO−Na$_2$O−SiO$_2$ . . . . 61 (Ag):   Hb/B3−384/5
                                    Ag$_2$O−MoO$_3$−P$_2$O$_5$ . . . . 61 (Ag):   Hb/B4−343
−. . . . .   Ag$_2$O melts:
                                    Ag$_2$O−B$_2$O$_3$ . . . . 61 (Ag):   Hb/B3−252/3
                                    Ag$_2$O−B$_2$O$_3$−Na$_2$O . . . . 61 (Ag):   Hb/B3−258
−. . . . .   Ag$_2$O solid solutions:
                                    Ag$_2$O−CoO . . . . 61 (Ag):   Hb/B4−388
                                    (Ag,Cu)$_2$O . . . . 61 (Ag):   Hb/B4−440
−. . . . .   Ag$_2$O systems:
                                    Ag$_2$O−Ag−B$_2$O$_3$−O . . . . 61 (Ag):   Hb/B3−249
                                    Ag$_2$O−B$_2$O$_3$ . . . . 61 (Ag):   Hb/B3−249/52
                                    Ag$_2$O−B$_2$O$_3$−H$_2$O . . . . 61 (Ag):   Hb/B3−253

Ag_2O . . . . Ag_2O systems:

               $Ag_2O-CrO_3-H_2O$ . . . . 61 (Ag):   Hb/B4-289

               $Ag_2O-CuO-PbO$ . . . . 61 (Ag):   Hb/B4-441

               Ag_2O-Cu_2O-PbO . . . . 61 (Ag):   Hb/B4-441

               Ag_2O-Na_2O . . . . 61 (Ag):   Hb/B1-135/6

               $Ag_2O-P_2O_5-H_2O$ . . . . 61 (Ag):   Hb/B4-7

               $Ag_2O-Sb_2O_3-Sb_2O_5$ . . . . 61 (Ag):   Hb/B4-89

               Ag_2O-SiO_2 . . . . 61 (Ag):   Hb/B3-379

               $Ag_2O-Ta_2O_5$ . . . . 61 (Ag):   Hb/B4-285

               $Ag_2O-V_2O_5$ . . . . 61 (Ag):   Hb/B4-277

Ag_2OS . . . . Ag_2OS . . . . 61 (Ag):   Hb/B3-132

Ag_2O_2 . . . . Ag_2O_2 . . . . 61 (Ag):   Hb/B1-32

Ag_2O_2Pb . . . . . . Ag_2PbO_2 . . . . 61 (Ag):   Hb/B4-252/3

-. . . . . $Ag_2PbO_2 \cdot 2\,H_2O$ . . . . 61 (Ag):   Hb/B4-252

Ag_2O_3 . . . . Ag_2O_3 . . . . 61 (Ag):   Hb/B1-119, 125/33

$Ag_2O_3Pb_2$ . . . . . . $Ag_2Pb_2O_3$ . . . . 61 (Ag):   Hb/B4-252

Ag_2O_3S . . . . Ag_2SO_3 . . . . 61 (Ag):   Hb/B3-62/5

-. . . . . Ag_2SO_3 solutions:

               $Ag_2SO_3-H_2O$ . . . . 61 (Ag):   Hb/B3-65/6

$Ag_2O_3S_2$ . . . . . . $Ag_2S_2O_3$ . . . . 61 (Ag):   Hb/B3-110/1

-. . . . . $Ag_2S_2O_3$ systems:

               $Ag_2S_2O_3-Na_2S_2O_3-H_2O$ . . . . 61 (Ag):   Hb/B3-117

Ag_2O_3Se . . . . . . Ag_2SeO_3 . . . . 61 (Ag):   Hb/B3-188/91

Ag_2O_3Si . . . . Ag_2SiO_3 . . . . 61 (Ag):   Hb/B3-380/1

-. . . . . $Ag_2SiO_3 \cdot 2\,H_2O$ . . . . 61 (Ag):   Hb/B3-381

Ag_2O_3Te . . . . . . Ag_2TeO_3 . . . . 61 (Ag):   Hb/B3-238/9

-. . . . . $Ag_2TeO_3 \cdot 6\,H_2O$ . . . . 61 (Ag):   Hb/B3-238

Ag_2O_4PTl . . . . . . Ag_2TlPO_4 . . . . 61 (Ag):   Hb/B4-230/1

Ag_2O_4S . . . . Ag_2SO_4 . . . . 61 (Ag):   Hb/B3-69/89

               Chemical reactions . . . . 61 (Ag):   Hb/B3-77/81

               Formation and preparation . . . . . . 61 (Ag):   Hb/B3-69/70

               History. . . . . 61 (Ag):   Hb/A1-30

               Physical properties . . . . 61 (Ag):   Hb/B3-70/7

               Solubility . . . . 61 (Ag):   Hb/B3-81/9

-. . . . . $Ag_2{}^{35}SO_4$ . . . . 61 (Ag):   Hb/B3-69

-. . . . . Ag_2SO_4 solid solutions:

               $Ag_2SO_4-Ag_2Cr_2O_7$ . . . . 61 (Ag):   Hb/B4-328/9

               $Ag_2SO_4-CoSO_4$ . . . . 61 (Ag):   Hb/B4-392

               $Ag_2SO_4-Li_2SO_4$ . . . . 61 (Ag):   Hb/B3-101/2

-. . . . . Ag_2SO_4 solutions:

               $Ag_2SO_4-H_2O$ . . . . 61 (Ag):   Hb/A4-23

                                                              Hb/B3-89/93

               $Ag_2SO_4-H_2SO_4$ . . . . 61 (Ag):   Hb/B3-93/4

               Ag_2SO_4-inorganic salt melts . . . . . 61 (Ag):   Hb/B3-94

               Ag_2SO_4-organic solvents . . . . . . 61 (Ag):   Hb/B3-94/5

-. . . . . Ag_2SO_4 systems:

               Ag_2SO_4-AgBr . . . . 61 (Ag):   Hb/B3-100

               $Ag_2SO_4-AgBr-TlBr-Tl_2SO_4$ . . . . . . 61 (Ag):   Hb/B4-226/7

Ag_2O_4S . . . . Ag_2SO_4 systems:

Ag_2SO_4-AgCl . . . . 61 (Ag): Hb/B3−99/100

$Ag_2SO_4-AgCl-CdCl_2-CdSO_4$ . . . . . 61 (Ag): Hb/B4−152/3

$Ag_2SO_4-AgCl-LiCl-Li_2SO_4$ . . . . . . 61 (Ag): Hb/B3−108/9

$Ag_2SO_4-AgCl-NaCl-Na_2SO_4$ . . . . . 61 (Ag): Hb/B3−109/10

$Ag_2SO_4-AgCl-PbCl_2-PbSO_4$ . . . . . 61 (Ag): Hb/B4−267

$Ag_2SO_4-AgCl-TlCl-Tl_2SO_4$ . . . . . . 61 (Ag): Hb/B4−226

Ag_2SO_4-AgI . . . . 61 (Ag): Hb/B3−100

$Ag_2SO_4-AgI-TlI-Tl_2SO_4$ . . . . 61 (Ag): Hb/B4−227

$Ag_2SO_4-AgNO_3$ . . . . 61 (Ag): Hb/B3−99

$Ag_2SO_4-AgNO_3-KNO_3-K_2SO_4$ . . . . 61 (Ag): Hb/B3−108

$Ag_2SO_4-AgNO_3-TlNO_3-Tl_2SO_4$ . . . . 61 (Ag): Hb/B4−226

$Ag_2SO_4-Ag_2CrO_4-Li_2CrO_4-Li_2SO_4$ . . 61 (Ag): Hb/B4−328

$Ag_2SO_4-Ag_2MoO_4$ . . . . 61 (Ag): Hb/B4−339

$Ag_2SO_4-Ag_2MoO_4-Li_2MoO_4-Li_2SO_4$. 61 (Ag): Hb/B4−341

$Ag_2SO_4-Ag_2MoO_4-Na_2MoO_4$
$-Na_2SO_4$ . . . . 61 (Ag): Hb/B4−341

$Ag_2SO_4-Ag_2WO_4$ . . . . 61 (Ag): Hb/B4−351

$Ag_2SO_4-Ag_2WO_4-Cs_2SO_4-Cs_2WO_4$. 61 (Ag): Hb/B4−354

$Ag_2SO_4-Ag_2WO_4-K_2SO_4-K_2WO_4$ . . . 61 (Ag): Hb/B4−354

$Ag_2SO_4-Ag_2WO_4-Na_2SO_4-Na_2WO_4$. 61 (Ag): Hb/B4−354

$Ag_2SO_4-BeSO_4-H_2O$ . . . . 61 (Ag): Hb/B3−108

$Ag_2SO_4-Cs_2SO_4$ . . . . 61 (Ag): Hb/B3−106/7

$Ag_2SO_4-Cs_2SO_4-H_2O$ . . . . 61 (Ag): Hb/B3−107/8

$Ag_2SO_4-H_2SO_4$ . . . . 61 (Ag): Hb/B3−96/8

$Ag_2SO_4-H_2SO_4-H_2O$ . . . . 61 (Ag): Hb/B3−96/8

$Ag_2SO_4-KNO_3$ . . . . 61 (Ag): Hb/B3−108

$Ag_2SO_4-K_2SO_4$ . . . . 61 (Ag): Hb/B3−104/5

$Ag_2SO_4-K_2SO_4-H_2O$ . . . . 61 (Ag): Hb/B3−105

$Ag_2SO_4-Li_2SO_4$ . . . . 61 (Ag): Hb/B3−101/2

$Ag_2SO_4-Li_2SO_4-H_2O$ . . . . 61 (Ag): Hb/B3−102/3

$Ag_2SO_4-Li_2SO_4-Na_2SO_4$ . . . . 61 (Ag): Hb/B3−104

$Ag_2SO_4-MgSO_4-H_2O$ . . . . 61 (Ag): Hb/B3−108

$Ag_2SO_4-(NH_4)_2SO_4-H_2O$ . . . . 61 (Ag): Hb/B3−105/6

$Ag_2SO_4-Na_2SO_4$ . . . . 61 (Ag): Hb/B3−103

$Ag_2SO_4-Na_2SO_4-H_2O$ . . . . 61 (Ag): Hb/B3−103/4

$Ag_2SO_4-Rb_2SO_4$ . . . . 61 (Ag): Hb/B3−106

$Ag_2SO_4-Rb_2SO_4-H_2O$ . . . . 61 (Ag): Hb/B3−106

$Ag_2SO_4-Tl_2SO_4$ . . . . 61 (Ag): Hb/B4−225

$Ag_2SO_4-UO_2SO_4-H_2O$ . . . . 61 (Ag): Hb/B4−358

Ag_2O_4Se . . . . Ag_2SeO_4 . . . . 61 (Ag): Hb/B3−191/4

Ag_2O_4Si . . . . $2\,AgO \cdot SiO_2$ . . . . 61 (Ag): Hb/B3−384

Ag_2O_4Te . . . . Ag_2TeO_4 . . . . 61 (Ag): Hb/B3−239

Ag_2O_4U . . . . $Ag_2UO_4 = Ag_2O \cdot UO_3$ . . . . 61 (Ag): Hb/B4−357

Ag_2O_4W . . . . Ag_2WO_4 . . . . 61 (Ag): Hb/B4−347/9

−. . . . . Ag_2WO_4 systems:

$Ag_2WO_4-AgBr-KBr-K_2WO_4$ . . . . 61 (Ag): Hb/B4−353

$Ag_2WO_4-AgBr-LiBr-Li_2WO_4$ . . . . . 61 (Ag): Hb/B4−353

$Ag_2WO_4-AgBr-NaBr-Na_2WO_4$ . . . . 61 (Ag): Hb/B4−353

Ag$_2$O$_4$W . . . .   Ag$_2$WO$_4$ systems:

                            Ag$_2$WO$_4$–AgCl . . . . 61 (Ag):   Hb/B4–350
                            Ag$_2$WO$_4$–AgCl–KCl–K$_2$WO$_4$. . . . . . 61 (Ag):   Hb/B4–353
                            Ag$_2$WO$_4$–AgCl–LiCl–Li$_2$WO$_4$ . . . . . 61 (Ag):   Hb/B4–353
                            Ag$_2$WO$_4$–AgCl–NaCl–Na$_2$WO$_4$ . . . . 61 (Ag):   Hb/B4–353
                            Ag$_2$WO$_4$–AgI . . . . 61 (Ag):   Hb/B4–351
                            Ag$_2$WO$_4$–AgI–KI–K$_2$WO$_4$ . . . . 61 (Ag):   Hb/B4–353/4
                            Ag$_2$WO$_4$–AgI–LiI–Li$_2$WO$_4$ . . . . 61 (Ag):   Hb/B4–353/4
                            Ag$_2$WO$_4$–AgI–NaI–Na$_2$WO$_4$ . . . . . . 61 (Ag):   Hb/B4–353/4
                            Ag$_2$WO$_4$–AgI–RbI–Rb$_2$WO$_4$ . . . . . . 61 (Ag):   Hb/B4–353/4
                            Ag$_2$WO$_4$–Ag$_2$CrO$_4$–Li$_2$CrO$_4$–Li$_2$WO$_4$. 61 (Ag):   Hb/B4–354/5
                            Ag$_2$WO$_4$–Ag$_2$MoO$_4$–Li$_2$MoO$_4$
                              –Li$_2$WO$_4$ . . . . 61 (Ag):   Hb/B4–355
                            Ag$_2$WO$_4$–Ag$_2$SO$_4$. . . . . 61 (Ag):   Hb/B4–351
                            Ag$_2$WO$_4$–Ag$_2$SO$_4$–Cs$_2$SO$_4$–Cs$_2$WO$_4$. 61 (Ag):   Hb/B4–354
                            Ag$_2$WO$_4$–Ag$_2$SO$_4$–K$_2$SO$_4$–K$_2$WO$_4$. . . 61 (Ag):   Hb/B4–354
                            Ag$_2$WO$_4$–Ag$_2$SO$_4$–Na$_2$SO$_4$–Na$_2$WO$_4$ 61 (Ag):   Hb/B4–354
                            Ag$_2$WO$_4$–Cs$_2$WO$_4$. . . . . 61 (Ag):   Hb/B4–351/3
                            Ag$_2$WO$_4$–K$_2$WO$_4$ . . . . 61 (Ag):   Hb/B4–351/3
                            Ag$_2$WO$_4$–Li$_2$WO$_4$ . . . . 61 (Ag):   Hb/B4–351/3
                            Ag$_2$WO$_4$–Na$_2$WO$_4$ . . . . 61 (Ag):   Hb/B4–351/3
                            Ag$_2$WO$_4$–Rb$_2$WO$_4$ . . . . 61 (Ag):   Hb/B4–351/3
                            Ag$_2$WO$_4$–WO$_3$. . . . . 61 (Ag):   Hb/B4–349
Ag$_2$O$_5$Si$_2$ . . . . Ag$_2$Si$_2$O$_5$ . . . . 61 (Ag):   Hb/B3–381/3
Ag$_2$O$_6$S$_2$ . . . . Ag$_2$S$_2$O$_6$ · 2 H$_2$O. . . . . 61 (Ag):   Hb/B3–131
–. . . . .   Ag$_2$S$_2$O$_6$ solid solutions:
                            Ag$_2$S$_2$O$_6$· 2 H$_2$O–BaS$_2$O$_6$· 2 H$_2$O . . . 30 (Ba):   Hb–284
Ag$_2$O$_6$S$_3$ . . . . Ag$_2$S$_3$O$_6$ . . . . 61 (Ag):   Hb/B3–132
Ag$_2$O$_6$S$_4$ . . . . Ag$_2$S$_4$O$_6$ . . . . 61 (Ag):   Hb/B3–132
Ag$_2$O$_6$S$_4$$^{2-}$ . . . . . [Ag$_2$(S$_2$O$_3$)$_2$]$^{2-}$ . . . . 61 (Ag):   Hb/B3–111/6
Ag$_2$O$_6$S$_4$Sr . . . . . SrAg$_2$(S$_2$O$_3$)$_2$ · H$_2$O . . . . 61 (Ag):   Hb/B3–127
Ag$_2$O$_6$S$_5$ . . . . Ag$_2$S$_5$O$_6$ . . . . 61 (Ag):   Hb/B3–132
Ag$_2$O$_6$Ta$_2$ . . . . Ag$_2$O · Ta$_2$O$_5$
                            see AgO$_3$Ta ... AgTaO$_3$
Ag$_2$O$_{6.61}$W$_{1.87}$ . . . . Ag$_2$O · 1.87 WO$_3$ · 1.31 H$_2$O . . . . 61 (Ag):   Hb/B4–349
Ag$_2$O$_7$S$_2$ . . . . Ag$_2$S$_2$O$_7$ . . . . 61 (Ag):   Hb/B3–110
Ag$_2$O$_7$Se$_2$. . . . . . . Ag$_2$Se$_2$O$_7$. . . . . 61 (Ag):   Hb/B3–194
Ag$_2$O$_7$Tl$_4$ . . . . Ag$_2$Tl$_4$O$_7$ . . . . 61 (Ag):   Hb/B4–218
Ag$_2$O$_7$U$_2$ . . . . Ag$_2$U$_2$O$_7$ = Ag$_2$O · 2 UO$_3$ . . . . . . 61 (Ag):   Hb/B4–357
Ag$_2$O$_7$V$_2$ . . . . AgO · Ag(VO$_3$)$_2$ . . . . 61 (Ag):   Hb/B4–280
Ag$_2$O$_7$W$_2$ . . . . Ag$_2$O · 2 WO$_3$ = Ag$_2$W$_2$O$_7$ . . . . . 61 (Ag):   Hb/B4–349
Ag$_2$O$_{7.21}$W$_{2.07}$. . . . . Ag$_2$O · 2.07 WO$_3$ · 0.93 H$_2$O . . . . . . 61 (Ag):   Hb/B4–350
Ag$_2$O$_8$Rb$_2$S$_2$ . . . . . Ag$_2$SO$_4$· Rb$_2$SO$_4$. . . . . 61 (Ag):   Hb/B3–106
Ag$_2$O$_8$S$_2$Tl$_2$ . . . . . . Ag$_2$SO$_4$ · Tl$_2$SO$_4$ = AgTlSO$_4$ . . . . . . 61 (Ag):   Hb/B4–225
Ag$_2$O$_8$W$_2$ . . . . Ag$_2$O · 2 WO$_3$ · O · 4 H$_2$O . . . . . . 61 (Ag):   Hb/B4–350
Ag$_2$O$_9$Rb$_4$S$_6$ . . . . Rb$_4$Ag$_2$(S$_2$O$_3$)$_3$ · 3 H$_2$O . . . . 61 (Ag):   Hb/B3–126
Ag$_2$O$_9$S$_6$$^{4-}$ . . . . . [Ag$_2$(S$_2$O$_3$)$_3$]$^{4-}$ . . . . 61 (Ag):   Hb/B3–111/6
Ag$_2$O$_9$S$_6$Sr$_2$. . . . . . Sr$_2$Ag$_2$(S$_2$O$_3$)$_3$ · 6 H$_2$O. . . . . 61 (Ag):   Hb/B3–127
Ag$_2$O$_{10}$W$_3$. . . . . . . Ag$_2$O · 3 WO$_3$ . . . . 61 (Ag):   Hb/B4–346

Ag$_2$O$_{11}$Ta$_4$	Ag$_2$Ta$_4$O$_{11}$ = Ag$_2$O · 2 Ta$_2$O$_5$	61 (Ag):	Hb/B4–286
Ag$_2$O$_{11}$V$_4$	Ag$_2$V$_4$O$_{11}$	61 (Ag):	Hb/B4–279
Ag$_2$O$_{13}$W$_4$·	Ag$_2$O · 4 WO$_3$ = Ag$_2$W$_4$O$_{13}$·	61 (Ag):	Hb/B4–349/50
–.	Ag$_2$W$_4$O$_{13}$ · 3 H$_2$O	61 (Ag):	Hb/B4–350
Ag$_2$O$_{21}$Ta$_8$	Ag$_2$Ta$_8$O$_{21}$ = Ag$_2$O · 4 Ta$_2$O$_5$·	61 (Ag):	Hb/B4–285
Ag$_2$O$_{30}$V$_{12}$	Ag$_2$O · V$_2$O$_4$ · 5 V$_2$O$_5$ = Ag$_{0.33}$V$_2$O$_5$ . . .	61 (Ag):	Hb/B4–274
Ag$_2$O$_{42}$P$_2$W$_{12}$·	Ag$_2$O · P$_2$O$_5$ · 12 WO$_3$ · 8 H$_2$O	54 (W):	Hb–375
Ag$_2$O$_{78}$P$_2$W$_{24}$·	Ag$_2$O · P$_2$O$_5$ · 24 WO$_3$ · 60 H$_2$O	54 (W):	Hb–368
Ag$_2$PbS$_5$Sb$_2$	Ag$_2$PbSb$_2$S$_5$	61 (Ag):	Hb/B4–265/6
Ag$_2$PdS$_3$	Ag$_2$S · PdS$_2$ = Ag$_4$Pd[PdS$_6$]	65 (Pd):	Hb/2–341
Ag$_2$Pd$_3$S$_4$	Ag$_2$S · Pd$_2$S · PdS$_2$ = Ag$_2$[Pd$_3$S$_4$]	65 (Pd):	Hb/2–341
Ag$_2$Po	Ag$_2$Po	61 (Ag):	Hb/B3–245
Ag$_2$Pr	Ag$_2$Pr	61 (Ag):	Hb/C–218
Ag$_2$Pr$_4$Se$_7$	Ag$_2$Pr$_4$Se$_7$	61 (Ag):	Hb/B4–236
Ag$_2$Pr$_{10}$Se$_{16}$·	Ag$_2$Se · 5 Pr$_2$Se$_3$	61 (Ag):	Hb/B4–234/5
Ag$_2$Pr$_{20}$Se$_{31}$·	Ag$_2$Se · 10 Pr$_2$Se$_3$	61 (Ag):	Hb/B4–234/5
Ag$_2$Pr$_{40}$Se$_{61}$·	Ag$_2$Se · 20 Pr$_2$Se$_3$	61 (Ag):	Hb/B4–234/5
Ag$_2$Pr$_{80}$Se$_{121}$	Ag$_2$Se · 40 Pr$_2$Se$_3$	61 (Ag):	Hb/B4–234/5
Ag$_2$S	Ag$_2$S	61 (Ag):	Hb/B3–8/57
	Chemical reactions	61 (Ag):	Hb/B3–47/54
	Colloidal forms	61 (Ag):	Hb/B3–57/60
	Crystallographic properties	61 (Ag):	Hb/B3–18/27
	Electrical properties	61 (Ag):	Hb/B3–31/9
	Electrochemical behavior	61 (Ag):	Hb/B3–40/7
	Formation	61 (Ag):	Hb/B3–8/13, 16/8
	History	61 (Ag):	Hb/A1–29/30
	Magnetic properties	61 (Ag):	Hb/B3–31/6
	Mechanical properties	61 (Ag):	Hb/B3–27/8
	Optical properties	61 (Ag):	Hb/B3–39/40
	Photocells	61 (Ag):	Hb/B3–37/8
	Preparation	61 (Ag):	Hb/B3–8/15
	Solubility	61 (Ag):	Hb/B3–54/7
	Special forms	61 (Ag):	Hb/B3–13/5, 25/6
	Structural properties	61 (Ag):	Hb/B3–18/27
	Thermal properties	61 (Ag):	Hb/B3–27/31
–.	Ag$_2$S melts:		
	Ag$_2$S–AgCl	61 (Ag):	Hb/B3–143/4
	Ag$_2$S–Cu$_2$S–PbS	61 (Ag):	Hb/B4–471
–.	Ag$_2$S solid solutions:		
	(Ag,Cu)$_2$S	61 (Ag):	Hb/B4–467/70
	Ag$_2$S–Cu$_2$S–FeS	61 (Ag):	Hb/B4–472
–.	Ag$_2$S systems:		
	Ag$_2$S–Ag–Pb–PbS	61 (Ag):	Hb/B4–263/5
	Ag$_2$S–AgBr	61 (Ag):	Hb/B3–144
	Ag$_2$S–AgCl	61 (Ag):	Hb/B3–142
	Ag$_2$S–AgCl–CuCl–Cu$_2$S	61 (Ag):	Hb/B4–472/3
	Ag$_2$S–AgI	61 (Ag):	Hb/B3–146/7
	Ag$_2$S–AgI–HgI$_2$	61 (Ag):	Hb/B4–176
	Ag$_2$S–Ag$_2$HgI$_4$	61 (Ag):	Hb/B4–176/7

Ag$_2$S . . . . Ag$_2$S systems:

Ag$_2$S–Ag$_2$Se	61 (Ag):	Hb/B3–198/9
Ag$_2$S–Ag$_2$Te	61 (Ag):	Hb/B3–198, 244/5
Ag$_2$S–As$_2$S$_3$.	61 (Ag):	Hb/B4–54/5
Ag$_2$S–As$_2$S$_3$–Cu$_2$S	61 (Ag):	Hb/B4–487/8
Ag$_2$S–Bi$_2$S$_3$	61 (Ag):	Hb/B4–127/8
Ag$_2$S–Bi$_2$S$_3$–PbS	61 (Ag):	Hb/B4–266
Ag$_2$S–Ce$_2$S$_3$	61 (Ag):	Hb/B4–232
Ag$_2$S–CuI	61 (Ag):	Hb/B4–473/4
Ag$_2$S–Cu$_2$S	61 (Ag):	Hb/B4–461/3
Ag$_2$S–Cu$_2$S–PbS	61 (Ag):	Hb/B4–470/1
Ag$_2$S–Cu$_2$S–Sb$_2$S$_3$	61 (Ag):	Hb/B4–491
Ag$_2$S–Dy$_2$S$_3$	61 (Ag):	Hb/B4–232
Ag$_2$S–Er$_2$S$_3$	61 (Ag):	Hb/B4–232
Ag$_2$S–FeS	61 (Ag):	Hb/B4–413
Ag$_2$S–Gd$_2$S$_3$	61 (Ag):	Hb/B4–232
Ag$_2$S–GeS$_2$	61 (Ag):	Hb/B4–242
Ag$_2$S–HgI$_2$.	61 (Ag):	Hb/B4–175/6
Ag$_2$S–Ho$_2$S$_3$.	61 (Ag):	Hb/B4–232
Ag$_2$S–La$_2$S$_3$	61 (Ag):	Hb/B4–232
Ag$_2$S–Lu$_2$S$_3$	61 (Ag):	Hb/B4–232
Ag$_2$S–MnS	61 (Ag):	Hb/B4–379/80
Ag$_2$S–Nd$_2$S$_3$.	61 (Ag):	Hb/B4–232
Ag$_2$S–PbS	61 (Ag):	Hb/B4–264
Ag$_2$S–Pr$_2$S$_3$	61 (Ag):	Hb/B4–232
Ag$_2$S–Sb$_2$S$_3$.	61 (Ag):	Hb/B4–90/2
Ag$_2$S–Sc$_2$S$_3$.	61 (Ag):	Hb/B4–232
Ag$_2$S–SiS$_2$.	61 (Ag):	Hb/B3–387/8
Ag$_2$S–Sm$_2$S$_3$	61 (Ag):	Hb/B4–232
Ag$_2$S–SnS$_2$	61 (Ag):	Hb/B4–247
Ag$_2$S–Tb$_2$S$_3$	61 (Ag):	Hb/B4–232
Ag$_2$S–Tm$_2$S$_3$	61 (Ag):	Hb/B4–232
Ag$_2$S–Y$_2$S$_3$	61 (Ag):	Hb/B4–232
Ag$_2$S–Yb$_2$S$_3$.	61 (Ag):	Hb/B4–232
Ag$_2$S–ZnS.	61 (Ag):	Hb/B4–141
Ag$_2$S$_2$ . . . . Ag$_2$S$_2$	61 (Ag):	Hb/B3–60
Ag$_2$S$_3$ . . . . Ag$_2$S$_3$	61 (Ag):	Hb/B3–1
Ag$_2$S$_3$Si . . . . Ag$_2$SiS$_3$ = Ag$_2$S · SiS$_2$	61 (Ag):	Hb/B3–388
Ag$_2$S$_3$Sn . . . . . . Ag$_2$SnS$_3$	61 (Ag):	Hb/B4–248
Ag$_2$S$_8$Yb$_5$ . . . . . . Ag$_2$Yb$_5$S$_8$.	61 (Ag):	Hb/B4–232
Ag$_2$Sb. . . . . Ag$_2$Sb	61 (Ag):	Hb/B4–87
Ag$_2$Sb$_2$SnTe$_5$ . . . . . Ag$_2$SnSb$_2$Te$_5$.	61 (Ag):	Hb/B4–251
Ag$_2$Sc. . . . . Ag$_2$Sc.	61 (Ag):	Hb/C–210
Ag$_2$Se. . . . . Ag$_2$Se.	61 (Ag):	Hb/B3–152/87
Chemical reactions	61 (Ag):	Hb/B3–180/5
Colloidal forms	61 (Ag):	Hb/B3–163
Crystallographic properties	61 (Ag):	Hb/B3–164/8
Electrical properties	61 (Ag):	Hb/B3–173/8
Electrochemical behavior	61 (Ag):	Hb/B3–179/80

Ag$_2$Se . . . . Ag$_2$Se:

         Formation . . . . 61 (Ag):   Hb/B3–154/7, 163/4
         Magnetic properties . . . . 61 (Ag):   Hb/B3–173/8
         Mechanical properties . . . . 61 (Ag):   Hb/B3–169/72
         Optical properties. . . . . 61 (Ag):   Hb/B3–178/9
         Preparation . . . . 61 (Ag):   Hb/B3–157/60
         – of special forms. . . . . 61 (Ag):   Hb/B3–161/3
         Purification . . . . 61 (Ag):   Hb/B3–161
         Solubility . . . . 61 (Ag):   Hb/B3–185/7
         Thermal properties . . . . 61 (Ag):   Hb/B3–169/72

–. . . . . Ag$_2$Se solid solutions:

         (Ag,Cu)$_2$Se. . . . . 61 (Ag):   Hb/B4–476/7
         (Ag,Cu,Tl)$_2$Se . . . . 61 (Ag):   Hb/B4–477
         Ag$_2$Se–MnSe . . . . 61 (Ag):   Hb/B4–380

–. . . . . Ag$_2$Se systems:

         Ag$_2$Se–AgBr . . . . 61 (Ag):   Hb/B3–197/8
         Ag$_2$Se–AgI . . . . 61 (Ag):   Hb/B3–197/8
         Ag$_2$Se–AgI–HgI$_2$ . . . . 61 (Ag):   Hb/B4–177
         Ag$_2$Se–Ag$_2$S . . . . 61 (Ag):   Hb/B3–198/9
         Ag$_2$Se–Ag$_2$Te . . . . 61 (Ag):   Hb/B3–198, 244/5
         Ag$_2$Se–As$_2$Se$_3$ . . . . 61 (Ag):   Hb/B4–67
         Ag$_2$Se–Bi$_2$Se$_3$. . . . . 61 (Ag):   Hb/B4–130/1
         Ag$_2$Se–Ce$_2$Se$_3$ . . . . 61 (Ag):   Hb/B4–234/5
         Ag$_2$Se–CuI . . . . 61 (Ag):   Hb/B4–477
         Ag$_2$Se–Cu$_2$S . . . . 61 (Ag):   Hb/B4–477
         Ag$_2$Se–Cu$_2$Se. . . . . 61 (Ag):   Hb/B4–475
         Ag$_2$Se–Dy$_2$Se$_3$ . . . . 61 (Ag):   Hb/B4–234/5
         Ag$_2$Se–Er$_2$Se$_3$. . . . . 61 (Ag):   Hb/B4–234/5
         Ag$_2$Se–Ga$_2$Se$_3$ . . . . 61 (Ag):   Hb/B4–195
         Ag$_2$Se–Gd$_2$Se$_3$ . . . . 61 (Ag):   Hb/B4–234/5
         Ag$_2$Se–GeSe$_2$ . . . . 61 (Ag):   Hb/B4–243
         Ag$_2$Se–Ho$_2$Se$_3$ . . . . 61 (Ag):   Hb/B4–234/5
         Ag$_2$Se–In$_2$Se$_3$. . . . . 61 (Ag):   Hb/B4–207/8
         Ag$_2$Se–La$_2$Se$_3$. . . . . 61 (Ag):   Hb/B4–234/5
         Ag$_2$Se–Lu$_2$Se$_3$ . . . . 61 (Ag):   Hb/B4–234
         Ag$_2$Se–Nd$_2$Se$_3$ . . . . 61 (Ag):   Hb/B4–234/5
         Ag$_2$Se–PbSe . . . . 61 (Ag):   Hb/B4–268
         Ag$_2$Se–Pr$_2$Se$_3$. . . . . 61 (Ag):   Hb/B4–234/5
         Ag$_2$Se–Sb$_2$Se$_3$ . . . . 61 (Ag):   Hb/B4–101/2
         Ag$_2$Se–Sc$_2$Se$_3$ . . . . 61 (Ag):   Hb/B4–234/5
         Ag$_2$Se–SiSe$_2$ . . . . 61 (Ag):   Hb/B3–388
         Ag$_2$Se–Sm$_2$Se$_3$ . . . . 61 (Ag):   Hb/B4–234/5
         Ag$_2$Se–SnSe–SnSe$_2$ . . . . 61 (Ag):   Hb/B4–249/50
         Ag$_2$Se–SnSe$_2$ . . . . 61 (Ag):   Hb/B4–249
         Ag$_2$Se–Tb$_2$Se$_3$ . . . . 61 (Ag):   Hb/B4–234/5
         Ag$_2$Se–Tm$_2$Se$_3$ . . . . 61 (Ag):   Hb/B4–234/5
         Ag$_2$Se–Y$_2$Se$_3$ . . . . 61 (Ag):   Hb/B4–234/5
         Ag$_2$Se–Yb$_2$Se$_3$ . . . . 61 (Ag):   Hb/B4–234/5

Ag$_2$Se$_3$Sn . . . . Ag$_2$SnSe$_3$. . . . . 61 (Ag):   Hb/B4–250

Ag$_2$Se$_3$W . . . . Ag$_2$WSe$_3$ . . . . 61 (Ag):   Hb/B4–355
Ag$_2$Se$_7$Sm$_4$ . . . . . . Ag$_2$Sm$_4$Se$_7$ . . . . 61 (Ag):   Hb/B4–236
Ag$_2$Se$_8$Tm$_5$ . . . . . . Ag$_2$Tm$_5$Se$_8$ . . . . 61 (Ag):   Hb/B4–234
Ag$_2$Se$_8$Yb$_5$ . . . . . . Ag$_2$Yb$_5$Se$_8$ . . . . 61 (Ag):   Hb/B4–234
Ag$_2$Se$_{16}$Sm$_{10}$ . . . . . Ag$_2$Se · 5 Sm$_2$Se$_3$ . . . . 61 (Ag):   Hb/B4–234/5
Ag$_2$Sm . . . . Ag$_2$Sm . . . . 61 (Ag):   Hb/C–221
Ag$_2$SnTe$_3$ . . . . Ag$_2$SnTe$_3$ . . . . 61 (Ag):   Hb/B4–251
–. . . . . Ag$_2$SnTe$_3$ solid solutions:
                         Ag$_2$SnTe$_3$–InSb . . . . 61 (Ag):   Hb/B4–251

Ag$_2$Sr . . . . Ag$_2$Sr . . . . 61 (Ag):   Hb/C–36
Ag$_2$Tb . . . . Ag$_2$Tb . . . . 61 (Ag):   Hb/C–227/8
Ag$_2$Te . . . . Ag$_2$Te . . . . 61 (Ag):   Hb/B3–206/37
                         Chemical reactions . . . . 61 (Ag):   Hb/B3–231/6
                         Colloidal forms . . . . 61 (Ag):   Hb/B3–214
                         Crystallographic properties . . . . . 61 (Ag):   Hb/B3–216/20
                         Electrical properties . . . . 61 (Ag):   Hb/B3–223/9
                         Electrochemical behavior . . . . . . 61 (Ag):   Hb/B3–230/1
                         Formation . . . . 61 (Ag):   Hb/B3–206/9, 315/6
                         Mechanical properties . . . . 61 (Ag):   Hb/B3–220/2
                         Optical properties. . . . . 61 (Ag):   Hb/B3–229/30
                         Preparation . . . . 61 (Ag):   Hb/B3–209/12
                         – of special forms. . . . . 61 (Ag):   Hb/B3–212/4
                         Purification . . . . 61 (Ag):   Hb/B3–212
                         Solubility . . . . 61 (Ag):   Hb/B3–236/7
                         Structural properties . . . . 61 (Ag):   Hb/B3–216/20
                         Thermal properties . . . . 61 (Ag):   Hb/B3–220/2
–. . . . . Ag$_2$Te solid solutions:
                         (Ag,Cu)$_2$Te. . . . . 61 (Ag):   Hb/B4–478/9
–. . . . . Ag$_2$Te systems:
                         Ag$_2$Te–AgBr . . . . 61 (Ag):   Hb/B3–243/4
                         Ag$_2$Te–AgI . . . . 61 (Ag):   Hb/B3–244
                         Ag$_2$Te–AgI–HgI$_2$ . . . . 61 (Ag):   Hb/B4–178
                         Ag$_2$Te–Ag$_2$S . . . . 61 (Ag):   Hb/B3–198, 244/5
                         Ag$_2$Te–Ag$_2$Se. . . . . 61 (Ag):   Hb/B3–198, 244/5
                         Ag$_2$Te–AuTe$_2$–Te. . . . . 62 (Au):   Hb/3–766
                         Ag$_2$Te–Bi$_2$Te$_3$ . . . . 61 (Ag):   Hb/B4–133
                         Ag$_2$Te–Cu$_2$Te . . . . 61 (Ag):   Hb/B4–478
                         Ag$_2$Te–Ga$_2$Te$_3$ . . . . 61 (Ag):   Hb/B4–198/9
                         Ag$_2$Te–In$_2$Te$_3$ . . . . 61 (Ag):   Hb/B4–212/3
                         Ag$_2$Te–PbTe–Sb$_2$Te$_3$. . . . . . . 61 (Ag):   Hb/B4–269/70
                         Ag$_2$Te–Sb$_2$Te$_3$ . . . . 61 (Ag):   Hb/B4–105/8
                         Ag$_2$Te–SnTe–Te . . . . 61 (Ag):   Hb/B4–251
                         Ag$_2$Te–Tl$_2$Te$_3$ . . . . 61 (Ag):   Hb/B4–228/9
Ag$_2$Te$_3$W . . . . Ag$_2$WTe$_3$ . . . . 61 (Ag):   Hb/B4–355
Ag$_2$Th. . . . . Ag$_2$Th. . . . . 61 (Ag):   Hb/C–254/6
Ag$_2$Tm . . . . Ag$_2$Tm . . . . 61 (Ag):   Hb/C–235
Ag$_2$Y . . . . Ag$_2$Y . . . . 61 (Ag):   Hb/C–212
Ag$_2$Yb. . . . . Ag$_2$Yb . . . . 61 (Ag):   Hb/C–235/6

Ag_2Yb_3	Ag_2Yb_3	61 (Ag):	Hb/C−235/6
Ag_3	Ag_3	61 (Ag):	Hb/A2−152
Ag_3^+	Ag_3^+	61 (Ag):	Hb/A2−152
			Hb/B2−12
Ag_3Al	Ag_3Al	35 (Al):	Hb/A6−1075/7
		61 (Ag):	Hb/C−147
Ag_3As.	Ag_3As.	61 (Ag):	Hb/B4−45
Ag_3AsBr_3	$3\ Ag\ \cdot\ AsBr_3$	17 (As):	Hb−400
		61 (Ag):	Hb/B4−52
Ag_3AsCl_3	$Ag_3AsCl_3 = AsCl_3\ \cdot\ 3\ Ag$	17 (As):	Hb−389
		61 (Ag):	Hb/B4−52
$Ag_3AsCl_3FeO_4$	$Ag_3[FeCl_3(AsO_4)]$.	61 (Ag):	Hb/B4−437
Ag_3AsO_3	$Ag_3AsO_3 = 3\ Ag_2O\ \cdot\ As_2O_3$.	61 (Ag):	Hb/A3−182
			Hb/B4−45/7
Ag_3AsO_4	Ag_3AsO_4	61 (Ag):	Hb/B4−47/50
Ag_3AsS_3	$Ag_3AsS_3 = 3\ Ag_2S\ \cdot\ As_2S_3$	61 (Ag):	Hb/B4−56/63
−.	Ag_3AsS_3 solid solutions:		
	$Ag_3AsS_3–Ag_3SbS_3$	61 (Ag):	Hb/B4−97/8
Ag_3AsSe_3.	Ag_3AsSe_3.	61 (Ag):	Hb/B4−68
$Ag_3As_2O_8$.	$Ag_3(AsO_4)_2$	61 (Ag):	Hb/B4−51
Ag_3AuS_2	$Ag_3[AuS_2]$	62 (Au):	Hb/3−766
Ag_3AuSe_2.	Ag_3AuSe_2	61 (Ag):	Hb/B3−184
Ag_3AuTe_2.	Ag_3AuTe_2.	61 (Ag):	Hb/B3−235
$Ag_3Au_4Cl_{23}H_{32}N_8$. . .	$Ag_3(NH_4)_8Au_4Cl_{23}$	62 (Au):	Hb/3−768
$Ag_3BaC_5N_5S_5$.	$BaAg_3(SCN)_5\ \cdot\ 2\ H_2O$	61 (Ag):	Hb/B3−368
Ag_3Ba_2	Ag_3Ba_2	61 (Ag):	Hb/C−38
Ag_3Ba_4	Ag_3Ba_4	61 (Ag):	Hb/C−37
Ag_3Bi	Ag_3Bi	61 (Ag):	Hb/B4−125
Ag_3BiS_3.	$Ag_3BiS_3 = 3\ Ag_2S\ \cdot\ Bi_2S_3$.	61 (Ag):	Hb/B4−127/9
Ag_3Br^+	$[Ag_3Br]^+$	61 (Ag):	Hb/B2−12
Ag_3Br^{2+}.	$[Ag_3Br]^{2+}$.	61 (Ag):	Hb/B2−128, 141/5
$Ag_3BrH_{16}N_4O_9S_6$. . .	$(NH_4)_4Ag_3(S_2O_3)_3Br$	61 (Ag):	Hb/B3−129
$Ag_3BrNa_4O_9S_6$	$Na_4Ag_3(S_2O_3)_3Br\ \cdot\ 6\ H_2O$	61 (Ag):	Hb/B3−128
Ag_3BrS	Ag_3SBr	61 (Ag):	Hb/B3−144/6
−.	Ag_3SBr solid solutions:		
	$Ag_3SBr–Ag_3SI$	61 (Ag):	Hb/B3−151
Ag_3BrTe	Ag_3TeBr	61 (Ag):	Hb/B3−243/4
$Ag_3Br_2^+$	$Ag_3Br_2^+$	61 (Ag):	Hb/B2−12
$Ag_3Br_3^+$	$Ag_3Br_3^+$	61 (Ag):	Hb/B2−12
$Ag_3Br_5^{2-}$	$Ag_3Br_5^{2-}$	61 (Ag):	Hb/B2−146
$Ag_3Br_5C_{16}H_{40}N_2$ . . .	$[(C_2H_5)_4N]_2Ag_3Br_5$	61 (Ag):	Hb/B2−146
Ag_3Br_6Ir.	$Ag_3[IrBr_6]$.	67 (Ir):	Hb−139
Ag_3CHO_4	$Ag_2CO_3\ \cdot\ AgOH$	61 (Ag):	Hb/B3−295
$Ag_3CH_3O_7P_2$	$Ag_3P_2O_6(OCH_3)$	61 (Ag):	Hb/B4−39
Ag_3CNSe^{2+}.	$[Ag_3SeCN]^{2+}$	61 (Ag):	Hb/B3−370
$Ag_3CN_3O_6$	$AgCN\ \cdot\ 2\ AgNO_3$	61 (Ag):	Hb/B3−318
$Ag_3CN_3O_6S$.	$[Ag_3SCN]\ (NO_3)_2 = AgSCN\ \cdot\ 2\ AgNO_3$	61 (Ag):	Hb/B3−360
$Ag_3CN_3O_6Se$	$[Ag_3SeCN]\ (NO_3)_2$	61 (Ag):	Hb/B3−371
Ag_3C_2Cl.	$Ag_2C_2\ \cdot\ AgCl$.	61 (Ag):	Hb/B3−272

$Ag_3C_2Cl_2IrN_2O_8$. . . . $Ag_3[Ir(NO_2)_2Cl_2(C_2O_4)]$. . . . . 67 (Ir):   Hb−141
$Ag_3C_2Cl_4IrO_4$ . . . . . $Ag_3[IrCl_4(C_2O_4)]$ . . . . 67 (Ir):   Hb−141
$Ag_3C_2CoN_4O_{12}$ . . . . $Ag_3[Co(NO_2)_4C_2O_4]$ · 1.5 H_2O . . . . . . 61 (Ag):   Hb/B4−394
$Ag_3C_2H_6NO_3$ . . . . . 2 $AgCH_3$ · $AgNO_3$ . . . . 61 (Ag):   Hb/B1−219
$Ag_3C_2HgN_3O_9$ . . . . 3 $AgNO_3$ · HgC_2 . . . . 61 (Ag):   Hb/B4−178
Ag_3C_2I. . . . . Ag_2C_2 · AgI . . . . 61 (Ag):   Hb/B3−273
$Ag_3C_2NO_3$. . . . . . . Ag_2C_2 · $AgNO_3$ . . . . 61 (Ag):   Hb/B3−270/1
$Ag_3C_{2.5}H_3I_3KNO_{0.5}Se$ $KAg_3I_3(SeCN)$ · 0.5 CH_3COCH_3 . . . . . 61 (Ag):   Hb/B3−372
$Ag_3C_3N_3NiS$ . . . . . $Ag_3[Ni(CN)_3S]$ . . . . 61 (Ag):   Hb/B4−385
$Ag_3C_4Cl_2IrO_8$ . . . . . $Ag_3[IrCl_2(C_2O_4)_2]$ · 3 H_2O . . . . 67 (Ir):   Hb−141
$Ag_3C_4H_2IrO_{10}$ . . . . . $Ag_3[Ir(OH)_2(C_2O_4)_2]$ . . . . 67 (Ir):   Hb−140/1
$Ag_3C_4H_{10}I_4NO_2$ . . . . $(C_2H_5COOCH_2NH_3)Ag_3I_4$ . . . . 61 (Ag):   Hb/B2−390
$Ag_3C_6CdCsN_6S_6$ . . . . $CsAg_3Cd(SCN)_6$ · 2 H_2O. . . . . 61 (Ag):   Hb/B4−155
$Ag_3C_6CeN_6$ . . . . . . $Ce[Ag(CN)_2]_3$ · nH_2O . . . . 61 (Ag):   Hb/B4−237
$Ag_3C_6CoHN_5O_2$. . . . $Ag_3[Co(CN)_5HCOO]$ . . . . 61 (Ag):   Hb/B4−399
$Ag_3C_6CoH_{21}N_{15}O_3$ . . $[Co(C_2H_6N_5AgOH)_3]$ . . . . 58 (Co):   Eb/B2−747
$Ag_3C_6CoN_6$ . . . . . . $Ag_3[Co(CN)_6]$. . . . . 61 (Ag):   Hb/B4−394/6
−. . . . . $Ag_3[Co(CN)_6]$ solid solutions:
                       $Ag_3[Co_xCr_{1-x}(CN)_6]$. . . . . 61 (Ag):   Hb/B4−402
$Ag_3C_6CrH_{24}I_6N_{12}O_6$. . $[Cr(CO(NH_2)_2)_6]$ $[AgI_2]_3$ . . . . . . 61 (Ag):   Hb/B4−329
$Ag_3C_6CrN_6$ . . . . . . $Ag_3Cr(CN)_6$. . . . . 61 (Ag):   Hb/B4−332
−. . . . . $Ag_3[Cr(CN)_6]$ solid solutions:
                       $Ag_3[Co_xCr_{1-x}(CN)_6]$. . . . . 61 (Ag):   Hb/B4−402
$Ag_3C_6CrN_6S_6$ . . . . . $Ag_3Cr(SCN)_6$ . . . . 61 (Ag):   Hb/B4−333
$Ag_3C_6CrN_6Se_6$ . . . . . $Ag_3Cr(SeCN)_6$ · 5 H_2O . . . . 61 (Ag):   Hb/B4−334
$Ag_3C_6Cr_2N_6{}^{3+}$ . . . . $Ag_3[Cr(CN)_3]_2{}^{3+}$ . . . . 61 (Ag):   Hb/B4−333
$Ag_3C_6CsFeN_6$ . . . . . $CsAg_3[Fe(CN)_6]$ . . . . 61 (Ag):   Hb/B4−426
$Ag_3C_6DyN_6$. . . . . . $Dy[Ag(CN)_2]_3$ · nH_2O . . . . 61 (Ag):   Hb/B4−237
$Ag_3C_6ErN_6$ . . . . . . $Er[Ag(CN)_2]_3$ · nH_2O. . . . . 61 (Ag):   Hb/B4−237
$Ag_3C_6EuN_6$ . . . . . . $Eu[Ag(CN)_2]_3$ · nH_2O . . . . 61 (Ag):   Hb/B4−237
$Ag_3C_6F_9N_6S_3$ . . . . . $[CF_3SN(Ag)CN]_3$ . . . . Erg. W. 9−133/4, 142
$Ag_3C_6FeH_4N_7$ . . . . . $NH_4Ag_3[Fe(CN)_6]$. . . . . 61 (Ag):   Hb/B4−426
$Ag_3C_6FeKN_6$ . . . . . $KAg_3[Fe(CN)_6]$ . . . . 61 (Ag):   Hb/B4−425/6
$Ag_3C_6FeN_5O$ . . . . $Ag_3[Fe(CN)_5CO]$ . . . . 61 (Ag):   Hb/B4−435
$Ag_3C_6FeN_6$ . . . . . . $Ag_3[Fe(CN)_6]$ . . . . 61 (Ag):   Hb/B4−427/33
$Ag_3C_6FeN_6Rb$. . . . . $RbAg_3[Fe(CN)_6]$. . . . . 61 (Ag):   Hb/B4−426
$Ag_3C_6FeN_6Tl$ . . . . . $TlAg_3[Fe(CN)_6]$ . . . . 61 (Ag):   Hb/B4−426/7
$Ag_3C_6GdN_6$. . . . . . $Gd[Ag(CN)_2]_3$ · nH_2O . . . . 61 (Ag):   Hb/B4−237
$Ag_3C_6H_6IrN_8$ . . . . . $Ag_3(NH_3)_2[Ir(CN)_6]$ · 3 H_2O . . . . . 67 (Ir):   Hb−140
$Ag_3C_6HoN_6$. . . . . . $Ho[Ag(CN)_2]_3$ · nH_2O . . . . 61 (Ag):   Hb/B4−237
$Ag_3C_6IrO_{12}$ . . . . . . $Ag_3[Ir(C_2O_4)_3]$ · 3 H_2O . . . . 67 (Ir):   Hb−140
$Ag_3C_6KN_6PbS_6$ . . . . $KPb[Ag(SCN)_2]_3$ . . . . 61 (Ag):   Hb/B4−273
$Ag_3C_6K_2N_6Na$. . . . . $K_2NaAg_3(CN)_6$ . . . . 61 (Ag):   Hb/B3−328
$Ag_3C_6LaN_6$ . . . . . . $La[Ag(CN)_2]_3$ · nH_2O . . . . 61 (Ag):   Hb/B4−237
$Ag_3C_6LuN_6$ . . . . . . $Lu[Ag(CN)_2]_3$ · nH_2O . . . . 61 (Ag):   Hb/B4−237
$Ag_3C_6MnN_6$. . . . . . $Ag_3[Mn(CN)_6]$ . . . . 61 (Ag):   Hb/B4−380/1
$Ag_3C_6N_6Nd$ . . . . . . $Nd[Ag(CN)_2]_3$ · nH_2O. . . . . 61 (Ag):   Hb/B4−237
$Ag_3C_6N_6Pm$. . . . . . $Pm[Ag(CN)_2]_3$ · nH_2O . . . . 61 (Ag):   Hb/B4−237
$Ag_3C_6N_6Pr$ . . . . . . $Pr[Ag(CN)_2]_3$ · nH_2O. . . . . 61 (Ag):   Hb/B4−237

$Ag_3C_6N_6RhS_6$ . . . . . . $Ag_3[Rh(CNS)_6]$ . . . . 64 (Rh):   Hb–101

$Ag_3C_6N_6S_6^{3-}$ . . . . . . [$Ag_3(SCN)_6]^{3-}$ . . . . 61 (Ag):   Hb/B3–356

$Ag_3C_6N_6Tb$ . . . . Tb[Ag(CN)_2]_3 · nH_2O . . . . 61 (Ag):   Hb/B4–237

$Ag_3C_6N_6Tm$ . . . . Tm[Ag(CN)_2]_3 · nH_2O . . . . 61 (Ag):   Hb/B4–237

$Ag_3C_6N_6Yb$ . . . . Yb[Ag(CN)_2]_3 · nH_2O . . . . 61 (Ag):   Hb/B4–237

$Ag_3C_6O_{12}Rh$ . . . . . . $Ag_3[Rh(C_2O_4)_3]$ . . . . 64 (Rh):   Hb–101

$Ag_3C_6O_{12}Ru$ . . . . . . $Ag_3[Ru(C_2O_4)_3]$ solid solutions:
                                 $(Ag,K)_3[Ru(C_2O_4)_3]$ · 3 H_2O . . . . . . 63 (Ru):   Hb–124

$Ag_3C_7MoN_7$ . . . . . . $Ag_3Mo(CN)_7 · H_2O$ . . . . 61 (Ag):   Hb/B4–342

$Ag_3C_8CsN_8S_8Zn_2$ . . . $CsAg_3Zn_2(SCN)_8$ . . . . 61 (Ag):   Hb/B4–142

$Ag_3C_8HN_8W$ . . . . . $Ag_3HW(CN)_8$ . . . . 61 (Ag):   Hb/B4–355

$Ag_3C_8H_{20}I_4N$ . . . . . $(C_2H_5)_4NAg_3I_4$ . . . . 61 (Ag):   Hb/B2–390

$Ag_3C_8MoN_8$ . . . . . . $Ag_3Mo(CN)_8$ . . . . 61 (Ag):   Hb/B4–342

$Ag_3C_8N_8W$ . . . . . . $Ag_3W(CN)_8$ . . . . 61 (Ag):   Hb/B4–355

$Ag_3C_{11}Co_3N_{11}$ . . . . $Ag_3[Co_3(CN)_{11}]$ · H_2O . . . . 61 (Ag):   Hb/B4–399

$Ag_3C_{12}Cl_4Co_2H_{40}N_9O_{11}S_2$
                 2 [Co(CH_3CHNH_2CH_2NH_2)_2Cl_2]SO_4Ag
                       · AgNO_3 . . . . 58 (Co):   Hb/B-244

$Ag_3C_{12}CoH_{15}N_3O_{12}$ . . $Ag_3[Co(C_4H_5NO_4)_3]$ . . . . 58 (Co):   Eb/B2–655

$Ag_3C_{12}CoH_{24}N_{12}Se_6$ . . [Co(C_2H_8N_2)_3] [Ag(SeCN)_2]_3 . . . . 61 (Ag):   Hb/B4–402

$Ag_3C_{12}CrH_{15}N_3O_{12}$ . . $Ag_3[Cr(C_4H_5NO_4)_3]$ . . . . 52 (Cr):   Hb/C–356

$Ag_3C_{12}Cu_4H_9O_{19}$ . . . $Ag_3Cu_4C_{12}H_9O_{19}$ · 5 H_2O . . . . . . 60 (Cu):   Hb/B2–792

$Ag_3C_{12}Cu_4H_{17}O_{23}$ . . . $Ag_3[Cu_4(C_4H_4O_6)_3(OH)_5]$ · 5 H_2O . . . . . 60 (Cu):   Hb/B1–219

$Ag_3C_{12}H_{10}NO_3$ . . . . 2 C_6H_5Ag · $AgNO_3$. . . . . 61 (Ag):   Hb/B1–219

$Ag_3C_{12}H_{10}Na_3O_{14}$ . . $Na_3[Ag_3(C_6H_5O_7)_2]$ . . . . 21 (Na):   Eb/4–1460

$Ag_3C_{12}H_{20}N_3O_9S_2$ . . 3 $AgNO_3$ · 2 $(C_3H_5)_2S$ . . . . 61 (Ag):   Hb/B1–219

$Ag_3C_{13}Fe_2H_6N_{11}$ . . . $Ag_3Fe_2(CN)_9(CNCH_3)_2$ . . . . 61 (Ag):   Hb/B4–435

$Ag_3C_{15}CoH_{21}N_3O_{12}$ . . $Ag_3[Co(C_5H_7NO_4)_3]$ . . . . 58 (Co):   Eb/B2–657

$Ag_3C_{15}H_{21}N_2NiO_{12}$ . . Ag[Ni(C_5H_7O_2)_3] · 2 AgNO_3 · H_2O . . . 57 (Ni):   Hb/C2–522/3

$Ag_3C_{16}H_{36}I_4N$ . . . . . $(C_4H_9)_4NAg_3I_4$ . . . . 61 (Ag):   Hb/B2–390

$Ag_3C_{24}H_{56}I_5N_2$ . . . . $[(C_3H_7)_4N]_2Ag_3I_5$ . . . . 61 (Ag):   Hb/B2–391

$Ag_3C_{32}CoH_{13}N_8O_{12}S_4$ $Ag_3H[Co(C_{32}H_{12}N_8O_{12}S_4)]$ . . . . . 58 (Co):   Eb/B1–60

$Ag_3C_{32}H_{13}N_8NiO_{12}S_4$ $Ag_3H[NiC_{32}H_{12}N_8O_{12}S_4]$ . . . . 57 (Ni):   Hb/C1–239

$Ag_3C_{45}CoH_{51}N_9O_{12}$ . . $[Ag(C_5H_5N)_2]_3[Co(C_5H_7NO_4)_3]$ . . . . . . 58 (Co):   Eb/B2–657

Ag_3Ca . . . . Ag_3Ca . . . . 61 (Ag):   Hb/C–34

Ag_3Ca_5 . . . . Ag_3Ca_5 . . . . 61 (Ag):   Hb/C–34

Ag_3Ce . . . . Ag_3Ce . . . . 61 (Ag):   Hb/C–215

Ag_3Cl^+ . . . . Ag_3Cl^+ . . . . 61 (Ag):   Hb/B1–336

Ag_3Cl^{2+} . . . . [$Ag_3Cl]^{2+}$ . . . . 61 (Ag):   Hb/B1–381, 466/8

$Ag_3ClH_{16}N_4O_9S_6$ . . $(NH_4)_4Ag_3(S_2O_3)_3Cl$ . . . . 61 (Ag):   Hb/B3–129

$Ag_3ClK_4O_9S_6$ . . . . $K_4Ag_3(S_2O_3)_3Cl$. . . . . 61 (Ag):   Hb/B3–128

$Ag_3ClN_2O_6$ . . . . . . $AgCl$ · 2 $AgNO_3$ . . . . 61 (Ag):   Hb/B1–459

$Ag_3Cl_2^+$ . . . . $Ag_3Cl_2^+$ . . . . 61 (Ag):   Hb/B1–336, 466

$Ag_3Cl_2IO_8$ . . . . . . AgI · 2 $AgClO_4$ . . . . 61 (Ag):   Hb/B2–461

$Ag_3Cl_2IrN_4O_8$ . . . . $Ag_3[Ir(NO_2)_4Cl_2]$ . . . . 67 (Ir):   Hb–139

Ag_3Cl_3 . . . . $(AgCl)_3$ . . . . 61 (Ag):   Hb/B1–395

$Ag_3Cl_3^+$ . . . . $Ag_3Cl_3^+$ . . . . 61 (Ag):   Hb/B1–336

$Ag_3Cl_3FeO_4P$ . . . . $Ag_3[FeCl_3(PO_4)]$ . . . . 61 (Ag):   Hb/B4–437

$Ag_3Cl_3O_{12}$ . . . . $[AgClO_4]_3$ . . . . 61 (Ag):   Hb/B1–529

$Ag_3Cl_3O_{12}$. . . . . . . $(AgClO_4 \cdot H_2O)_3$ . . . . 61 (Ag):   Hb/B1−531

$Ag_3Cl_4IrN_2O_4$ . . . . . $Ag_3[Ir(NO_2)_2Cl_4]$ . . . . 67 (Ir):   Hb−139

Ag_3Cl_5HIrO . . . . . . $Ag_3[Ir(OH)Cl_5]$ . . . . 67 (Ir):   Hb−138

Ag_3Cl_5HORh . . . . . $Ag_3[Rh(OH)Cl_5]$ . . . . 64 (Rh):   Hb−101

$Ag_3Cl_5H_{13}N_5Pt$ . . . . $[Pt(NH_3)_3Cl(NH_2)_2]Cl \cdot 3\,AgCl$ . . . . . . 68 (Pt):   Hb/D−526/7

$Ag_3Cl_5IrNO_2$ . . . . . $Ag_3[Ir(NO_2)Cl_5]$ . . . . 67 (Ir):   Hb−139

$Ag_3Cl_6H_4N_2O_3Rh$ . . . $Ag_3[RhCl_6] \cdot NH_4NO_3$ . . . . 64 (Rh):   Hb−101

$Ag_3Cl_6H_{18}IrN_6$ . . . . $[Ag(NH_3)_2]_3[IrCl_6]$ . . . . 67 (Ir):   Hb−138/9

Ag_3Cl_6In . . . . Ag_3InCl_6 . . . . 61 (Ag):   Hb/B4−204/5

Ag_3Cl_6Ir . . . . $Ag_3[IrCl_6]$ . . . . 67 (Ir):   Hb−138

Ag_3Cl_6Re . . . . $Ag_3[ReCl_6]$ . . . . 70 (Re):   Hb−153

Ag_3Cl_6Rh . . . . $Ag_3[RhCl_6]$ . . . . 64 (Rh):   Hb−101

$Ag_3Cl_8H_4NORu_2$ . . . . $3\,AgCl \cdot Ru_2H_4(NO)Cl_5$
                                       $= 3\,AgCl \cdot [Ru_2(NH_2)\,(H_2O)]Cl_5$ . . . . . 63 (Ru):   Hb−123

$Ag_3CoH_6Mo_6O_{24}$ . . . $Ag_3H_6[Co(MoO_4)_6]$ . . . . 61 (Ag):   Hb/B4−402

$Ag_3CoH_6N_4O_{10}S_2$ . . . $Ag_3[Co(NO_2)_2(SO_3)_2(NH_3)_2] \cdot 2\,H_2O$ . . . . 58 (Co):   Eb/B2−609

$Ag_3CoN_6O_{12}$ . . . . . $Ag_3[Co(NO_2)_6]$ . . . . 61 (Ag):   Hb/B4−388

$Ag_3Co_2H_3N_6O_{15}$ . . . $Ag_3Co_2(OH)_3(NO_2)_6$ . . . . 61 (Ag):   Hb/B4−389

$Ag_3CrO_{12}S_3$ . . . . . . $Ag_3Cr(SO_4)_3$ . . . . 61 (Ag):   Hb/B4−331

$Ag_3CsN_4O_{12}$ . . . . . $Ag_3Cs(NO_3)_4 = 3\,AgNO_3 \cdot CsNO_3$ . . . . 61 (Ag):   Hb/B1−280

Ag_3CuTe_2 . . . . Ag_3CuTe_2 . . . . 61 (Ag):   Hb/B4−478

Ag_3Dy . . . . Ag_3Dy . . . . 61 (Ag):   Hb/C−229

Ag_3Er . . . . Ag_3Er . . . . 61 (Ag):   Hb/C−232/4

Ag_3Eu_5 . . . . Ag_3Eu_5 . . . . 61 (Ag):   Hb/C−223

$Ag_3FKO_9P_3$ . . . . . $(Ag_3K)P_3O_9F$ . . . . 61 (Ag):   Hb/B4−37

$Ag_3FO_6P_2$ . . . . . . $Ag_3P_2O_6F$ . . . . 61 (Ag):   Hb/B4−37

Ag_3F_2O . . . . $AgO \cdot 2\,AgF$ . . . . 61 (Ag):   Hb/B1−121

$Ag_3F_5H_2$ . . . . $3\,AgF \cdot 2\,HF$ . . . . 61 (Ag):   Hb/B1−307

Ag_3F_6Fe . . . . Ag_3FeF_6 . . . . 61 (Ag):   Hb/B4−408/9

−. . . . . $Ag_3FeF_6 \cdot 6\,H_2O$ . . . . 61 (Ag):   Hb/B4−409

$Ag_3F_6H_{12}InO_6$ . . . . . $[Ag(H_2O)_2]_3[InF_6]$ . . . . 61 (Ag):   Hb/B4−203

Ag_3F_6In . . . . $Ag_3InF_6 \cdot 6\,H_2O$ . . . . 61 (Ag):   Hb/B4−203

Ag_3F_8U . . . . Ag_3UF_8 . . . . 61 (Ag):   Hb/B4−357

Ag_3F_9U . . . . $3\,AgF \cdot UF_6$ . . . . 61 (Ag):   Hb/B1−299

$Ag_3FeO_{12}S_3$ . . . . . . $Ag_3Fe(SO_4)_3$ . . . . 61 (Ag):   Hb/B4−414

Ag_3Ga . . . . Ag_3Ga . . . . 61 (Ag):   Hb/C−177

Ag_3GaF_6 . . . . . . $Ag_3GaF_6 \cdot 10\,H_2O$ . . . . 61 (Ag):   Hb/B4−188

$Ag_3GaO_{12}S_3$ . . . . . $Ag_3Ga(SO_4)_3$ . . . . 61 (Ag):   Hb/B4−194

Ag_3GaSb_2 . . . . . . Ag_3GaSb_2 . . . . 61 (Ag):   Hb/B4−202

Ag_3Gd . . . . Ag_3Gd . . . . 61 (Ag):   Hb/C−224/5

Ag_3GeHO_4 . . . . . . Ag_3HGeO_4 . . . . 61 (Ag):   Hb/B4−241

$Ag_3Ge_7HO_{16}$ . . . . . $Ag_3HGe_7O_{16} \cdot 4\,H_2O$ . . . . 61 (Ag):   Hb/B4−241

Ag_3HI_4 . . . . $3\,AgI \cdot HI \cdot 7\,H_2O$ . . . . 61 (Ag):   Hb/B2−461

Ag_3HO_4Si . . . . . . Ag_3HSiO_4 . . . . 61 (Ag):   Hb/B3−383

$Ag_3HO_6P_2$ . . . . . . $Ag_3HP_2O_6$ . . . . 61 (Ag):   Hb/B4−6

$Ag_3H_2N_2O_2P$ . . . . $Ag_3PO_2N_2H_2 \cdot 2\,H_2O$
                                       $= AgPO_2(NHAg)_2 \cdot 2\,H_2O$ . . . . . . 61 (Ag):   Hb/B4−32/4

$Ag_3H_2N_3O_2S_2$ . . . . $AgN(SONHAg)_2 \cdot 3\,H_2O$. . . . . 61 (Ag):   Hb/B3−134

$Ag_3H_2N_3O_4S_2$ . . . . $AgN(SO_2NHAg)_2$. . . . . 61 (Ag):   Hb/B3−137/8

−. . . . . $AgN(SO_2NHAg)_2 \cdot 3\,H_2O$ . . . . 61 (Ag):   Hb/B3−137/8

Formula	Description	Ref	Code
$Ag_3H_2N_7O_{17}Ru_2$	$3\ AgNO_3 \cdot Ru_2H_2(NO_2)_4 \cdot 2\ H_2O$	63 (Ru):	Hb−123
			Eb−348
$Ag_3H_2O_3{}^-$	$[Ag_3O(OH)_2]^-$	61 (Ag):	Hb/B1−123
$Ag_3H_3K_3NO_9S_6$	$3\ KAgS_2O_3 \cdot NH_3 \cdot 2\ H_2O$	61 (Ag):	Hb/B3−123
$Ag_3H_3N_3O_6P_3$	$Ag_3P_3O_6N_3H_3 = Ag_3(PO_2NH)_3$	61 (Ag):	Hb/B4−29
$Ag_3H_3O_6Te$	$Ag_3H_3TeO_6$	61 (Ag):	Hb/B3−240
$Ag_3H_4KMo_{12}O_{42}Si$	$KAg_3H_4[Si(Mo_2O_7)_6] \cdot 13\ H_2O$		
	$= 0.5\ K_2O \cdot 1.5\ Ag_2O \cdot SiO_2$		
	$\cdot\ 12\ MoO_3 \cdot 15\ H_2O$	53 (Mo):	Hb−346
$Ag_3H_4NO_6S_4$	$NH_4Ag_3(S_2O_3)_2$	61 (Ag):	Hb/B3−125
$Ag_3H_4N_3O_4P_2$	$Ag_2P_2O_4NAg(NH_2)_2$	61 (Ag):	Hb/B4−28/9
$Ag_3H_4O_4{}^-$	$[Ag_3(OH)_4]^-$	61 (Ag):	Hb/B1−123
$Ag_3H_5Mo_{12}O_{42}Si$	$Ag_3H_5[Si(Mo_2O_7)_6] \cdot 8.5\ H_2O$		
	$= 1.5\ Ag_2O \cdot SiO_2 \cdot 12\ MoO_3 \cdot 11\ H_2O$	53 (Mo):	Hb−346
$Ag_3H_5O_{12}S_8$	$H_5Ag_3(S_2O_3)_4$	61 (Ag):	Hb/B3−116
$Ag_3H_9N_4O_3Se$	$AgSeO_3NAg_2 \cdot 3\ NH_3 \cdot 2\ H_2O$	61 (Ag):	Hb/B3−196
$Ag_3H_{16}IN_4O_9S_6$	$(NH_4)_4Ag_3(S_2O_3)_3I$	61 (Ag):	Hb/B3−129
$Ag_3H_{18}N_6NaNiO_9S_6$	$Na[Ni(NH_3)_6]\ [Ag(S_2O_3)]_3$	61 (Ag):	Hb/B4−384/5
$Ag_3H_{18}N_7O_6Se_2$	$[Ag(NH_3)_2]_3N(SeO_3)_2$	61 (Ag):	Hb/B3−194, 196
$Ag_3H_{20}N_5O_{12}S_8$	$(NH_4)_5Ag_3(S_2O_3)_4$	61 (Ag):	Hb/B3−125
$Ag_3H_{29}N_{10}O_5Pt_2$	$2\ [Pt(NH_3)_2(NH_2)_3OH] \cdot 3\ AgOH$	68 (Pt):	Hb/D−551/2
$Ag_3Hg_2I_7$	$2\ AgHgI_3 \cdot AgI$	61 (Ag):	Hb/B4−173
Ag_3Hg_4	Ag_3Hg_4	61 (Ag):	Hb/C−122
Ag_3In	Ag_3In	61 (Ag):	Hb/C−189
Ag_3InSb_2	Ag_3InSb_2	61 (Ag):	Hb/B4−218
Ag_3I^{2+}	$[Ag_3I]^{2+}$	61 (Ag):	Hb/B2−383/7
$Ag_3IN_2O_6$	$[Ag_3I]\ (NO_3)_2 = AgI \cdot 2\ AgNO_3$	61 (Ag):	Hb/B2−459/61
Ag_3IO_5	Ag_3IO_5	61 (Ag):	Hb/B2−454
$Ag_3IO_6{}^{2-}$	$Ag_3IO_6{}^{2-}$	61 (Ag):	Hb/B2−456
Ag_3IS	Ag_3SI	61 (Ag):	Hb/B3−147/51
−.	Ag_3SI solid solutions:		
	$Ag_3SI–Ag_3SBr$	61 (Ag):	Hb/B3−151
Ag_3I_2	Ag_3I_2	61 (Ag):	Hb/B2−200
Ag_3I_3	Ag_3I_3	61 (Ag):	Hb/B2−200
$Ag_3I_4{}^-$	$Ag_3I_4{}^-$	61 (Ag):	Hb/B2−384/7, 390/1
Ag_3I_4K	$KAg_3I_4 = KI \cdot 3\ AgI$	61 (Ag):	Hb/B2−419
Ag_3I_4Li	$LiAg_3I_4$	61 (Ag):	Hb/B2−404
$Ag_3I_5{}^{2-}$	$Ag_3I_5{}^{2-}$	61 (Ag):	Hb/B2−391
Ag_3I_6Ir	$Ag_3[IrI_6]$	67 (Ir):	Hb−140
$Ag_3I_8{}^{5-}$	$[Ag_3I_8]^{5-}$	61 (Ag):	Hb/B2−383/4
$Ag_3KMo_{12}O_{40}Si$	$0.5\ K_2O \cdot 1.5\ Ag_2O \cdot SiO_2 \cdot 12\ MoO_3$		
	$\cdot\ 7\ H_2O$	53 (Mo):	Hb−346
−.	$0.5\ K_2O \cdot 1.5\ Ag_2O \cdot SiO_2 \cdot 12\ MoO_3$		
	$\cdot\ 11\ H_2O$	53 (Mo):	Hb−346
−.	$0.5\ K_2O \cdot 1.5\ Ag_2O \cdot SiO_2 \cdot 12\ MoO_3$		
	$\cdot\ 15\ H_2O = KAg_3H_4[Si(Mo_2O_7)_6]$		
	$\cdot\ 13\ H_2O$	53 (Mo):	Hb−346
$Ag_3K_5O_{12}S_8$	$K_5Ag_3(S_2O_3)_4$	61 (Ag):	Hb/B3−123/4
Ag_3La	Ag_3La	61 (Ag):	Hb/C−214

Ag_3Mg . . . . Ag_3Mg . . . . 61 (Ag): Hb/C-14/6
$Ag_3MnN_2O_{10}$ . . . . . $AgMnO_4 \cdot 2\,AgNO_3$ . . . . 61 (Ag): Hb/B4-375
Ag_3MnO_4 . . . . . . Ag_3MnO_4 . . . . 61 (Ag): Hb/B4-361
Ag_3MoNO_3 . . . . . . Ag_3MoO_3N . . . . 61 (Ag): Hb/B4-341
$Ag_3Mo_{12}O_{39.5}Si$ . . . $1.5\,Ag_2O \cdot SiO_2 \cdot 12\,MoO_3 \cdot 11\,H_2O$
           $= Ag_3H_5[Si(Mo_2O_7)_6] \cdot 8.5\,H_2O$ . . . . . 53 (Mo): Hb-346
$Ag_3Mo_{12}O_{40}P$ . . . . . $Ag_3[PMo_{12}O_{40}] \cdot nH_2O$ . . . . 61 (Ag): Hb/B4-344
Ag_3N . . . . Ag_3N . . . . 61 (Ag): Hb/B1-143/7
Ag_3NO_3S . . . . . . $AgSO_3NAg_2$ . . . . 61 (Ag): Hb/B3-135/6
−. . . . . $AgSO_3NAg_2 \cdot H_2O$ . . . . 61 (Ag): Hb/B3-135/6
−. . . . . $[Ag_3S]NO_3 = Ag_2S \cdot AgNO_3$ . . . . . . 61 (Ag): Hb/B3-133/4
Ag_3NO_3Se . . . . . $AgSeO_3NAg_2$. . . . . 61 (Ag): Hb/B3-195/6
Ag_3NO_5Te . . . . . $Ag_2TeO_3 \cdot AgNO_2$ . . . . 61 (Ag): Hb/B3-239
$Ag_3NO_6S_2$. . . . . . $AgN(SO_3Ag)_2$ . . . . 61 (Ag): Hb/B3-136
$Ag_3NO_6Se_2$ . . . . . $Ag_3N(SeO_3)_2$ . . . . 61 (Ag): Hb/B3-196/7
$Ag_3N_3O_6S_3$ . . . . . $(AgNSO_2)_3$ . . . . 61 (Ag): Hb/B3-139
−. . . . . $(AgNSO_2)_3 \cdot H_2O$ . . . . 61 (Ag): Hb/B3-139
$Ag_3N_3O_6Se_3$ . . . . $(AgNSeO_2)_3$ . . . . 61 (Ag): Hb/B3-197
$Ag_3NaO_6S_4$ . . . . . $NaAg_3(S_2O_3)_2 \cdot H_2O$ . . . . 61 (Ag): Hb/B3-117/8
$Ag_3Na_5O_{12}S_8$ . . . . . $Na_5Ag_3(S_2O_3)_4 \cdot 2\,H_2O$ . . . . 61 (Ag): Hb/B3-117, 119/20
Ag_3NbO_4 . . . . $Ag_3NbO_4 = 3\,Ag_2O \cdot Nb_2O_5$ . . . . . . 61 (Ag): Hb/B4-282
Ag_3Nd . . . . Ag_3Nd . . . . 61 (Ag): Hb/C-219
Ag_3OPS_3 . . . . . . Ag_3POS_3 . . . . 61 (Ag): Hb/B4-38
Ag_3O_2. . . . . Ag_3O_2. . . . . 61 (Ag): Hb/B1-102
$Ag_3O_2PS_2$ . . . . . . $Ag_3PO_2S_2$ . . . . 61 (Ag): Hb/B4-38
Ag_3O_3PS . . . . . . Ag_3PO_3S . . . . 61 (Ag): Hb/B4-38
Ag_3O_3Tl. . . . . . . Ag_3TlO_3. . . . . 61 (Ag): Hb/B4-218
Ag_3O_4. . . . . Ag_3O_4. . . . . 61 (Ag): Hb/B1-118
Ag_3O_4P . . . . . . Ag_3PO_4 . . . . 61 (Ag): Hb/A3-182
           Hb/B4-7/15
−. . . . . Ag_3PO_4 solutions:
           $Ag_3PO_4-H_2O$ . . . . 61 (Ag): Hb/B4-16/7
−. . . . . Ag_3PO_4 systems:
           $Ag_3PO_4-(AgPO_3)_n$ . . . . 61 (Ag): Hb/B4-17
Ag_3O_4V . . . . Ag_3VO_4. . . . . 61 (Ag): Hb/B4-277/8
$Ag_3O_8P_2$ . . . . . . $Ag_3(PO_4)_2$ . . . . 61 (Ag): Hb/B4-27
$Ag_3O_9P_3$. . . . . . . $Ag_3P_3O_9 \cdot H_2O$. . . . . 61 (Ag): Hb/B4-25/6
−. . . . . $Ag_3P_3O_9$ systems:
           $Ag_3P_3O_9-Ca_3P_6O_{18}$ . . . . 61 (Ag): Hb/B4-27
$Ag_3O_{12}Rb_5S_8$ . . . . . $Rb_5Ag_3(S_2O_3)_4$ . . . . 61 (Ag): Hb/B3-126
$Ag_3O_{12}S_3V$ . . . . . $Ag_3V(SO_4)_3$ . . . . 61 (Ag): Hb/B4-281
$Ag_3O_{12}S_8^{5-}$ . . . . . . $[Ag_3(S_2O_3)_4]^{5-}$ . . . . 61 (Ag): Hb/B3-111/6
$Ag_3O_{12}TeV_3$ . . . . . $Ag_3V_3TeO_{12} \cdot 3\,H_2O$
           $= 3\,Ag_2O \cdot 3\,V_2O_5 \cdot 2\,TeO_3 \cdot 6\,H_2O$ . . . 61 (Ag): Hb/B4-282
$Ag_3O_{40}PW_{12}$ . . . . . $Ag_3[PW_{12}O_{40}] \cdot xH_2O$ . . . . 61 (Ag): Hb/B4-356
Ag_3P . . . . Ag_3P . . . . 61 (Ag): Hb/B4-3
Ag_3PS_3 . . . . Ag_3PS_3. . . . . 61 (Ag): Hb/B4-37
Ag_3PS_4 . . . . Ag_3PS_4. . . . . 61 (Ag): Hb/B4-37

$Ag_3PbS_7Sb_3$	$Ag_3PbSb_3S_7$		
	$= 3\,Ag_2S \cdot 2\,PbS \cdot 3\,Sb_2S_3$	61 (Ag):	Hb/B4–266
$Ag_3Pb_2S_8Sb_3$	$Ag_3Pb_2Sb_3S_8$	61 (Ag):	Hb/B4–265/6
$Ag_3Pb_2Sb_3Se_8$	$Ag_3Pb_2Sb_3Se_8 = 3\,AgSbSe_2 \cdot 2\,PbSe$ . .	61 (Ag):	Hb/B4–268
Ag_3Pr	Ag_3Pr	61 (Ag):	Hb/C–218
Ag_3Pt	$PtAg_3$	68 (Pt):	Hb/A6–810/4
Ag_3S_2Tl	Ag_3TlS_2	61 (Ag):	Hb/B4–225
Ag_3S_3Sb	$Ag_3SbS_3 = 3\,Ag_2S \cdot Sb_2S_3$	61 (Ag):	Hb/B4–94/7
–.	Ag_3SbS_3 solid solutions:		
	Ag_3SbS_3–Ag_3AsS_3	61 (Ag):	Hb/B4–97/8
Ag_3Sb.	Ag_3Sb	61 (Ag):	Hb/B4–86/7
Ag_3Se^+	Ag_3Se^+	61 (Ag):	Hb/B3–187
Ag_3Sm	Ag_3Sm	61 (Ag):	Hb/C–221
Ag_3Sn.	Ag_3Sn	61 (Ag):	Hb/C–269
Ag_3Tb.	Ag_3Tb	61 (Ag):	Hb/C–227/8
Ag_3Te^+.	$[Ag(Ag_2Te)]^+$	61 (Ag):	Hb/B3–237/8
Ag_3Te_2	Ag_3Te_2 solid solutions:		
	$(Ag,Au)_3Te_2$	62 (Au):	Hb/3–767
Ag_3Te_7.	Ag_3Te_7	61 (Ag):	Hb/B3–199
Ag_3Th.	Ag_3Th	61 (Ag):	Hb/C–254
Ag_3Tm.	Ag_3Tm	61 (Ag):	Hb/C–234/5
Ag_3Y	Ag_3Y	61 (Ag):	Hb/C–212
Ag_3Yb.	Ag_3Yb	61 (Ag):	Hb/C–236
Ag_3Yb_5.	Ag_3Yb_5	61 (Ag):	Hb/C–235/6
$Ag_{3.5}FH_2N_{0.5}O_9P_3$. .	$(Ag_{3.5}(NH_4)_{0.5})P_3O_9F$	61 (Ag):	Hb/B4–37
Ag_4	Ag_4	61 (Ag):	Hb/A2–152
$Ag_4As_2H_{12}N_4O_5$ . . .	$Ag_4As_2O_5 \cdot 4\,NH_3$	61 (Ag):	Hb/B4–46
$Ag_4As_2O_5$.	$Ag_4As_2O_5 = 2\,Ag_2O \cdot As_2O_3$	61 (Ag):	Hb/B4–45, 47
$Ag_4As_2S_5$	$Ag_4As_2S_5 = 2\,Ag_2S \cdot As_2S_3$	61 (Ag):	Hb/B4–63
$Ag_4AuCl_4H_3O_3$	$4\,AgCl \cdot Au(OH)_3$	62 (Au):	Hb/3–766
$Ag_4B_2O_{32}W_9$	$2\,Ag_2O \cdot B_2O_3 \cdot 9\,WO_3 \cdot 14\,H_2O$	54 (W):	Hb–331
$Ag_4B_{10}O_{17}$	$Ag_4B_{10}O_{17} \cdot 5\,H_2O$		
	$= 2\,Ag_2O \cdot 5\,B_2O_3 \cdot 5\,H_2O$.	61 (Ag):	Hb/B3–255
Ag_4Ba.	Ag_4Ba.	61 (Ag):	Hb/C–38
Ag_4BaS_3	$2\,Ag_2S \cdot BaS$	61 (Ag):	Hb/B3–60/1
$Ag_4Bi_4PbS_9$	$Ag_4PbBi_4S_9$	61 (Ag):	Hb/B4–267
$Ag_4Bi_4PbSe_9$	$Ag_4PbBi_4Se_9 = 4\,AgBiSe_2 \cdot PbSe$	61 (Ag):	Hb/B4–269
Ag_4Br_2Hg.	Ag_4HgBr_2.	61 (Ag):	Hb/B1–214
Ag_4Br_6Hg.	Ag_4HgBr_6.	61 (Ag):	Hb/B4–161
Ag_4CCsI_4N	$CsAg_4I_4CN$	61 (Ag):	Hb/B3–330
$Ag_4CH_4I_4N_2$	$NH_4Ag_4I_4CN$	61 (Ag):	Hb/B3–329
Ag_4CI_4KN	KAg_4I_4CN.	61 (Ag):	Hb/B3–329
Ag_4CI_4LiN.	$LiAg_4I_4CN$	61 (Ag):	Hb/B3–328
Ag_4CI_4NNa	$NaAg_4I_4CN$	61 (Ag):	Hb/B3–328
Ag_4CI_4NRb	$RbAg_4I_4CN$	61 (Ag):	Hb/B3–329/30
Ag_4CNSe^{3+}.	$[Ag_4SeCN]^{3+}$	61 (Ag):	Hb/B3–370
$Ag_4C_2Cl_2O_8$	$Ag_2C_2 \cdot 2\,AgClO_4$	61 (Ag):	Hb/B3–272
$Ag_4C_2HO_4P$	$Ag_2C_2 \cdot Ag_2HPO_4$	61 (Ag):	Hb/B3–272
$Ag_4C_2I_2$	$Ag_2C_2 \cdot 2\,AgI$	61 (Ag):	Hb/B3–273

$Ag_4C_2N_2O_6$	$Ag_2C_2 \cdot 2\,AgNO_3$	61 (Ag):	Hb/B3–273
$Ag_4C_2O_4S$	$Ag_2C_2 \cdot Ag_2SO_4$	61 (Ag):	Hb/B3–272
$Ag_4C_3O_{11}U$	$Ag_4UO_2(CO_3)_3$	61 (Ag):	Hb/B4–358
$Ag_4C_4CoN_4NaO_6S_2$ . .	$NaAg_4[Co(CN)_4(SO_3)_2] \cdot 4\,H_2O$	61 (Ag):	Hb/B4–400
$Ag_4C_5CoH_{13.5}N_{9.5}O_3S_2$			
	$Ag_4[Co(CN)_5S_2O_3] \cdot 4.5\,NH_3 \cdot 6.5\,H_2O$ . .	61 (Ag):	Hb/B4–400
$Ag_4C_5CoN_5O_3S_2$ . .	$Ag_4[Co(CN)_5S_2O_3]$	61 (Ag):	Hb/B4–400
$Ag_4C_6FeN_6$	$Ag_4[Fe(CN)_6]$	61 (Ag):	Hb/B4–416/24
–	$Ag_4[Fe(CN)_6] \cdot H_2O$	61 (Ag):	Hb/B4–425
$Ag_4C_6H_6N_8PtS_6$ . . .	$[Pt(NH_3)_2(CNS)_2] \cdot 4\,AgCNS$	68 (Pt):	Hb/D–256
$Ag_4C_6H_9N_9Ru$	$Ag_4[Ru(CN)_6] \cdot 3\,NH_3$	63 (Ru):	Hb–124
$Ag_4C_6H_{12}I_5KO_2$	$KAg_4I_5 \cdot 2\,CH_3COCH_3$	61 (Ag):	Hb/B2–405
$Ag_4C_6N_6Ru$	$Ag_4[Ru(CN)_6] \cdot xH_2O$	63 (Ru):	Hb–124
$Ag_4C_8CdCs_2N_8S_8$ . .	$Cs_2Ag_4Cd(SCN)_8 \cdot 2\,H_2O$	61 (Ag):	Hb/B4–155
$Ag_4C_8Co_2H_2O_{18}$	$Ag_4[Co_2(OH)_2(C_2O_4)_4] \cdot 5\,H_2O$	61 (Ag):	Hb/B4–394
$Ag_4C_8H_9MoN_{11}$	$Ag_4(NH_3)_3Mo(CN)_8$	61 (Ag):	Hb/B4–342
$Ag_4C_8H_{12}N_{12}W$	$[Ag(NH_3)]_4W(CN)_8$	61 (Ag):	Hb/B4–355
$Ag_4C_8MoN_8$	$Ag_4Mo(CN)_8$	61 (Ag):	Hb/B4–342
$Ag_4C_8N_8W$	$Ag_4W(CN)_8$	61 (Ag):	Hb/B4–355
$Ag_4C_9CsN_9S_9Zn_2$ . . .	$CsAg_4Zn_2(SCN)_9$	61 (Ag):	Hb/B4–142
$Ag_4C_{10}H_{14}I_5N$	$[C_6H_5CH_2HNC(CH_3)_2]Ag_4I_5$	61 (Ag):	Hb/B2–391
–	$[C_6H_5HNC(C_2H_5)\,(CH_3)]Ag_4I_5$	61 (Ag):	Hb/B2–391
$Ag_4C_{12}Co_2H_{32}N_{12}O_9S_6$			
	$[Co(CN)_2(C_2H_8N_2)_2]_2[Ag_4(S_2O_3)_3]$	61 (Ag):	Hb/B4–400
$Ag_4C_{12}FeH_{18}I_6N_6$ . . .	$[Fe(CNCH_3)_6]I_2 \cdot 4\,AgI$	61 (Ag):	Hb/B4–436
$Ag_4C_{15}H_{20}Ir_3N_3O_{27}S_6$	$Ag_4H_2[Ir(C_5H_5N)\,(OH)\,(SO_4)_2]_3 \cdot 3\,H_2O$	67 (Ir):	Hb–191
$Ag_4C_{32}CoH_{12}N_8O_{12}S_4$	$Ag_4[Co(C_{32}H_{12}N_8O_{12}S_4)]$	58 (Co):	Eb/B1–60
$Ag_4C_{32}H_{12}N_8NiO_{12}S_4$	$Ag_4[NiC_{32}H_{12}N_8O_{12}S_4]$	57 (Ni):	Hb/C1–239/40
$Ag_4C_{36}Co_6H_{96}N_{36}O_{15}S_{10}$			
	$3\,[Co(CN)_2(C_2H_8N_2)_2]_2S_2O_3 \cdot 2\,Ag_2S_2O_3$.	58 (Co):	Eb/B2–542
$Ag_4C_{45}Cl_4H_{45}N_9O_{16}$ . .	$4\,AgClO_4 \cdot 9\,C_5H_5N$	61 (Ag):	Hb/B1–518/9
$Ag_4Cd_3O_{15}S_{10}$	$Cd_3[Ag_4(S_2O_3)_5]$	61 (Ag):	Hb/B4–154
Ag_4Cl^{3+}	$[Ag_4Cl]^{3+}$	61 (Ag):	Hb/B1–381, 466/7
$Ag_4Cl_2O_4S$	$2\,AgCl \cdot Ag_2SO_4$	61 (Ag):	Hb/B3–100
$Ag_4Cl_2O_8Te$	$[Ag_4Te]\,(ClO_4)_2$	61 (Ag):	Hb/B3–243
Ag_4Cl_3	Ag_4Cl_3	61 (Ag):	Hb/B1–317
$Ag_4Cl_4F_4Pt$	$4\,AgCl \cdot PtF_4$	68 (Pt):	Hb/C3–346
$Ag_4Cl_4H_2O_6P_2Pt_2$ . . .	$[Pt_2(P(OAg)_2OH)_2Cl_4]$	68 (Pt):	Hb/D–462
Ag_4Cl_8Pt	$4\,AgCl \cdot PtCl_4$	68 (Pt):	Hb/C3–345
$Ag_4Cl_{10}ORe_2$	$Ag_4[Re_2OCl_{10}]$	70 (Re):	Hb–153
$Ag_4Cl_{10}ORu_2$	$Ag_4[Ru_2OCl_{10}]$	63 (Ru):	Eb–306
$Ag_4Co_2H_4N_6O_{16}$ . . .	$Ag_4Co_2(OH)_4(NO_2)_6 \cdot H_2O$	61 (Ag):	Hb/B4–389
$Ag_4Co_3O_{15}S_{10}$	$Co_3[Ag_4(S_2O_3)_5] \cdot nH_2O$	61 (Ag):	Hb/B4–392
$Ag_4Co_3O_{18}S_6$	$2\,Ag_2SO_3 \cdot CoSO_3 \cdot Co_2(SO_3)_3$	61 (Ag):	Hb/B4–392
$Ag_4Cr_3O_{14}U$	$2\,Ag_2CrO_4 \cdot UO_2CrO_4$	61 (Ag):	Hb/B4–358
$Ag_4Cs_{0.5}I_5K_{0.5}$	$Cs_{0.5}K_{0.5}Ag_4I_5$	61 (Ag):	Hb/B2–415
Ag_4CuN_{18}	$Ag_4[Cu(N_3)_6]$	61 (Ag):	Hb/B4–442
$Ag_4Cu_4Fe_3S_{12}Sn$ . . .	$Ag_4Cu_4Fe_3SnS_{12}$	61 (Ag):	Hb/B4–472
$Ag_4Cu_{10}S_{13}Sb_4$	$2\,Ag_2S \cdot 5\,Cu_2S \cdot 2\,Sb_2S_3$	61 (Ag):	Hb/B4–493
Ag_4Eu	Ag_4Eu	61 (Ag):	Hb/C–223

$Ag_4FO_9P_3$ . . . . . . $Ag_4P_3O_9F \cdot H_2O$ . . . . 61 (Ag): Hb/B4–37

−. . . . . $Ag_4P_3O_9F$ solid solutions:

$(Ag,Na)_4P_3O_9F$ . . . . 61 (Ag): Hb/B4–37

Ag_4F_2O . . . . $Ag_2O \cdot 2\,AgF$ . . . . 61 (Ag): Hb/B1–121

Ag_4F_6Hg . . . . Ag_4HgF_6 . . . . 61 (Ag): Hb/B4–160

Ag_4Ge . . . . Ag_4Ge . . . . 61 (Ag): Hb/C–259

$Ag_4GeH_4O_{42}W_{12}$ . . . $Ag_4H_4[Ge(W_2O_7)_6] \cdot 7\,H_2O$

$= 2\,Ag_2O \cdot GeO_2 \cdot 12\,WO_3 \cdot 9\,H_2O$ . . 54 (W): Hb–384

−. . . . . $Ag_4H_4[Ge(W_2O_7)_6] \cdot 10\,H_2O$ . . . . . . 54 (W): Hb–384

Ag_4GeO_4 . . . . . . Ag_4GeO_4 . . . . 61 (Ag): Hb/B4–240

$Ag_4GeO_{40}W_{12}$ . . . . $2\,Ag_2O \cdot GeO_2 \cdot 12\,WO_3 \cdot 9\,H_2O$

$= Ag_4H_4[Ge(W_2O_7)_6] \cdot 7\,H_2O$ . . . . 54 (W): Hb–384

−. . . . . $2\,Ag_2O \cdot GeO_2 \cdot 12\,WO_3 \cdot 12\,H_2O$ . . . 54 (W): Hb–384

Ag_4GeS_4 . . . . . . Ag_4GeS_4 . . . . 61 (Ag): Hb/B4–243

$Ag_4Ge_2H_2O_7$ . . . . $Ag_4H_2Ge_2O_7$ . . . . 61 (Ag): Hb/B4–241

$Ag_4Ge_9O_{20}$ . . . . . $Ag_4Ge_9O_{20}$ . . . . 61 (Ag): Hb/B4–241

$Ag_4HNO_6P_2$ . . . . . $Ag_4P_2O_6NH = (Ag_2PO_3)_2NH$ . . . . . 61 (Ag): Hb/B4–28

$Ag_4HN_2O_2P$ . . . . . $Ag_4PO_2N_2H = AgPO_2(NHAg)\,(NAg_2)$ . . . 61 (Ag): Hb/B4–32/3, 35

−. . . . . $Ag_4PO_2N_2H \cdot H_2O$ . . . . 61 (Ag): Hb/B4–32/3, 35

$Ag_4H_2NO_9P_3$ . . . . $Ag_4P_3O_9NH_2$ . . . . 61 (Ag): Hb/B4–32

$Ag_4H_2N_4O_6S_3$ . . . . $SO_2(NAgSO_2NHAg)_2$ . . . . 61 (Ag): Hb/B3–138

$Ag_4H_2O_7Si_2$ . . . . . $Ag_4H_2Si_2O_7$ . . . . 61 (Ag): Hb/B1–216

$Ag_4H_3NO_9PtS_3$ . . . $Ag_4[Pt(NH_3)\,(SO_3)_3]$ . . . . 68 (Pt): Hb/D–447

$Ag_4H_4I_5N$ . . . . . . $NH_4Ag_4I_5$ . . . . 61 (Ag): Hb/B2–409/10

$Ag_4H_4Mo_{12}O_{42}Si$ . . . $Ag_4H_4[Si(Mo_2O_7)_6] \cdot 10\,H_2O$

$= 2\,Ag_2O \cdot SiO_2 \cdot 12\,MoO_3 \cdot 12\,H_2O$ . . 53 (Mo): Hb–345/6

$Ag_4H_4N_4O_8P_4$ . . . . $Ag_4P_4O_8N_4H_4 = Ag_4(PO_2NH)_4$ . . . . . 61 (Ag): Hb/B4–30

$Ag_4H_4O_{42}SiW_{12}$ . . . $Ag_4H_4[Si(W_2O_7)_6] \cdot 7\,H_2O$

$= 2\,Ag_2O \cdot SiO_2 \cdot 12\,WO_3 \cdot 9\,H_2O$ . . . 54 (W): HB–355

$Ag_4H_6Mo_6NiO_{24}$ . . . $Ag_4H_6[Ni(MoO_4)_6] \cdot 3\,H_2O$

$= 2\,Ag_2O \cdot NiO \cdot 6\,MoO_3 \cdot 6\,H_2O$ . . 61 (Ag): Hb/B4–386

$Ag_4H_6N_2O_9PtS_3$ . . . $Ag_2[Pt(NH_3SO_3)_2] \cdot Ag_2SO_3$ . . . . 68 (Pt): Hb/D–361

$Ag_4H_6O_{20}S_5$ . . . . . $4\,AgHSO_4 \cdot H_2SO_4 \cdot 2\,H_2O$

$= 2\,Ag_2SO_4 \cdot 3\,H_2SO_4 \cdot 2\,H_2O$ . . . . . . 61 (Ag): Hb/B3–98

$Ag_4H_8N_2O_9S_6$ . . . . $(NH_4)_2Ag_4(S_2O_3)_3 \cdot H_2O$ . . . . . 61 (Ag): Hb/B3–124

$Ag_4H_{18}I_4N_6O_{12}$ . . . $4\,AgIO_3 \cdot 6\,NH_3 \cdot 3\,H_2O$ . . . . . 61 (Ag): Hb/B2–445

$Ag_4H_{72}N_{18}O_{33}S_{22}$ . . . $(NH_4)_{18}Ag_4(S_2O_3)_{11}$ . . . . . 61 (Ag): Hb/B3–125

$Ag_4HgI_2Se_2$ . . . . . . $Ag_4HgSe_2I_2$ . . . . 61 (Ag): Hb/B4–177/8

Ag_4HgI_6 . . . . Ag_4HgI_6 . . . . 61 (Ag): Hb/B4–163

$Ag_4I_2O_4W$ . . . . . . $Ag_4I_2WO_4 = Ag_2WO_4 \cdot 2\,AgI$ . . . . . 61 (Ag): Hb/B4–351

$Ag_4I_2O_9$ . . . . $Ag_4I_2O_9$ . . . . 61 (Ag): Hb/B2–455

−. . . . . . . $Ag_4I_2O_9 \cdot H_2O = Ag_2HIO_5$ . . . . . 61 (Ag): Hb/B2–448/9

−. . . . . . . $Ag_4I_2O_9 \cdot 3\,H_2O = Ag_2H_3IO_6$ . . . . 61 (Ag): Hb/B2–451

$Ag_4I_4Mn_2O_{19}$ . . . . . $2\,Ag_2O \cdot Mn_2O_3 \cdot 2\,I_2O_7$ . . . . . . 61 (Ag): Hb/B4–379

$Ag_4I_5^-$ . . . . $Ag_4I_5^-$ . . . . 61 (Ag): Hb/B2–391

$Ag_4I_5K_{0.75}Rb_{0.25}$ . . $(K_3Rb)_{0.25}Ag_4I_5$ . . . . 61 (Ag): Hb/B2–406

Ag_4I_5K. . . . . KAg_4I_5 . . . . 61 (Ag): Hb/B2–405/6

−. . . . . KAg_4I_5 solid solutions:

$(Rb,K)Ag_4I_5$ . . . . 61 (Ag): Hb/B2–414

Ag_4I_5Rb . . . . $RbAg_4I_5$ . . . . 61 (Ag): Hb/B2–406

–. . . . . $RbAg_4I_5$ solid solutions:

(Rb,K)Ag_4I_5 . . . . 61 (Ag): Hb/B2–414

$Ag_4I_6{}^{2-}$ . . . . $Ag_4I_6{}^{2-}$ . . . . 61 (Ag): Hb/B2–384/6

Ag_4I_6Pb . . . . 4 AgI · PbI_2 . . . . 61 (Ag): Hb/B4–262

$Ag_4I_8{}^{4-}$ . . . . . . $[Ag_4I_8]^{4-}$ . . . . 61 (Ag): Hb/B2–383/4

$Ag_4I_{10}{}^{6-}$ . . . . . $[Ag_4I_{10}]^{6-}$ . . . . 61 (Ag): Hb/B2–383/4

$Ag_4K_2O_9S_6$ . . . . . $K_2Ag_4(S_2O_3)_3$ . . . . 61 (Ag): Hb/B3–123

$Ag_4K_4O_6$ . . . . . . 4 KAgO · O_2 . . . . 61 (Ag): Hb/B1–139

Ag_4Lu . . . . Ag_4Lu . . . . 61 (Ag): Hb/C–237

Ag_4MnO_4 . . . . . . Ag_4MnO_4 . . . . 61 (Ag): Hb/B4–361

$Ag_4Mn_3O_{15}S_{10}$ . . . $Mn_3[Ag_4(S_2O_3)_5]$ · xH_2O . . . . 61 (Ag): Hb/B4–380

$Ag_4Mo_6NiO_{21}$ . . . . 2 Ag_2O · NiO · 6 MoO_3 · 6 H_2O

= $Ag_4H_6[Ni(MoO_4)_6]$ · 3 H_2O . . 61 (Ag): Hb/B4–386

$Ag_4Mo_6O_{22}Se$ . . . . 2 Ag_2O · 6 MoO_3 · SeO_2 · 8 H_2O . . . 61 (Ag): Hb/B4–344

$Ag_4Mo_{12}O_{40}Si$ . . . . 2 Ag_2O · SiO_2 · 12 MoO_3 · 12 H_2O

= $Ag_4H_4[Si(Mo_2O_7)_6]$ · 10 H_2O . . . . . 53 (Mo): Hb–345/6

$Ag_4Mo_{20}O_{67}P_2$ . . . . 2 Ag_2O · P_2O_5 · 20 MoO_3 · 7 H_2O . . . . 53 (Mo): Hb–355

$Ag_4Mo_{24}O_{79}P_2$ . . . 2 Ag_2O · P_2O_5 · 24 MoO_3 · 7 H_2O . . . . 53 (Mo): Hb–355

Ag_4NO_3P . . . . . . Ag_4PO_3N = $Ag_2PO_3NAg_2$ . . 61 (Ag): Hb/B4–32

Ag_4NO_7 . . . . AgO · Ag_2O_3 · $AgNO_3$ = $Ag_4O_4NO_3$ . . 61 (Ag): Hb/B1–289

$Ag_4N_2O_6Te$ . . . . . $[Ag_4Te]$ $(NO_3)_2$ . . . . 61 (Ag): Hb/B3–242/3

$Ag_4N_2O_8S_3$ . . . . . $SO_2(NAgSO_3Ag)_2$ . . . . . 61 (Ag): Hb/B3–138

$Ag_4N_2O_8Se_3$ . . . . . $Ag_4SeO_2(NSeO_3)_2$ . . . . . 61 (Ag): Hb/B3–197

$Ag_4N_4O_6$ . . . . . . 2 $AgNO_2$ · $Ag_2N_2O_2$ . . . . 61 (Ag): Hb/B1–183

$Ag_4N_4O_8S_4$ . . . . . $(AgNSO_2)_4$ . . . . 61 (Ag): Hb/B3–140

$Ag_4N_4S_4$ . . . . . . $Ag_4N_4S_4$ . . . . 61 (Ag): Hb/B3–133

$Ag_4Na_2O_9S_6$ . . . . $Na_2Ag_4(S_2O_3)_3$ · 4 H_2O . . 61 (Ag): Hb/B3–117/8

Ag_4O . . . . Ag_4O . . . . 61 (Ag): Hb/B1–32

Ag_4O_3 . . . . Ag_4O_3 . . . . 61 (Ag): Hb/B1–102

Ag_4O_3Pb . . . . . . Ag_4PbO_3 . . . . 61 (Ag): Hb/B4–252

$Ag_4O_3S_2$ . . . . . . $[Ag_4S]SO_3$ = Ag_2S · Ag_2SO_3 . . . . . 61 (Ag): Hb/B3–68

$Ag_4O_4S_2$ . . . . . . $[Ag_4S]SO_4$ . . . . 61 (Ag): Hb/B3–99

Ag_4O_4Si . . . . Ag_4SiO_4 . . . . 61 (Ag): Hb/B3–379

Ag_4O_5 . . . . Ag_4O_5 . . . . 61 (Ag): Hb/B1–118

$Ag_4O_5Pb_3$ . . . . . . $Ag_4Pb_3O_5$ . . . . 61 (Ag): Hb/B4–252

$Ag_4O_5Tl_2$ . . . . . . $Ag_4Tl_2O_5$ . . . . 61 (Ag): Hb/B4–218

$Ag_4O_6P_2$ . . . . . . $Ag_4P_2O_6$ . . . . 61 (Ag): Hb/B4–5/6

$Ag_4O_6S_4$ . . . . . . $Ag_3[Ag(S_2O_3)_2]$ . . . . . 61 (Ag): Hb/B3–111

$Ag_4O_7P_2$ . . . . . . $Ag_4P_2O_7$ . . . . 61 (Ag): Hb/B4–18/20

$Ag_4O_7V_2$ . . . . . . $Ag_4V_2O_7$ . . . . 61 (Ag): Hb/B4–279

$Ag_4O_8P_2$ . . . . . . $Ag_4P_2O_8$ . . . . 61 (Ag): Hb/B4–27

$Ag_4O_9Pb_7$ . . . . . . $Ag_4Pb_7O_9$ . . . . 61 (Ag): Hb/B4–252

$Ag_4O_9S_6{}^{2-}$ . . . . . $[Ag_4(S_2O_3)_3]^{2-}$ . . . . . 61 (Ag): Hb/B3–111/6

$Ag_4O_{10}P_4$ . . . . . . $Ag_4P_4O_{10}$ . . . . 61 (Ag): Hb/B4–6

$Ag_4O_{11}Tl_6$ . . . . . . $Ag_4Tl_6O_{11}$ . . . . 61 (Ag): Hb/B4–218

$Ag_4O_{12}P_4$ . . . . . . $Ag_4P_4O_{12}$ · nH_2O . . . . . 61 (Ag): Hb/B4–26

$Ag_4O_{17}V_6$ . . . . . . $Ag_4V_6O_{17}$ . . . . 48 (V): Hb/B2–456

$Ag_4O_{19}V_2W_4$ . . . . . 2 Ag_2O · V_2O_5 · 4 WO_3 · 2 H_2O . . . . . 54 (W): Hb–387

$Ag_4O_{33}S_{22}{}^{18-}$ . . . . . $[Ag_4(S_2O_3)_{11}]^{18-}$ . . . . 61 (Ag): Hb/B3–111/6

$Ag_4O_{40}SiW_{12}$ . . . . . 2 $Ag_2O \cdot SiO_2 \cdot$ 12 $WO_3 \cdot$ 9 H_2O

$\qquad\qquad$ = $Ag_4H_4[Si(W_2O_7)_6] \cdot$ 7 H_2O . . . . . 54 (W): Hb–355

Ag_4PS_3 . . . . Ag_4PS_3 . . . . 61 (Ag): Hb/B4–37

$Ag_4P_2S_7$ . . . . $Ag_4P_2S_7$ . . . . 61 (Ag): Hb/B4–37

$Ag_4Pd_2S_6$ . . . . . . $Ag_4Pd[PdS_6] = Ag_2S \cdot PdS_2$ . . . . . 65 (Pd): Hb/2–341

$Ag_4Pt_3S_6$ . . . . . . 2 $Ag_2S \cdot$ 2 $PtS \cdot PtS_2 = Ag_4Pt_2[PtS_6]$ . . . 68 (Pt): Hb/C3–347

Ag_4S . . . . Ag_4S . . . . 61 (Ag): Hb/B3–8

$Ag_4S_5Sb_2$ . . . . . . $Ag_4Sb_2S_5$ . . . . 61 (Ag): Hb/B4–92

$Ag_4Sb_6Te_{11}$ . . . . . 2 $Ag_2Te \cdot$ 3 Sb_2Te_3 . . . . 61 (Ag): Hb/B4–106

Ag_4Sc . . . . Ag_4Sc . . . . 61 (Ag): Hb/C–210

Ag_4Sr . . . . Ag_4Sr . . . . 61 (Ag): Hb/C–36

$Ag_{4.5}Cr_2K_{1.5}Mo_{12}O_{42}$. 0.75 $K_2O \cdot$ 2.25 $Ag_2O \cdot Cr_2O_3$

$\qquad\qquad$ $\cdot$ 12 $MoO_3 \cdot$ 18 H_2O . . . . 53 (Mo): Hb–387

Ag_5AsS_4 . . . . . . $Ag_5AsS_4 = 5 Ag_2S \cdot As_2S_3$ . . . . . 61 (Ag): Hb/B4–56

$Ag_5BH_4O_{42}W_{12}$ . . . . $Ag_5H_4[B(W_2O_7)_6] \cdot$ 7 H_2O

$\qquad\qquad$ = 5 $Ag_2O \cdot B_2O_3 \cdot$ 24 $WO_3 \cdot$ 18 H_2O . . . 54 (W): Hb–331

Ag_5Ba . . . . Ag_5Ba . . . . 61 (Ag): Hb/C–38

$Ag_5Ba_2N_9O_{18}$ . . . . . $Ag_5Ba_2(NO_2)_9 \cdot$ 0.5 H_2O . . . . . . 61 (Ag): Hb/B1–184

Ag_5Ba_3 . . . . Ag_5Ba_3 . . . . 61 (Ag): Hb/C–38

$Ag_5Br_2K_5O_{12}S_8$ . . . . $K_5Ag_5(S_2O_3)_4Br_2$ . . . . 61 (Ag): Hb/B3–128

Ag_5Br_4I . . . . $AgI \cdot$ 4 $AgBr$ . . . . 61 (Ag): Hb/B2–398

Ag_5C_4Cl . . . . 2 $Ag_2C_2 \cdot AgCl$ . . . . 61 (Ag): Hb/B3–273

$Ag_5C_4CoN_4O_6S_2$ . . . $Ag_5[Co(CN)_4(SO_3)_2] \cdot$ 2 H_2O . . . . . 61 (Ag): Hb/B4–400

$Ag_5C_8Cl_4KO_{16}Rh_2$ . . $KAg_5[RhCl_2(C_2O_4)_2]_2 \cdot$ 2 H_2O . . . . 64 (Rh): Hb–101

$Ag_5C_{10}Co_2N_{11}O_2$ . . . $Ag_5[Co_2(CN)_{10}NO_2] \cdot$ 6 H_2O . . . . . 61 (Ag): Hb/B4–399

–. . . . . $Ag_5[Co_2(CN)_{10}NO_2] \cdot$ 21 H_2O . . . . . 61 (Ag): Hb/B4–399

$Ag_5C_{11}Co_2N_{11}$ . . . . $Ag_5[Co_2(CN)_{11}] \cdot$ 2 H_2O . . . . . . 61 (Ag): Hb/B4–399

$Ag_5C_{12}Ir_2KO_{24}$ . . . $KAg_5[Ir(C_2O_4)_3]_2 \cdot$ 10 H_2O . . . . . 67 (Ir): Hb–141

$Ag_5C_{12}KO_{24}Rh_2$ . . . $KAg_5[Rh(C_2O_4)_3]_2 \cdot$ 6 H_2O . . . . . 64 (Rh): Hb–101

$Ag_5C_{12}KO_{24}Ru_2$ . . . $KAg_5[Ru(C_2O_4)_3]_2 \cdot$ 6 H_2O . . . . . 63 (Ru): Hb–124

$Ag_5C_{24}Co_6H_{99}N_{41}O_{48}$. 3 $[Co_2(O_2, NH) (C_2H_8N_2)_4] (NO_3)_3$

$\qquad\qquad$ $\cdot$ 5 $AgNO_3$ . . . . 58 (Co): Hb/B–350

Ag_5Cd_8 . . . . Ag_5Cd_8 . . . . 61 (Ag): Hb/C–90

Ag_5Ce . . . . Ag_5Ce . . . . 61 (Ag): Hb/C–215

$Ag_5Cl_2H_{52}N_{13}O_{24}S_{16}$. $(NH_4)_{13}Ag_5(S_2O_3)_8Cl_2$ . . . . . . 61 (Ag): Hb/B3–129

Ag_5Eu . . . . Ag_5Eu . . . . 61 (Ag): Hb/C–223

$Ag_5HN_3Na_3O_9S_3$ . . . $(NaSO_3N)_3HAg_5 \cdot$ 4 H_2O . . . . . 61 (Ag): Hb/B3–140

$Ag_5H_2N_2O_8P_3$ . . . . . $Ag_5P_3O_8(NH)_2$ . . . . 61 (Ag): Hb/B4–29

$Ag_5H_4N_4O_6P_3$ . . . . . $Ag_3P_3O_6(NAg)_2(NH_2)_2$ . . . . 61 (Ag): Hb/B4–28/9

Ag_5IO_6 . . . . Ag_5IO_6 . . . . 61 (Ag): Hb/B2–455

$Ag_5IO_8W_2$ . . . . . . $Ag_5I(WO_4)_2 = 2 Ag_2WO_4 \cdot AgI$ . . . . 61 (Ag): Hb/B4–351

$Ag_5I_2N_3O_9$ . . . . . . 2 $AgI \cdot$ 3 $AgNO_3$ . . . . 61 (Ag): Hb/B2–392

Ag_5I_7Pb . . . . 5 $AgI \cdot PbI_2$ . . . . 61 (Ag): Hb/B4–262

Ag_5La . . . . Ag_5La . . . . 61 (Ag): Hb/C–213

Ag_5MnO_4 . . . . . . Ag_5MnO_4 . . . . 61 (Ag): Hb/B4–361

$Ag_5NO_6P_2$ . . . . . . $Ag_5P_2O_6N = (Ag_2PO_3)_2NAg$ . . . . . 61 (Ag): Hb/B4–28

$Ag_5N_2O_2P$ . . . . . . $Ag_5PO_2N_2 = AgPO_2(NAg_2)_2$ . . . . . . 61 (Ag): Hb/B4–32/3, 35

$Ag_5N_2O_9$ . . . . 3 $AgO \cdot$ 2 $AgNO_3 = Ag_5O_3(NO_3)_2$ . . . . 61 (Ag): Hb/B1–286

$Ag_5N_4S_4$ . . . . $Ag_5N_4S_4$ . . . . 61 (Ag): Hb/B3–133

$Ag_5O_6Pb_2$ . . . . $Ag_5Pb_2O_6$ . . . . 61 (Ag):   Hb/B4−253/4

$Ag_5O_8P_3$ . . . . $Ag_5P_3O_8$ . . . . 61 (Ag):   Hb/B4−6

$Ag_5O_9P_3$ . . . . $Ag_5P_3O_9$ . . . . 61 (Ag):   Hb/B4−6

$Ag_5O_{10}P_3$ . . . . . $Ag_5P_3O_{10} \cdot nH_2O$ . . . . 61 (Ag):   Hb/B4−21

$Ag_5O_{15}P_5$ . . . . . $Ag_5P_5O_{15} \cdot nH_2O$ . . . . 61 (Ag):   Hb/B4−26

Ag_5Pr . . . . Ag_5Pr . . . . 61 (Ag):   Hb/C−218

Ag_5S_4Sb . . . . . . $Ag_5SbS_4 = 5\,Ag_2S \cdot Sb_2S_3$ . . . . . . 61 (Ag):   Hb/B4−93/4

Ag_5Sn . . . . Ag_5Sn . . . . 61 (Ag):   Hb/C−269

Ag_5Sr . . . . Ag_5Sr . . . . 61 (Ag):   Hb/C−36

Ag_5Sr_3 . . . . Ag_5Sr_3 . . . . 61 (Ag):   Hb/C−36

Ag_5Te_3 . . . . Ag_5Te_3 . . . . 61 (Ag):   Hb/B3−201/6

Ag_5Th_3 . . . . Ag_5Th_3 . . . . 61 (Ag):   Hb/C−254/6

Ag_5Yb . . . . Ag_5Yb . . . . 61 (Ag):   Hb/C−236

$Ag_6Al_6Na_2O_{28}S_3Si_6$ . . $Na_2Ag_6Al_6Si_6S_3O_{28}$ . . . . 35 (Al):   Hb/B2−443, 444/5

$Ag_6AsN_3O_9$ . . . . . $Ag_6As(NO_3)_3 = Ag_3As \cdot 3\,AgNO_3$ . . . . 61 (Ag):   Hb/B4−51

$Ag_6As_2Cu_{10}S_{11}$ . . . $Ag_6Cu_{10}As_2S_{11}$ . . . . 61 (Ag):   Hb/B4−488/9

$Ag_6As_2Mo_6O_{26}$ . . . . $3\,Ag_2O \cdot As_2O_5 \cdot 6\,MoO_3 \cdot xH_2O$ . . . . 53 (Mo):   Hb−370

$Ag_6As_2O_6$ . . . . $3\,Ag_2O \cdot As_2O_3 = Ag_3AsO_3$ . . . . 61 (Ag):   Hb/A3−182

                                                                       Hb/B4−45/7

$Ag_6As_2O_{23}W_5$ . . . . . $Ag_6As_2W_5O_{23} \cdot 5\,H_2O$

                               $= 3\,Ag_2O \cdot As_2O_5 \cdot 5\,WO_3 \cdot 5\,H_2O$ . . 61 (Ag):   Hb/B4−356

$Ag_6As_2S_6$ . . . . $3\,Ag_2S \cdot As_2S_3$

                               see Ag_3AsS_3 ... Ag_3AsS_3

$Ag_6As_4O_9$ . . . . $Ag_6As_4O_9$ . . . . 61 (Ag):   Hb/B4−47

$Ag_6As_8Se_{15}$ . . . . . $Ag_6As_8Se_{15} = 3\,Ag_2Se \cdot 4\,As_2Se_3$ . . . . 61 (Ag):   Hb/B4−68

$Ag_6B_2O_{48}W_{14}$ . . . . . $3\,Ag_2O \cdot B_2O_3 \cdot 14\,WO_3 \cdot xH_2O$ . . . . . 54 (W):   Hb−332

$Ag_6Ba_4O_{78}P_2W_{22}$ . . . $4\,BaO \cdot 3\,Ag_2O \cdot P_2O_5 \cdot 22\,WO_3 \cdot xH_2O$ . . 54 (W):   Hb−369

$Ag_6Ba_5O_{24}S_{16}$ . . . . $Ba_5[Ag_3(S_2O_3)_4]_2 \cdot 10\,H_2O$ . . . . 61 (Ag):   Hb/B3−127

$Ag_6BeO_{31}W_9$ . . . . . $Ag_6BeW_9O_{31} \cdot 14\,H_2O$

                               $= 3\,Ag_2O \cdot BeO \cdot 9\,WO_3 \cdot 14\,H_2O$ . . 61 (Ag):   Hb/B4−356

$Ag_6Bi_2S_6$ . . . . $3\,Ag_2S \cdot Bi_2S_3 = Ag_3BiS_3$ . . . . . . 61 (Ag):   Hb/B4−127/9

$Ag_6Bi_8S_{15}$ . . . . . . $Ag_6Bi_8S_{15} = 3\,Ag_2S \cdot 4\,Bi_2S_3$ . . . . . 61 (Ag):   Hb/B4−127/8, 130

$Ag_6Bi_8Se_{15}$ . . . . . $3\,Ag_2Se \cdot 4\,Bi_2Se_3$ . . . . 61 (Ag):   Hb/B3−183

$Ag_6BrK_{15}O_{30}S_{20}$ . . . $K_{15}Ag_6(S_2O_3)_{10}Br \cdot xH_2O$ . . . . 61 (Ag):   Hb/B3−128

Ag_6Br_4Te . . . . Ag_6TeBr_4 . . . . 61 (Ag):   Hb/B3−243/4

$Ag_6Br_9Rb_3$ . . . . . . $Rb_3Ag_6Br_9$ solid solutions:

                               $Rb_3(Ag_6,Au_2)Br_9$ . . . . 62 (Au):   Hb/3−768

$Ag_6C_2O_7$ . . . . $2\,Ag_2CO_3 \cdot Ag_2O$ . . . . 61 (Ag):   Hb/B3−295

$Ag_6C_4O_4S$ . . . . $2\,Ag_2C_2 \cdot Ag_2SO_4$ . . . . 61 (Ag):   Hb/B3−273

$Ag_6Cl_4O_6P_2Pt_2$ . . . . $[Pt_2(P(OAg)_3)_2Cl_4]$ . . . . 68 (Pt):   Hb/D−462

$Ag_6Cl_6H_{12}Ir_2O_{21}P_6$ . . . $2\,IrCl_3 \cdot 3\,AgH_2PO_3 \cdot 3\,AgH_2PO_4$ . . . . . 67 (Ir):   Hb−141

$Ag_6Co_2O_{18}S_6$ . . . . . $3\,Ag_2SO_3 \cdot Co_2(SO_3)_3$ . . . . 61 (Ag):   Hb/B4−392

$Ag_6Cs_4O_{20}S_5$ . . . . . $3\,Ag_2SO_4 \cdot 2\,Cs_2SO_4$ . . . . 61 (Ag):   Hb/B3−106/7

$Ag_6Cu_{22}S_{26}Sb_8$ . . . . $3\,Ag_2S \cdot 11\,Cu_2S \cdot 4\,Sb_2S_3$ . . . . . 61 (Ag):   Hb/B4−493

$Ag_6F_{13}H_7$ . . . . $6\,AgF \cdot 7\,HF \cdot 2\,H_2O$ . . . . 61 (Ag):   Hb/B1−307

$Ag_6H_4N_4O_9P_4$ . . . . . $Ag_6P_4O_9N_4H_4 = Ag_2P_4O_9(NHAg)_4$ . . . . 61 (Ag):   Hb/B4−35

$Ag_6I_4O_4W$ . . . . $Ag_6I_4WO_4 = Ag_2WO_4 \cdot 4\,AgI$ . . . . . . 61 (Ag):   Hb/B4−351

$Ag_6K_2O_{16}S_4$ . . . . . $K_2SO_4 \cdot 3\,Ag_2SO_4$ . . . . 61 (Ag):   Hb/B3−105

$Ag_6Li_4O_{20}S_5$ . . . . . $2\,Li_2SO_4 \cdot 3\,Ag_2SO_4$ . . . . 61 (Ag):   Hb/B3−101, 104

Ag$_6$Mg$_4$Na$_2$O$_{24}$S$_{16}$ . . Mg$_4$Na$_2$Ag$_6$(S$_2$O$_3$)$_8$. . . . . 61 (Ag): Hb/B3–127

Ag$_6$MnMo$_9$O$_{32}$ . . . . 3 Ag$_2$O · MnO$_2$ · 9 MoO$_3$ · 6 H$_2$O . . . . 61 (Ag): Hb/B4–382

Ag$_6$Mo$_4$O$_{18}$Te . . . . 3 Ag$_2$O · 4 MoO$_3$ · TeO$_3$ · 4 H$_2$O. . . . 61 (Ag): Hb/B4–344

Ag$_6$Mo$_5$O$_{22}$Se$_2$ . . . . 3 Ag$_2$O · 5 MoO$_3$ · 2 SeO$_2$ · 17 H$_2$O . . . 61 (Ag): Hb/B4–344

Ag$_6$Mo$_5$O$_{23}$P$_2$ . . . . . 3 Ag$_2$O · P$_2$O$_5$ · 5 MoO$_3$ · 7 H$_2$O . . . . . 53 (Mo): Hb–360

Ag$_6$Mo$_6$O$_{21}$ . . . . Ag$_6$Mo$_6$O$_{21}$ . . . . 61 (Ag): Hb/B4–335

Ag$_6$Mo$_{10}$O$_{33}$ . . . . . Ag$_6$Mo$_{10}$O$_{33}$ = 3 Ag$_2$O · 10 MoO$_3$ . . . . 61 (Ag): Hb/B4–338/9

Ag$_6$NO$_9$ . . . . 3 AgO · Ag$_2$O$_3$ · AgNO$_3$ = Ag$_6$O$_6$NO$_3$. . 61 (Ag): Hb/B1–289

Ag$_6$N$_3$O$_6$P$_3$ . . . . . . Ag$_6$P$_3$O$_6$N$_3$ = Ag$_3$(PO$_2$NAg)$_3$ . . . . . 61 (Ag): Hb/B4–29

Ag$_6$N$_3$O$_9$Sb . . . . . . Ag$_3$Sb · 3 AgNO$_3$ = Ag$_6$Sb(NO$_3$)$_3$ . . . . 61 (Ag): Hb/B4–90

Ag$_6$Na$_2$S$_4$ . . . . 3 Ag$_2$S · Na$_2$S · 2 H$_2$O . . . . 61 (Ag): Hb/B3–60

Ag$_6$Nb$_2$O$_8$ . . . . 3 Ag$_2$O · Nb$_2$O$_5$ = Ag$_3$NbO$_4$ . . . . . . 61 (Ag): Hb/B4–282

Ag$_6$Nb$_{16}$O$_{43}$ . . . . . Ag$_6$Nb$_{16}$O$_{43}$ = 3 Ag$_2$O · 8 Nb$_2$O$_5$ . . . 61 (Ag): Hb/B4–283

Ag$_6$O$_6$Te . . . . . . Ag$_6$TeO$_6$ . . . . 61 (Ag): Hb/B3–239

–. . . . . Ag$_6$TeO$_6$ · 3 H$_2$O. . . . . 61 (Ag): Hb/B3–239

Ag$_6$O$_9$Te$_2$ . . . . 3 Ag$_2$O · 2 TeO$_3$ · 3 H$_2$O . . . . 61 (Ag): Hb/B3–240

Ag$_6$O$_{11}$P$_4$ . . . . Ag$_6$P$_4$O$_{11}$ . . . . 61 (Ag): Hb/B4–6

Ag$_6$O$_{13}$P$_4$ . . . . Ag$_6$P$_4$O$_{13}$ . . . . 61 (Ag): Hb/B4–21/2

Ag$_6$O$_{13}$V$_4$ . . . . Ag$_6$V$_4$O$_{13}$ . . . . 48 (V): Hb/B2–389

Ag$_6$O$_{18}$P$_6$ . . . . Ag$_6$P$_6$O$_{18}$ · nH$_2$O. . . . . 61 (Ag): Hb/B4–26

Ag$_6$O$_{22}$TeV$_4$W$_2$ . . . . 3 Ag$_2$O · TeO$_3$ · 2 V$_2$O$_5$ · 2 WO$_3$ · 6 H$_2$O. . 61 (Ag): Hb/B4–356

Ag$_6$O$_{24}$S$_{16}$$^{10-}$ . . . . . [Ag$_6$(S$_2$O$_3$)$_8$]$^{10-}$ . . . . 61 (Ag): Hb/B3–111/6

Ag$_6$O$_{24}$Te$_2$V$_6$ . . . . . 3 Ag$_2$O · 3 V$_2$O$_5$ · 2 TeO$_3$ · 6 H$_2$O

            = Ag$_3$V$_3$TeO$_{12}$ · 3 H$_2$O . . . . 61 (Ag): Hb/B4–282

Ag$_6$O$_{24}$U$_7$ . . . . 3 Ag$_2$O · 7 UO$_3$ · xH$_2$O . . . . 61 (Ag): Hb/B4–357

Ag$_6$O$_{28}$V$_{10}$ . . . . . . Ag$_6$V$_{10}$O$_{28}$ · 4 H$_2$O . . . . 61 (Ag): Hb/B4–280

Ag$_6$O$_{31}$V$_4$W$_6$ . . . . . 3 Ag$_2$O · 2 V$_2$O$_5$ · 6 WO$_3$ · 3 H$_2$O . . . . 54 (W): Hb–389

Ag$_6$O$_{62}$P$_2$W$_{18}$ . . . . . 3 Ag$_2$O · P$_2$O$_5$ · 18 WO$_3$ · 16 H$_2$O . . . 54 (W): Hb–372/3

Ag$_8$O$_{80}$P$_2$W$_{24}$ . . . . . 3 Ag$_2$O · P$_2$O$_5$ · 24 WO$_3$ · 58 H$_2$O . . . 54 (W): Hb–368

Ag$_6$Pb$_2$S$_{14}$Sb$_6$ . . . . 3 Ag$_2$S · 2 PbS · 3 Sb$_2$S$_3$

            = Ag$_3$PbSb$_3$S$_7$ . . . . 61 (Ag): Hb/B4–266

Ag$_6$S$_6$Sb$_2$ . . . . 3 Ag$_2$S · Sb$_2$S$_3$

          see Ag$_3$S$_3$Sb ... Ag$_3$SbS$_3$

Ag$_6$S$_7$Si$_2$ . . . . Ag$_6$Si$_2$S$_7$ = 3 Ag$_2$S · 2 SiS$_2$ . . . . 61 (Ag): Hb/B3–388

Ag$_6$Sb. . . . . Ag$_6$Sb. . . . . 61 (Ag): Hb/B4–86

Ag$_6$Sb$_8$Se$_{15}$ . . . . . . 3 Ag$_2$Se · 4 Sb$_2$Se$_3$ . . . . 61 (Ag): Hb/B3–183

Ag$_{6.75}$N$_{4.75}$O$_{14.25}$Te. . [Ag$_{6.75}$Te] (NO$_3$)$_{4.75}$ . . . . 61 (Ag): Hb/B3–242

Ag$_7$Al$_{12}$O$_{24}$ . . . . . . 2 AgAlO$_2$ · 5 AgAl$_2$O$_4$ . . . . 61 (Ag): Hb/B4–181

Ag$_7$AsS$_6$ . . . . Ag$_7$AsS$_6$ = 7 Ag$_2$S · As$_2$S$_5$ . . . . 61 (Ag): Hb/B4–65/6

–. . . . . Ag$_7$AsS$_6$ solid solutions:

            Ag$_7$(As,Sb)S$_6$ . . . . 61 (Ag): Hb/B4–101

Ag$_7$AsSe$_6$ . . . . Ag$_7$AsSe$_6$. . . . . 61 (Ag): Hb/B4–68

Ag$_7$As$_2$Cl$_6$ . . . . 7 Ag · 2 AsCl$_3$ . . . . 61 (Ag): Hb/B4–52

Ag$_7$As$_2$Mo$_{18}$O$_{62.5}$ . . . 3.5 Ag$_2$O · As$_2$O$_5$ · 18 MoO$_3$ · 15 H$_2$O . 53 (Mo): Hb–368

Ag$_7$As$_{24}$Cu$_5$Pb$_{36}$S$_{78}$ . . Pb$_{36}$Ag$_7$Cu$_5$As$_{24}$S$_{78}$ . . . . 61 (Ag): Hb/B4–490

Ag$_7$BF$_4$O$_8$ . . . . Ag$_7$O$_8$BF$_4$ . . . . 61 (Ag): Hb/B1–121

Ag$_7$Br$_4$K$_9$O$_{18}$S$_{12}$ . . . K$_9$Ag$_7$(S$_2$O$_3$)$_6$Br$_4$ . . . . 61 (Ag): Hb/B3–128

Ag$_7$Br$_7$O . . . . Ag$_5$Br$_7$ · Ag$_2$O . . . . 61 (Ag): Hb/B2–184

Ag$_7$Br$_{13}$$^{6-}$ . . . . Ag$_7$Br$_{13}$$^{6-}$ . . . . 61 (Ag): Hb/B2–146

$Ag_7Br_{13}C_{96}H_{216}N_6$	$[(C_4H_9)_4N]_6Ag_7Br_{13}$	61 (Ag):	Hb/B2−146
Ag_7Ca_2	Ag_7Ca_2	61 (Ag):	Hb/C−34
Ag_7ClO_{12}	$Ag_7O_8ClO_4$	61 (Ag):	Hb/B1−121
$Ag_7Cl_2H_{68}N_{17}O_{33}S_{22}$	$(NH_4)_{17}Ag_7(S_2O_3)_{11}Cl_2$	61 (Ag):	Hb/B3−128
Ag_7FO_8	$Ag_7O_8F = 2\ Ag_3O_4 \cdot AgF$	61 (Ag):	Hb/B1−120, 298
−.	Ag_7O_8 solid solutions:		
	$Ag_7O_8F–Ag_7O_8NO_3$	61 (Ag):	Hb/B1−121
Ag_7F_2	$5\ Ag \cdot 2\ AgF$	61 (Ag):	Hb/B1−121
$Ag_7F_2HO_8$	$Ag_7O_8HF_2$	61 (Ag):	Hb/B1−120/1
$Ag_7GeHO_{36}W_{10}$	$Ag_7[Ge(OH)\ (W_2O_7)_5] \cdot 2.5\ H_2O$		
	$= 7\ Ag_2O \cdot 2\ GeO_2 \cdot 20\ WO_3 \cdot 6\ H_2O$	54 (W):	Hb−385
$Ag_7Ge_5H_5O_{16}$	$Ag_7H_5Ge_5O_{16}$	61 (Ag):	Hb/B4−241
$Ag_7HO_{12}S$	$Ag_7O_8HSO_4$	61 (Ag):	Hb/B1−121
$Ag_7H_5O_8Te$	$Ag_2TeO_3 \cdot 5\ AgOH$	61 (Ag):	Hb/B3−239
Ag_7Ho_2	Ag_7Ho_2	61 (Ag):	Hb/C−230/2
$Ag_7IK_{16}O_{33}S_{22}$	$K_{16}Ag_7(S_2O_3)_{11}I \cdot 5\ H_2O$	61 (Ag):	Hb/B3−128
Ag_7I_7O	$Ag_7I_7O = Ag_5I_7 \cdot Ag_2O$	61 (Ag):	Hb/B2−433
Ag_7NO_6	$Ag_7O_3NO_3 = 3\ Ag_2O \cdot AgNO_3$	61 (Ag):	Hb/B1−255, 289
Ag_7NO_7	$Ag_7O_4NO_3$	61 (Ag):	Hb/B1−289
Ag_7NO_8	$Ag_7O_5NO_3$	61 (Ag):	Hb/B1−289
Ag_7NO_9	$Ag_7O_6NO_3$	61 (Ag):	Hb/B1−289
Ag_7NO_{11}	$Ag_7O_8NO_3$	61 (Ag):	Hb/B1−286/9
−.	$Ag_7O_8NO_3$ solid solutions:		
	$Ag_7O_8NO_3–Ag_7O_8F$	61 (Ag):	Hb/B1−121
$Ag_7N_5O_{15}Te$	$[Ag_7Te]\ (NO_3)_5$	61 (Ag):	Hb/B3−242
$Ag_7O_{12}S$	$Ag_7O_8SO_4$	61 (Ag):	Hb/B3−132/3
$Ag_7O_{36}PV_{12}$	$Ag_7PV_{12}O_{36} \cdot 10\ H_2O$	61 (Ag):	Hb/B4−282
Ag_7S_6Sb	$Ag_7SbS_6 = 7\ Ag_2S \cdot Sb_2S_5$	61 (Ag):	Hb/B4−100/1
−.	Ag_7SbS_6 solid solutions:		
	$Ag_7(Sb,As)S_6$	61 (Ag):	Hb/B4−101
Ag_7Te_5	Ag_7Te_5	61 (Ag):	Hb/B3−202
Ag_7Yb_2	Ag_7Yb_2	61 (Ag):	Hb/C−235/6
$Ag_{7.6}GeS_{5.8}$	$Ag_{7.6}GeS_{5.8}$ systems:		
	$Ag_{7.6}GeS_{5.8}–Cu_8GeS_6$	61 (Ag):	Hb/B4−470
$Ag_8Al_2Mo_{12}O_{43}$	$4\ Ag_2O \cdot Al_2O_3 \cdot 12\ MoO_3 \cdot 16\ H_2O$	53 (Mo):	Hb−374
$Ag_8Al_4O_{57}P_8W_9$	$4\ Ag_2O \cdot 4\ P_2O_5 \cdot 2\ Al_2O_3 \cdot 9\ WO_3$		
	$\cdot 6\ H_2O$	54 (W):	Hb−382
$Ag_8Ba_3O_{78}P_2W_{22}$	$3\ BaO \cdot 4\ Ag_2O \cdot P_2O_5 \cdot 22\ WO_3 \cdot xH_2O$	54 (W):	Hb−369
$Ag_8C_2I_8KN_2Rb$	$RbKAg_8I_8(CN)_2$	61 (Ag):	Hb/B3−329/30
$Ag_8C_2N_6O_{18}$	$Ag_2C_2 \cdot 6\ AgNO_3$	61 (Ag):	Hb/B3−271/2
$Ag_8C_4H_8N_8O_{26}$	$8\ AgNO_3 \cdot C_4H_8O_2$	61 (Ag):	Hb/B1−217, 248
Ag_8Ca_3	Ag_8Ca_3	61 (Ag):	Hb/C−34
$Ag_8CeMo_{12}O_{42}$	$Ag_8[CeMo_{12}O_{42}]$	61 (Ag):	Hb/B4−344
Ag_8Cl^{7+}	$[Ag_8Cl]^{7+}$	61 (Ag):	Hb/B1−381
Ag_8GeS_6	$Ag_8GeS_6 = 4\ Ag_2S \cdot GeS_2$	61 (Ag):	Hb/B4−242/3
Ag_8GeSe_6	$Ag_8GeSe_6 = 4\ Ag_2Se \cdot GeSe_2$	61 (Ag):	Hb/B4−243
Ag_8GeTe_6	$Ag_8GeTe_6 = 4\ Ag_2Te \cdot GeTe_2$	61 (Ag):	Hb/B4−245
$Ag_8Ge_3S_{10}$	$Ag_8Ge_3S_{10} = 4\ Ag_2S \cdot 3\ GeS_2$	61 (Ag):	Hb/B4−243
$Ag_8H_2O_{13}P_4$	$Ag_4P_2O_6 \cdot Ag_4H_2P_2O_7$	61 (Ag):	Hb/B4−6

$Ag_8H_5N_5O_{14}P_6$ . . . . $Ag_8P_6O_{14}(NH)_5$ . . . . 61 (Ag): Hb/B4–29

$Ag_8H_5O_{16}P_4$ . . . . . . $Ag_8H_5P_4O_{16}$ . . . . 61 (Ag): Hb/B4–6

$Ag_8H_{10}O_{49}Se_5V_{12}$ . . . 2 $Ag_4V_6O_{17} \cdot 5\ H_2SeO_3$ solid solutions:
  2 $(Ag,NH_4)_4V_6O_{17} \cdot 5\ H_2SeO_3 \cdot nH_2O$ . . 48 (V): Hb/B1–314

$Ag_8I_2O_{11}$ . . . . . . $Ag_8I_2O_{11}$ . . . . 61 (Ag): Hb/B2–455/6

$Ag_8I_2O_{12}$ . . . . . . $Ag_7[Ag(IO_6)_2]$ . . . . 61 (Ag): Hb/B2–456

$Ag_8I_8Mo_3O_{33}$ . . . . . 4 $Ag_2O \cdot 4\ I_2O_5 \cdot 3\ MoO_3$ . . . . 53 (Mo): Hb–314

$Ag_8K_2S_5$ . . . . 4 $Ag_2S \cdot K_2S \cdot 2\ H_2O$ . . . . 61 (Ag): Hb/B3–60

$Ag_8MnMo_{12}O_{42}$ . . . $Ag_8[Mn(Mo_2O_7)_6] \cdot xH_2O$ . . . . . . 61 (Ag): Hb/B4–382

$Ag_8Mo_{12}O_{42}Si$ . . . . 4 $Ag_2O \cdot SiO_2 \cdot 12\ MoO_3 \cdot 15\ H_2O$
  = $Ag_8[Si(Mo_2O_7)_6] \cdot 15\ H_2O$ . . . . . . 53 (Mo): Hb–345

$Ag_8Mo_{12}O_{42}Th$ . . . . 4 $Ag_2O \cdot ThO_2 \cdot 12\ MoO_3$
  = $Ag_8[Th(Mo_2O_7)_6]$ . . . . 53 (Mo): Hb–375

$Ag_8N_4O_8P_4$ . . . . . . $Ag_8P_4O_8N_4 = Ag_8(PO_2N)_4$ . . . . 61 (Ag): Hb/B4–30/1

$Ag_8N_6O_{10}$ . . . . 3 $Ag_2N_2O_3 \cdot Ag_2O$ . . . . 61 (Ag): Hb/B1–173

$Ag_8N_6O_{18}Te$ . . . . . $[Ag_8Te]\ (NO_3)_6$ . . . . 61 (Ag): Hb/B3–242

$Ag_8O_{21}Rb_6S_{14}$ . . . . $Rb_6Ag_8(S_2O_3)_7$ . . . . 61 (Ag): Hb/B3–126

$Ag_8O_{21}S_{14}{}^{6-}$ . . . . . $[Ag_8(S_2O_3)_7]^{6-}$ . . . . 61 (Ag): Hb/B3–111/6

$Ag_8O_{24}P_8$ . . . . $Ag_8P_8O_{24} \cdot nH_2O$ . . . . 61 (Ag): Hb/B4–26/7

$Ag_8O_{36}SiW_{10}$ . . . . 4 $Ag_2O \cdot SiO_2 \cdot 10\ WO_3 \cdot 3\ H_2O$
  = $Ag_8[SiO(W_2O_7)_5] \cdot 3\ H_2O$ . . . . . . 54 (W): Hb–357

Ag_8S_6Si . . . . $Ag_8SiS_6 = 4\ Ag_2S \cdot SiS_2$ . . . . 61 (Ag): Hb/B3–388

Ag_8S_6Sn . . . . . $Ag_8SnS_6 = 4\ Ag_2S \cdot SnS_2$ . . . . 61 (Ag): Hb/B4–248

$Ag_8S_{13}Sb_6$ . . . . . $Ag_8Sb_6S_{13}$ . . . . 61 (Ag): Hb/B4–92

Ag_8Se_6Si . . . . . . $Ag_8SiSe_6 = 4\ Ag_2Se \cdot SiSe_2$ . . . . . . 61 (Ag): Hb/B3–388/9

Ag_8Se_6Sn . . . . . . $Ag_8SnSe_6 = 4\ Ag_2Se \cdot SnSe_2$ . . . . . 61 (Ag): Hb/B4–250

Ag_8SiTe_6 . . . . $Ag_8SiTe_6 = 4\ Ag_2Te \cdot SiTe_2$ . . . . . . 61 (Ag): Hb/B3–389

Ag_8Te^{6+} . . . . $[Ag_8Te]^{6+}$ . . . . 61 (Ag): Hb/B3–238

Ag_9As . . . . Ag_9As . . . . 61 (Ag): Hb/B4–44

$Ag_9As_2Cu_7S_{11}$ . . . $Ag_9Cu_7As_2S_{11}$ . . . . 61 (Ag): Hb/B4–488/9

$Ag_9Br_{17}{}^{8-}$ . . . . $Ag_9Br_{17}{}^{8-}$ . . . . 61 (Ag): Hb/B2–146

$Ag_9Br_{17}C_{128}H_{288}N_8$ . . $[(C_4H_9)_4N]_8Ag_9Br_{17}$ . . . . 61 (Ag): Hb/B2–146

Ag_9Ca_2 . . . . Ag_9Ca_2 . . . . 61 (Ag): Hb/C–32/3

$Ag_9Cu_7S_{11}Sb_2$ . . . . $Ag_9Cu_7S_8 \cdot Sb_2S_3$ . . . . 61 (Ag): Hb/B4–491

Ag_9F_{16} . . . . Ag_9F_{16} . . . . 61 (Ag): Hb/B1–309

$Ag_9O_{33}S_{22}{}^{13-}$ . . . . . $[Ag_9(S_2O_3)_{11}]^{13-}$ . . . . 61 (Ag): Hb/B3–113

Ag_9Yb_2 . . . . Ag_9Yb_2 . . . . 61 (Ag): Hb/C–235

$Ag_{9.5}As_2Cu_{6.5}S_{11}$ . . . $Ag_{9.5}Cu_{6.5}As_2S_{11}$ . . . . 61 (Ag): Hb/B4–488/9

$Ag_{10}As_2Cu_6S_{11}$ . . . . $Ag_{10}Cu_6As_2S_{11}$ . . . . 61 (Ag): Hb/B4–488/9

$Ag_{10}As_2O_{61}W_{17}$ . . . . 5 $Ag_2O \cdot As_2O_5 \cdot 17\ WO_3 \cdot xH_2O$ . . . . . 54 (W): Hb–379

$Ag_{10}As_2S_8$ . . . . . . 5 $Ag_2S \cdot As_2S_3 = Ag_5AsS_4$ . . . . . . 61 (Ag): Hb/B4–56

$Ag_{10}As_8B_2O_{20}$ . . . . 5 $Ag_2O \cdot 4\ As_2O_3 \cdot B_2O_3 \cdot 21\ H_2O$ . . . . 61 (Ag): Hb/B4–68

$Ag_{10}Au_4S_{11}$ . . . . . . 5 $Ag_2S \cdot 2\ Au_2S_3$ . . . . 62 (Au): Hb/3–766

$Ag_{10}B_2O_{80}W_{24}$ . . . . 5 $Ag_2O \cdot B_2O_3 \cdot 24\ WO_3 \cdot 18\ H_2O$
  = $Ag_5H_4[B(W_2O_7)_6] \cdot 7\ H_2O$ . . . . . . 54 (W): Hb–331

$Ag_{10}B_2S_8$ . . . . $Ag_{10}B_2S_8$ . . . . 61 (Ag): Hb/B3–263

$Ag_{10}Bi_8S_{17}$ . . . . . . $Ag_{10}Bi_8S_{17} = 5\ Ag_2S \cdot 4\ Bi_2S_3$ . . . . 61 (Ag): Hb/B4–129

$Ag_{10}Br_4Na_{16}O_{33}S_{22}$ . . $Na_{16}Ag_{10}(S_2O_3)_{11}Br_4 \cdot 24\ H_2O$ . . . . 61 (Ag): Hb/B3–128

$Ag_{10}C_6O_8S_2$ . . . . . . 3 $Ag_2C_2 \cdot 2\ Ag_2SO_4$ . . . . 61 (Ag): Hb/B3–273

$Ag_{10}Cr_2Mo_{12}O_{44}$ . . . $5\,Ag_2O \cdot Cr_2O_3 \cdot 12\,MoO_3 \cdot 17\,H_2O$ . . . 53 (Mo):   Hb–387

$Ag_{10}Fe_2S_8$ . . . . . . $Ag_{10}Fe_2S_8$ . . . . 61 (Ag):   Hb/B3–92

$Ag_{10}H_3O_{16}P_4$ . . . . . $Ag_{10}H_3P_4O_{16}$ . . . . 61 (Ag):   Hb/B4–6

$Ag_{10}I_2O_{12}$ . . . . . . $5\,Ag_2O \cdot I_2O_7$ . . . . 61 (Ag):   Hb/B1–94

$Ag_{10}O_{41}W_{12}$ . . . . . . $5\,Ag_2O \cdot 12\,WO_3$ . . . . 61 (Ag):   Hb/B4–349

–. . . . . $5\,Ag_2O \cdot 12\,WO_3 \cdot 8\,H_2O$ . . . . . . 61 (Ag):   Hb/B4–349

$Ag_{10}O_{61}P_2W_{17}$ . . . . $5\,Ag_2O \cdot P_2O_5 \cdot 17\,WO_3 \cdot 20\,H_2O$ . . . . 54 (W):   Hb–373

$Ag_{10}O_{64}P_2W_{18}$ . . . . $5\,Ag_2O \cdot P_2O_5 \cdot 18\,WO_3 \cdot 34\,H_2O$ . . . . 54 (W):   Hb–372

$Ag_{10}O_{64.1}V_{24}$ . . . . . $5\,Ag_2O \cdot 0.9\,V_2O_4 \cdot 11.1\,V_2O_5$ . . . 61 (Ag):   Hb/B4–275

$Ag_{10}O_{65}V_{24}$ . . . . . . $5\,Ag_2O \cdot 12\,V_2O_5$ . . . . 61 (Ag):   Hb/B4–277

$Ag_{10}S_8Sb_2$ . . . . . . $5\,Ag_2S \cdot Sb_2S_3 = Ag_5SbS_4$ . . . . . 61 (Ag):   Hb/B4–93/4

$Ag_{11}As_3C_8H_6O_{12}$ . . . $4\,Ag_2C_2 \cdot Ag_3AsO_4 \cdot 2\,H_3AsO_4$ . . . . . 61 (Ag):   Hb/B3–273

$Ag_{11}H_2O_{16}P_4$ . . . . . $Ag_{11}H_2P_4O_{16}$ . . . . 61 (Ag):   Hb/B4–6

$Ag_{11}H_3O_{16}P_4$ . . . . . $Ag_{11}H_3P_4O_{16}$ . . . . 61 (Ag):   Hb/B4–6

$Ag_{11}Mo_{17}O_{61.5}P_2$ . . . $5.5\,Ag_2O \cdot P_2O_5 \cdot 17\,MoO_3 \cdot 20\,H_2O$. . . 53 (Mo):   Hb–357

$Ag_{12}Al_4O_{81}Sb_6W_{18}$ . . $6\,Ag_2O \cdot 3\,Sb_2O_5 \cdot 2\,Al_2O_3 \cdot 18\,WO_3$

                      $\cdot 12\,H_2O$ . . . . 54 (W):   Hb–382

$Ag_{12}As_2Mo_{18}O_{65}$ . . . $6\,Ag_2O \cdot As_2O_5 \cdot 18\,MoO_3 \cdot 34\,H_2O$ . . . 53 (Mo):   Hb–368

$Ag_{12}C_{22}N_{22}Pt_5$ . . . . $5\,Ag_2[Pt(CN)_4] \cdot 2\,AgCN$ . . . . 68 (Pt):   Hb/C3–348

$Ag_{12}Mo_{16}O_{59}P_2$ . . . . $6\,Ag_2O \cdot P_2O_5 \cdot 16\,MoO_3 \cdot 20\,H_2O$. . . 53 (Mo):   Hb–357

$Ag_{12}O_{58}V_7W_{12}$ . . . . $6\,Ag_2O \cdot 3\,VO_2 \cdot 2\,V_2O_5 \cdot 12\,WO_3 \cdot 8\,H_2O$. 54 (W):   Hb–390

$Ag_{12}Te_7$ . . . . $Ag_{12}Te_7$ . . . . 61 (Ag):   Hb/B3–202

$Ag_{13}As_2Cu_3S_{11}$ . . . . $Ag_{13}Cu_3As_2S_{11}$ . . . . 61 (Ag):   Hb/B4–489

$Ag_{13}C_8H_{24}I_{15}N_2$ . . . . $[(CH_3)_4N]_2Ag_{13}I_{15}$ . . . . 61 (Ag):   Hb/B2–391

$Ag_{13}I_{15}^{2-}$ . . . . $Ag_{13}I_{15}^{2-}$ . . . . 61 (Ag):   Hb/B2–391

$Ag_{14}As_2S_{12}$ . . . . . . $7\,Ag_2S \cdot As_2S_5$

                   see $Ag_7AsS_6 \dots Ag_7AsS_6$

$Ag_{14}Ge_2O_{71}W_{20}$ . . . . $7\,Ag_2O \cdot 2\,GeO_2 \cdot 20\,WO_3 \cdot 6\,H_2O$

               $= Ag_7[Ge(OH)(W_2O_7)_5] \cdot 2.5\,H_2O$ . . . 54 (W):   Hb–385

$Ag_{14}Mo_{24}O_{84}P_2$ . . . . $7\,Ag_2O \cdot P_2O_5 \cdot 24\,MoO_3 \cdot 24\,H_2O$. . . . . 53 (Mo):   Hb–355

$Ag_{14}O_9Pb_2$ . . . . . . $Ag_{14}Pb_2O_9$ . . . . 61 (Ag):   Hb/B4–252

$Ag_{14}O_{18}S_2$ . . . . . . $Ag_{14}S_2O_{18}$ . . . . 61 (Ag):   Hb/B3–132

$Ag_{14}O_{24}S_2$ . . . . . . $Ag_{14}S_2O_{24}$ . . . . 61 (Ag):   Hb/B3–132

$Ag_{14}S_{12}Sb_2$ . . . . . . $7\,Ag_2S \cdot Sb_2S_5$

                   see $Ag_7S_6Sb \dots Ag_7SbS_6$

$Ag_{15}F_3O_{16}$ . . . . . . $Ag_{15}O_{16}F_3$ . . . . 61 (Ag):   Hb/B1–120

$Ag_{16}As_2S_{11}$ . . . . . . $Ag_{16}As_2S_{11}$ solid solutions:

                  $(Ag,Cu)_{16}As_2S_{11}$ . . . . 61 (Ag):   Hb/B4–488/9

–. . . . . $Ag_{16}As_2S_{11}$ systems:

                  $Ag_{16}As_2S_{11}$–$Cu_{16}As_2S_{11}$ . . . . 61 (Ag):   Hb/B4–489/90

$Ag_{16}As_2S_{13}$ . . . . . . $Ag_{16}As_2S_{13} = 8\,Ag_2S \cdot As_2S_5$ . . . . . 61 (Ag):   Hb/B4–65

–. . . . . $Ag_{16}As_2S_{13}$ solid solutions:

                  $Ag_{16}(As,Sb)_2S_{13}$ . . . . 61 (Ag):   Hb/B4–101

$Ag_{16}Mn_{16}O_{47}$ . . . . . $8\,Ag_2O \cdot 15\,MnO_2 \cdot MnO_3 \cdot 3\,O_2$

                  $\cdot 8\,H_2O$ . . . . 61 (Ag):   Hb/B4–364

$Ag_{16}S_{11}Sb_2$ . . . . . . $Ag_{16}Sb_2S_{11} = 8\,Ag_2S \cdot Sb_2S_3$ . . . . . 61 (Ag):   Hb/B4–93

–. . . . . $Ag_{16}Sb_2S_{11}$ solid solutions:

                  $(Ag,Cu)_{16}Sb_2S_{11}$ . . . . 61 (Ag):   Hb/B4–491/2

$Ag_{16}S_{11}Sb_2$ . . . . . . $Ag_{16}Sb_2S_{11}$ systems:
                      $Ag_{16}Sb_2S_{11}-Cu_{16}Sb_2S_{11}$ . . . .   61 (Ag):   Hb/B4–492

$Ag_{16}S_{13}Sb_2$ . . . . . . $Ag_{16}Sb_2S_{13}$ solid solutions:
                      $Ag_{16}(Sb,As)_2S_{13}$ . . . .   61 (Ag):   Hb/B4–101

$Ag_{19}Sb_{29}Te_{52}$ . . . . . $Ag_{19}Sb_{29}Te_{52}$ . . . .   61 (Ag):   Hb/B4–106/7
$Ag_{20}O_{57}V_{14}W_4$ . . . . $10 Ag_2O \cdot 7 V_2O_5 \cdot 4 WO_3 \cdot 26 H_2O$ . . .   54 (W):   Hb–389
$Ag_{22}Al_8H_{168}N_{42}O_{152}W_{36}$
                      $21 (NH_4)_2O \cdot 11 Ag_2O \cdot 4 Al_2O_3 \cdot 36 WO_3$.   54 (W):   Hb–382
$Ag_{22}Mo_{34}O_{123}P_4$ . . . $Ag_{22}[P_4O_4(Mo_2O_7)_{17}] \cdot 40 H_2O$ . . .   53 (Mo):   Hb–357
$Ag_{24}As_2S_{15}$ . . . . . . $Ag_{24}As_2S_{15} = 12 Ag_2S \cdot As_2S_3$ . . . . .   61 (Ag):   Hb/B4–56
$Ag_{24}S_{15}Sb_2$ . . . . . $Ag_{24}Sb_2S_{15} = 12 Ag_2S \cdot Sb_2S_3$ . . . . .   61 (Ag):   Hb/B4–92/3
$Ag_{26}O_{162}P_4V_{16}W_{33}$ . . $13 Ag_2O \cdot 2 P_2O_5 \cdot 8 V_2O_5 \cdot 33 WO_3$
                      $\cdot 41 H_2O$ . . . .   54 (W):   Hb–392
$Ag_{35}S_5Sb_2$ . . . . . . $31 Ag \cdot 2 Ag_2S \cdot Sb_2S_3$ . . . . . .   61 (Ag):   Hb/B4–92
$Ag_{51}Ce_{14}$ . . . . . . $Ag_{51}Ce_{14}$ . . . .   61 (Ag):   Hb/C–215
$Ag_{51}Dy_{14}$ . . . . . . $Ag_{51}Dy_{14}$ . . . .   61 (Ag):   Hb/C–229
$Ag_{51}Er_{14}$ . . . . . . $Ag_{51}Er_{14}$ . . . .   61 (Ag):   Hb/C–233/4
$Ag_{51}Gd_{14}$ . . . . . . $Ag_{51}Gd_{14}$ . . . .   61 (Ag):   Hb/C–224/5
$Ag_{51}Ho_{14}$ . . . . . . $Ag_{51}Ho_{14}$ . . . .   61 (Ag):   Hb/C–231/2
$Ag_{51}La_{14}$ . . . . . . $Ag_{51}La_{14}$ . . . .   61 (Ag):   Hb/C–214
$Ag_{51}Nd_{14}$ . . . . . . $Ag_{51}Nd_{14}$ . . . .   61 (Ag):   Hb/C–219
$Ag_{51}Pr_{14}$ . . . . . . $Ag_{51}Pr_{14}$ . . . .   61 (Ag):   Hb/C–218
$Ag_{51}Sm_{14}$ . . . . . . $Ag_{51}Sm_{14}$ . . . .   61 (Ag):   Hb/C–221
$Ag_{51}Tb_{14}$ . . . . . . $Ag_{51}Tb_{14}$ . . . .   61 (Ag):   Hb/C–227/8
$Ag_{51}Y_{14}$ . . . . . . $Ag_{51}Y_{14}$ . . . .   61 (Ag):   Hb/C–212
$Ag_xAl_yCl_{x+3y}$ . . . . . $xAgCl \cdot yAlCl_3$ . . . .   61 (Ag):   Hb/B4–181/2
$Ag_xAu_{1-x}Te_2$ . . . . . $(Ag,Au)Te_2$ . . . .   62 (Au):   Hb/3–767
$Ag_xCCl_{x+2}CoH_{15}N_6O_{4x+8}S$
                      $[CoNCS(NH_3)_5] (ClO_4)_2 \cdot xAgClO_4$ . . . . .   58 (Co):   Eb/B2–450
$Ag_xCCoH_{15}N_{x+8}O_{3x+6}S$
                      $[CoNCS(NH_3)_5] (NO_3)_2 \cdot xAgNO_3$ . . . . .   58 (Co):   Eb/B2–449
$Ag_{x+2}Ge_xH_xO_{3x+1}$ . . $Ag_{n+2}H_nGe_nO_{3n+1}$ . . . .   61 (Ag):   Hb/B4–241
$Ag_xH_{x+2}N_xO_{2x+1}P_x$ . . $Ag_nP_nO_{2n+1}N_nH_{n+2}$ . . . .   61 (Ag):   Hb/B4–31
$Ag_{2x}H_2N_xO_{2x+1}P_x$ . . $Ag_{2n}P_nO_{2n+1}N_nH_2$ . . . .   61 (Ag):   Hb/B4–31
$Ag_{x+2}H_xO_{3x+1}Si_x$ . . $Ag_{n+2}H_nSi_nO_{3n+1}$ . . . .   61 (Ag):   Hb/B3–383/4
Ag_xMnO_4 . . . . . . Ag_xMnO_4 . . . .   61 (Ag):   Hb/B4–360/1
$Ag_xMo_{1-x}O_3V_x$ . . . . $Ag_xV_xMo_{1-x}O_3$ . . . .   61 (Ag):   Hb/B4–343
$Ag_xNb_xO_3W_{1-x}$ . . . . $Ag_x(W_{1-x}Nb_x)O_3$ . . . .   61 (Ag):   Hb/B4–350
Ag_xNbS_2 . . . . Ag_yNbS_2 . . . .   61 (Ag):   Hb/B4–285
$Ag_{x+2}O_{3x+1}P_x$ . . . . $Ag_{n+2}P_nO_{3n+1}$ . . . .   61 (Ag):   Hb/B4–22/4
$Ag_{2x+3}O_{4x+4}S_x$ . . . . $Ag_3O_4 \cdot xAg_2SO_4$ . . . .   61 (Ag):   Hb/B1–118
$Ag_xO_3Ta_xW_{1-x}$ . . . . $Ag_x(W_{1-x}Ta_x)O_3$ . . . .   61 (Ag):   Hb/B4–350
$Ag_xO_5V_2$ . . . . . . $Ag_xV_2O_5$ . . . .   61 (Ag):   Hb/B4–274/7
Ag_xO_3W . . . . Ag_xWO_3 . . . .   61 (Ag):   Hb/B4–345

$Al_{0.33}NbSe_2$ . . . . . . $Al_{0.33}NbSe_2$ . . . .   49 (Nb):   Hb/B4–305/6
$Al_{0.33}O_5V_2$ . . . . . . $Al_{0.33}V_2O_5$ . . . .   48 (V):   Hb/B2–544/5
$Al_{0.4}Fe_{1.6}MgO_4$ . . . . $MgFe_{1.6}Al_{0.4}O_4$ . . . .   59 (Fe):   D/2. Eb–425
$Al_{0.5}Nb_{24.5}O_{62}$ . . . . $Al_{0.5}Nb_{24.5}O_{62} = Al_2O_3 \cdot 49 Nb_2O_5$ . . . .   49 (Nb):   Hb/B3–119/20

Al . . . . Aluminum:

Absorption of gamma rays. . . . . . . 35 (Al):   Hb/A1 – 280/2
 – of light . . . . 35 (Al):   Hb/A1 – 236
 – of particle rays . . . . 35 (Al):   Hb/A1 – 273/83
 – of X-rays . . . . 35 (Al):   Hb/A1 – 249/52
Abundance . . . . 35 (Al):   Hb/A1 – 4/5
Affinity . . . . 35 (Al):   Hb/A1 – 187/8
Atom . . . . 35 (Al):   Hb/A1 – 184/7
Atomic nucleus . . . . 35 (Al):   Hb/A1 – 180/4
Behavior as anode . . . . 35 (Al):   Hb/A2 – 310/1, 313/25
 – as cathode . . . . 35 (Al):   Hb/A2 – 309/13
 – in nuclear reactors . . . . Erg. W. 8 – 285/7
Boiling point . . . . 35 (Al):   Hb/A1 – 227
Cells . . . . 35 (Al):   Hb/A2 – 295/308
Chemical constant . . . . 35 (Al):   Hb/A1 – 221
Chemical reactions . . . . 35 (Al):   Hb/A2 – 325/426
 – in air . . . . 35 (Al):   Hb/A2 – 327/9
 – with acids . . . . 35 (Al):   Hb/A2 – 386/408
 – with alkaline solutions . . . . 35 (Al):   Hb/A2 – 408/16
 – with aqueous salt solutions . . . . 35 (Al):   Hb/A2 – 370/86
 – with gases . . . . 35 (Al):   Hb/A2 – 325/30
 – with hydrogen peroxide . . . . . . 35 (Al):   Hb/A2 – 369/70
 – with metal compounds . . . . 35 (Al):   Hb/A2 – 341/53
 – with metals . . . . 35 (Al):   Hb/A2 – 334/9
 – with nonmetal compounds . . . . 35 (Al):   Hb/A2 – 339/41, 363/70
 – with nonmetals . . . . 35 (Al):   Hb/A2 – 325/34
 – with organic compounds . . . . . . 35 (Al):   Hb/A2 – 401/8, 416/26
 – with organometallic compounds . . 35 (Al):   Hb/A2 – 426
 – with water . . . . 35 (Al):   Hb/A2 – 363/9
Coatings, metallic, production
   by chemical methods . . . . 35 (Al):   Hb/A3 – 529/32
 –, –, – by electrochemical
   methods . . . . 35 (Al):   Hb/A3 – 504/29
 –, –, – by plating . . . . 35 (Al):   Hb/A3 – 532/4
Color . . . . 35 (Al):   Hb/A1 – 235
Compressibility . . . . 35 (Al):   Hb/A1 – 198
Corrosion . . . . 35 (Al):   Hb/A2 – 313/4, 353/62
Cosmochemistry . . . . 35 (Al):   Hb/A1 – 4
Crystal form . . . . 35 (Al):   Hb/A1 – 188
Crystallographic properties . . . . . . 35 (Al):   Hb/A1 – 170/80, 188/93
Deformation . . . . 35 (Al):   Hb/A1 – 189/90
Density . . . . 35 (Al):   Hb/A1 – 193/5
Detection . . . . 35 (Al):   Hb/A2 – 431/4
 – in iron . . . . 59 (Fe):   Hb/FII2 – 184/5
Determination . . . . 35 (Al):   Hb/A2 – 434/44
 – in iron . . . . 35 (Al):   Hb/A2 – 444/5
                                      59 (Fe):   Hb/FII2 – 185/201,
                                                        359
 – in other substances . . . . 35 (Al):   Hb/A2 – 446/7

Al . . . . Aluminum:
    Diffusion. . . . . 35 (Al):   Hb/A7 – 1147/55
                                       46 (Sn):   Hb/D – 208, 220
    Discharge phenomena . . . . 35 (Al):   Hb/A1 – 269/71
    Economic deposits . . . . 35 (Al):   Hb/A1 – 87/99
    Economics. . . . . 35 (Al):   Hb/A1 – 99, 101/4
    Elasticity. . . . . 35 (Al):   Hb/A1 – 195/200
    Electrical conductivity . . . . 35 (Al):   Hb/A1 – 254/64
    Electrical properties . . . . 35 (Al):   Hb/A1 – 254/84
    Electrochemical behavior . . . . . . 35 (Al):   Hb/A2 – 285/325
    Electron configuration . . . . 35 (Al):   Hb/A1 – 184
    Electron emission. . . . . 35 (Al):   Hb/A1 – 252, 271/3,
                                                   279/80, 283/4
    Entropy . . . . 35 (Al):   Hb/A1 – 220/1
    Free energy . . . . 35 (Al):   Hb/A1 – 220/1
    Galvanomagnetic effects. . . . . . . 35 (Al):   Hb/A1 – 254
    Geochemistry . . . . 35 (Al):   Hb/A1 – 4/19
    Grain structure . . . . 35 (Al):   Hb/A1 – 171/2
    Hall effect . . . . 35 (Al):   Hb/A1 – 254
    Hardness . . . . 35 (Al):   Hb/A1 – 214/9
    Heat of fusion . . . . 35 (Al):   Hb/A1 – 226/7
    – of vaporization . . . . 35 (Al):   Hb/A1 – 227
    History. . . . . 35 (Al):   Hb/A1 – 1/3
    Internal friction . . . . 35 (Al):   Hb/A1 – 199
    Internal pressure . . . . 35 (Al):   Hb/A1 – 198
    Ionization voltages . . . . 35 (Al):   Hb/A1 – 284
    Lattice structure. . . . . 35 (Al):   Hb/A1 – 188/9
    Magnetic properties . . . . 35 (Al):   Hb/A1 – 253/4
    Mechanical properties . . . . 35 (Al):   Hb/A1 – 193/220
    Melting point . . . . 35 (Al):   Hb/A1 – 225/6
    Mineralogy . . . . 35 (Al):   Hb/A1 – 19/87
    Mining of ores . . . . 35 (Al):   Hb/B1 – 14/5
    Modifications . . . . 35 (Al):   Hb/A1 – 170
    Occurrence . . . . 35 (Al):   Hb/A1 – 3/99
    – in meteorites . . . . 35 (Al):   Hb/A1 – 4
    – in the cosmos . . . . 35 (Al):   Hb/A1 – 4
    – on the earth . . . . 35 (Al):   Hb/A1 – 4/19
    Optical properties. . . . . 35 (Al):   Hb/A1 – 235/52
    Ore dressing . . . . 35 (Al):   Hb/B1 – 14/5
    Overvoltage. . . . . 35 (Al):   Hb/A2 – 309/10
    Passage of alpha particles . . . . . . 35 (Al):   Hb/A1 – 273/4
    – of electrons . . . . 35 (Al):   Hb/A1 – 275/80
    – of neutrons . . . . 35 (Al):   Hb/A1 – 274
    Passivity. . . . . 35 (Al):   Hb/A2 – 311/2
    Photoelectrical effects . . . . 35 (Al):   Hb/A1 – 271/3
    Plasticity. . . . . 35 (Al):   Hb/A1 – 200/1
    Polarization, electrochemical . . . . 35 (Al):   Hb/A2 – 310/1
    Polymorphism . . . . 35 (Al):   Hb/A1 – 170
    Position in the
      electrochemical series . . . . 35 (Al):   Hb/A2 – 308/9

Al . . . . Aluminum:

Position in the periodic system . . . . 35 (Al):   Hb/A1 – 187/8

Potentials . . . . 35 (Al):   Hb/A2 – 285/95

Preparation . . . . 35 (Al):   Hb/A1 – 100/69

– by chemical methods . . . . 35 (Al):   Hb/A1 – 105/17

– by electrolysis of melts . . . . 35 (Al):   Hb/A1 – 117/21, 124/50

– by electrolysis of solutions . . . . . 35 (Al):   Hb/A1 – 122/4

– from wastes

and secondary metals . . . . 35 (Al):   Hb/A1 – 159/60

Protective coatings, nonmetallic,

aftertreatment . . . . 35 (Al):   Hb/A3 – 474/81

–, –, composition . . . . 35 (Al):   Hb/A3 – 481/2

–, –, formation . . . . 35 (Al):   Hb/A2 – 314/25

                                       Hb/A3 – 482/3

–, –, production by

cathodic deposition . . . . 35 (Al):   Hb/A3 – 465

–, –, – by chemical methods . . . . . 35 (Al):   Hb/A3 – 466/74

–, –, – by electrochemical oxidation . . 35 (Al):   Hb/A3 – 452/65

–, –, properties . . . . 35 (Al):   Hb/A3 – 483/503

Purity . . . . 35 (Al):   Hb/A1 – 160/5

Purity testing . . . . 35 (Al):   Hb/A1 – 164/5

Recrystallization . . . . 35 (Al):   Hb/A1 – 173/80

Rectifying effect . . . . 35 (Al):   Hb/A2 – 314/25

Refining . . . . 35 (Al):   Hb/A1 – 150/9

Reflection . . . . 35 (Al):   Hb/A1 – 235/6

Refraction . . . . 35 (Al):   Hb/A1 – 236

Scattering of light . . . . 35 (Al):   Hb/A1 – 236

– of X-rays . . . . 35 (Al):   Hb/A1 – 249/52

Separation, analytic . . . . 35 (Al):   Hb/A2 – 444/5

Solubility of other elements . . . . . 35 (Al):   Hb/A1 – 172, 219/20

Sorption . . . . 35 (Al):   Hb/A1 – 219/20

Special forms . . . . 35 (Al):   Hb/A1 – 165/9

Specific heat . . . . 35 (Al):   Hb/A1 – 227/32

Spectra:

Absorption spectrum . . . . 35 (Al):   Hb/A1 – 242/3

Arc spectrum . . . . 35 (Al):   Hb/A1 – 243

Emission spectrum . . . . 35 (Al):   Hb/A1 – 236/42

Spark spectra . . . . 35 (Al):   Hb/A1 – 243/4

X-ray spectrum . . . . 35 (Al):   Hb/A1 – 246/9

Standard potential . . . . 35 (Al):   Hb/A2 – 285/6

Strength . . . . 35 (Al):   Hb/A1 – 201/14

Surface tension . . . . 35 (Al):   Hb/A1 – 199

Surface treatment . . . . 35 (Al):   Hb/A3 – 451/534

– see also Coatings

           Protective coatings

Susceptibility . . . . 35 (Al):   Hb/A1 – 253/4

Tests for corrosion resistance . . . . 35 (Al):   Hb/A2 – 448/50

Texture . . . . 35 (Al):   Hb/A1 – 190/3

Thermal conductivity . . . . 35 (Al):   Hb/A1 – 232/5

Al . . . . Aluminum:
                Thermal expansion . . . . 35 (Al):   Hb/A1 – 221/4
                Thermal properties . . . . 35 (Al):   Hb/A1 – 220/35
                Thermionic emission . . . . 35 (Al):   Hb/A1 – 283
                Thermoelectric effects . . . . 35 (Al):   Hb/A1 – 265/8
                Thermomagnetic effects . . . . 35 (Al):   Hb/A1 – 254
                Valence . . . . 35 (Al):   Hb/A1 – 187/8
                Vapor pressure . . . . 35 (Al):   Hb/A1 – 227
                Vibration frequency. . . . . 35 (Al):   Hb/A1 – 220

– . . . . Aluminum ions:
                Chemical reactions . . . . 35 (Al):   Hb/A2 – 426/30
                Ionic entropy . . . . 35 (Al):   Hb/A2 – 285
                Ionic mobility . . . . 35 (Al):   Hb/A2 – 285
                Ionic radius . . . . 35 (Al):   Hb/A1 – 185
                Ionization voltages . . . . 35 (Al):   Hb/A1 – 284
                Spectra . . . . 35 (Al):   Hb/A1 – 243/4
                Work of formation . . . . 35 (Al):   Hb/A2 – 285

– . . . . Aluminum systems:
                Al – Ag . . . . 35 (Al):   Hb/A6 – 1028/37
                                                                                61 (Ag):   Hb/C – 136/45
                Al – Ag – Bi . . . . 35 (Al):   Hb/A6 – 1078/9
                 Al – Ag – Cd. . . . . 61 (Ag):   Hb/C – 174
                Al – Ag – Cu. . . . . 61 (Ag):   Hb/C – 398/9
                Al – Ag – In . . . . 61 (Ag):   Hb/C – 203/4
                Al – Ag – Mg . . . . 35 (Al):   Hb/A6 – 1079
                                                                                 61 (Ag):   Hb/C – 169/72
                Al – Ag – Mn . . . . 61 (Ag):   Hb/C – 346/7
                Al – Ag – Pb. . . . . 35 (Al):   Hb/A6 – 1087/9
                                                                                    61 (Ag):   Hb/C – 310/1
                Al – Ag – Sn. . . . . 61 (Ag):   Hb/C – 290/1
                Al – Ag – Tl . . . . 35 (Al):   Hb/A6 – 1087
                Al – Ag – Zn. . . . . 35 (Al):   Hb/A6 – 1081/3
                                                                                    61 (Ag):   Hb/C – 172/3
                Al – AlSb – Mg_3Sb_2. . . . . 35 (Al):   Hb/A4 – 665
                Al – Al_3Mg_2 – Mg_3Sb_2 . . . . 35 (Al):   Hb/A4 – 665
                Al – Au . . . . 35 (Al):   Hb/A6 – 1095/8
                Al – B . . . . 35 (Al):   Hb/B1 – 283
                Al – B – Nb . . . . 49 (Nb):   Hb/B4 – 307
                Al – B – Ni. . . . . 57 (Ni):   Hb/B3 – 1159
                Al – B – Ta . . . . 50 (Ta):   Hb/B2 – 320
                Al – Ba . . . . 35 (Al):   Hb/A4 – 682
                Al – Be . . . . 35 (Al):   Hb/A4 – 637/8
                Al – Be – Mg . . . . 35 (Al):   Hb/A4 – 678
                Al – Be – Si . . . . 35 (Al):   Hb/A4 – 644/5
                Al – Bi . . . . 35 (Al):   Hb/A4 – 632/3
                Al – Bi – Pb . . . . 47 (Pb):   Hb/C4 – 1287
                Al – Bi – Pb – Sb. . . . . 47 (Pb):   Hb/C4 – 1287/8
                Al – Bi – Sn . . . . 35 (Al):   Hb/A5 – 854/5
                                                                                   46 (Sn):   Hb/D – 218

AI . . . . Aluminum systems:

AI–C . . . . 35 (AI):   Hb/B1–287
AI–C–Cu–Fe–S . . . . 60 (Cu):   Hb/B3–1327
AI–C–Fe. . . . . 35 (AI):   Hb/A8–1235/59
                                    59 (Fe):   Hb/A9–1861/4
AI–C–Ni. . . . . 57 (Ni):   Hb/B3–1159
AI–C–Ta . . . . 50 (Ta):   Hb/B2–323
AI–C–Ta–V . . . . 50 (Ta):   Hb/B2–343
AI–Ca . . . . 35 (AI):   Hb/A4–678
AI–Ca–Si . . . . 35 (AI):   Hb/A4–681
AI–Cd . . . . 35 (AI):   Hb/A5–784/5
AI–Cd–Mg . . . . 35 (AI):   Hb/A5–789/90
AI–Cd–Sn. . . . . 35 (AI):   Hb/A5–858
                                    46 (Sn):   Hb/D–222
AI–Cd–Zn. . . . . 35 (AI):   Hb/A5–791/3
AI–Ce . . . . 35 (AI):   Hb/A5–818/9
AI–Ce–Pb . . . . 47 (Pb):   Hb/C4–1365
AI–Co . . . . 35 (AI):   Hb/A6–1009/11
                                    58 (Co):   Hb/A1–191/3
AI–Co–Fe. . . . . 35 (AI):   Hb/A7–1228/9
                                                  Hb/D–236
                                                  D/1. Eb–94
AI–Co–Mn . . . . 35 (AI):   Hb/A6–1027
AI–Cr . . . . 35 (AI):   Hb/A5–871/2
AI–Cr–Fe . . . . 35 (AI):   Hb/A7–1187/8
AI–Cr–Si . . . . 35 (AI):   Hb/A5–880
                                    52 (Cr):   Hb/B–895
AI–Cs . . . . 35 (AI):   Hb/A4–637
AI–Cu . . . . 60 (Cu):   Hb/B3–1168
AI–Cu–Fe–Si. . . . . 60 (Cu):   Hb/B3–1327
AI–Cu–H . . . . 60 (Cu):   Hb/B3–1168/9
AI–Cu–H–Mg . . . . 60 (Cu):   Hb/B3–1178
AI–Cu–H–Ni . . . . 60 (Cu):   Hb/B3–1262
AI–Cu–Mg–Si . . . . 60 (Cu):   Hb/B3–1178/9
AI–Cu–Mn–Si . . . . 60 (Cu):   Hb/B3–1249
AI–Cu–O . . . . 60 (Cu):   Hb/B3–1169/70
AI–Cu–Sb. . . . . 60 (Cu):   Hb/B3–1177
AI–Cu–Sb–Sn . . . . 60 (Cu):   Hb/B3–1196
AI–Cu–Si . . . . 60 (Cu):   Hb/B3–1176
AI–Er–Pb . . . . 47 (Pb):   Hb/C4–1371
AI–Fe . . . . 35 (AI):   Hb/A7–1111/7
                                    59 (Fe):   Hb/A9–1856/61
AI–Fe–Mg . . . . 35 (AI):   Hb/A7–1175/7
AI–Fe–Mn . . . . 35 (AI):   Hb/A7–1197/201
AI–Fe–Ni . . . . 35 (AI):   Hb/A7–1206/13
AI–Fe–Si . . . . 35 (AI):   Hb/A8–1334/62
AI–Ga . . . . 35 (AI):   Hb/A5–810/1
                                    36 (Ga):   Hb–61/2
AI–Ga–Ge–Sn–Zn. . . . . 46 (Sn):   Hb/D–397
AI–Ga–Pb. . . . . 47 (Pb):   Hb/C4–1305

Al . . . . Aluminum systems:

Al–Ge . . . . 35 (Al):   Hb/A5–842/3
                                      45 (Ge):   Hb–62
Al–Hg . . . . 35 (Al):   Hb/A5–797/8
Al–In–Sn . . . . 46 (Sn):   Hb/D–273
Al–K . . . . 35 (Al):   Hb/A4–636
Al–La . . . . 35 (Al):   Hb/A5–815/6
Al–Li . . . . 35 (Al):   Hb/A4–634/5
Al–Mg . . . . 35 (Al):   Hb/A4–645/7
Al–Mg–Mn . . . . 35 (Al):   Hb/A6–929/30
Al–Mg–Ni . . . . 35 (Al):   Hb/A6–1001
Al–Mg–Pb . . . . 35 (Al):   Hb/A5–863
                                      47 (Pb):   Hb/C4–1288/90
Al–Mg–Sb . . . . 35 (Al):   Hb/A4–665/6
Al–Mg–Si . . . . 35 (Al):   Hb/A4–666/78
Al–Mg–Si–Zn . . . . 35 (Al):   Hb/A5–783
Al–Mg–Sn . . . . 46 (Sn):   Hb/D–218/9
Al–Mg–Zn . . . . 35 (Al):   Hb/A5–762/73
$Al–Mg_2Si$ . . . . 35 (Al):   Hb/A4–667/8
Al–Mn . . . . 35 (Al):   Hb/A6–887/92
Al–Mn–Ni . . . . 35 (Al):   Hb/A6–1008
Al–Mn–Si . . . . 35 (Al):   Hb/A6–928/9
Al–Mn–Sn . . . . 35 (Al):   Hb/A6–947/8
Al–Mo . . . . 35 (Al):   Hb/A5–881
Al–Mo–Ni . . . . 35 (Al):   Hb/A6–1007
Al–Na . . . . 35 (Al):   Hb/A4–636
Al–Na–Si . . . . 35 (Al):   Hb/A4–636
Al–Nb . . . . 49 (Nb):   Hb/B2–26/7
Al–Nb–Si . . . . 49 (Nb):   Hb/B2–43/4
Al–Nb–Ti . . . . 49 (Nb):   Hb/B2–118/9
Al–Nb–V . . . . 49 (Nb):   Hb/B2–272
Al–Nb–Zr . . . . 49 (Nb):   Hb/B2–174
Al–Nd–Sn . . . . 46 (Sn):   Hb/D–312
Al–Ni . . . . 35 (Al):   Hb/A6–951/7
Al–Ni–Si . . . . 35 (Al):   Hb/A6–1000
Al–Ni–Sn . . . . 35 (Al):   Hb/A6–1004
Al–Ni–Zn . . . . 35 (Al):   Hb/A6–1003
Al–O–Ta . . . . 50 (Ta):   Hb/B2–197
Al–Pb . . . . 35 (Al):   Hb/A5–858/9
                                      47 (Pb):   Hb/C4–1278/82
Al–Pb–Sb . . . . 35 (Al):   Hb/A5–861/3
                                      47 (Pb):   Hb/C4–1286/7
Al–Pb–Sn . . . . 35 (Al):   Hb/A5–863/4
                                      47 (Pb):   Hb/C4–1529
Al–Pb–Zn . . . . 47 (Pb):   Hb/C4–1290/1
Al–Pr . . . . 35 (Al):   Hb/A5–825/6
Al–Pt . . . . 35 (Al):   Hb/A6–1107/8
Al–Rb . . . . 35 (Al):   Hb/A4–637
Al–Ru . . . . 63 (Ru):   Eb–178/80
Al–Sb . . . . 35 (Al):   Hb/A4–629/32

Al	Aluminum systems:		
	Al–Sb–Sn	35 (Al):	Hb/A5–854
		46 (Sn):	Hb/D–218
	Al–Se	35 (Al):	Hb/B1–279
	Al–Si	35 (Al):	Hb/A4–536/40
	Al–Si–Sn	35 (Al):	Hb/A5–853
		46 (Sn):	Hb/D–217/8
	Al–Si–Ta	50 (Ta):	Hb/B2–16/7
	Al–Si–Zn	35 (Al):	Hb/A5–760/1
	Al–Sn	35 (Al):	Hb/A5–844/5
		46 (Sn):	Hb/D–208/9
	Al–Sn–Ti	46 (Sn):	Hb/D–333/4
	Al–Sn–Ti–Zr	46 (Sn):	Hb/D-382/3
	Al–Sn–Zn	35 (Al):	Hb/A5–855/7
		46 (Sn):	Hb/D–220/1
	Al–Sn–Zr	46 (Sn):	Hb/D–376
	Al–Ta	50 (Ta):	Hb/B2–11/2
	Al–Ta–Ti	50 (Ta):	Hb/B2–40
	Al–Ta–V	50 (Ta):	Hb/B2–78/9
	Al–Te	35 (Al):	Hb/B1–281/2
	Al–Th	35 (Al):	Hb/A5–840/2
	Al–Ti	35 (Al):	Hb/A5–827/8
	Al–Tl	35 (Al):	Hb/A5–814/5
	Al–V	35 (Al):	Hb/A5–864
	Al–V_2O_5	48 (V):	Hb/B2–544/5
	Al–Zn	35 (Al):	Hb/A5–683/706
	Al–Zr	35 (Al):	Hb/A5–836/7
Al^+	Al^+	35 (Al):	Hb/A1–185, 243/4, 284
Al^{2+}	Al^{2+}	35 (Al):	Hb/A1–185, 244, 284
Al^{3+}	Al^{3+}:		
	Chemical reactions	35 (Al):	Hb/A2–426/30
	Ionic entropy	35 (Al):	Hb/A2–285
	Ionic mobility	35 (Al):	Hb/A2–285
	Ionic radius	35 (Al):	Hb/A1–185
	Ionization voltage	35 (Al):	Hb/A1–284
	Spectrum	35 (Al):	Hb/A1–244
	Work of formation	35 (Al):	Hb/A2–285
–	$[Al(H_2O)_6]^{3+}$	35 (Al):	Hb/A2–427
Al^{4+}	Al^{4+}	35 (Al):	Hb/A1–185, 244
Al^{5+}	Al^{5+}	35 (Al):	Hb/A1–244
$AlAmO_3$	$AmAlO_3$	Erg. W. 4–77, 79	
AlAs	AlAs	35 (Al):	Hb/A4–628
$AlAsO_3$	$AlAsO_3$	35 (Al):	Hb/B2–350
$AlAsO_4$	$AlAsO_4 = Al_2O_3 \cdot As_2O_5$	35 (Al):	Hb/B2–350
$AlAs_2H_2NaO_8$	$NaH_2[Al(AsO_4)_2] \cdot 0.5\ H_2O$	35 (Al):	Hb/B2–426
$AlAs_3BaH_4O_{12}$	$BaH_4[Al(AsO_4)_3] \cdot H_2O$	35 (Al):	Hb/B2–608
$AlAs_3Cl_3$	$AlCl_3 \cdot 3\ As$	35 (Al):	Hb/B1–213
$AlAs_{12}H_{36}I_3O_{36}$	$[Al(H_2O)_{18}]\ [(As_2O_3)_2I]_3$ . . .	35 (Al):	Hb/B2–350/1

AlAs$_{12}$I$_3$O$_{18}$ . . . . AlI$_3$ · 6 As$_2$O$_3$ · 18 H$_2$O . . . . 35 (Al):   Hb/B2–350/1
AlAu . . . . AlAu . . . . 35 (Al):   Hb/A6–1104
AlAu$_2$ . . . . AlAu$_2$ . . . . 35 (Al):   Hb/A6–1104
AlAu$_3$ . . . . AlAu$_3$ . . . . 35 (Al):   Hb/A6–1104
AlAu$_4$ . . . . AlAu$_4$ . . . . 35 (Al):   Hb/A6–1104
AlBC$_6$H$_{18}$O$_2$ . . . . . . (i–C$_3$H$_7$O)$_2$Al[BH$_4$] . . . . 21 (Na):   Eb/3–1219
AlBH$_7$Na . . . . . . Na[AlH$_4$] · BH$_3$ . . . . 21 (Na):   Eb/3–1214
AlB$_2$ . . . . AlB$_2$ . . . . 35 (Al):   Hb/B1–283/4
–. . . . . AlB$_2$ systems:
                       AlB$_2$–NbB$_2$ . . . . 49 (Nb):   Hb/B4–307
AlB$_2$H$_{10}$Na . . . . . Na[AlH$_4$] · 2 BH$_3$ . . . . 21 (Na):   Eb/3–1214
AlB$_3$C$_{66}$F$_{12}$H$_{72}$N$_{12}$O$_6$. [Al(COC$_{10}$H$_{12}$N$_2$)$_6$] (BF$_4$)$_3$ . . 35 (Al):   Hb/B1–287
AlB$_3$F$_{12}$ . . . . . . Al(BF$_4$)$_3$ · xH$_2$O . . . . 35 (Al):   Hb/B1–287
AlB$_3$H$_{12}$ . . . . . . Al[BH$_4$]$_3$ . . . . 21 (Na):   Eb/3–1219
AlB$_4$H$_{16}$Na . . . . . NaAl[BH$_4$]$_4$ . . . . 21 (Na):   Eb/3–1222
AlB$_{12}$ . . . . AlB$_{12}$ . . . . 35 (Al):   Hb/B1–285/6
AlBaC$_4$H$_3$O$_{10}$ . . . . . Ba[Al(C$_2$O$_4$)$_2$(OH) (H$_2$O)] · H$_2$O
                       = 2 BaO · Al$_2$O$_3$ · 4 C$_2$O$_3$ · 5 H$_2$O . . . 35 (Al):   Hb/B2–607
AlBaC$_6$H$_4$NO$_{12}$ . . . . NH$_4$Ba[Al(C$_2$O$_4$)$_3$] · 2 H$_2$O
                       = (NH$_4$)$_2$O · 2 BaO · Al$_2$O$_3$ · 6 C$_2$O$_3$
                       · 4 H$_2$O . . . . 35 (Al):   Hb/B2–607
AlBaF$_6$Na . . . . . . NaBa[AlF$_6$] · 0.25 H$_2$O . . . . 35 (Al):   Hb/B2–376
AlBaH$_{10}$Mo$_6$NO$_{24}$· . . NH$_4$BaH$_6$[Al(MoO$_4$)$_6$] · 7 H$_2$O
                       = (NH$_4$)$_2$O · 2 BaO · Al$_2$O$_3$ · 12 MoO$_3$
                       · 20 H$_2$O . . . . 53 (Mo):   Hb–374
AlBa$_2$NbO$_6$ . . . . . Ba$_2$AlNbO$_6$ = 4 BaO · Al$_2$O$_3$ · Nb$_2$O$_5$. 49 (Nb):   Hb/B3–124
AlBa$_2$O$_6$Ta . . . . . Ba$_2$AlTaO$_6$ . . . . 50 (Ta):   Hb/B2–199
AlBeHO$_5$Si . . . . . Be(AlOH)SiO$_4$
                       = 2 BeO · Al$_2$O$_3$ · 2 SiO$_2$ · H$_2$O . . . . 35 (Al):   Hb/B2–534
AlBiBr$_6$ . . . . AlBr$_3$ · BiBr$_3$ . . . . 35 (Al):   Hb/B2–353
AlBiCl$_4$ . . . . Bi[AlCl$_4$] . . . . 19 (Bi):   Eb–665
AlBiO$_3$ . . . . BiAlO$_3$ solid solutions:
                       (1−x)Pb(Zr$_y$Ti$_{1−y}$)O$_3$ · xBiAlO$_3$ . . . . 47 (Pb):   Hb/C4–1462
AlBrCCl$_9$P . . . . . . [CCl$_3$PCl$_3$] [AlCl$_3$Br] . . . . 14 (C):   Hb/D2–348
AlBrC$_6$Cl$_3$H$_4$NO$_2$ . . . AlCl$_3$ · C$_6$H$_4$BrNO$_2$ . . . . 35 (Al):   Hb/B1–213
AlBrC$_6$Cl$_4$H$_4$O$_2$S . . . AlCl$_3$ · C$_6$H$_4$BrSO$_2$Cl . . . . 35 (Al):   Hb/B1–216
AlBrC$_{12}$Cl$_3$H$_9$O$_2$S . . . AlCl$_3$ · C$_{12}$H$_9$O$_2$BrS . . . . 35 (Al):   Hb/B1–214
AlBrCl$_2$ . . . . AlCl$_2$Br . . . . 35 (Al):   Hb/B1–235
–. . . . . AlCl$_2$Br · 6 H$_2$O . . . . 35 (Al):   Hb/B1–235
AlBrH$_2$S . . . . AlBr$_3$ · H$_2$S . . . . 35 (Al):   Hb/B1–231/2
AlBr$_2$CrH$_{20}$O$_{18}$S$_2$ . . . [Al(H$_2$O)$_6$] [CrBr$_2$(H$_2$O)$_4$] (SO$_4$)$_2$ · 2 H$_2$O
                       = AlCrBr$_2$(SO$_4$)$_2$ · 12 H$_2$O . . . . . 52 (Cr):   Hb/B–895
AlBr$_2$CrO$_8$S$_2$ . . . . . AlCrBr$_2$(SO$_4$)$_2$ · 12 H$_2$O
                       = [Al(H$_2$O)$_6$] [CrBr$_2$(H$_2$O)$_4$] (SO$_4$)$_2$
                       · 2 H$_2$O . . . . 52 (Cr):   Hb/B–895
AlBr$_3$ . . . . AlBr$_3$ . . . . 35 (Al):   Hb/B1–219/24
–. . . . . AlBr$_3$ · 6 H$_2$O . . . . 35 (Al):   Hb/B1–224
–. . . . . AlBr$_3$ · 15 H$_2$O . . . . 35 (Al):   Hb/B1–224

AlBr$_3$ . . . . AlBr$_3$ solutions:

AlBr$_3$–AgBr–organic solvents . . . . . 61 (Ag):	Hb/B4–182
AlBr$_3$–AgCl–organic solvents . . . . . 61 (Ag):	Hb/B4–184
AlBr$_3$–AgI–organic solvents . . . . . . 61 (Ag):	Hb/B4–184/5
AlBr$_3$–Br . . . . 35 (Al):	Hb/B1–227
AlBr$_3$–CS$_2$ . . . . 35 (Al):	Hb/B1–227/8
AlBr$_3$–CdBr$_2$–C$_2$H$_5$Br . . . . 33 (Cd):	Eb–537
AlBr$_3$–CoBr$_2$ . . . . 58 (Co):	Hb/A2–308
AlBr$_3$–HCl–H$_2$O . . . . 35 (Al):	Hb/B1–227
AlBr$_3$–H$_2$O . . . . 35 (Al):	Hb/B1–224/7
AlBr$_3$–H$_2$S . . . . 35 (Al):	Hb/B1–227
AlBr$_3$–organic solvents . . . . 35 (Al):	Hb/B1–228/30

–. . . . . AlBr$_3$ systems:

AlBr$_3$–AgBr . . . . 61 (Ag):	Hb/B4–182
AlBr$_3$–AgCl . . . . 61 (Ag):	Hb/B4–183
AlBr$_3$–AlCl$_3$ . . . . 35 (Al):	Hb/B1–236
AlBr$_3$–AlI$_3$ . . . . 35 (Al):	Hb/B1–242
AlBr$_3$–AsBr$_3$ . . . . 35 (Al):	Hb/B2–350
AlBr$_3$–BaBr$_2$ . . . . 35 (Al):	Hb/B2–607
AlBr$_3$–BiBr$_3$ . . . . 35 (Al):	Hb/B2–352
AlBr$_3$–CaBr$_2$ . . . . 35 (Al):	Hb/B2–576
AlBr$_3$–CdBr$_2$ . . . . 35 (Al):	Hb/B2–612
AlBr$_3$–CrBr$_3$ . . . . 52 (Cr):	Hb/B–894
AlBr$_3$–CuBr–organic solvents . . . . . 60 (Cu):	Hb/B3–1173/4
AlBr$_3$–CuCl–organic solvents . . . . . 60 (Cu):	Hb/B3–1174
AlBr$_3$–CuI–organic solvents . . . . . . 60 (Cu):	Hb/B3–1174/5
AlBr$_3$–FeBr$_2$ . . . . 59 (Fe):	Hb/B5–1117
AlBr$_3$–HgBr . . . . 35 (Al):	Hb/B2–612
AlBr$_3$–HgBr$_2$ . . . . 35 (Al):	Hb/B2–613
AlBr$_3$–KBr . . . . 35 (Al):	Hb/B2–452
AlBr$_3$–KBr–organic solvents . . . . . . 35 (Al):	Hb/B2–452/3
AlBr$_3$–LiBr . . . . 35 (Al):	Hb/B2–354
AlBr$_3$–LiBr–C$_6$H$_6$ . . . . 35 (Al):	Hb/B2–355
AlBr$_3$–LiBr–CH$_3$C$_6$H$_5$ . . . . 35 (Al):	Hb/B2–355
AlBr$_3$–LiCl–C$_6$H$_5$NO$_2$ . . . . 20 (Li):	Eb–392
AlBr$_3$–MgBr$_2$ . . . . 35 (Al):	Hb/B2–539
AlBr$_3$–NH$_4$Br . . . . 35 (Al):	Hb/B2–508
AlBr$_3$–NaBr . . . . 35 (Al):	Hb/B2–378
AlBr$_3$–NaI . . . . 21 (Na):	Eb/6–401
AlBr$_3$–NaI–C$_2$H$_5$Br . . . . 21 (Na):	Eb/6–401
AlBr$_3$–NiBr$_2$ . . . . 57 (Ni):	Hb/B3–1157
AlBr$_3$–PBr$_3$ . . . . 35 (Al):	Hb/B2–349
AlBr$_3$–PbBr$_2$ . . . . 47 (Pb):	Hb/C4–1293
AlBr$_3$–SbBr$_3$ . . . . 35 (Al):	Hb/B2–351/2
AlBr$_3$–SbBr$_3$–C$_6$H$_6$ . . . . 35 (Al):	Hb/B2–352
AlBr$_3$–TlBr . . . . 38 (Tl):	Hb/3–492
AlBr$_3$–TlBr–C$_2$H$_4$Br$_2$ . . . . 38 (Tl):	Hb/3–492
AlBr$_3$–ZnBr$_2$ . . . . 35 (Al):	Hb/B2–610

AlBr$_3$C$_2$Cl$_2$H$_2$O . . . . AlBr$_3$ · CH$_2$ClCOCl . . . . 35 (Al):   Hb/B1–234

$AlBr_3C_4H_{10}O$	$AlBr_3 \cdot (C_2H_5)_2O$	35 (Al):	Hb/B1–233
$AlBr_3C_5H_8O_2$	$AlBr_3 \cdot C_5H_8O_2$	35 (Al):	Hb/B1–233
$AlBr_3C_6ClH_4NO_2$	$AlBr_3 \cdot C_6H_4ClNO_2$	35 (Al):	Hb/B1–232/3
$AlBr_3C_6H_5NO_2$	$AlBr_3 \cdot C_6H_5NO_2$	35 (Al):	Hb/B1–232
$AlBr_3C_6H_7N$	$AlBr_3 \cdot C_6H_5NH_2$	35 (Al):	Hb/B1–234
$AlBr_3C_7ClH_5O$	$AlBr_3 \cdot C_6H_5COCl$	35 (Al):	Hb/B1–234
$AlBr_3C_7H_5N$	$AlBr_3 \cdot C_6H_5CN$	35 (Al):	Hb/B1–234
$AlBr_3C_7H_7NO_2$	$AlBr_3 \cdot CH_3C_6H_4NO_2$	35 (Al):	Hb/B1–233
$AlBr_3C_7H_8O$	$AlBr_3 \cdot C_6H_5OCH_3$	35 (Al):	Hb/B1–233
$AlBr_3C_7H_8O_2$	$AlBr_3 \cdot C_7H_8O_2$	35 (Al):	Hb/B1–235
$AlBr_3C_7H_9N$	$AlBr_3 \cdot C_7H_9N$	35 (Al):	Hb/B1–234
$AlBr_3C_8Co_2O_8$	$Co_2(CO)_8 \cdot AlBr_3$	Erg. W. 6–74	
$AlBr_3C_8H_8O$	$AlBr_3 \cdot C_8H_8O$	35 (Al):	Hb/B1–233
$AlBr_3C_8H_8O_2$	$AlBr_3 \cdot C_8H_8O_2$	35 (Al):	Hb/B1–234
$AlBr_3C_8H_{10}O_2$	$AlBr_3 \cdot C_8H_{10}O_2$	35 (Al):	Hb/B1–233
$AlBr_3C_8H_{11}N$	$AlBr_3 \cdot C_6H_5N(CH_3)_2$	35 (Al):	Hb/B1–234
$AlBr_3C_{10}H_{10}N_2$	$AlBr_3 \cdot 2 C_5H_5N$	35 (Al):	Hb/B1–235
$AlBr_3C_{11}ClH_{13}O$	$AlBr_3 \cdot C_{11}H_{13}OCl$	35 (Al):	Hb/B1–233
$AlBr_3C_{11}H_{10}O$	$AlBr_3 \cdot C_{11}H_{10}O$	35 (Al):	Hb/B1–233
$AlBr_3C_{11}H_{12}O_2$	$AlBr_3 \cdot C_{11}H_{12}O_2$	35 (Al):	Hb/B1–234
$AlBr_3C_{11}H_{14}O$	$AlBr_3 \cdot C_{11}H_{14}O$	35 (Al):	Hb/B1–233
$AlBr_3C_{12}CoH_{12}$	$Co(C_6H_6)_2 \cdot AlBr_3$	Erg. W. 5–423	
$AlBr_3C_{12}H_{10}O$	$AlBr_3 \cdot (C_6H_5)_2O$	35 (Al):	Hb/B1–233
$AlBr_3C_{12}H_{10}O_2S$	$AlBr_3 \cdot C_{12}H_{10}O_2S$	35 (Al):	Hb/B1–233
$AlBr_3C_{12}H_{11}N$	$AlBr_3 \cdot (C_6H_5)_2NH$	35 (Al):	Hb/B1–234
$AlBr_3C_{12}H_{14}N_2$	$AlBr_3 \cdot 2 C_6H_5NH_2$	35 (Al):	Hb/B1–234
$AlBr_3C_{13}H_8O$	$AlBr_3 \cdot C_{13}H_8O$	35 (Al):	Hb/B1–233
$AlBr_3C_{13}H_8O_2$	$AlBr_3 \cdot C_{13}H_8O_2$	35 (Al):	Hb/B1–235
$AlBr_3C_{13}H_{10}O$	$AlBr_3 \cdot (C_6H_5)_2CO$	35 (Al):	Hb/B1–233
$AlBr_3C_{13}H_{12}O_2$	$AlBr_3 \cdot C_{13}H_{12}O_2$	35 (Al):	Hb/B1–234
$AlBr_3C_{14}H_{10}N_2$	$AlBr_3 \cdot 2 C_6H_5CN$	35 (Al):	Hb/B1–234
$AlBr_3C_{14}H_{14}N_2O_4$	$AlBr_3 \cdot 2 CH_3C_6H_4NO_2$	35 (Al):	Hb/B1–233
$AlBr_3C_{14}H_{16}O_4$	$AlBr_3 \cdot 2 C_7H_8O_2$	35 (Al):	Hb/B1–235
$AlBr_3C_{15}H_{12}O$	$AlBr_3 \cdot C_{15}H_{12}O$	35 (Al):	Hb/B1–233
$AlBr_3C_{16}H_{14}O_2$	$AlBr_3 \cdot C_{16}H_{14}O_2$	35 (Al):	Hb/B1–234
$AlBr_3C_{17}H_{14}O$	$AlBr_3 \cdot C_{17}H_{14}O$	35 (Al):	Hb/B1–233
$AlBr_3C_{17}H_{16}O_3$	$AlBr_3 \cdot C_{17}H_{16}O_3$	35 (Al):	Hb/B1–234
$AlBr_3C_{19}H_{18}O_3$	$AlBr_3 \cdot C_{19}H_{18}O_3$	35 (Al):	Hb/B1–234
$AlBr_3C_{20}H_{16}O$	$AlBr_3 \cdot C_{20}H_{16}O$	35 (Al):	Hb/B1–233
$AlBr_3C_{24}H_{28}N_4$	$AlBr_3 \cdot 4 C_6H_5NH_2$	35 (Al):	Hb/B1–234
$AlBr_3Cl_3OP$	$POCl_3 \cdot AlBr_3$	16(P):	Hb/C–472
$AlBr_3H_3N$	$AlBr_3 \cdot NH_3$	35 (Al):	Hb/B1–231
$AlBr_3H_3P$	$AlBr_3 \cdot PH_3$	35 (Al):	Hb/B1–232
$AlBr_3H_9N_3$	$AlBr_3 \cdot 3 NH_3$	35 (Al):	Hb/B1–231
$AlBr_3H_{15}N_5$	$AlBr_3 \cdot 5 NH_3$	35 (Al):	Hb/B1–231
$AlBr_3H_{18}N_6$	$AlBr_3 \cdot 6 NH_3$	35 (Al):	Hb/B1–230/1
$AlBr_3H_{21}N_7$	$AlBr_3 \cdot 7 NH_3$	35 (Al):	Hb/B1–230
$AlBr_3H_{27}N_9$	$AlBr_3 \cdot 9 NH_3$	35 (Al):	Hb/B1–230
$AlBr_3H_{42}N_{14}$	$AlBr_3 \cdot 14 NH_3$	35 (Al):	Hb/B1–230
$AlBr_3INa$	$NaAlBr_3I$	21 (Na):	Eb/6–401

$AlBr_3OS_{0.5}$ . . . . . . $AlBr_3 \cdot 0.5\ SO_2$ . . . . 35 (Al):   Hb/B1−232
$AlBr_3O_9$ . . . . $Al(BrO_3)_3 \cdot 9\ H_2O$ . . . . 35 (Al):   Hb/B1−235
$AlBr_3PbS$ . . . . $AlBr_2SPbBr$ . . . . 47 (Pb):   Hb/C2−514
$AlBr_4C_2H_7S$ . . . . . . $AlBr_3 \cdot C_2H_5Br \cdot H_2S$ . . . . 35 (Al):   Hb/B1−232
$AlBr_4C_3H_5S_2$ . . . . . $AlBr_3 \cdot CS_2 \cdot C_2H_5Br$ . . . . 35 (Al):   Hb/B1−234
$AlBr_4C_6H_4NO_2$ . . . . $AlBr_3 \cdot C_6H_4BrNO_2$ . . . . 35 (Al):   Hb/B1−233
$AlBr_4C_6H_6N$ . . . . . . $AlBr_3 \cdot C_6H_4BrNH_2$ . . . . 35 (Al):   Hb/B1−234
$AlBr_4C_7CuH_8$ . . . . . $CuAlBr_4 \cdot CH_3C_6H_5$ . . . . 60 (Cu):   Hb/B3−1356
$AlBr_4C_7H_5O$ . . . . . . $AlBr_3 \cdot C_6H_5COBr$ . . . . 35 (Al):   Hb/B1−234
$AlBr_4C_{12}CrH_{12}$ . . . . $[(C_6H_6)_2Cr]AlBr_4$ . . . . Erg. W. 3−329
$AlBr_4C_{12}H_{10}LiN_2O_4$ . . $LiBr \cdot AlBr_3 \cdot 2\ C_6H_5NO_2$ . . . . . . 35 (Al):   Hb/B2−355
$AlBr_4C_{24}CrH_{20}$ . . . . $[(C_6H_5C_6H_5)_2Cr]AlBr_4 \cdot 0.25\ C_6H_6$ . . . . Erg. W. 3−341
$AlBr_4C_{25.5}CrH_{21.5}$ . . . $[(C_6H_5C_6H_5)_2Cr]AlBr_4 \cdot 0.25\ C_6H_6$ . . . . Erg. W. 3−341
$AlBr_4C_{27}H_{19}$ . . . . . $AlBr_3 \cdot C_{27}H_{19}Br$ . . . . 35 (Al):   Hb/B1−233
$AlBr_4C_{28}Cl_3H_{12}O_4$ . . $AlCl_3 \cdot 2\ C_{14}H_6O_2Br_2$ . . . . 35 (Al):   Hb/B1−215
$AlBr_4Cu$ . . . . $CuAlBr_4 = CuBr \cdot AlBr_3$ . . . . 60 (Cu):   Hb/B3−1174
$AlBr_4H_4N$ . . . . $NH_4Br \cdot AlBr_3$ . . . . 35 (Al):   Hb/B2−508
$AlBr_4Hg$ . . . . $HgBr \cdot AlBr_3$ . . . . 35 (Al):   Hb/B2−612
$AlBr_4K$ . . . . $KBr \cdot AlBr_3 = K[AlBr_4]$ . . . . 35 (Al):   Hb/B2−452
$AlBr_4Li$ . . . . $LiBr \cdot AlBr_3$ . . . . 35 (Al):   Hb/B2−354
$AlBr_4Na$ . . . . $NaBr \cdot AlBr_3$ . . . . 35 (Al):   Hb/B2−378
$AlBr_4Tl$ . . . . $TlBr \cdot AlBr_3$ . . . . 38 (Tl):   Hb/3−492
$AlBr_5C_2H_6S$ . . . . . $AlBr_3 \cdot C_2H_4Br_2 \cdot H_2S$ . . . . 35 (Al):   Hb/B1−232
$AlBr_5C_3H_4S_2$ . . . . . $AlBr_3 \cdot CS_2 \cdot C_2H_4Br_2$ . . . . 35 (Al):   Hb/B1−234
$AlBr_6{}^{3-}$ . . . . $[AlBr_6]^{3-}$ . . . . 35 (Al):   Hb/B1−226
$AlBr_6CH_3S$ . . . . . . $AlBr_3 \cdot CHBr_3 \cdot H_2S$ . . . . 35 (Al):   Hb/B1−232
$AlBr_6C_2HS_2$ . . . . . $AlBr_3 \cdot CS_2 \cdot CHBr_3$ . . . . 35 (Al):   Hb/B1−234
$AlBr_6C_3H_5S_2$ . . . . . $AlBr_3 \cdot CS_2 \cdot 2\ Br \cdot C_2H_5Br$ . . . . . 35 (Al):   Hb/B1−234
$AlBr_6C_4H_5S_2$ . . . . . $AlBr_3 \cdot CS_2 \cdot CH_2BrCHBrCH_2Br$ . . . 35 (Al):   Hb/B1−234
$AlBr_6Cl_3$ . . . . $AlCl_3Br_6$ . . . . 35 (Al):   Hb/B1−236
$AlBr_6Sb$ . . . . $AlBr_3 \cdot SbBr_3$ . . . . 35 (Al):   Hb/B2−352
$AlBr_7CS_2$ . . . . $AlBr_3 \cdot Br_4 \cdot CS_2$ . . . . 35 (Al):   Hb/B1−235/6
$AlBr_7C_2H_5P$ . . . . . $AlBr_3 \cdot C_2H_5Br \cdot PBr_3$ . . . . 35 (Al):   Hb/B1−232
$AlBr_8C_2H_4P$ . . . . . $AlBr_3 \cdot C_2H_4Br_2 \cdot PBr_3$ . . . . 35 (Al):   Hb/B1−232
$AlBr_9$ . . . . $AlBr_9$ . . . . 35 (Al):   Hb/B1−235
$AlBr_9C_2H_5P$ . . . . . $AlBr_3 \cdot C_2H_5Br \cdot PBr_5$ . . . . 35 (Al):   Hb/B1−232
$AlC_{0.25}Cl_{3.5}O_{0.25}$ . . . $AlCl_3 \cdot 0.25\ COCl_2$ . . . . 35 (Al):   Hb/B1−212
$AlCCl_2H_3$ . . . . CH_3AlCl_2 . . . . Erg. W. 2−43
$AlCCl_2H_3O$ . . . . . . CH_3OAlCl_2 . . . . Erg. W. 2−43
$AlCCl_3HN$ . . . . $AlCl_3 \cdot HCN$ . . . . 14 (C):   Hb/D1−245
                                                            35 (Al):   Hb/B1−212
$AlCCl_4H_3O_2S$ . . . . . $AlCl_3 \cdot CH_3O_2ClS$ . . . . 35 (Al):   Hb/B1−216
$AlCCl_8F_2P$ . . . . $[CF_2ClPCl_3]\ [AlCl_4]$ . . . . 14 (C):   Hb/D2−374
$AlCCl_{10}P$ . . . . $[CCl_3PCl_3]\ [AlCl_4]$ . . . . 14 (C):   Hb/D2−244
$AlCF_3H_2ILi$ . . . . . . $LiAl(CF_3)H_2I$ . . . . 14 (C):   Hb/D2−322
$AlCF_4H_6N_3$ . . . . . . $CN_3H_6[AlF_4] \cdot 0.5\ H_2O$ . . . . 35 (Al):   Hb/B2−521
$AlCH_6NO_8S_2$ . . . . . $(CH_3NH_3)Al(SO_4)_2 \cdot 12\ H_2O$
                          $= (CH_3NH_3)_2SO_4 \cdot Al_2(SO_4)_3 \cdot 24\ H_2O$. 35 (Al):   Hb/B2−522

$AlCH_6NO_8Se_2$	$(CH_3NH_3)Al(SeO_4)_2 \cdot 12\ H_2O$		
	$= (CH_3NH_3)_2SeO_4 \cdot Al_2(SeO_4)_3$		
	$\cdot\ 24\ H_2O$	35 (Al):	Hb/B2−523
$AlCTa_2$	Ta_2AlC	50 (Ta):	Hb/B2−323
$AlC_{1.5}Cl_6O_{1.5}$	$AlCl_3 \cdot 1.5\ COCl_2$	35 (Al):	Hb/B1−212
$AlC_2Cl_2H_5$	$Al(C_2H_5)Cl_2$	Erg. W. 2−41, 43	
$AlC_2Cl_2H_5O$	$C_2H_5OAlCl_2$	Erg. W. 2−43	
$AlC_2Cl_3H_2N_2$	$AlCl_3 \cdot 2\ HCN$	14 (C):	Hb/D1−245
		35 (Al):	Hb/B1−212
$AlC_2Cl_3H_3N$	$AlCl_3 \cdot CH_3CN$	35 (Al):	Hb/B1−215
$AlC_2Cl_3H_7N$	$AlCl_3 \cdot C_2H_5NH_2$	35 (Al):	Hb/B1−216
$AlC_2Cl_4H_3N_2$	$AlCl_3 \cdot 2\ HCN \cdot HCl$	14 (C):	Hb/D1−245
$AlC_2Cl_4H_3O$	$AlCl_3 \cdot CH_3COCl$	35 (Al):	Hb/B1−215
$AlC_2Cl_5H_2O$	$AlCl_3 \cdot CH_2ClCOCl$	35 (Al):	Hb/B1−215
$AlC_2Cl_6H_5N_2$	$AlCl_3 \cdot 2\ HCN \cdot 3\ HCl$	14 (C):	Hb/D1−245
$AlC_2F_5H_{12}N_2O$	$C_2H_4(NH_3)_2[AlF_5(H_2O)]$	35 (Al):	Hb/B2−521
$AlC_2F_5H_{12}N_6$	$2\ CN_3H_6F \cdot AlF_3$	35 (Al):	Hb/B2−521
$AlC_2H_3O_5$	$Al(OH)(HCOO)_2$	35 (Al):	Hb/B1−294
$AlC_{2.5}Cl_8O_{2.5}$	$AlCl_3 \cdot 2.5\ COCl_2$	35 (Al):	Hb/B1−212
AlC_3	AlC_3	35 (Al):	Hb/B1−292
$AlC_3ClH_4O_6$	$Al(HCOO)_2Cl \cdot HCOOH \cdot 2.5\ H_2O$	35 (Al):	Hb/B1−295
$AlC_3Cl_3H_5N$	$AlCl_3 \cdot C_2H_5CN$	35 (Al):	Hb/B1−215
$AlC_3Cl_3H_7NO_2$	$AlCl_3 \cdot C_3H_7O_2N$	35 (Al):	Hb/B1−216
AlC_3Cl_7O	$AlCl_3 \cdot C_3OCl_4$	35 (Al):	Hb/B1−215
AlC_3FH_9Na	$Na[Al(CH_3)_3F]$	21 (Na):	Eb/6−386
$AlC_3F_6H_{18}N_9$	$(CN_3H_6)_3[AlF_6]$	35 (Al):	Hb/B2−521
$AlC_3H_3O_6$	$Al(HCOO)_3$	35 (Al):	Hb/B1−294/5
$AlC_3H_5O_5$	$Al(HCOO)(CH_3COO)(OH) \cdot 2\ H_2O$ . . .	35 (Al):	Hb/B1−301
AlC_3H_9	$(CH_3)_3Al$	35 (Al):	Hb/A2−426
		Erg. W. 2−43	
$AlC_3H_{15}N_8S_3$	$Al(CNS)_3 \cdot 5\ NH_3$	35 (Al):	Hb/B1−306
$AlC_3H_{15}N_8Se_3$	$Al(CNSe)_3 \cdot 5\ NH_3$	35 (Al):	Hb/B1−307
$AlC_3H_{18}N_9$	$Al(CN)_3 \cdot 6\ NH_3$	35 (Al):	Hb/B1−306
$AlC_3H_{27}N_{12}$	$Al(CN)_3 \cdot 9\ NH_3$	35 (Al):	Hb/B1−306
$AlC_3H_{39}N_{16}$	$Al(CN)_3 \cdot 13\ NH_3$	35 (Al):	Hb/B1−306
$AlC_3H_{42}N_{17}$	$Al(CN)_3 \cdot 14\ NH_3$	35 (Al):	Hb/B1−306
AlC_3N_3	$Al(CN)_3$	35 (Al):	Hb/B1−305/6
$AlC_3N_3S_3$	$Al(CNS)_3$	35 (Al):	Hb/B1−306
AlC_4ClH_{10}	$Al(C_2H_5)_2Cl$	Erg. W. 2−41	
$AlC_4Cl_3H_2O_4$	$AlCl_3 \cdot C_4H_2O_4$	35 (Al):	Hb/B1−215
$AlC_4Cl_3H_6N_2$	$AlCl_3 \cdot 2\ CH_3CN$	35 (Al):	Hb/B1−215
$AlC_4Cl_3H_{10}O$	$AlCl_3 \cdot (C_2H_5)_2O$	35 (Al):	Hb/B1−214
$AlC_4Cl_3H_{10}O_2$	$AlCl_3 \cdot C_3H_5OH \cdot CH_3OH$	35 (Al):	Hb/B1−214
$AlC_4Cl_3H_{16}O_4$	$AlCl_3 \cdot 4\ CH_3OH$	35 (Al):	Hb/B1−214
$AlC_4H_3Na_2O_{10}$	$Na_2[Al(C_2O_4)_2(OH)(H_2O)] \cdot H_2O$	35 (Al):	Hb/B2−387
$AlC_4H_4NO_8$	$NH_4[Al(C_2O_4)_2] \cdot 2.5\ H_2O$		
	$= (NH_4)_2O \cdot Al_2O_3 \cdot 4\ C_2O_3 \cdot 5\ H_2O$ . . .	35 (Al):	Hb/B2−519
$AlC_4H_7O_5$	$Al(OH)(CH_3COO)_2$	35 (Al):	Hb/B1−296
$AlC_4H_8NO_7$	$NH_4AlC_4H_4O_7$	35 (Al):	Hb/B2−520
$AlC_4H_{10}I_3O$	$AlI_3 \cdot (C_2H_5)_2O$	35 (Al):	Hb/B1−242

AlC$_4$KO$_8$ . . . . K[Al(C$_2$O$_4$)$_2$] · 3.75 H$_2$O
= K$_2$O · Al$_2$O$_3$ · 4 C$_2$O$_3$ · 7.5 H$_2$O . . . 35 (Al): Hb/B2–486/7
AlC$_4$LiN$_4$ . . . . . . Li[Al(CN)$_4$] . . . . 14 (C): Hb/D1–242
AlC$_4$NaO$_8$ . . . . . . Na[Al(C$_2$O$_4$)$_2$] · 5.25 H$_2$O
= Na$_2$O · Al$_2$O$_3$ · 4 C$_2$O$_3$ · 10.5 H$_2$O . . . 35 (Al): Hb/B2–386
AlC$_5$Cl$_3$H$_{20}$O$_5$ . . . . AlCl$_3$ · 5 CH$_3$OH . . . . 35 (Al): Hb/B1–214
AlC$_5$Cl$_4$CrH$_{14}$O . . . . C$_2$H$_5$CrCl$_2$ · CH$_3$OH · AlC$_2$H$_5$Cl$_2$ . . . . . Erg. W. 3–9
AlC$_5$H$_9$O$_6$ . . . . Al(CH$_3$CHOHCOO) (CH$_3$COO) (OH) . . . . 35 (Al): Hb/B1–301
AlC$_6$Cl$_3$H$_4$N$_2$O$_4$ . . . . AlCl$_3$ · C$_6$H$_4$(NO$_2$)$_2$ . . . . 35 (Al): Hb/B1–213
AlC$_6$Cl$_3$H$_5$NO$_2$ . . . . AlCl$_3$ · C$_6$H$_5$NO$_2$ . . . . 35 (Al): Hb/B1–213
AlC$_6$Cl$_3$H$_8$O$_3$ . . . . . AlCl$_3$ · C$_5$H$_4$O$_2$ · CH$_3$OH . . . . 35 (Al): Hb/B1–216
AlC$_6$Cl$_3$H$_{10}$N$_2$ . . . . . AlCl$_3$ · 2 C$_2$H$_5$CN . . . . 35 (Al): Hb/B1–215
AlC$_6$Cl$_3$H$_{10}$O$_4$ . . . . . AlCl$_3$ · (C$_2$H$_5$)$_2$C$_2$O$_4$ . . . . 35 (Al): Hb/B1–215
AlC$_6$Cl$_3$H$_{14}$O . . . . . AlCl$_3$ · (C$_3$H$_7$)$_2$O . . . . 35 (Al): Hb/B1–214
AlC$_6$Cl$_3$H$_{24}$N$_{12}$O$_{18}$ . . [Al(CON$_2$H$_4$)$_6$] (ClO$_4$)$_3$ . . . . 35 (Al): Hb/B1–219
AlC$_6$Cl$_3$H$_{24}$O$_6$ . . . . AlCl$_3$ · 6 CH$_3$OH . . . . 35 (Al): Hb/B1–214
AlC$_6$Cl$_4$CrH$_{10}$ . . . . . [(C$_3$H$_5$)$_2$Cr] [AlCl$_4$] . . . . Erg. W. 3–137
AlC$_6$Cl$_4$CrH$_{18}$O$_2$ . . . . C$_2$H$_5$CrCl$_2$ · 2 CH$_3$OH · AlC$_2$H$_5$Cl$_2$ . . . . Erg. W. 3–9
AlC$_6$Cl$_4$H$_4$NO$_2$ . . . . AlCl$_3$ · C$_6$H$_4$ClNO$_2$ . . . . 35 (Al): Hb/B1–213
AlC$_6$Cl$_4$H$_4$NO$_4$S . . . AlCl$_3$ · C$_6$H$_4$O$_4$NClS . . . . 35 (Al): Hb/B1–216
AlC$_6$Cl$_4$H$_5$O$_2$S . . . . AlCl$_3$ · C$_6$H$_5$SO$_2$Cl . . . . 35 (Al): Hb/B1–216
AlC$_6$Cl$_4$H$_6$Hg . . . . . HgCl · AlCl$_3$ · C$_6$H$_6$ . . . . 35 (Al): Hb/B2–612
AlC$_6$Cl$_5$H$_4$O$_2$S . . . . AlCl$_3$ · C$_6$H$_4$ClSO$_2$Cl . . . . 35 (Al): Hb/B1–216
AlC$_6$CrH$_{10}$I$_4$ . . . . . [(C$_3$H$_5$)$_2$Cr] [AlI$_4$] . . . . Erg. W. 3–137
AlC$_6$FH$_{15}$Na . . . . . Na[Al(C$_2$H$_5$)$_3$F] . . . . 21 (Na): Eb/6–386
AlC$_6$FeH$_4$N$_7$ . . . . . NH$_4$Al[Fe(CN)$_6$] · 4 H$_2$O . . . . 59 (Fe): Hb/B5–1122
AlC$_6$FeKN$_6$ . . . . . KAl[Fe(CN)$_6$] · 4 H$_2$O . . . . 59 (Fe): Hb/B5–1121/2
AlC$_6$H$_4$NO$_{12}$Sr . . . . NH$_4$Sr[Al(C$_2$O$_4$)$_3$] · 5 H$_2$O
= (NH$_4$)$_2$O · 2 SrO · Al$_2$O$_3$ · 6 C$_2$O$_3$
· 10 H$_2$O . . . . 35 (Al): Hb/B2–603
AlC$_6$H$_6$NaO$_9$ . . . . . Na[Al(C$_2$O$_4$)$_2$] · C$_2$H$_5$OH
= Na$_2$O · Al$_2$O$_3$ · 4 C$_2$O$_3$ · 2 C$_2$H$_5$OH . . 35 (Al): Hb/B2–386
AlC$_6$H$_9$O$_6$ . . . . Al(CH$_3$COO)$_3$ . . . . 35 (Al): Hb/B1–295, 296
–. . . . . Al(CH$_3$COO)$_3$ solutions:
Al(CH$_3$COO)$_3$–H$_2$O . . . . 35 (Al): Hb/B1–297/300
AlC$_6$H$_{12}$N$_3$O$_{12}$ . . . . . (NH$_4$)$_3$[Al(C$_2$O$_4$)$_3$] · xH$_2$O
= 3 (NH$_4$)$_2$O · Al$_2$O$_3$ · 6 C$_2$O$_3$
· xH$_2$O . . . . 35 (Al): Hb/B2–519
AlC$_6$H$_{15}$ . . . . Al(C$_2$H$_5$)$_3$ . . . . 35 (Al): Hb/A2–426
Erg. W. 2–41, 43
AlC$_6$H$_{15}$O$_3$ . . . . . . Al(OC$_2$H$_5$)$_3$ . . . . 35 (Al): Hb/A2–418
AlC$_6$H$_{16}$NaO$_3$ . . . . . Na[HAl(OC$_2$H$_5$)$_3$] . . . . 21 (Na): Eb/2–807
AlC$_6$H$_{24}$I$_3$N$_{12}$O$_6$ . . . . AlI$_3$ · 6 CO(NH$_2$)$_2$ . . . . 35 (Al): Hb/B1–242
AlC$_6$H$_{24}$I$_3$N$_{12}$O$_{10}$S . . [Al(CON$_2$H$_4$)$_6$]ISO$_4$ · I$_2$ . . . . 35 (Al): Hb/B1–279
AlC$_6$H$_{24}$I$_3$N$_{14}$O$_{12}$ . . . AlI(NO$_3$)$_2$ · 6 CO(NH$_2$)$_2$ · I$_2$ . . . . 35 (Al): Hb/B1–242
AlC$_6$H$_{24}$I$_9$N$_{12}$O$_6$ . . . . AlI$_3$ · 6 CO(NH$_2$)$_2$ · 3 I$_2$ . . . . 35 (Al): Hb/B1–242
AlC$_6$K$_3$N$_6$S$_6$ . . . . . . K$_3$[Al(CNS)$_6$] · 4 H$_2$O . . . . 35 (Al): Hb/B2–488
AlC$_6$K$_3$O$_{12}$ . . . . K$_3$[Al(C$_2$O$_4$)$_3$] · 0.5 H$_2$O . . . . 35 (Al): Hb/B2–487
–. . . . . K$_3$[Al(C$_2$O$_4$)$_3$] · 2 H$_2$O . . . . 35 (Al): Hb/B2–487

$AIC_6K_3O_{12}$ . . . . . . $K_3[Al(C_2O_4)_3] \cdot 3\,H_2O$ . . . . 14 (C):   Hb/C4–205/6
                                                                        35 (Al):   Hb/B2–487

–. . . . . $K_3[Al(C_2O_4)_3]$ solutions:
                        $K_3[Al(C_2O_4)_3]–H_2O$ . . . . 35 (Al):   Hb/B2–487/8

$AIC_6Li_3O_{12}$ . . . . . . $Li_3[Al(C_2O_4)_3] \cdot 5.5\,H_2O$
                        $= 3\,Li_2O \cdot Al_2O_3 \cdot 6\,C_2O_3 \cdot 11\,H_2O$ . . . 35 (Al):   Hb/B2–355

–. . . . . $Li_3[Al(C_2O_4)_3] \cdot 9.5\,H_2O$ . . . . . . 35 (Al):   Hb/B2–355

$AIC_6Na_3O_{12}$ . . . . . . $Na_3[Al(C_2O_4)_3] \cdot 3\,H_2O$ . . . . . . 21 (Na):   Eb/4–1446

–. . . . . $Na_3[Al(C_2O_4)_3] \cdot xH_2O$
                        $= 3\,Na_2O \cdot Al_2O_3 \cdot 6\,C_2O_3 \cdot xH_2O$. . . . 35 (Al):   Hb/B2–386/7

–. . . . . $Na_3[Al(C_2O_4)_3]$ solid solutions:
                        $Na_3[Al(C_2O_4)_3] \cdot 4.5\,H_2O$
                        $–Tl_3[Al(C_2O_4)_3] \cdot 2\,H_2O$ . . . . 38 (Tl):   Hb/3–495

$AIC_6O_{12}{}^{3-}$ . . . . . . $[Al(C_2O_4)_3]^{3-}$ . . . . 14 (C):   Hb/C4–205/6, 235

$AIC_6O_{12}Rb_3$ . . . . . . $Rb_3[Al(C_2O_4)_3] \cdot 3\,H_2O$
                        $= 3\,Rb_2O \cdot Al_2O_3 \cdot 6\,C_2O_3 \cdot 6\,H_2O$ . . . 35 (Al):   Hb/B2–528

$AIC_6O_{12}Tl_3$ . . . . . . $Tl_3[Al(C_2O_4)_3] \cdot 2\,H_2O$
                        $= 3\,Tl_2O \cdot Al_2O_3 \cdot 6\,C_2O_3 \cdot 4\,H_2O$ . . . . 38 (Tl):   Hb/3–495

–. . . . . $Tl_3[Al(C_2O_4)_3]$ solid solutions:
                        $Tl_3[Al(C_2O_4)_3] \cdot 2\,H_2O$
                        $–Na_3[Al(C_2O_4)_3] \cdot 4.5\,H_2O$ . . . . . . 38 (Tl):   Hb/3–495

$AIC_7Cl_3H_5N$ . . . . . . $AlCl_3 \cdot C_6H_5CN$. . . . . 35 (Al):   Hb/B1–215
$AIC_7Cl_3H_7NO_2$ . . . . $AlCl_3 \cdot CH_3C_6H_4NO_2$ . . . . 35 (Al):   Hb/B1–213
$AIC_7Cl_3H_8O$ . . . . . $AlCl_3 \cdot C_6H_5OCH_3$ . . . . 35 (Al):   Hb/B1–214
$AIC_7Cl_3H_{12}O_4$ . . . . . $AlCl_3 \cdot C_7H_{12}O_4$ . . . . 35 (Al):   Hb/B1–215
$AIC_7Cl_4CrH_{16}O$ . . . . $C_2H_5CrCl_2 \cdot CH_3COCH_3 \cdot AIC_2H_5Cl_2$ . . . Erg. W. 3–9
$AIC_7Cl_4H_4NO_3$ . . . . $AlCl_3 \cdot C_7H_4O_3NCl$ . . . . 35 (Al):   Hb/B1–215
$AIC_7Cl_4H_5O$ . . . . . . $AlCl_3 \cdot C_6H_5COCl$ . . . . 35 (Al):   Hb/B1–215
$AIC_7Cl_4H_6NO_2$ . . . . $AlCl_3 \cdot C_7H_6O_2NCl$ . . . . 35 (Al):   Hb/B1–213
$AIC_7Cl_4H_7O_2S$ . . . . $AlCl_3 \cdot CH_3C_6H_4SO_2Cl$ . . . . . . 35 (Al):   Hb/B1–216
$AIC_8Cl_3H_8O$ . . . . . . $AlCl_3 \cdot C_8H_8O$ . . . . 35 (Al):   Hb/B1–214
$AIC_8Cl_3H_{10}O_2$ . . . . . $AlCl_3 \cdot C_6H_5CHO \cdot CH_3OH$ . . . . 35 (Al):   Hb/B1–214
$AIC_8Cl_3H_{20}O_2$ . . . . . $AlCl_3 \cdot 2\,C_4H_9OH$ . . . . 35 (Al):   Hb/B1–214
$AIC_8Cl_3H_{24}O_4$ . . . . . $AlCl_3 \cdot 4\,C_2H_5OH$. . . . . 35 (Al):   Hb/B1–214
$AIC_8Cl_5H_4O_2$ . . . . . $AlCl_3 \cdot C_8H_4O_2Cl_2$ . . . . 35 (Al):   Hb/B1–215
$AIC_8Co_2HO_8$ . . . . . $HAl[Co(CO)_4]_2$ . . . . Erg. W. 6–16
$AIC_8H_7K_2O_{12}$ . . . . . $K_2AIC_8H_7O_{12}$ . . . . 35 (Al):   Hb/B2–488
$AIC_8H_{11}O_{10}$ . . . . . . $Al(C_2H_3O_2)_2(C_4H_5O_6)$ . . . . 35 (Al):   Hb/B1–304
$AIC_8H_{15}N_2O_{12}$ . . . . . $(NH_4)_2AIC_8H_7O_{12}$ . . . . 35 (Al):   Hb/B2–520
$AIC_8H_{20}NaO_4$ . . . . . $Na[Al(OC_2H_5)_4]$. . . . . 21 (Na):   Eb/2–807
$AIC_9Cl_3H_{10}O_2$ . . . . . $AlCl_3 \cdot C_9H_{10}O_2$ . . . . 35 (Al):   Hb/B1–215
$AIC_9Cl_3H_{10}O_3$ . . . . . $AlCl_3 \cdot C_9H_{10}O_3$ . . . . 35 (Al):   Hb/B1–215
$AIC_9Cl_3H_{11}NO$ . . . . $AlCl_3 \cdot C_9H_{11}ON$ . . . . 35 (Al):   Hb/B1–216
$AIC_9Cl_3H_{24}O_3$ . . . . . $AlCl_3 \cdot 3\,C_3H_7OH$ . . . . 35 (Al):   Hb/B1–214
$AIC_9Co_2H_3O_8$ . . . . . $CH_3Al[Co(CO)_4]_2$ . . . . Erg. W. 6–16
$AIC_9FH_{21}Na$. . . . . . $Na[Al(C_3H_7)_3F]$ . . . . 21 (Na):   Eb/6–386
$AIC_{10}Cl_4CrH_{22}O_2$ . . . $C_2H_5CrCl_2 \cdot 2\,CH_3COCH_3 \cdot AIC_2H_5Cl_2$ . . . Erg. W. 3–9
$AIC_{10}Co_2H_5O_8$ . . . . $C_2H_5Al[Co(CO)_4]_2$ . . . . Erg. W. 6–16
$AIC_{10}CrH_{19}N_7O_3S_4$ . . $[Al(OC_2H_4)_3NH][Cr(SCN)_4(NH_3)_2]$ . . . . . 52 (Cr):   Hb/C–253

$AlC_{10}F_5H_{14}N_2O$ . . . . $(C_5H_6N)_2[AlF_5(H_2O)]$ . . . . 35 (Al):   Hb/B2–521

$AlC_{10}H_{12}Na_3O_{14}$ . . . $Na_3[Al(C_2O_4)_3] \cdot 2\,C_2H_5OH$
$\qquad\qquad\qquad\qquad = 3\,Na_2O \cdot Al_2O_3 \cdot 6\,C_2O_3 \cdot 4\,C_2H_5OH$. 35 (Al):   Hb/B2–387

$AlC_{10}H_{15}Zr$ . . . . . $(C_5H_5)_2Zr(H)AlH_4$ . . . . Erg. W. 10–41, 48

–. . . . . $(C_5H_5)_2Zr(D)AlD_4$ . . . . Erg. W. 10–41

$AlC_{11}Cl_4Co_3O_{10}$ . . . . $[OCCCo_3(CO)_9]AlCl_4$ . . . . Erg. W. 6–167

$AlC_{11}Cl_4H_{13}OV$ . . . . $(C_5H_5)_2VCl_2 \cdot CH_3OAlCl_2$ . . . . Erg. W. 2–43

$AlC_{11}Co_2H_7O_8$ . . . . . $C_3H_7Al[Co(CO)_4]_2$ . . . . Erg. W. 6–16

$AlC_{11}H_{20}N_3O_2S_3$ . . . . $Al(CNS)_3 \cdot 2\,(C_2H_5)_2O$ . . . . 35 (Al):   Hb/B1–306/7

$AlC_{12}Cl_3H_{10}N_2O_4$ . . . . $AlCl_3 \cdot 2\,C_6H_5NO_2$ . . . . 35 (Al):   Hb/B1–213

$AlC_{12}Cl_3H_{10}O$ . . . . . $AlCl_3 \cdot (C_6H_5)_2O$ . . . . 35 (Al):   Hb/B1–214

$AlC_{12}Cl_3H_{10}O_2S$ . . . . $AlCl_3 \cdot (C_6H_5)_2SO_2$ . . . . 35 (Al):   Hb/B1–214

$AlC_{12}Cl_3H_{30}O_3$ . . . . $AlCl_3 \cdot 3\,(C_4H_9OH)$ . . . . 35 (Al):   Hb/B1–214

$AlC_{12}Cl_4CrH_{12}$ . . . . . $[(C_6H_6)_2Cr]AlCl_4$ . . . . Erg. W. 3–328

$AlC_{12}Cl_4H_{12}V$ . . . . . $[(C_6H_6)_2V]AlCl_4$ . . . . Erg. W. 2–51

$AlC_{12}CoH_{18}O_4$ . . . . $(C_4H_9)_2AlCo(CO)_4$ . . . . Erg. W. 5–137

$AlC_{12}CoH_{24}N_6O_{12}$ . . . $[Co(C_2H_8N_2)_3]\,[Al(C_2O_4)_3] \cdot nH_2O$ . . . . . 58 (Co):   Eb/B2–366

$AlC_{12}Co_2H_9O_8$ . . . . . $C_4H_9Al[Co(CO)_4]_2$ . . . . Erg. W. 6–16

$AlC_{12}Co_3O_{12}$ . . . . . $Al[Co(CO)_4]_3$ . . . . Erg. W. 6–127

$AlC_{12}CrH_{15}O_3$ . . . . . $C_5H_5Cr(CO)_3Al(C_2H_5)_2$ . . . . Erg. W. 3–157

$AlC_{12}FH_{27}Na$ . . . . . $Na[Al(C_4H_9)_3F]$ . . . . 21 (Na):   Eb/6–386

$AlC_{12}H_9Na_6O_{18}$ . . . . $Na_6Al(C_4H_3O_6)_3$ . . . . 35 (Al):   Hb/B2–387

$AlC_{12}H_{12}K_3O_{18}$ . . . . $K_3Al(C_4H_4O_6)_3 \cdot 0.5\,H_2O$ . . . . 35 (Al):   Hb/B2–488

$AlC_{12}H_{12}Na_3O_{18}$ . . . $Na_3[Al(C_4H_4O_6)_3]$ . . . . 21 (Na):   Eb/4–1452

$AlC_{12}H_{15}O_{18}$ . . . . . $Al(C_4H_5O_6)_3$ . . . . 35 (Al):   Hb/B1–303/4

$AlC_{12}H_{25}O_{12}$ . . . . . $H[Al(C_2O_4)_2] \cdot 4\,C_2H_5OH$
$\qquad\qquad\qquad\qquad = Al_2(C_2O_4)_3 \cdot H_2C_2O_4 \cdot 8\,C_2H_5OH$ . . . 35 (Al):   Hb/B1–302

$AlC_{12}H_{27}$ . . . . $Al(C_4H_9)_3$ . . . . Erg. W. 2–41

$AlC_{13}Cl_3H_9NO_3$ . . . . $AlCl_3 \cdot C_{13}H_9O_3N$ . . . . 35 (Al):   Hb/B1–214

$AlC_{13}Cl_3H_{10}O$ . . . . . $AlCl_3 \cdot C_{13}H_{10}O$ . . . . 35 (Al):   Hb/B1–214

$AlC_{13}Cl_3H_{10}O_2$ . . . . $AlCl_3 \cdot C_{13}H_{10}O_2$ . . . . 35 (Al):   Hb/B1–215

$AlC_{13}Cl_3H_{11}NO_2$ . . . . $AlCl_3 \cdot C_{13}H_{11}O_2N$ . . . . 35 (Al):   Hb/B1–213

$AlC_{13}Cl_3H_{12}O_2S$ . . . . $AlCl_3 \cdot C_{13}H_{12}O_2S$ . . . . 35 (Al):   Hb/B1–214

$AlC_{13}Cl_3H_{12}O_3S$ . . . . $AlCl_3 \cdot C_{13}H_{12}O_3S$ . . . . 35 (Al):   Hb/B1–214

$AlC_{13}Co_2H_{11}O_8$ . . . . $C_5H_{11}Al[Co(CO)_4]_2$ . . . . Erg. W. 6–16

$AlC_{14}Cl_3CoH_{16}$ . . . . $Co(C_6H_5CH_3)_2 \cdot AlCl_3$ . . . . Erg. W. 5–423

$AlC_{14}Cl_3H_8O_2$ . . . . . $AlCl_3 \cdot C_{14}H_8O_2$ . . . . 35 (Al):   Hb/B1–215

$AlC_{14}Cl_3H_{10}N_2$ . . . . $AlCl_3 \cdot 2\,C_6H_5CN$ . . . . 35 (Al):   Hb/B1–215

$AlC_{14}Cl_3H_{11}NO_3$ . . . . $AlCl_3 \cdot C_{14}H_{11}O_3N$ . . . . 35 (Al):   Hb/B1–214

$AlC_{14}Cl_3H_{11}NO_4$ . . . . $AlCl_3 \cdot C_{14}H_{11}O_4N$ . . . . 35 (Al):   Hb/B1–215

$AlC_{14}Cl_3H_{12}O$ . . . . . $AlCl_3 \cdot C_{14}H_{12}O$ . . . . 35 (Al):   Hb/B1–214

$AlC_{14}Cl_3H_{12}O_2$ . . . . $AlCl_3 \cdot C_{14}H_{12}O_2$ . . . . 35 (Al):   Hb/B1–215

$AlC_{14}Cl_3H_{14}N_2O_4$ . . . $AlCl_3 \cdot 2\,CH_3C_6H_4NO_2$ . . . . 35 (Al):   Hb/B1–213

$AlC_{14}Co_2H_{13}O_8$ . . . . $C_6H_{13}Al[Co(CO)_4]_2$ . . . . Erg. W. 6–16

$AlC_{15}Co_2H_{15}O_8$ . . . . $C_7H_{15}Al[Co(CO)_4]_2$ . . . . Erg. W. 6–16

$AlC_{15}H_{21}O_6$ . . . . . $Al(C_5H_7O_2)_3$ . . . . 35 (Al):   Hb/B1–304/5

$AlC_{16}Co_2H_{17}O_8$ . . . . $C_8H_{17}Al[Co(CO)_4]_2$ . . . . Erg. W. 6–16

$AlC_{17}Cl_3H_{12}O_2$ . . . . $AlCl_3 \cdot C_{17}H_{12}O_2$ . . . . 35 (Al):   Hb/B1–215

$AlC_{17}Co_2H_{19}O_8$ . . . . $C_9H_{19}Al[Co(CO)_4]_2$ . . . . Erg. W. 6–16

$AlC_{18}Cl_3CoH_{24}$ . . . . $Co(C_6H_3(CH_3)_3)_2 \cdot AlCl_3$ . . . . Erg. W. 5–423

AlC$_{18}$Cl$_4$CrH$_{16}$· . . . . [C$_6$H$_6$CrC$_6$H$_5$C$_6$H$_5$] [AlCl$_4$] · 0.5 C$_6$H$_6$· . . . Erg. W. 3−359/60

AlC$_{18}$Cl$_4$H$_{24}$V . . . . . [(CH$_3$)$_3$C$_6$H$_3$]$_2$VAlCl$_4$ . . . . Erg. W. 2−56/7

AlC$_{18}$Co$_2$H$_{21}$O$_8$ . . . . C$_{10}$H$_{21}$Al[Co(CO)$_4$]$_2$ . . . . Erg. W. 6−16

AlC$_{18}$Co$_3$H$_{12}$O$_{12}$ . . . . Al[C$_2$H$_4$Co(CO)$_4$]$_3$ . . . . Erg. W. 6−127

AlC$_{18}$CrH$_{15}$O$_3$ . . . . . C$_5$H$_5$Cr(CO)$_3$Al(C$_5$H$_5$)$_2$ . . . . Erg. W. 3−157

AlC$_{18}$CrH$_{24}$O$_{12}$ . . . . [Al(H$_2$O)$_6$] [Cr(C$_6$H$_4$O$_2$)$_3$] . . . . . . 52 (Cr): Hb/B−895

AlC$_{18}$H$_{15}$ . . . . (C$_6$H$_5$)$_3$Al . . . . Erg. W. 2−43

AlC$_{18}$H$_{18}$N$_3$ . . . . (C$_6$H$_5$NH)$_3$Al . . . . 35 (Al): Hb/A2−423

AlC$_{18}$H$_{36}$I$_3$O$_6$ . . . . . AlI$_3$ · 6 CH$_3$COCH$_3$ . . . . 35 (Al): Hb/B1−242

AlC$_{19}$Cl$_3$H$_{14}$O . . . . . AlCl$_3$ · C$_{19}$H$_{14}$O . . . . 35 (Al): Hb/B1−214, 215

AlC$_{19}$Cl$_4$H$_{15}$· . . . . . . AlCl$_3$ · C$_{19}$H$_{15}$Cl . . . . 35 (Al): Hb/B1−213

AlC$_{19}$Co$_2$H$_{23}$O$_8$ . . . . C$_{11}$H$_{23}$Al[Co(CO)$_4$]$_2$ . . . . Erg. W. 6−16

AlC$_{20}$Cl$_3$H$_{14}$O . . . . . AlCl$_3$ · C$_{20}$H$_{14}$O . . . . 35 (Al): Hb/B1−215

AlC$_{20}$Cl$_3$H$_{14}$O$_4$ . . . . AlCl$_3$ · C$_{20}$H$_{14}$O$_4$ . . . . 35 (Al): Hb/B1−216

AlC$_{20}$Cl$_3$H$_{18}$O$_2$ . . . . AlCl$_3$ · C$_{20}$H$_{18}$O$_2$ . . . . 35 (Al): Hb/B1−216

AlC$_{20}$Cl$_3$H$_{20}$O$_4$ . . . . AlCl$_3$ · 2 C$_{10}$H$_{10}$O$_2$ . . . . 35 (Al): Hb/B1−215

AlC$_{20}$Co$_2$H$_{25}$O$_8$ . . . . C$_{12}$H$_{25}$Al[Co(CO)$_4$]$_2$ . . . . Erg. W. 6−16

AlC$_{21}$Cl$_3$H$_{16}$O$_4$ . . . . AlCl$_3$ · C$_{21}$H$_{16}$O$_4$ . . . . 35 (Al): Hb/B1−216

AlC$_{21}$Cl$_4$CrH$_{19}$ . . . . [C$_6$H$_6$CrC$_6$H$_5$C$_6$H$_5$] [AlCl$_4$] · 0.5 C$_6$H$_6$ . . . Erg. W. 3−359/60

AlC$_{21}$Co$_2$H$_{27}$O$_8$ . . . . C$_{13}$H$_{27}$Al[Co(CO)$_4$]$_2$ . . . . Erg. W. 6−16

AlC$_{22}$Cl$_3$H$_{18}$O$_4$ . . . . AlCl$_3$ · C$_{22}$H$_{18}$O$_4$ . . . . 35 (Al): Hb/B1−216

AlC$_{22}$Co$_2$H$_{29}$O$_8$ . . . . C$_{14}$H$_{29}$Al[Co(CO)$_4$]$_2$ . . . . Erg. W. 6−16

AlC$_{22}$CrH$_{36}$ . . . . . . [(CH$_2$DC$_6$H$_5$)$_2$Cr] [Al(C$_2$H$_5$)$_4$] . . . . . Erg. W. 3−334/5

AlC$_{23}$Co$_2$H$_{31}$O$_8$ . . . . C$_{15}$H$_{31}$Al[Co(CO)$_4$]$_2$ . . . . Erg. W. 6−16

AlC$_{24}$Cl$_4$CrFH$_{19}$ . . . . [C$_6$H$_5$C$_6$H$_5$CrC$_6$H$_5$C$_6$H$_4$F]AlCl$_4$ . . . . Erg. W. 3−363

AlC$_{24}$Cl$_4$CrH$_{20}$· . . . . [(C$_6$H$_5$C$_6$H$_5$)$_2$Cr]AlCl$_4$· . . . . Erg. W. 3−341

AlC$_{24}$Co$_2$H$_{33}$O$_8$ . . . . C$_{16}$H$_{33}$Al[Co(CO)$_4$]$_2$ . . . . Erg. W. 6−16

AlC$_{24}$CrH$_{20}$I$_4$ . . . . . [(C$_6$H$_5$C$_6$H$_5$)$_2$Cr]AlI$_4$ . . . . Erg. W. 3−337, 341

AlC$_{24}$Cr$_3$H$_{15}$O$_9$ . . . . Al[(CO)$_3$CrC$_5$H$_5$]$_3$ . . . . Erg. W. 3−401

AlC$_{24}$H$_{24}$N$_3$O$_{12}$ . . . . (C$_6$H$_5$NH$_3$)$_3$[Al(C$_2$O$_4$)$_3$] . . . . 35 (Al): Hb/B2−524

AlC$_{24}$H$_{57}$O$_{21}$ . . . . . . H$_3$[Al(C$_2$O$_4$)$_3$] · 9 C$_2$H$_5$OH

= Al$_2$(C$_2$O$_4$)$_3$ · 3 H$_2$C$_2$O$_4$ · 18 C$_2$H$_5$OH . . 35 (Al): Hb/B1−302

AlC$_{25}$Cl$_3$H$_{22}$O . . . . . AlCl$_3$ · C$_{25}$H$_{22}$O . . . . 35 (Al): Hb/B1−215

AlC$_{25}$Co$_2$H$_{35}$O$_8$ . . . . C$_{17}$H$_{35}$Al[Co(CO)$_4$]$_2$ . . . . Erg. W. 6−16

AlC$_{25.75}$Cl$_{4.5}$CrH$_{22}$ . . [(C$_6$H$_5$C$_6$H$_5$)$_2$Cr]AlCl$_4$ · 0.25 C$_6$H$_6$

· 0.25 CH$_2$Cl$_2$. . . . . Erg. W. 3−341

AlC$_{26}$Co$_2$H$_{37}$O$_8$ . . . . C$_{18}$H$_{37}$Al[Co(CO)$_4$]$_2$ . . . . Erg. W. 6−16

AlC$_{27}$Co$_2$H$_{39}$O$_8$ . . . . C$_{19}$H$_{39}$Al[Co(CO)$_4$]$_2$ . . . . Erg. W. 6−16

AlC$_{28}$Co$_2$H$_{41}$O$_8$ . . . . C$_{20}$H$_{41}$Al[Co(CO)$_4$]$_2$ . . . . Erg. W. 6−16

AlC$_{30}$H$_{36}$N$_3$O$_{12}$ . . . . (C$_8$H$_{11}$NH)$_3$[Al(C$_2$O$_4$)$_3$] · H$_2$O . . . . . . 35 (Al): Hb/B2−524

AlC$_{31}$Cl$_3$H$_{30}$I$_2$O$_3$P$_2$Ru [RuI(CO)$_3$(C$_{14}$H$_{15}$P)$_2$] [AlCl$_3$I]. . . . . . . 63 (Ru): Eb−513

AlC$_{36}$Cl$_3$CoH$_{60}$ . . . . Co(C$_6$(C$_2$H$_5$)$_6$)$_2$ · AlCl$_3$ . . . . Erg. W. 5−423

AlC$_{36}$CrH$_{30}$ . . . . . . [(C$_6$H$_5$)$_6$Cr]Al . . . . Erg. W. 3−24

AlC$_{36}$H$_{66}$N$_3$O$_{12}$ . . . . (C$_{10}$H$_{21}$NH)$_3$[Al(C$_2$O$_4$)$_3$] · H$_2$O . . . . . . 35 (Al): Hb/B2−524

AlC$_{39}$Cl$_3$H$_{30}$I$_2$O$_3$P$_2$Ru [RuI(CO)$_3$(C$_{18}$H$_{15}$P)$_2$] [AlICl$_3$] . . . . . . 63 (Ru): Eb−506

AlC$_{39}$Cl$_3$H$_{66}$I$_2$O$_3$P$_2$Ru [RuI(CO)$_3$(C$_{18}$H$_{33}$P)$_2$] [AlICl$_3$] . . . . . . 63 (Ru): Eb−503/4

AlC$_{39}$Cl$_4$CoH$_{30}$O$_3$P$_2$· . [Co(CO)$_3$(P(C$_6$H$_5$)$_3$)$_2$]AlCl$_4$ . . . . . . Erg. W. 5−100/1

AlC$_{39}$Cl$_4$CoH$_{30}$O$_9$P$_2$· . [Co(CO)$_3$(P(OC$_6$H$_5$)$_3$)$_2$]AlCl$_4$ . . . . . . Erg. W. 5−100/1

AlC$_{39}$Cl$_5$H$_{30}$O$_3$P$_2$Ru· . [RuCl(CO)$_3$(C$_{18}$H$_{15}$P)$_2$] [AlCl$_4$] . . . . . . 63 (Ru): Eb−506

AlC$_{49}$H$_{49}$Zr . . . . . . ZrAl(CH$_2$C$_6$H$_5$)$_7$. . . . . Erg. W. 10−4

$AlC_{66}Cl_3H_{72}N_{12}O_{18}$ . . $[Al(COC_{10}H_{12}N_2)_6]$ $(ClO_4)_3$ . . . . 35 (Al):   Hb/B1−219

$AlC_{69}H_{69}N_6O_{18}$ . . . . $(C_{21}H_{23}O_2N_2)_3$ · $[Al(C_2O_4)_3]$ · xH_2O . . . . 35 (Al):   Hb/B2−524

$AlC_{69}H_{72}N_{15}O_6S_3$ . . . $[Al(COC_{10}H_{12}N_2)_6]$ $(CNS)_3$ . . . . 35 (Al):   Hb/B1−307

$AlCaF_6Na$ . . . . $NaCa[AlF_6]$ · $0.5 H_2O$ . . . . 35 (Al):   Hb/B2−376

−. . . . . $NaCa[AlF_6]$ · H_2O . . . . 35 (Al):   Hb/B2−376

$AlCa_2ClH_6O_6$ . . . . . $[Al(Ca(OH)_2)_2(OH)_2]Cl$ · $2 H_2O$
                     = $3 CaO$ · Al_2O_3 · $CaCl_2$ · $10 H_2O$ . . . 35 (Al):   Hb/B2−566/8

$AlCa_2FeO_5$ . . . . . . Ca_2FeAlO_5 . . . . 59 (Fe):   D/2. Eb−449

$AlCa_2H_6NO_9$ . . . . . $[Al(Ca(OH)_2)_2(OH)_2]NO_3$ · $2 H_2O$
                     = $3 CaO$ · Al_2O_3 · $Ca(NO_3)_2$ · $10 H_2O$ . . 35 (Al):   Hb/B2−566

$AlCa_2NbO_6$ . . . . . . Ca_2AlNbO_6 = $4 CaO$ · Al_2O_3 · Nb_2O_5 . . 49 (Nb):   Hb/B3−122/3

$AlCa_2O_6Ta$ . . . . . . Ca_2AlTaO_6 . . . . 50 (Ta):   Hb/B2−198/9

$AlCd_2F_2NbO_5$ . . . . . $Cd_2AlNbO_5F_2$ . . . . 49 (Nb):   Hb/B4−228

$AlCd_2F_2O_5Ta$ . . . . . $Cd_2AlTaO_5F_2$ . . . . 50 (Ta):   Hb/B2−281

$AlCe$ . . . . $AlCe$ . . . . 35 (Al):   Hb/A5−824

$AlCe_2$ . . . . $AlCe_2$ . . . . 35 (Al):   Hb/A5−824

$AlCe_3$ . . . . $AlCe_3$ . . . . 35 (Al):   Hb/A5−824

$AlClH_2O_2$ . . . . $Al(OH)_2Cl$ . . . . 35 (Al):   Hb/B1−205

$AlClH_{10}O_5^{2+}$ . . . . . $[Al(H_2O)_5Cl]^{2+}$ . . . . 35 (Al):   Hb/A2−427

$AlClO$ . . . . $AlOCl$ . . . . 35 (Al):   Hb/B1−205/6

−. . . . .   AlOCl systems:
                 $AlOCl–AlCl_3–NbCl_5–NbOCl_3$ . . . . . 49 (Nb):   Hb/B4−288
                 $AlOCl–NbCl_5$ . . . . 49 (Nb):   Hb/B4−288
                 $AlOCl–NbOCl_3$ . . . . 49 (Nb):   Hb/B4−288

$AlClO_4S$ . . . . $AlSO_4Cl$ · $3 H_2O$ . . . . 35 (Al):   Hb/B1−279

−. . . . . $AlSO_4Cl$ · $6 H_2O$ . . . . 35 (Al):   Hb/B1−279

$AlCl_2$ . . . . $AlCl_2$ . . . . 35 (Al):   Hb/B1−164

$AlCl_2CrH_{20}O_{18}S_2$ . . . $[Al(H_2O)_6]$ $[CrCl_2(H_2O)_4]$ $(SO_4)_2$ · $2 H_2O$
                     = $AlCrCl_2(SO_4)_2$ · $12 H_2O$ . . . . 52 (Cr):   Hb/B−894

$AlCl_2CrO_8S_2$ . . . . . $AlCrCl_2(SO_4)_2$ · $12 H_2O$
                     = $[Al(H_2O)_6]$ $[CrCl_2(H_2O)_4]$ $(SO_4)_2$
                     · $2 H_2O$ . . . . 52 (Cr):   Hb/B−894

$AlCl_2HO$ . . . . $Al(OH)Cl_2$ . . . . 35 (Al):   Hb/B1−205/6

$AlCl_2H_{12}O_{14}^+$ . . . . . $[Al(H_2O)_6(ClO_4)_2]^+$ . . . . 35 (Al):   Hb/B1−218

$AlCl_3$ . . . . $AlCl_3$ . . . . 35 (Al):   Hb/B1−164/92
                 Chemical reactions . . . . 35 (Al):   Hb/B1−191/2
                 Electrochemical behavior . . . . 35 (Al):   Hb/B1−190
                 Formation . . . . 35 (Al):   Hb/B1−164/70, 184
                 Physical properties . . . . 35 (Al):   Hb/B1−184/90
                 Preparation . . . . 35 (Al):   Hb/B1−164/70
                 Preparation, industrial . . . . 35 (Al):   Hb/B1−171/82
                 Purification . . . . 35 (Al):   Hb/B1−170, 182/4
                 Solubility . . . . 35 (Al):   Hb/B1−192, 202/5

−. . . . . $AlCl_3$ · $6 H_2O$ . . . . 35 (Al):   Hb/B1−192/4

−. . . . . $AlCl_3$ · $9 H_2O$ . . . . 35 (Al):   Hb/B1−192

−. . . . . $AlCl_3$ solutions:
                 $AlCl_3–COCl_2$ . . . . 35 (Al):   Hb/B1−203
                 $AlCl_3–HCl–H_2O$ . . . . 35 (Al):   Hb/B1−202/3
                 $AlCl_3–H_2O$ . . . . 35 (Al):   Hb/B1−194/202

AlCl$_3$ . . . . AlCl$_3$ solutions:
               AlCl$_3$–H$_2$S . . . . 35 (Al):   Hb/B1–203
               AlCl$_3$–N$_2$H$_4$ . . . . 35 (Al):   Hb/B1–202
               AlCl$_3$–organic solvents. . . . . 35 (Al):   Hb/B1–204/5
               AlCl$_3$–SO$_2$Cl$_2$ . . . . 35 (Al):   Hb/B1–203

–. . . . . AlCl$_3$ systems:
               AlCl$_3$–AgBr . . . . 61 (Ag):   Hb/B4–184
               AlCl$_3$–AgCl . . . . 61 (Ag):   Hb/B4–181
               AlCl$_3$–AlBr$_3$ . . . . 35 (Al):   Hb/B1–236
               AlCl$_3$–Al(NO$_3$)$_3$–H$_2$O . . . . 35 (Al):   Hb/B1–216
               AlCl$_3$–Al(NO$_3$)$_3$–KCl–KNO$_3$–H$_2$O . . . 35 (Al):   Hb/B2–451
               AlCl$_3$–AlOCl–NbCl$_5$–NbOCl$_3$ . . . . . 49 (Nb):   Hb/B4–288
               AlCl$_3$–BaCl$_2$ . . . . 35 (Al):   Hb/B2–606
               AlCl$_3$–CoCl$_2$–H$_2$O. . . . . 58 (Co):   Hb/A2–470
               AlCl$_3$–CsCl–TaCl$_5$ . . . . 50 (Ta):   Hb/B2–305
               AlCl$_3$–CuCl . . . . 60 (Cu):   Hb/B3–1173
               AlCl$_3$–CuCl$_2$–H$_2$O. . . . . 60 (Cu):   Hb/B3–1173
               AlCl$_3$–FeCl$_3$–HCl–KCl–H$_2$O . . . . . 59 (Fe):   Hb/B5–1117
               AlCl$_3$–FeCl$_3$–H$_2$O . . . . 59 (Fe):   Hb/B5–1116/7
               AlCl$_3$–FeCl$_3$–KCl–H$_2$O . . . . 59 (Fe):   Hb/B5–1117
               AlCl$_3$–HCl–KCl–H$_2$O . . . . 35 (Al):   Hb/B2–451
               AlCl$_3$–H$_2$O. . . . . 35 (Al):   Hb/B1–192
               AlCl$_3$–HgCl . . . . 35 (Al):   Hb/B2–612
               AlCl$_3$–HgCl$_2$. . . . . 35 (Al):   Hb/B2–612
               AlCl$_3$–KAlCl$_4$–NaAlCl$_4$–NbCl$_5$ . . . . . 49 (Nb):   Hb/B4–270
               AlCl$_3$–KAlCl$_4$–NaAlCl$_4$–TaCl$_5$ . . . . . 50 (Ta):   Hb/B2–304
               AlCl$_3$–KCl . . . . 35 (Al):   Hb/B2–451
               AlCl$_3$–KCl–C$_6$H$_5$NO$_2$ . . . . 35 (Al):   Hb/B2–452
               AlCl$_3$–KCl–H$_2$O . . . . 35 (Al):   Hb/B2–451
               AlCl$_3$–KCl–NaCl–NbCl$_5$ . . . . 49 (Nb):   Hb/B4–269/70
               AlCl$_3$–KCl–NaCl–TaCl$_5$ . . . . 50 (Ta):   Hb/B2–303
               AlCl$_3$–KCl–NbCl$_5$. . . . . 49 (Nb):   Hb/B4–268/9
               AlCl$_3$–KCl–NbCl$_5$–NbOCl$_3$. . . . . . . 49 (Nb):   Hb/B4–288/9
               AlCl$_3$–KCl–NbCl$_5$–TaCl$_5$ . . . . 50 (Ta):   Hb/B2–312/3
               AlCl$_3$–KCl–TaCl$_5$ . . . . 50 (Ta):   Hb/B2–303
               AlCl$_3$–KNbOCl$_4$ . . . . 49 (Nb):   Hb/B4–288
               AlCl$_3$–LiCl . . . . 35 (Al):   Hb/B2–354
               AlCl$_3$–MgCl$_2$. . . . . 35 (Al):   Hb/B2–539
               AlCl$_3$–NH$_4$Cl. . . . . 35 (Al):   Hb/B2–507/8
               AlCl$_3$–NaCl . . . . 35 (Al):   Hb/B2–376
               AlCl$_3$–NaCl–NbCl$_5$ . . . . 49 (Nb):   Hb/B4–268
               AlCl$_3$–NaCl–NbCl$_5$–NbOCl$_3$ . . . . . 49 (Nb):   Hb/B4–288
               AlCl$_3$–NaCl–NbCl$_5$–TaCl$_5$ . . . . . . 50 (Ta):   Hb/B2–311/2
               AlCl$_3$–NaCl–TaCl$_5$ . . . . 50 (Ta):   Hb/B2–302
               AlCl$_3$–NaNbOCl$_4$ . . . . 49 (Nb):   Hb/B4–288
               AlCl$_3$–NbCl$_5$. . . . . 49 (Nb):   Hb/B4–266/8
               AlCl$_3$–NbCl$_5$–POCl$_3$ . . . . 49 (Nb):   Hb/B4–361/2
               AlCl$_3$–NbCl$_5$–SnCl$_4$. . . . . 49 (Nb):   Hb/B4–275
               AlCl$_3$–NbCl$_5$–TaCl$_5$. . . . . 50 (Ta):   Hb/B2–311

AlCl$_3$	AlCl$_3$ systems:		
	AlCl$_3$–NbCl$_5$–TiCl$_4$	49 (Nb):	Hb/B4–272
	AlCl$_3$–NbOCl$_3$	49 (Nb):	Hb/B4–288
	AlCl$_3$–POCl$_3$–TaCl$_5$	50 (Ta):	Hb/B2–349
	AlCl$_3$–SbCl$_3$	35 (Al):	Hb/B2–351
	AlCl$_3$–SnCl$_4$–TaCl$_5$	50 (Ta):	Hb/B2–308
	AlCl$_3$–TaCl$_5$	50 (Ta):	Hb/B2–302
	AlCl$_3$–TaCl$_5$–TiCl$_4$	50 (Ta):	Hb/B2–307
	AlCl$_3$–TlCl	38 (Tl):	Hb/3–491/2
	AlCl$_3$–VOCl$_3$	48 (V):	Hb/B2–546
AlCl$_3$F$_3$P	Cl$_3$AlPF$_3$	16 (P):	Hb/C–395
AlCl$_3$HP$_{0.33}$	AlCl$_3$ · 0.33 PH$_3$	35 (Al):	Hb/B1–212
AlCl$_3$H$_2$S	AlCl$_3$ · H$_2$S	35 (Al):	Hb/B1–209/10
AlCl$_3$H$_3$N	AlCl$_3$ · NH$_3$	35 (Al):	Hb/B1–208/9
AlCl$_3$H$_3$P	AlCl$_3$ · PH$_3$	35 (Al):	Hb/B1–212
AlCl$_3$H$_{3.5}$N$_{1.17}$	AlCl$_3$ · 1.17 NH$_3$	35 (Al):	Hb/B1–208
AlCl$_3$H$_9$N$_3$	AlCl$_3$ · 3 NH$_3$	35 (Al):	Hb/B1–208
AlCl$_3$H$_{12}$O$_{18}$	[Al(H$_2$O)$_6$] (ClO$_4$)$_3$		
	= Al(ClO$_4$)$_3$ · 6 H$_2$O	35 (Al):	Hb/B1–218
AlCl$_3$H$_{15}$N$_5$	AlCl$_3$ · 5 NH$_3$	35 (Al):	Hb/B1–208
AlCl$_3$H$_{18}$N$_6$	AlCl$_3$ · 6 NH$_3$	35 (Al):	Hb/B1–207/8
AlCl$_3$H$_{21}$N$_7$	AlCl$_3$ · 7 NH$_3$	35 (Al):	Hb/B1–207
AlCl$_3$H$_{27}$N$_9$	AlCl$_3$ · 9 NH$_3$	35 (Al):	Hb/B1–207
AlCl$_3$H$_{42}$N$_{14}$	AlCl$_3$ · 14 NH$_3$	35 (Al):	Hb/B1–207
AlCl$_3$OS$_{0.5}$	AlCl$_3$ · 0.5 SO$_2$	35 (Al):	Hb/B1–210
AlCl$_3$O$_2$S	AlCl$_3$ · SO$_2$	35 (Al):	Hb/B1–210
AlCl$_3$O$_9$	Al(ClO$_3$)$_3$	35 (Al):	Hb/B1–216, 217
–.	Al(ClO$_3$)$_3$ · 6 H$_2$O	35 (Al):	Hb/B1–217
–.	Al(ClO$_3$)$_3$ · 9 H$_2$O	35 (Al):	Hb/B1–217
AlCl$_3$O$_{12}$	Al(ClO$_4$)$_3$	35 (Al):	Hb/B1–217, 218
–.	Al(ClO$_4$)$_3$ · 6 H$_2$O		
	= [Al(H$_2$O)$_6$] (ClO$_4$)$_3$	35 (Al):	Hb/B1–218
–.	Al(ClO$_4$)$_3$ · 9 H$_2$O	35 (Al):	Hb/B1–217/8
–.	Al(ClO$_4$)$_3$ · 12 H$_2$O	35 (Al):	Hb/B1–217
–.	Al(ClO$_4$)$_3$ · 15 H$_2$O	35 (Al):	Hb/B1–217
–.	Al(ClO$_4$)$_3$ systems:		
	Al(ClO$_4$)$_3$–KClO$_4$–H$_2$O	35 (Al):	Hb/B2–452
	Al(ClO$_4$)$_3$–NH$_4$ClO$_4$–H$_2$O	35 (Al):	Hb/B2–508
	Al(ClO$_4$)$_3$–NaClO$_4$–H$_2$O	35 (Al):	Hb/B2–377
AlCl$_3$S$_2$	AlCl$_3$ · 2 S	35 (Al):	Hb/B1–209
AlCl$_3$S$_3$	AlCl$_3$ · 3 S	35 (Al):	Hb/B1–209
AlCl$_3$S$_4$	AlCl$_3$ · 4 S	35 (Al):	Hb/B1–209
AlCl$_4$Cs	CsCl · AlCl$_3$ = Cs[AlCl$_4$].	35 (Al):	Hb/B2–529
–.	Cs[AlCl$_4$] solid solutions:		
	Cs[(V,Al)Cl$_4$]	48 (V):	Hb/B2–546
–.	Cs[AlCl$_4$] systems:		
	Cs[AlCl$_4$]–CsCl–Cs$_2$NbOCl$_5$	49 (Nb):	Hb/B4–289
	Cs[AlCl$_4$]–CsTaCl$_6$	50 (Ta):	Hb/B2–305
	Cs[AlCl$_4$]–TaCl$_5$	50 (Ta):	Hb/B2–305

$AlCl_4Cu$ . . . . $CuAlCl_4 = CuCl \cdot AlCl_3$ . . . . 60 (Cu): Hb/B3–1173
$AlCl_4H_4N$ . . . . . . $NH_4Cl \cdot AlCl_3$. . . . . 35 (Al): Hb/B2–508
$AlCl_4H_{22}N_7$ . . . . . $NH_4Cl \cdot AlCl_3 \cdot 6 NH_3$ . . . . 35 (Al): Hb/B2–508
$AlCl_4K$ . . . . $KCl \cdot AlCl_3 = K[AlCl_4]$ . . . . 35 (Al): Hb/B2–451
–. . . . . $KAlCl_4$ systems:
      $KAlCl_4–AlCl_3–NaAlCl_4–NbCl_5$ . . . . 49 (Nb): Hb/B4–270
      $KAlCl_4–AlCl_3–NaAlCl_4–TaCl_5$ . . . . . 50 (Ta): Hb/B2–304
      $KAlCl_4–KCl–KNbCl_6$ . . . . 49 (Nb): Hb/B4–270
      $KAlCl_4–KCl–KNbCl_6–NaCl$ . . . . . . 49 (Nb): Hb/B4–270
      $KAlCl_4–KCl–KTaCl_6$ . . . . 50 (Ta): Hb/B2–303
      $KAlCl_4–KCl–KTaCl_6–NaCl$ . . . . . . 50 (Ta): Hb/B2–304
      $KAlCl_4–KCl–K_2NbOCl_5$ . . . . 49 (Nb): Hb/B4–289
      $KAlCl_4–KNbCl_6–KTaCl_6$ . . . . 50 (Ta): Hb/B2–312/3
      $KAlCl_4–KNbCl_6–NaAlCl_4–NaNbCl_6$ . . 49 (Nb): Hb/B4–270/1
      $KAlCl_4–KNbCl_6–NaCl$ . . . . 49 (Nb): Hb/B4–270
      $KAlCl_4–KNbCl_6–NaCl–NbCl_5$ . . . . . 49 (Nb): Hb/B4–270
      $KAlCl_4–KTaCl_6–NaAlCl_4–NaTaCl_6$ . . 50 (Ta): Hb/B2–304/5
      $KAlCl_4–KTaCl_6–NaCl$ . . . . 50 (Ta): Hb/B2–304
      $KAlCl_4–KTaCl_6–NaCl–TaCl_5$ . . . . . 50 (Ta): Hb/B2–304
      $KAlCl_4–KTaCl_6–NbCl_5$ . . . . 50 (Ta): Hb/B2–313
      $KAlCl_4–NaAlCl_4–NaCl–NbCl_5$ . . . . 49 (Nb): Hb/B4–270
      $KAlCl_4–NaAlCl_4–NaCl–TaCl_5$ . . . . 50 (Ta): Hb/B2–304
      $KAlCl_4–NaAlCl_4–NbCl_5$. . . . . 49 (Nb): Hb/B4–270
      $KAlCl_4–NaAlCl_4–TaCl_5$ . . . . 50 (Ta): Hb/B2–304
      $KAlCl_4–NaCl–NbCl_5$ . . . . 49 (Nb): Hb/B4–270
      $KAlCl_4–NaCl–TaCl_5$ . . . . 50 (Ta): Hb/B2–304
      $KAlCl_4–NbOCl_3$ . . . . 49 (Nb): Hb/B4–288
$AlCl_4Li$ . . . . $LiCl \cdot AlCl_3 = Li[AlCl_4]$ . . . . . . 35 (Al): Hb/B2–354
$AlCl_4NO$ . . . . $AlCl_3 \cdot NOCl$ . . . . 35 (Al): Hb/B1–209
$AlCl_4NO_2$ . . . . . . $NO_2[AlCl_4]$ . . . . 6 (Cl): Eb/B2–529
$AlCl_4N_2O_2$ . . . . . . $[N_2O_2] [AlCl_4]$ . . . . 6 (Cl): Eb/B2–515
$AlCl_4Na$ . . . . $NaAlCl_4 = NaCl \cdot AlCl_3$ . . . . 21 (Na): Eb/6–396, 397
                                                   35 (Al): Hb/B2–376/7
–. . . . . $NaAlCl_4$ systems:
      $NaAlCl_4–AlCl_3–KAlCl_4–NbCl_5$ . . . . 49 (Nb): Hb/B4–270
      $NaAlCl_4–AlCl_3–KAlCl_4–TaCl_5$ . . . . 50 (Ta): Hb/B2–304
      $NaAlCl_4–KAlCl_4–KNbCl_6–NaNbCl_6$ . . 49 (Nb): Hb/B4–270/1
      $NaAlCl_4–KAlCl_4–KTaCl_6–NaTaCl_6$ . . 50 (Ta): Hb/B2–304/5
      $NaAlCl_4–KAlCl_4–NaCl–NbCl_5$ . . . . 49 (Nb): Hb/B4–270
      $NaAlCl_4–KAlCl_4–NaCl–TaCl_5$ . . . . 50 (Ta): Hb/B2–304
      $NaAlCl_4–KAlCl_4–NbCl_5$. . . . . 49 (Nb): Hb/B4–270
      $NaAlCl_4–KAlCl_4–TaCl_5$ . . . . 50 (Ta): Hb/B2–304
      $NaAlCl_4–NbCl_5–TaCl_5$ . . . . 50 (Ta): Hb/B2–311/2
      $NaAlCl_4–NbOCl_3$ . . . . 49 (Nb): Hb/B4–288
$AlCl_4NaO_{16}$ . . . . . . $Na[Al(ClO_4)_4] \cdot 12 H_2O$ . . . . 35 (Al): Hb/B2–377
$AlCl_4S$ . . . . $AlCl_3 \cdot 0.5 S_2Cl_2$ . . . . 35 (Al): Hb/B1–211
$AlCl_4Tl$ . . . . $TlCl \cdot AlCl_3$ . . . . 38 (Tl): Hb/3–492
$AlCl_5K_2$ . . . . $2 KCl \cdot AlCl_3 \cdot H_2O$ . . . . 35 (Al): Hb/B2–451
$AlCl_5N_2O_2$ . . . . . . $NO[AlCl_4] \cdot NOCl$ . . . . 6(Cl): Eb/B2–511

$AlCl_5Na_2$	$2\ NaCl \cdot AlCl_3$	35 (Al):	Hb/B2–377
$AlCl_5Pd$	$Al[PdCl_5] \cdot 10\ H_2O$	65 (Pd):	Hb/2–339
–.	$Pd[AlCl_5]$	65 (Pd):	Hb/2–339
$AlCl_5Pt$	$AlCl[PtCl_4] \cdot 10.5\ H_2O$		
	$= Al_2[PtCl_4]_3 \cdot AlCl_3 \cdot 31.5\ H_2O$	68 (Pt):	Hb/C3–304
$AlCl_5S_{0.5}$	$AlCl_3 \cdot 0.5\ SCl_4$	35 (Al):	Hb/B1–211
$AlCl_5S$	$AlCl_3 \cdot SCl_2$	35 (Al):	Hb/B1–211
$AlCl_5Se_{0.5}$	$AlCl_3 \cdot 0.5\ SeCl_4$	35 (Al):	Hb/B1–211/2
$AlCl_5Te_{0.5}$	$AlCl_3 \cdot 0.5\ TeCl_4$	35 (Al):	Hb/B1–212
$AlCl_6I_3O_2P_2$	$2\ POCl_3 \cdot AlI_3$	16 (P):	Hb/C–472
$AlCl_6K_3$	$3\ KCl \cdot AlCl_3$	35 (Al):	Hb/B2–451
$AlCl_6Na_3$	$3\ NaCl \cdot AlCl_3 = Na_3[AlCl_6]$	35 (Al):	Hb/B2–377
$AlCl_6OP$	$AlCl_3 \cdot POCl_3$	16 (P):	Hb/C–472
		35 (Al):	Hb/B1–213
$AlCl_7KNbO$	$NbOCl_3 \cdot AlCl_3 \cdot KCl$	49 (Nb):	Hb/B4–288
$AlCl_7NaNbO$	$NbOCl_3 \cdot AlCl_3 \cdot NaCl$	49 (Nb):	Hb/B4–288
$AlCl_7Pt$	$AlCl[PtCl_6] \cdot 15\ H_2O$		
	$= Al_2[PtCl_6]_3 \cdot AlCl_3 \cdot 45\ H_2O$	68 (Pt):	Hb/C3–304
$AlCl_7S$	$AlCl_3 \cdot SCl_4$	35 (Al):	Hb/B1–211
$AlCl_7S_4$	$AlCl_3 \cdot 2\ S_2Cl_2$	35 (Al):	Hb/B1–211
$AlCl_7S_8$	$AlCl_3 \cdot 2\ S_4Cl_2$	35 (Al):	Hb/B1–211
$AlCl_7V$	$AlVCl_7$	48 (V):	Hb/B2–546
$AlCl_8P$	$AlCl_3 \cdot PCl_5$	35 (Al):	Hb/B1–212/3
$AlCl_9O_2P_2$	$2\ POCl_3 \cdot AlCl_3$	16 (P):	Hb/C–472
$AlCl_9S_9$	$AlCl_3 \cdot 3\ S_3Cl_2$	35 (Al):	Hb/B1–211
$AlCl_{10}OPV$	$AlVCl_7 \cdot POCl_3$	48 (V):	Hb/B2–546
$AlCl_{12}Sb_3$	$AlCl_3 \cdot 3\ SbCl_3 \cdot 6\ H_2O$	35 (Al):	Hb/B2–351
$AlCl_{17}NbO_3P_3$	$NbCl_5 \cdot AlCl_3 \cdot 3\ POCl_3$	49 (Nb):	Hb/B4–362
$AlCl_{17}O_3P_3Sb$	$3\ POCl_3 \cdot AlSbCl_8$	16 (P):	Hb/C–473, 476
$AlCl_{17}O_3P_3Ta$	$TaCl_5 \cdot AlCl_3 \cdot 3\ POCl_3$	50 (Ta):	Hb/B2–349
$AlCl_{18}Sb_3$	$AlCl_3 \cdot 3\ SbCl_5 \cdot 15\ H_2O$		
	$= Al[SbCl_6]_3 \cdot 15\ H_2O$	35 (Al):	Hb/B2–351
$AlCl_{21}O_6P_6$	$6\ POCl_3 \cdot AlCl_3$	16 (P):	Hb/C–472
$AlCmO_3$	$CmAlO_3$	Erg. W. 4–82	
$AlCo$	$CoAl$	35 (Al):	Hb/A6–1023
		58 (Co):	Hb/A1–191/3
		59 (Fe):	D/2. Eb–198, 202
$AlCoF_5$	$AlF_3 \cdot CoF_2 \cdot H_2O$	58 (Co):	Hb/A2–470
$AlCoF_6H_4N$	$NH_4Co[AlF_6] \cdot 6\ H_2O$	58 (Co):	Eb/A–865
$AlCo_2$	Co_2Al	35 (Al):	Hb/A6–1025
		58 (Co):	Hb/A1–193
$AlCo_4$	Co_4Al	58 (Co):	Hb/A1–193
$AlCo_4H_{11}O_{11}$	$4\ (Co(OH)_2) \cdot Al(OH)_3$	58 (Co):	Eb/A–865
$AlCo_8$	Co_8Al	35 (Al):	Hb/A6–1025
		58 (Co):	Hb/A1–193
$AlCr$	$AlCr$	35 (Al):	Hb/A5–880
$AlCr_2Si_3$	$AlCr_2Si_3$	35 (Al):	Hb/A5–880
		52 (Cr):	Hb/B–895
$AlCr_2Si_4$	$AlCr_2Si_4$	35 (Al):	Hb/A5–880
		52 (Cr):	Hb/B–895

$AlCr_3$ . . . . $AlCr_3$ . . . . 35 (Al): Hb/A5–879

$AlCr_4$ . . . . $AlCr_4$ . . . . 35 (Al): Hb/A5–879

$AlCsO_8S_2$ . . . . . . $CsAl(SO_4)_2 = Cs_2SO_4 \cdot Al_2(SO_4)_3$ . . . . 35 (Al): Hb/B2–529

–. . . . . $CsAl(SO_4)_2 \cdot H_2O$ . . . . 35 (Al): Hb/B2–531

–. . . . . $CsAl(SO_4)_2 \cdot 2 H_2O$ . . . . 35 (Al): Hb/B2–531

–. . . . . $CsAl(SO_4)_2 \cdot 3 H_2O$ . . . . 35 (Al): Hb/B2–531

–. . . . . $CsAl(SO_4)_2 \cdot 12 H_2O$. . . . . 35 (Al): Hb/B2–529/31

–. . . . . $CsAl(SO_4)_2$ solutions:

　　　　　　　　　　　$CsAl(SO_4)_2–H_2O$ . . . . 35 (Al): Hb/B2–531/2

$AlCsO_8Se_2$ . . . . . . $CsAl(SeO_4)_2 \cdot 12 H_2O$

　　　　　　　　　　　$= Cs_2SeO_4 \cdot Al_2(SeO_4)_3 \cdot 24 H_2O$ . . . 35 (Al): Hb/B2–532

$AlCsO_8Si_3$. . . . . . . $CsAlSi_3O_8 = Cs_2O \cdot Al_2O_3 \cdot 6 SiO_2$ . . . 35 (Al): Hb/B2–532

$AlCs_3F_6$ . . . . $3 CsF \cdot AlF_3 = Cs_3[AlF_6]$ . . . . 35 (Al): Hb/B2–529

$AlCuF_6H_4N$ . . . . . $NH_4CuAlF_6 \cdot 6 H_2O$. . . . . 60 (Cu): Hb/B3–1177

$AlCuF_6K$. . . . . $KCuAlF_6 \cdot 6 H_2O$ . . . . 60 (Cu): Hb/B3–1177

$AlCuF_6Na$. . . . . . . $NaCuAlF_6 \cdot 4 H_2O$ . . . . 60 (Cu): Hb/B3–1177

$AlCuF_6Rb$ . . . . $RbCuAlF_6 \cdot 6 H_2O$ . . . . 60 (Cu): Hb/B3–1177

$AlCuO_2$ . . . . $CuAlO_2 = Cu_2O \cdot Al_2O_3$. . . . . 60 (Cu): Hb/B3–1171

$AlCuS_2$ . . . . $CuAlS_2 = Cu_2S \cdot Al_2S_3$ . . . . 60 (Cu): Hb/B3–1175

$AlCuSe_2$. . . . . $CuAlSe_2$ . . . . 60 (Cu): Hb/B3–1176

$AlCuTe_2$. . . . . $CuAlTe_2$ . . . . 60 (Cu): Hb/B3–1176

$AlCu_2Mn$ . . . . $MnCu_2Al$ . . . . 59 (Fe): D/2. Eb–329/32

–. . . . . $MnCu_2Al$ solid solutions:

　　　　　　　　　　　$MnCu_2Al_{1-x}In_x$ . . . . 59 (Fe): D/2. Eb–333

$AlCu_3F_6$ . . . . Cu_3AlF_6. . . . . 60 (Cu): Hb/B3–1172

$AlF_2Fe_3KO_{10}Si_3$ . . . . $KFe_3AlSi_3O_{10}F_2$ solid solutions:

　　　　　　　　　　　$K(Mg,Fe)_3AlSi_3O_{10}(OH,F)_2$ . . . . . . 35 (Al): Hb/B2–542/3

$AlF_2KMg_3O_{10}Si_3$ . . . $KMg_3AlSi_3O_{10}F_2$ solid solutions:

　　　　　　　　　　　$K(Mg,Fe)_3AlSi_3O_{10}(OH,F)_2$ . . . . . . 35 (Al): Hb/B2–542/3

AlF_3 . . . . AlF_3. . . . . 35 (Al): Hb/B1–156/61

–. . . . . $AlF_3 \cdot 0.5 H_2O$ . . . . 35 (Al): Hb/B1–162

–. . . . . $AlF_3 \cdot H_2O$ . . . . 35 (Al): Hb/B1–162

–. . . . . $AlF_3 \cdot 3 H_2O$ . . . . 35 (Al): Hb/B1–162

–. . . . . $AlF_3 \cdot 3.5 H_2O$ . . . . 35 (Al): Hb/B1–162

–. . . . . $AlF_3 \cdot 8.5 H_2O$ . . . . 35 (Al): Hb/B1–161

–. . . . . $AlF_3 \cdot 9 H_2O$ . . . . 35 (Al): Hb/B1–161/2

–. . . . . AlF_3 glasses:

　　　　　　　　　　　$AlF_3–B_2O_3–PbO$ . . . . 47 (Pb): Hb/C4–1295/6

–. . . . . AlF_3 solutions:

　　　　　　　　　　　$AlF_3–HF–H_2O$. . . . . 35 (Al): Hb/B1–163

　　　　　　　　　　　$AlF_3–HF–PbF_2–H_2O$ . . . . 47 (Pb): Hb/C4–1292

　　　　　　　　　　　$AlF_3–H_2O$ . . . . 35 (Al): Hb/B1–162/3

　　　　　　　　　　　$AlF_3–PbF_2–H_2O$. . . . . 47 (Pb): Hb/C4–1292

–. . . . . AlF_3 systems:

　　　　　　　　　　　$AlF_3–Al_2O_3–NaF$ . . . . 35 (Al): Hb/B2–368

　　　　　　　　　　　$AlF_3–CaF_2$. . . . . 35 (Al): Hb/B2–574

　　　　　　　　　　　$AlF_3–CaF_2–NaF$. . . . . 35 (Al): Hb/B2–574/5

　　　　　　　　　　　$AlF_3–CsF$ . . . . 35 (Al): Hb/B2–528

AlF_3 . . . . AlF_3 systems:

AlF_3-KF . . . . 35 (Al): Hb/B2–450

AlF_3-LiF . . . . 35 (Al): Hb/B2–354

AlF_3-NaF . . . . 35 (Al): Hb/B2–367/8

AlF_3-RbF . . . . 35 (Al): Hb/B2–525

AlF_3H_3N . . . . $AlF_3 \cdot NH_3$ . . . . 35 (Al): Hb/B1–163

–. . . . . $AlF_3 \cdot NH_3 \cdot 2 H_2O$. . . . . 35 (Al): Hb/B1–163

$AlF_3H_6N_2$ . . . . $AlF_3 \cdot 2 NH_3 \cdot 2 H_2O$ . . . . . . 35 (Al): Hb/B1–163

AlF_4Na . . . . $NaF \cdot AlF_3$ . . . . 35 (Al): Hb/B2–370

AlF_4Tl . . . . $Tl[AlF_4] = TlF \cdot AlF_3$ . . . . 38 (Tl): Hb/3–491

AlF_5Fe . . . . $AlF_3 \cdot FeF_2 \cdot H_2O$ . . . . 59 (Fe): Hb/B5–1116

$AlF_5H_2K_2O$ . . . . . $K_2[AlF_5(H_2O)] \cdot H_2O$

$= 2 KF \cdot AlF_3 \cdot 2 H_2O$ . . . . 35 (Al): Hb/B2–450

AlF_5H_2OZn . . . . . $Zn[AlF_5(H_2O)] \cdot 6 H_2O$

$= ZnF_2 \cdot AlF_3 \cdot 7 H_2O$ . . . . 35 (Al): Hb/B2–610

$AlF_5H_6N_2$ . . . . $N_2H_6F_2 \cdot AlF_3$ . . . . 35 (Al): Hb/B2–520

$AlF_5H_8N_2$ . . . . $2 NH_4F \cdot AlF_3 \cdot 1.5 H_2O$ . . . . . 35 (Al): Hb/B2–507

AlF_5K_2 . . . . $2 KF \cdot AlF_3$ . . . . 35 (Al): Hb/B2–450

–. . . . . $2 KF \cdot AlF_3 \cdot 2 H_2O$

$= K_2[AlF_5(H_2O)] \cdot H_2O$ . . . . 35 (Al): Hb/B2–450

AlF_5Ni . . . . $NiAlF_5 \cdot 7 H_2O$ . . . . 57 (Ni): Hb/B3–1157

AlF_5Pb . . . . $PbAlF_5$ . . . . 47 (Pb): Hb/C4–1293

AlF_5Rb_2 . . . . $2 RbF \cdot AlF_3 = Rb_2[AlF_5]$ . . . . . 35 (Al): Hb/B2–525

AlF_5Tl_2 . . . . $Tl_2[AlF_5] = 2 TlF \cdot AlF_3$ . . . . . . 38 (Tl): Hb/3–491

AlF_5Zn . . . . $ZnF_2 \cdot AlF_3 \cdot 7 H_2O$

$= Zn[AlF_5(H_2O)] \cdot 6 H_2O$ . . . . . . 35 (Al): Hb/B2–610

AlF_6H_4NNi . . . . . $NH_4NiAlF_6 \cdot 6 H_2O$. . . . . 57 (Ni): Hb/B3–1160

$AlF_6H_{12}N_3$. . . . . . . $(NH_4)_3[AlF_6]$ . . . . 35 (Al): Hb/B2–507

AlF_6KNi . . . . $KNiAlF_6 \cdot 6 H_2O$ . . . . 57 (Ni): Hb/B3–1160

AlF_6K_3. . . . . $K_3AlF_6 = 3 KF \cdot AlF_3$ . . . . 35 (Al): Hb/B2–450

–. . . . . $K_3AlF_6 \cdot 3.5 H_2O$ . . . . 35 (Al): Hb/B2–450

–. . . . . K_3AlF_6 systems:

$K_3AlF_6-Nb_2O_5$ . . . . 49 (Nb): Hb/B4–228

AlF_6Li_3 . . . . $3 LiF \cdot AlF_3 = Li_3[AlF_6]$. . . . . . 35 (Al): Hb/B2–354

AlF_6MgNa . . . . . $NaMg[AlF_6] \cdot H_2O$ . . . . 35 (Al): Hb/B2–376

AlF_6NaNi . . . . . $NaNiAlF_6 \cdot 4 H_2O$ . . . . 57 (Ni): Hb/B3–1159

AlF_6NaSr . . . . . $NaSr[AlF_6] \cdot 0.5 H_2O$ . . . . 35 (Al): Hb/B2–376

AlF_6Na_3 . . . . $Na_3[AlF_6] = 3 NaF \cdot AlF_3$ . . . . . 21 (Na): Eb/6–381/2,

384, 397

35 (Al): Hb/B2–367/76

–. . . . . $Na_3[AlF_6] \cdot 3.5 H_2O$ . . . . 35 (Al): Hb/B2–375

–. . . . . $Na_3[AlF_6]$ melts:

$Na_3[AlF_6]-Al_2O_3$ . . . . 35 (Al): Hb/A1–126/36

–. . . . . $Na_3[AlF_6]$ systems:

$Na_3[AlF_6]-Al_2O_3-CaF_2$ . . . . 35 (Al): Hb/B2–575

$Na_3[AlF_6]-BaF_2$ . . . . 35 (Al): Hb/B2–606

$Na_3[AlF_6]-NaF-Nb_2O_5$ . . . . . 49 (Nb): Hb/B4–228

AlF_6NiTl. . . . . . . $TlNi[AlF_6] \cdot 6 H_2O$ . . . . 57 (Ni): Hb/B3–1170

AlF_6Rb_3 . . . . $3\,RbF \cdot AlF_3 = Rb_3[AlF_6]$ . . . .   35 (Al):   Hb/B2–525

$AlFe$. . . . . $AlFe$.   35 (Al):   Hb/A7–1174

$AlFeMgO_4$ . . . . . $MgFeAlO_4$ 59 (Fe):   D/2. Eb–425

$AlFeNiO_4$ . . . . . $NiFeAlO_4$ 59 (Fe):   D/2. Eb–427

$AlFe_3$ . . . . $AlFe_3$.   35 (Al):   Hb/A7–1174

                                          59 (Fe):   D/2. Eb–84

$AlFe_3H_2KO_{12}Si_3$ . . . $KFe_3AlSi_3O_{10}(OH)_2$ solid solutions:

              $K(Mg,Fe)_3AlSi_3O_{10}(OH,F)_2$ . . . . . .   35 (Al):   Hb/B2–542/3

$AlFe_4$ . . . . $AlFe_4$.   35 (Al):   Hb/A7–1174

$AlGa$ . . . . $GaAl$.   35 (Al):   Hb/A5–811/2

                                          36 (Ga):   Hb–61

$AlGa_2$ . . . . Ga_2Al .   35 (Al):   Hb/A5–811/2

                                          36 (Ga):   Hb–61

$AlGe_3KO_8$ . . . . . . $KAlGe_3O_8$.   45 (Ge):   Eb–575

$AlGe_3NaO_8$ . . . . . $NaAlGe_3O_8$.   45 (Ge):   Eb–575

AlH . . . . AlH .   35 (Al):   Hb/B1–1/4

$AlHN_4O_{10}Pt_2$ . . . . . $Al(OH) [Pt(NO_2)_4] \cdot PtO \cdot 5\,H_2O$ 68 (Pt):   Hb/C3–304

$AlHO_2$. . . . . $AlOOH$ 35 (Al):   Hb/B1–98, 104, 105

$AlHO_6Si_2$ . . . . . . $HAlSi_2O_6$ 35 (Al):   Hb/B2–397

$AlH_2KMg_3O_{12}Si_3$ . . . $KMg_3AlSi_3O_{10}(OH)_2$ solid solutions:

              $K(Mg,Fe)_3AlSi_3O_{10}(OH,F)_2$ . . . . . .   35 (Al):   Hb/B2–542/3

$AlH_2KNi_3O_{12}Si_3$. . . . $KNi_3AlSi_3O_{10}(OH)_2$. . . . .   57 (Ni):   Hb/B3–1160

$AlH_2KO_8P_2$ . . . . . . $KH_2PO_4 \cdot AlPO_4$ 35 (Al):   Hb/B2–506

AlH_2NO_5 . . . . . . $Al(OH)_2NO_3 \cdot 3\,H_2O$ 35 (Al):   Hb/B1–151

AlH_3I_3N . . . . . . $AlI_3 \cdot NH_3$ 35 (Al):   Hb/B1–240/1

AlH_3I_3P . . . . . . $AlI_3 \cdot PH_3$ 35 (Al):   Hb/B1–241

AlH_3O_3 . . . . $Al(OH)_3$. . . . .   35 (Al):   Hb/B1–98/132

             Crystallized form . . . .   35 (Al):   Hb/B1–125/32

             Gel . . . .   35 (Al):   Hb/B1–98/117

             Sol . . . .   35 (Al):   Hb/B1–117/25

–. . . . . $Al(OH)_3$ systems:

             $Al(OH)_3$–$Al_2(SO_4)_3$–H_2O . . . .   35 (Al):   Hb/B1–276/7

$AlH_3O_8P_2$ . . . . $AlH_3(PO_4)_2 \cdot 2.5\,H_2O$

             $= Al_2O_3 \cdot 2\,P_2O_5 \cdot 8\,H_2O$. . . . . . .   35 (Al):   Hb/B2–348

$AlH_4I_3S_2$. . . . . . . $AlI_3 \cdot 2\,H_2S$.   35 (Al):   Hb/B1–241

AlH_4KO_4 . . . . . . $K[Al(OH)_4]$.   35 (Al):   Hb/B2–365

AlH_4Li. . . . . . . $LiAlH_4$. . . . .   20 (Li):   Eb–255, 487

–. . . . . $LiAlD_4$ 20 (Li):   Eb–258

$AlH_4NO_8S_2$ . . . . . . $NH_4Al(SO_4)_2$

             $= (NH_4)_2SO_4 \cdot Al_2(SO_4)_3$ . . . .   35 (Al):   Hb/B2–508/9

–. . . . . $NH_4Al(SO_4)_2 \cdot 12\,H_2O$ . . . .   35 (Al):   Hb/B2–509/15

–. . . . . $NH_4Al(SO_4)_2 \cdot xH_2O$ . . . .   35 (Al):   Hb/B2–515

–. . . . . $NH_4Al(SO_4)_2$ solid solutions:

             $(NH_4)_2SO_4 \cdot (Al,Cr)_2(SO_4)_3$ . . . . . .   52 (Cr):   Hb/B–896

             $(NH_4)_2SO_4 \cdot (Al,Fe)_2(SO_4)_3$ . . . . . .   59 (Fe):   Hb/B5–1119

             $NH_4Al(SO_4)_2 \cdot 12\,H_2O$

             $-NH_4Fe(SO_4)_2 \cdot 12\,H_2O$ . . . . . .   59 (Fe):   Hb/B5–1119

             $NH_4Al(SO_4)_2 \cdot 12\,H_2O$

             $-NH_4Tl(SO_4)_2 \cdot 12\,H_2O$ . . . .   38 (Tl):   Hb/3–496

$AlH_4NO_8S_2$ . . . . . $NH_4Al(SO_4)_2$ solutions:

                   $NH_4Al(SO_4)_2-H_2O$. . . . . 35 (Al):   Hb/B2–515/8

–. . . . . $NH_4Al(SO_4)_2$ systems:

                   $NH_4Al(SO_4)_2-NH_4Cr(SO_4)_2-H_2O$. . . . 52 (Cr):   Hb/B–896

$AlH_4NO_8Se_2$ . . . . . $NH_4Al(SeO_4)_2 \cdot 12\ H_2O$

               = $(NH_4)_2SeO_4 \cdot Al_2(SeO_4)_3 \cdot 24\ H_2O$ . . 35 (Al):   Hb/B2–518/9

$AlH_4NO_9S_2$ . . . . . . $(NH_3OH)Al(SO_4)_2 \cdot 12\ H_2O$

               = $(NH_3OH)_2SO_4 \cdot Al_2(SO_4)_3 \cdot 24\ H_2O$. . 35 (Al):   Hb/B2–521

AlH_4NaO_4. . . . . . . $Na[Al(OH)_4]$ . . . . 35 (Al):   Hb/B2–365

AlH_5KN_3 . . . . $KNH \cdot Al(NH_2)_2$ . . . . 35 (Al):   Hb/B2–449

$AlH_5N_2O_8S_2$. . . . . . $(N_2H_5)Al(SO_4)_2 \cdot 12\ H_2O$

               = $(N_2H_5)_2SO_4 \cdot Al_2(SO_4)_3 \cdot 24\ H_2O$ . . . 35 (Al):   Hb/B2–520/1

AlH_5N_3Na. . . . . . . $NaNH \cdot Al(NH_2)_2$. . . . . 35 (Al):   Hb/B2–367

AlH_5O_4 . . . . $H[Al(OH)_4]$ . . . . 35 (Al):   Hb/B2–365

$AlH_6K_3Mo_6O_{24}$ . . . . $K_3H_6[Al(MoO_4)_6] \cdot 7\ H_2O$

               = $3\ K_2O \cdot Al_2O_3 \cdot 12\ MoO_3 \cdot 20\ H_2O$ . . 53 (Mo):   Hb–373/4

$AlH_6NO_8P_2$ . . . . . . $NH_4H_2PO_4 \cdot AlPO_4$. . . . . 35 (Al):   Hb/B2–520

$AlH_6O_{12}P_3$. . . . . . . $Al(H_2PO_4)_3$

               = $Al_2O_3 \cdot 3\ P_2O_5 \cdot 6\ H_2O$ . . . . 35 (Al):   Hb/B2–347

$AlH_8I_3S_4$. . . . . $AlI_3 \cdot 4\ H_2S$ . . . . 35 (Al):   Hb/B1–241

AlH_8KN_4 . . . . $KNH_2 \cdot Al(NH_2)_3 = K[Al(NH_2)_4]$

               = $KAl(NH_2)_2NH \cdot NH_3$ . . . . 22 (K):   Hb/2–255

                                                               35 (Al):   Hb/B2–449

AlH_8N_4Na. . . . . . . $NaNH_2 \cdot Al(NH_2)_3 = Na[Al(NH_2)_4]$

               = $NaNH \cdot Al(NH_2)_2 \cdot NH_3$ . . . . . . 21 (Na):   Eb/3–948, 951

                                                               35 (Al):   Hb/B2–367

$AlH_9I_3N_3$ . . . . $AlI_3 \cdot 3\ NH_3$. . . . . 35 (Al):   Hb/B1–240

$AlH_{11}Ni_4O_{11}$. . . . . 4 $Ni(OH)_2 \cdot Al(OH)_3$ . . . . 57 (Ni):   Hb/B3–1157

$AlH_{11}O_6^{2+}$ . . . . . . $[Al(H_2O)_5OH]^{2+}$ . . . . 35 (Al):   Hb/A2–427

$AlH_{12}N_2O_{12}^+$ . . . . $[Al(H_2O)_6(NO_3)_2]^+$ . . . . 35 (Al):   Hb/B1–155

$AlH_{12}O_6^{3+}$ . . . . . . $[Al(H_2O)_6]^{3+}$ . . . . 35 (Al):   Hb/A2–427

$AlH_{15}I_3N_5$ . . . . $AlI_3 \cdot 5\ NH_3$ . . . . 35 (Al):   Hb/B1–240

$AlH_{18}I_3N_6$ . . . . $AlI_3 \cdot 6\ NH_3$ . . . . 35 (Al):   Hb/B1–240

$AlH_{18}Mo_6N_3O_{24}$. . . . $(NH_4)_3H_6[Al(MoO_4)_6] \cdot 7\ H_2O$

               = $3\ (NH_4)_2O \cdot Al_2O_3 \cdot 12\ MoO_3$

                 $\cdot\ 20\ H_2O$. . . . . 53 (Mo):   Hb–374

$AlH_{21}I_3N_7$ . . . . $AlI_3 \cdot 7\ NH_3$ . . . . 35 (Al):   Hb/B1–240

$AlH_{24}KO_{20}S_2$ . . . . . $[Al(H_2O)_{12}]\ (SO_4)_2K$ . . . . 35 (Al):   Hb/B2–474

$AlH_{27}I_3N_9$ . . . . $AlI_3 \cdot 9\ NH_3$. . . . . 35 (Al):   Hb/B1–240

$AlH_{39}I_3N_{13}$ . . . . . . $AlI_3 \cdot 13\ NH_3$ . . . . 35 (Al):   Hb/B1–240

$AlH_{60}I_3N_{20}$ . . . . . . $AlI_3 \cdot 20\ NH_3$ . . . . 35 (Al):   Hb/B1–240

$AlH_{3x}N_{x+1}$ . . . . . . $AlN \cdot xNH_3$. . . . . 35 (Al):   Hb/B1–149

$AlHgI_5$. . . . . $HgI_5 \cdot AlI_3 \cdot 8\ H_2O$ . . . . 35 (Al):   Hb/B2–613

AlI_3 . . . . AlI_3 . . . . 35 (Al):   Hb/B1–236/9

–. . . . . $AlI_3 \cdot 6\ H_2O$ . . . . 35 (Al):   Hb/B1–239

–. . . . . $AlI_3 \cdot 15\ H_2O$ . . . . 35 (Al):   Hb/B1–239

–. . . . . AlI_3 systems:

                   AlI_3-AgI. . . . . 61 (Ag):   Hb/B4–184

                   AlI_3-AlBr_3. . . . . 35 (Al):   Hb/B1–242

                   AlI_3-CuI. . . . . 60 (Cu):   Hb/B3–1174

AlI_3 . . . . AlI_3 systems:

AlI_3–NiI_2 . . . . 57 (Ni):   Hb/B3–1157

AlI_3–PbI_2 . . . . 47 (Pb):   Hb/C4–1294

AlI_3O_2S . . . . $AlI_3 \cdot SO_2$ . . . . 35 (Al):   Hb/B1–241

AlI_3O_{12} . . . . $Al(IO_4)_3 \cdot 3\,H_2O$ . . . . 35 (Al):   Hb/B1–242

AlI_4K . . . . $KI \cdot AlI_3 = K[AlI_4]$ . . . . 35 (Al):   Hb/B2–453

$AlKO_2$ . . . . $KAlO_2 = K_2O \cdot Al_2O_3$ . . . . 35 (Al):   Hb/B2–363/7, 448

$AlKO_3$ . . . . $KAlO_3 \cdot 6\,H_2O$ . . . . 35 (Al):   Hb/B2–448

$AlKO_4Si$ . . . . $KAlSiO_4 = K_2O \cdot Al_2O_3 \cdot 2\,SiO_2$ . . . . . 35 (Al):   Hb/B2–489/91

–. . . . . $KAlSiO_4$ systems:

$K_2O \cdot Al_2O_3 \cdot 2\,SiO_2$–$CaO \cdot Al_2O_3 \cdot 2\,SiO_2$

–$Na_2O \cdot Al_2O_3 \cdot 2\,SiO_2$–$SiO_2$. . . . 35 (Al):   Hb/B2–594

$KAlSiO_4$–$KAlSi_3O_8$–$NaAlSiO_4$ . . . . . 35 (Al):   Hb/B2–505

$KAlSiO_4$–$NaAlSiO_4$ . . . . 35 (Al):   Hb/B2–505

$AlKO_6Si_2$ . . . . $KAlSi_2O_6 = K_2O \cdot Al_2O_3 \cdot 4\,SiO_2$ . . . . . 35 (Al):   Hb/B2–492/5

–. . . . . $KAlSi_2O_6$ systems:

$KAlSi_2O_6$–$CaAl_2Si_2O_8$–SiO_2 . . . . . 35 (Al):   Hb/B2–594

$KAl(SiO_3)_2$–$MgCa(SiO_3)_2$ . . . . 35 (Al):   Hb/B2–602

$AlKO_7P_2$ . . . . $KAlP_2O_7 = KPO_3 \cdot AlPO_4$

$= K_2O \cdot Al_2O_3 \cdot 2\,P_2O_5$. . . . . 35 (Al):   Hb/B2–506/7

$AlKO_8S_2$ . . . . . . $KAl(SO_4)_2 = K_2SO_4 \cdot Al_2(SO_4)_3$ . . . . . 35 (Al):   Hb/B2–453/4

–. . . . . $KAl(SO_4)_2 \cdot 12\,H_2O$ . . . . 35 (Al):   Hb/B2–456/77

Chemical reactions . . . . 35 (Al):   Hb/B2–474/7

Formation and preparation . . . . . 35 (Al):   Hb/B2–457/8

History. . . . . 35 (Al):   Hb/B2–456/7

Physical properties . . . . 35 (Al):   Hb/B2–463/72

Preparation, industrial . . . . 35 (Al):   Hb/B2–458/63

–. . . . . $KAl(SO_4)_2 \cdot xH_2O$ . . . . 35 (Al):   Hb/B2–477

–. . . . . $KAl(SO_4)_2$ solid solutions:

$KAl(SO_4)_2 \cdot 12\,H_2O$

–$TlAl(SO_4)_2 \cdot 12\,H_2O$ . . . . 38 (Tl):   Hb/3–496

–. . . . . $KAl(SO_4)_2$ solutions:

$KAl(SO_4)_2$–H_2O . . . . 35 (Al):   Hb/B2–478/84

–. . . . . $KAl(SO_4)_2$ systems:

$KAl(SO_4)_2$–$CuSO_4$–H_2O . . . . 60 (Cu):   Hb/B3–1178

$KAl(SO_4)_2$–$KCr(SO_4)_2$–H_2O. . . . . . . 52 (Cr):   Hb/B–896

$AlKO_8Se_2$ . . . . $KAl(SeO_4)_2 \cdot 12\,H_2O$

$= K_2SeO_4 \cdot Al_2(SeO_4)_3 \cdot 24\,H_2O$. . . . 35 (Al):   Hb/B2–486

–. . . . . $KAl(SeO_4)_2$ systems:

$KAl(SeO_4)_2$–$KCr(SeO_4)_2$–H_2O . . . . . 52 (Cr):   Hb/B–896

$AlKO_8Si_3$ . . . . $KAlSi_3O_8 = K_2O \cdot Al_2O_3 \cdot 6\,SiO_2$. . . . . 35 (Al):   Hb/B2–495/502

–. . . . . $KAlSi_3O_8$ systems:

$KAlSi_3O_8$–$CaAl_2Si_2O_8$. . . . . 35 (Al):   Hb/B2–594

$KAlSi_3O_8$–$CaAl_2Si_2O_8$–$NaAlSi_3O_8$ . . . 35 (Al):   Hb/B2–594

$KAlSi_3O_8$–$KAlSiO_4$–$NaAlSiO_4$ . . . . . 35 (Al):   Hb/B2–505

$KAlSi_3O_8$–$LiAlSi_3O_8$. . . . . 35 (Al):   Hb/B2–505

$KAlSi_3O_8$–$NaAlSi_3O_8$ . . . . 35 (Al):   Hb/B2–505/6

AlKO$_8$Si$_3$ . . . . KAlSi$_3$O$_8$ systems:

KAlSi$_3$O$_8$–NaAlSi$_3$O$_8$–SiO$_2$ . . . . . . 35 (Al):   Hb/B2–506

AlLa . . . . AlLa . . . . 35 (Al):   Hb/A5–818

AlLaO$_3$ . . . . LaAlO$_3$ solid solutions:

LaAlO$_3$–PbTiO$_3$ . . . . 47 (Pb):   Hb/C4–1418/9

$(1-x)$Pb$(Zr_y$Ti$_{1-y})$O$_3$ · xLaAlO$_3$ . . . . 47 (Pb):   Hb/C4–1462/3

AlLi . . . . AlLi . . . . 35 (Al):   Hb/A4–635

AlLiO$_2$ . . . . LiAlO$_2$ = Li$_2$O · Al$_2$O$_3$ . . . . 35 (Al):   Hb/B2–353

AlLiO$_4$Si . . . . LiAlSiO$_4$ = Li$_2$O · Al$_2$O$_3$ · 2 SiO$_2$ . . . . . 35 (Al):   Hb/B2–356/7

AlLiO$_6$Si$_2$ . . . . LiAlSi$_2$O$_6$ = Li$_2$O · Al$_2$O$_3$ · 4 SiO$_2$ . . . . 35 (Al):   Hb/B2–357/9

AlLiO$_8$Si$_3$ . . . . . . LiAlSi$_3$O$_8$ = Li$_2$O · Al$_2$O$_3$ · 6 SiO$_2$ . . . . 35 (Al):   Hb/B2–359

–. . . . . LiAlSi$_3$O$_8$ systems:

LiAlSi$_3$O$_8$–KAlSi$_3$O$_8$ . . . . 35 (Al):   Hb/B2–505

AlLiO$_{10}$Si$_4$ . . . . . LiAlSi$_4$O$_{10}$ = Li$_2$O · Al$_2$O$_3$ · 8 SiO$_2$ . . . 35 (Al):   Hb/B2–359

AlLi$_2$ . . . . AlLi$_2$ . . . . 35 (Al):   Hb/A4–635

AlLi$_3$N$_2$ . . . . Li$_3$AlN$_2$ . . . . 20 (Li):   Eb–276/7

–. . . . . Li$_3$N · AlN . . . . 35 (Al):   Hb/B2–354

AlMg . . . . AlMg . . . . 35 (Al):   Hb/A4–665

AlMg$_2$ . . . . AlMg$_2$ . . . . 35 (Al):   Hb/A4–665

AlMn . . . . AlMn . . . . 35 (Al):   Hb/A6–927

AlMn$_3$ . . . . AlMn$_3$ . . . . 35 (Al):   Hb/A6–927

AlMo . . . . AlMo . . . . 35 (Al):   Hb/A5–883
                                                                    53 (Mo):   Hb–87

AlMo$_4$ . . . . AlMo$_4$ . . . . 35 (Al):   Hb/A5–883
                                                                    53 (Mo):   Hb–87

AlMo$_{20}$ . . . . AlMo$_{20}$ . . . . 35 (Al):   Hb/A5–883

AlN . . . . AlN . . . . 35 (Al):   Hb/B1–132/49

Chemical reactions . . . . 35 (Al):   Hb/B1–147/9

Formation . . . . 35 (Al):   Hb/B1–132/5

Physical properties . . . . 35 (Al):   Hb/B1–145/7

Preparation . . . . 35 (Al):   Hb/B1–135/45

Purification . . . . 35 (Al):   Hb/B1–145

AlN$_2$O$_6$$^+$ . . . . [Al(H$_2$O)$_6$(NO$_3$)$_2$]$^+$ . . . . 35 (Al):   Hb/B1–155

AlN$_3$O$_9$ . . . . Al(NO$_3$)$_3$ . . . . 35 (Al):   Hb/B1–149, 152,
                                                                                 153/6

–. . . . . Al(NO$_3$)$_3$ · 4 H$_2$O . . . . 35 (Al):   Hb/B1–153

–. . . . . Al(NO$_3$)$_3$ · 6 H$_2$O . . . . 35 (Al):   Hb/B1–153

–. . . . . Al(NO$_3$)$_3$ · 7.5 H$_2$O . . . . 35 (Al):   Hb/B1–152/3

–. . . . . Al(NO$_3$)$_3$ · 8 H$_2$O . . . . 35 (Al):   Hb/B1–152/3

–. . . . . Al(NO$_3$)$_3$ · 9 H$_2$O . . . . 35 (Al):   Hb/B1–151/2

–. . . . . Al(NO$_3$)$_3$ solutions:

Al(NO$_3$)$_3$–H$_2$O . . . . 35 (Al):   Hb/B1–153/6

Al(NO$_3$)$_3$–Li$_2$SO$_4$–PbSO$_4$–H$_2$O . . . . 47 (Pb):   Hb/C4–1302

Al(NO$_3$)$_3$–NH$_3$ . . . . 35 (Al):   Hb/B1–156

Al(NO$_3$)$_3$–NH$_4$NO$_3$–NH$_3$ . . . . 35 (Al):   Hb/B1–156

–. . . . . Al(NO$_3$)$_3$ systems:

Al(NO$_3$)$_3$–AlCl$_3$–H$_2$O . . . . 35 (Al):   Hb/B1–216

Al(NO$_3$)$_3$–AlCl$_3$–KCl–KNO$_3$–H$_2$O . . . 35 (Al):   Hb/B2–451

AlN$_3$O$_9$ . . . . Al(NO$_3$)$_3$ systems:

        Al(NO$_3$)$_3$–Cr(NO$_3$)$_3$–H$_2$O . . . . 52 (Cr):   Hb/B–893/4

        Al(NO$_3$)$_3$–Fe(NO$_3$)$_3$–H$_2$O . . . . 59 (Fe):   Hb/B5–1116

        Al(NO$_3$)$_3$–Fe(NO$_3$)$_3$–KNO$_3$–H$_2$O . . . . 59 (Fe):   Hb/B5–1116

        Al(NO$_3$)$_3$–HNO$_3$–H$_2$O. . . . . 35 (Al):   Hb/B1–150/1

        Al(NO$_3$)$_3$–HNO$_3$–KNO$_3$–H$_2$O . . . . . 35 (Al):   Hb/B2–449/50

        Al(NO$_3$)$_3$–H$_2$O . . . . 35 (Al):   Hb/B1–149/50, 153/6

        Al(NO$_3$)$_3$–KNO$_3$–H$_2$O. . . . . 35 (Al):   Hb/B2–449

        Al(NO$_3$)$_3$–PbSO$_4$–H$_2$O . . . . 47 (Pb):   Hb/C4–1295

AlN$_9$. . . . . Al(N$_3$)$_3$ . . . . 21 (Na):   Eb/3–909

AlNaO$_2$ . . . . NaAlO$_2$

        see Al$_2$Na$_2$O$_4$ ... Na$_2$O · Al$_2$O$_3$

AlNaO$_4$Si . . . . . . NaAlSiO$_4$ = Na$_2$O · Al$_2$O$_3$ · 2 SiO$_2$

        = Na$_2$Al$_2$Si$_2$O$_8$ . . . . 35 (Al):   Hb/B2–390/6

–. . . . . Na$_2$O · Al$_2$O$_3$ · 2 SiO$_2$ · 2 H$_2$O . . . . . 35 (Al):   Hb/B2–403, 404

–. . . . . NaAlSiO$_4$ systems:

        Na$_2$O · Al$_2$O$_3$ · 2 SiO$_2$

        –CaO · Al$_2$O$_3$ · 2 SiO$_2$. . . . . 35 (Al):   Hb/B2–591/2

        Na$_2$Al$_2$Si$_2$O$_8$–CaAl$_2$Si$_2$O$_8$

        –CaCO$_3$–Na$_2$CO$_3$. . . . . 35 (Al):   Hb/B2–593

        Na$_2$O · Al$_2$O$_3$ · 2 SiO$_2$–CaO · Al$_2$O$_3$

        · 2 SiO$_2$–K$_2$O · Al$_2$O$_3$ · 2 SiO$_2$

        –SiO$_2$. . . . . 35 (Al):   Hb/B2–594

        Na$_2$O · Al$_2$O$_3$ · 2 SiO$_2$–CaO · Al$_2$O$_3$

        · 2 SiO$_2$–Na$_2$O · Al$_2$O$_3$ · 6 SiO$_2$. . . . 35 (Al):   Hb/B2–592

        Na$_2$Al$_2$Si$_2$O$_8$–CaCO$_3$ . . . . 35 (Al):   Hb/B2–423

        NaAlSiO$_4$–KAlSiO$_4$ . . . . 35 (Al):   Hb/B2–505

        NaAlSiO$_4$–KAlSiO$_4$–KAlSi$_3$O$_8$ . . . . . 35 (Al):   Hb/B2–505

        NaAlSiO$_4$–MgCa(SiO$_3$)$_2$ . . . . 35 (Al):   Hb/B2–601

        NaAlSiO$_4$–MgCa$_2$Si$_2$O$_7$. . . . . 35 (Al):   Hb/B2–601

        Na$_2$Al$_2$Si$_2$O$_8$–Na$_2$CO$_3$. . . . . 35 (Al):   Hb/B2–422

        NaAlSiO$_4$–Na$_2$SiO$_3$. . . . . 35 (Al):   Hb/B2–389

        NaAlSiO$_4$–Na$_2$SiO$_3$–Na$_2$Si$_2$O$_5$. . . . . 35 (Al):   Hb/B2–389/90

        NaAlSiO$_4$–Na$_2$Si$_2$O$_5$ . . . . 35 (Al):   Hb/B2–389

AlNaO$_6$Si$_2$ . . . . . . NaAlSi$_2$O$_6$ = Na$_2$O · Al$_2$O$_3$ · 4 SiO$_2$ . . . . 35 (Al):   Hb/B2–396/7

–. . . . . NaAlSi$_2$O$_6$ · H$_2$O. . . . . 35 (Al):   Hb/B2–397, 403, 419

–. . . . . NaAlSi$_2$O$_6$ · 2 H$_2$O. . . . . 35 (Al):   Hb/B2–404

–. . . . . NaAlSi$_2$O$_6$ systems:

        NaAl(SiO$_3$)$_2$–MgCa(SiO$_3$)$_2$ . . . . 35 (Al):   Hb/B2–602

AlNaO$_7$P$_2$ . . . . NaAlP$_2$O$_7$ = NaPO$_3$ · AlPO$_4$

        = Na$_2$O · Al$_2$O$_3$ · 2 P$_2$O$_5$ . . . . 35 (Al):   Hb/B2–426

AlNaO$_8$S$_2$ . . . . NaAl(SO$_4$)$_2$ = Na$_2$SO$_4$ · Al$_2$(SO$_4$)$_3$. . . . . 35 (Al):   Hb/B2–378

–. . . . . NaAl(SO$_4$)$_2$ · 12 H$_2$O . . . . 35 (Al):   Hb/B2–379/84

AlNaO$_8$Se$_2$ . . . . . . NaAl(SeO$_4$)$_2$ · 12 H$_2$O

        = Na$_2$SeO$_4$ · Al$_2$(SeO$_4$)$_3$ · 24 H$_2$O . . . 35 (Al):   Hb/B2–385

AlNaO$_8$Si$_3$ . . . . . . NaAlSi$_3$O$_8$ = Na$_2$O · Al$_2$O$_3$ · 6 SiO$_2$ . . . 35 (Al):   Hb/B2–397/401

–. . . . . NaAlSi$_3$O$_8$ · 2 H$_2$O. . . . . 35 (Al):   Hb/B2–398

–. . . . . NaAlSi$_3$O$_8$ solid solutions:

        NaAlSi$_3$O$_8$–SrAl$_2$Si$_2$O$_8$ . . . . 35 (Al):   Hb/B2–604

$AlNaO_8Si_3$ . . . . . . $NaAlSi_3O_8$ systems:

$Na_2O \cdot Al_2O_3 \cdot 6\ SiO_2$

    $-CaO \cdot Al_2O_3 \cdot 2\ SiO_2$ . . . .   35 (Al):   Hb/B2−589/91

$NaAlSi_3O_8-CaAl_2Si_2O_8$

    $-CaMgSi_2O_6-CaTiSiO_5$ . . . . . .   41 (Ti):   Hb−466

$NaAlSi_3O_8-CaAl_2Si_2O_8-CaTiSiO_5$ . . .   41 (Ti):   Hb−466

$NaAlSi_3O_8-CaAl_2Si_2O_8-KAlSi_3O_8$ . . .   35 (Al):   Hb/B2−594

$NaAlSi_3O_8-CaAl_2Si_2O_8$

    $-MgCa(SiO_3)_2$ . . . .   35 (Al):   Hb/B2−600/1

$Na_2O \cdot Al_2O_3 \cdot 6\ SiO_2-CaO \cdot Al_2O_3$

    $\cdot\ 2\ SiO_2-Na_2O \cdot Al_2O_3 \cdot 2\ SiO_2$. . . .   35 (Al):   Hb/B2−592

$NaAlSi_3O_8-CaCO_3-Na_2CO_3$ . . . . . .   35 (Al):   Hb/B2−593

$NaAlSi_3O_8-CaO \cdot TiO_2 \cdot SiO_2$ . . . . .   41 (Ti):   Hb−466

$NaAlSi_3O_8-KAlSi_3O_8$ . . . .   35 (Al):   Hb/B2−505/6

$NaAlSi_3g_8-KAlSi_3O_8-SiO_2$ . . . . . .   35 (Al):   Hb/B2−506

$Na_2O \cdot Al_2O_3 \cdot 6\ SiO_2-Na_2O \cdot CaO$

    $\cdot\ 6\ SiO_2$ . . . .   35 (Al):   Hb/B2−592

$AlNa_3O_3$ . . . . $Na_3AlO_3 = 3\ Na_2O \cdot Al_2O_3$ . . . .   35 (Al):   Hb/B2−365

−. . . . . $Na_3AlO_3 \cdot xH_2O$ . . . .   35 (Al):   Hb/B2−363

$AlNa_3O_4$. . . . . $Na_3AlO_4 \cdot 9\ H_2O$ . . . .   35 (Al):   Hb/B2−363

$AlNbO_4$ . . . . $AlNbO_4 = Al_2O_3 \cdot Nb_2O_5$ . . . .   49 (Nb):   Hb/B3−120/2

$AlNbO_6Pb_2$ . . . . . . $Pb_2AlNbO_6 = 4\ PbO \cdot Al_2O_3 \cdot Nb_2O_5$ . .   49 (Nb):   Hb/B3−276

$AlNbO_6Sr_2$ . . . . . . $Sr_2AlNbO_6 = 4\ SrO \cdot Al_2O_3 \cdot Nb_2O_5$ . . .   49 (Nb):   Hb/B3−123/4

$AlNb_2$ . . . . Nb_2Al . . . .   49 (Nb):   Hb/B2−28/41

−. . . . . Nb_2Al solid solutions:

    $(Nb,V)_2Al$ . . . .   49 (Nb):   Hb/B2−273

$AlNb_3$ . . . . Nb_3Al . . . .   49 (Nb):   Hb/B2−27/41

−. . . . . Nb_3Al solid solutions:

    Nb_3Al-Nb_3Sb . . . .   49 (Nb):   Hb/B2−45/6

    $(Nb,V)_3Al$ . . . .   49 (Nb):   Hb/B2−273

−. . . . . Nb_3Al systems:

    Nb_3Al-Nb_3Ga . . . .   49 (Nb):   Hb/B2−52/3

    Nb_3Al-Nb_3Ge . . . .   49 (Nb):   Hb/B2−206, 207

    $Nb_3Al-Nb_3Ge-Nb_3Sn$ . . . .   49 (Nb):   Hb/B2−241

$AlNb_3O_9$ . . . . $AlNb_3O_9 = Al_2O_3 \cdot 3\ Nb_2O_5$ . . . . . .   49 (Nb):   Hb/B3−117, 120

−. . . . . $AlNb_3O_9 \cdot 6\ H_2O$ . . . .   49 (Nb):   Hb/B3−122

−. . . . . $AlNb_3O_9 \cdot nH_2O$ . . . .   49 (Nb):   Hb/B3−122

$AlNb_5O_{14}$ . . . . . . $AlNb_5O_{14} = Al_2O_3 \cdot 5\ Nb_2O_5$ . . . . . .   49 (Nb):   Hb/B3−117

$AlNb_9O_{24}$ . . . . . . $AlNb_9O_{24}$ . . . .   49 (Nb):   Hb/B3−116/7, 120

$AlNb_{11}O_{29}$ . . . . . . $AlNb_{11}O_{29}$ . . . .   49 (Nb):   Hb/B3−116/7, 120

$AlNb_{21}O_{54}$ . . . . . . $AlNb_{21}O_{54} = Al_2O_3 \cdot 21\ Nb_2O_5$ . . . . .   49 (Nb):   Hb/B1−71

                                                     Hb/B3−117

$AlNb_{25}O_{64}$ . . . . . . $AlNb_{25}O_{64} = Al_2O_3 \cdot 25\ Nb_2O_5$ . . . . .   49 (Nb):   Hb/B3−119/20

$AlNb_{49}O_{124}$ . . . . . . $AlNb_{49}O_{124}$ . . . .   49 (Nb):   Hb/B3−116/7

$AlNb_{105}O_{264}$ . . . . $AlNb_{105}O_{264} = Al_2O_3 \cdot 105\ Nb_2O_5$ . . . .   49 (Nb):   Hb/B3−117, 119

AlNd . . . . AlNd . . . .   35 (Al):   Hb/A5−826

AlNi . . . . AlNi. . . . .   35 (Al):   Hb/A6−997

$AlNi_2$ . . . . $AlNi_2$ . . . . 35 (Al):   Hb/A6–999

–. . . . . $AlNi_2$ systems:

          $Ni_2Al–Ni_2Dy$ . . . . 57 (Ni):   Hb/B1–78

$AlNi_3$ . . . . $AlNi_3$ . . . . 35 (Al):   Hb/A6–999

$AlNi_4$ . . . . $AlNi_4$ . . . . 35 (Al):   Hb/A6–999

$AlNi_5$ . . . . $AlNi_5$ . . . . 35 (Al):   Hb/A6–999

$AlNi_8$ . . . . $AlNi_8$ . . . . 35 (Al):   Hb/A6–999

AlO . . . . AlO . . . . 35 (Al):   Hb/B1–4/7

AlO_3Pu . . . . . . PuAlO$_3$ . . . . Erg. W. 4–56

AlO_4P . . . . $AlPO_4$ · . . . . 35 (Al):   Hb/B2–347

–. . . . . $AlPO_4$ · 2 H_2O . . . . 35 (Al):   Hb/B2–345, 347

–. . . . . $AlPO_4$ · 3.5 H_2O . . . . 35 (Al):   Hb/B2–347

–. . . . . $AlPO_4$ · xH_2O . . . . 35 (Al):   Hb/B2–345/7

–. . . . . $AlPO_4$ solid solutions:

          $AlPO_4–NiV_2O_6$ . . . . 57 (Ni):   Hb/B3–1201

–. . . . . $AlPO_4$ systems:

          $AlPO_4–NiO$ · P_2O_5 . . . . 57 (Ni):   Hb/B3–1159

AlO_4RbSi . . . . . . $RbAlSiO_4 = Rb_2O$ · Al_2O_3 · 2 SiO_2 . . . . 35 (Al):   Hb/B2–528

AlO_4Sb . . . . $AlSbO_4$ . . . . 49 (Nb):   Hb/B3–122

–. . . . . $AlSbO_4$ · 4.5 H_2O . . . . 35 (Al):   Hb/B2–351

AlO_4SiTl . . . . . . $TlAlSiO_4$ . . . . 15 (Si):   Hb/B–553

AlO_4Ta . . . . $AlTaO_4$ . . . . 50 (Ta):   Hb/B2–198

AlO_4V . . . . $AlVO_4 = Al_2O_3$ · V_2O_5 . . . . 48 (V):   Hb/B2–545/6

AlO_6Pb_2Ta . . . . . Pb_2AlTaO_6 . . . . 50 (Ta):   Hb/B2–239/40

AlO_6Si_2Tl . . . . . . $TlAlSi_2O_6$ . . . . 15 (Si):   Hb/B–553

AlO_6Sr_2Ta . . . . . Sr_2AlTaO_6 . . . . 50 (Ta):   Hb/B2–199

AlO_6TaTi . . . . . . $AlTiTaO_6$ . . . . 50 (Ta):   Hb/B2–226/7

$AlO_7P_2{}^-$ . . . . $AlP_2O_7{}^-$ . . . . 16 (P):   Hb/C–238

AlO_8RbS_2 . . . . . . $RbAl(SO_4)_2 = Rb_2SO_4$ · $Al_2(SO_4)_3$ . . . 35 (Al):   Hb/B2–525

–. . . . . $RbAl(SO_4)_2$ · H_2O . . . . 35 (Al):   Hb/B2–527

–. . . . . $RbAl(SO_4)_2$ · 2 H_2O . . . . 35 (Al):   Hb/B2–527

–. . . . . $RbAl(SO_4)_2$ · 3 H_2O . . . . 35 (Al):   Hb/B2–527

–. . . . . $RbAl(SO_4)_2$ · 12 H_2O . . . . 35 (Al):   Hb/B2–525/7

–. . . . . $RbAl(SO_4)_2$ solutions:

          $RbAl(SO_4)_2–H_2O$ . . . . 35 (Al):   Hb/B2–527/8

AlO_8RbSe_2 . . . . . . $RbAl(SeO_4)_2$ · 12 H_2O

          $= Rb_2SeO_4$ · $Al_2(SeO_4)_3$ · 24 H_2O . . . 35 (Al):   Hb/B2–528

AlO_8RbSi_3 . . . . . . $RbAlSi_3O_8 = Rb_2O$ · Al_2O_3 · 6 SiO_2 . . . 35 (Al):   Hb/B2–528

AlO_8S_2Tl . . . . . . $TlAl(SO_4)_2 = Tl_2SO_4$ · $Al_2(SO_4)_3$ . . . . . 38 (Tl):   Hb/3–492

–. . . . . $TlAl(SO_4)_2$ · 2 H_2O . . . . 38 (Tl):   Hb/3–495

–. . . . . $TlAl(SO_4)_2$ · 3 H_2O . . . . 38 (Tl):   Hb/3–495

–. . . . . $TlAl(SO_4)_2$ · 4 H_2O . . . . 38 (Tl):   Hb/3–495

–. . . . . $TlAl(SO_4)_2$ · 12 H_2O . . . . 38 (Tl):   Hb/3–492/5

–. . . . . $TlAl(SO_4)_2$ solid solutions:

          $TlAl(SO_4)_2$ · 12 H_2O

          $–KAl(SO_4)_2$ · 12 H_2O . . . . 38 (Tl):   Hb/3–496

AlO_8Se_2Tl . . . . . . $TlAl(SeO_4)_2$ · 12 H_2O

          $= Tl_2SeO_4$ · $Al_2(SeO_4)_3$ · 24 H_2O . . . 38 (Tl):   Hb/3–495

AlO_9P_3 . . . . $Al(PO_3)_3$
                        see $Al_2O_{18}P_6$ ... $Al_2O_3 \cdot 3\,P_2O_5$
AlO_9Sb_3 . . . . . . $Al(SbO_3)_3 \cdot 15\,H_2O$ . . . . 35 (Al):   Hb/B2–351
AlO_9Ta_3 . . . . . . $AlTa_3O_9$ . . . . 50 (Ta):   Hb/B2–198
$AlO_{14}P_4^{5-}$ . . . . . $Al(P_2O_7)_2^{5-}$ . . . . 16 (P):   Hb/C–238
AlP . . . . AlP . . . . 35 (Al):   Hb/A4–628
AlPr . . . . AlPr . . . . 35 (Al):   Hb/A5–826
AlRu . . . . RuAl . . . . 63 (Ru):   Eb–179
AlS . . . . AlS . . . . 35 (Al):   Hb/B1–242
AlSb . . . . AlSb . . . . 35 (Al):   Hb/A4–631/2
–. . . . . AlSb systems:
                        $AlSb–Al–Mg_3Sb_2$ . . . . 35 (Al):   Hb/A4–665
AlSn . . . . AlSn . . . . 35 (Al):   Hb/A5–852/3
AlTa . . . . TaAl . . . . 50 (Ta):   Hb/B2–11
–. . . . . TaAl solid solutions:
                        (Ti,Ta)Al . . . . 50 (Ta):   Hb/B2–40
$AlTa_2$ . . . . Ta_2Al . . . . 50 (Ta):   Hb/B2–11, 13/4, 16
–. . . . . Ta_2Al solid solutions:
                        $Ta_2(Si,Al)$ . . . . 50 (Ta):   Hb/B2–17
$AlTa_3$ . . . . Ta_3Al . . . . 50 (Ta):   Hb/B2–11, 13/4, 16
–. . . . . Ta_3Al solid solutions:
                        $(Ti,Ta)_3Al$ . . . . 50 (Ta):   Hb/B2–40
AlTh . . . . AlTh . . . . 35 (Al):   Hb/A5–842
$AlTh_2$ . . . . $AlTh_2$ solid solutions:
                        $AlTh_2–AgTh_2$ . . . . 61 (Ag):   Hb/C–256
AlTi . . . . TiAl . . . . 35 (Al):   Hb/A5–836
–. . . . . TiAl solid solutions:
                        (Ti,Ta)Al . . . . 50 (Ta):   Hb/B2–40
$AlTi_3$ . . . . Ti_3Al solid solutions:
                        $(Ti,Ta)_3Al$ . . . . 50 (Ta):   Hb/B2–40
–. . . . . Ti_3Al systems:
                        $Ti_3Al–Ti_3Sn–Zr$ . . . . 46 (Sn):   Hb/D–382/3
AlV . . . . AlV . . . . 35 (Al):   Hb/A5–869
AlV_2 . . . . AlV_2 . . . . 35 (Al):   Hb/A5–869
–. . . . . V_2Al solid solutions:
                        $(Nb,V)_2Al$ . . . . 49 (Nb):   Hb/B2–273
AlV_3 . . . . V_3Al solid solutions:
                        $(Nb,V)_3Al$ . . . . 49 (Nb):   Hb/B2–273
AlW_2 . . . . AlW_2 . . . . 35 (Al):   Hb/A5–885
                                                                        54 (W):   Hb–102
$Al_{1.33}C_{27}Cl_4CrH_{23}$ . . . $[(C_6H_5C_6H_5)_2Cr]AlCl_4$
                        $\cdot 0.5\,C_6H_6 \cdot 0.33\,Al$ . . . . Erg. W. 3–341
$Al_{1.5}Fe_{0.5}NiO_4$ . . . . $NiFe_{0.5}Al_{1.5}O_4$ . . . . 59 (Fe):   D/2. Eb–427
$Al_{1.76}C_6H_{15}N_3Na$ . . . $Al_{1.76}(C_2H_5)_3 \cdot NaN_3$ . . . . 21 (Na):   Eb/3–911
$Al_2As_2O_8$ . . . . $Al_2O_3 \cdot As_2O_5 = AlAsO_4$ . . . . . 35 (Al):   Hb/B2–350
$Al_2As_3K_3O_{12}$ . . . . . $K_3AsO_4 \cdot 2\,AlAsO_4$
                        $= 3\,K_2O \cdot 2\,Al_2O_3 \cdot 3\,As_2O_5$ . . . . . . 35 (Al):   Hb/B2–507

$Al_2As_3Na_3O_{12}$ . . . . . $Na_3AsO_4 \cdot 2\ AlAsO_4$
$= 3\ Na_2O \cdot 2\ Al_2O_3 \cdot 3\ As_2O_5$ . . . . . 35 (Al): Hb/B2–426
Al_2Au . . . . Al_2Au . . . . 35 (Al): Hb/A6–1103/4
Al_2Au_5 . . . . Al_2Au_5 . . . . 35 (Al): Hb/A6–1104
$Al_2BH_{10}Na$ . . . . . $NaAl_2H_7 \cdot BH_3$ . . . . 21 (Na): Eb/3–1214
$Al_2B_2H_{13}Na$ . . . . . $NaAl_2H_7 \cdot 2\ BH_3$ . . . . 21 (Na): Eb/3–1214
$Al_2B_2O_6$ . . . . $Al_2O_3 \cdot B_2O_3$ . . . . 35 (Al): Hb/B1–286
$Al_2B_3H_{16}Na$ . . . . . $NaAl_2H_7 \cdot 3\ BH_3$ . . . . 21 (Na): Eb/3–1214
$Al_2B_4H_{19}Na$ . . . . . $NaAl_2H_7 \cdot 4\ BH_3$ . . . . 21 (Na): Eb/3–1214
$Al_2B_4O_{19}Pb_8Si$ . . . . $8\ PbO \cdot Al_2O_3 \cdot 2\ B_2O_3 \cdot SiO_2$ . . . . . 47 (Pb): Hb/C4–1298
$Al_2B_6H_{25}Na$ . . . . . $NaAl_2H_7 \cdot 6\ BH_3$ . . . . 21 (Na): Eb/3–1214
$Al_2BaCCl_{10}O$ . . . . . $BaCl_2 \cdot 2\ AlCl_3 \cdot COCl_2$ . . . . . . 35 (Al): Hb/B2–607
Al_2BaCl_8 . . . . $BaCl_2 \cdot 2\ AlCl_3$ . . . . 35 (Al): Hb/B2–606
$Al_2BaH_4O_{10}Si_2$ . . . . $Ba[Al_2Si_2H_4O_{10}]$ . . . . 35 (Al): Hb/B2–404
Al_2BaO_4 . . . . $BaO \cdot Al_2O_3 = Ba(AlO_2)_2$ . . . . 30 (Ba): Hb–31
Eb–168/9, 445
35 (Al): Hb/B2–604
–. . . . . $BaO \cdot Al_2O_3 \cdot 4\ H_2O$ . . . . 35 (Al): Hb/B2–605, 606
–. . . . . $BaO \cdot Al_2O_3 \cdot 5\ H_2O$ . . . . 35 (Al): Hb/B2–605
–. . . . . $BaO \cdot Al_2O_3 \cdot 6\ H_2O$ . . . . 35 (Al): Hb/B2–604/5
Al_2BaO_6 . . . . $BaO \cdot O_2 \cdot Al_2O_3 \cdot 10\ H_2O$ . . . . 35 (Al): Hb/B2–606
$Al_2BaO_8Si_2$ . . . . . $BaO \cdot Al_2O_3 \cdot 2\ SiO_2 = BaAl_2Si_2O_8$ . . . 35 (Al): Hb/B2–607/8
–. . . . . $BaO \cdot Al_2O_3 \cdot 2\ SiO_2 \cdot 2\ H_2O$ . . . . . . 35 (Al): Hb/B2–404
$Al_2Ba_2Br_2O_4$ . . . . $BaO \cdot Al_2O_3 \cdot BaBr_2 \cdot 11\ H_2O$ . . . . . 35 (Al): Hb/B2–606
$Al_2Ba_2C_8O_{17}$ . . . . . $2\ BaO \cdot Al_2O_3 \cdot 4\ C_2O_3 \cdot 5\ H_2O$
$= Ba[Al(C_2O_4)_2(OH)(H_2O)] \cdot H_2O$ . . . 35 (Al): Hb/B2–607
$Al_2Ba_2C_{12}H_8N_2O_{24}$ . . $(NH_4)_2O \cdot 2\ BaO \cdot Al_2O_3 \cdot 6\ C_2O_3 \cdot 4\ H_2O$
$= NH_4Ba[Al(C_2O_4)_3] \cdot 2\ H_2O$ . . . 35 (Al): Hb/B2–607
$Al_2Ba_2Cl_2O_4$ . . . . . . $BaO \cdot Al_2O_3 \cdot BaCl_2 \cdot 11\ H_2O$ . . . . . . 35 (Al): Hb/B2–606
$Al_2Ba_2H_8Mo_{12}N_2O_{42}$. $(NH_4)_2O \cdot 2\ BaO \cdot Al_2O_3 \cdot 12\ MoO_3$
$\cdot 20\ H_2O = NH_4BaH_6[Al(MoO_4)_6]$
$\cdot 7\ H_2O$ . . . . 53 (Mo): Hb–374
$Al_2Ba_2I_2O_4$ . . . . . . $BaO \cdot Al_2O_3 \cdot BaI \cdot 11\ H_2O$ . . . . 35 (Al): Hb/B2–606
$Al_2Ba_2O_5$ . . . . $2\ BaO \cdot Al_2O_3$ . . . . 30 (Ba): Eb–472
35 (Al): Hb/B2–605
–. . . . . $2\ BaO \cdot Al_2O_3 \cdot 5\ H_2O$ . . . . 35 (Al): Hb/B2–605
$Al_2Ba_3C_{10}O_{21}$ . . . . . $Ba_3[Al_2O(C_2O_4)_5] \cdot 9\ H_2O$
$= 3\ BaO \cdot Al_2O_3 \cdot 5\ C_2O_3 \cdot 9\ H_2O$ . . . 35 (Al): Hb/B2–607
$Al_2Ba_3C_{12}O_{24}$ . . . . . $Ba_3[Al(C_2O_4)_3]_2 \cdot xH_2O$
$= 3\ BaO \cdot Al_2O_3 \cdot 6\ C_2O_3 \cdot xH_2O$ . . . 35 (Al): Hb/B2–607
$Al_2Ba_3O_6$ . . . . $3\ BaO \cdot Al_2O_3$ . . . . 30 (Ba): Hb–31
Eb–169, 472
35 (Al): Hb/B2–605
–. . . . . $3\ BaO \cdot Al_2O_3 \cdot 7.5\ H_2O$ . . . . 35 (Al): Hb/B2–605
–. . . . . $3\ BaO \cdot Al_2O_3 \cdot 11\ H_2O$ . . . . 35 (Al): Hb/B2–605
$Al_2Ba_3O_8$ . . . . $3\ BaO \cdot O_2 \cdot Al_2O_3 \cdot 20\ H_2O$ . . . . . . 35 (Al): Hb/B2–606
$Al_2Ba_4Cl_6O_4$ . . . . . $BaO \cdot Al_2O_3 \cdot 3\ BaCl_2 \cdot 6\ H_2O$ . . . . . 35 (Al): Hb/B2–606
$Al_2Ba_4Mo_{12}O_{43}$ . . . . $4\ BaO \cdot Al_2O_3 \cdot 12\ MoO_3 \cdot 14\ H_2O$ . . . . 53 (Mo): Hb–374
$Al_2Ba_4Nb_2O_{12}$ . . . . . $4\ BaO \cdot Al_2O_3 \cdot Nb_2O_5 = Ba_2AlNbO_6$ . . 49 (Nb): Hb/B3–124
$Al_2Ba_8O_{38}W_9$ . . . . . $8\ BaO \cdot Al_2O_3 \cdot 9\ WO_3 \cdot 7\ H_2O$ . . . . . . 54 (W): Hb–382

$Al_2BeF_4H_8N_2O_{12}S_3$ . . (NH$_4$)$_2$BeF$_4$ · Al$_2$(SO$_4$)$_3$ · 24 H$_2$O . . . . . 35 (Al):   Hb/B2−533

$Al_2BeF_4K_2O_{12}S_3$ . . . K$_2$BeF$_4$ · Al$_2$(SO$_4$)$_3$ · 24 H$_2$O . . . . 35 (Al):   Hb/B2−533

Al_2BeO_4 . . . . BeO · Al$_2$O$_3$ = Be(AlO$_2$)$_2$ . . . . 35 (Al):   Hb/B2−532/3

−. . . . . Al$_2$BeO$_4$ solid solutions:

               (V,Al)$_2$BeO$_4$ . . . . 48 (V):   Hb/B2−547

−. . . . . BeAl$_2$O$_4$ systems:

               BeAl$_2$O$_4$−BeO−ThO$_2$ . . . . 44 (Th):   Hb−351

$Al_2Be_2Cr_2O_8$ . . . . . Cr$_2$O$_3$ · Al$_2$O$_3$ · 2 BeO . . . . 52 (Cr):   Hb/B−896

$Al_2Be_2O_9Si_2$ . . . . . . 2 BeO · Al$_2$O$_3$ · 2 SiO$_2$ · H$_2$O

               = Be(AlOH)SiO$_4$ . . . . 35 (Al):   Hb/B2−534

$Al_2Be_3O_{18}Si_6$ . . . . . 3 BeO · Al$_2$O$_3$ · 6 SiO$_2$ = Be$_3$Al$_2$Si$_6$O$_{18}$. 35 (Al):   Hb/B2−533/4

$Al_2Bi_2Br_{12}$ . . . . Bi$_2$Br$_6$ · Al$_2$Br$_6$ . . . . 19 (Bi):   Hb−153

$Al_2Br_2Ca_4O_6$ . . . . . 3 CaO · Al$_2$O$_3$ · CaBr$_2$ · nH$_2$O . . . . . 35 (Al):   Hb/B2−572

$Al_2Br_4C_{26}CoH_{33}O_2$ . . [Co(C$_6$H$_6$)$_3$(CO)$_2$] [(C$_2$H$_5$)$_3$Al$_2$Br$_4$] . . . . Erg. W. 5−425

$Al_2Br_6C_8Cl_2H_4O_2$ . . . 2 AlBr$_3$ · C$_8$H$_4$O$_2$Cl$_2$ . . . . 35 (Al):   Hb/B1−234

$Al_2Br_6C_8H_{10}O_2$ . . . . 2 AlBr$_3$ · C$_8$H$_{10}$O$_2$ . . . . 35 (Al):   Hb/B1−233

$Al_2Br_6C_9H_{10}O_2$ . . . . 2 AlBr$_3$ · C$_9$H$_{10}$O$_2$ . . . . 35 (Al):   Hb/B1−234

$Al_2Br_6C_{11}H_{12}O_2$ . . . . 2 AlBr$_3$ · C$_{11}$H$_{12}$O$_2$ . . . . 35 (Al):   Hb/B1−234

$Al_2Br_6C_{12}N_{12}Pt_3$ . . . Al$_2$[Pt(CN)$_4$Br$_2$]$_3$ · 22 H$_2$O . . . . 68 (Pt):   Hb/C3−305

$Al_2Br_6C_{13}Cl_2H_{14}O_2$ . . 2 AlBr$_3$ · C$_{13}$H$_{14}$O$_2$Cl$_2$ . . . . 35 (Al):   Hb/B1−233

$Al_2Br_6C_{13}H_{16}O_2$ . . . . 2 AlBr$_3$ · C$_{13}$H$_{16}$O$_2$ . . . . 35 (Al):   Hb/B1−233

$Al_2Br_6C_{14}H_8O_2$ . . . . 2 AlBr$_3$ · C$_{14}$H$_8$O$_2$ . . . . 35 (Al):   Hb/B1−233

$Al_2Br_6C_{15}H_{14}O_3$ . . . . 2 AlBr$_3$ · C$_{15}$H$_{14}$O$_3$ . . . . 35 (Al):   Hb/B1−234

$Al_2Br_6C_{16}H_{14}O_2$ . . . . 2 AlBr$_3$ · C$_{16}$H$_{14}$O$_2$ . . . . 35 (Al):   Hb/B1−234

$Al_2Br_6C_{18}H_{21}N_3$ . . . . 2 AlBr$_3$ · 3 C$_6$H$_5$NH$_2$ . . . . 35 (Al):   Hb/B1−234

$Al_2Br_6C_{19}H_{18}O_2$ . . . . 2 AlBr$_3$ · C$_{13}$H$_{12}$O$_2$ · C$_6$H$_6$ . . . . 35 (Al):   Hb/B1−234

$Al_2Br_6C_{20}H_{14}O_2$ . . . . 2 AlBr$_3$ · C$_{20}$H$_{14}$O$_2$ . . . . 35 (Al):   Hb/B1−233

$Al_2Br_6C_{21}H_{15}N_3$ . . . . 2 AlBr$_3$ · 3 C$_6$H$_5$CN . . . . 35 (Al):   Hb/B1−234

$Al_2Br_6C_{39}H_{36}O_3$ . . . . 2 AlBr$_3$ · 3 C$_{13}$H$_{12}$O . . . . 35 (Al):   Hb/B1−233

Al_2Br_6INa . . . . Na[Al$_2$Br$_6$I] · nC$_2$H$_5$Br . . . . 21 (Na):   Eb−6−401

$Al_2Br_7C_{12}H_{10}LiN_2O_4$. LiBr · 2 AlBr$_3$ · 2 C$_6$H$_5$NO$_2$ . . . . 20 (Li):   Eb−437

Al_2Br_7Cu . . . . CuAl$_2$Br$_7$ = CuBr · 2 AlBr$_3$ . . . . 60 (Cu):   Hb/B3−1174

$Al_2Br_7H_4N$ . . . . . . NH$_4$Br · 2 AlBr$_3$ . . . . 35 (Al):   Hb/B2−508

Al_2Br_7K . . . . KBr · 2 AlBr$_3$ . . . . 35 (Al):   Hb/B2−452

Al_2Br_7Li . . . . LiBr · 2 AlBr$_3$ . . . . 35 (Al):   Hb/B2−354

Al_2Br_7Na . . . . NaBr · 2 AlBr$_3$ . . . . 35 (Al):   Hb/B2−378

Al_2Br_7Tl . . . . TlBr · 2 AlBr$_3$ . . . . 38 (Tl):   Hb/3−492

$Al_2Br_8C_5H_{10}S_2$ . . . . 2 AlBr$_3$ · CS$_2$ · 2 C$_2$H$_5$Br . . . . 35 (Al):   Hb/B1−234

Al_2Br_8Ca . . . . CaBr$_2$ · 2 AlBr$_3$ . . . . 35 (Al):   Hb/B2−576

Al_2Br_8Fe . . . . 2 AlBr$_3$ · FeBr$_2$ . . . . 59 (Fe):   Hb/B5−1117

Al_2Br_8Hg . . . . HgBr$_2$ · 2 AlBr$_3$ . . . . 35 (Al):   Hb/B2−613

Al_2Br_8Mg . . . . MgBr$_2$ · 2 AlBr$_3$ . . . . 35 (Al):   Hb/B2−539

Al_2Br_8Pb . . . . Pb(AlBr$_4$)$_2$ . . . . 47 (Pb):   Hb/C4−1293

Al_2Br_8Zn . . . . ZnBr$_2$ · 2 AlBr$_3$ . . . . 32 (Zn):   Eb−887

$Al_2Br_{10}CS_2$ . . . . 2 AlBr$_3$ · Br$_4$ · CS$_2$ . . . . 35 (Al):   Hb/B1−235

$Al_2Br_{11}C_{30}H_{30}N_5$ . . . 2 AlBr$_3$ · 5 C$_6$H$_6$NBr . . . . 35 (Al):   Hb/B1−234

$Al_2Br_{31}Sb_5$ . . . . 2 AlBr$_3$ · 5 SbBr$_5$ · 24 H$_2$O . . . . 35 (Al):   Hb/B2−352

$Al_2Br_{x+6}C_{2x}H_{5x}INa$ . . Na[Al$_2$Br$_6$I] · nC$_2$H$_5$Br . . . . 21 (Na):   Eb/6−401

$Al_2Br_{x+6}Cu_x$ . . . . . (CuBr)$_x$ · 2 AlBr$_3$ . . . . 60 (Cu):   Hb/B3−1173

$Al_2CCl_{10}OSr$ . . . . . $SrCl_2 \cdot 2\,AlCl_3 \cdot COCl_2$ . . . .   35 (Al):   Hb/B2−603

Al_2CNb_3 . . . . Nb_3Al_2C . . . .   49 (Nb):   Hb/B4−314

Al_2CNb_3V . . . . Nb_3VAl_2C . . . .   49 (Nb):   Hb/B4−333

Al_2CO_5 . . . . $Al_2O_3 \cdot CO_2 \cdot 2\,H_2O$ . . . .   35 (Al):   Hb/B1−293

Al_2CTa_3 . . . . Ta_3Al_2C . . . .   50 (Ta):   Hb/B2−323

Al_2CTa_3V . . . . Ta_3VAl_2C . . . .   50 (Ta):   Hb/B2−343

$Al_2C_2CaCl_{12}O_2$ . . . . $CaCl_2 \cdot 2\,AlCl_3 \cdot 2\,COCl_2$ . . . .   35 (Al):   Hb/B2−575

$Al_2C_2Cl_6CrS_4$ . . . . . $Cr(Al_2Cl_6)\,(CS_2)_2$ . . . .   Erg. W. 3−184

$Al_2C_2Cl_6H_3N$ . . . . . $2\,AlCl_3 \cdot CH_3CN$ . . . .   35 (Al):   Hb/B1−215

$Al_2C_2Cl_7H_2N$ . . . . . $2\,AlCl_3 \cdot CH_2ClCN$ . . . .   35 (Al):   Hb/B1−215

$Al_2C_2Cl_9N$ . . . . $2\,AlCl_3 \cdot CCl_3CN$ . . . .   35 (Al):   Hb/B1−215

$Al_2C_2H_4N_2O_4S_2$ . . . . $Al_2(CNS)_2(OH)_4$ . . . .   35 (Al):   Hb/B1−306

$Al_2C_2H_8N_2O_8$ . . . . . $(NH_4)_2O \cdot Al_2O_3 \cdot 2\,CO_2 \cdot 4\,H_2O$ . . . . .   35 (Al):   Hb/B2−519

$Al_2C_2H_{10}N_2O_{16}S_4$ . . . $C_2H_4(NH_3)_2SO_4 \cdot Al_2(SO_4)_3 \cdot 4\,H_2O$ . . .   35 (Al):   Hb/B2−523

$Al_2C_2H_{12}N_2O_{16}S_4$ . . . $(CH_3NH_3)_2SO_4 \cdot Al_2(SO_4)_3 \cdot 24\,H_2O$

               $= (CH_3NH_3)Al(SO_4)_2 \cdot 12\,H_2O$ . . . . .   35 (Al):   Hb/B2−522

$Al_2C_2H_{12}N_2O_{16}Se_4$ . . $(CH_3NH_3)_2SeO_4 \cdot Al_2(SeO_4)_3 \cdot 24\,H_2O$

               $= (CH_3NH_3)Al(SeO_4)_2 \cdot 12\,H_2O$ . . . .   35 (Al):   Hb/B2−523

$Al_2C_2H_{12}N_6O_{16}S_4$ . . . $(CN_3H_6)_2SO_4 \cdot Al_2(SO_4)_3 \cdot 12\,H_2O$ . . .   35 (Al):   Hb/B2−523

$Al_2C_2K_2O_8$ . . . . . . $K_2O \cdot Al_2O_3 \cdot 2\,CO_2 \cdot xH_2O$ . . . . .   35 (Al):   Hb/B2−486

$Al_2C_2Na_2O_8$ . . . . . $Na_2O \cdot Al_2O_3 \cdot 2\,CO_2 \cdot xH_2O$ . . . . .   35 (Al):   Hb/B2−385

$Al_2C_2Ta_4$ . . . . $Ta_4Al_2C_2$ . . . .   50 (Ta):   Hb/B2−323

$Al_2C_3Cl_6H_5N$ . . . . . $2\,AlCl_3 \cdot C_2H_5CN$ . . . .   35 (Al):   Hb/B1−215

$Al_2C_3Cl_{12}O_3$ . . . . . . $2\,AlCl_3 \cdot 3\,COCl_2$ . . . .   35 (Al):   Hb/B1−183/4, 212

$Al_2C_3H_3N_3O_3S_3$ . . . . $Al_2(CNS)_3(OH)_3$ . . . .   35 (Al):   Hb/B1−306

$Al_2C_3Na_4O_{11}$ . . . . . $2\,Na_2O \cdot Al_2O_3 \cdot 3\,CO_2 \cdot 23\,H_2O$ . . . .   35 (Al):   Hb/B2−385

$Al_2C_3O_9$ . . . . $Al_2(CO_3)_3 = Al_2O_3 \cdot 3\,CO_2$ . . . . . .   35 (Al):   Hb/B1−293

$Al_2C_4Ca_4H_6O_{10}$ . . . . $3\,CaO \cdot Al_2O_3 \cdot Ca(CH_3COO)_2 \cdot 8\,H_2O$ . . .   35 (Al):   Hb/B2−573

$Al_2C_4Cl_2H_{12}O_4Si_2$ . . . $(CH_3)_4Cl_2Si_2Al_2O_4$ . . . .   15 (Si):   Hb/C−190

$Al_2C_4H_2N_4O_2S_4$ . . . . $Al_2(CNS)_4(OH)_2$ . . . .   35 (Al):   Hb/B1−306

$Al_2C_4H_2O_{10}$ . . . . . . $Al_2(OH)_2(C_2O_4)_2 \cdot 5\,H_2O$ . . . .   35 (Al):   Hb/B1−302

$Al_2C_4H_{13}I_3O_4$ . . . . . $AlI_3 \cdot Al(OH)_3 \cdot (C_2H_5)_2O$ . . . .   35 (Al):   Hb/B1−242

$Al_2C_4H_{16}N_2O_{16}S_4$ . . . $[(CH_3)_2NH_2]_2SO_4 \cdot Al_2(SO_4)_3 \cdot xH_2O$ . . .   35 (Al):   Hb/B2−523

− . . . . $(C_2H_5NH_3)_2SO_4 \cdot Al_2(SO_4)_3 \cdot 20\,H_2O$ . .   35 (Al):   Hb/B2−523

$Al_2C_5HN_5OS_5$ . . . . . $Al_2(CNS)_5(OH)$ . . . .   35 (Al):   Hb/B1−306

Al_2C_6 . . . . $Al_2(C_2)_3$ . . . .   35 (Al):   Hb/B1−292

$Al_2C_6Ca_6H_6O_{18}$ . . . . $3\,CaO \cdot Al_2O_3 \cdot 3\,Ca(HCOO)_2 \cdot 30\,H_2O$ . . .   35 (Al):   Hb/B2−573

$Al_2C_6Cl_3H_{15}O_3$ . . . . $AlCl_3 \cdot (C_2H_5O)_3Al$ . . . .   35 (Al):   Hb/B1−214

$Al_2C_6FH_{18}Na$ . . . . . $NaF \cdot 2\,Al(CH_3)_3$ . . . .   21 (Na):   Eb/6−386

$Al_2C_6H_8N_2O_{13}$ . . . . . $(NH_4)_2[Al_2O(C_2O_4)_3] \cdot 6\,H_2O$

               $= (NH_4)_2O \cdot Al_2O_3 \cdot 3\,C_2O_3 \cdot 6\,H_2O$ . .   35 (Al):   Hb/B2−520

$Al_2C_6H_{12}O_9$ . . . . . . $Al_2(OH)_3(CH_3COO)_3$ . . . .   35 (Al):   Hb/B1−296

$Al_2C_6H_{15}I_3O_3$ . . . . . $AlI_3 \cdot (C_2H_5O)_3Al$ . . . .   35 (Al):   Hb/B1−242

$Al_2C_6K_2O_{13}$ . . . . . . $K_2[Al_2O(C_2O_4)_3] \cdot 3\,H_2O$

               $= K_2O \cdot Al_2O_3 \cdot 3\,C_2O_3 \cdot 3\,H_2O$ . . . .   35 (Al):   Hb/B2−488

$Al_2C_6MgO_{13}$ . . . . . $Mg[Al_2O(C_2O_4)_3] \cdot 6\,H_2O$

               $= MgO \cdot Al_2O_3 \cdot 3\,C_2O_3 \cdot 6\,H_2O$ . . .   35 (Al):   Hb/B2−539

$Al_2C_6O_{12}$ . . . . $Al_2(C_2O_4)_3 \cdot nH_2O$ . . . .   35 (Al):   Hb/B1−302

$Al_2C_7Cl_6H_5N$ . . . . . $2\,AlCl_3 \cdot C_6H_5CN$ . . . .   35 (Al):   Hb/B1−215

$Al_2C_8Cl_2H_{20}O_4Si_2$ . . . $(C_2H_5)_4Cl_2Si_2Al_2O_4$ . . . .   15 (Si):   Hb/C−190

$Al_2C_8Cl_6H_{26}N_3O_2P$ . . $P(NH_2)_3 \cdot Al_2Cl_6 \cdot 2\ (C_2H_5)_2O$ . . . . . . 16 (P):   Hb/C-328

$Al_2C_8H_8N_2O_{16}$. . . . . $(NH_4)_2O \cdot Al_2O_3 \cdot 4\ C_2O_3 \cdot 5\ H_2O$
                   $= NH_4[Al(C_2O_4)_2] \cdot 2.5\ H_2O$ . . . . . 35 (Al):   Hb/B2-519

$Al_2C_8H_{12}O_9$ . . . . . . $Al_2O(CH_3COO)_4$ . . . . 35 (Al):   Hb/B1-296

$Al_2C_8H_{16}N_4O_{17}$ . . . . $(NH_4)_4[Al_2O(C_2O_4)_4] \cdot 2\ H_2O$
                   $= 2\ (NH_4)_2O \cdot Al_2O_3 \cdot 4\ C_2O_3 \cdot 2\ H_2O$ . . 35 (Al):   Hb/B2-520

$Al_2C_8H_{20}NO_{16}S_4$ . . . $[C_2H_5)_4N]SO_4 \cdot Al_2(SO_4)_3 \cdot 12\ H_2O$ . . . . . 35 (Al):   Hb/B2-523

$Al_2C_8H_{20}O_5$ . . . . . . $Al_2(OC_2H_5)_4O$ . . . . 35 (Al):   Hb/A2-419

$Al_2C_8H_{24}N_2O_{16}S_4$ . . . $[(C_2H_5)_2NH_2]_2SO_4 \cdot Al_2(SO_4)_3 \cdot 16\ H_2O$. . 35 (Al):   Hb/B2-523

$Al_2C_8K_2O_{16}$ . . . . . . $K_2O \cdot Al_2O_3 \cdot 4\ C_2O_3 \cdot 7.5\ H_2O$
                   $= K[Al(C_2O_4)_2] \cdot 3.75\ H_2O$ . . . . 35 (Al):   Hb/B2-486/7

$Al_2C_8K_4O_{17}$ . . . . . . $K_4[Al_2O(C_2O_4)_4] \cdot 3\ H_2O$
                   $= 2\ K_2O \cdot Al_2O_3 \cdot 4\ C_2O_3 \cdot 3\ H_2O$ . . . 35 (Al):   Hb/B2-488

$Al_2C_8Na_2O_{16}$ . . . . . $Na_2O \cdot Al_2O_3 \cdot 4\ C_2O_3 \cdot 10.5\ H_2O$
                   $= Na[Al(C_2O_4)_2] \cdot 5.25\ H_2O$ . . . . . . 35 (Al):   Hb/B2-386

$Al_2C_8Na_4O_{17}$ . . . . . $Na_4[Al_2O(C_2O_4)_4] \cdot 6\ H_2O$ . . . . 35 (Al):   Hb/B2-387

-. . . . . $Na_4[Al_2O(C_2O_4)_4] \cdot 7\ H_2O$ . . . . 35 (Al):   Hb/B2-387

$Al_2C_9CrH_{12}O_5$ . . . . . $(CO)_5Cr[Al(CH_3)_2]_2$ . . . . Erg. W. 3-45, 51

$Al_2C_{10}H_{17}NaO_{12}$ . . . $NaAl_2(CH_3COO)_5(OH)_2$. . . . . 35 (Al):   Hb/B2-385

$Al_2C_{10}H_{24}N_6O_{21}$ . . . . $(NH_4)_6[Al_2O(C_2O_4)_5] \cdot 5\ H_2O$
                   $= 3\ (NH_4)_2O \cdot Al_2O_3 \cdot 5\ C_2O_3 \cdot 5\ H_2O$ . . 35 (Al):   Hb/B2-520

$Al_2C_{10}K_5O_{20.5}$ . . . . . $2.5\ K_2O \cdot Al_2O_3 \cdot 5\ C_2O_3 \cdot 5\ H_2O$
                   $= K_{10}[Al_4O(C_2O_4)_{10}] \cdot 10\ H_2O$ . . . . 35 (Al):   Hb/B2-488

$Al_2C_{10}Na_5O_{20.5}$ . . . . $2.5\ Na_2O \cdot Al_2O_3 \cdot 5\ C_2O_3 \cdot 8\ H_2O$
                   $= Na_{10}[Al_4O(C_2O_4)_{10}] \cdot 16\ H_2O$ . . . . 35 (Al):   Hb/B2-387

$Al_2C_{10}Na_6O_{21}$ . . . . . $Na_6[Al_2O(C_2O_4)_5] \cdot 6\ H_2O$
                   $= 3\ Na_2O \cdot Al_2O_3 \cdot 5\ C_2O_3 \cdot 6\ H_2O$ . . . 35 (Al):   Hb/B2-387

$Al_2C_{12}Cl_2H_{22}O_9$ . . . . $2\ Al(CH_3COO)_2Cl \cdot (C_2H_5)_2O$ . . . . . 35 (Al):   Hb/B1-300

$Al_2C_{12}Cl_4H_{16}O_{11}$ . . . $Al_2(CH_3COO)_5Cl \cdot CCl_3CHO$ . . . . . 35 (Al):   Hb/B1-300

$Al_2C_{12}Cl_6H_{18}$ . . . . . $2\ AlCl_3 \cdot (C_2H_5)_3C_6H_3$ . . . . 35 (Al):   Hb/B1-213

$Al_2C_{12}Cr_6H_{48}N_{24}O_{33}$. $[Al(CO(NH_2)_2)_6]_2[Cr_2O_7]_3$ . . . . 52 (Cr):   Hb/B-895

$Al_2C_{12}FH_{30}Na$ . . . . . $NaF \cdot 2\ Al(C_2H_5)_3$ . . . . 21 (Na):   Eb/6-386

$Al_2C_{12}H_8N_2O_{24}Sr_2$ . . $(NH_4)_2O \cdot 2\ SrO \cdot Al_2O_3 \cdot 6\ C_2O_3 \cdot 10\ H_2O$
                   $= NH_4Sr[Al(C_2O_4)_3] \cdot 5\ H_2O$ . . . . . 35 (Al):   Hb/B2-603

$Al_2C_{12}H_{12}N_3Na_3O_{24}$. . $Na_3(NH_4)_3[Al_2(C_2O_4)_6] \cdot 7\ H_2O$ . . . . . 35 (Al):   Hb/B2-519

$Al_2C_{12}H_{12}Na_2O_{18}$ . . . $Na_2O \cdot Al_2O_3 \cdot 4\ C_2O_3 \cdot 2\ C_2H_5OH$
                   $= Na[Al(C_2O_4)_2] \cdot C_2H_5OH$ . . . . . . 35 (Al):   Hb/B2-386

$Al_2C_{12}H_{14}Na_2O_{20}$ . . $Na_2[Al_2(C_4H_4O_6)_3(OH)_2]$ . . . . 21 (Na):   Eb/4-1452

$Al_2C_{12}H_{24}N_6O_{24}$ . . . $3\ (NH_4)_2O \cdot Al_2O_3 \cdot 6\ C_2O_3 \cdot xH_2O$
                   $= (NH_4)_3[Al(C_2O_4)_3] \cdot xH_2O$ . . . . . . 35 (Al):   Hb/B2-519

$Al_2C_{12}H_{26}N_2O_{25}S_4$ . . $(NH_4)_2SO_4 \cdot Al_2(SO_4)_3$
                   $\cdot 3\ (CH_3CO)_2O \cdot 2\ H_2O$ . . . . 35 (Al):   Hb/B2-518

$Al_2C_{12}K_2Na_4O_{24}$ . . . $2\ Na_2O \cdot K_2O \cdot Al_2O_3 \cdot 6\ C_2O_3 \cdot 8\ H_2O$ . . . 35 (Al):   Hb/B2-488

$Al_2C_{12}K_6O_{24}$. . . . . . $3\ K_2O \cdot Al_2O_3 \cdot 6\ C_2O_3 \cdot xH_2O$
                   $= K_3[Al(C_2O_4)_3] \cdot xH_2O$ . . . . 35 (Al):   Hb/B2-487

$Al_2C_{12}Li_6O_{24}$ . . . . . $3\ Li_2O \cdot Al_2O_3 \cdot 6\ C_2O_3 \cdot 11\ H_2O$
                   $= Li_3[Al(C_2O_4)_3] \cdot 5.5\ H_2O$ . . . . . . 35 (Al):   Hb/B2-355

-. . . . . $3\ Li_2O \cdot Al_2O_3 \cdot 6\ C_2O_3 \cdot 19\ H_2O$ . . . . 35 (Al):   Hb/B2-355

$Al_2C_{12}Na_6O_{24}$ . . . . . $3\ Na_2O \cdot Al_2O_3 \cdot 6\ C_2O_3 \cdot xH_2O$
                see $AlC_6Na_3O_{12} \ldots Na_3[Al(C_2O_4)_3] \cdot xH_2O$

$Al_2C_{12}O_{24}Rb_6$ . . . . . $3\,Rb_2O \cdot Al_2O_3 \cdot 6\,C_2O_3 \cdot 6\,H_2O$
                 $= Rb_3[Al(C_2O_4)_3] \cdot 3\,H_2O$. . . . . . .   35 (Al):   Hb/B2–528

$Al_2C_{12}O_{24}Sr_3$ . . . . . $Sr_3[Al(C_2O_4)_3]_2 \cdot 18\,H_2O$
                 $= 3\,SrO \cdot Al_2O_3 \cdot 6\,C_2O_3 \cdot 18\,H_2O$. . . .   35 (Al):   Hb/B2–603

$Al_2C_{12}O_{24}Tl_6$ . . . . . $3\,Tl_2O \cdot Al_2O_3 \cdot 6\,C_2O_3 \cdot 4\,H_2O$
                 $= Tl_3[Al(C_2O_4)_3] \cdot 2\,H_2O$ . . . .   38 (Tl):   Hb/3–495

$Al_2C_{13}CrH_{20}O_5$ . . . . $(CO)_5Cr[Al(C_2H_5)_2]_2$ . . . .   Erg. W. 3–45, 51

$Al_2C_{15}Cl_6H_{40}O_5$ . . . . $2\,AlCl_3 \cdot 5\,C_3H_7OH$ . . . .   35 (Al):   Hb/B1–214

$Al_2C_{18}FH_{42}Na$ . . . . . $NaF \cdot 2\,Al(C_3H_7)_3$ . . . .   21 (Na):   Eb/6–386

$Al_2C_{18}H_{15}Na_3O_{21}$ . . . $Na_3[Al_2(C_6H_5O_7)_3]$ . . . .   21 (Na):   Eb/4–1459

$Al_2C_{18}H_{17}Na_5O_{23}$ . . . $Na_5[Al_2(C_6H_5O_7)_3(OH)_2]$ . . . .   21 (Na):   Eb/4–1459

$Al_2C_{20}ClH_{33}Zr$ . . . . . $(C_5H_5)_2Zr(CH(Al(C_2H_5)_2)$
                 $CH_2Al(C_2H_5)_2)Cl$ . . . .   Erg. W. 10–54, 56

$Al_2C_{20}H_{24}Na_6O_{28}$ . . . $3\,Na_2O \cdot Al_2O_3 \cdot 6\,C_2O_3 \cdot 4\,C_2H_5OH$
                 $= Na_3[Al(C_2O_4)_3] \cdot 2\,C_2H_5OH$. . . . .   35 (Al):   Hb/B2–387

$Al_2C_{20}H_{28}N_4O_{28}S_7$ . . $4\,C_5H_6NHSO_4 \cdot Al_2(SO_4)_3 \cdot 6\,H_2O$ . . . .   35 (Al):   Hb/B2–523

$Al_2C_{21}CrH_{36}O_5$ . . . . $(CO)_5Cr[Al(C_4H_9)_2]_2$ . . . .   Erg. W. 3–45, 51

$Al_2C_{24}Cl_8CoH_{36}$ . . . . $[Co(C_6(CH_3)_6)_2]\,[AlCl_4]_2$ . . . .   Erg. W. 5–425

$Al_2C_{24}FH_{54}Na$ . . . . . $NaF \cdot 2\,Al(C_4H_9)_3$ . . . .   21 (Na):   Eb/6–386

$Al_2C_{24}H_{24}K_3Na_3O_{36}$ . . $Na_3K_3Al_2(C_4H_4O_6)_6 \cdot 9\,H_2O$ . . . .   35 (Al):   Hb/B2–488

$Al_2C_{24}H_{50}O_{24}$ . . . . . $Al_2(C_2O_4)_3 \cdot H_2C_2O_4 \cdot 8\,C_2H_5OH$
                 $= H[Al(C_2O_4)_2] \cdot 4\,C_2H_5OH$. . . . . .   35 (Al):   Hb/B1–302

$Al_2C_{25}Cl_6H_{60}O_5$ . . . . $2\,AlCl_3 \cdot 5\,(C_5H_{11}OH)$ . . . .   35 (Al):   Hb/B1–214

$Al_2C_{26}H_{42}Zr_2$ . . . . . $[(C_5H_5)_2ZrHAl(CH_3)_3]_2H_2$ . . . .   Erg. W. 10–67/8

$Al_2C_{29}CrH_{52}O_5$ . . . . $(CO)_5Cr[Al(C_6H_{13})_2]_2$ . . . .   Erg. W. 3–45, 51

$Al_2C_{34}Cl_2H_{54}Zr_2$ . . . . $[(C_5H_5)_2Zr(CH_2)\,(Al(CH_2CH_3)_3Cl)]_2$ . . . .   Erg. W. 10–68

$Al_2C_{48}H_{114}O_{42}$. . . . . $Al_2(C_2O_4)_3 \cdot 3\,H_2C_2O_4 \cdot 18\,C_2H_5OH$
                 $= H_3[Al(C_2O_4)_3] \cdot 9\,C_2H_5OH$ . . . . .   35 (Al):   Hb/B1–302

$Al_2C_{60}H_{42}O_6$ . . . . . $Al_2(C_{10}H_7O)_6$ . . . .   35 (Al):   Hb/A2–425

Al_2Ca . . . . Al_2Ca . . . .   35 (Al):   Hb/A4–680

Al_2CaCl_8 . . . . $CaCl_2 \cdot 2\,AlCl_3$ . . . .   35 (Al):   Hb/B2–575

$Al_2CaGe_{0.75}O_8Si_{1.25}$. $CaAl_2(Si_{1.25}Ge_{0.75})O_8$ . . . .   45 (Ge):   Eb–575

Al_2CaGeO_8Si . . . . . $CaAl_2SiGeO_8$ . . . .   45 (Ge):   Eb–575

$Al_2CaGe_2O_8$. . . . . . $CaAl_2Ge_2O_8$ . . . .   45 (Ge):   Eb–575

$Al_2CaH_4O_{16}P_4$ . . . . $Ca(AlH_2P_2O_8)_2$ . . . .   35 (Al):   Hb/B2–587

Al_2CaO_4. . . . . $CaO \cdot Al_2O_3 = Ca(AlO_2)_2$ . . . . . .   35 (Al):   Hb/B2–545/8, 565

– . . . . $CaO \cdot Al_2O_3 \cdot xH_2O$ . . . .   35 (Al):   Hb/B2–564

Al_2CaO_6. . . . . $CaO \cdot O_2 \cdot Al_2O_3 \cdot 10\,H_2O$ . . . .   35 (Al):   Hb/B2–574

$Al_2CaO_8Si_2$ . . . . . . $CaO \cdot Al_2O_3 \cdot 2\,SiO_2 = CaAl_2Si_2O_8$ . . .   35 (Al):   Hb/B2–581/4

– . . . . $CaAl_2Si_2O_8$ solid solutions:
           $CaAl_2Si_2O_8$–$SrAl_2Si_2O_8$ . . . .   35 (Al):   Hb/B2–604

– . . . . $CaAl_2Si_2O_8$ systems:
           $CaAl_2Si_2O_8$–Al_2O_3. . . . .   35 (Al):   Hb/B2–579
           $CaAl_2Si_2O_8$–$CaCO_3$ . . . .   35 (Al):   Hb/B2–588
           $CaAl_2Si_2O_8$–$CaCO_3$–$Na_2Al_2Si_2O_8$
           $-Na_2CO_3$ . . . .   35 (Al):   Hb/B2–593
           $CaAl_2Si_2O_8$–$CaMgSi_2O_6$
           $-CaTiSiO_5$–$NaAlSi_3O_8$ . . . .   41 (Ti):   Hb–466
           $CaAl_2Si_2O_8$–$CaSiO_3$. . . . .   35 (Al):   Hb/B2–579

$Al_2CaO_8Si_2$ . . . . . . $CaAl_2Si_2O_8$ systems:

　　　　　　　　$CaO \cdot Al_2O_3 \cdot 2\ SiO_2 - CaSiO_3$

　　　　　　　　$-CaO \cdot TiO_2 \cdot SiO_2$ . . . . 41 (Ti): 　Hb-465

　　　　　　　　$CaAl_2Si_2O_8 - CaSiO_3 - MgCa(SiO_3)_2$ . . 35 (Al): 　Hb/B2-598/9

　　　　　　　　$CaO \cdot Al_2O_3 \cdot 2\ SiO_2 - CaO \cdot TiO_2$ . . . 41 (Ti): 　Hb-465

　　　　　　　　$CaO \cdot Al_2O_3 \cdot 2\ SiO_2 - CaO \cdot TiO_2$

　　　　　　　　$\cdot SiO_2$ . . . . 41 (Ti): 　Hb-464/5

　　　　　　　　$CaAl_2Si_2O_8 - CaTiSiO_5 - NaAlSi_3O_8$ . . . 41 (Ti): 　Hb-466

　　　　　　　　$CaAl_2Si_2O_8 - Ca_2Al_2SiO_7$ . . . . 35 (Al): 　Hb/B2-579

　　　　　　　　$CaAl_2Si_2O_8 - KAlSi_2O_6 - SiO_2$ . . . . . 35 (Al): 　Hb/B2-594

　　　　　　　　$CaAl_2Si_2O_8 - KAlSi_3O_8$ . . . . 35 (Al): 　Hb/B2-594

　　　　　　　　$CaAl_2Si_2O_8 - KAlSi_3O_8 - NaAlSi_3O_8$ . . . 35 (Al): 　Hb/B2-594

　　　　　　　　$CaO \cdot Al_2O_3 \cdot 2\ SiO_2$

　　　　　　　　$-K_2O \cdot Al_2O_3 \cdot 2\ SiO_2$

　　　　　　　　$-Na_2O \cdot Al_2O_3 \cdot 2\ SiO_2 - SiO_2$ . . . . 35 (Al): 　Hb/B2-594

　　　　　　　　$CaAl_2Si_2O_8 - MgCa(SiO_3)_2 - NaAlSi_3O_8$. 35 (Al): 　Hb/B2-600/1

　　　　　　　　$CaAl_2Si_2O_8 - MgO - Mg_2SiO_4$ . . . . . . 35 (Al): 　Hb/B2-598

　　　　　　　　$CaO \cdot Al_2O_3 \cdot 2\ SiO_2 - MgO - SiO_2$ . . . 35 (Al): 　Hb/B2-596

　　　　　　　　$CaAl_2Si_2O_8 - Mg_2SiO_4$ . . . . 35 (Al): 　Hb/B2-596

　　　　　　　　$CaAl_2Si_2O_8 - Mg_2SiO_4 - SiO_2$ . . . . . . 35 (Al): 　Hb/B2-597/8

　　　　　　　　$CaO \cdot Al_2O_3 \cdot 2\ SiO_2$

　　　　　　　　$-Na_2O \cdot Al_2O_3 \cdot 2\ SiO_2$ . . . . . . 35 (Al): 　Hb/B2-591/2

　　　　　　　　$CaO \cdot Al_2O_3 \cdot 2\ SiO_2 - Na_2O \cdot Al_2O_3 \cdot 2\ SiO_2$

　　　　　　　　$-Na_2O \cdot Al_2O_3 \cdot 6\ SiO_2$ . . . . . . 35 (Al): 　Hb/B2-592

　　　　　　　　$CaO \cdot Al_2O_3 \cdot 2\ SiO_2$

　　　　　　　　$-Na_2O \cdot Al_2O_3 \cdot 6\ SiO_2$ . . . . . 35 (Al): 　Hb/B2-589/91

　　　　　　　　$CaAl_2Si_2O_8 - Ni_2SiO_4$ . . . . 57 (Ni): 　Hb/B3-1162

　　　　　　　　$CaAl_2Si_2O_8 - SiO_2$ . . . . 35 (Al): 　Hb/B2-579

$Al_2CaO_{10}Si_3$ . . . . . $CaO \cdot Al_2O_3 \cdot 3\ SiO_2 \cdot 3\ H_2O$ . . . . . . 35 (Al): 　Hb/B2-403/4

$Al_2CaO_{16}Si_6$ . . . . . $CaO \cdot Al_2O_3 \cdot 6\ SiO_2 \cdot 5\ H_2O$ . . . . . . 35 (Al): 　Hb/B2-403/4, 419

$-$ . . . . $CaAl_2Si_6O_{16} \cdot 8\ H_2O$ . . . . 35 (Al): 　Hb/B2-403/4

Al_2CaSi_2 . . . . Al_2CaSi_2 . . . . 35 (Al): 　Hb/A4-681

$Al_2Ca_2O_5$ . . . . $2\ CaO \cdot Al_2O_3$ . . . . 35 (Al): 　Hb/B2-553

$-$ . . . . $2\ CaO \cdot Al_2O_3 \cdot 7\ H_2O$ . . . . 35 (Al): 　Hb/B2-556/7

$-$ . . . . $2\ CaO \cdot Al_2O_3 \cdot 9\ H_2O$ . . . . 35 (Al): 　Hb/B2-556/7

$Al_2Ca_2O_7Si$ . . . . . . $2\ CaO \cdot Al_2O_3 \cdot SiO_2 = Ca_2Al_2SiO_7$ . . . 35 (Al): 　Hb/B2-584/5

$-$ . . . . $Ca_2Al_2SiO_7$ solid solutions:

　　　　　　　　$2\ CaO \cdot Al_2O_3 \cdot SiO_2$

　　　　　　　　$-3\ CaO \cdot Al_2O_3 \cdot 3\ SiO_2$ . . . . 35 (Al): 　Hb/B2-586

$-$ . . . . $Ca_2Al_2SiO_7$ systems:

　　　　　　　　$Ca_2Al_2SiO_7 - CaAl_2Si_2O_8$ . . . . 35 (Al): 　Hb/B2-579

　　　　　　　　$2\ CaO \cdot Al_2O_3 \cdot SiO_2 - CaTiO_3$ . . . . . . 41 (Ti): 　Hb-465

　　　　　　　　$2\ CaO \cdot Al_2O_3 \cdot SiO_2$

　　　　　　　　$-CaO \cdot TiO_2 \cdot SiO_2$ . . . . 41 (Ti): 　Hb-465

　　　　　　　　$Ca_2Al_2SiO_7 - Ca_2MgSi_2O_7$

　　　　　　　　$-Ca_3Al_2Si_3O_{12}$ . . . . 35 (Al): 　Hb/B2-599

　　　　　　　　$Ca_2Al_2SiO_7 - Ca_2SiO_4$ . . . . 35 (Al): 　Hb/B2-579

　　　　　　　　$Ca_2Al_2SiO_7 - Ca_3Al_2Si_3O_{12}$

　　　　　　　　$-MgCa_2Si_2O_7 - Na_6Al_2Si_3O_{12}$ . . . . 35 (Al): 　Hb/B2-600

$Al_2Ca_2O_7Si$ . . . . . . $Ca_2Al_2SiO_7$ systems:

            $Ca_2Al_2SiO_7-Ca_3Al_{10}O_{18}$. . . . . 35 (Al):   Hb/B2–579

$Al_2Ca_2O_8S$ . . . . . $CaO \cdot Al_2O_3 \cdot CaSO_4 \cdot 10\ H_2O$ . . . . . 35 (Al):   Hb/B2–572

$Al_2Ca_3H_{12}O_{12}$ . . . . $[Al(OH)_6]_2Ca_3 = 3\ CaO \cdot Al_2O_3 \cdot 6\ H_2O$ . . 35 (Al):   Hb/B2–561

–. . . . . $[Ca(H_2O)_2]_3[Al(OH)_6]_2$ . . . . 35 (Al):   Hb/B2–554, 562/4

–. . . . . $[Ca(H_2O)_4]_3[Al(OH)_6]_2$ . . . . 35 (Al):   Hb/B2–554, 557/8

$Al_2Ca_3H_{24}O_{18}$ . . . . $[Ca(H_2O)_2]_3[Al(OH)_6]_2$ . . . . 35 (Al):   Hb/B2–554, 562/4

$Al_2Ca_3H_{36}O_{24}$ . . . . . $[Ca(H_2O)_4]_3[Al(OH)_6]_2$ . . . . 35 (Al):   Hb/B2–554, 557/8

$Al_2Ca_3O_6$ . . . . $3\ CaO \cdot Al_2O_3$ . . . . 35 (Al):   Hb/B2–550/3

–. . . . . $3\ CaO \cdot Al_2O_3 \cdot 6\ H_2O$

            $= [Al(OH)_6]_2Ca_3$. . . . . 35 (Al):   Hb/B2–560/2

–. . . . . $3\ CaO \cdot Al_2O_3 \cdot 18\ H_2O$

            $= [Ca(H_2O)_4]_3[Al(OH)_6]_2$ . . . . 35 (Al):   Hb/B2–554, 557/8

–. . . . . $3\ CaO \cdot Al_2O_3 \cdot 21\ H_2O$ . . . . . . 35 (Al):   Hb/B2–557/8

–. . . . . $3\ CaO \cdot Al_2O_3 \cdot nH_2O$ . . . . 35 (Al):   Hb/B2–558/60

$Al_2Ca_3O_8Si$ . . . . . . $3\ CaO \cdot Al_2O_3 \cdot SiO_2$ . . . . 35 (Al):   Hb/B2–585

$Al_2Ca_3O_{10}Si_2$ . . . . . $3\ CaO \cdot Al_2O_3 \cdot 2\ SiO_2$ . . . . 35 (Al):   Hb/B2–584

$Al_2Ca_3O_{12}Si_3$ . . . . . $3\ CaO \cdot Al_2O_3 \cdot 3\ SiO_2$ . . . . 35 (Al):   Hb/B2–585/6

–. . . . . $3\ CaO \cdot Al_2O_3 \cdot 3\ SiO_2$ solid solutions:

         $3\ CaO \cdot Al_2O_3 \cdot 3\ SiO_2$

            $-2\ CaO \cdot Al_2O_3 \cdot SiO_2$. . . . . 35 (Al):   Hb/B2–586

            $Ca_3(Al,Cr)_2(SiO_4)_3$ . . . . 52 (Cr):   Hb/B–897

–. . . . . $Ca_3Al_2Si_3O_{12}$ systems:

         $Ca_3Al_2Si_3O_{12}-Ca_2Al_2SiO_7$

            $-Ca_2MgSi_2O_7$. . . . . 35 (Al):   Hb/B2–599

         $Ca_3Al_2Si_3O_{12}-Ca_2Al_2SiO_7$

            $-MgCa_2Si_2O_7-Na_6Al_2Si_3O_{12}$ . . . . 35 (Al):   Hb/B2–600

$Al_2Ca_{3.2}O_{9.8}S_{1.2}$ . . . . $2\ CaO \cdot Al_2O_3 \cdot 1.2\ CaSO_4 \cdot xH_2O$ . . . . 35 (Al):   Hb/B2–572

$Al_2Ca_4Cl_2O_6$. . . . . . $3\ CaO \cdot Al_2O_3 \cdot CaCl_2 \cdot 10\ H_2O$

            $= [Al(Ca(OH)_2)_2(OH)_2]Cl \cdot 2\ H_2O$. . . . 35 (Al):   Hb/B2–566/8

–. . . . . $3\ CaO \cdot Al_2O_3 \cdot CaCl_2 \cdot 18\ H_2O$. . . . . 35 (Al):   Hb/B2–566/8

$Al_2Ca_4Cl_2O_{12}$ . . . . . $3\ CaO \cdot Al_2O_3 \cdot Ca(ClO_3)_2 \cdot 10\ H_2O$ . . . 35 (Al):   Hb/B2–573

$Al_2Ca_4CrH_{12}O_{16}$ . . . . $4\ Ca(OH)_2 \cdot Al_2(OH)_4CrO_4 \cdot xH_2O$ . . . . 52 (Cr):   Hb/B–897

$Al_2Ca_4Fe_2Mg_2O_{12}$ . . . $2\ MgO \cdot 4\ CaO \cdot Al_2O_3 \cdot Fe_2O_3$. . . . . . 59 (Fe):   Hb/B5–1116

$Al_2Ca_4Fe_2O_{10}$ . . . . . $4\ CaO \cdot Al_2O_3 \cdot Fe_2O_3$. . . . . 59 (Fe):   Hb/B5–1114/5

$Al_2Ca_4I_2O_6$ . . . . . . $3\ CaO \cdot Al_2O_3 \cdot CaI_2 \cdot 8\ H_2O$ . . . . . . 35 (Al):   Hb/B2–573

$Al_2Ca_4N_2O_{10}$ . . . . . $3\ CaO \cdot Al_2O_3 \cdot Ca(NO_2)_2 \cdot 10\ H_2O$ . . . 35 (Al):   Hb/B2–574

$Al_2Ca_4N_2O_{12}$ . . . . . $3\ CaO \cdot Al_2O_3 \cdot Ca(NO_3)_2 \cdot 10\ H_2O$

            $= [Al(Ca(OH)_2)_2(OH)_2]NO_3 \cdot 2\ H_2O$ . . . 35 (Al):   Hb/B2–566

–. . . . . $3\ CaO \cdot Al_2O_3 \cdot Ca(NO_3)_2 \cdot 16\ H_2O$ . . . 35 (Al):   Hb/B2–566

$Al_2Ca_4Nb_2O_{12}$. . . . . $4\ CaO \cdot Al_2O_3 \cdot Nb_2O_5 = Ca_2AlNbO_6$ . . 49 (Nb):   Hb/B3–122/3

$Al_2Ca_4O_7$ . . . . $4\ CaO \cdot Al_2O_3$ . . . . 35 (Al):   Hb/B2–553

–. . . . . $4\ CaO \cdot Al_2O_3 \cdot 3\ H_2O$. . . . . 35 (Al):   Hb/B2–564

–. . . . . $4\ CaO \cdot Al_2O_3 \cdot 12\ H_2O$ . . . . 35 (Al):   Hb/B2–562/4

–. . . . . $4\ CaO \cdot Al_2O_3 \cdot 13\ H_2O$

            $= [Ca(H_2O)_2]_3[Al(OH)_6]_2$ . . . . 35 (Al):   Hb/B2–554, 562/4

–. . . . . $4\ CaO \cdot Al_2O_3 \cdot 13.5\ H_2O$ . . . . . . 35 (Al):   Hb/B2–562/4

$Al_2Ca_4O_9$ . . . . $4\ CaO \cdot O_2 \cdot Al_2O_3 \cdot 15\ H_2O$ . . . . . . 35 (Al):   Hb/B2–574

$Al_2Ca_4O_{10}S$ . . . . . . $3\ CaO \cdot Al_2O_3 \cdot CaSO_4 \cdot 12\ H_2O$ . . . . . 35 (Al):   Hb/B2–571/2

$Al_2Ca_5I_2O_{13}$ . . . . . . 4 CaO · Al_2O_3 · $Ca(IO_3)_2$ · 22 H_2O . . . . . 35 (Al): Hb/B2–573

$Al_2Ca_5O_8$ . . . . 5 CaO · Al_2O_3 . . . . 35 (Al): Hb/B2–553

$Al_2Ca_5O_{14}S_2$ . . . . . 3 CaO · Al_2O_3 · 2 $CaSO_4$ · xH_2O . . . . . 35 (Al): Hb/B2–572

$Al_2Ca_5O_{17}S_3$ . . . . . 2 CaO · Al_2O_3 · 3 $CaSO_4$ · xH_2O . . . . . 35 (Al): Hb/B2–572

$Al_2Ca_6Cr_3H_{12}O_{24}$ . . . 6 $Ca(OH)_2$ · $Al_2(CrO_4)_3$ · 24 H_2O
                 = 3 CaO · Al_2O_3 · 3 $CaCrO_4$ · 30 H_2O . . 52 (Cr): Hb/B–897

$Al_2Ca_6Cr_3O_{18}$ . . . . . 3 CaO · Al_2O_3 · 3 $CaCrO_4$ · 30 H_2O
                 = 6 $Ca(OH)_2$ · $Al_2(CrO_4)_3$ · 24 H_2O . . . 35 (Al): Hb/B2–573
                                               52 (Cr): Hb/B–897

$Al_2Ca_6I_2O_{14}$ . . . . . 5 CaO · Al_2O_3 · $Ca(IO_3)_2$ · 33 H_2O . . . . . 35 (Al): Hb/B2–573

$Al_2Ca_6Mn_6O_{30}$ . . . . 3 CaO · Al_2O_3 · 3 $Ca(MnO_4)_2$ · 30 H_2O . . . 35 (Al): Hb/B2–573

$Al_2Ca_6O_{18}S_3$ . . . . . 3 CaO · Al_2O_3 · 3 $CaSO_4$ · 30 H_2O . . . 35 (Al): Hb/B2–569

–. . . . . 3 CaO · Al_2O_3 · 3 $CaSO_4$ · 31 H_2O . . . 35 (Al): Hb/B2–587

–. . . . . 3 CaO · Al_2O_3 · 3 $CaSO_4$ · xH_2O . . . . . 35 (Al): Hb/B2–568/71

$Al_2Ca_6O_{18}Se_3$ . . . . . 3 CaO · Al_2O_3 · 3 $CaSeO_4$ · 30 H_2O . . . 35 (Al): Hb/B2–573

$Al_2Ca_8O_{15}Si_2$ . . . . . 8 CaO · Al_2O_3 · 2 SiO_2 . . . . 35 (Al): Hb/B2–586

$Al_2Ca_9O_{27}P_6$ . . . . . $Ca_9(PO_4)_6$ · Al_2O_3 . . . . 28 (Ca): Hb/B3–1196

$Al_2Ca_{12}F_{40}O_{12}S_3Si_4$ . . 8 CaF_2 · 4 $CaSiF_6$ · $Al_2(SO_4)_3$ · 45 H_2O . . . 35 (Al): Hb/B2–587

$Al_2Ca_{12}F_{40}O_{12}Se_3Si_4$ 8 CaF_2 · 4 $CaSiF_6$ · $Al_2(SeO_4)_3$ · 45 H_2O . . 35 (Al): Hb/B2–587

$Al_2Ca_{16}O_{48}S_7Si_4$ . . . 9 CaO · 7 $CaSO_4$ · 4 SiO_2 · Al_2O_3
                  · 80 H_2O . . . . 35 (Al): Hb/B2–587

$Al_2Ca_{17}O_{30}Si_5$ . . . . . 17 CaO · Al_2O_3 · 5 SiO_2 . . . . 35 (Al): Hb/B2–587

Al_2Ce . . . . $CeAl_2$ . . . . 35 (Al): Hb/A5–824

–. . . . . $CeAl_2$ systems:
                $CeAl_2$–$CeSn_2$ . . . . 46 (Sn): Hb/D–306

Al_2ClHO_3 . . . . $AlO_2(OH)AlCl$. . . . . 35 (Al): Hb/B1–206

$Al_2Cl_2H_4O_4$ . . . . . . $Al_2Cl_2(OH)_4$. . . . . 35 (Al): Hb/B1–205

$Al_2Cl_3F_3$. . . . . AlF_3 · $AlCl_3$ . . . . 35 (Al): Hb/B1–159

$Al_2Cl_3H_3O_3$ . . . . . . $Al_2Cl_3(OH)_3$ = $AlCl_3$ · $Al(OH)_3$ . . . . . . 35 (Al): Hb/B1–205/6

$Al_2Cl_4H_2O_2$ . . . . . . $Al_2Cl_4(OH)_2$ . . . . 35 (Al): Hb/B1–205

$Al_2Cl_4K_2O_{12}S_3Zn$ . . . K_2ZnCl_4 · $Al_2(SO_4)_3$ · 24 H_2O . . . . . 35 (Al): Hb/B2–610

Al_2Cl_5HO . . . . . . Al_2Cl_5OH . . . . 35 (Al): Hb/B1–205

$Al_2Cl_6H_2S$ . . . . Al_2Cl_6 · H_2S . . . . 9 (S): Hb/B1–69

$Al_2Cl_6H_4S_2$ . . . . . . Al_2Cl_6 · 2 H_2S . . . . 9 (S): Hb/B1–69

Al_2Cl_6NO . . . . 2 $AlCl_3$ · NO . . . . 35 (Al): Hb/B1–209

Al_2Cl_7Tl . . . . $TlCl$ · 2 $AlCl_3$. . . . . 38 (Tl): Hb/3–492

Al_2Cl_8Pb . . . . . . $Pb(AlCl_4)_2$ . . . . 47 (Pb): Hb/C4–1293

Al_2Cl_8Sr . . . . $SrCl_2$ · 2 $AlCl_3$ . . . . 35 (Al): Hb/B2–603

Al_2Cl_8V . . . . $V(AlCl_4)_2$ . . . . 48 (V): Hb/B2–546

$Al_2Cl_9K_3$ . . . . 3 KCl · 2 $AlCl_3$ . . . . 35 (Al): Hb/B2–451

$Al_2Cl_9Na_3$ . . . . 3 NaCl · 2 $AlCl_3$ . . . . 35 (Al): Hb/B2–377

$Al_2Cl_{10}S$ . . . . Al_2Cl_6 · SCl_4 . . . . 35 (Al): Hb/B1–169

$Al_2Cl_{12}N_3P_3$ . . . . . . $(NPCl_2)_3$ · 2 $AlCl_3$ . . . . 16 (P): Hb/C–556

$Al_2Cl_{16}O_2P_2Sn$ . . . . 2 $POCl_3$ · Al_2SnCl_{10} . . . . 16 (P): Hb/C–473, 476

$Al_2Co_{0.5}O_{3.5}$ . . . . . . 0.5 CoO · Al_2O_3 . . . . 58 (Co): Eb/A–865

Al_2Co . . . . $CoAl_2$ . . . . 35 (Al): Hb/A6–1025
                                               58 (Co): Hb/A1–193

Al_2CoO_4. . . . . . . CoO · Al_2O_3 = $CoAl_2O_4$. . . . . 58 (Co): Hb/A2–469/70
                                               Eb/A–863/5

Al_2CoO_4 . . . . $CoO \cdot Al_2O_3$ solid solutions:

$CoO \cdot Al_2O_3 - Al_2O_3$ . . . . 58 (Co): Hb/A2–470

$CoO \cdot Al_2O_3 - MgO \cdot Al_2O_3$ . . . . . . 58 (Co): Hb/A2–470

–. . . . . $CoAl_2O_4$ systems:

$CoAl_2O_4 - CoGa_2O_4$ . . . . 58 (Co): Eb/A–866

$Al_2Co_2O_5$ . . . . . . $2\,CoO \cdot Al_2O_3$ . . . . 58 (Co): Eb/A–865

Al_2CrO_6 . . . . $Al_2O_3 \cdot CrO_3 \cdot 7\,H_2O$ . . . . . . 52 (Cr): Hb/B–893

Al_2CrS_4 . . . . $Al_2S_3 \cdot CrS$ . . . . 52 (Cr): Hb/B–894

$Al_2Cr_2H_2O_{28}S_7$ . . . . $Al_2(SO_4)_3 \cdot Cr_2(SO_4)_3 \cdot H_2SO_4$ . . 52 (Cr): Hb/B–894

$Al_2Cr_2O_{24}S_6$ . . . . . . $Al_2(SO_4)_3 \cdot Cr_2(SO_4)_3$ . . . . . . 52 (Cr): Hb/B–894

$Al_2Cr_3O_{12}$ . . . . $Al_2(CrO_4)_3$ . . . . 52 (Cr): Hb/B–893

–. . . . . $Al_2(CrO_4)_3 \cdot 5\,H_2O$ . . . . 52 (Cr): Hb/B–892/3

$Al_2Cr_4O_{15}$ . . . . . . $Al_2O(Cr_2O_7)_2$ . . . . 52 (Cr): Hb/B–893

$Al_2Cr_6O_{21}$ . . . . . . $Al_2(Cr_2O_7)_3$ . . . . 52 (Cr): Hb/B–893

$Al_2Cs_2O_{16}S_4$ . . . . . $Cs_2SO_4 \cdot Al_2(SO_4)_3$
see $AlCsO_8S_2 \dots CsAl(SO_4)_2$

$Al_2Cs_2O_{16}Se_4$ . . . . . $Cs_2SeO_4 \cdot Al_2(SeO_4)_3 \cdot 24\,H_2O$
$= CsAl(SeO_4)_2 \cdot 12\,H_2O$ . . . . 35 (Al): Hb/B2–532

$Al_2Cs_2O_{16}Si_6$ . . . . . $Cs_2O \cdot Al_2O_3 \cdot 6\,SiO_2 = CsAlSi_3O_8$ . . . 35 (Al): Hb/B2–532

Al_2CuO_4 . . . . $CuAl_2O_4$ . . . . 60 (Cu): Hb/B3–1171/2

$Al_2Cu_2O_4$ . . . . . . $Cu_2O \cdot Al_2O_3 = CuAlO_2$ . . . . 60 (Cu): Hb/B3–1171

$Al_2Cu_2O_{32}W_9$ . . . . . $2\,CuO \cdot Al_2O_3 \cdot 9\,WO_3 \cdot 16.5\,H_2O$
$= Cu_2Al_2W_9O_{32} \cdot 16.5\,H_2O$ . . . . . . 54 (W): Hb–382
60 (Cu): Hb/B3–1240

$Al_2Cu_2S_4$ . . . . . . $Cu_2S \cdot Al_2S_3 = CuAlS_2$ . . . . . . 60 (Cu): Hb/B3–1175

$Al_2Cu_8S_7$ . . . . . . $Cu_8Al_2S_7 = 4\,Cu_2S \cdot Al_2S_3$ . . . . . 60 (Cu): Hb/B3–1175

$Al_2FH_8N_2O_{15}PS_3$ . . . $(NH_4)_2PO_3F \cdot Al_2(SO_4)_3 \cdot 24\,H_2O$ . . . . 35 (Al): Hb/B2–520

$Al_2F_2O_4Si$ . . . . $Al_2F_2SiO_4$ . . . . 35 (Al): Hb/B2–344

–. . . . . $Al_2F_2SiO_4$ solid solutions:
$Al_2(OH,F)_2SiO_4$ . . . . 35 (Al): Hb/B2–344

$Al_2F_4H_8N_2O_{12}P_4$ . . . $(NH_4)_2PO_3F \cdot Al_2(PO_3F)_3 \cdot 24\,H_2O$ . . . . 35 (Al): Hb/B2–520

$Al_2F_4O_4S$ . . . . . . $Al_2F_4SO_4$ . . . . 35 (Al): Hb/B1–159

$Al_2F_{4.5}KMg_6O_xPb_{0.5}Si_6$

$KPb_{0.5}Mg_6Al_2Si_6O_xF_{4.5}$ . . . . 47 (Pb): Hb/C4–1302

$Al_2F_{4.5}K_{1.5}Mg_6O_xPb_{0.25}Si_6$

$K_{1.5}Pb_{0.25}Mg_6Al_2Si_6O_xF_{4.5}$ . . . . 47 (Pb): Hb/C4–1302

$Al_2F_{4.5}Mg_5O_xPb_2Si_6$. $Pb_2Mg_5Al_2Si_6O_xF_{4.5}$ . . . . 47 (Pb): Hb/C4–1302

Al_2F_7H . . . . $2\,AlF_3 \cdot HF \cdot 5\,H_2O$ . . . . 35 (Al): Hb/B1–163

Al_2F_7Na . . . . $NaF \cdot 2\,AlF_3$ . . . . 35 (Al): Hb/B2–370

$Al_2F_9K_3$ . . . . $3\,KF \cdot 2\,AlF_3$ . . . . 35 (Al): Hb/B2–450

$Al_2F_9Li_3$ . . . . $3\,LiF \cdot 2\,AlF_3$ . . . . 35 (Al): Hb/B2–354

$Al_2F_9Tl_3$ . . . . $3\,TlF \cdot 2\,AlF_3 = Tl_3[Al_2F_9]$ . . . . 38 (Tl): Hb/3–491

$Al_2F_{40}O_{12}S_3Si_4Sr_{12}$. $8\,SrF_2 \cdot 4\,SrSiF_6 \cdot Al_2(SO_4)_3 \cdot 45\,H_2O$ . . . 35 (Al): Hb/B2–603

$Al_2F_{40}O_{12}Se_3Si_4Sr_{12}$ $8\,SrF_2 \cdot 4\,SrSiF_6 \cdot Al_2(SeO_4)_3 \cdot 45\,H_2O$. . . 35 (Al): Hb/B2–603

Al_2Fe . . . . Al_2Fe . . . . 35 (Al): Hb/A7–1173

Al_2FeO_4 . . . . $FeO \cdot Al_2O_3$ . . . . 59 (Fe): Hb/B5–1113/4

$Al_2FeO_{16}S_4$ . . . . . $FeSO_4 \cdot Al_2(SO_4)_3 \cdot 24\,H_2O$ . . . . . . 59 (Fe): Hb/B5–1118

Al_2FeS_4 . . . . $Al_2S_3 \cdot FeS$ . . . . 35 (Al): Hb/B1–244
59 (Fe): Hb/B5–1117/8

$Al_2Fe_2H_2O_{24}S_6$ . . . . 2 $FeSO_4$ · $Al_2(SO_4)_3$ · H_2SO_4 . . . . 59 (Fe):   Hb/B5−1119

$Al_2Fe_2H_2O_{28}S_7$ . . . . $Fe_2(SO_4)_3$ · $Al_2(SO_4)_3$ · H_2SO_4 . . . . . 59 (Fe):   Hb/B5−1119/20

$Al_2Fe_2O_{24}S_6$ . . . . . $Fe_2(SO_4)_3$ · $Al_2(SO_4)_3$ . . . . 59 (Fe):   Hb/B5−1120

Al_2Fe_3. . . . . Al_2Fe_3. . . . . 35 (Al):   Hb/A7−1174

$Al_2Fe_3O_{12}$. . . . . . . $Al_2(FeO_4)_3$ . . . . 59 (Fe):   Hb/B5−1114

$Al_2Fe_4O_{28}S_7$. . . . . . 4 $FeSO_4$ · $Al_2(SO_4)_3$ · xH_2O. . . . . 59 (Fe):   Hb/B5−1119

$Al_2Fe_6H_{12}Mn_3N_3O_{60}S_{15}$

            3 $NH_4Fe(SO_4)_2$ · $Al_2Fe_3(SO_4)_6$

               · 3 $MnSO_4$ · 21 H_2O . . . . 59 (Fe):   Hb/B5−1120

$Al_2Fe_6Mn_3O_{60}S_{15}Tl_3$. 3 $TlFe(SO_4)_2$ · $Al_2Fe_3(SO_4)_6$

               · 3 $MnSO_4$ · 21 H_2O . . . . 59 (Fe):   Hb/B5−1120

$Al_2Fe_9H_{12}N_3O_{60}S_{15}$ . . 3 $NH_4Fe(SO_4)_2$ · $Al_2Fe_3(SO_4)_6$

               · 3 $FeSO_4$ · 21 H_2O . . . . 59 (Fe):   Hb/B5−1120

Al_2Ga . . . . $GaAl_2$ . . . . 35 (Al):   Hb/A5−811/2

                                                        36 (Ga):   Hb−61

Al_2Gd . . . . $GdAl_2$ systems:

               $GdAl_2$−$GdSn_2$ . . . . 46 (Sn):   Hb/D−317

$Al_2Ge_{1.5}K_{1.5}O_{6.75}$ . . . 0.75 K_2O · Al_2O_3 · 1.5 GeO_2 . . . . . . 45 (Ge):   Eb−575

$Al_2Ge_{1.5}NaO_{6.5}$ . . . . 0.5 Na_2O · Al_2O_3 · 1.5 GeO_2 . . . . . 45 (Ge):   Eb−575

$Al_2Ge_2KO_{7.5}$ . . . . . 0.5 K_2O · Al_2O_3 · 2 GeO_2 . . . . . . 45 (Ge):   Eb−575

$Al_2Ge_2NaO_{7.5}$ . . . . 0.5 Na_2O · Al_2O_3 · 2 GeO_2 . . . . . 45 (Ge):   Eb−575

$Al_2Ge_2Na_2O_8$ . . . . Na_2O · Al_2O_3 · 2 GeO_2 . . . . . 45 (Ge):   Eb−575

$Al_2Ge_2O_7$ . . . . . . Al_2O_3 · 2 GeO_2 · xH_2O . . . . . . 45 (Ge):   Eb−574

$Al_2Ge_3Na_6O_{12}$ . . . . 3 Na_2O · Al_2O_3 · 3 GeO_2 . . . . . 45 (Ge):   Eb−575

Al_2HLiO_4 . . . . . . $LiH(AlO_2)_2$ · 3 H_2O . . . . 35 (Al):   Hb/B2−353

−. . . . . $LiH(AlO_2)_2$ · 5 H_2O . . . . 35 (Al):   Hb/B2−353

$Al_2H_2Ni_2O_{24}S_6$ . . . . $Ni_2Al_2H_2(SO_4)_6$

               = 2 $NiSO_4$ · $Al_2(SO_4)_3$ · H_2SO_4 . . . . 57 (Ni):   Hb/B3−1159

$Al_2H_2O_6Si$ . . . . . . $Al_2(OH)_2SiO_4$ solid solutions:

               $Al_2(OH,F)_2SiO_4$ . . . . 35 (Al):   Hb/B2−344

$Al_2H_2O_9Si_2$ . . . . . . H_2O_2 · Al_2O_3 · 2 SiO_2 · 3 H_2O . . . . . 35 (Al):   Hb/B2−416

$Al_2H_2O_{11}Si_3$. . . . . . H_2O_2 · Al_2O_3 · 3 SiO_2 · 5 H_2O . . . . . 35 (Al):   Hb/B2−416

$Al_2H_2O_{16}S_4$ . . . . . . $Al_2(SO_4)_3$ · H_2SO_4 · 3 H_2O

               = Al_2O_3 · 4 SO_3 · 4 H_2O . . . . 35 (Al):   Hb/B1−276

−. . . . . $Al_2(SO_4)_3$ · H_2SO_4 · 14 H_2O . . . . 35 (Al):   Hb/B1−276

−. . . . . $Al_2(SO_4)_3$ · H_2SO_4 solid solutions:

               $(Al,Cr)_2(SO_4)_3$ · H_2SO_4 · 2 H_2O . . . . . 52 (Cr):   Hb/B−894

$Al_2H_3NO_3$ . . . . Al_2O_3 · NH_3 · 3 H_2O . . . . 35 (Al):   Hb/B1−132

$Al_2H_3O_{12}P_3$ . . . . . . $Al_2(HPO_4)_3$ · 8 H_2O

               = 2 Al_2O_3 · 3 P_2O_5 · 19 H_2O . . . . . . 35 (Al):   Hb/B2−347

$Al_2H_4NNiO_{12}P_3$ . . . . $NH_4Ni[Al_2(PO_4)_3]$ · 2 H_2O . . . . 57 (Ni):   Hb/B3−1160/1

$Al_2H_4NO_{7.5}Si_2$ . . . . 0.5 $(NH_4)_2O$ · Al_2O_3 · 2 SiO_2 · 2.5 H_2O . . . 35 (Al):   Hb/B2−416

$Al_2H_4Na_2O_{10}Si_2$. . . . $Na_2[Al_2Si_2H_4O_{10}]$. . . . . 35 (Al):   Hb/B2−404

$Al_2H_4O_5$ . . . . $Al(OH)_2OAl(OH)_2$ = Al_2O_3 · 2 H_2O . . . . 35 (Al):   Hb/B1−104

$Al_2H_4O_{20}S_5$ . . . . . . $Al_2(SO_4)_3$ · 2 H_2SO_4 · 10 H_2O

               = Al_2O_3 · 5 SO_3 · 12 H_2O . . . . . . 35 (Al):   Hb/B1−276

$Al_2H_5N_2O_{7.5}Si_2$ . . . . 0.5 $(N_2H_5)_2O$ · Al_2O_3 · 2 SiO_2 · 2.5 H_2O . . 35 (Al):   Hb/B2−521

$Al_2H_6N_2O_3$ . . . . . . Al_2O_3 · 2 NH_3 · H_2O . . . . 35 (Al):   Hb/B1−132

$Al_2H_6O_{10}Si_2$. . . . . . $H_2[Al_2Si_2H_4O_{10}]$ . . . . 35 (Al):   Hb/B2−404

Al$_2$H$_6$O$_{21}$P$_6$ . . . . . .   Al$_2$H$_6$(P$_2$O$_7$)$_3$ · H$_2$O
             = Al$_2$O$_3$ · 3 P$_2$O$_5$ · 4 H$_2$O . . . . 35 (Al):   Hb/B2–348

Al$_2$H$_6$O$_{24}$S$_6$ . . . . .   Al$_2$(SO$_4$)$_3$ · 3 H$_2$SO$_4$ · 7 H$_2$O
             = Al$_2$O$_3$ · 6 SO$_3$ · 10 H$_2$O . . . . . . 35 (Al):   Hb/B1–276

Al$_2$H$_7$IN$_4$ . . . .   Al(NH$_2$)$_3$ · Al(NH)I . . . . 35 (Al):   Hb/B1–241

Al$_2$H$_7$O$_7^-$ . . . .   Al$_2$(OH)$_7^-$ . . . . 35 (Al):   Hb/B2–353

Al$_2$H$_{7.5}$N$_{2.5}$O$_3$ . . . . .   Al$_2$O$_3$ · 2.5 NH$_3$ · 1.5 H$_2$O . . . . 35 (Al):   Hb/B1–132

–. . . . .   Al$_2$O$_3$ · 2.5 NH$_3$ · 2 H$_2$O. . . . . 35 (Al):   Hb/B1–132

Al$_2$H$_8$Mn . . . .   Mn(AlH$_4$)$_2$ . . . . 56 (Mn):   Hb/C1–6

Al$_2$H$_8$N$_2$O$_{16}$S$_4$. . . . .   (NH$_4$)$_2$SO$_4$ · Al$_2$(SO$_4$)$_3$
             see AlH$_4$NO$_8$S$_2$ ... NH$_4$Al(SO$_4$)$_2$

Al$_2$H$_8$N$_2$O$_{16}$Se$_4$ . . . .   (NH$_4$)$_2$SeO$_4$ · Al$_2$(SeO$_4$)$_3$ · 24 H$_2$O
             = NH$_4$Al(SeO$_4$)$_2$ · 12 H$_2$O . . . . 35 (Al):   Hb/B2–518/9

Al$_2$H$_8$N$_2$O$_{18}$S$_4$. . . . .   (NH$_3$OH)$_2$SO$_4$ · Al$_2$(SO$_4$)$_3$ · 24 H$_2$O
             = (NH$_3$OH)Al(SO$_4$)$_2$ · 12 H$_2$O . . . . . 35 (Al):   Hb/B2–521

Al$_2$H$_8$N$_2$O$_{24}$S$_8$. . . . .   (NH$_4$)$_2$S$_2$O$_6$ · Al$_2$(S$_2$O$_6$)$_3$ · 27 H$_2$O. . . 35 (Al):   Hb/B2–518

Al$_2$H$_8$Na$_2$O$_{14}$Si$_3$. . . .   Na$_2$[Al$_2$Si$_2$H$_4$O$_{10}$] · H$_4$SiO$_4$ . . . . . 35 (Al):   Hb/B2–404

Al$_2$H$_8$Na$_2$O$_{16}$Si$_4$. . . .   Na$_2$[Al$_2$Si$_2$H$_4$O$_{10}$] · 2 H$_2$SiO$_3$ . . . 35 (Al):   Hb/B2–404

Al$_2$H$_8$Ni . . . .   Ni[AlH$_4$]$_2$ . . . . 57 (Ni):   Hb/B3–1148

Al$_2$H$_9$NO$_{10}$Si$_2$ . . . . .   (NH$_4$)H[Al$_2$Si$_2$H$_4$O$_{10}$]. . . . . 35 (Al):   Hb/B2–404

Al$_2$H$_9$O$_{20}$P$_5$ . . . . .   Al$_2$(H$_2$PO$_4$)$_4$(HPO$_4$) · 2 H$_2$O . . . . . 35 (Al):   Hb/B2–348

Al$_2$H$_{10}$N$_4$O$_{10}$Si$_3$ . . . .   (N$_2$H$_5$)$_2$O · Al$_2$O$_3$ · 3 SiO$_2$ · 4 H$_2$O . . 35 (Al):   Hb/B2–416

Al$_2$H$_{10}$N$_4$O$_{16}$S$_4$ . . . .   (N$_2$H$_5$)$_2$SO$_4$ · Al$_2$(SO$_4$)$_3$ · 24 H$_2$O
             = (N$_2$H$_5$)Al(SO$_4$)$_2$ · 12 H$_2$O . . . . . . 35 (Al):   Hb/B2–520/1

Al$_2$H$_{13}$IN$_6$ . . . . . .   Al(NH$_2$)$_3$ · Al(NH$_2$)$_2$I · NH$_3$ . . . . . . 35 (Al):   Hb/B1–241

Al$_2$H$_{24}$I$_3$N$_9$ . . . . .   AlI$_3$ · Al(NH$_2$)$_3$ · 6 NH$_3$ . . . . 21 (Na):   Eb/3–951
                                        35 (Al):   Hb/B1–241

Al$_2$H$_{24}$Mo$_{12}$N$_6$O$_{42}$. .   3 (NH$_4$)$_2$O · Al$_2$O$_3$ · 12 MoO$_3$ · 20 H$_2$O
             = (NH$_4$)$_3$H$_6$[Al(MoO$_4$)$_6$] · 7 H$_2$O . . . . 53 (Mo):   Hb–374

Al$_2$H$_{24}$N$_6$O$_{33}$W$_9$ . . . .   3 (NH$_4$)$_2$O · Al$_2$O$_3$ · 9 WO$_3$ · 4 H$_2$O. . 54 (W):   Hb–381

Al$_2$H$_{60}$I$_3$N$_{21}$ . . . . .   Al(NH$_2$)$_3$ · AlI$_3$ · 18 NH$_3$ . . . . 35 (Al):   Hb/B1–241

Al$_2$Hg$_3$ . . . .   Al$_2$Hg$_3$ . . . . 35 (Al):   Hb/A5–810

Al$_2$Hg$_4$I$_{12}$O . . . . . .   3 HgI$_2$ · HgO · 2 AlI$_3$ · 15 H$_2$O . . . . . 35 (Al):   Hb/B2–613

Al$_2$Hg$_{10}$O$_{35}$W$_9$ . . . .   5 Hg$_2$O · Al$_2$O$_3$ · 9 WO$_3$ . . . . 54 (W):   Hb–382

Al$_2$I$_6$N$_6$O$_{12}$Pt$_3$ . . . . .   Al$_2$[PtI$_2$(NO$_2$)$_2$]$_3$ · 27 H$_2$O. . . . . . . 68 (Pt):   Hb/C–304

Al$_2$I$_{12}$Pb$_3$ . . . . . .   Pb$_3$Al$_2$I$_{12}$ · xH$_2$O . . . . 47 (Pb):   Hb/C4–1294

Al$_2$K$_2$O$_4$ . . . .   K$_2$O · Al$_2$O$_3$ = KAlO$_2$ . . . . 35 (Al):   Hb/B2–448

–. . . . .   K$_2$O · Al$_2$O$_3$ · 3 H$_2$O. . . . . 35 (Al):   Hb/B2–448

–. . . . .   K$_2$O · Al$_2$O$_3$ · 4 H$_2$O. . . . . 35 (Al):   Hb/B2–448

–. . . . .   K$_2$O · Al$_2$O$_3$ · xH$_2$O. . . . . 35 (Al):   Hb/B2–448

Al$_2$K$_2$O$_5$ . . . .   K$_2$O · O · Al$_2$O$_3$ · 8 H$_2$O. . . . . 35 (Al):   Hb/B2–448

Al$_2$K$_2$O$_6$ . . . .   K$_2$O · O$_2$ · Al$_2$O$_3$ · 8 H$_2$O . . . . . . 35 (Al):   Hb/B2–448

Al$_2$K$_2$O$_6$Si . . . . . .   K$_2$O · Al$_2$O$_3$ · SiO$_2$ = K$_2$Al$_2$SiO$_6$ . . . . 35 (Al):   Hb/B2–489

Al$_2$K$_2$O$_8$Si$_2$ . . . . . .   K$_2$O · Al$_2$O$_3$ · 2 SiO$_2$
             see AlKO$_4$Si ... KAlSiO$_4$

Al$_2$K$_2$O$_{10}$Si$_3$. . . . .   K$_2$O · Al$_2$O$_3$ · 3 SiO$_2$ · 5 H$_2$O . . . . . . 35 (Al):   Hb/B2–404

Al$_2$K$_2$O$_{12}$Si$_4$ . . . . .   K$_2$O · Al$_2$O$_3$ · 4 SiO$_2$
             see AlKO$_6$Si$_2$ ... KAlSi$_2$O$_6$

Al$_2$K$_2$O$_{14}$P$_4$ . . . . . .   K$_2$O · Al$_2$O$_3$ · 2 P$_2$O$_5$ = KAlP$_2$O$_7$ . . . . . . 35 (Al):   Hb/B2–506/7

Al$_2$K$_2$O$_{16}$SSe$_3$. . . . .   K$_2$SO$_4$ · Al$_2$(SeO$_4$)$_3$ · 24 H$_2$O . . . . 35 (Al):   Hb/B2–486

$Al_2K_2O_{16}S_3Se$ . . . . . $K_2SeO_4 \cdot Al_2(SO_4)_3 \cdot 24\ H_2O$ . . . . 35 (Al):   Hb/B2−486

$Al_2K_2O_{16}S_4$ . . . . . . $K_2SO_4 \cdot Al_2(SO_4)_3$
                   see $AlKO_8S_2$ ... $KAl(SO_4)_2$

$Al_2K_2O_{16}Se_4$ . . . . . $K_2SeO_4 \cdot Al_2(SeO_4)_3$
                   see $AlKO_8Se_2$ ... $KAl(SeO_4)_2$

$Al_2K_2O_{16}Si_6$ . . . . . . $K_2O \cdot Al_2O_3 \cdot 6\ SiO_2$
                   see $AlKO_8Si_3$ ... $KAlSi_3O_8$

$Al_2K_3O_{12}P_3$ . . . . . . $K_3PO_4 \cdot 2\ AlPO_4$
                   $= 3\ K_2O \cdot 2\ Al_2O_3 \cdot 3\ P_2O_5$ . . . . . . 35 (Al):   Hb/B2−506

$Al_2K_4Mo_{10}O_{35}$ . . . . . $2\ K_2O \cdot Al_2O_3 \cdot 10\ MoO_3 \cdot 15\ H_2O$ . . . 53 (Mo):   Hb−374

$Al_2K_6Mo_{12}O_{42}$ . . . . . $3\ K_2O \cdot Al_2O_3 \cdot 12\ MoO_3 \cdot 20\ H_2O$
                   $= K_3H_6[Al(MoO_4)_6] \cdot 7\ H_2O$ . . . . . 53 (Mo):   Hb−373/4

Al_2La . . . . Al_2La . . . . 35 (Al):   Hb/A5−818

$Al_2Li_2O_4$ . . . . $Li_2O \cdot Al_2O_3 = LiAlO_2$ . . . . 35 (Al):   Hb/B2−353

$Al_2Li_2O_8Si_2$ . . . . . $Li_2O \cdot Al_2O_3 \cdot 2\ SiO_2 = LiAlSiO_4$ . . . . 35 (Al):   Hb/B2−356/7

$Al_2Li_2O_{12}Si_4$ . . . . . $Li_2O \cdot Al_2O_3 \cdot 4\ SiO_2 = LiAlSi_2O_6$ . . . 35 (Al):   Hb/B2−357/9

$Al_2Li_2O_{14}Si_5$ . . . . . $Li_2O \cdot Al_2O_3 \cdot 5\ SiO_2$ . . . . 35 (Al):   Hb/B2−359

$Al_2Li_2O_{16}Si_6$ . . . . . $Li_2O \cdot Al_2O_3 \cdot 6\ SiO_2$
                   see $AlLiO_8Si_3$ ... $LiAlSi_3O_8$

$Al_2Li_2O_{20}Si_8$ . . . . $Li_2O \cdot Al_2O_3 \cdot 8\ SiO_2 = LiAlSi_4O_{10}$ . . . . 35 (Al):   Hb/B2−359

$Al_2Li_4O_{15}Si_5$ . . . . . $2\ Li_2O \cdot Al_2O_3 \cdot 5\ SiO_2$
                   $= 2\ Li_2SiO_3 \cdot Al_2(SiO_3)_3$ . . . . 35 (Al):   Hb/B2−359

$Al_2Li_6O_{10}Si_2$ . . . . . $3\ Li_2O \cdot Al_2O_3 \cdot 2\ SiO_2$ . . . . 35 (Al):   Hb/B2−359

$Al_2Li_6O_{12}Si_3$ . . . . . $3\ Li_2O \cdot Al_2O_3 \cdot 3\ SiO_2$
                   $= 3\ Li_4SiO_4 \cdot Al_4(SiO_4)_3$ . . . . 35 (Al):   Hb/B2−360

$Al_2Mg_{0.9}Ni_{0.1}O_4$ . . . $Ni_{0.1}Mg_{0.9}Al_2O_4$ . . . . 57 (Ni):   Hb/B3−1161/2

Al_2MgO_4 . . . . . . $MgO \cdot Al_2O_3 = MgAl_2O_4$ . . . . 35 (Al):   Hb/B2−534/9

−. . . . . $MgO \cdot Al_2O_3 \cdot 4\ H_2O$ . . . . 35 (Al):   Hb/B2−539

−. . . . . $MgO \cdot Al_2O_3$ solid solutions:
                   $MgO \cdot Al_2O_3 - CoO \cdot Al_2O_3$ . . . . . . 58 (Co):   Hb/A2−470
                   $Mg(Fe_{1-x}Al_)_2O_4$ . . . . 59 (Fe):   D/2. Eb−425
                   $Mg(V,Al)_2O_4$ . . . . 48 (V):   Hb/B2−547
                   $Mg,Zn(V,Al)_2O_4$ . . . . 48 (V):   Hb/B2−547

−. . . . . $MgO \cdot Al_2O_3$ systems:
                   $MgO \cdot Al_2O_3 - MgO \cdot Cr_2O_3$ . . . . . . 52 (Cr):   Hb/B−897
                   $MgAl_2O_4 - NiAl_2O_4$ . . . . 57 (Ni):   Hb/B3−1161/2

Al_2MgO_6 . . . . . . $MgO \cdot O_2 \cdot Al_2O_3 \cdot 10\ H_2O$ . . . . 35 (Al):   Hb/B2−539

Al_2MgO_6Si . . . . . $MgO \cdot Al_2O_3 \cdot SiO_2 = MgAl_2SiO_6$ . . . . 35 (Al):   Hb/B2−541

$Al_2MgO_8Si_2$ . . . . . $MgO \cdot Al_2O_3 \cdot 2\ SiO_2 = MgAl_2Si_2O_8$ . . . 35 (Al):   Hb/B2−541

$Al_2MgO_{16}S_4$ . . . . . $MgSO_4 \cdot Al_2(SO_4)_3 \cdot 22\ H_2O$ . . . . . 35 (Al):   Hb/B2−539

−. . . . . $MgSO_4 \cdot Al_2(SO_4)_3 \cdot 24\ H_2O$ . . . . . 35 (Al):   Hb/B2−539

−. . . . . $MgSO_4 \cdot Al_2(SO_4)_3 \cdot 27\ H_2O$ . . . . . 35 (Al):   Hb/B2−539

Al_2MgS_4 . . . . . . $MgS \cdot Al_2S_3$ . . . . 35 (Al):   Hb/B2−539

Al_2Mg_3 . . . . Al_2Mg_3 . . . . 35 (Al):   Hb/A4−664

−. . . . . Al_2Mg_3 systems:
                   $Al_2Mg_3 - Mg - Mg_2Pb$ . . . . 47 (Pb):   Hb/C4−1288/9

$Al_2Mg_3O_{24}S_6$ . . . . . $3\ MgSO_4 \cdot Al_2(SO_4)_3 \cdot 33\ H_2O$ . . . . . 35 (Al):   Hb/B2−539

$Al_2Mg_3Zn_3$ . . . . . . $Al_2Zn_3Mg_3$ . . . . 35 (Al):   Hb/A5−782

Al_2Mo . . . . Al_2Mo . . . . 35 (Al):   Hb/A5−883

$Al_2Mo_{12}Na_6O_{42}$ . . . . 3 Na_2O · Al_2O_3 · 12 MoO_3 · 22 H_2O . . . 53 (Mo):   Hb–373

$Al_2Mo_{12}O_{43}Pb_4$ . . . . 4 PbO · Al_2O_3 · 12 MoO_3 · 21 H_2O . . . . 53 (Mo):   Hb–374

Al_2NNb_3 . . . . Al_2Nb_3N . . . . 49 (Nb):   Hb/B4–197

$Al_2N_2O_8$ . . . . Al_2O_3 · N_2O_5 · 2 H_2O . . . . 35 (Al):   Hb/B1–156

$Al_2N_4O_{13}$ . . . . . . Al_2O_3 · 2 N_2O_5 · H_2O . . . . 35 (Al):   Hb/B1–156

–. . . . . Al_2O_3 · 2 N_2O_5 · 9 H_2O . . . . 35 (Al):   Hb/B1–152, 156

$Al_2N_{12}O_{24}Pt_3$ . . . . . $Al_2[Pt(NO_2)_4]_3$ · 14 H_2O . . . . 68 (Pt):   Hb/C3–304

$Al_2Na_2O_4$ . . . . Na_2O · Al_2O_3 = $NaAlO_2$. . . . . 21 (Na):   Eb/6–382

                                                          35 (Al):   Hb/B2–361/2

–. . . . . Na_2O · Al_2O_3 · 2.5 H_2O . . . . 35 (Al):   Hb/B2–362

–. . . . . Na_2O · Al_2O_3 · 4 H_2O . . . . 35 (Al):   Hb/B2–363

–. . . . . Na_2O · Al_2O_3 · xH_2O . . . . 35 (Al):   Hb/B2–362/3

–. . . . . Na_2O · Al_2O_3 solutions:

                       Na_2O · Al_2O_3–H_2O . . . . 35 (Al):   Hb/B2–363/7

$Al_2Na_2O_5$ . . . . Na_2O · O · Al_2O_3 · 8 H_2O . . . . 35 (Al):   Hb/B2–363

$Al_2Na_2O_6$ . . . . Na_2O · 2 O · Al_2O_3 · 8 H_2O . . . . . . 35 (Al):   Hb/B2–363

$Al_2Na_2O_6Si$ . . . . . . Na_2O · Al_2O_3 · SiO_2 . . . . 35 (Al):   Hb/B2–401

$Al_2Na_2O_8Si_2$ . . . . . Na_2O · Al_2O_3 · 2 SiO_2

                  see AlNaO$_4$Si ... NaAlSiO$_4$

$Al_2Na_2O_{10}Si_3$ . . . . Na_2O · Al_2O_3 · 3 SiO_2 . . . . 35 (Al):   Hb/B2–401

–. . . . . Na_2O · Al_2O_3 · 3 SiO_2 · 2 H_2O . . . . . 35 (Al):   Hb/B2–403, 419

–. . . . . Na_2O · Al_2O_3 · 3 SiO_2 · 4 H_2O . . . . . 35 (Al):   Hb/B2–404

$Al_2Na_2O_{12}Si_4$ . . . . Na_2O · Al_2O_3 · 4 SiO_2

                  see AlNaO$_6$Si$_2$ ... NaAlSi$_2$O$_6$

$Al_2Na_2O_{14}P_4$ . . . . Na_2O · Al_2O_3 · 2 P_2O_5 = $NaAlP_2O_7$ . . . 35 (Al):   Hb/B2–426

$Al_2Na_2O_{16}S_4$ . . . . Na_2SO_4 · $Al_2(SO_4)_3$ = $NaAl(SO_4)_2$ . . . 35 (Al):   Hb/B2–378

–. . . . . Na_2SO_4 · $Al_2(SO_4)_3$ · 24 H_2O . . . . . . 35 (Al):   Hb/B2–379/84

$Al_2Na_2O_{16}Se_4$ . . . . Na_2SeO_4 · $Al_2(SeO_4)_3$ · 24 H_2O

                      = $NaAl(SeO_4)_2$ · 12 H_2O . . . . 35 (Al):   Hb/B2–385

$Al_2Na_2O_{16}Si_6$ . . . . . Na_2O · Al_2O_3 · 6 SiO_2

                  see AlNaO$_8$Si$_3$ ... NaAlSi$_3$O$_8$

$Al_2Na_3O_{12}P_3$ . . . . . Na_3PO_4 · 2 $AlPO_4$

                      = 3 Na_2O · 2 Al_2O_3 · 3 P_2O_5. . . . . . 35 (Al):   Hb/B2–426

$Al_2Na_4O_9Si_2$ . . . . . 2 Na_2O · Al_2O_3 · 2 SiO_2 . . . . 35 (Al):   Hb/B2–402

$Al_2Na_4O_{11}SeSi_2$ . . . $Na_2Al_2Si_2O_8$ · Na_2SeO_3 · 1.25 H_2O . . . 35 (Al):   Hb/B2–425

$Al_2Na_6O_6$ . . . . 3 Na_2O · Al_2O_3 = Na_3AlO_3 . . . . 35 (Al):   Hb/B2–365

–. . . . . 3 Na_2O · Al_2O_3 · xH_2O . . . . 35 (Al):   Hb/B2–363

$Al_2Na_6O_{12}Si_3$ . . . . $Na_6Al_2Si_3O_{12}$

                      = 3 Na_2O · Al_2O_3 · 3 SiO_2 . . . . . . 35 (Al):   Hb/B2–402

–. . . . . $Na_6Al_2Si_3O_{12}$ systems:

                      $Na_6Al_2Si_3O_{12}$–$Ca_2Al_2SiO_7$

                         –$Ca_3Al_2Si_3O_{12}$–$MgCa_2Si_2O_7$. . . . . 35 (Al):   Hb/B2–600

$Al_2Na_6O_{18}$· . . . . . . $Al_2(O_2)_3$ · 6 NaO_2 . . . . 21 (Na):   Eb/2–829

$Al_2Na_6S_5$ . . . . 2 AlS · 3 Na_2S . . . . 21 (Na):   Eb/3–1052

$Al_2Na_6S_6$ . . . . $Na_6Al_2S_6$ . . . . 35 (Al):   Hb/B1–245

$Al_2Na_8O_7$ . . . . 4 Na_2O · Al_2O_3 · 10 H_2O . . . . 35 (Al):   Hb/B2–363

Al_2Nb . . . . $NbAl_2$ systems:

                      $NbAl_2$–$NbSi_2$ . . . . 49 (Nb):   Hb/B2–43/4

$Al_2Nb_2O_8$ . . . . Al_2O_3 · Nb_2O_5 = $AlNbO_4$ . . . . 49 (Nb):   Hb/B3–120/2

$Al_2Nb_2O_{12}Pb_4$. . . . . 4 PbO $\cdot$ Al_2O_3 $\cdot$ Nb_2O_5 = Pb_2AlNbO_6 . . 49 (Nb):   Hb/B3−276

$Al_2Nb_2O_{12}Sr_4$. . . . . 4 SrO $\cdot$ Al_2O_3 $\cdot$ Nb_2O_5 = Sr_2AlNbO_6 . . . 49 (Nb):   Hb/B3−123/4

$Al_2Nb_6O_{18}$ . . . . . . Al_2O_3 $\cdot$ 3 Nb_2O_5
                       see AlNb$_3$O$_9$ ... AlNb$_3$O$_9$

$Al_2Nb_{10}O_{28}$ . . . . . . Al_2O_3 $\cdot$ 5 Nb_2O_5 = $AlNb_5O_{14}$ . . . . 49 (Nb):   Hb/B3−117

$Al_2Nb_{18}O_{48}$ . . . . . . Al_2O_3 $\cdot$ 9 Nb_2O_5 . . . . 49 (Nb):   Hb/B1−71
                                                                     Hb/B3−117

$Al_2Nb_{22}O_{58}$ . . . . . . Al_2O_3 $\cdot$ 11 Nb_2O_5 . . . . 49 (Nb):   Hb/B1−71
                                                                      Hb/B3−117

$Al_2Nb_{42}O_{108}$· . . . . . Al_2O_3 $\cdot$ 21 Nb_2O_5 = $AlNb_{21}O_{54}$ . . . . . . 49 (Nb):   Hb/B1−71
                                                                      Hb/B3−117

$Al_2Nb_{50}O_{128}$ . . . . . Al_2O_3 $\cdot$ 25 Nb_2O_5 . . . . 49 (Nb):   Hb/B1−71
                                                                      Hb/B3−119/20

$Al_2Nb_{98}O_{248}$· . . . . . Al_2O_3 $\cdot$ 49 Nb_2O_5 = $Al_{0.5}Nb_{24.5}O_{62}$ . . . . 49 (Nb):   Hb/B3−119/20

$Al_2Nb_{210}O_{528}$ . . . . . Al_2O_3 $\cdot$ 105 Nb_2O_5 = $AlNb_{105}O_{264}$ . . . . 49 (Nb):   Hb/B3−119

Al_2Ni . . . . Al_2Ni . . . . 35 (Al):   Hb/A6−998/9

Al_2NiO_4 . . . . $NiAl_2O_4$ . . . . 57 (Ni):   Hb/B3−1151/6

−. . . . . $NiAl_2O_4$ solid solutions:
                   $Ni(Cr,Al)_2O_4$ . . . . 57 (Ni):   Hb/B3−1216/7
                   $NiFe_{2−x}Al_xO_4$ . . . . 59 (Fe):   D/2. Eb−426/7

−. . . . . $NiAl_2O_4$ systems:
                   $NiAl_2O_4$−$MgAl_2O_4$ . . . . 57 (Ni):   Hb/B3−1161/2

$Al_2NiO_4Sc_{0.5}$ . . . . . $NiSc_{0.5}Al_2O_4$ solid solutions:
                   $NiFe_{2−x}Sc_{0.5}Al_xO_4$. . . . . 59 (Fe):   D/2. Eb−427

$Al_2NiO_{16}S_4$ . . . . . . $NiAl_2(SO_4)_4$ $\cdot$ 22 H_2O . . . . 57 (Ni):   Hb/B3−1159

$Al_2Ni_2O_5$ . . . . 2 NiO $\cdot$ Al_2O_3 $\cdot$ nH_2O . . . . 57(Ni):   Hb/B3−1156

$Al_2Ni_8O_{11}$ . . . . 8 NiO $\cdot$ Al_2O_3 $\cdot$ nH_2O . . . . 57 (Ni):   Hb/B3−1156

$Al_2Ni_{15}O_{18}$ . . . . . . 15 NiO $\cdot$ Al_2O_3 $\cdot$ nH_2O . . . . 57 (Ni):   Hb/B3−1156

Al_2O . . . . Al_2O . . . . 35 (Al):   Hb/B1−4

Al_2O_3 . . . . Al_2O_3 . . . . 35 (Al):   Hb/B1−7/98
                   Chemical reactions . . . . 35 (Al):   Hb/B1−95/8
                   Colloidal forms . . . . 35 (Al):   Hb/B1−117/25
                   Crystallographic properties . . . . . . 35 (Al):   Hb/B1−80/1
                   Decomposition voltage. . . . . 35 (Al):   Hb/A1−127/8
                   Electrical properties . . . . 35 (Al):   Hb/B1−94/5
                   Formation . . . . 35 (Al):   Hb/B1−7/10
                   Magnetic properties . . . . 35 (Al):   Hb/B1−94
                   Mechanical properties . . . . 35 (Al):   Hb/B1−81/4
                   Optical properties. . . . . 35 (Al):   Hb/B1−87/94
                   Preparation . . . . 35 (Al):   Hb/B1−7/12
                   −, industrial . . . . 35 (Al):   Hb/B1−12/78
                   −, −, Bayer process . . . . 35 (Al):   Hb/B1−33/6
                   −, −, electrothermal reduction
                        and purification . . . . 35 (Al):   Hb/B1−70/6
                   −, −, from alkali aluminates . . . . . . 35 (Al):   Hb/B1−15/33
                   −, −, from aluminum chloride . . . . . 35 (Al):   Hb/B1−48/55
                   −, −, from aluminum sulfates . . . . . 35 (Al):   Hb/B1−55/62
                   −, −, from other aluminum salts . . . . 35 (Al):   Hb/B1−62/70
                   −, −, Haglund process. . . . . 35 (Al):   Hb/B1−76/8

Al_2O_3 . . . . Al_2O_3:
    Preparation of corundum . . . . 35 (Al):   Hb/B1–74/6
    – of crystals . . . . 35 (Al):   Hb/B1–8/12
    Sols . . . . 35 (Al):   Hb/B1–117/25
    Solubility . . . . 35 (Al):   Hb/B1–97/8
    Thermal properties . . . . 35 (Al):   Hb/B1–84/7
–. . . . . $Al_2O_3 \cdot H_2O$ . . . . 35 (Al):   Hb/B1–125/7
–. . . . . $Al_2O_3 \cdot 1.5\ H_2O$ . . . . 35 (Al):   Hb/B1–132
–. . . . . $Al_2O_3 \cdot 2\ H_2O = Al(OH)_2OAl(OH)_2$ . . . . 35 (Al):   Hb/B1–104, 132
–. . . . . $Al_2O_3 \cdot 3\ H_2O$ . . . . 35 (Al):   Hb/B1–127/32
–. . . . . Al_2O_3 glasses:
    $Al_2O_3-B_2O_3-CeO_2-PbO$ . . . . . . 47 (Pb):   Hb/C4–1375
    $Al_2O_3-B_2O_3-Na_2O-PbO$ . . . . . . 47 (Pb):   Hb/C4–1302
    $Al_2O_3-B_2O_3-PbO$ . . . . 47 (Pb):   Hb/C4–1295
    $Al_2O_3-CaO-Na_2O-SiO_2$ . . . . . . 35 (Al):   Hb/B2–592/3
    $Al_2O_3-PbO-SiO_2$ . . . . 47 (Pb):   Hb/C4–1297/1300
–. . . . . Al_3O_3 solid solutions:
    $Al_2O_3-CoO \cdot Al_2O_3$ . . . . 58 (Co):   Hb/A2–470
    $(Fe_{1-x}Al_x)_2O_3$ . . . . 59 (Fe):   D/2. Eb–424
    $Fe_{3-x}Al_xO_4$ . . . . 59 (Fe):   D/2. Eb–424
    $Al_2O_3-Ga_2O_3-PbO$ . . . . 47 (Pb):   Hb/C4–1306
–. . . . . Al_2O_3 solutions:
    $Al_2O_3-Na_3AlF_6$ . . . . 35 (Al):   Hb/A1–126/36
–. . . . . Al_2O_3 systems:
    $Al_2O_3-AlF_3-NaF$ . . . . 35 (Al):   Hb/B2–368
    $Al_2O_3-B_2O_3-PbO-Y_2O_3$ . . . . . . 47 (Pb):   Hb/C4–1375/6
    $Al_2O_3-BaO-SiO_2$ . . . . 35 (Al):   Hb/B2–607
    $Al_2O_3-BaO-ZrO_2$ . . . . 42 (Zr):   Hb–445
    Al_2O_3-BeO . . . . 35 (Al):   Hb/B2–532
    $Al_2O_3-BeO-Cr_2O_3$ . . . . 52 (Cr):   Hb/B–896
    $Al_2O_3-BeO-SiO_2$ . . . . 35 (Al):   Hb/B2–533
    $Al_2O_3-BeO-ThO_2$ . . . . 44 (Th):   Hb–351
    $Al_2O_3-BeO-ZrO_2$ . . . . 42 (Zr):   Hb–444/5
    $Al_2O_3-CO_2-CaO-Na_2O-SiO_2$ . . . . 35 (Al):   Hb/B2–593
    $Al_2O_3-CO_2-K_2O-SiO_2$ . . . . 35 (Al):   Hb/B2–504
    $Al_2O_3-CO_2-Na_2O-SiO_2$ . . . . 35 (Al):   Hb/B2–426
    $Al_2O_3-CaAl_2Si_2O_8$ . . . . 35 (Al):   Hb/B2–579
    $Al_2O_3-CaF_2$ . . . . 35 (Al):   Hb/B2–574
    $Al_2O_3-CaF_2-Na_3[AlF_6]$ . . . . 35 (Al):   Hb/B2–575
    Al_2O_3-CaO . . . . 35 (Al):   Hb/B2–543/5
    $Al_2O_3-CaO-Fe_2O_3$ . . . . 59 (Fe):   Hb/B5–1114/5
    $Al_2O_3-CaO-Fe_2O_3-MgO$ . . . . . . 59 (Fe):   Hb/B5–1116
    $Al_2O_3-CaO-Fe_2O_3-MgO-Na_2O$
     $-SiO_2$ . . . . 35 (Al):   Hb/B2–613
    $Al_2O_3-CaO-H_2O$ . . . . 35 (Al):   Hb/B2–554/6
    $Al_2O_3-CaO-K_2O$ . . . . 35 (Al):   Hb/B2–594
    $Al_2O_3-CaO-K_2O-Na_2O-SiO_2$ . . . . 35 (Al):   Hb/B2–594/5
    $Al_2O_3-CaO-K_2O-SiO_2$ . . . . 35 (Al):   Hb/B2–594

Al_2O_3 . . . . Al_2O_3 systems:

$Al_2O_3-CaO-MgO$	35 (Al):	Hb/B2–595/6
$Al_2O_3-CaO-MgO-Na_2O-SiO_2$	35 (Al):	Hb/B2–600
$Al_2O_3-CaO-MgO-SiO_2$	35 (Al):	Hb/B2–596/600
$Al_2O_3-CaO-Na_2O$	35 (Al):	Hb/B2–588
$Al_2O_3-CaO-Na_2O-SiO_2$	35 (Al):	Hb/B2–589/92
$Al_2O_3-CaO-SiO_2$	35 (Al):	Hb/B2–576/81
$Al_2O_3-CaO \cdot Fe_2O_3-MgO-SiO_2$	35 (Al):	Hb/B2–613
Al_2O_3-CoO	58 (Co):	Hb/A2–469
		Eb/A–863
$Al_2O_3-CoO-MgO$	58 (Co):	Eb/A–865/6
$Al_2O_3-CoO-ZnO$	58 (Co):	Eb/A–866
$Al_2O_3-Co_3O_4-SiO_2$	58 (Co):	Hb/A2–470
$Al_2O_3-Cr_2O_3$	52 (Cr):	Hb/B–891/2
$Al_2O_3-Cr_2O_3-MgO$	52 (Cr):	Hb/B–896/7
$Al_2O_3-Cr_2O_3-MgO-SiO_2$	52 (Cr):	Hb/B–897
$Al_2O_3-Cr_2O_3-TiO_2$	52 (Cr):	Hb/B–905
$Al_2O_3-CuO-Fe_2O_3$	60 (Cu):	Hb/B3–1326
$Al_2O_3-Cu_2O$	60 (Cu):	Hb/B3–1170/1
$Al_2O_3-FeO-Fe_2O_3-SiO_2$	35 (Al):	Hb/B2–613
Al_2O_3-FeS	59 (Fe):	Hb/A5–939
$Al_2O_3-Fe_2O_3$	59 (Fe):	Hb/B5–1114
$Al_2O_3-Ga_2O_3$	36 (Ga):	Hb–100
$Al_2O_3-K_2O-H_2O$	35 (Al):	Hb/B2–447
$Al_2O_3-K_2O-SiO_2$	35 (Al):	Hb/B2–489
$Al_2O_3-K_2O-SiO_2-H_2O$	35 (Al):	Hb/B2–503
$Al_2O_3-Li_2O-SiO_2$	35 (Al):	Hb/B2–356
$Al_2O_3-MgCa(SiO_3)_2$	35 (Al):	Hb/B2–600
Al_2O_3-MgO	35 (Al):	Hb/B2–534
$Al_2O_3-MgO-SiO_2$	35 (Al):	Hb/B2–540/1
$Al_2O_3-MgO-ZrO_2$	42 (Zr):	Hb–445
$Al_2O_3-MgO \cdot Cr_2O_3$	52 (Cr):	Hb/B–897
$Al_2O_3-MgSiO_3$	35 (Al):	Hb/B2–541
$Al_2O_3-Na_2O$	35 (Al):	Hb/B2–360
$Al_2O_3-Na_2O-H_2O$	35 (Al):	Hb/B2–360/1
$Al_2O_3-Na_2O-SiO_2$	35 (Al):	Hb/B2–388/90
$Al_2O_3-Na_2O-SiO_2-H_2O$	35 (Al):	Hb/B2–402
$Al_2O_3-Na_2O-SiO_2-ZnO$	35 (Al):	Hb/B2–611
$Al_2O_3-Na_2O \cdot CaO \cdot 6 SiO_2$	35 (Al):	Hb/B2–592
$Al_2O_3-Nb_2O_5$	49 (Nb):	Hb/B3–116/9
Al_2O_3-NiO	57 (Ni):	Hb/B3–1148/51
$Al_2O_3-NiO-ZnO$	57 (Ni):	Hb/B3–1162
$Al_2O_3-PbF_2$	47 (Pb):	Hb/C4–1293
Al_2O_3-PbO	47 (Pb):	Hb/C4–1291
$Al_2O_3-PbO-SiO_2$	47 (Pb):	Hb/C4–1296/7
$Al_2O_3-PuO_2$	Erg. W. 4–56	
$Al_2O_3-SiO_2$	35 (Al):	Hb/B2–309/10
$Al_2O_3-SiO_2-SrO$	35 (Al):	Hb/B2–603
$Al_2O_3-SiO_2-TiO_2$	41 (Ti):	Hb–464
$Al_2O_3-SiO_2-ZnO$	35 (Al):	Hb/B2–611

Al_2O_3 . . . . Al_2O_3 systems:

$Al_2O_3-SiO_2-ZrO_2$ . . . . 42 (Zr):   Hb–444

$Al_2O_3-Ta_2O_5$ . . . . 50 (Ta):   Hb/B2–197

$Al_2O_3-ThO_2$ . . . . 44 (Th):   Hb–351

$Al_2O_3-TiO_2$ . . . . 41 (Ti):   Hb–463

$Al_2O_3-Ti_2O_3$ . . . . 41 (Ti):   Hb–463

$Al_2O_3-VO_2$ . . . . 48 (V):   Hb/B2–544

$Al_2O_3-V_2O_3$ . . . . 48 (V):   Hb/B2–543/4

$Al_2O_3-V_2O_5$ . . . . 48 (V):   Hb/B2–545

Al_2O_3-ZnO . . . . 35 (Al):   Hb/B2–608

$Al_2O_3-ZrO_2$ . . . . 42 (Zr):   Hb–443/4

Al_2O_4Pb . . . . $PbAl_2O_4$ . . . . 47 (Pb):   Hb/C4–1291/2

Al_2O_4Sr . . . . $SrO \cdot Al_2O_3 = Sr(AlO_2)_2$ . . . . 35 (Al):   Hb/B2–602

–. . . . . $SrO \cdot Al_2O_3 \cdot 4 H_2O$ . . . . . . 35 (Al):   Hb/B2–602

–. . . . . $SrO \cdot Al_2O_3 \cdot 5 H_2O$ . . . . . . 35 (Al):   Hb/B2–602

Al_2O_4Zn . . . . $ZnO \cdot Al_2O_3 = Zn(AlO_2)_2$ . . . . . . 35 (Al):   Hb/B2–609/10

–. . . . . $ZnO \cdot Al_2O_3$ solid solutions:

$Mg,Zn(V,Al)_2O_4$ . . . . 48 (V):   Hb/B2–547

$ZnO \cdot Al_2O_3-ZnO \cdot Cr_2O_3$ . . . . . . 52 (Cr):   Hb/B–897

–. . . . . $ZnO \cdot Al_2O_3$ systems:

$ZnAl_2O_4-PbF_2$ . . . . 47 (Pb):   Hb/C4–1302

$Al_2O_5Pb_2$ . . . . $Pb_2Al_2O_5$ . . . .'. . . 47 (Pb):   Hb/C4–1291

Al_2O_5S . . . . $Al_2O_3 \cdot SO_2 \cdot 4 H_2O$ . . . . . 35 (Al):   Hb/B1–248

Al_2O_5Si . . . . $Al_2O_3 \cdot SiO_2 = Al_2SiO_5$ . . . . . 35 (Al):   Hb/B2–309/17

$Al_2O_5Sr_2$ . . . . $2 SrO \cdot Al_2O_3$ . . . . 35 (Al):   Hb/B2–602

Al_2O_5Ti . . . . $Al_2O_3 \cdot TiO_2 = Al_2TiO_5$ . . . . . . 41 (Ti):   Hb–463/4

–. . . . . Al_2TiO_5 solid solutions:

$Al_2TiO_5-MgO \cdot 2 TiO_2$ . . . . 41 (Ti):   Hb–464

–. . . . . Al_2TiO_5 systems:

$Al_2TiO_5-CaTiO_3-MgTiO_3-TiO_2$ . . . . 41 (Ti):   Hb–464

$Al_2O_5Tl_4$ . . . . $2 Tl_2O \cdot Al_2O_3 = Tl_4Al_2O_5$ . . . . 38 (Tl):   Hb/3–491

Al_2O_6S . . . . $Al_2O_3 \cdot SO_3$ . . . . 35 (Al):   Hb/B1–279

–. . . . . $Al_2O_3 \cdot SO_3 \cdot 6 H_2O$ . . . . 35 (Al):   Hb/B1–278

–. . . . . $Al_2O_3 \cdot SO_3 \cdot 9 H_2O$ . . . . 35 (Al):   Hb/B1–279

Al_2O_6Sr . . . . $SrO \cdot O_2 \cdot Al_2O_3 \cdot 10 H_2O$ . . . . . 35 (Al):   Hb/B2–603

$Al_2O_6Sr_3$ . . . . $3 SrO \cdot Al_2O_3 = Sr_3(AlO_3)_2$ . . . . . 35 (Al):   Hb/B2–602

–. . . . . $3 SrO \cdot Al_2O_3 \cdot 6 H_2O$ . . . . . . 35 (Al):   Hb/B2–602

$Al_2O_7Si_2$ . . . . $Al_2O_3 \cdot 2 SiO_2$ . . . . 35 (Al):   Hb/B2–309/12

–. . . . . $Al_2O_3 \cdot 2 SiO_2 \cdot 2 H_2O$ . . . . . . 35 (Al):   Hb/B2–325/43

–. . . . . $Al_2O_3 \cdot 2 SiO_2 \cdot xH_2O$ . . . . . . 35 (Al):   Hb/B2–326

$Al_2O_7Ti_2$ . . . . $Al_2O_3 \cdot 2 TiO_2$ . . . . 41 (Ti):   Hb–463

$Al_2O_8PbSi_2$ . . . . . $PbO \cdot Al_2O_3 \cdot 2 SiO_2$ . . . . 47 (Pb):   Hb/C4–1301

$Al_2O_8Rb_2Si_2$ . . . . . $Rb_2O \cdot Al_2O_3 \cdot 2 SiO_2 = RbAlSiO_4$ . . . . 35 (Al):   Hb/B2–528

$Al_2O_8Si_2Sr$ . . . . . $SrO \cdot Al_2O_3 \cdot 2 SiO_2 = SrAl_2Si_2O_8$ . . . . 35 (Al):   Hb/B2–603

–. . . . . $SrAl_2Si_2O_8$ solid solutions:

$SrAl_2Si_2O_8-CaAl_2Si_2O_8$ . . . . 35 (Al):   Hb/B2–604

$SrAl_2Si_2O_8-NaAlSi_3O_8$ . . . . 35 (Al):   Hb/B2–604

$Al_2O_8Sr_3$ . . . . $3 SrO \cdot O_2 \cdot Al_2O_3 \cdot 20 H_2O$ . . . . . . 35 (Al):   Hb/B2–603

$Al_2O_8V_2$ . . . . $Al_2O_3 \cdot V_2O_5 = AlVO_4$ . . . . 48 (V): Hb/B2−545/6

$Al_2O_9SSi_2$ . . . . . . $SO_2 \cdot Al_2O_3 \cdot 2 SiO_2 \cdot 3 H_2O$ . . . . . . 35 (Al): Hb/B2−416

$Al_2O_9S_2$ . . . . $Al_2O_3 \cdot 2 SO_3 \cdot 12 H_2O$ . . . . 35 (Al): Hb/B1−278

$Al_2O_9S_3$ . . . . $Al_2(SO_3)_3$ . . . . 35 (Al): Hb/B1−248

$Al_2O_9Se_3$ . . . . . . $Al_2(SeO_3)_3 \cdot 3 H_2O$ . . . . 35 (Al): Hb/B1−280

−. . . . . $Al_2(SeO_3)_3 \cdot 7 H_2O$ . . . . 35 (Al): Hb/B1−280

$Al_2O_9Si_3$ . . . . $Al_2(SiO_3)_3$ . . . . 35 (Al): Hb/B2−324/5

−. . . . . $Al_2O_3 \cdot 3 SiO_2 \cdot xH_2O$ . . . . 35 (Al): Hb/B2−326

$Al_2O_{11}Pb_4Si_2$ . . . . 4 $PbO \cdot Al_2O_3 \cdot 2 SiO_2$ . . . . 47 (Pb): Hb/C4−1296, 1301

$Al_2O_{11}SSi_3$ . . . . . $SO_2 \cdot Al_2O_3 \cdot 3 SiO_2 \cdot 5 H_2O$ . . . 35 (Al): Hb/B2−416

$Al_2O_{11}Se_4$ . . . . . . $Al_2O_3 \cdot 4 SeO_2 \cdot 3 H_2O$ . . . . 35 (Al): Hb/B1−281

$Al_2O_{12}S_3$ . . . . . . $Al_2(SO_4)_3$ . . . . 35 (Al): Hb/B1−248/66,
  269/75

  Chemical reactions . . . . 35 (Al): Hb/B1−265/6

  Heat of formation . . . . 35 (Al): Hb/B1−264

  Physical properties . . . . 35 (Al): Hb/B1−265

  Preparation, industrial . . . . 35 (Al): Hb/B1−248/64

  Preparation in pure state . . . . 35 (Al): Hb/B1−264

−. . . . . $Al_2(SO_4)_3 \cdot nH_2O$ (n = 1 to 27) . . . . . 35 (Al): Hb/B1−267/9

−. . . . . $Al_2(SO_4)_3$ solid solutions:

  $(Al,Fe)_2(SO_4)_3 \cdot 15 H_2O$ . . . . 59 (Fe): Hb/B5−1119

−. . . . . $Al_2(SO_4)_3$ solutions:

  $Al_2(SO_4)_3-H_2O$ . . . . 35 (Al): Hb/B1−269/75

  $Al_2(SO_4)_3$−organic solvents . . . . . 35 (Al): Hb/B1−275

−. . . . . $Al_2(SO_4)_3$ systems:

  $Al_2(SO_4)_3-Al(OH)_3-H_2O$ . . . . 35 (Al): Hb/B1−276/7

  $Al_2(SO_4)_3-CuSO_4-H_2O$ . . . . 60 (Cu): Hb/B3−1175/6

  $Al_2(SO_4)_3-FeSO_4-H_2O$ . . . . 59 (Fe): Hb/B5−1118

  $Al_2(SO_4)_3-Fe_2(SO_4)_3-H_2O$ . . . . . . 59 (Fe): Hb/B5−1119

  $Al_2(SO_4)_3-H_2O$ . . . . 35 (Al): Hb/B1−266/7

  $Al_2(SO_4)_3-H_2SO_4$ . . . . 35 (Al): Hb/B1−275/6

  $Al_2(SO_4)_3-K_2SO_4-H_2O$ . . . . 35 (Al): Hb/B2−454/6

  $Al_2(SO_4)_3-Li_2SO_4-H_2O$ . . . . 35 (Al): Hb/B2−355

  $Al_2(SO_4)_3-Na_2SO_4-H_2O$ . . . . 35 (Al): Hb/B2−379

  $Al_2(SO_4)_3-Na_2SO_4-NiSO_4-H_2O$ . . . . 57 (Ni): Hb/B3−1159/60

  $Al_2(SO_4)_3-NiSO_4-H_2O$ . . . . 57 (Ni): Hb/B3−1158

  $Al_2(SO_4)_3-SO_2-H_2O$ . . . . 9 (S): Hb/B3−1282

$Al_2O_{12}W_3$ . . . . $Al_2O_3 \cdot 3 WO_3$ . . . . 54 (W): Hb−313

−. . . . . $Al_2O_3 \cdot 3 WO_3 \cdot xH_2O$ . . . . 54 (W): Hb−313

$Al_2O_{13}P_4$ . . . . $Al_2O_3 \cdot 2 P_2O_5$ . . . . 35 (Al): Hb/B2−349

−. . . . . $Al_2O_3 \cdot 2 P_2O_5 \cdot 8 H_2O$
  $= AlH_3(PO_4)_2 \cdot 2.5 H_2O$ . . . . 35 (Al): Hb/B2−348

$Al_2O_{13}Pb_2Si_4$ . . . . 2 $PbO \cdot Al_2O_3 \cdot 4 SiO_2$ . . . . 47 (Pb): Hb/C4−1298

$Al_2O_{15}S_4$ . . . . . . $Al_2O_3 \cdot 4 SO_3 \cdot 4 H_2O$
  $= Al_2(SO_4)_3 \cdot H_2SO_4 \cdot 3 H_2O$ . . . . . 35 (Al): Hb/B1−276

−. . . . . $Al_2O_3 \cdot 4 SO_3 \cdot 15 H_2O$ . . . . 35 (Al): Hb/B1−276

$Al_2O_{15}Se_6$ . . . . $Al_2O_3 \cdot 6 SeO_2$ . . . . 35 (Al): Hb/B1−280

−. . . . . $Al_2O_3 \cdot 6 SeO_2 \cdot 2 H_2O$ . . . . 35 (Al): Hb/B1−281

$Al_2O_{15}Se_6$ . . . . Al_2O_3 · 6 SeO_2 · 5 H_2O . . . . 35 (Al): Hb/B1–280

$Al_2O_{15}W_4$ . . . . Al_2O_3 · 4 WO_3 · 9 H_2O . . . . 54 (W): Hb–313

$Al_2O_{16}Rb_2S_4$ . . . . . Rb_2SO_4 · $Al_2(SO_4)_3$

　　　　　　　　　　　　see AlO_8RbS_2 ... $RbAl(SO_4)_2$

$Al_2O_{16}Rb_2Se_4$ . . . . . Rb_2SeO_4 · $Al_2(SeO_4)_3$ · 24 H_2O

　　　　　　　　　　　　= $RbAl(SeO_4)_2$ · 12 H_2O . . . . 35 (Al): Hb/B2–528

$Al_2O_{16}Rb_2Si_6$ . . . . . Rb_2O · Al_2O_3 · 6 SiO_2 = $RbAlSi_3O_8$ . . . 35 (Al): Hb/B2–528

$Al_2O_{16}S_4Tl_2$ . . . . . . Tl_2SO_4 · $Al_2(SO_4)_3$

　　　　　　　　　　　　see AlO_8S_2Tl ... $TlAl(SO_4)_2$

$Al_2O_{16}S_4Zn$ . . . . . $ZnSO_4$ · $Al_2(SO_4)_3$ · 24 H_2O . . . . 35 (Al): Hb/B2–610

$Al_2O_{16}Se_4Tl_2$ . . . . . Tl_2SeO_4 · $Al_2(SeO_4)_3$ · 24 H_2O

　　　　　　　　　　　　= $TlAl(SeO_4)_2$ · 12 H_2O. . . . . 38 (Tl): Hb/3–495

$Al_2O_{17}Si_7$ . . . . . . Al_2O_3 · 7 SiO_2 · xH_2O. . . . . 35 (Al): Hb/B2–326

$Al_2O_{18}P_6$ . . . . . . Al_2O_3 · 3 P_2O_5 = $Al(PO_3)_3$ . . . . . . 35 (Al): Hb/B2–348/9

–. . . . . Al_2O_3 · 3 P_2O_5 · 4 H_2O

　　　　　　　　　　　　= $Al_2H_6(P_2O_7)_3$ · H_2O. . . . . 35 (Al): Hb/B2–348

–. . . . . Al_2O_3 · 3 P_2O_5 · 6 H_2O = $Al(H_2PO_4)_3$. . . 35 (Al): Hb/B2–347

–. . . . . Al_2O_3 · 3 P_2O_5 systems:

　　　　　　　　　　　　$Al(PO_3)_3$–NaF–TiO_2. . . . . 41 (Ti): Hb–464

$Al_2O_{18}S_5$ . . . . . . Al_2O_3 · 5 SO_3 · 12 H_2O

　　　　　　　　　　　　= $Al_2(SO_4)_3$ · 2 H_2SO_4 · 10 H_2O. . . . . 35 (Al): Hb/B1–276

$Al_2O_{18}S_6$ . . . . . . $Al_2(S_2O_6)_3$ · 18 H_2O . . . . 35 (Al): Hb/B1–279

$Al_2O_{18}W_5$ . . . . . . Al_2O_3 · 5 WO_3 · 6 H_2O . . . . 54 (W): Hb–313

$Al_2O_{19}Pb_8Si_4$ . . . . $8 PbO$ · Al_2O_3 · 4 SiO_2 . . . . 47 (Pb): Hb/C4–1296, 1301

$Al_2O_{20}Pb_2S_5$ . . . . $Pb_2Al_2(SO_4)_5$ · 20 H_2O . . . . 47 (Pb): Hb/C4–1295

$Al_2O_{21}Pb_6Si_6$ . . . . $6 PbO$ · Al_2O_3 · 6 SiO_2 . . . . 47 (Pb): Hb/C4–1296, 1301

$Al_2O_{21}S_6$ . . . . . . Al_2O_3 · 6 SO_3 · 10 H_2O

　　　　　　　　　　　　= $Al_2(SO_4)_3$ · 3 H_2SO_4 · 7 H_2O. . . . . 35 (Al): Hb/B1–276

$Al_2O_{24}W_7$ . . . . . . Al_2O_3 · 7 WO_3 · 9 H_2O . . . . 54 (W): Hb–313

$Al_2O_{31}W_9Zn$ . . . . ZnO · Al_2O_3 · 9 WO_3 · 20 H_2O . . . . . 54 (W): Hb–382

$Al_2O_{31.5}W_9Zn_{1.5}$ . . . 1.5 ZnO · Al_2O_3 · 9 WO_3 · 8 H_2O . . . . . 54 (W): Hb–382

Al_2P_2 . . . . Al_2P_2 . . . . 35 (Al): Hb/A4–628

$Al_2P_2S_7$ . . . . $Al_2P_2S_7$ . . . . 35 (Al): Hb/B2–349

$Al_2P_3S_9$ . . . . $Al_2P_3S_9$ . . . . 35 (Al): Hb/B2–349

Al_2PbS_4 . . . . $PbAl_2S_4$ . . . . 47 (Pb): Hb/C4–1294

$Al_2Pb_2S_5$ . . . . . . $Pb_2Al_2S_5$ . . . . 47 (Pb): Hb/C4–1294

Al_2Pr . . . . Al_2Pr . . . . 35 (Al): Hb/A5–826

Al_2Pt . . . . $PtAl_2$ . . . . 35 (Al): Hb/A6–1110

　　　　　　　　　　　　　　　　　　　　　　　　　　　68 (Pt): Hb/A6–754

Al_2Pu . . . . $PuAl_2$ . . . . Erg. W. 8–192/3

Al_2Ru . . . . $RuAl_2$ . . . . 63 (Ru): Eb–179/80

Al_2S_2 . . . . Al_2S_2 . . . . 35 (Al): Hb/A4–628

Al_2S_3 . . . . Al_2S_3 . . . . 35 (Al): Hb/B1–242/8

–. . . . . Al_2S_3 systems:

　　　　　　　　　　　　Al_2S_3–Cu_2S . . . . 60 (Cu): Hb/B3–1175

　　　　　　　　　　　　Al_2S_3–PbS. . . . . 47 (Pb): Hb/C4–1294

Al_2Se_3. . . . . Al_2Se_3 . . . . 35 (Al): Hb/B1–279/80

$Al_2Si_{13}V_8$ . . . . . . $Al_2V_8Si_{13}$ . . . . 35 (Al): Hb/A5–869

Al_2Sn_3. . . . . Al_2Sn_3 . . . . 35 (Al): Hb/A5–853

Al_2Ta	$TaAl_2$	50 (Ta):	Hb/B2–11
–.	$TaAl_2$ solid solutions:		
	$Ta(Si,Al)_2$	50 (Ta):	Hb/B2–16/7
Al_2Te_3	Al_2Te_3	35 (Al):	Hb/B1–282
Al_2Y	YAl_2 systems:		
	YAl_2–YSn_2	46 (Sn):	Hb/D–295
Al_2Zn_3	Al_2Zn_3	35 (Al):	Hb/A5–694, 760
Al_2Zr	Al_2Zr	35 (Al):	Hb/A5–839
$Al_{2.5}H_{10}Nb$	$Nb(AlH_4)_{2.5}$	49 (Nb):	Hb/B1–194
Al_3As_2	Al_3As_2	35 (Al):	Hb/A4–628
Al_3Au_8	Al_3Au_8	35 (Al):	Hb/A6–1104
$Al_3B_6Ni_{20}$	$Ni_{20}Al_3B_6$	57 (Ni):	Hb/B3–1159
$Al_3B_{12}Ni_{20}$	$Ni_{20}Al_3B_{12}$	57 (Ni):	Hb/B3–1159
$Al_3B_{44}C_2$	$Al_3C_2B_{44}$	13 (B):	Hb–18/9, 32
		35 (Al):	Hb/B1–307/8
$Al_3B_{48}C_2$	$Al_3C_2B_{48}$	13 (B):	·Hb–18
		35 (Al):	Hb/B1–283, 307/8
$Al_3B_xTa_5$	$Ta_5Al_3B_x$	50 (Ta):	Hb/B2–320
$Al_3BrC_{16}H_{24}O_{16}$	$2\,Al(CH_3COO)_3 \cdot Al(CH_3COO)_2Br$		
	$\cdot (C_2H_5)_2O$	35 (Al):	Hb/B1–300/1
$Al_3BrC_{20}H_{34}O_{17}$	$2\,Al(CH_3COO)_3 \cdot Al(CH_3COO)_2Br$		
	$\cdot (C_2H_5)_2O$	35 (Al):	Hb/B1–300/1
$Al_3BrC_xCl_9$	$C_n{}^+Br^- \cdot 3\,AlCl_3$	14 (C):	Hb/B3–896/7
$Al_3Br_2C_{14}H_{21}O_{14}$ . . .	$Al(CH_3COO)_3 \cdot 2\,Al(CH_3COO)_2Br$		
	$\cdot 1.5\,(C_2H_5)_2O$	35 (Al):	Hb/B1–301
$Al_3Br_2C_{20}H_{36}O_{15.5}$. ·	$Al(CH_3COO)_3 \cdot 2\,Al(CH_3COO)_2Br$		
	$\cdot 1.5\,(C_2H_5)_2O$	35 (Al):	Hb/B1–301
$Al_3Br_9C_{12}CoH_{12}$	$Co(C_6H_6)_2 \cdot 3\,AlBr_3$	Erg. W. 5–423	
$Al_3Br_9C_{12}H_{12}O_3$	$3\,AlBr_3 \cdot C_{12}H_{12}O_3$	35 (Al):	Hb/B1–233
$Al_3Br_9C_{17}H_{16}O_3$	$3\,AlBr_3 \cdot C_{17}H_{16}O_3$	35 (Al):	Hb/B1–234
$Al_3Br_9C_{19}H_{18}O_3$	$3\,AlBr_3 \cdot C_{19}H_{18}O_3$	35 (Al):	Hb/B1–234
$Al_3Br_{10}H_4N$	$NH_4Br \cdot 3\,AlBr_3$	35 (Al):	Hb/B2–508
$Al_3CNa_5O_{27}Si_9$	$3\,NaAlSi_3O_8 \cdot Na_2CO_3$	35 (Al):	Hb/B2–420
$Al_3C_{1.33}CrH_{19.33}Li_6O_{0.33}$			
	$Li_6[CrAl_3H_{16}] \cdot 0.33(C_2H_5)_2O$	Erg. W. 3–24	
$Al_3C_2Cl_2IO_2$	$Al_3(CO)_2Cl_2I$	35 (Al):	Hb/B1–293
$Al_3C_6Cl_9CrH_6$	$C_6H_6Cr[AlCl_3]_3$	Erg. W. 3–312	
$Al_3C_{10}Cl_4H_{15}O_{10}$ . . .	$2\,Al(CH_3COO)_2Cl \cdot Al(CH_3COO)Cl_2$		
	$\cdot 7.5\,H_2O$	35 (Al):	Hb/B1–300
$Al_3C_{10}H_{15}O_{12}$	$Al(CH_3COO)_3 \cdot 2\,AlO(CH_3COO)$	35 (Al):	Hb/B1–296
$Al_3C_{12}Cl_3H_{18}O_{12}$ . . .	$AlCl_3 \cdot 2\,Al(CH_3COO)_3$	35 (Al):	Hb/B1–300
$Al_3C_{12}Cl_9CoH_{12}$	$(C_6H_6)_2Co(AlCl_3)_3$	Erg. W. 6–47	
$Al_3C_{15}Cl_9H_{30}O_5$	$3\,AlCl_3 \cdot 5\,CH_3COCH_3$	35 (Al):	Hb/B1–214
$Al_3C_{16}HMg_2Na_4O_{33}$.	$Na_4Mg_2Al_3(OH)\,(C_2O_4)_8 \cdot 13\,H_2O$	35 (Al):	Hb/B2–539
$Al_3C_{20}Ca_2H_{17}Na_6O_{33}$.	$Na_6Ca_2Al_3(OH)_3(C_4H_3O_6)_4(C_4H_2O_6)$		
	$\cdot 7\,H_2O$	35 (Al):	Hb/B2–576
$Al_3C_{28}H_{49}Hf$	$C_8H_8HfC_8H_8 \cdot 3\,HAl(C_2H_5)_2$	Erg. W. 11–14	
$Al_3C_{30}Cl_{10}$	$C_{30}{}^+Cl^- \cdot 3\,AlCl_3$	14 (C):	Hb/B3–895
$Al_3C_{69}CrH_{66}O_6$	$[Cr(C_5H_7O_2)_3] \cdot 3\,Al(C_6H_5)_3$	52 (Cr):	Hb/C–327

$Al_3C_xCl_9I$ . . . . $C_n{}^+I^-$ · 3 $AlCl_3$ . . . . 14 (C):   Hb/B3–897

$Al_3C_xCl_{10}$ . . . . . . $C_n{}^+Cl^-$ · 3 $AlCl_3$ . . . . 14 (C):   Hb/B3–895/6

$Al_3C_xCl_{12}Fe$ . . . . . $C_n{}^+Cl^-$ · $FeCl_2$ · 3 $AlCl_3$ . . . . 14 (C):   Hb/B3–903

Al_3Ca . . . . Al_3Ca . . . . 35 (Al):   Hb/A4–680

$Al_3ClNa_4O_{24}Si_9$ . . . . 3 $NaAlSi_3O_8$ · $NaCl$ . . . . 35 (Al):   Hb/B2–424

$Al_3Cl_2Na_5O_{24}Si_9$ . . . . 3 $NaAlSi_3O_8$ · 2 $NaCl$ . . . . 35 (Al):   Hb/B2–420

$Al_3Cl_{15}Pt_3$ . . . . $Al_2[PtCl_4]_3$ · $AlCl_3$ · 31.5 H_2O
                     = $AlCl[PtCl_4]$ · 10.5 H_2O . . . . . . 68 (Pt):   Hb/C3–304

$Al_3Cl_{21}Pt_3$ . . . . $Al_2[PtCl_6]_3$ · $AlCl_3$ · 45 H_2O
                     = $AlCl[PtCl_6]$ · 15 H_2O . . . . 68 (Pt):   Hb/C3–304

$Al_3Co_4H_{19}K_2O_{49}S_{10}$ . . $Al_3Co_4H_{19}K_2O_{49}S_{10}$ solid solutions:
                     $K_2H_{10}(SO_4)_6$ · 4 $CoSO_4$
                       · 3 (Al,Fe) (OH)$_3$ · 4 H_2O . . . . . . 59 (Fe):   Hb/B5–1162/3

$Al_3CrH_{16}Li_6$ . . . . . . $Li_6[CrAl_3H_{16}]$ · 0.33(C_2H_5)$_2O$ . . . . . Erg. W. 3–24

$Al_3F_2KO_{10}Si_3$ . . . . . $KAl_2(AlSi_3)O_{10}F_2$ solid solutions:
                     $KAl_2(AlSi_3)O_{10}(OH,F)_2$ . . . . 35 (Al):   Hb/B2–503/4

$Al_3F_2NaO_{10}Si_3$ . . . . $NaAl_2(AlSi_3)O_{10}F_2$ solid solutions:
                     $NaAl_2(AlSi_3)O_{10}(OH,F)_2$ . . . . 35 (Al):   Hb/B2–426

$Al_3F_{11}H_2$ . . . . 3 AlF_3 · 2 HF · 5 H_2O . . . . 35 (Al):   Hb/B1–163

$Al_3F_{14}Na_5$ . . . . 5 NaF · 3 AlF_3 . . . . 35 (Al):   Hb/B2–367/8, 369/73

Al_3Fe . . . . Al_3Fe . . . . 35 (Al):   Hb/A7–1171/3

Al_3Fe_2 . . . . Al_3Fe_2 . . . . 35 (Al):   Hb/A7–1174

$Al_3Fe_4H_{19}K_2O_{49}S_{10}$ . . $Al_3Fe_4H_{19}K_2O_{49}S_{10}$ solid solutions:
                     $K_2H_{10}(SO_4)_6$ · 4 $FeSO_4$
                       · 3 (Al,Fe) (OH)$_3$ · H_2O . . . . 59 (Fe):   Hb/B5–1120

Al_3Fe_{13} . . . . $Fe_{13}Al_3$ . . . . 59 (Fe):   D/2. Eb–84

Al_3GeNb_{12} . . . . . . $Nb_{12}Al_3Ge$ . . . . 49 (Nb):   Hb/B2–206

$Al_3H_2KO_{12}Si_3$ . . . . . $KAl_2(AlSi_3)O_{10}(OH)_2$
                     = K_2O · 3 Al_2O_3 · 6 SiO_2 · H_2O . . . . . 35 (Al):   Hb/B2–503

–. . . . . $KAl_2(AlSi_3)O_{10}(OH)_2$ solid solutions:
                     $KAl_2(AlSi_3)O_{10}(OH,F)_2$ . . . . 35 (Al):   Hb/B2–503/4

$Al_3H_2NaO_{12}Si_3$ . . . . $NaAl_2(AlSi_3)O_{10}(OH)_2$ solid solutions:
                     $NaAl_2(AlSi_3)O_{10}(OH,F)_2$ . . . . 35 (Al):   Hb/B2–426

$Al_3H_3O_{12}Si_3$ . . . . . . $HAl_2[AlSi_3O_{10}]$ (OH)$_2$ . . . . 61 (Ag):   Hb/B4–187

$Al_3H_3O_{31}V_{10}$ · . . . . . $Al_2[Al(OH)_3V_{10}O_{28}]$ · 15.5 H_2O . . . . . . 48 (V):   Hb/B2–546

$Al_3H_6KO_{14}S_2$ . . . . . $K[Al(OH)_2]_3(SO_4)_2$
                     = K_2SO_4 · 3 Al_2O_3 · 4 SO_3 · 6 H_2O . . . 35 (Al):   Hb/B2–485

–. . . . . $K[Al(OH)_2]_3(SO_4)_2$ · 1.5 H_2O . . . . . 35 (Al):   Hb/B2–484/5

$Al_3H_{12}LiNb$ . . . . . . $Li[Nb(AlH_4)_3]$ . . . . 49 (Nb):   Hb/B4–196

$Al_3H_{12}Nb$ . . . . . . $Nb(AlH_4)_3$ · . . . . 49 (Nb):   Hb/B1–194

Al_3Mg_2 . . . . Al_3Mg_2 . . . . 35 (Al):   Hb/A4–664

–. . . . . Al_3Mg_2 systems:
                     Al_3Mg_2–Al–Mg_3Sb_2 . . . . 35 (Al):   Hb/A4–665

Al_3Mg_4 . . . . Al_3Mg_4 . . . . 35 (Al):   Hb/A4–664

$Al_3Mg_7Zn_6$ . . . . . $Al_3Zn_6Mg_7$ . . . . 35 (Al):   Hb/A5–782

Al_3Mn . . . . Al_3Mn . . . . 35 (Al):   Hb/A6–927

Al_3Mn_2 . . . . Al_3Mn_2 . . . . 35 (Al):   Hb/A6–928

Al₃Mo . . . . Al₃Mo . . . . 35 (Al):   Hb/A5–883
                                                                    53 (Mo):   Hb–87
Al₃Na₅O₁₆SSi₃ . . . . 3 NaAlSiO₄ · Na₂SO₄ . . . . 35 (Al):   Hb/B2–421
Al₃Na₅O₂₈SSi₉ . . . . 3 NaAlSi₃O₈ · Na₂SO₄ . . . . 35 (Al):   Hb/B2–420
Al₃Nb . . . . NbAl₃ . . . . 35 (Al):   Hb/A5–870
                                                                    49 (Nb):   Hb/B2–28/43
–. . . . . NbAl₃ solid solutions:
                       (Nb,V)Al₃ . . . . 49 (Nb):   Hb/B2–273
–. . . . . NbAl₃ systems:
                       NbAl₃–NbGa₃ . . . . 49 (Nb):   Hb/B2–53
                       NbAl₃–ZrAl₃ . . . . 49 (Nb):   Hb/B2–174
Al₃NbTi . . . . NbTiAl₃ . . . . 49 (Nb):   Hb/B2–118, 120
Al₃Ni . . . . Al₃Ni . . . . 35 (Al):   Hb/A6–997/8
Al₃Ni₂ . . . . Al₃Ni₂ . . . . 35 (Al):   Hb/A6–998/9
Al₃P . . . . Al₃P . . . . 35 (Al):   Hb/A4–628
Al₃P₂S₆ . . . . Al₃(PS₃)₂ . . . . 35 (Al):   Hb/B2–349
Al₃P₇ . . . . Al₃P₇ . . . . 35 (Al):   Hb/A4–628
Al₃Pt . . . . Al₃Pt . . . . 35 (Al):   Hb/A6–1110
Al₃Ru . . . . RuAl₃ . . . . 63 (Ru):   Eb–180
Al₃Ru₂ . . . . Ru₂Al₃ . . . . 63 (Ru):   Eb–179
Al₃Se₄ . . . . Al₃Se₄ . . . . 35 (Al):   Hb/B1–279
Al₃Ta . . . . TaAl₃ . . . . 35 (Al):   Hb/A5–870
                                                                    50 (Ta):   Hb/B2–11/6
–. . . . . TaAl₃ solid solutions:
                       (Ti,Ta)Al₃ . . . . 50 (Ta):   Hb/B2–40
                       TaAl₃–VAl₃ . . . . 50 (Ta):   Hb/B2–78/9
Al₃Ta₂ . . . . Ta₂Al₃ . . . . 50 (Ta):   Hb/B2–11, 14/5
Al₃Ta₅ . . . . Ta₅Al₃ solid solutions:
                       Ta₅(Si,Al)₃ . . . . 50 (Ta):   Hb/B2–16/7
Al₃Th . . . . Al₃Th . . . . 35 (Al):   Hb/A5–841/2
Al₃Ti . . . . TiAl₃ . . . . 35 (Al):   Hb/A5–835/6
–. . . . . TiAl₃ solid solutions:
                       (Ti,Ta)Al₃ . . . . 50 (Ta):   Hb/B2–40
Al₃Ti₂ . . . . Al₃Ti₂ . . . . 35 (Al):   Hb/A5–836
Al₃U . . . . Al₃U . . . . 35 (Al):   Hb/A5–886
Al₃U₂ . . . . Al₃U₂ . . . . 35 (Al):   Hb/A5–886
Al₃V . . . . VAl₃ . . . . 35 (Al):   Hb/A5–869
–. . . . . VAl₃ solid solutions:
                       (Nb,V)Al₃ . . . . 49 (Nb):   Hb/B2–273
                       VAl₃–TaAl₃ . . . . 50 (Ta):   Hb/B2–78/9
Al₃V₂ . . . . Al₃V₂ . . . . 35 (Al):   Hb/A5–869
Al₃W . . . . Al₃W . . . . 35 (Al):   Hb/A5–885
                                                                    54 (W):   Hb–102
Al₃Zr . . . . ZrAl₃ . . . . 35 (Al):   Hb/A5–839
–. . . . . ZrAl₃ systems:
                       ZrAl₃–NbAl₃ . . . . 49 (Nb):   Hb/B2–174
Al₃.₅C₁₂Cl₁₀.₅CoH₁₂ . . Co(C₆H₆)₂ · 3.5 AlCl₃ . . . . Erg. W. 5–423

$Al_{3.5}H_{14}Nb$ . . . . . . $Nb(AlH_4)_{3.5}$ . . . . 49 (Nb):   Hb/B1–194

$Al_4As_6Ba_4O_{79}W_{18}$ . . .   4 BaO · 3 As_2O_5 · 2 Al_2O_3 · 18 WO_3
                    · 12 H_2O . . . . 54 (W):   Hb–382

$Al_4As_6Cd_4O_{79}W_{18}$ . .   4 CdO · 3 As_2O_5 · 2 Al_2O_3 · 18 WO_3
                    · 17 H_2O . . . . 54 (W):   Hb–382

$Al_4As_6H_{48}N_{12}O_{81}W_{18}$
                6 $(NH_4)_2O$ · 3 As_2O_5 · 2 Al_2O_3
                    · 18 WO_3 · 14 H_2O . . . . 54 (W):   Hb–382

$Al_4As_6K_6O_{24}$ . . . . .   3 K_2O · 2 Al_2O_3 · 3 As_2O_5
                    = K_3AsO_4 · 2 $AlAsO_4$ . . . . 35 (Al):   Hb/B2–507

$Al_4As_6Na_6O_{24}$· . . . .   3 Na_2O · 2 Al_2O_3 · 3 As_2O_5
                    = Na_3AsO_4 · 2 $AlAsO_4$ . . . . 35 (Al):   Hb/B2–426

$Al_4As_6O_{21}$· . . . . $Al_4(As_2O_7)_3 = 2\ Al_2O_3$ · 3 As_2O_5 . . . 35 (Al):   Hb/B2–350

$Al_4B_2O_9$ . . . .   2 Al_2O_3 · B_2O_3 · 5 H_2O . . . . 35 (Al):   Hb/B1–286/7

$Al_4B_6O_{96}W_{27}$ . . . . .   2 Al_2O_3 · 3 $(B_2O_3$ · 9 $WO_3)$ · 65 H_2O . . . 54 (W):   Hb–331

$Al_4Ba_{0.5}F_{4.5}Mg_6O_xPb_{1.5}Si_4$
                $Pb_{1.5}Ba_{0.5}Mg_6Al_4Si_4O_xF_{4.5}$· . . . . 47 (Pb):   Hb/C4–1302

Al_4Ba . . . . Al_4Ba . . . . 35 (Al):   Hb/A4–682

$Al_4BaF_{4.5}Mg_6O_xPbSi_4$ $PbBaMg_6Al_4Si_4O_xF_{4.5}$ . . . . 47 (Pb):   Hb/C4–1302

$Al_4Ba_{1.5}F_{4.5}Mg_6O_xPb_{0.5}Si_4$
                $Pb_{0.5}Ba_{1.5}Mg_6Al_4Si_4O_xF_{4.5}$ . . . . 47 (Pb):   Hb/C4–1302

$Al_4Ba_3Cl_{18}$ . . . . . .   3 $BaCl_2$ · 4 $AlCl_3$ . . . . 35 (Al):   Hb/B2–607

$Al_4Ba_4O_{57}P_8W_9$· . . . .   4 BaO · 4 P_2O_5 · 2 Al_2O_3 · 9 WO_3 · 3 H_2O . 54 (W):   Hb–382

$Al_4Ba_5F_{24}Na_2$· . . . . . $Na_2Ba_5Al_4F_{24}$ · H_2O . . . . 35 (Al):   Hb/B2–376

$Al_4Ba_5O_{80}Sb_6W_{18}$ . . .   5 BaO · 3 Sb_2O_5 · 2 Al_2O_3 · 18 WO_3
                    · 6 H_2O . . . . 54 (W):   Hb–382

$Al_4BrNa_5O_{16}Si_4$· . . . .   2 $Na_2Al_2Si_2O_8$ · NaBr . . . . 35 (Al):   Hb/B2–424

$Al_4CCl_{14}O$· . . . .   4 $AlCl_3$ · $COCl_2$ . . . . 35 (Al):   Hb/B1–183/4, 212

Al_4CO_8 . . . .   2 Al_2O_3 · CO_2 · 8 H_2O . . . . 35 (Al):   Hb/B1–293

$Al_4C_2Cl_{12}H_4O_2$ . . . .   4 $AlCl_3$ · CH_3COOH . . . . 35 (Al):   Hb/B1–215, 300

Al_4C_3 . . . . Al_4C_3 . . . . 35 (Al):   Hb/B1–287/92

$Al_4C_3O_3$ . . . . $Al_4(CO)_3$ . . . . 35 (Al):   Hb/B1–293

$Al_4C_5K_6O_{19}$ . . . . . .   3 K_2O · 2 Al_2O_3 · 5 CO_2 · xH_2O. . . . . . 35 (Al):   Hb/B2–486

$Al_4C_{12}H_{18}O_{33}S_6$· . . . .   2 $Al_2(SO_4)_3$ · 3 $(CH_3CO)_2O$ · 12 H_2O . . . 35 (Al):   Hb/B1–279

$Al_4C_{18}Cl_{12}H_{34}O_2$ . . . .   4 $AlCl_3$ · $C_{18}H_{34}O_2$ . . . . 35 (Al):   Hb/B1–215

$Al_4C_{18}Fe_3N_{18}$ . . . . . $Al_4[Fe(CN)_6]_3$ · 17 H_2O . . . . 59 (Fe):   Hb/B5–1121

$Al_4C_{20}K_{10}O_{41}$ . . . . . $K_{10}[Al_4O(C_2O_4)_{10}]$ · 10 H_2O
                    = 2.5 K_2O · Al_2O_3 · 5 C_2O_3 · 5 H_2O . . 35 (Al):   Hb/B2–488

$Al_4C_{20}Na_{10}O_{41}$ . . . . $Na_{10}[Al_4O(C_2O_4)_{10}]$ · 16 H_2O
                    = 2.5 Na_2O · Al_2O_3 · 5 C_2O_3 · 8 H_2O . . 35 (Al):   Hb/B2–387

$Al_4C_{30}Fe_5K_8N_{30}$ . . . . $(K_2Al)_4[Fe(CN)_6]_5$ · 20 H_2O . . . . 59 (Fe):   Hb/B5–1122

Al_4CaO_7. . . . .   CaO · 2 Al_2O_3 . . . . 35 (Al):   Hb/B2–553

–. . . . .   CaO · 2 Al_2O_3 · xH_2O . . . . 35 (Al):   Hb/B2–555

$Al_4Ca_2O_{16}Si_4$ . . . . . $Ca_2Al_4O_{16}Si_4$ · 8 H_2O . . . . 35 (Al):   Hb/B2–403/4

$Al_4Ca_3Cl_{18}$ . . . . . .   3 $CaCl_2$ · 4 $AlCl_3$ . . . . 35 (Al):   Hb/B2–575

$Al_4Ca_3O_9$ . . . .   3 CaO · 2 Al_2O_3 . . . . 35 (Al):   Hb/B2–553

$Al_4Ca_5F_{24}Na_2$ . . . . . $Na_2Ca_5Al_4F_{24}$ · 4 H_2O . . . . 35 (Al):   Hb/B2–376

$Al_4Ca_5O_{11}$· . . . .   5 CaO · 2 Al_2O_3 . . . . 35 (Al):   Hb/B2–553

Al_4Ce . . . . Al_4Ce . . . . 35 (Al):   Hb/A5–823/4

$Al_4ClNa_5O_{16}Si_4$ . . . .   2 $Na_2Al_2Si_2O_8$ · NaCl. . . . . 35 (Al):   Hb/B2–420

$Al_4Cl_6O_{27}$ . . . . 2 $Al(ClO_4)_3 \cdot Al_2O_3$ . . . . 35 (Al):   Hb/B1–219

$Al_4Cl_{14}Hg$ . . . . . . $HgCl_2 \cdot 4\ AlCl_3 \cdot 28\ H_2O$ . . . . . 35 (Al):   Hb/B2–612

$Al_4Cl_{14}V$ . . . . $V(Al_2Cl_7)_2$ . . . . 48 (V):   Hb/B2–546

$Al_4Cl_{18}Sr_3$ . . . . 3 $SrCl_2 \cdot 4\ AlCl_3$ . . . . 35 (Al):   Hb/B2–603

$Al_4Cl_{18}Zn_3$ . . . . . . 3 $ZnCl_2 \cdot 4\ AlCl_3$ . . . . 35 (Al):   Hb/B2–610

Al_4Co . . . . Al_4Co . . . . 35 (Al):   Hb/A6–1024/5

Al_4Cr . . . . Al_4Cr . . . . 35 (Al):   Hb/A5–880

$Al_4CrNa_6O_{20}Si_4$ . . . . 2 $Na_2Al_2Si_2O_8 \cdot Na_2CrO_4$. . . . 35 (Al):   Hb/B2–425

Al_4CrO_9 . . . . 2 $Al_2O_3 \cdot CrO_3 \cdot 6\ H_2O$ . . . . . 52 (Cr):   Hb/B–893

$Al_4CuMg_5Si_4$ . . . . . $Mg_5CuAl_4Si_4$ . . . . 60 (Cu):   Hb/B3–1179

$Al_4Cu_2S_7$ . . . . $Cu_2Al_4S_7 = Cu_2S \cdot 2\ Al_2S_3$ . . . 60 (Cu):   Hb/B3–1175

$Al_4F_{4.5}Mg_6O_xPbSi_4$ . . $PbMg_6Al_4Si_4O_xF_{4.5}$ . . . . 47 (Pb):   Hb/C4–1302

$Al_4F_{4.5}Mg_6O_xPb_2Si_2$. $Pb_2Mg_6Al_4Si_2O_xF_{4.5}$ . . . . 47 (Pb):   Hb/C4–1302

$Al_4F_{4.5}Mg_6O_xPb_5Si_4Sr_{1.5}$

                              $Pb_5Sr_{1.5}Mg_6Al_4Si_4O_xF_{4.5}$ . . . . . . 47 (Pb):   Hb/C4–1302

$Al_4F_{18}Na_6$ . . . . 6 $NaF \cdot 2\ Al_2F_6$ . . . . 35 (Al):   Hb/B2–371

$Al_4F_{23}Na_{11}$ . . . . . . $Na_{11}Al_4F_{23} \cdot H_2O$ . . . . 21 (Na):   Eb/6–383

$Al_4F_{24}Mg_5Na_2$ . . . . $Na_2Mg_5Al_4F_{24} \cdot 4\ H_2O$ . . . . . 35 (Al):   Hb/B2–376

$Al_4F_{24}Na_2Sr_5$ . . . . . $Na_2Sr_5Al_4F_{24} \cdot 4\ H_2O$ . . . . . . 35 (Al):   Hb/B2–376

Al_4Fe_9 . . . . Al_4Fe_9. . . . . 35 (Al):   Hb/A7–1174

Al_4GeNb_{15} . . . . . . $Nb_{15}Al_4Ge = (Nb_3Al)_4Nb_3Ge$ . . 49 (Nb):   Hb/B2–206, 207

$Al_4Ge_{11}Na_6O_{31}$ . . . . 3 $Na_2O \cdot 2\ Al_2O_3 \cdot 11\ GeO_2$ . . . 45 (Ge):   Eb–575

$Al_4H_9O_{28}P_7$ . . . . . . $Al_4(H_2PO_4)_2(HPO_4)_5$ . . . . 35 (Al):   Hb/B2–348

$Al_4H_{12}Mo_{36}O_{126}Si_3$ . . $Al_4H_{12}[Si(Mo_2O_7)_6]_3 \cdot 87\ H_2O$

                              $= 2\ Al_2O_3 \cdot 3\ (SiO_2 \cdot 12\ MoO_3)$

                              93 H_2O . . . . 53 (Mo):   Hb–345

$Al_4H_{12}O_{126}Si_3W_{36}$ . . $Al_4H_{12}[Si(W_2O_7)_6]_3 \cdot 54\ H_2O$

                              $= 2\ Al_2O_3 \cdot 3\ (SiO_2 \cdot 12\ WO_3)$

                              60 H_2O . . . . 54 (W):   Hb–352

–. . . . . $Al_4H_{12}[Si(W_2O_7)_6]_3 \cdot 75\ H_2O$ . . . . 54 (W):   Hb–356

–. . . . . $Al_4H_{12}[Si(W_2O_7)_6]_3 \cdot 81\ H_2O$ . . . . 54 (W):   Hb–352

–. . . . . $Al_4H_{12}[Si(W_2O_7)_6]_3 \cdot 87\ H_2O$ . . . . 54 (W):   Hb–352

$Al_4H_{48}N_{12}O_{81}Sb_6W_{18}$

                              6 $(NH_4)_2O \cdot 3\ Sb_2O_5 \cdot 2\ Al_2O_3$

                              $\cdot 18\ WO_3 \cdot 17\ H_2O$ . . . . 54 (W):   Hb–382

$Al_4H_{72}N_{18}O_{62}P_8W_9$ . . 9 $(NH_4)_2O \cdot 4\ P_2O_5 \cdot 2\ Al_2O_3$

                              $\cdot 9\ WO_3 \cdot 13\ H_2O$ . . . . 54 (W):   Hb–382

$Al_4H_{72}N_{18}O_{129}Si_3W_{36}$

                              9 $(NH_4)_2O \cdot 2\ Al_2O_3 \cdot 3\ (SiO_2 \cdot 12\ WO_3)$

                              $\cdot 75\ H_2O$ . . . . 54 (W):   Hb–352

$Al_4INa_5O_{16}Si_4$ . . . . . 2 $Na_2Al_2Si_2O_8 \cdot NaI \cdot H_2O$ . . . . 35 (Al):   Hb/B2–424

$Al_4K_2O_{15}Si_4$ . . . . . . $K_2O \cdot 2\ Al_2O_3 \cdot 4\ SiO_2$. . . . . . 35 (Al):   Hb/B2–502

$Al_4K_4O_{26}Si_9$ . . . . . . 2 $K_2O \cdot 2\ Al_2O_3 \cdot 9\ SiO_2$. . . . . 35 (Al):   Hb/B2–495

$Al_4K_6Nb_2O_{30}Ti_8$ . . . . $K_6Al_4Ti_8Nb_2O_{30}$ . . . . 49 (Nb):   Hb/B3–205

$Al_4K_6O_{24}P_6$ . . . . . . 3 $K_2O \cdot 2\ Al_2O_3 \cdot 3\ P_2O_5$

                              $= K_3PO_4 \cdot 2\ AlPO_4$ . . . . 35 (Al):   Hb/B2–506

Al_4La . . . . Al_4La . . . . 35 (Al):   Hb/A5–817

$Al_4Li_2O_7$ . . . . $Li_2O \cdot 2\ Al_2O_3 \cdot 7\ H_2O$. . . . . . 35 (Al):   Hb/B2–353

$Al_4Li_2O_9$ . . . . $Li_2O \cdot 2\ O \cdot 2\ Al_2O_3 \cdot 28\ H_2O$ . . . . 35 (Al):   Hb/B2–353/4

$Al_4Li_{10}O_{19}Si_4$ . . . . . 5 $Li_2O \cdot 2\ Al_2O_3 \cdot 4\ SiO_2$ . . . . . 35 (Al):   Hb/B2–359

$Al_4Li_{12}O_{24}Si_6$ . . . . . $3\ Li_4SiO_4 \cdot Al_4(SiO_4)_3$
           $= 3\ Li_2O \cdot Al_2O_3 \cdot 3\ SiO_2$ . . . . . . 35 (Al):   Hb/B2–360

Al_4MgO_7 . . . . MgO $\cdot$ 2 Al_2O_3 . . . . 35 (Al):   Hb/B2–538

$Al_4Mg_2O_{18}Si_5$ . . . . . 2 MgO $\cdot$ 2 $Al_2O_3 \cdot 5\ SiO_2$ . . . . 35 (Al):   Hb/B2–541/2

$Al_4Mg_3O_{36}S_9$ . . . . . 3 $MgSO_4 \cdot 2\ Al_2(SO_4)_3 \cdot 53\ H_2O$ . . . . 35 (Al):   Hb/B2–539

Al_4Mn . . . . Al_4Mn . . . . 35 (Al):   Hb/A6–926/7

Al_4Mo . . . . Al_4Mo . . . . 35 (Al):   Hb/A5–883

$Al_4Mo_{36}O_{120}Si_3$ . . . . 2 $Al_2O_3 \cdot 3\ (SiO_2 \cdot 12\ MoO_3) \cdot 93\ H_2O$
           $= Al_4H_{12}[Si(Mo_2O_7)_6]_3 \cdot 87\ H_2O$ . . . . 53 (Mo):   Hb–345

$Al_4N_2O_{11}$ . . . . 2 $Al_2O_3 \cdot N_2O_5 \cdot 10\ H_2O$ . . . . 35 (Al):   Hb/B1–156

$Al_4N_6O_{21}$ . . . . 2 $Al_2O_3 \cdot 3\ N_2O_5 \cdot 3\ H_2O$ . . . . 35 (Al):   Hb/B1–156

$Al_4N_{10}O_{31}$ . . . . 2 $Al_2O_3 \cdot 5\ N_2O_5 \cdot H_2O$ . . . . 35 (Al):   Hb/B1–156

$Al_4Na_2O_{15}Si_4$ . . . . . $Na_2O \cdot 2\ Al_2O_3 \cdot 4\ SiO_2$ . . . . 35 (Al):   Hb/B2–401

$Al_4Na_6O_9$ . . . . 3 $Na_2O \cdot 2\ Al_2O_3$ . . . . 35 (Al):   Hb/B2–364

$Al_4Na_6O_{15}Si_3$ . . . . . 3 $Na_2O \cdot 2\ Al_2O_3 \cdot 3\ SiO_2$ . . . . 35 (Al):   Hb/B2–402

$Al_4Na_6O_{20}S_4Si_6$ . . . . . $Na_6Al_4Si_6S_4O_{20}$ . . . . 35 (Al):   Hb/B2–431

$Al_4Na_6O_{24}P_6$ . . . . . 3 $Na_2O \cdot 2\ Al_2O_3 \cdot 3\ P_2O_5$
           $= Na_3PO_4 \cdot 2\ AlPO_4$ . . . . 35 (Al):   Hb/B2–426

$Al_4Na_6O_{24}S_3Si_6$ . . . . $Na_6Al_4Si_6S_3O_{24}$ . . . . 35 (Al):   Hb/B2–431

$Al_4Na_8O_{35}P_{10}$ . . . . . 2 $Na_4P_2O_7 \cdot Al_4(P_2O_7)_3 \cdot 30\ H_2O$
           $= 4\ Na_2O \cdot 2\ Al_2O_3 \cdot 5\ P_2O_5 \cdot 30\ H_2O$ . . 35 (Al):   Hb/B2–426

$Al_4Nb_2O_{11}$ . . . . . . $Al_4Nb_2O_{11} = 2\ Al_2O_3 \cdot Nb_2O_5$ . . . . . 49 (Nb):   Hb/B3–117, 122

Al_4O_3 . . . . Al_4O_3 . . . . 35 (Al):   Hb/B1–4

Al_4O_7 . . . . $Al_2O_3 \cdot Al_2O_4$ . . . . 35 (Al):   Hb/B1–98

–. . . . . $Al_2O_3 \cdot Al_2O_4 \cdot 10\ H_2O$ . . . . 35 (Al):   Hb/B1–98

Al_4O_9S . . . . 2 $Al_2O_3 \cdot SO_3 \cdot xH_2O$ . . . . 35 (Al):   Hb/B1–279

$Al_4O_{10}Si_2$ . . . . $Al_2[Al_2O_4(SiO_3)_2]$ . . . . 35 (Al):   Hb/B2–314

$Al_4O_{12}Si_3$ . . . . $Al_4(SiO_4)_3 = 2\ Al_2O_3 \cdot 3\ SiO_2$ . . . . . . 35 (Al):   Hb/B2–325

–. . . . . 2 $Al_2O_3 \cdot 3\ SiO_2 \cdot 6\ H_2O$ . . . . 35 (Al):   Hb/B2–325

$Al_4O_{15}S_3$ . . . . 2 $Al_2O_3 \cdot 3\ SO_3 \cdot xH_2O$ . . . . 35 (Al):   Hb/B1–278

$Al_4O_{18}P_6$ . . . . $Al_4(P_2O_6)_3 \cdot 23\ H_2O$ . . . . 35 (Al):   Hb/B2–345

$Al_4O_{21}P_6$ . . . . $Al_4(P_2O_7)_3 \cdot 10\ H_2O$ . . . . 35 (Al):   Hb/B2–348

–. . . . . 2 $Al_2O_3 \cdot 3\ P_2O_5 \cdot 19\ H_2O$
           $= Al_2(HPO_4)_3 \cdot 8\ H_2O$ . . . . 35 (Al):   Hb/B2–347

$Al_4O_{24}Se_9$ . . . . 2 $Al_2O_3 \cdot 9\ SeO_2 \cdot 12\ H_2O$ . . . . 35 (Al):   Hb/B1–281

$Al_4O_{58}P_8W_9Zn_5$ . . . . 5 ZnO $\cdot$ 4 $P_2O_5 \cdot 2\ Al_2O_3 \cdot 9\ WO_3$
           $\cdot 11\ H_2O$ . . . . 54 (W):   Hb–382

$Al_4O_{120}Si_3W_{36}$ . . . . 2 $Al_2O_3 \cdot 3\ (SiO_2 \cdot 12\ WO_3) \cdot 60\ H_2O$
           $= Al_4H_{12}[Si(W_2O_7)_6]_3 \cdot 54\ H_2O$ . . . . . 54 (W):   Hb–352

–. . . . . 2 $Al_2O_3 \cdot 3\ (SiO_2 \cdot 12WO_3) \cdot 81\ H_2O$ . . . . 54 (W):   Hb–356

–. . . . . 2 $Al_2O_3 \cdot 3\ (SiO_2 \cdot 12WO_3) \cdot 87\ H_2O$ . . . . 54 (W):   Hb–352

–. . . . . 2 $Al_2O_3 \cdot 3\ (SiO_2 \cdot 12WO_3) \cdot 93\ H_2O$ . . . . 54 (W):   Hb–352

Al_4Pr . . . . Al_4Pr . . . . 35 (Al):   Hb/A5–826

Al_4Ru . . . . $RuAl_4$ . . . . 63 (Ru):   Eb–180

Al_4Sn . . . . Al_4Sn . . . . 35 (Al):   Hb/A5–852

Al_4Sn_3 . . . . Al_4Sn_3 . . . . 35 (Al):   Hb/A5–853

Al_4Ti . . . . Al_4Ti . . . . 35 (Al):   Hb/A5–836

Al_4W . . . . Al_4W . . . . 35 (Al):   Hb/A5–885
                                                           54 (W):   Hb–102

Al_4Zr_3 . . . . Al_4Zr_3 . . . . 35 (Al):   Hb/A5–839/40

Al_5Co_2	Co_2Al_5	35 (Al):	Hb/A6–1023/4
		58 (Co):	Hb/A1–191/3
Al_5CuO_8	$CuAl_5O_8$	60 (Cu):	Hb/B3–1171
$Al_5Cu_2Mg_8Si_6$	$Mg_8Cu_2Al_5Si_6$	60 (Cu):	Hb/B3–1179
Al_5Fe_2	Al_5Fe_2	35 (Al):	Hb/A7–1173
$Al_5H_{20}LiNb_2$	$Li[Nb_2(AlH_4)_5]$	49 (Nb):	Hb/B4–196
$Al_5H_{20}Nb_2$	$Nb_2(AlH_4)_5$	49 (Nb):	Hb/B4–196
$Al_5H_{20}Nb_2^-$	$[Nb_2(AlH_4)_5]^-$	49 (Nb):	Hb/B4–196
Al_5LiO_8	$LiAl_5O_8$ solid solutions:		
	$Li(Fe_{1-x}Al_x)_5O_8$	59 (Fe):	D/2. Eb–424/5
Al_5Mg_3	Al_5Mg_3	35 (Al):	Hb/A4–646, 664
Al_5Mn	Al_5Mn	35 (Al):	Hb/A6–927
$Al_5Nd_4Sn_3$	$Nd_4Al_5Sn_3$	46 (Sn):	Hb/D–312
$Al_5O_{12}Y_3$	$Y_3Al_5O_{12}$ solid solutions:		
	$Ni_xY_3Al_{5-x}O_{12-x}F_x$	57 (Ni):	Hb/B3–1171
Al_5P_3	Al_5P_3	35 (Al):	Hb/A4–628
Al_5Ru_2	Ru_2Al_5	63 (Ru):	Eb–180
Al_5Te	Al_5Te	35 (Al):	Hb/B1–282
Al_5W	Al_5W	35 (Al):	Hb/A5–885
$Al_6B_2O_{12}$	$3 Al_2O_3 \cdot B_2O_3$	35 (Al):	Hb/B1–286
$Al_6B_4O_{15}$	$3 Al_2O_3 \cdot 2 B_2O_3 \cdot 8 H_2O$	35 (Al):	Hb/B1–286/7
$Al_6Ba_3C_8Cl_{40}O_8$ . . .	$3 (BaCl_2 \cdot 2 AlCl_3) \cdot 8 COCl_2$ . . .	35 (Al):	Hb/B2–607
$Al_6BrNa_7O_{24}Si_6$	$3 Na_2Al_2Si_2O_8 \cdot NaBr$	35 (Al):	Hb/B2–424
–.	$3 Na_2Al_2Si_2O_8 \cdot NaBr \cdot 0.67 H_2O$.	35 (Al):	Hb/B2–424
$Al_6Br_6O_{27}$	$Al(BrO_3)_3 \cdot Al_2O_3 \cdot Al(BrO_4)_3 \cdot Al_2O_3$ . . .	35 (Al):	Hb/B1–235
$Al_6CNa_8O_{27}Si_6$	$3 Na_2Al_2Si_2O_8 \cdot Na_2CO_3$	35 (Al):	Hb/B2–422
–.	$3 Na_2Al_2Si_2O_8 \cdot Na_2CO_3 \cdot 2 H_2O$ . . .	35 (Al):	Hb/B2–423
–.	$3 Na_2Al_2Si_2O_8 \cdot Na_2CO_3 \cdot 3 H_2O$ . . .	35 (Al):	Hb/B2–423
$Al_6C_2Ca_2Na_6O_{30}Si_6$ . .	$3 Na_2Al_2Si_2O_8 \cdot 2 CaCO_3$	35 (Al):	Hb/B2–423/4
$Al_6C_2Ca_5O_{30}Si_6$	$3 CaAl_2Si_2O_8 \cdot 2 CaCO_3$	35 (Al):	Hb/B2–420
$Al_6C_2H_2Na_8O_{28}Si_6$ . .	$3 Na_2Al_2Si_2O_8 \cdot 2 NaHCOO \cdot H_2O$ . . .	35 (Al):	Hb/B2–425
$Al_6C_2Na_{10}O_{30}Si_6$ . .	$3 Na_2Al_2Si_2O_8 \cdot 2 Na_2CO_3$ . . .	35 (Al):	Hb/B2–593
$Al_6C_2O_{13}$	$3 Al_2O_3 \cdot 2 CO_2 \cdot 9 H_2O$	35 (Al):	Hb/B1–293
–.	$3 Al_2O_3 \cdot 2 CO_2 \cdot 16 H_2O$	35 (Al):	Hb/B1–293
$Al_6C_{12}H_{28}N_8O_{44}S_{11}$ . .	$2 C_6H_{14}N_4SO_4 \cdot 3 Al_2(SO_4)_3 \cdot 148 H_2O$ . . .	35 (Al):	Hb/B2–523
$Al_6CaFe_6O_{19}$	$CaFe_6Al_6O_{19}$	59 (Fe):	D/2. Eb–449
Al_6CaO_{10}	$CaO \cdot 3 Al_2O_3$	35 (Al):	Hb/B2–553
$Al_6Ca_2Na_6O_{32}S_2Si_6$ . .	$3 Na_2Al_2Si_2O_8 \cdot 2 CaSO_4$	35 (Al):	Hb/B2–422
$Al_6Ca_4O_{13}$	$4 CaO \cdot 3 Al_2O_3 \cdot 3 H_2O$	28 (Ca):	Hb/B2–308
$Al_6Ca_4O_{25}Si_6$	$4 CaO \cdot 3 Al_2O_3 \cdot 6 SiO_2$		
	$= 3 CaAl_2Si_2O_8 \cdot CaO$	35 (Al):	Hb/B2–587
$Al_6Ca_5Cl_4O_{24}Si_6$ . . .	$3 CaAl_2Si_2O_8 \cdot 2 CaCl_2$	35 (Al):	Hb/B2–420
$Al_6Ca_5O_{14}$	$Ca_5Al_6O_{14} = 5 CaO \cdot 3 Al_2O_3$	35 (Al):	Hb/B2–548/50
–.	$Ca_5Al_6O_{14}$ systems:		
	$Ca_5Al_6O_{14}$–Ca_2SiO_4	35 (Al):	Hb/B2–579
	$5 CaO \cdot 3 Al_2O_3$–Ca_2SiO_4–MgO	35 (Al):	Hb/B2–599
$Al_6Ca_5O_{32}S_2Si_6$	$3 CaAl_2Si_2O_8 \cdot 2 CaSO_4$	35 (Al):	Hb/B2–420
$Al_6Ca_8Cl_4O_{21}Si_3$ . . .	$3 (2 CaO \cdot Al_2O_3 \cdot SiO_2) \cdot 2 CaCl_2$	35 (Al):	Hb/B2–587

$Al_6Ca_8Na_2O_{18}$ . . . . $Na_2O \cdot 8\,CaO \cdot 3\,Al_2O_3$ . . . .   35 (Al):   Hb/B2–589

$Al_6Cl_2Na_8O_{24}Si_6$ . . . $3\,Na_2Al_2Si_2O_8 \cdot 2\,NaCl$ . . . .   35 (Al):   Hb/B2–420/1

$Al_6Cl_2Na_8O_{30}Si_6$ . . . $3\,Na_2Al_2Si_2O_8 \cdot 2\,NaClO_3 \cdot 0.5\,H_2O$ . . .   35 (Al):   Hb/B2–424

$Al_6Cl_2Na_8O_{32}Si_6$ . . . $3\,Na_2Al_2Si_2O_8 \cdot 2\,NaClO_4 \cdot H_2O$ . . .   35 (Al):   Hb/B2–424

Al_6Co . . . . $CoAl_6$ . . . .   35 (Al):   Hb/A6–1025

                                                         58 (Co):   Hb/A1–193

Al_6Cr . . . . Al_6Cr . . . .   35 (Al):   Hb/A5–880

$Al_6Cr_2O_{15}$ . . . . $3\,Al_2O_3 \cdot 2\,CrO_3 \cdot 6\,H_2O$ . . . .   52 (Cr):   Hb/B–893

$Al_6CuH_8O_{24}P_4$ . . . . $CuAl_6(OH)_8(PO_4)_4$ . . . .   60 (Cu):   Hb/B3–1177

$Al_6FeO_{40}S_{10}$ . . . . . $FeSO_4 \cdot 3\,Al_2(SO_4)_3 \cdot 25\,H_2O$ . . .   59 (Fe):   Hb/B5–1118

$Al_6H_8N_2O_{22}S_4$ . . . . $(NH_4)_2SO_4 \cdot 3\,(Al_2O_3 \cdot SO_3) \cdot 6\,H_2O$ . .   35 (Al):   Hb/B2–518

–. . . . . $(NH_4)_2SO_4 \cdot 3\,(Al_2O_3 \cdot SO_3) \cdot 9\,H_2O$ . .   35 (Al):   Hb/B2–518

$Al_6H_{12}K_2O_{28}S_4$ . . . . $K_2SO_4 \cdot Al_2(SO_4)_3 \cdot 4\,Al(OH)_3$

                          $= K_2SO_4 \cdot 3\,Al_2O_3 \cdot 4\,SO_3 \cdot 6\,H_2O$.   35 (Al):   Hb/B2–485

$Al_6H_{24}LiNb_2$ . . . . . . $Li[Nb_2(AlH_4)_6]$ . . . .   49 (Nb):   Hb/B4–196

$Al_6H_{24}Nb_2$ . . . . $Nb_2(AlH_4)_6$ . . . .   49 (Nb):   Hb/B4–196

$Al_6H_{24}Nb_2^-$ . . . . . . $[Nb_2(AlH_4)_6]^-$ . . . .   49 (Nb):   Hb/B4–196

$Al_6I_2Na_8O_{24}Si_6$ . . . . $3\,Na_2Al_2Si_2O_8 \cdot 2\,NaI$ . . . .   35 (Al):   Hb/B2–424

$Al_6K_2O_{16}Si_3$ . . . . . . $K_2O \cdot 3\,Al_2O_3 \cdot 3\,SiO_2$ . . . .   35 (Al):   Hb/B2–502

$Al_6K_2O_{22}S_4$ . . . . . . $K_2O \cdot 3\,Al_2O_3 \cdot 4\,SO_3 \cdot 6\,H_2O$

                          $= K_2SO_4 \cdot Al_2(SO_4)_3 \cdot 4\,Al(OH)_3$ . . . .   35 (Al):   Hb/B2–458

$Al_6K_2O_{22}Si_6$ . . . . . . $K_2O \cdot 3\,Al_2O_3 \cdot 6\,SiO_2 \cdot H_2O$

                          $= KAl_2(AlSi_3)O_{10}(OH)_2$ . . . . . .   35 (Al):   Hb/B2–503

–. . . . . $K_2O \cdot 3\,Al_2O_3 \cdot 6\,SiO_2 \cdot xH_2O$ . . . . .   35 (Al):   Hb/B2–504

$Al_6K_2O_{25}S_5$ . . . . . . $K_2SO_4 \cdot 3\,Al_2O_3 \cdot 4\,SO_3 \cdot 6\,H_2O$

                          $= K[Al(OH)_2]_3(SO_4)_2$

                          $= K_2SO_4 \cdot Al_2(SO_4)_3 \cdot 4\,Al(OH)_3$ . . .   35 (Al):   Hb/B2–485

–. . . . . $K_2SO_4 \cdot 3\,Al_2O_3 \cdot 4\,SO_3 \cdot 9\,H_2O$ . . . . .   35 (Al):   Hb/B2–484/5

$Al_6Li_5Na_{0.5}O_{24}Si_6$ . . $Na_{0.5}Li_5Al_6Si_6O_{24}$ . . . .   20 (Li):   Eb–272

Al_6MgO_{10} . . . . $MgO \cdot 3\,Al_2O_3$ . . . .   35 (Al):   Hb/B2–538

Al_6Mn . . . . Al_6Mn . . . .   35 (Al):   Hb/A6–926

$Al_6NNa_7O_{27}Si_6$ . . . . $3\,Na_2Al_2Si_2O_8 \cdot NaNO_3 \cdot 4.25\,H_2O$ . . .   35 (Al):   Hb/B2–424

$Al_6N_2Na_8O_{30}Si_6$ . . . $3\,Na_2Al_2Si_2O_8 \cdot 2\,NaNO_3 \cdot 1.5\,H_2O$ . . .   35 (Al):   Hb/B2–424

$Al_6Na_2O_{16}Si_3$ . . . . . $Na_2O \cdot 3\,Al_2O_3 \cdot 3\,SiO_2$ . . . .   35 (Al):   Hb/B2–401

$Al_6Na_2O_{22}S_4$ . . . . . $Na_2O \cdot 3\,Al_2O_3 \cdot 4\,SO_3 \cdot 6\,H_2O$

                          $= Na_2SO_4 \cdot 3\,(Al_2O_3 \cdot SO_3) \cdot 6\,H_2O$ . .   35 (Al):   Hb/B2–384

$Al_6Na_3O_{28}P_7$ . . . . . $6\,AlPO_4 \cdot Na_3PO_4$ . . . .   21 (Na):   Eb/4–1581

$Al_6Na_4O_{23}Si_6$ . . . . . $2\,Na_2O \cdot 3\,Al_2O_3 \cdot 6\,SiO_2$ . . . . . .   35 (Al):   Hb/B2–401

$Al_6Na_6O_{24}Si_6$ . . . . . $Na_6Al_6Si_6O_{24}$ . . . .   35 (Al):   Hb/B2–402

$Al_6Na_7O_{24}S_2Si_6$ . . . $Na_7Al_6Si_6S_2O_{24}$ . . . .   35 (Al):   Hb/B2–431

$Al_6Na_{7.5}O_{24}S_3Si_6$ . . . $Na_{7.5}Al_6Si_6S_3O_{24}$ . . . .   35 (Al):   Hb/B2–431

$Al_6Na_8O_{13}$ . . . . $4\,Na_2O \cdot 3\,Al_2O_3 \cdot 16\,H_2O$ . . . . .   35 (Al):   Hb/B2–363

$Al_6Na_8O_{24}S_2Si_6$ . . . $Na_8Al_6Si_6S_2O_{24}$ . . . .   35 (Al):   Hb/B2–431

$Al_6Na_8O_{24}S_4Si_6$ . . . $Na_8Al_6Si_6S_4O_{24}$ . . . .   35 (Al):   Hb/B2–431

$Al_6Na_8O_{24}Si_6^{2+}$ . . . . $(Na_8Al_6Si_6O_{24})^{2+}$ . . . .   35 (Al):   Hb/B2–433

$Al_6Na_8O_{25}Si_6$ . . . . . $Na_8Al_6Si_6O_{25}$ . . . .   35 (Al):   Hb/B2–402

$Al_6Na_8O_{27}SSi_6$ . . . . $3\,Na_2Al_2Si_2O_8 \cdot Na_2SO_3 \cdot 4\,H_2O$ . . . .   35 (Al):   Hb/B2–424

$Al_6Na_8O_{27}Si_7$ . . . . . $3\,Na_2Al_2Si_2O_8 \cdot Na_2SiO_3 \cdot 4\,H_2O$ . . . .   35 (Al):   Hb/B2–425

$Al_6Na_8O_{28}SSi_6$ . . . . $3\,Na_2Al_2Si_2O_8 \cdot Na_2SO_4$ . . . . . .   35 (Al):   Hb/B2–421/2

–. . . . . $3\,Na_2Al_2Si_2O_8 \cdot Na_2SO_4 \cdot xH_2O$ . . . . .   35 (Al):   Hb/B2–422

$Al_6Na_9O_{24}S_3Si_6$ . . . . $Na_9Al_6Si_6S_3O_{24}$ . . . . 35 (Al):   Hb/B2–431

$Al_6Na_{10}O_{24}S_2Si_6$ . . . $Na_{10}Al_6Si_6S_2O_{24}$ . . . . 35 (Al):   Hb/B2–431

$Al_6Na_{10}O_{32}S_2Si_6$ . . . 3 $Na_2Al_2Si_2O_8$ · 2 Na_2SO_4. . . . . 35 (Al):   Hb/B2–421

$Al_6Na_{12}O_{27}Si_6$ . . . . $Na_{12}Al_6Si_6O_{27}$ . . . . 35 (Al):   Hb/B2–402

$Al_6Na_{12}O_{31}Si_8$ . . . . 6 Na_2O · 3 Al_2O_3 · 8 SiO_2 . . . . 35 (Al):   Hb/B2–402

Al_6Ni . . . . Al_6Ni . . . . 35 (Al):   Hb/A6–999

$Al_6Ni_2O_{11}$ . . . . 2 NiO · 3 Al_2O_3 · 29.6 H_2O . . 57 (Ni):   Hb/B3–1156

Al_6O_7 . . . . Al_6O_7 . . . . 35 (Al):   Hb/B1–4

$Al_6O_{13}Si_2$ . . . . 3 Al_2O_3 · 2 SiO_2 . . . . 35 (Al):   Hb/B2–309/12, 317/25

$Al_6O_{15}S_2$ . . . . . . 3 Al_2O_3 · 2 SO_3 · 9 H_2O . . . . 35 (Al):   Hb/B1–278

–. . . . . 3 Al_2O_3 · 2 SO_3 · xH_2O . . . . 35 (Al):   Hb/B1–278

$Al_6O_{19}Ta$ . . . . . . Al_6TaO_{19} . . . . 50 (Ta):   Hb/B2–179

$Al_6O_{21}S_4$ . . . . 3 Al_2O_3 · 4 SO_3 · 9 H_2O . . . . . . 35 (Al):   Hb/B1–278

–. . . . . 3 Al_2O_3 · 4 SO_3 · 30 H_2O . . . . 35 (Al):   Hb/B1–278

$Al_6O_{24}Si_6^{6-}$ . . . . . . $(Al_6Si_6O_{24})^{6-}$ . . . . 35 (Al):   Hb/B2–434

Al_6Ru . . . . $RuAl_6$ . . . . 63 (Ru):   Eb–180

$Al_7Br_{22}Li$ . . . . . . LiBr · 7 $AlBr_3$. . . . . 35 (Al):   Hb/B2–354

$Al_7Br_{23}Na_2$ . . . . . 2 NaBr · 7 $AlBr_3$ . . . . 35 (Al):   Hb/B2–378

$Al_7C_{36}Cl_{24}Cr_3H_{36}$ . . 3 $[(C_6H_6)_2Cr]AlCl_4$ · 4 $AlCl_3$ . . Erg. W. 3–329

$Al_7CaFe_5O_{19}$ . . . . . $CaFe_5Al_7O_{19}$ . . . . 59 (Fe):   D/2. Eb–449

Al_7Cr . . . . Al_7Cr . . . . 35 (Al):   Hb/A5–880

Al_7Fe_2 . . . . Al_7Fe_2. . . . . 35 (Al):   Hb/A7–1170/1

$Al_7H_{28}LiNb_2$ . . . . . $Li[Nb_2(AlH_4)_7]$ . . . . 49 (Nb):   Hb/B4–196

$Al_7H_{28}Nb_2$ . . . . . . $Nb_2(AlH_4)_7$ . . . . 49 (Nb):   Hb/B4–196

$Al_7H_{28}Nb_2^{-}$. . . . . . $[Nb_2(AlH_4)_7]^{-}$ . . . . 49 (Nb):   Hb/B4–196

Al_7La_4Sn . . . . . . La_4Al_7Sn . . . . 46 (Sn):   Hb/D–300

Al_7Mn . . . . Al_7Mn. . . . . 35 (Al):   Hb/A6–927

Al_7Mn_2 . . . . Al_7Mn_2 . . . . 35 (Al):   Hb/A6–928

Al_7Mo . . . . Al_7Mo . . . . 35 (Al):   Hb/A5–883

                                                        53 (Mo):   Hb–87

Al_7W . . . . Al_7W . . . . 35 (Al):   Hb/A5–885

$Al_8B_{22}Ni_{70}$. . . . . . . $Ni_{70}Al_8B_{22}$ . . . . 57 (Ni):   Hb/B3–1159

$Al_8Ba_4O_{30}Si_7$ . . . . . 4 BaO · 4 Al_2O_3 · 7 SiO_2 . . . . 35 (Al):   Hb/B2–608

$Al_8CNa_{10}O_{35}Si_8$. . . . 4 $Na_2Al_2Si_2O_8$ · Na_2CO_3. . . . 35 (Al):   Hb/B2–422

–. . . . . 4 $Na_2Al_2Si_2O_8$ · Na_2CO_3 · 5 H_2O . . . . 35 (Al):   Hb/B2–423

–. . . . . 4 $Na_2Al_2Si_2O_8$ · Na_2CO_3 · 7 H_2O. . . . . . 35 (Al):   Hb/B2–423

$Al_8C_2Na_{10}O_{36}Si_8$ . . . 4 $Na_2Al_2Si_2O_8$ · $Na_2C_2O_4$ · 6 H_2O. . . . 35 (Al):   Hb/B2–425

$Al_8C_4H_6Na_{10}O_{36}Si_8$ . . 4 $Na_2Al_2Si_2O_8$ · 2 $NaCH_3COO$ · H_2O . . . 35 (Al):   Hb/B2–425

$Al_8C_{48}K_5Na_{19}O_{96}$ . . . 9.5 Na_2O · 2.5 K_2O · 4 Al_2O_3 · 24 C_2O_3 · 32 H_2O . . . . 35 (Al):   Hb/B2–488

$Al_8C_{56}H_{100}Zr_2$ . . . . . $(C_5H_5)_4Zr_2(C_{36}H_{80}Al_8)$ . . . . Erg. W. 10–68

$Al_8CaFe_4O_{19}$ . . . . . $CaFe_4Al_8O_{19}$ . . . . 59 (Fe):   D/2. Eb–449

$Al_8Ca_4Cr_6O_{52}S_9$. . . . 4 (CaO · Al_2O_3) · 3 (Cr_2O_3 · 3 SO_3) · 10 H_2O. . . . . 35 (Al):   Hb/B2–574

$Al_8Ca_5Na_2O_{36}Si_9$ . . . 5 CaO · Na_2O · 4 Al_2O_3 · 9 SiO_2 . . . . . 35 (Al):   Hb/B2–593

$Al_8CrNa_{10}O_{36}Si_8$ . . . 4 $Na_2Al_2Si_2O_8$ · Na_2CrO_4 . . . . 35 (Al):   Hb/B2–425

–. . . . . 4 $Na_2Al_2Si_2O_8$ · Na_2CrO_4 · 5 H_2O . . . . 35 (Al):   Hb/B2–425

$Al_8Li_2O_{17}$ . . . . Li_2O · 4 O · 4 Al_2O_3 · 25 H_2O . . . . . 35 (Al):   Hb/B2–353/4

Al_8MgO_{13} . . . . MgO · 4 Al_2O_3 . . . . 35 (Al):   Hb/B2–538

$Al_8MoNa_{10}O_{36}Si_8$. . . 4 $Na_2Al_2Si_2O_8$ · Na_2MoO_4 · 7 H_2O . . . . 35 (Al):   Hb/B2–425

                                                                                 53 (Mo):   Hb–303

$Al_8N_6O_{27}$ . . . . 4 Al_2O_3 · 3 N_2O_5 · 14 H_2O. . . . . 35 (Al):   Hb/B1–152, 156

$Al_8Na_8O_{32}Si_8$ . . . . . 4 $Na_2Al_2Si_2O_8$ · 5 H_2O. . . . . 35 (Al):   Hb/B2–392

$Al_8Na_8O_{34}Si_9$ . . . . . 4 Na_2O · 4 Al_2O_3 · 9 SiO_2

                              = $Na_8Al_8Si_9O_{34}$ . . . . 35 (Al):   Hb/B2–401

$Al_8Na_{10}O_{35}S_2Si_8$ . . . 4 $Na_2Al_2Si_2O_8$ · $Na_2S_2O_3$ · 3 H_2O. . . 35 (Al):   Hb/B2–425

$Al_8Na_{10}O_{36}SeSi_8$ . . . 4 $Na_2Al_2Si_2O_8$ · Na_2SeO_4 · 4 H_2O . . . . 35 (Al):   Hb/B2–425

$Al_8O_{18}S_3$ . . . . 4 Al_2O_3 · 3 SO_2 · 18 H_2O . . . . 35 (Al):   Hb/B1–248

$Al_8O_{21}S_3$ . . . . 4 Al_2O_3 · 3 SO_3 · 36 H_2O . . . . 35 (Al):   Hb/B1–278

$Al_8O_{30}Se_9$ . . . . 4 Al_2O_3 · 9 SeO_2 · 36 H_2O . . . . 35 (Al):   Hb/B1–280

$Al_8O_{72}Si_{30}$. . . . . . . 4 Al_2O_3 · 30 SiO_2 . . . . 35 (Al):   Hb/B2–325

Al_9Co_2 . . . . Al_9Co_2 . . . . 35 (Al):   Hb/A6–1024/5

$Al_{9.5}BaF_{2.5}Ni_{0.5}O_{16.5}Zn_2$

                              $BaNi_{0.5}Zn_2Al_{9.5}O_{16.5}F_{2.5}$ . . . . 57 (Ni):   Hb/B3–1162

$Al_{10}B_3Na_{13}O_{46}Si_{10}$ . . 5 $Na_2Al_2Si_2O_8$ · 3 $NaBO_2$ · 7 H_2O . . . 35 (Al):   Hb/B2–425

$Al_{10}B_{25}Ni_{65}$ . . . . . $Ni_{65}Al_{10}B_{25}$ . . . . 57 (Ni):   Hb/B3–1159

$Al_{10}B_{30}Ni_{60}$ . . . . . $Ni_{60}Al_{10}B_{30}$ . . . . 57 (Ni):   Hb/B3–1159

$Al_{10}C_9Cl_{58}O_9Sr_5$ . . . 5 ($SrCl_2$ · 2 $AlCl_3$) · 9 $COCl_2$. . . . . . 35 (Al):   Hb/B2–603

$Al_{10}CaFe_2O_{19}$ . . . . . $CaFe_2Al_{10}O_{19}$ . . . . 59 (Fe):   D/2. Eb–449

$Al_{10}Ca_3Na_4O_{20}$ . . . . 2 Na_2O · 3 CaO · 5 Al_2O_3 . . . . 35 (Al):   Hb/B2–589

$Al_{10}Ca_3O_{18}$ . . . . . . $Ca_3Al_{10}O_{18}$ = 3 CaO · 5 Al_2O_3 . . . . 35 (Al):   Hb/B2–545

–. . . . . $Ca_3Al_{10}O_{18}$ systems:

                              $Ca_3Al_{10}O_{18}$–$Ca_2Al_2SiO_7$. . . . . . . 35 (Al):   Hb/B2–579

$Al_{10}Ca_6O_{21}$ . . . . . . 6 CaO · 5 Al_2O_3 . . . . 35 (Al):   Hb/B2–553

$Al_{10}Co_7O_{22}$ . . . . . . 7 CoO · 5 Al_2O_3 . . . . 58 (Co):   Hb/A2–469

$Al_{10}GeO_{20}Pb_3$. . . . . $Pb_3Al_{10}GeO_{20}$ . . . . 47 (Pb):   Hb/C4–1482

$Al_{10}Li_2O_{16}$. . . . . . . Li_2O · 5 Al_2O_3 . . . . 20 (Li):   Eb–261

$Al_{10}Li_4O_{17}$. . . . . . . 2 Li_2O · 5 Al_2O_3 . . . . 35 (Al):   Hb/B2–353

$Al_{10}Li_{14}O_{40}Si_9$. . . . . 7 Li_2O · 5 Al_2O_3 · 9 SiO_2 . . . . . . 35 (Al):   Hb/B2–359

$Al_{10}MgO_{16}$ . . . . . . MgO · 5 Al_2O_3 . . . . 35 (Al):   Hb/B2–538

$Al_{10}Mo_2O_{21}$ . . . . . . 5 Al_2O_3 · 2 MoO_3 · 33 H_2O . . . . 53 (Mo):   Hb–303

$Al_{10}Na_{12}O_{44}SSi_{10}$ . . . 5 $Na_2Al_2Si_2O_8$ · Na_2SO_4. . . . . . . 35 (Al):   Hb/B2–421

$Al_{10}Ni_3O_{18}$ . . . . . . $Ni_3Al_{10}O_{18}$ . . . . 57 (Ni):   Hb/B3–1156

$Al_{10}O_{20}Pb_3Si$ . . . . . 3 PbO · 5 Al_2O_3 · SiO_2 . . . . 47 (Pb):   Hb/C4–1301

$Al_{10}O_{21}S_3$ . . . . 5 Al_2O_3 · 3 SO_2 · 15 H_2O . . . . 35 (Al):   Hb/B1–248

$Al_{10}O_{24}S_3$ . . . . 5 Al_2O_3 · 3 SO_3 · 15 H_2O . . . . 35 (Al):   Hb/B1–279

–. . . . . 5 Al_2O_3 · 3 SO_3 · xH_2O . . . . 35 (Al):   Hb/B1–278

$Al_{10}O_{33}S_6$ . . . . 5 Al_2O_3 · 6 SO_3 . . . . 35 (Al):   Hb/B1–279

$Al_{11}KO_{17}$ . . . . $KAl_{11}O_{17}$ solid solutions:

                              $K(Al_xFe_{1-x})_{11}O_{17}$ . . . . 59 (Fe):   D/2. Eb–442

$Al_{12}AsNa_{15}O_{52}Si_{12}$ . . 6 $Na_2Al_2Si_2O_8$ · Na_3AsO_4 · 7 H_2O . . . 35 (Al):   Hb/B2–425

–. . . . . 6 $Na_2Al_2Si_2O_8$ · Na_3AsO_4 · 10 H_2O . . . 35 (Al):   Hb/B2–425

$Al_{12}As_2Na_{14}O_{53}Si_{12}$. . 6 $Na_2Al_2Si_2O_8$ · $Na_2As_2O_5$ · 6 H_2O . . . 35 (Al):   Hb/B2–425

$Al_{12}BrNa_{15}O_{52}Si_{12}$ . . 6 $Na_2Al_2Si_2O_8$ · $NaBrO_3$ · Na_2O · 4 H_2O . 35 (Al):   Hb/B2–424

$Al_{12}Br_2Ca_{13}O_{40}Si_5$ . . 12 CaO · 6 Al_2O_3 · 5 SiO_2 · $CaBr_2$ . . . . 35 (Al):   Hb/B2–587

$Al_{12}Ca_{11}Cl_2O_{28}$ . . . . 10 CaO · 6 Al_2O_3 · $CaCl_2$ . . . . 35 (Al):   Hb/B2–568

$Al_{12}Cl_{26}K_{16}O_{52}S_{13}$ . . . 3 (K_2SO_4 · $Al_2(SO_4)_3$ · 24 H_2O) · K_2SO_4

                              · 8 KCl · 6 $AlCl_3$ · 8 H_2O . . . . 35 (Al):   Hb/B2–485

$Al_{12}HNa_{14}O_{52}PSi_{12}$ . . $6\ Na_2Al_2Si_2O_8 \cdot Na_2HPO_4 \cdot 14\ H_2O$ . . . .   35 (Al):   Hb/B2–425

$Al_{12}H_2Na_{16}O_{56}P_2Si_{12}$

         $6\ Na_2Al_2Si_2O_8 \cdot 2\ Na_2HPO_4 \cdot 7\ H_2O$ . . . .   35 (Al):   Hb/B2–425

$Al_{12}Na_{15}O_{52}PSi_{12}$ . . $6\ Na_2Al_2Si_2O_8 \cdot Na_3PO_4 \cdot 9\ H_2O$ . . . . .   35 (Al):   Hb/B2–425

$Al_{12}Na_{16}O_{55}Si_{12}V_2$ . . $6\ Na_2Al_2Si_2O_8 \cdot Na_4V_2O_7 \cdot 7\ H_2O$ . . . .   35 (Al):   Hb/B2–425

$Al_{12}Nb_{17}$ . . . . $Nb_{17}Al_{12}$ . . . .   49 (Nb):   Hb/B2–33

$Al_{12}O_{19}Pb$ . . . . . . $PbAl_{12}O_{19} = PbO \cdot 6\ Al_2O_3$ . . . .   47 (Pb):   Hb/C4–1292

$Al_{12}O_{21}S$ . . . . $6\ Al_2O_3 \cdot SO_3$ . . . .   35 (Al):   Hb/B1–277

$Al_{12}Ru$ . . . . $RuAl_{12}$ . . . .   63 (Ru):   Eb–180

$Al_{12}Ta_{17}$ . . . . $Ta_{17}Al_{12}$ . . . .   50 (Ta):   Hb/B2–11, 14

$Al_{13}Ce_8Sn_3$ . . . . . . $Ce_8Al_{13}Sn_3$ . . . .   46 (Sn):   Hb/D–306

$Al_{13}Co_3$ . . . . Co_3Al_{13} . . . .   35 (Al):   Hb/A6–1024/5

                                                           58 (Co):   Hb/A1–191/3

$Al_{13}Cr_4Si_4$ . . . . . . $Al_{13}Cr_4Si_4$ . . . .   52 (Cr):   Hb/B–895

$Al_{13}Ru_4$ . . . . Ru_4Al_{13} . . . .   63 (Ru):   Eb–180

$Al_{14}Br_2Li_{16}O_{56}Si_{14}$. $7\ Li_2Al_2Si_2O_8 \cdot 2\ LiBr$ . . . .   35 (Al):   Hb/B2–360

$Al_{14}Br_4Na_{18}O_{56}Si_{14}$. $7\ Na_2Al_2Si_2O_8 \cdot 4\ NaBr$ . . . .   35 (Al):   Hb/B2–424

$Al_{14}K_4O_{53}S_{11}$ . . . . . $5\ Al_2O_3 \cdot 3\ SO_2 \cdot 2\ (K_2SO_4 \cdot Al_2(SO_4)_3)$

                           $\cdot\ 24\ H_2O$ . . . .   35 (Al):   Hb/B2–486

$Al_{14}Na_{54}O_{660}V_{72}W_{144}$

         $27\ Na_2O \cdot 7\ Al_2O_3 \cdot 36\ V_2O_5 \cdot 144\ WO_3$

                 $\cdot\ 504\ H_2O$ . . . .   54 (W):   Hb–389

$Al_{16}Br_8Ca_{16}O_{46}Si_5$. $12\ CaO \cdot 8\ Al_2O_3 \cdot 5\ SiO_2 \cdot 4\ CaBr_2$ . . .   35 (Al):   Hb/B2–587

$Al_{16}C_3O_{30}$ . . . . $8\ Al_2O_3 \cdot 3\ CO_2 \cdot 40\ H_2O$ . . . .   35 (Al):   Hb/B1–293

$Al_{16}Ca_{10}Cl_4O_{64}Si_{16}$. $8\ CaAl_2Si_2O_8 \cdot 2\ CaCl_2 \cdot 13\ H_2O$ . . . . .   35 (Al):   Hb/B2–587

$Al_{16}Cr_2Na_{20}O_{68}Si_{14}$. $7\ Na_2Al_2Si_2O_8 \cdot 2\ NaAlO_2 \cdot 2\ Na_2CrO_4$ . . .   35 (Al):   Hb/B2–425

$Al_{16}Na_{18}O_{68}Si_{16}W$. $8\ Na_2Al_2Si_2O_8 \cdot Na_2WO_4 \cdot 13\ H_2O$ . . . .   35 (Al):   Hb/B2–425

                                                            54 (W):   Hb–313

$Al_{16}O_{39}S_5$ . . . . $8\ Al_2O_3 \cdot 5\ SO_3 \cdot 25\ H_2O$ . . . .   35 (Al):   Hb/B1–278

$Al_{16}O_{40}Si_8$ . . . . $Al_{16}Si_8O_{40}$ . . . .   35 (Al):   Hb/B2–311

$Al_{17}Ta_{12}$ . . . . $Ta_{12}Al_{17}$ . . . .   50 (Ta):   Hb/B2–11, 14

–. . . . . $Ta_{12}Al_{17}$ solid solutions:

                 $(Ta,Ti)_{12}Al_{17}$ . . . .   50 (Ta):   Hb/B2–40

$Al_{17}Ti_{12}$ . . . . $Ti_{12}Al_{17}$ solid solutions:

                 $(Ta,Ti)_{12}Al_{17}$ . . . .   50 (Ta):   Hb/B2–40

$Al_{18}Ca_{11}Cl_4O_{72}Si_{18}$. $9\ CaAl_2Si_2O_8 \cdot 2\ CaCl_2 \cdot 20\ H_2O$ . . . . .   35 (Al):   Hb/B2–587

$Al_{18}O_{39}Si_6$ . . . . . . $Al_{18}Si_6O_{39}$ . . . .   35 (Al):   Hb/B2–311

$Al_{20}Ca_{11}O_{41}$ . . . . . $11\ CaO \cdot 10\ Al_2O_3$ . . . .   35 (Al):   Hb/B2–553

$Al_{20}I_2Na_{24}O_{87}Si_{20}$ . . $10\ Na_2Al_2Si_2O_8 \cdot 2\ NaIO_3 \cdot Na_2O$

                        $\cdot\ 10\ H_2O$ . . . .   35 (Al):   Hb/B2–424

$Al_{20}K_2O_{31}$ . . . . . . $K_2O \cdot 10\ Al_2O_3$ . . . .   35 (Al):   Hb/B2–448

$Al_{20}Mo$ . . . . $Al_{20}Mo$ . . . .   53 (Mo):   Hb–87

$Al_{22}O_{49}Si_8$ . . . . . . $11\ Al_2O_3 \cdot 8\ SiO_2$ . . . .   35 (Al):   Hb/B2–318, 319

$Al_{24}NiO_{37}$ . . . . . . $NiO \cdot 12\ Al_2O_3$ . . . .   57 (Ni):   Hb/B3–1156

$Al_{24}O_{39}S$ . . . . $12\ Al_2O_3 \cdot SO_3$ . . . .   35 (Al):   Hb/B1–277

$Al_{26}Mg_{30}Zn_{25}$ . . . . . $Al_{26}Zn_{25}Mg_{30}$ . . . .   35 (Al):   Hb/A5–782

$Al_{30}Na_{48}O_{132}SSi_{30}$. $15\ Na_2Al_2Si_2O_8 \cdot 8\ Na_2O \cdot Na_2SO_4$ . . . .   35 (Al):   Hb/B2–421

$Al_{48}O_{75}S$ . . . . . . $24\ Al_2O_3 \cdot SO_3$ . . . .   35 (Al):   Hb/B1–277

$Al_{65.7}Ce_{33.3}Sn$ . . . . . $Ce_{33.3}Al_{65.7}Sn$ . . . .   46 (Sn):   Hb/D–306

$Al_{96}O_{147}S$ . . . . . . 48 $Al_2O_3 \cdot SO_3$ . . . . 35 (Al):   Hb/B1−277
Al_xNbSe_2 . . . . . . Al_xNbSe_2 . . . . 49 (Nb):   Hb/B4−305/6
$Al_xO_4V_{2-x}$ . . . . . $Al_xV_{2-x}O_4$ . . . . 48 (V):   Hb/B2−545
$Al_xO_5V_2$ . . . . $Al_xV_2O_5$ . . . . 48 (V):   Hb/B2−544
$Al_{2-x}O_3V_x$ . . . . . . $Al_{2-x}V_xO_3$ . . . . 48 (V):   Hb/B2−545

$Am_{0.33}NbO_3$ . . . . . $Am_{0.33}NbO_3$ . . . . Erg. W. 4−77/8
$Am_{0.33}O_3Ta$ . . . . . . $Am_{0.33}TaO_3$ . . . . Erg. W. 4−77/8
$Am_{0.5}BaNb_{0.5}O_3$ . . . $BaAm_{0.5}Nb_{0.5}O_3$ . . . . Erg. W. 4−77/8, 81
$Am_{0.5}BaO_3Pa_{0.5}$ . . . $BaAm_{0.5}Pa_{0.5}O_3$ . . . . Erg. W. 4−77/8, 81
$Am_{0.5}BaO_3Ta_{0.5}$ . . . $BaAm_{0.5}Ta_{0.5}O_3$ . . . . Erg. W. 4−77/8, 81
$Am_{0.5}Ba_{1.5}O_3$ . . . . . $Ba(Ba_{0.5}Am_{0.5})O_3 = Ba_3AmO_6$ . . . . . Erg. W. 4−77/8, 81
$Am_{0.5}O_2Pa_{0.5}$ . . . . . $Am_{0.5}Pa_{0.5}O_2$ . . . . Erg. W. 4−77/8
$Am_{0.5}O_3Sr_{1.5}$ . . . . . $Sr(Sr_{0.5}Am_{0.5})O_3 = Sr_3AmO_6$ . . . . . . Erg. W. 4−78
Am . . . . Americium:
                            Atom. . . . . Erg. W. 8−1/34
                            Atomic mass . . . . Erg. W. 7a−123/8, 133
                            Atomic nucleus . . . . Erg. W. 7a−30/4, 61/170
                            Atomic radius . . . . Erg. W. 8−4/5
                            Biological behavior . . . . Erg. W. 8−403/15
                            Criticality . . . . Erg. W. 8−374/5, 377/8
                            Detection in soils and fallout. . . . . . Erg. W. 7b−353/8
                            Determination. . . . . Erg. W. 8−164/9
                            − in biological materials . . . . Erg. W. 8−179/80, 185/6
                            Electron configuration . . . . Erg. W. 8−3/23
                            Formation in nature . . . . Erg. W. 7b−1/2
                            Handling techniques . . . . Erg. W. 8−349/61
                            Health physics . . . . Erg. W. 8−320/49
                            History. . . . . 67 (Ir):   Hb−196
                                                                   Erg. W. 7a−1/11
                            Ionization potentials . . . . Erg. W. 8−23
                            Isotope separation . . . . Erg. W. 7b−359/70
                            Nuclear binding energies . . . . . . Erg. W. 7a−128
                            Nuclear decay,
                               alpha radioactivity . . . . Erg. W. 7a−82/96
                            −, beta radioactivity. . . . . Erg. W. 7a−81
                            −, decay energies . . . . Erg. W. 7a−95, 123/6
                            −, decay properties . . . . Erg. W. 7a−30/4
                            −, decay scheme . . . . Erg. W. 7a−100/13
                            −, gamma radioactivity. . . . . Erg. W. 7a−78/81
                            Nuclear fission,
                               fission by charged particles . . . . Erg. W. 7a−151/2
                            −, − by neutrons. . . . . Erg. W. 7a−140, 150
                            −, spontaneous fission . . . . Erg. W. 7a−134/8
                            −, theoretical . . . . Erg. W. 7a−163/70
                            Nuclear models. . . . . Erg. W. 7a−61/82
                            Nuclear radiation,
                               effect on gases . . . . Erg. W. 8−309/12
                            −, − on organic liquids . . . . Erg. W. 8−308/9
                            −, − on solids . . . . Erg. W. 8−292/300

Am . . . . Americium:
　　　　　Nuclear radiation,
　　　　　　effect on solutions . . . . Erg. W. 8–302/7
　　　　　–, – on the chemical properties . . . . Erg. W. 8–312/4
　　　　　Oxidation states. . . . . Erg. W. 8–8/11
　　　　　Processing. . . . . Erg. W. 8–252
　　　　　Production in charged particle
　　　　　　reactions, cross sections. . . . . . . Erg. W. 7b–104/16, 121/76
　　　　　– –, experiments . . . . Erg. W. 7b–37/104, 116/21
　　　　　– –, general features . . . . Erg. W. 7b–28/37
　　　　　– in nuclear explosions. . . . . Erg. W. 7b–21/8
　　　　　– in nuclear reactors . . . . Erg. W. 7b–3/14, 18
　　　　　Radiotoxicity . . . . Erg. W. 8–320/5
　　　　　Recoil reactions. . . . . Erg. W. 8–315/9
　　　　　Safety measures . . . . Erg. W. 8–320/402
　　　　　Separation. . . . . Erg. W. 7b–315/26, 342/4,
　　　　　　　　　　　　　　　　　　　　　　　346/8
　　　　　–, analytical . . . . Erg. W. 8–169/75
　　　　　Spectra:
　　　　　　Absorption spectra. . . . . Erg. W. 8–50/3, 57/9, 63/4,
　　　　　　　　　　　　　　　　　　　　　　　68/72, 75/6
　　　　　　Emission spectra. . . . . Erg. W. 8–42/4
　　　　　　Luminescence spectra . . . . Erg. W. 8–59
　　　　　　Mössbauer spectra. . . . . Erg. W. 8–89/90, 98
　　　　　　X-ray spectra . . . . Erg. W. 8–80/8
　　　　　Storage and control of wastes . . . . . Erg. W. 8–393/402
　　　　　Therapy after contamination. . . . . . Erg. W. 8–415/24
　　　　　Transition reactions . . . . Erg. W. 8–306
　　　　　Uses . . . . Erg. W. 8–201/6, 215/21
–. . . . . Americium ions:
　　　　　Ionization potentials . . . . Erg. W. 8–23
　　　　　Properties of the ion . . . . Erg. W. 8–5/28
　　　　　Spectra:
　　　　　　Absorption spectra. . . . . Erg. W. 8–50/3, 57/9, 63/4,
　　　　　　　　　　　　　　　　　　　　　　　68/70, 72, 75/6
　　　　　　Emission spectra. . . . . Erg. W. 8–43/4
　　　　　　Luminescence spectra . . . . Erg. W. 8–59
–. . . . . Americium isotopes
　　　　　　see Am ... Americium
–. . . . . Americium systems:
　　　　　Am–Cm–O . . . . Erg. W. 4–79
　　　　　Am–H . . . . Erg. W. 4–5/6
　　　　　Am–O . . . . Erg. W. 4–32/4
Am$^+$ . . . . Am$^+$ . . . . Erg. W. 8–23, 43/4
Am^{2+} . . . . Am^{2+} . . . . Erg. W. 8–11/25, 50/1
Am^{3+} . . . . Am^{3+} . . . . Erg. W. 8–5, 11/23, 26/7,
　　　　　　　　　　　　　　　　　　　　　　　51/3, 57/9
Am^{4+} . . . . Am^{4+} . . . . Erg. W. 8–5, 11/23, 63/4, 68
Am^{5+} . . . . Am^{5+} . . . . Erg. W. 8–5, 11/23

Am^{6+}	Am^{6+}	Erg. W. 8–5, 11/23
Am^{n+}	Am^{n+} (n = 7 to 10)	Erg. W. 8–23
AmAsO$_4$	AmAsO$_4$	Erg. W. 4–77/8, 80
AmBO$_3$	AmBO$_3$	Erg. W. 4–77,79
AmB$_4$	AmB$_4$.	Erg. W. 4–198/9
AmB$_6$	AmB$_6$.	Erg. W. 4–198/9
AmBaO$_3$	BaAmO$_3$	Erg. W. 4–77/9
AmBa$_3$O$_6$	Ba$_3$AmO$_6$ = Ba(Ba$_{0.5}$Am$_{0.5}$)O$_3$	Erg. W. 4–77/8, 81
AmBr$_3$	AmBr$_3$	Erg. W. 4–148/50
–.	AmBr$_3$ · 6 H$_2$O	Erg. W. 4–149/50
AmBr$_6$C$_{54}$H$_{48}$P$_3$ . . .	[(C$_6$H$_5$)$_3$PH]$_3$AmBr$_6$.	Erg. W. 4–151
AmCH$_4$NO$_5$	NH$_4$AmO$_2$CO$_3$	Erg. W. 4–233
AmCNaO$_{4.5}$	Na[AmO$_{1.5}$CO$_3$]	Erg. W. 4–231
AmCO$_5$Rb	RbAmO$_2$CO$_3$.	Erg. W. 4–233
AmC$_2$K$_3$O$_8$	K$_3$AmO$_2$(CO$_3$)$_2$ . .	Erg. W. 4–233
AmC$_2$NaO$_6$	Na[Am(CO$_3$)$_2$] · 4 H$_2$O.	Erg. W. 4–231
AmC$_3$H$_3$O$_6$	Am(HCOO)$_3$	Erg. W. 4–235
AmC$_3$K$_5$O$_{11}$	K$_5$AmO$_2$(CO$_3$)$_3$	Erg. W. 4–233
AmC$_3$Na$_3$O$_9$	Na$_3$[Am(CO$_3$)$_3$]	Erg. W. 4–231
–.	Na$_3$[Am(CO$_3$)$_3$] · 3 H$_2$O	Erg. W. 4–231
AmC$_6$H$_9$NaO$_8$	NaAmO$_2$(CH$_3$COO)$_3$	Erg. W. 4–235
AmC$_{12}$H$_8$N$_2$O$_6$	AmO$_2$(C$_5$H$_4$NCOO)$_2$	Erg. W. 4–241
AmC$_{12}$H$_8$N$_2$O$_8$	AmO$_2$(C$_5$H$_4$N(O)COO)$_2$	Erg. W. 4–241
AmC$_{15}$H$_{15}$.	Am(C$_5$H$_5$)$_3$	Erg. W. 4–271/7
AmC$_{15}$H$_{21}$O$_6$	Am(C$_5$H$_7$O$_2$)$_3$ · H$_2$O	Erg. W. 4–263/4
AmC$_{16}$Cl$_6$H$_{40}$LiN$_2$ . . .	[N(C$_2$H$_5$)$_4$]$_2$LiAmCl$_6$	Erg. W. 4–137
AmC$_{18}$H$_{13}$N$_3$O$_8$	H[AmO$_2$(C$_5$H$_4$NCOO)$_3$]	Erg. W. 4–241
AmC$_{20}$CsF$_{24}$H$_4$O$_8$ . . .	CsAm(C$_5$HF$_6$O$_2$)$_4$	Erg. W. 4–263/4
–.	CsAm(C$_5$HF$_6$O$_2$)$_4$ · H$_2$O	Erg. W. 4–264
AmC$_{24}$Cl$_6$H$_{60}$N$_3$	[N(C$_2$H$_5$)$_4$]$_3$AmCl$_6$	Erg. W. 4–137
AmC$_{24}$F$_9$H$_{12}$O$_6$S$_3$ . . .	Am(C$_8$H$_4$F$_3$O$_2$S)$_3$ · 3 H$_2$O . .	Erg. W. 4–263/5
AmC$_{27}$Cl$_3$H$_{15}$N$_3$O$_3$ . .	Am(C$_9$H$_5$ClNO)$_3$	Erg. W. 4–266
AmC$_{27}$Cl$_6$H$_{12}$N$_3$O$_3$ . .	Am(C$_9$H$_4$Cl$_2$NO)$_3$. .	Erg. W. 4–266/7
AmC$_{27}$H$_{18}$N$_3$O$_3$	Am(C$_9$H$_6$NO)$_3$	Erg. W. 4–266/7
AmC$_{30}$F$_9$H$_{18}$O$_6$	Am(C$_{10}$H$_6$F$_3$O$_2$)$_3$ · 3 H$_2$O. .	Erg. W. 4–263/4
AmC$_{30}$H$_{33}$O$_6$	Am(C$_{10}$H$_{11}$O$_2$)$_3$	Erg. W. 4–266
AmC$_{33}$H$_{57}$O$_6$	Am(C$_{11}$H$_{19}$O$_2$)$_3$	Erg. W. 4–263, 265
AmC$_{54}$Cl$_6$H$_{48}$P$_3$	[(C$_6$H$_5$)$_3$PH]$_3$AmCl$_6$.	Erg. W. 4–137
AmC$_{64}$H$_{32}$N$_{16}$	Am(C$_{32}$H$_{16}$N$_8$)$_2$	Erg. W. 4–269
AmClO	AmOCl	Erg. W. 4–141
		Erg. W. 8–318
AmCl$_2$H$_{12}$O$_6$$^+$	[AmCl$_2$(H$_2$O)$_6$]$^+$	Erg. W. 4–134/5
AmCl$_3$.	AmCl$_3$	Erg. W. 4–129/35
		Erg. W. 8–318
–.	AmCl$_3$ · 6 H$_2$O	Erg. W. 4–131, 134
AmCl$_4$Cs	CsAmCl$_4$	Erg. W. 4–137/9
–.	CsAmCl$_4$ · xH$_2$O	Erg. W. 4–137/9
AmCl$_4$Cs$_2$O$_2$	Cs$_2$AmO$_2$Cl$_4$	Erg. W. 4–143/4
AmCl$_4$Cs$_3$O$_2$	Cs$_3$AmO$_2$Cl$_4$	Erg. W. 4–143
AmCl$_6$Cs$_2$Na	Cs$_2$NaAmCl$_6$	Erg. W. 4–137/8

AmCl$_6$Cs$_3$ . . . . . . Cs$_3$AmCl$_6$. . . . . Erg. W. 4–137, 138
AmCo$_2$H$_{38}$N$_{12}$O$_{22}$S$_5$. [Co(NH$_3$)$_6$HSO$_4$]$_2$[AmO$_2$(SO$_4$)$_3$] · nH$_2$O . . Erg. W. 4–187
AmCsF$_5$. . . . . CsAmF$_5$. . . . . Erg. W. 4–116
AmCsO$_8$S$_2$ . . . . . . CsAm(SO$_4$)$_2$ · 4 H$_2$O. . . . . Erg. W. 4–185, 187
AmCs$_2$F$_6$ . . . . Cs$_2$AmF$_6$ . . . . Erg. W. 4–116
AmCs$_3$F$_7$ . . . . Cs$_3$AmF$_7$ . . . . Erg. W. 4–116
AmF$_2$H$_4$NO$_2$ . . . . . NH$_4$AmO$_2$F$_2$ . . . . Erg. W. 4–100
AmF$_2$KO$_2$ . . . . KAmO$_2$F$_2$ . . . . Erg. W. 4–100, 123/4
AmF$_2$O$_2$. . . . . AmO$_2$F$_2$. . . . . Erg. W. 4–100, 122/3
AmF$_2$O$_2$Rb . . . . . . RbAmO$_2$F$_2$ . . . . Erg. W. 4–100, 123/4
AmF$_3$ . . . . AmF$_3$ . . . . Erg. W. 4–100/4
                                                              Erg. W. 8–318
AmF$_4$ . . . . AmF$_4$ . . . . Erg. W. 4–100, 104/7, 115/6
AmF$_4$K . . . . KAmF$_4$ . . . . Erg. W. 4–115
AmF$_4$Na . . . . NaAmF$_4$ . . . . Erg. W. 4–115
AmF$_5$Li . . . . LiAmF$_5$ . . . . Erg. W. 4–117/20
AmF$_5$Rb. . . . . RbAmF$_5$ . . . . Erg. W. 4–118/20
AmF$_6$K$_2$ . . . . K$_2$AmF$_6$. . . . . Erg. W. 4–115
AmF$_6$Na$_2$ . . . . . . Na$_2$AmF$_6$ . . . . Erg. W. 4–115
AmF$_6$Rb$_2$ . . . . . . Rb$_2$AmF$_6$ . . . . Erg. W. 4–117/20, 124
AmF$_7$K$_3$ . . . . K$_3$AmF$_7$. . . . . Erg. W. 4–115
AmF$_7$Li$_3$. . . . . . . Li$_3$AmF$_7$ . . . . Erg. W. 4–115
AmF$_7$Na$_3$ . . . . . . Na$_3$AmF$_7$ . . . . Erg. W. 4–115
AmF$_7$Rb$_3$ . . . . . . Rb$_3$AmF$_7$ . . . . Erg. W. 4–116
AmF$_8$H$_{16}$N$_4$ . . . . . (NH$_4$)$_4$AmF$_8$ . . . . Erg. W. 4–117/20
AmGeO$_4$ . . . . . . AmGeO$_4$ . . . . Erg. W. 4–77/8, 80
AmH$_2$ . . . . AmH$_2$ . . . . Erg. W. 4–5/6
AmH$_{2.7}$ . . . . AmH$_{2.7}$ . . . . Erg. W. 4–5/6
AmH$_3$. . . . . AmH$_3$. . . . . Erg. W. 4–5/6
AmH$_3$O$_3$ . . . . . . Am(OH)$_3$ . . . . Erg. W. 4–32/3
AmH$_4$O$_4$ . . . . . . Am(OH)$_4$ . . . . Erg. W. 4–34
–. . . . . Am(OH)$_4$ · nH$_2$O. . . . . Erg. W. 8–318
AmH$_x$ . . . . AmH$_x$ . . . . Erg. W. 4–5/6
AmI$_3$ . . . . AmI$_3$ . . . . Erg. W. 4–153/5
AmI$_4$ . . . . AmI$_4$ . . . . Erg. W. 4–155
AmIr$_2$ . . . . Ir$_2$Am . . . . Erg. W. 4–34
AmKO$_8$S$_2$ . . . . . . KAm(SO$_4$)$_2$. . . . . Erg. W. 4–185, 187
–. . . . . KAm(SO$_4$)$_2$ · 2 H$_2$O . . . . Erg. W. 4–185/7
AmK$_3$O$_{12}$S$_3$ . . . . . K$_3$Am(SO$_4$)$_3$ · H$_2$O . . . . Erg. W. 4–185/7
AmLiO$_2$ . . . . LiAmO$_2$ . . . . Erg. W. 4–75/6
AmLi$_2$O$_3$ . . . . . . Li$_2$AmO$_3$ . . . . Erg. W. 4–75/6, 78
AmLi$_3$O$_4$ . . . . . . Li$_3$AmO$_4$ . . . . Erg. W. 4–75/8
AmLi$_4$O$_5$ . . . . . . Li$_4$AmO$_5$ . . . . Erg. W. 4–75/8
                                                              Erg. W. 8–298/300
AmLi$_6$O$_6$ . . . . . . Li$_6$AmO$_6$ . . . . Erg. W. 4–75/8
AmLi$_7$O$_6$ . . . . . . Li$_7$AmO$_6$ . . . . Erg. W. 4–75/8
AmLi$_8$O$_6$ . . . . . . Li$_8$AmO$_6$ . . . . Erg. W. 4–75/8
AmN . . . . AmN . . . . Erg. W. 4–87
AmN$_3$O$_9$ . . . . . . Am(NO$_3$)$_3$ . . . . Erg. W. 4–99
AmNaO$_8$S$_2$ . . . . . NaAm(SO$_4$)$_2$ · H$_2$O . . . . Erg. W. 4–185, 187

$AmNa_2O_3$ . . . . . . Na_2AmO_3 . . . . Erg. W. 4–75/8

$AmNa_3O_4$ . . . . . . Na_3AmO_4 . . . . Erg. W. 4–75/8

$AmNa_4O_5$ . . . . . . Na_4AmO_5 . . . . Erg. W. 4–75/8

$AmNa_6O_6$ . . . . . . Na_6AmO_6 . . . . Erg. W. 4–75/8

$AmNbO_4$ . . . . $AmNbO_4$ . . . . Erg. W. 4–77/8, 80/1

$AmNbO_6Ti$ . . . . . $AmNbTiO_6$ . . . . Erg. W. 4–77/8, 81

AmO . . . . AmO . . . . Erg. W. 4–32/3

$AmO_{1.5}$ . . . . $AmO_{1.5}$
                         see Am_2O_3 ...Am_2O_3

AmO_2 . . . . AmO_2 . . . . Erg. W. 4–32/4

                                                       Erg. W. 8–287, 298/300, 318

–. . . . . $AmO_2 \cdot nH_2O$ . . . . Erg. W. 4–34

–. . . . . AmO_2 solid solutions:

                     AmO_2–ThO_2 . . . . Erg. W. 4–79

–. . . . . AmO_2 systems:

                     AmO_2–$ScO_{1.5}$ . . . . Erg. W. 4–79

                     AmO_2–ZrO_2 . . . . Erg. W. 4–80

AmO_2^+ . . . . AmO_2^+ . . . . Erg. W. 8–69/70, 72

AmO_2^{2+} . . . . . . AmO_2^{2+} . . . . Erg. W. 8–19, 69/70, 75

AmO_3Sc . . . . . . $AmScO_3$ . . . . Erg. W. 4–77, 79

AmO_3Sr . . . . . . $SrAmO_3$ . . . . Erg. W. 4–77/9

AmO_3V . . . . $AmVO_3$ . . . . Erg. W. 4–77/8, 80

AmO_4P . . . . $AmPO_4$ . . . . Erg. W. 4–252

–. . . . . $AmPO_4 \cdot 0.5\ H_2O$ . . . . Erg. W. 4–252

AmO_4Si . . . . $AmSiO_4$ . . . . Erg. W. 4–77/8, 80

AmO_4Ta . . . . . . $AmTaO_4$ . . . . Erg. W. 4–77/8, 80/1

AmO_4V . . . . $AmVO_4$ . . . . Erg. W. 4–77/8, 80

AmO_6Sr_3 . . . . . . $Sr_3AmO_6 = Sr(Sr_{0.5}Am_{0.5})O_3$ . . . . . Erg. W. 4–78

AmO_6TaTi . . . . . $AmTaTiO_6$ . . . . Erg. W. 4–77/8, 81

AmO_8RbS_2 . . . . . $RbAm(SO_4)_2 \cdot 4\ H_2O$ . . . . Erg. W. 4–185, 187

AmO_8S_2Tl . . . . . $TlAm(SO_4)_2 \cdot 4\ H_2O$ . . . . Erg. W. 4–185/7

$AmPd_3$ . . . . Pd_3Am . . . . Erg. W. 4–34

$AmPt_2$ . . . . Pt_2Am . . . . Erg. W. 4–34

$AmPt_5$ . . . . Pt_5Am . . . . Erg. W. 4–34

$AmRh_2$ . . . . Rh_2Am . . . . Erg. W. 4–34

$AmRh_3$ . . . . Rh_3Am . . . . Erg. W. 4–34

AmS . . . . AmS . . . . Erg. W. 4–167/8

$AmS_{1.9}$ . . . . $AmS_{1.9}$ . . . . Erg. W. 4–167/8

AmS_{2-x} . . . . AmS_{2-x} . . . . Erg. W. 4–167/8

$AmSe_{2-x}$ . . . . . . $AmSe_{2-x}$ . . . . Erg. W. 4–190/1

Am_2BaO_4 . . . . . . $BaO \cdot Am_2O_3$ . . . . Erg. W. 4–78/9

$Am_2C_2O_7$ . . . . . . $Am_2O(CO_3)_2$ . . . . Erg. W. 4–231

$Am_2C_2O_8$ . . . . . . $Am_2O_2(CO_3)_2$ . . . . Erg. W. 4–231

Am_2C_3 . . . . Am_2C_3 . . . . Erg. W. 4–209

$Am_2C_3O_9$ . . . . . . $Am_2(CO_3)_3$ . . . . Erg. W. 4–231

–. . . . . $Am_2(CO_3)_3 \cdot 2\ H_2O$ . . . . Erg. W. 4–231

–. . . . . $Am_2(CO_3)_3 \cdot 4\ H_2O$ . . . . Erg. W. 4–231

$Am_2C_6O_{12}$ . . . . . . $Am_2(C_2O_4)_3$ . . . . Erg. W. 4–237

–. . . . . $Am_2(C_2O_4)_3 \cdot 6\ H_2O$ . . . . Erg. W. 8–318

$Am_2C_6O_{12}$ . . . . . . $Am_2(C_2O_4)_3 \cdot 9 H_2O$ . . . . Erg. W. 8–313

–. . . . . $Am_2(C_2O_4)_3 \cdot nH_2O$ . . . . Erg. W. 4–237

$Am_2Cs_8O_{28}S_7$ . . . . . $Cs_8Am_2(SO_4)_7$ . . . . Erg. W. 4–185, 187

Am_2F_7K . . . . KAm_2F_7 . . . . Erg. W. 4–115

$Am_2Hf_2O_7$ . . . . $Am_2Hf_2O_7$ . . . . Erg. W. 8–298/300

$Am_2K_8O_{28}S_7$ . . . . . $K_8Am_2(SO_4)_7$ . . . . Erg. W. 4–185/7

$Am_2Mo_3O_{12}$ . . . . . $Am_2(MoO_4)_3$ . . . . Erg. W. 4–77/8, 81

Am_2O_2S . . . . Am_2O_2S . . . . Erg. W. 4–173

Am_2O_3 . . . . Am_2O_3 . . . . Erg. W. 4–32/4

                                                     Erg. W. 8–318

–. . . . . Am_2O_3 systems:

                 $Am_2O_3–Cm_2O_3$ . . . . Erg. W. 4–79

                 $AmO_{1.5}–HfO_2$ . . . . Erg. W. 4–80

                 $Am_2O_3–ThO_2$ . . . . Erg. W. 4–79

                 $AmO_{1.5}–ZrO_2$ . . . . Erg. W. 4–80

Am_2O_4Sr . . . . $SrO \cdot Am_2O_3$ . . . . Erg. W. 4–78/9

$Am_2O_7Zr_2$ . . . . $Am_2Zr_2O_7$ . . . . Erg. W. 4–80

$Am_2O_{12}S_3$ . . . . . . $Am_2(SO_4)_3 \cdot 5 H_2O$ . . . . Erg. W. 4–185, 187

–. . . . . $Am_2(SO_4)_3$ systems:

                 $Am_2(SO_4)_3–K_2SO_4–H_2O$ . . . . . . Erg. W. 4–186

                 $Am_2(SO_4)_3–Tl_2SO_4–H_2O$ . . . . . . Erg. W. 4–186

$Am_2O_{12}W_3$ . . . . . $Am_2W_3O_{12}$ . . . . Erg. W. 4–81

$Am_2O_{28}S_7Tl_8$ . . . . $Tl_8Am_2(SO_4)_7$ . . . . Erg. W. 4–185/7

Am_2S_3 . . . . Am_2S_3 . . . . Erg. W. 4–167/8

$Am_3C_{15}K_5O_{51}$ . . . . $K_5[AmO_2(CO_3)_5]_3$ . . . . Erg. W. 8–318

Am_3Se_4 . . . . Am_3Se_4 . . . . Erg. W. 4–190/1

Am_3Te_4 . . . . Am_3Te_4 . . . . Erg. W. 4–193

$Am_4F_{17}Li$ . . . . $LiAm_4F_{17}$ . . . . Erg. W. 4–115

$Am_4O_{18}Xe_3$ . . . . . $Am_4(XeO_6)_3 \cdot 40 H_2O$ . . . . Erg. W. 1–116, 117

                                                     Erg. W. 4–1/2

$Am_6F_{31}K_7$ . . . . $K_7Am_6F_{31}$ . . . . Erg. W. 4–116/20

$Am_6F_{31}Na_7$ . . . . . $Na_7Am_6F_{31}$ . . . . Erg. W. 4–116/20

$Am_6F_{31}Rb_7$ . . . . . $Rb_7Am_6F_{31}$ . . . . Erg. W. 4–118/20

An . . . . Actinon = ^{219}Rn

           see Rn ... Radon isotopes

Ar . . . . Argon . . . . 1 (EG):   Hb–127/68

           Affinity . . . . 1 (EG):   Hb–223/4

           Atom . . . . 1 (EG):   Hb–133/8, 155/6

           Atomic nucleus . . . . 1 (EG):   Hb–132/3

           Chemical reactions . . . . 1 (EG):   Hb–223/4, 227/9

           Cosmochemistry . . . . 1 (EG):   Hb–6/7

           Crystallographic properties . . . . . . 1 (EG):   Hb–138

           Detection . . . . 1 (EG):   Hb–238/9

           Determination . . . . 1 (EG):   Hb–238/9

           Diffusion . . . . 1 (EG):   Hb–148/9

           Electrical properties . . . . 1 (EG):   Hb–160/8

           Geochemistry . . . . 1 (EG):   Hb–7/35

Ar . . . . Argon:
    History . . . . 1 (EG): Hb–1/6
    Ionization . . . . 1 (EG): Hb–166/8
    Magnetic properties . . . . 1 (EG): Hb–160
    Mechanical properties . . . . 1 (EG): Hb–138/41, 147/51
    Molecule . . . . 1 (EG): Hb–138
    Occurrence . . . . 1 (EG): Hb–6/35
    – in the atmosphere . . . . 1 (EG): Hb–7/17
    – in the biosphere . . . . 1 (EG): Hb–35
    – in the cosmos . . . . 1 (EG): Hb–6/7
    – in the hydrosphere . . . . 1 (EG): Hb–17/28
    – in the lithosphere . . . . 1 (EG): Hb–28/35
    Optical properties . . . . 1 (EG): Hb–151/9
    Position in the periodic system . . . . 1 (EG): Hb–138, 223
    Preparation . . . . 1 (EG): Hb–127/32
    Recovery from air . . . . 3 (O): Hb–2–196/7
    Solubility . . . . 1 (EG): Hb–149/50
    Sorption . . . . 1 (EG): Hb–150/1
    – on nickel . . . . 57 (Ni): Hb/B2–315
    – on palladium . . . . 65 (Pd): Hb/2–115/6
    – on platinum . . . . 68 (Pt): Hb/C1–1/3
    Spectra . . . . 1 (EG): Hb–152/9
    Thermal properties . . . . 1 (EG): Hb–140/7
    Uses . . . . 1 (EG): Hb–249/51
    Valence . . . . 1 (EG): Hb–223/4
–. . . . . Ar · 5.75 H_2O . . . . Erg. W. 1–142/4
–. . . . . Ar · nH_2O . . . . 1 (EG): Hb–224
–. . . . . Argon compounds . . . . Erg. W. 1–16/7, 133/47
–. . . . . Argon ions . . . . 1 (EG): Hb–167
–. . . . . Argon isotopes . . . . 1 (EG): Hb–132
–. . . . . Argon mixtures:
    Ar–CO . . . . 14 (C): Hb/C1–261/2
    $Ar–CO_2$ . . . . 14 (C): Hb/C1–508/10
    $Ar–CO_2–N$ . . . . 14 (C): Hb/C1–509, 527
    Ar–N . . . . 4 (N): Hb/1–142, 151,
                                     165, 169
    Ar–N–O . . . . 4 (N): Hb/1–151
–. . . . . Argon solid solutions:
    Ar–CO . . . . 14 (C): Hb/C1–261
–. . . . . Argon systems:
    Ar–Ag . . . . 61 (Ag): Hb/B1–2/3
    $Ar–BF_3$ . . . . 13 (B): Eb–175/6
    Ar–CO . . . . 14 (C): Hb/C1–260/2
    Ar–CO–N–O . . . . 14 (C): Hb/C1–276
    Ar–HCl . . . . 6 (Cl): Eb/B1–1
    Ar–O . . . . 3 (O): Hb/5–1185/8
Ar^+ . . . . Ar^+ . . . . 1 (EG): Hb–167
Ar^{2+} . . . . Ar^{2+} . . . . 1 (EG): Hb–167

ArBF$_3$	Ar · BF$_3$	13 (B):	Eb−175/6
ArB$_2$F$_6$	Ar · 2 BF$_3$	13 (B):	Eb−175/6
ArB$_3$F$_9$	Ar · 3 BF$_3$	13 (B):	Eb−175/6
ArB$_6$F$_{18}$	Ar · 6 BF$_3$	13 (B):	Eb−175/6
ArB$_8$F$_{24}$	Ar · 8 BF$_3$	13 (B):	Eb−175/6
ArB$_{16}$F$_{48}$	Ar · 16 BF$_3$	13 (B):	Eb−175/6
ArC$^+$	ArC$^+$	14 (C):	Hb/C1−1
ArCH$_2$$^+$	ArCH$_2$$^+$	14 (C):	Hb/C1−2
ArCH$_3$$^+$	ArCH$_3$$^+$	14 (C):	Hb/C1−2
ArCH$_4$$^+$	ArCH$_4$$^+$	14 (C):	Hb/C1−2
ArCO$^+$	ArCO$^+$	14 (C):	Hb/C1−3
ArC$_2$H$_4$$^+$	ArC$_2$H$_4$$^+$	14 (C):	Hb/C1−2
ArC$_{18}$F$_3$H$_{15}$O$_3$	3 C$_6$H$_4$(OH)F · Ar	Erg. W. 1−135	
ArC$_{18}$H$_{18}$O$_3$	3 C$_6$H$_5$OH · Ar	Erg. W. 1−134/5	
ArC$_{18}$H$_{18}$O$_6$	3 C$_6$H$_4$(OH)$_2$ · Ar	Erg. W. 1−135/41	
ArC$_{108}$H$_{120}$O$_{12}$	6 C$_{18}$H$_{20}$O$_2$ · Ar	Erg. W. 1−141/2	
ArClH	HCl · Ar	6 (Cl):	Eb/B1−1
ArF$_4$	ArF$_4$	Erg. W. 1−16/7	
ArHg	HgAr	34 (Hg):	Hb/B1−2
Ar$_2$	Ar$_2$	1 (EG):	Hb−138
Ar$_2$CCl$_2$H$_2$	CH$_2$Cl$_2$ · 2 Ar · 17 H$_2$O	Erg. W. 1−145	
Ar$_2$CCl$_3$H	CHCl$_3$ · 2 Ar · 17 H$_2$O	Erg W. 1−145/6	
Ar$_2$CCl$_4$	CCl$_4$ · 2 Ar · 17 H$_2$O	Erg. W. 1−146	
Ar$_2$C$_2$H$_7$N	(CH$_3$)$_2$NH · 2 Ar · 17 H$_2$O . .	Erg. W. 1−147	
−.	C$_2$H$_5$NH$_2$ · 2 Ar · 17 H$_2$O . .	Erg. W. 1−147	
Ar$_2$C$_3$H$_6$O	CH$_3$COCH$_3$ · 2 Ar · 17 H$_2$O . .	Erg. W. 1−145	
Ar$_2$C$_4$H$_8$O	CH$_3$COC$_2$H$_5$ · 2 Ar · 17 H$_2$O . .	Erg. W. 1−147	
−.	C$_4$H$_8$O · 2 Ar · 17 H$_2$O . . .	Erg. W. 1−146	
Ar$_2$C$_4$H$_{10}$O	C$_4$H$_9$OH · 2 Ar · 17 H$_2$O . . .	Erg. W. 1−147	
As	Arsenic:		
	Abundance	17 (As):	Hb−19
	Affinity.	17 (As):	Hb−112/3
	Atom.	17 (As):	Hb−106/12
	Atomic nucleus	17 (As):	Hb−99/105
	Chemical reactions	17 (As):	Hb−173/85
	– in air.	17 (As):	Hb−173
	– on heating.	17 (As):	Hb−174
	– on irradiation	17 (As):	Hb−173/4
	– with acids	17 (As):	Hb−177/9
	– with elements	17 (As):	Hb−174/7
	– with metal compounds.	17 (As):	Hb−181/4
	– with nonmetal compounds	17 (As):	Hb−179/81
	– with organic compounds.	17 (As):	Hb−184/5
	– with water.	17 (As):	Hb−174
	Colloidal forms	17 (As):	Hb−93/4
	Cosmochemistry	17 (As):	Hb−10/1
	Crystallographic properties	17 (As):	Hb−116/29
	Deposits	17 (As):	Hb−37/70
	Detection in iron	59 (Fe):	Hb/Fl−413

As . . . . Arsenic:
Determination in iron . . . . 59 (Fe):   Hb/FI−411/23
                                                    Hb/FII2−314, 349
Economic deposits . . . . 17 (As):   Hb−37/70
Electrical properties . . . . 17 (As):   Hb−158/64
Electrochemical behavior . . . . 17 (As):   Hb−164/73
Electronegativity . . . . 17 (As):   Hb−112/3
Formation . . . . 17 (As):   Hb−87/9
Geochemical cycle . . . . 17 (As):   Hb−19/20
Geochemistry . . . . 17 (As):   Hb−11/37
History . . . . 17 (As):   Hb−1/9
Magnetic properties . . . . 17 (As):   Hb−157/8
Mechanical properties . . . . 17 (As):   Hb−129/33
Mineralogy . . . . 17 (As):   Hb−70/83
Modifications . . . . 17 (As):   Hb−94/8, 116/29
Molecule . . . . 17 (As):   Hb−113/6
Occurrence . . . . 17 (As):   Hb−9/83
− in the atmosphere . . . . 17 (As):   Hb−33/4
− in the biosphere . . . . 17 (As):   Hb−34/7
− in the cosmos . . . . 17 (As):   Hb−10/1
− in the hydrosphere . . . . 17 (As):   Hb−30/3
− in the lithosphere . . . . 17 (As):   Hb−20/30
Optical properties . . . . 17 (As):   Hb−138/56
Physiological behavior . . . . 17 (As):   Hb−186/8
Polymorphism . . . . 17 (As):   Hb−94/8, 116/29
Position in the
   electrochemical series . . . . 17 (As):   Hb−165
− in the periodic system . . . . 17 (As):   Hb−112/3
Preparation, industrial . . . . 17 (As):   Hb−89/99
Preparation of special forms . . . . . 17 (As):   Hb−92/8
Purification . . . . 17 (As):   Hb−91
Purity testing . . . . 17 (As):   Hb−91/2
Special forms . . . . 17 (As):   Hb−92/8
Spectra:
   Arc spectrum . . . . 17 (As):   Hb−140/1, 143/4,
                                                    147/8
   Band spectrum . . . . 17 (As):   Hb−148/51
   Continuous spectrum . . . . 17 (As):   Hb−151/2
   Luminescence spectrum . . . . . . 17 (As):   Hb−150, 152
   Spark spectra . . . . 17 (As):   Hb−141/2, 144/8
   X-ray spectrum . . . . 17 (As):   Hb−152/6
Thermal properties . . . . 17 (As):   Hb−133/8
Toxicity . . . . 17 (As):   Hb−186/8
Uses . . . . 17 (As):   Hb−83/6
Valence . . . . 17 (As):   Hb−112/3

−. . . . . Arsenic ions:
Chemical reactions . . . . 17 (As):   Hb−185/6
Electrochemical behavior . . . . 17 (As):   Hb−168/71
Ionic susceptibility . . . . 17 (As):   Hb−157

As . . . . Arsenic ions:
        Ionization voltages . . . . 17 (As):   Hb–164
        Properties of the ion . . . . 17 (As):   Hb–106/11
        Spectra . . . . 17 (As):   Hb–144/9

–. . . . . Arsenic isotopes:
        Atomic nucleus . . . . 17 (As):   Hb–99/102
        Enrichment . . . . 17 (As):   Hb–98/9

–. . . . . Arsenic systems:
        As–Ag . . . . 61 (Ag):   Hb/B4–42/4
        As–Ag–Cu–S . . . . 61 (Ag):   Hb/B4–487
        As–Ag–Ga . . . . 61 (Ag):   Hb/B4–201/2
        As–Ag–In . . . . 61 (Ag):   Hb/B4–218
        As–Ag–Pb . . . . 61 (Ag):   Hb/B4–273
        As–Ag–S . . . . 61 (Ag):   Hb/B4–53/6
        As–Ag–Se . . . . 61 (Ag):   Hb/B4–66/7
        As–Au . . . . 62 (Au):   Hb/3–729/30
        As–Bi . . . . 19 (Bi):   Hb–197
                                           Eb–856/7
        As–Bi–S . . . . 19 (Bi):   Eb–858
        As–Bi–Se . . . . 19 (Bi):   Eb–858
        As–Bi–Te . . . . 19 (Bi):   Eb–858
        As–C–V . . . . 48 (V):   Hb/B1–366/7
        As–Cd . . . . 33 (Cd):   Hb–158/9
        As–Co . . . . 58 (Co):   Hb/A2–392/3
                                           Eb/A–742/5
        As–Co–Cu–S . . . . 60 (Cu):   Hb/B3–1269
        As–Co–Ni . . . . 58 (Co):   Hb/A1–210
        As–Cr . . . . 52 (Cr):   Hb/B–446/8
        As–Cu . . . . 60 (Cu):   Hb/B2–934/6
        As–Cu–Fe–S . . . . 60 (Cu):   Hb/B3–1315
        As–Cu–Ga . . . . 60 (Cu):   Hb/B3–1180
        As–Cu–In . . . . 60 (Cu):   Hb/B3–1182
        As–Cu–Mg . . . . 60 (Cu):   Hb/B3–1127
        As–Cu–Ni . . . . 60 (Cu):   Hb/B3–1259
        As–Cu–Ni–S . . . . 60 (Cu):   Hb/B3–1259
        As–Cu–S . . . . 60 (Cu):   Hb/B2–959/60
        As–Cu–S–Sb . . . . 60 (Cu):   Hb/B2–973
        As–Fe . . . . 59 (Fe):   Hb/A8–1798/9
        As–Ga–Ge–Sn . . . . 46 (Sn):   Hb/D–397
        As–Ga–In–Sn . . . . 46 (Sn):   Hb/D–277
        As–Ge . . . . 45 (Ge):   Eb–559/61
        As–Hg . . . . 34 (Hg):   Hb/B4–1370
        As–Hg–Se . . . . 34 (Hg):   Hb/B4–1378
        As–I . . . . 17 (As):   Hb–403/4
        As–Na . . . . 21 (Na):   Eb/4–1683/4
        As–Nb . . . . 49 (Nb):   Hb/B1–415
        As–Ni . . . . 57 (Ni):   Hb/B3–971/3
        As–Ni–S . . . . 57 (Ni):   Hb/B3–989/91
        As–Ni–Sb . . . . 57 (Ni):   Hb/B1–10

As . . . . Arsenic systems:
                     As–P . . . . 17 (As):   Hb–473
                     As–Pb . . . . 47 (Pb):   Hb/C3–887/9
                     As–Pb–S . . . . 47 (Pb):   Hb/C3–901/3
                     As–Pb–Sb . . . . 47 (Pb):   Hb/C3–941/2
                     As–Pb–Se . . . . 47 (Pb):   Hb/C3–904/5
                     As–Pb–Zn . . . . 47 (Pb):   Hb/C4–1223
                     As–Pt . . . . 68 (Pt):   Hb/C1–137/8
                     As–Re . . . . 70 (Re):   Hb–124
                     As–S . . . . 17 (As):   Hb–415
                     As–Sb . . . . 18 (Sb):   Hb/B3–562/3
                     As–Si . . . . 17 (As):   Hb–471/2
                     As–Ta . . . . 50 (Ta):   Hb/B1–272
                     As–Te . . . . 17 (As):   Hb–464
                     As–Tl . . . . 38 (Tl):   Hb/3–433
                     As–V . . . . 48 (V):   Hb/B1–364
                     As–Zn . . . . 32 (Zn):   Hb–282/3

As$^+$ . . . . As$^+$ . . . . 17 (As):   Hb–107, 110/1,
                                                                    144/5, 164

As^{2+} . . . . As^{2+} . . . . 17 (As):   Hb–106/7, 110/1,
                                                                    145, 164

As^{3+} . . . . As^{3+}:
                     Atomic scattering factors . . . . 17 (As):   Hb–127
                     Chemical reactions . . . . 17 (As):   Hb–185/6
                     Ionic susceptibility . . . . 17 (As):   Hb–157
                     Ionization voltage . . . . 17 (As):   Hb–164
                     Properties of the ion . . . . 17 (As):   Hb–106/7, 110/1
                     Spectrum . . . . 17 (As):   Hb–145/6

As^{4+} . . . . As^{4+} . . . . 17 (As):   Hb–107, 110/1,
                                                                    146, 164

As^{5+} . . . . As^{5+}:
                     Chemical reactions . . . . 17 (As):   Hb–186
                     Ionic susceptibility . . . . 17 (As):   Hb–157
                     Ionization voltage . . . . 17 (As):   Hb–164
                     Molar refraction . . . . 17 (As):   Hb–139
                     Properties of the ion . . . . 17 (As):   Hb–106/7, 110/1
                     Spectrum . . . . 17 (As):   Hb–146

As^{n+} . . . . As^{n+} (n = 6 to 15) . . . . 17 (As):   Hb–164
As$^-$ . . . . As$^-$ . . . . 17 (As):   Hb–106/7, 110/1
As^{2-} . . . . As^{2-} . . . . 17 (As):   Hb–106/7, 110/1
As^{3-} . . . . As^{3-} . . . . 17 (As):   Hb–106/7, 109,
                                                                    110/1, 157

AsAu . . . . AuAs . . . . 62 (Au):   Hb/3–730
AsAuBrC$_8$H$_{11}$ . . . . . (CH$_3$)$_2$C$_6$H$_5$AsAuBr . . . . 62 (Au):   Hb/3–693
AsAuBrC$_{13}$H$_{13}$ . . . . (C$_6$H$_5$)$_2$CH$_3$AsAuBr . . . . 62 (Au):   Hb/3–693
AsAuC$_3$ClH$_9$ . . . . . (CH$_3$)$_3$AsAuCl . . . . 62 (Au):   Hb/3–693
AsAuC$_3$H$_9$I . . . . . . (CH$_3$)$_3$AsAuI . . . . 62 (Au):   Hb/3–693
AsAuC$_4$H$_9$NS . . . . . (CH$_3$)$_3$AsAuCNS . . . . 62 (Au):   Hb/3–730
AsAuC$_8$ClH$_{11}$ . . . . . (CH$_3$)$_2$C$_6$H$_5$AsAuCl . . . . 62 (Au):   Hb/3–693

AsAuC$_8$H$_{11}$I . . . . . (CH$_3$)$_2$C$_6$H$_5$AsAuI . . . . 62 (Au): Hb/3–693
AsAuC$_9$H$_{11}$N . . . . . As(CH$_3$)$_2$(C$_6$H$_5$)AuCN . . . . 62 (Au): Hb/3–730
AsAuC$_{13}$ClH$_{13}$ . . . . (C$_6$H$_5$)$_2$CH$_3$AsAuCl . . . . 62 (Au): Hb/3–693
AsAuC$_{13}$H$_{13}$I . . . . (C$_6$H$_5$)$_2$CH$_3$AsAuI . . . . 62 (Au): Hb/3–693
AsAuC$_{14}$H$_{13}$N . . . . . As(CH$_3$) (C$_6$H$_5$)$_2$AuCN . . . . 62 (Au): Hb/3–730
AsAuC$_{32}$F$_{12}$H$_{20}$S$_4$ . . . [(C$_6$H$_5$)$_4$As] [AuS$_4$C$_4$(CF$_3$)$_4$] . . . . Erg. W. 9–83
AsAuO$_3$ . . . . AuAsO$_3$ · H$_2$O . . . . 62 (Au): Hb/3–730
AsAu$_3$ . . . . Au$_3$As . . . . 62 (Au): Hb/3–730
AsBBr$_3$H$_3$ . . . . . . BBr$_3$ · AsH$_3$ . . . . 17 (As): Hb–467/8
AsBCl$_3$H$_3$ . . . . BCl$_3$ · AsH$_3$ . . . . 13 (B): Eb–201
                                                                    17 (As): Hb–467
AsBH$_3$NO$_4$ . . . . . . BAsO$_4$ · NH$_3$ · 3 H$_2$O . . . . 17 (As): Hb–467
AsBO$_4$ . . . . BAsO$_4$ . . . . 17 (As): Hb–466/7
– . . . . BAsO$_4$ · 3 H$_2$O . . . . 17 (As): Hb–467
– . . . . BAsO$_4$ · 6 H$_2$O . . . . 17 (As): Hb–467
– . . . . BAsO$_4$ systems:
                          BAsO$_4$–BPO$_4$ . . . . 17 (As): Hb–475
                          BAsO$_4$–H$_2$O . . . . 17 (As): Hb–467
AsB$_9$C$_6$CoH$_{15}$ . . . . . C$_5$H$_5$Co(CAsB$_9$H$_{10}$) . . . . Erg. W. 5–408
AsB$_9$C$_6$CrH$_{11}$O$_5{}^{2-}$ . . [(CO)$_5$CrAsCHB$_9$H$_{10}$]$^{2-}$ . . . . Erg. W. 3–130
AsB$_9$C$_{14}$CrH$_{35}$N$_2$O$_5$ . . [(CH$_3$)$_4$N]$_2$[(CO)$_5$CrAsCHB$_9$H$_{10}$] . . . . . Erg. W. 3–130
AsB$_{12}$C$_{28}$CoH$_{36}$ . . . . [As(C$_6$H$_5$)$_4$] [(C$_2$B$_6$H$_8$)$_2$Co] . . . . Erg. W. 5–409
AsB$_{20}$C$_{28}$CoH$_{44}$ . . . . [As(C$_6$H$_5$)$_4$] [(C$_2$B$_{10}$H$_{12}$)$_2$Co] . . . . Erg. W. 5–412
AsBaC$_2$H$_9$Mo$_4$O$_{16}$ . . BaH[As(OH)$_2$(CH$_3$)$_2$(Mo$_2$O$_7$)$_2$] . . . . 53 (Mo): Hb–372
AsBaHO$_3$ . . . . Ba(OH)AsO$_2$ · 2 H$_2$O . . . . 30 (Ba): Hb–349
AsBaHO$_3$S . . . . . BaHAsO$_3$S · 10 H$_2$O . . . . 30 (Ba): Hb–355
AsBaHO$_4$ . . . . BaHAsO$_4$ . . . . 30 (Ba): Hb–350/1
                                                                    Eb–500/1
– . . . . BaHAsO$_4$ · H$_2$O . . . . 30 (Ba): Hb–351/2
                                                                    Eb–501
– . . . . BaHAsO$_4$ · 2.5 H$_2$O
                          = 2 BaO · As$_2$O$_5$ · 6 H$_2$O . . . . . . 30 (Ba): Hb–351
AsBaH$_4$NO$_4$ . . . . . NH$_4$BaAsO$_4$ · 0.5 H$_2$O . . . . 30 (Ba): Hb–380
– . . . . NH$_4$BaAsO$_4$ · 7 H$_2$O . . . . 30 (Ba): Eb–525
AsBaKOS$_3$ . . . . . KBaAsOS$_3$ · 7 H$_2$O . . . . 30 (Ba): Hb–377
AsBaKO$_4$ . . . . KBaAsO$_4$ . . . . 30 (Ba): Hb–377
AsBaKS$_4$ . . . . KBaAsS$_4$ · 6 H$_2$O . . . . 30 (Ba): Hb–377
AsBaNaO$_3$S . . . . . NaBaAsO$_3$S · 8.5 H$_2$O . . . . 30 (Ba): Hb–368
– . . . . NaBaAsO$_3$S · 9 H$_2$O . . . . 30 (Ba): Hb–368
AsBaNaO$_3$Se . . . . . NaBaAsO$_3$Se · 9 H$_2$O . . . . 30 (Ba): Hb–368
AsBaNaO$_4$ . . . . . . NaBaAsO$_4$ · 9 H$_2$O . . . . 30 (Ba): Hb–368
AsBeHO$_4$ . . . . BeHAsO$_4$ . . . . 26 (Be): Hb–166
AsBeH$_4$NO$_4$ . . . . . NH$_4$BeAsO$_4$ · 4.5 H$_2$O
                          = (NH$_4$)$_2$O · 2 BeO · As$_2$O$_5$ · 9 H$_2$O . . . 26 (Be): Hb–180
AsBe$_{1.5}$KO$_{4.5}$ . . . . . KBeAsO$_4$ · 0.5 BeO · 5 H$_2$O
                          = (K$_2$O · 2 BeO · As$_2$O$_5$)BeO · 10 H$_2$O . 26 (Be): Hb–177
AsBe$_{1.5}$NaO$_{4.5}$ . . . . NaBeAsO$_4$ · 0.5 BeO · 6 H$_2$O
                          = (Na$_2$O · 2 BeO · As$_2$O$_5$)BeO · 12 H$_2$O. 26 (Be): Hb–171

AsBi.	BiAs	19 (Bi):	Hb–197
			Eb–856
AsBiC$_6$H$_6$O$_4$.	BiC$_6$H$_6$AsO$_4$	19 (Bi):	Eb–528, 554
AsBiC$_6$H$_9$NO$_5$.	Bi(C$_6$H$_7$O$_3$NAs) (OH)$_2$	19 (Bi):	Eb–528
AsBiC$_8$H$_{11}$I$_3$.	BiI$_3$ · (CH$_3$)$_2$C$_6$H$_5$As.	19 (Bi):	Hb–198
AsBiC$_8$H$_{12}$I$_4$.	(CH$_3$)$_2$C$_6$H$_5$AsH[BiI$_4$]	19 (Bi):	Eb–722
AsBiC$_9$H$_{14}$I$_4$.	(CH$_3$)$_3$C$_6$H$_5$As[BiI$_4$]	19 (Bi):	Eb–722
AsBiC$_{10}$H$_{16}$I$_4$.	(CH$_3$)$_3$(CH$_3$C$_6$H$_4$)As[BiI$_4$]	19 (Bi):	Eb–722
AsBiC$_{14}$H$_{16}$I$_2$O	(CH$_3$)$_2$(C$_6$H$_5$)$_2$As[BiOI$_2$]. . .	19 (Bi):	Eb–722
AsBiC$_{14}$H$_{16}$I$_4$.	(CH$_3$)$_2$(C$_6$H$_5$)$_2$As[BiI$_4$] . . .	19 (Bi):	Eb–722
AsBiC$_{16}$H$_{20}$I$_4$.	(CH$_3$)$_2$(CH$_3$C$_6$H$_4$)$_2$As[BiI$_4$] . . .	19 (Bi):	Eb–722
AsBiC$_{19}$H$_{18}$I$_4$.	CH$_3$(C$_6$H$_5$)$_3$As[BiI$_4$]	19 (Bi):	Eb–722
AsBiC$_{22}$H$_{24}$I$_4$.	CH$_3$(CH$_3$C$_6$H$_4$)$_3$As[BiI$_4$] . . .	19 (Bi):	Eb–722
AsBiCl$_8$	[AsCl$_4$] [BiCl$_4$]	19 (Bi):	Eb–858
AsBiO$_3$	BiAsO$_3$ · 5 H$_2$O	19 (Bi):	Hb–197
AsBiO$_4$	BiAsO$_4$	19 (Bi):	Hb–197/8
			Eb–857/8
–.	BiAsO$_4$ · 0.5 H$_2$O	19 (Bi):	Eb–858
AsBiO$_{12}$P$_2$Pb$_3$.	Pb$_3$BiAsO$_4$(PO$_4$)$_2$.	47 (Pb):	Hb/C3–977
AsBrC$_7$CrH$_6$O$_5$	(CO)$_5$CrAs(CH$_3$)$_2$Br.	Erg. W. 3–46, 52	
AsBrC$_8$CuH$_{11}$	[Cu(As(CH$_3$)$_2$C$_6$H$_5$)Br] . . .	60 (Cu):	Hb/B1–366
AsBrC$_{11}$Cl$_3$H$_{12}$N . . .	C$_{11}$H$_{12}$N[AsBrCl$_3$]	17 (As):	Hb–402
AsBrC$_{12}$H$_{12}$N$_2$	As(NHC$_6$H$_5$)$_2$Br.	17 (As):	Hb–397
AsBrC$_{13}$CuH$_{13}$	CuBr · CH$_3$(C$_6$H$_5$)$_2$As	60 (Cu):	Hb/B1–366
			Hb/B4–1466
–.	[CuBr(CH$_3$(C$_6$H$_5$)$_2$As)]$_4$.	60 (Cu):	Hb/B4–1466
AsBrC$_{16}$CoH$_{13}$HgO$_3$.	BrHgCo(CO)$_3$As(CH$_3$) (C$_6$H$_5$)$_2$		
	· CH$_3$COCH$_3$.	Erg. W. 6–7	
AsBrC$_{19}$CoH$_{19}$HgO$_4$.	BrHgCo(CO)$_3$As(CH$_3$) (C$_6$H$_5$)$_2$		
	· CH$_3$COCH$_3$.	Erg. W. 6–7	
AsBrC$_{27}$Co$_3$H$_{15}$O$_8$ . .	BrCCo$_3$(CO)$_8$As(C$_6$H$_5$)$_3$.	Erg. W. 6–149	
AsBrO.	AsOBr	17 (As):	Hb–403
–.	AsOBr · 1.5 H$_2$O	17 (As):	Hb–403
AsBrS.	AsSBr.	17 (As):	Hb–461
AsBr$_2$C$_2$Cl$_3$N$_2$.	AsCl$_3$ · 2 BrCN.	17 (As):	Hb–389
AsBr$_2$C$_6$CoH$_{15}$	CoBr$_2$ · As(C$_2$H$_5$)$_3$	58 (Co):	Eb/B1–309
AsBr$_2$C$_6$H$_6$N	As(NHC$_6$H$_5$)Br$_2$	17 (As):	Hb–397
AsBr$_2$C$_9$CoH$_{13}$S. . . .	CoBr$_2$ · C$_9$H$_{13}$AsS		
	= [Co(C$_9$H$_{13}$AsS)$_2$] [CoBr$_4$].	58 (Co):	Eb/B1–311
AsBr$_2$C$_{10}$H$_{16}$HgN . .	HgBr$_2$ · (CH$_3$)$_2$NC$_6$H$_4$As(CH$_3$)$_2$ . .	34 (Hg):	Hb/B4–1351
AsBr$_2$C$_{30}$H$_{24}$NiP . . .	[NiBr$_2$(C$_{30}$H$_{24}$AsP)].	57 (Ni):	Hb/C2–1104
AsBr$_2$Hg$_2$.	Hg$_2$AsBr$_2$.	34 (Hg):	Hb/B4–1377
AsBr$_3$	AsBr$_3$	17 (As):	Hb–392/8
–.	AsBr$_3$ solutions:		
	AsBr$_3$–organic solvents	17 (As):	Hb–398/400
	AsBr$_3$–SO$_2$	17 (As):	Hb–398
	AsBr$_3$–ZnBr$_2$	17 (As):	Hb–398
–.	AsBr$_3$ systems:		
	AsBr$_3$–AlBr$_3$.	35 (Al):	Hb/B2–350

$AsBr_3$	$AsBr_3$ systems:		
	$AsBr_3$–$AsCl_3$.	17 (As):	Hb–403
	$AsBr_3$–$AsCl_3$–$SbBr_3$–$SbCl_3$	18 (Sb):	Hb/B3–564
	$AsBr_3$–$BiBr_3$.	19 (Bi):	Eb–858
	$AsBr_3$–Br	17 (As):	Hb–401
	$AsBr_3$–PBr_3	17 (As):	Hb–475
	$AsBr_3$–PBr_5	17 (As):	Hb–475
	$AsBr_3$–PCl_3	17 (As):	Hb–475
	$AsBr_3$–PI_3	17 (As):	Hb–475
	$AsBr_3$–S_2Br_2.	17 (As):	Hb–461
	$AsBr_3$–$SbBr_3$	18 (Sb):	Hb/B3–563
$AsBr_3C_3H_8O$	$AsBr_3 \cdot CH_3OC_2H_5$	17 (As):	Hb–399
$AsBr_3C_4H_{10}O$	$AsBr_3 \cdot (C_2H_5)_2O$	17 (As):	Hb–398
$AsBr_3C_5GeH_{14}$	$GeBr_2 \cdot As(CH_3)_3(C_2H_5)Br$	45 (Ge):	Eb–527
$AsBr_3C_5H_5N$	$AsBr_3 \cdot C_5H_5N$	17 (As):	Hb–401
$AsBr_3C_6ClH_8N$	$C_6H_5NH_3[AsBr_3Cl]$	17 (As):	Hb–402
$AsBr_3C_6H_5NO_2$	$AsBr_3 \cdot C_6H_5NO_2$.	17 (As):	Hb–399
$AsBr_3C_8H_{28}N_4$	$AsBr_3 \cdot 4\,C_2H_5NH_2 \cdot H_2O$	17 (As):	Hb–397
$AsBr_3C_9H_{27}N_3$	$AsBr_3 \cdot 3\,(CH_3)_3N$	17 (As):	Hb–397
$AsBr_3C_{12}H_{10}N_2O_4$. . .	$AsBr_3 \cdot 2\,C_6H_5NO_2$.	17 (As):	Hb–399
$AsBr_3C_{18}H_{21}N_3$	$AsBr_3 \cdot 3\,C_6H_5NH_2 \cdot H_2O$	17 (As):	Hb–397
$AsBr_3C_{18}H_{45}N_3$	$AsBr_3 \cdot 3\,(C_2H_5)_3N$	17 (As):	Hb–397
$AsBr_3C_{24}H_{60}N_4$	$AsBr_3 \cdot 4\,(C_3H_7)_2NH \cdot H_2O$	17 (As):	Hb–397
$AsBr_3C_{30}H_{45}N_3$	$AsBr_3 \cdot 3\,C_6H_5N(C_2H_5)_2$	17 (As):	Hb–397
$AsBr_3C_{36}H_{33}N_3$	$AsBr_3 \cdot 3\,(C_6H_5)_2NH$	17 (As):	Hb–397
$AsBr_3H_9N_3$	$AsBr_3 \cdot 3\,NH_3$	17 (As):	Hb–400
$AsBr_3H_{12}N_4$.	$AsBr_3 \cdot 4\,NH_3$	17 (As):	Hb–400
$AsBr_3N_{24}Na_8$	$Na_8[AsBr_3(N_3)_8]$	21 (Na):	Hb–950
$AsBr_3S_2$.	$AsS_2Br_3 = AsSBr \cdot SBr_2$	17 (As):	Hb–461
$AsBr_4C_3H_{10}N$	$(CH_3)_3NH[AsBr_4]$	17 (As):	Hb–402
$AsBr_4C_4H_{12}N$	$(C_2H_5)_2NH_2[AsBr_4]$	17 (As):	Hb–402
$AsBr_4C_5H_6N$	$C_5H_6N[AsBr_4]$	17 (As):	Hb–402
$AsBr_4C_6H_8N$	$C_6H_8N[AsBr_4]$.	17 (As):	Hb–402
$AsBr_4C_6H_{16}P$	$(C_2H_5)_3PH[AsBr_4]$		
	$= AsBr_3 \cdot (C_2H_5)_3PHBr$	17 (As):	Hb–397, 402
$AsBr_4C_7H_{10}N$	$C_7H_{10}N[AsBr_4]$	17 (As):	Hb–402
$AsBr_4C_9H_8N$	$AsBr_3 \cdot C_9H_7NHBr = C_9H_8N[AsBr_4]$ . . .	17 (As):	Hb–397, 402
$AsBr_4C_{11}H_{12}N$	$C_{11}H_{12}N[AsBr_4]$.	17 (As):	Hb–402
$AsBr_4C_{13}H_{16}N$	$C_{13}H_{16}N[AsBr_4]$	17 (As):	Hb–402
$AsBr_4C_{60}H_{50}P_2Ru$. . .	$(C_6H_5)_4As[RuBr_4(C_{18}H_{15}P)_2]$	63 (Ru):	Eb–474
$AsBr_4H$	$H[AsBr_4]$	17 (As):	Hb–401
$AsBr_5$	$AsBr_5$	17 (As):	Hb–401
$AsBr_5{}^{2-}$.	$[AsBr_5]^{2-}$.	17 (As):	Hb–401
$AsBr_5CCl_3H^{2-}$	$[As(CHCl_3)Br_5]^{2-}$	17 (As):	Hb–401
$AsBr_5CCl_3H_3$	$H_2[As(CHCl_3)Br_5]$.	17 (As):	Hb–401
$AsBr_5C_2N_2$	$AsBr_3 \cdot 2\,BrCN$.	17 (As):	Hb–400
$AsBr_5C_{10}H_{10}N_2$	$C_{10}H_{10}N_2[AsBr_5]$	17 (As):	Hb–402
$AsBr_5C_{10}H_{12}N_2$	$(C_5H_6N)_2[AsBr_5]$	17 (As):	Hb–402
$AsBr_5C_{10}H_{22}N_2$	$(C_5H_{11}N)_2[AsBr_5]$.	17 (As):	Hb–402

$AsBr_5C_{11}Cl_3H_{13}N_2$	$(C_5H_6N)_2[As(CHCl_3)Br_5]$	17 (As):	Hb−402
$AsBr_5C_{11}Cl_3H_{23}N_2$	$(C_5H_{11}N)_2[As(CHCl_3)Br_5]$	17 (As):	Hb−402
$AsBr_5C_{12}H_{16}N_2$	$(C_6H_8N)_2[AsBr_5]$	17 (As):	Hb−402
$AsBr_5C_{14}H_{20}N_2$	$(C_7H_{10}N)_2[AsBr_5]$	17 (As):	Hb−402
$AsBr_5C_{18}H_{16}N_2$	$(C_9H_8N)_2[AsBr_5]$	17 (As):	Hb−402
$AsBr_5C_{22}H_{24}N_2$	$(C_{11}H_{12}N)_2[AsBr_5]$	17 (As):	Hb−402
$AsBr_5H_2$	$H_2[AsBr_5]$	17 (As):	Hb−401
$AsBr_{12}Hg_6I_3$	$Hg_6AsI_3Br_{12} = As(Hg_2IBr_4)_3$	34 (Hg):	Hb/B4−1378
$AsBr_xNa_{x+3}O_4$	$Na_3AsO_4 \cdot 12\,H_2O \cdot nNaBr$	21 (Na):	Eb/5−2018
$AsCCl_2F_3S$	CF_3SAsCl_2	Erg. W. 12−27/31	
$AsCCl_3H_2$	$ClCH_2AsCl_2$	17 (As):	Hb−381
$AsCCl_3H_3I_5$	$H_2[As(CHCl_3)I_5]$	17 (As):	Hb−414
$AsCCl_8H_3$	$H_2[As(CHCl_3)Cl_5]$	17 (As):	Hb−391
$AsCCrH_4O_4$	$[CrOHCH_3AsO_3] \cdot xH_2O$	52 (Cr):	Hb/C−406/7
$AsCCrH_{11}O_7{}^+$	$[CrCH_3AsO_3(H_2O)_4]^+$	52 (Cr):	Hb/C−406
$AsCF_3I_2$	CF_3AsI_2	14 (C):	Hb/D2−320
$AsCF_{11}S$	$(CF_3SF_2)AsF_6$	Erg. W. 12−55, 71, 74	
$AsCH$	$(AsCH)_x$	17 (As):	Hb−469
$AsCHI_4$	$(CHI_2)AsI_2$	17 (As):	Hb−185
$AsCHN$	$HAsCN$	14 (C):	Hb/D1−25
$AsCH_3I_2$	CH_3AsI_2	17 (As):	Hb−184
$AsCH_3O_2$	$CHAs(OH)_2$	17 (As):	Hb−469
−.	$(CHAs(OH)_2)_x$	17 (As):	Hb−469
$AsCH_3O_5U$	$UO_2(AsO_3CH_3) \cdot 1.5\,H_2O$	55 (U):	Hb−178
$AsCH_7N_2O_5$	$(NH_2)_2CO \cdot H_3AsO_4$	14 (C):	Hb/D1−456
$AsCN$	$AsCN$	14 (C):	Hb/D1−25
$AsCV_2$	V_2AsC	48 (V):	Hb/B1−366/7
$AsC_2ClF_6S_2$	$(CF_3S)_2AsCl$	Erg. W. 12−27/31	
$AsC_2Cl_2H_5$	$C_2H_5AsCl_2$	17 (As):	Hb−381
$AsC_2Cl_3CuH_6$	$(CH_3)_2AsCuCl_3$	60 (Cu):	Hb/B3−1100
$AsC_2Cl_3Cu_2H_6$	$(CH_3)_2AsCu_2Cl_3$	60 (Cu):	Hb/B3−1093
$AsC_2Cl_3H_4$	$(ClCH_2)_2AsCl$	17 (As):	Hb−381
$AsC_2Cl_3H_6O$	$AsCl_3 \cdot C_2H_5OH$	17 (As):	Hb−385
$AsC_2Cl_4H_5O$	$AsCl_3 \cdot CH_3OCH_2Cl$	17 (As):	Hb−386
$AsC_2Cl_4H_8N$	$(CH_3)_2NH_2[AsCl_4]$	17 (As):	Hb−391
$AsC_2CrH_6O_2{}^{2+}$	$[Cr(CH_3)_2AsOO(H_2O)_n]^{2+}$	52 (Cr):	Hb/C−407
$AsC_2CrH_{2x+6}O_{x+2}{}^{2+}$	$[Cr(CH_3)_2AsOO(H_2O)_n]^{2+}$	52 (Cr):	Hb/C−407
AsC_2F_6I	$(CF_3)_2AsI$	14 (C):	Hb/D2−320
$AsC_2H_2I_5$	$(CHI_2)_2AsI$	17 (As):	Hb−185
$AsC_2H_5K_2O_4$	$OAs(OK)_2CH_2CH_2OH$	17 (As):	Hb−324
$AsC_2H_5O_5$	$AsO_3H_2CH_2COOH$	17 (As):	Hb−325
$AsC_2H_9K_2Mo_4O_{16}\cdot$	$K_2H[As(OH)_2(CH_3)_2(Mo_2O_7)_2]$	53 (Mo):	Hb−372
$AsC_2H_{13}Mo_3N_6O_{13}\cdot$	$(CN_3H_6)_2H[AsO(MoO_4)_3] \cdot 11.5\,H_2O$		
	$= 2\,(CN_3H_6)_2O \cdot As_2O_5 \cdot 6\,MoO_3$		
	$\cdot 24\,H_2O$	53 (Mo):	Hb−369
$AsC_3Cl_3H_9P$	$PCl_3 \cdot As(CH_3)_3$	16 (P):	Hb/C−427
$AsC_3Cl_3H_{10}HgO$	$[(CH_3)_3(OH)As]\,[HgCl_3]$	34 (Hg):	Hb/B4−1557
$AsC_3Cl_4H_9Hg_2$	$[(HgCl_2)_2 \cdot (C_3H_9As)]$	34 (Hg):	Hb/B2−590
$AsC_3Cl_5H_9P$	$PCl_5 \cdot As(CH_3)_3$	16 (P):	Hb/C−443

AsC$_3$F$_3$H$_6$S . . . . . . CF$_3$SAs(CH$_3$)$_2$ . . . . Erg. W. 9–166, 168
                                                      Erg. W. 12–42

AsC$_3$F$_9$ . . . . (CF$_3$)$_3$As . . . . 14 (C):   Hb/D2–320
AsC$_3$F$_9$S. . . . . CF$_3$SAs(CF$_3$)$_2$. . . . . Erg. W. 12–27/31, 40
AsC$_3$F$_9$S$_3$ . . . . (CF$_3$S)$_3$As. . . . . Erg. W. 12–27/31
AsC$_3$F$_9$Se . . . . CF$_3$SeAs(CF$_3$)$_2$ . . . . Erg. W. 12–194, 202/3,
                                                       206/8

AsC$_3$H$_9$ . . . . As(CH$_3$)$_3$ . . . . 17 (As):   Hb–184
AsC$_3$H$_9$O$_3$ . . . . As(OCH$_3$)$_3$ . . . . 17 (As):   Hb–270
AsC$_3$H$_{15}$Mo$_6$N$_6$O$_{21}$ . . (CN$_3$H$_6$)$_2$[As(CH$_3$) (Mo$_2$O$_7$)$_3$] · 11 H$_2$O. . . 53 (Mo):   Hb–372
AsC$_3$H$_{18}$Mo$_3$N$_9$O$_{13}$ . . (CN$_3$H$_6$)$_3$[AsO(MoO$_4$)$_3$]
                    = 3 (CN$_3$H$_6$)$_2$O · As$_2$O$_5$ · 6 MoO$_3$ . . . 53 (Mo):   Hb–369
AsC$_3$H$_{18}$Mo$_6$N$_9$O$_{21}$ . . (CN$_3$H$_6$)$_3$[As(Mo$_2$O$_7$)$_3$] · H$_2$O
                    = 3 (CN$_3$H$_6$)$_2$O · As$_2$O$_5$ · 12 MoO$_3$
                       · 2 H$_2$O . . . . 53 (Mo):   Hb–362
AsC$_3$H$_{22}$Mo$_{10}$N$_9$O$_{36}$. (CN$_3$H$_6$)$_3$H$_4$[AsO(Mo$_2$O$_7$)$_5$] · 5 H$_2$O
                    = 3 (CN$_3$H$_6$)$_2$O · As$_2$O$_5$ · 20 MoO$_3$
                       · 14 H$_2$O. . . . . 53 (Mo):   Hb–365
AsC$_3$N$_3$ . . . . As(CN)$_3$. . . . . 17 (As):   Hb–468
AsC$_3$N$_3$O$_3$ . . . . As(CNO)$_3$. . . . . 17 (As):   Hb–469
–. . . . . As(ONC)$_3$. . . . . 17 (As):   Hb–468/9
AsC$_3$N$_3$S$_3$ . . . . As(CNS)$_3$. . . . . 17 (As):   Hb–469
AsC$_4$ClH$_{10}$ . . . . . . (C$_2$H$_5$)$_2$AsCl. . . . . 17 (As):   Hb–381
AsC$_4$Cl$_2$H$_3$S. . . . . . C$_4$H$_3$SAsCl$_2$. . . . . 17 (As):   Hb–382
AsC$_4$Cl$_2$H$_{11}$Hg . . . . HgCl$_2$ · (CH$_3$)$_2$C$_2$H$_5$As . . . . 34 (Hg):   Hb/B4–1352
AsC$_4$Cl$_3$H$_4$ . . . . . . AsCl$_3$ · 2 C$_2$H$_2$ . . . . 17 (As):   Hb–380
AsC$_4$Cl$_3$H$_{10}$O . . . . . AsCl$_3$ · (C$_2$H$_5$)$_2$O . . . . 17 (As):   Hb–385
AsC$_4$Cl$_3$H$_{12}$Hg . . . . [(CH$_3$)$_4$As] [HgCl$_3$] . . . . 34 (Hg):   Hb/B4–1557
AsC$_4$Cl$_4$H$_{11}$Hg$_2$ . . . . 2 HgCl$_2$ · (CH$_3$)$_2$C$_2$H$_5$As . . . . . . 34 (Hg):   Hb/B4–1352
AsC$_4$Cl$_4$H$_{12}$N . . . . . (C$_2$H$_5$)$_2$NH$_2$[AsCl$_4$] . . . . 17 (As):   Hb–391
AsC$_4$Cl$_5$H$_{16}$N$_2$. . . . . (C$_2$H$_5$NH$_3$)$_2$[AsCl$_5$] . . . . 17 (As):   Hb–391
AsC$_4$F$_3$H$_8$O$_2$. . . . . . AsF$_3$ · C$_4$H$_8$O$_2$ . . . . 17 (As):   Hb–365
AsC$_4$H$_3$Na$_2$O$_7$. . . . . Na$_2$(AsOH)C$_4$H$_2$O$_6$ . . . . 21 (Na):   Eb/4–1707
AsC$_4$H$_4$KO$_7$ . . . . . K(AsO)C$_4$H$_4$O$_6$ · H$_2$O . . . . 17 (As):   Hb–470
                                                       22 (K):   Hb/5–1034
–. . . . . K(AsO)C$_4$H$_4$O$_6$ · 1.5 H$_2$O . . . . . 22 (K):   Hb/5–1034
AsC$_4$H$_4$KO$_8$ . . . . . K(AsO$_2$)C$_4$H$_4$O$_6$ · 2.5 H$_2$O . . . . . . 22 (K):   Hb/5–1034
AsC$_4$H$_4$NaO$_7$ . . . . . Na(AsO)C$_4$H$_4$O$_6$ = Na(AsOH)C$_4$H$_3$O$_6$. . . 21 (Na):   Eb/4–1707
–. . . . . Na(AsO)C$_4$H$_4$O$_6$ · 2.5 H$_2$O . . . . . 21 (Na):   Hb–964
                                                        Eb/4–1707
AsC$_4$H$_4$NaO$_8$ . . . . . Na(AsO$_2$)C$_4$H$_4$O$_6$ · xH$_2$O . . . . . . 21 (Na):   Hb–964
AsC$_4$H$_5$O$_7$ . . . . (AsO)C$_4$H$_5$O$_6$ · H$_2$O . . . . 17 (As):   Hb–470
AsC$_4$H$_8$NO$_7$. . . . . . NH$_4$(AsO)C$_4$H$_4$O$_6$ · 0.5 H$_2$O . . . . . 23 (NH$_4$): Hb/2–447/8
AsC$_4$H$_{12}$HgI$_3$ . . . . . [(CH$_3$)$_4$As] [HgI$_3$] . . . . 34 (Hg):   Hb/B4–1557
AsC$_4$H$_{12}$I . . . . (CH$_3$)$_4$AsI . . . . 17 (As):   Hb–184
AsC$_4$H$_{21}$Mo$_4$N$_6$O$_{16}$ . . (CN$_3$H$_6$)$_2$H[As(OH)$_2$(CH$_3$)$_2$(Mo$_2$O$_7$)$_2$] . . . 53 (Mo):   Hb–372
AsC$_5$Cl$_2$H$_{11}$Hg . . . . HgCl$_2$ · (CH$_3$)$_2$C$_3$H$_5$As . . . . 34 (Hg):   Hb/B4–1352
AsC$_5$Cl$_2$H$_{13}$Hg . . . . HgCl$_2$ · CH$_3$(C$_2$H$_5$)$_2$As . . . . 34 (Hg):   Hb/B4–1352
–. . . . . HgCl$_2$ · (CH$_3$)$_2$C$_3$H$_7$As . . . . 34 (Hg):   Hb/B4–1352
AsC$_5$Cl$_3$H$_5$N. . . . . . AsCl$_3$ · C$_5$H$_5$N . . . . 17 (As):   Hb–387/8

$AsC_5Cl_3H_7NO$	$C_5H_6N[As(OH)Cl_3]$	17 (As):	Hb–392
$AsC_5Cl_4H_6N$	$C_5H_6N[AsCl_4]$	17 (As):	Hb–391
$AsC_5Cl_4H_{11}Hg_2$	$2\,HgCl_2 \cdot (CH_3)_2C_3H_5As$	34 (Hg):	Hb/B4–1352
$AsC_5Cl_4H_{13}Hg_2$	$2\,HgCl_2 \cdot CH_3(C_2H_5)_2As$	34 (Hg):	Hb/B4–1352
–.	$2\,HgCl_2 \cdot (CH_3)_2C_3H_7As$	34 (Hg):	Hb/B4–1352
$AsC_5CoH_6O_3$	$(CH_3)_2AsCo(CO)_3$	Erg. W. 5–104	
–.	$[(CH_3)_2AsCo(CO)_3]_n$	Erg. W. 5–112	
$AsC_5CrH_3O_5$	$(CO)_5CrAsH_3$	Erg. W. 3–45, 51	
$AsC_5CrH_3O_5{}^+$	$(CO)_5CrAsH_3{}^+$	Erg. W. 3–51	
$AsC_5F_{13}Se$	$C_3F_7SeAs(CF_3)_2$	Erg. W. 12–194, 202/3,	
		206/8	
$AsC_5FeN_5Na_4O_2$ . . .	$Na_4[Fe(CN)_5(AsO_2)]$	59 (Fe):	Hb/B4–732/3
–.	$Na_4[Fe(CN)_5AsO_2] \cdot 4\,H_2O$	59 (Fe):	Hb/B5–904
–.	$Na_4[Fe(CN)_5AsO_2] \cdot 10\,H_2O$	59 (Fe):	Hb/B5–904
$AsC_5FeN_5O_2{}^{4-}$	$[Fe(CN)_5(AsO_2)]^{4-}$	59 (Fe):	Hb/B4–733/4
$AsC_5H_6I_4N$	$C_5H_6N[AsI_4]$	17 (As):	Hb–414
$AsC_5H_7I_3NO$	$C_5H_6N[As(OH)I_3]$	17 (As):	Hb–414
$AsC_5H_{14}HgI_3$	$[(CH_3)_3(C_2H_5)As]\,[HgI_3]$	34 (Hg):	Hb/B4–1558
$AsC_6CdH_{16}I_4$	$(CH_3)_2(C_2H_5)_2As[CdI_4]$	33 (Cd):	Eb–701
$AsC_6Cl_2CoH_{15}$	$CoCl_2 \cdot As(C_2H_5)_3$.	58 (Co):	Eb/B1–308
$AsC_6Cl_2CrH_3O_5$	$(CO)_5CrAs(CH_3)Cl_2$	Erg. W. 3–45	
$AsC_6Cl_2H_5$	$C_6H_5AsCl_2$	17 (As):	Hb–382
$AsC_6Cl_2H_6N$	$As(C_6H_5NH)Cl_2$	17 (As):	Hb–381
$AsC_6CoH_6O_4$	$(CH_3)_2AsCo(CO)_4$	Erg. W. 5–112	
$AsC_6CoH_{15}I_2$	$CoI_2 \cdot As(C_2H_5)_3$	58 (Co):	Eb/B1–309
$AsC_6CoH_{24}N_6S_4$ . . .	$[Co(C_2H_8N_2)_3]\,[AsS_4] \cdot 2\,H_2O$	58 (Co):	Eb/B2–363/4
$AsC_6CrH_{20}N_4O_4$ . . .	$[CrAsO_4(CH(CH_3)CH_2(NH_2)_2)_2]_x$	52 (Cr):	Hb/C–96
$AsC_6CrH_{24}N_6O_4$ . . .	$[Cr(C_2H_8N_2)_3]AsO_4 \cdot 3\,H_2O$	52 (Cr):	Hb/C–84
$AsC_6CrH_{24}N_6S_4$	$[Cr(C_2H_8N_2)_3]\,[AsS_4] \cdot 2\,H_2O$	52 (Cr):	Hb/C–84
$AsC_6CrH_{24}N_{12}O_6S_4$ . .	$[Cr(CO(NH_2)_2)_6]\,[AsS_4]$.	52 (Cr):	Hb/C–121
$AsC_6CrH_{28}N_6O_2S_4$ . .	$[Cr(C_2H_8N_2)_3]\,[AsS_4(H_2O)_2]$	52 (Cr):	Hb/C–84
$AsC_6CrN_6S_6$	$As[Cr(SCN)_6]$	52 (Cr):	Hb/B–450
$AsC_6CuH_{15}I$	$[Cu(As(C_2H_5)_3)I]_4$	60 (Cu):	Hb/B1–415
$AsC_6Cu_2H_{25}N_{12}O_4S_6$.	$[Cu(CS(NH_2)_2)_3]_2HAsO_4$	60 (Cu):	Hb/B2–948
$AsC_6H_5O_3$	$As(OH)C_6H_4O_2$	17 (As):	Hb–471
$AsC_6H_5O_5Pu$	$PuO_2(C_6H_5AsO_3)$	Erg. W. 4–242	
$AsC_6H_7O_4$	$HOC_6H_4AsO(OH)_2$	17 (As):	Hb–337
$AsC_6H_7O_5$	$(HO)_2C_6H_3AsO(OH)_2$	17 (As):	Hb–337
$AsC_6H_8NO_3$	$C_6H_5NHAsO(OH)_2$	17 (As):	Hb–338
–.	$NH_2C_6H_4AsO(OH)_2$	17 (As):	Hb–338
$AsC_6H_9NiO_6$	$Ni(CO)_3[As(OCH_3)_3]$	57 (Ni):	Hb/B3–837
$AsC_6H_9O_6$	$As(CH_3COO)_3$	17 (As):	Hb–386, 469
$AsC_6H_{10}NO_4$	$(C_6H_5NH_3)H_2AsO_4$	17 (As):	Hb–338
AsC_6H_{15}.	$As(C_2H_5)_3$	17 (As):	Hb–184
$AsC_6H_{15}Hg_3O_4$	$[(C_2H_5)Hg]_3AsO_4$	34 (Hg):	Hb/B4–1373
$AsC_6H_{15}O$	$(C_2H_5)_3AsO$	17 (As):	Hb–381
$AsC_6H_{15}O_3$	$As(OC_2H_5)_3$	17 (As):	Hb–270
$AsC_6H_{16}HgI_3$	$[(CH_3)_2(C_2H_5)_2As]\,[HgI_3]$	34 (Hg):	Hb/B4–1557
$AsC_7CdH_{18}I_4$	$CH_3(C_2H_5)_3As[CdI_4]$	33 (Cd):	Eb–701/2
$AsC_7ClCrH_6O_5$	$(CO)_5CrAs(CH_3)_2Cl$	Erg. W. 3–46, 52	

AsC$_7$Cl$_2$H$_{17}$Hg . . . . HgCl$_2$ · CH$_3$(C$_3$H$_7$)$_2$As . . . . 34 (Hg): Hb/B4–1352
–. . . . . HgCl$_2$ · (CH$_3$)$_2$C$_5$H$_{11}$As . . . . 34 (Hg): Hb/B4–1352
AsC$_7$Cl$_3$H$_8$O. . . . . . AsCl$_3$ · C$_6$H$_5$OCH$_3$ . . . . 17 (As): Hb–387
AsC$_7$Cl$_3$H$_9$N. . . . . . AsCl$_3$ · CH$_3$C$_6$H$_4$NH$_2$. . . . . 17 (As): Hb–390
AsC$_7$Cl$_4$H$_5$O. . . . . . AsCl$_3$ · C$_6$H$_5$COCl . . . . 17 (As): Hb–270
AsC$_7$H$_{12}$Mo$_3$N$_3$O$_{12}$ . . (CN$_3$H$_6$)H[As(C$_6$H$_5$) (MoO$_4$)$_3$] · H$_2$O. . . . 53 (Mo): Hb–373
AsC$_7$H$_{18}$HgI$_3$ . . . . . [(CH$_3$) (C$_2$H$_5$)$_3$As] [HgI$_3$] . . . . 34 (Hg): Hb/B4–1557
–. . . . . [(CH$_3$)$_3$(n–C$_4$H$_9$)As] [HgI$_3$] . . . . 34 (Hg): Hb/B4–1558
AsC$_7$H$_{42}$Mo$_{10}$N$_{21}$O$_{36}$. (CN$_3$H$_6$)$_7$[AsO(Mo$_2$O$_7$)$_5$] · 20 H$_2$O
                = 7 (CN$_3$H$_6$)$_2$O · As$_2$O$_5$
                    · 20 MoO$_3$ · 40 H$_2$O . . . . 53 (Mo): Hb–365
AsC$_8$Cl$_2$H$_{20}$HgI . . . . (CH$_3$)$_2$(n–C$_3$H$_7$)$_2$AsI · HgCl$_2$ . . . . . . 34 (Hg): Hb/B4–1559
AsC$_8$Cl$_3$H$_{20}$Hg . . . . [(C$_2$H$_5$)$_4$As] [HgCl$_3$]. . . . . 34 (Hg): Hb/B4–1557
AsC$_8$Cl$_3$H$_{26}$N$_4$. . . . . AsCl$_3$ · 2 C$_4$H$_{13}$N$_2$ · H$_2$O. . . . . 17 (As): Hb–390
AsC$_8$CrH$_9$O$_5$ . . . . . (CO)$_5$CrAs(CH$_3$)$_3$ . . . . Erg. W. 3–46, 52
AsC$_8$CrH$_9$O$_5$S. . . . . (CO)$_5$CrAs(CH$_3$)$_2$SCH$_3$ . . . . Erg. W. 3–46, 53
AsC$_8$CuH$_{11}$I. . . . . . CuI · As(CH$_3$)$_2$(C$_6$H$_5$) . . . . 60 (Cu): Hb/B1–415
AsC$_8$H$_{11}$HgI$_2$ . . . . . HgI$_2$ · (CH$_3$)$_2$C$_6$H$_5$As . . . . 34 (Hg): Hb/B4–1352
AsC$_8$H$_{11}$I$_3$Sb . . . . . SbI$_3$ · C$_6$H$_5$(CH$_3$)$_2$As . . . . 18 (Sb): Hb/B2–496
AsC$_8$H$_{17}$Mo$_3$N$_6$O$_{13}$ . . (CN$_3$H$_6$)$_2$[As(C$_6$H$_4$OH) (MoO$_4$)$_3$] · 2 H$_2$O. 53 (Mo): Hb–373
AsC$_8$H$_{18}$Mo$_3$N$_7$O$_{12}$ . . (CN$_3$H$_6$)$_2$[As(C$_6$H$_4$NH$_2$) (MoO$_4$)$_3$] · 5 H$_2$O. 53 (Mo): Hb–373
AsC$_8$H$_{20}$HgI$_3$ . . . . . [(CH$_3$)$_2$(n–C$_3$H$_7$)$_2$As] [HgI$_3$] . . . . 34 (Hg): Hb/B4–1558
–. . . . . [(C$_2$H$_5$)$_4$As] [HgI$_3$] . . . . 34 (Hg): Hb/B4–1557
AsC$_8$H$_{24}$NbO$_6$. . . . . Nb(OCH$_3$)$_5$ · (CH$_3$)$_3$AsO . . . . 49 (Nb): Hb/B4–472
AsC$_9$Cl$_2$CoH$_{13}$S . . . . CoCl$_2$ · C$_9$H$_{13}$AsS · 0.5 H$_2$O
              = [Co(C$_9$H$_{13}$AsS)$_2$] [CoCl$_4$] · H$_2$O . . . 58 (Co): Eb/B1–311
AsC$_9$Cl$_2$CrH$_9$O$_2$ . . . . C$_6$H$_6$Cr(CO)$_2$As(CH$_3$)Cl$_2$ . . . . Erg. W. 3–172
AsC$_9$Cl$_2$H$_{21}$Hg . . . . HgCl$_2$ · CH$_3$(n–C$_4$H$_9$)$_2$As . . . . 34 (Hg): Hb/B4–1352
–. . . . . HgCl$_2$ · CH$_3$(i–C$_4$H$_9$)$_2$As . . . . 34 (Hg): Hb/B4–1352
AsC$_9$Cl$_3$H$_7$N. . . . . . AsCl$_3$ · C$_9$H$_7$N . . . . 17 (As): Hb–390
AsC$_9$Cl$_3$H$_7$NO. . . . . AsCl$_3$ · C$_9$H$_7$ON . . . . 17 (As): Hb–390
AsC$_9$Cl$_3$H$_{11}$N . . . . . AsCl$_3$ · C$_9$H$_{11}$N . . . . 17 (As): Hb–390
AsC$_9$Cl$_4$H$_8$N. . . . . . C$_9$H$_8$N[AsCl$_4$]. . . . . 17 (As): Hb–391
–. . . . . C$_9$H$_8$N[AsCl$_4$] · 2 H$_2$O. . . . . 17 (As): Hb–391
AsC$_9$CoH$_{13}$I$_2$S . . . . CoI$_2$ · C$_9$H$_{13}$AsS
              = [Co(C$_9$H$_{13}$AsS)$_2$] [CoI$_4$] . . . . . . 58 (Co): Eb/B1–311
AsC$_9$CoH$_{18}$O$_3$Si. . . . (CH$_3$)$_3$SiCo(CO)$_3$As(CH$_3$)$_3$ . . . . Erg. W. 5–95/6
AsC$_9$Co$_3$O$_9$ . . . . . . [AsCo$_3$(CO)$_9$]$_n$ . . . . Erg. W. 6–215
AsC$_9$CrH$_{30}$N$_6$O$_4$. . . . [Cr(H$_2$NCH$_2$CH(NH$_2$)CH$_3$)$_3$]AsO$_4$ · 9 H$_2$O . 52 (Cr): Hb/C–96
AsC$_9$H$_8$I$_4$N . . . . . . C$_9$H$_8$N[AsI$_4$] . . . . 17 (As): Hb–414
AsC$_9$H$_{15}$NiO$_3$ . . . . . Ni(CO)$_3$[As(C$_2$H$_5$)$_3$]. . . . . 57 (Ni): Hb/B3–836
AsC$_9$H$_{15}$NiO$_6$ . . . . . Ni(CO)$_3$[As(OC$_2$H$_5$)$_3$]. . . . . 57 (Ni): Hb/B3–837/8
AsC$_9$H$_{20}$HgI$_3$ . . . . . [(CH$_3$)$_3$(C$_6$H$_{11}$)As] [HgI$_3$] . . . . 34 (Hg): Hb/B4–1559
AsC$_{10}$CdH$_{24}$I$_4$ . . . . . CH$_3$(C$_3$H$_7$)$_2$As[CdI$_4$] . . . . 33 (Cd): Eb–702
AsC$_{10}$Cl$_2$H$_{16}$HgN . . . . HgCl$_2$ · (CH$_3$)$_2$NC$_6$H$_4$As(CH$_3$)$_2$. . . . . 34 (Hg): Hb/B4–1351
AsC$_{10}$Cl$_3$H$_{10}$N$_2$ . . . . AsCl$_3$ · 2 C$_5$H$_5$N . . . . 17 (As): Hb–387/8
AsC$_{10}$Cl$_3$H$_{24}$Hg . . . . [(CH$_3$) (n–C$_3$H$_7$)$_3$As] [HgCl$_3$] . . . . . . 34 (Hg): Hb/B4–1557
AsC$_{10}$F$_6$Mn$_2$O$_8$ . . . . Mn$_2$(CO)$_8$As(CF$_3$)$_2$ . . . . Erg. W. 12–31
AsC$_{10}$H$_9$NiO$_4$ . . . . . [Ni(C$_{10}$H$_9$AsO$_4$)] . . . . 57 (Ni): Hb/C2–630
AsC$_{10}$H$_{10}$I$_3$N$_2$ . . . . AsI$_3$ · 2 C$_5$H$_5$N . . . . 17 (As): Hb–413

AsC$_{10}$H$_{16}$HgI$_2$N . . . .   HgI$_2$ · (CH$_3$)$_2$NC$_6$H$_4$As(CH$_3$)$_2$ . . . . 34 (Hg):   Hb/B4 – 1351
AsC$_{10}$H$_{16}$HgI$_3$ . . . . .   [(CH$_3$)$_2$(C$_2$H$_5$) (C$_6$H$_5$)As] [HgI$_3$]. . . . . . . 34 (Hg):   Hb/B4 – 1558
–. . . . .   [(CH$_3$)$_3$(CH$_3$C$_6$H$_4$)As] [HgI$_3$] . . . . 34 (Hg):   Hb/B4 – 1559
AsC$_{10}$H$_{24}$HgI$_3$ . . . . .   [(CH$_3$) (n – C$_3$H$_7$)$_3$As] [HgI$_3$] . . . . 34 (Hg):   Hb/B4 – 1558
–. . . . .   [(CH$_3$)$_2$(C$_4$H$_9$)$_2$As] [HgI$_3$] . . . . 34 (Hg):   Hb/B4 – 1558
AsC$_{11}$Cl$_2$H$_{15}$HgO$_2$ . .   HgCl$_2$ · C$_{11}$H$_{15}$AsO$_2$ . . . . 34 (Hg):   Hb/B4 – 1353
AsC$_{11}$Cl$_2$H$_{25}$Hg . . . .   HgCl$_2$ · CH$_3$(C$_5$H$_{11}$)$_2$As . . . . 34 (Hg):   Hb/B4 – 1352
AsC$_{11}$Cl$_3$H$_{16}$HgO$_3$ . . .   HgCl$_2$ · C$_{11}$H$_{16}$AsClO$_3$ . . . . 34 (Hg):   Hb/B4 – 1353
AsC$_{11}$Cl$_3$H$_{23}$I$_5$N$_2$ . .   (C$_5$H$_{11}$N)$_2$[As(CHCl$_3$)I$_5$]. . . . . 17 (As):   Hb – 414
AsC$_{11}$Cl$_8$H$_{13}$N$_2$ . . . .   (C$_5$H$_6$N)$_2$[As(CHCl$_3$)Cl$_5$] . . . . 17 (As):   Hb – 391
AsC$_{11}$Cl$_8$H$_{25}$N$_2$ . . . .   (C$_5$H$_{12}$N)$_2$[As(CHCl$_3$)Cl$_5$] . . . . 17 (As):   Hb – 391
AsC$_{11}$CoH$_{13}$N$_2$S$_3$ . . .   [Co(NCS)$_2$(C$_9$H$_{13}$AsS)] . . . . 58 (Co):   Eb/B1 – 311/2
AsC$_{11}$CrH$_{18}$N$_3$O$_5$ . . .   (CO)$_5$CrAs[N(CH$_3$)$_2$]$_3$ . . . . Erg. W. 3 – 45
AsC$_{11}$F$_9$Mn$_2$O$_8$S . . .   Mn$_2$(CO)$_8$As(CF$_3$)$_2$SCF$_3$ . . . . Erg. W. 12 – 40
AsC$_{11}$F$_9$Mn$_2$O$_8$Se. . .   Mn$_2$(CO)$_8$As(CF$_3$)$_2$SeCF$_3$ . . . . Erg. W. 12 – 208
AsC$_{11}$H$_{18}$HgI$_3$ . . . . .   [(CH$_3$)$_3$((CH$_3$)$_2$C$_6$H$_3$)As] [HgI$_3$] . . . . . . 34 (Hg):   Hb/B4 – 1559
–. . . . .   [(CH$_3$)$_3$(C$_6$H$_5$C$_2$H$_4$)As] [HgI$_3$] . . . . . . 34 (Hg):   Hb/B4 – 1559
AsC$_{12}$ClH$_9$N . . . . . .   C$_6$H$_4$(AsCl) (NH)C$_6$H$_4$ . . . . 17 (As):   Hb – 381
AsC$_{12}$ClH$_{10}$ . . . . . .   (C$_6$H$_5$)$_2$AsCl. . . . . 17 (As):   Hb – 382
AsC$_{12}$ClH$_{12}$N$_2$. . . . .   As(C$_6$H$_5$NH)$_2$Cl . . . . 17 (As):   Hb – 381
AsC$_{12}$ClH$_{48}$N$_{12}$Ni$_2$S$_4$.   [Ni(C$_2$H$_8$N$_2$)$_3$]$_2$Cl[AsS$_4$] · 5 H$_2$O . . . . . 57 (Ni):   Hb/C1 – 167
AsC$_{12}$Cl$_2$CrH$_{15}$O$_2$ . .   (CH$_3$)$_3$C$_6$H$_3$Cr(CO)$_2$ · As(CH$_3$)Cl$_2$ . . . Erg. W. 3 – 176
AsC$_{12}$Cl$_2$H$_{13}$Hg . . . .   HgCl$_2$ · (CH$_3$)$_2$C$_{10}$H$_7$As . . . . 34 (Hg):   Hb/B4 – 1352
AsC$_{12}$Cl$_2$H$_{21}$Hg . . . .   HgCl$_2$ · (CH$_2$C(CH$_3$)CH$_2$)$_3$As . . . . 34 (Hg):   Hb/B4 – 1352
AsC$_{12}$Cl$_2$H$_{28}$HgI. . . .   (n – C$_3$H$_7$)$_4$AsI · HgCl$_2$ . . . . 34 (Hg):   Hb/B4 – 1559
AsC$_{12}$Cl$_2$H$_{30}$NPd . . .   [Pd(NH$_3$) (As(C$_4$H$_9$)$_3$)Cl$_2$]. . . . . 65 (Pd):   Hb/2 – 419, 430
AsC$_{12}$Cl$_3$H$_{10}$N$_2$O$_4$ . .   AsCl$_3$ · 2 C$_6$H$_5$NO$_2$ . . . . 17 (As):   Hb – 387
AsC$_{12}$Cl$_3$H$_{11}$N. . . . .   AsCl$_3$ · (C$_6$H$_5$)$_2$NH . . . . 17 (As):   Hb – 390
AsC$_{12}$Cl$_3$H$_{28}$Hg . . . .   [(C$_3$H$_7$)$_4$As] [HgCl$_3$]. . . . . 34 (Hg):   Hb/B4 – 1557
AsC$_{12}$H$_9$O$_4$ . . . . . .   H[As(C$_6$H$_4$O$_2$)$_2$] · 4 H$_2$O . . . . 17 (As):   Hb – 471
AsC$_{12}$H$_{12}$NO$_3$ . . . . .   C$_6$H$_5$NHC$_6$H$_4$AsO(OH)$_2$. . . . . 17 (As):   Hb – 338/9
AsC$_{12}$H$_{13}$HgI$_2$. . . . .   HgI$_2$ · (CH$_3$)$_2$C$_{10}$H$_7$As. . . . . 34 (Hg):   Hb/B4 – 1352
AsC$_{12}$H$_{13}$N$_2$O$_2$ . . . .   (NH$_2$C$_6$H$_4$)$_2$AsO(OH) . . . . 17 (As):   Hb – 338
AsC$_{12}$H$_{17}$N$_2$O$_4$ . . . .   (C$_6$H$_5$NH$_3$)$_2$HAsO$_4$ . . . . 17 (As):   Hb – 338
AsC$_{12}$H$_{20}$HgI$_3$ . . . . .   [(C$_3$H$_5$)$_4$As] [HgI$_3$] . . . . 34 (Hg):   Hb/B4 – 1558
AsC$_{12}$H$_{27}$KN$_3$O$_6$Pd . .   K[Pd(As(C$_4$H$_9$)$_3$) (NO$_2$)$_3$] . . . . 65 (Pd):   Hb/2 – 429
AsC$_{12}$H$_{28}$HgI$_3$ . . . . .   [(n – C$_3$H$_7$)$_4$As] [HgI$_3$] . . . . 34 (Hg):   Hb/B4 – 1558
–. . . . .   [(i – C$_3$H$_7$)$_4$As] [HgI$_3$] . . . . 34 (Hg):   Hb/B4 – 1558
AsC$_{12}$H$_{48}$N$_{13}$Ni$_2$O$_3$S$_4$.   [Ni(C$_2$H$_8$N$_2$)$_3$]$_2$(NO$_3$) [AsS$_4$] . . . . . . 57 (Ni):   Hb/C1 – 167
AsC$_{13}$CdH$_{30}$I$_3$ . . . . .   CH$_3$(C$_4$H$_9$)$_3$As[CdI$_3$] . . . . 33 (Cd):   Eb – 701
AsC$_{13}$ClCuH$_{13}$ . . . .   CuCl · AsCH$_3$(C$_6$H$_5$)$_2$. . . . . 60 (Cu):   Hb/B1 – 251
                                                                              Hb/B4 – 1466
–. . . . .   [CuCl(CH$_3$(C$_6$H$_5$)$_2$As)]$_4$ . . . . 60 (Cu):   Hb/B4 – 1466
AsC$_{13}$Cl$_2$CrH$_{13}$O$_6$ . . .   (CH$_3$OOC)$_2$C$_6$H$_4$Cr(CO)$_2$As(CH$_3$)Cl$_2$ . . . . Erg. W. 3 – 174
AsC$_{13}$Cl$_2$H$_{13}$NiO . . .   [NiCl$_2$(C$_{13}$H$_{13}$AsO)]. . . . . 57 (Ni):   Hb/C2 – 1119
AsC$_{13}$Cl$_2$H$_{25}$Hg . . . .   HgCl$_2$ · CH$_3$(C$_6$H$_{11}$)$_2$As. . . . . 34 (Hg):   Hb/B4 – 1352
AsC$_{13}$Cl$_2$H$_{29}$Hg . . . .   HgCl$_2$ · CH$_3$(C$_6$H$_{13}$)$_2$As. . . . . 34 (Hg):   Hb/B4 – 1352
AsC$_{13}$CrH$_{13}$O$_5$ . . . .   (CO)$_4$CrCH$_3$OC$_6$H$_4$As(CH$_3$)$_2$ . . . . Erg. W. 3 – 82
AsC$_{13}$CrH$_{21}$O$_5$ . . . .   (CO)$_3$Cr(AsC$_{10}$H$_{21}$O$_2$) . . . . Erg. W. 3 – 93, 95
AsC$_{13}$CuH$_{13}$I . . . . .   CuI · AsCH$_3$(C$_6$H$_5$)$_2$. . . . . 60 (Cu):   Hb/B4 – 1466

AsC$_{13}$CuH$_{13}$I	[CuI(CH$_3$(C$_6$H$_5$)$_2$As)]$_4$	60 (Cu):	Hb/B4–1466
AsC$_{13}$CuH$_{13}$NO$_3$ . . .	[Cu(As(CH$_3$) (C$_6$H$_5$)$_2$)NO$_3$]	60 (Cu):	Hb/B1–164
AsC$_{13}$H$_{13}$HgI$_2$	HgI$_2$ · CH$_3$(C$_6$H$_5$)$_2$As	34 (Hg):	Hb/B4–1352
AsC$_{13}$H$_{16}$HgI$_3$	[(CH$_3$)$_3$(C$_{10}$H$_7$)As] [HgI$_3$] . . .	34 (Hg):	Hb/B4–1558/9
AsC$_{13}$H$_{30}$HgI$_3$	[(CH$_3$) (C$_4$H$_9$)$_3$As] [HgI$_3$]	34 (Hg):	Hb/B4–1558
AsC$_{14}$Cl$_6$H$_{34}$PPt	[(C$_2$H$_5$)$_6$(C$_2$H$_4$)PAs] [PtCl$_6$] . . .	68 (Pt):	Hb/C2–252
AsC$_{14}$CoH$_{27}$NO$_3$ . . .	Co(CO)$_2$(NO)As(C$_4$H$_9$)$_3$	Erg. W. 5–163	
AsC$_{14}$H$_{16}$HgI$_3$	[(CH$_3$)$_2$(C$_6$H$_5$)$_2$As] [HgI$_3$] . . .	34 (Hg):	Hb/B4–1558
AsC$_{14}$H$_{28}$HgI$_3$	[(CH$_3$)$_2$(C$_6$H$_{11}$)$_2$As] [HgI$_3$] . . .	34 (Hg):	Hb/B4–1559
AsC$_{15}$Cl$_2$CrH$_{21}$O$_2$ . . .	(CH$_3$)$_6$C$_6$Cr(CO)$_2$ · As(CH$_3$)Cl$_2$	Erg. W. 3–179	
AsC$_{15}$Cl$_2$H$_{17}$Hg	HgCl$_2$ · CH$_3$(CH$_3$C$_6$H$_4$)$_2$As . . .	34 (Hg):	Hb/B4–1352
–.	HgCl$_2$ · CH$_3$(C$_6$H$_5$CH$_2$)$_2$As . . .	34 (Hg):	Hb/B4–1352
–.	HgCl$_2$ · (C$_3$H$_7$) (C$_6$H$_5$)$_2$As	34 (Hg):	Hb/B4–1351
AsC$_{15}$Cl$_3$H$_{33}$N$_3$	AsCl$_3$ · 3 C$_5$H$_{10}$NH	17 (As):	Hb–390
AsC$_{15}$Cl$_6$H$_{18}$N$_3$	(C$_5$H$_6$N)$_3$[AsCl$_6$]	17 (As):	Hb–391
AsC$_{15}$CrH$_{16}$NO$_5$ . . .	(CO)$_5$Cr(CH$_3$)$_2$AsC$_6$H$_4$N(CH$_3$)$_2$ . . .	Erg. W. 3–45, 51	
AsC$_{15}$H$_{15}$I$_3$N$_3$	AsI$_3$ · 3 C$_5$H$_5$N	17 (As):	Hb–413
AsC$_{16}$Cl$_2$H$_{30}$NPt . . .	[Pt(CH$_3$C$_6$H$_4$NH$_2$) (As(C$_3$H$_7$)$_3$)Cl$_2$]	68 (Pt):	Hb/D–406
AsC$_{16}$Cl$_3$H$_{13}$O$_3$Sn . .	Cl$_3$Sn(CO)$_3$As(CH$_3$) (C$_6$H$_5$)$_2$ . . .	Erg. W. 6–7	
AsC$_{16}$Cl$_3$H$_{28}$Hg	[(n–C$_4$H$_7$)$_4$As] [HgCl$_3$]. . . .	34 (Hg):	Hb/B4–1557
AsC$_{16}$CuH$_8$N$_2$O$_{10}$S$_2$$^{3-}$	[CuC$_{16}$H$_8$AsN$_2$O$_{10}$S$_2$]$^{3-}$ . . .	60 (Cu):	Hb/B4–1856
AsC$_{16}$H$_{11}$N$_2$O$_{10}$PbS$_2$.	[Pb(C$_{16}$H$_{11}$AsN$_2$O$_{10}$S$_2$)]	47 (Pb):	Hb/C4–1741
AsC$_{16}$H$_{36}$HgI$_3$	[(n–C$_4$H$_9$)$_4$As] [HgI$_3$]	34 (Hg):	Hb/B4–1558
AsC$_{17}$Cl$_2$H$_{21}$Hg	HgCl$_2$ · CH$_3$(C$_6$H$_5$C$_2$H$_4$)$_2$As . .	34 (Hg):	Hb/B4–1352
AsC$_{18}$CdH$_{42}$HgI$_4$P .	[HgCdI$_4$((C$_3$H$_7$)$_3$As) ((C$_3$H$_7$)$_3$P)]	34 (Hg):	Hb/B4–1349/50
AsC$_{18}$Cl$_2$H$_{15}$HgO . . .	HgCl$_2$ · (C$_6$H$_5$)$_3$AsO	34 (Hg):	Hb/B4–1352/3
AsC$_{18}$Cl$_2$H$_{42}$NPt . . .	[Pt((C$_3$H$_7$)$_3$N) (As(C$_3$H$_7$)$_3$)Cl$_2$] . . .	68 (Pt):	Hb/D–404
AsC$_{18}$Cl$_3$H$_{21}$N$_3$	AsCl$_3$ · 3 C$_6$H$_5$NH$_2$	17 (As):	Hb–381
AsC$_{18}$Cl$_3$H$_{24}$N$_6$	AsCl$_3$ · 3 C$_6$H$_5$NHNH$_2$	17 (As):	Hb–381, 390
AsC$_{18}$Cl$_3$H$_{36}$N$_{12}$ . . .	AsCl$_3$ · 3 C$_6$H$_{12}$N$_4$.	17 (As):	Hb–390
AsC$_{18}$Cl$_5$H$_{15}$Nb	NbCl$_5$ · (C$_6$H$_5$)$_3$As	49 (Nb):	Hb/B4–472
AsC$_{18}$Cl$_{10}$H$_{15}$Nb$_2$ . . .	2 NbCl$_5$ · (C$_6$H$_5$)$_3$As	49 (Nb):	Hb/B1–198
			Hb/B4–472
AsC$_{18}$F$_{15}$S$_3$	(C$_6$F$_5$S)$_3$As	Erg. W. 12–27/31	
AsC$_{18}$H$_{11}$N$_6$Na$_2$O$_8$PbS			
	Na$_4$[PbC$_{18}$H$_{11}$AsN$_6$O$_8$S]$_2$ . . .	47 (Pb):	Hb/C4–1741/2
AsC$_{18}$H$_{12}$N$_6$O$_8$PbS$^-$.	[PbC$_{18}$H$_{12}$AsN$_6$O$_8$S]$^-$ . . .	47 (Pb):	Hb/C4–1742
AsC$_{18}$H$_{13}$O$_6$	H[As(C$_6$H$_4$O$_2$)$_3$] · 5 H$_2$O . .	17 (As):	Hb–471
AsC$_{18}$H$_{15}$	(C$_6$H$_5$)$_3$As.	17 (As):	Hb–382
AsC$_{18}$H$_{15}$Mo$_2$O$_7$ . . .	[As(C$_6$H$_5$)$_3$(Mo$_2$O$_7$)]	53 (Mo):	Hb–373
AsC$_{18}$H$_{15}$O$_7$	H$_3$[AsO(C$_6$H$_4$O$_2$)$_3$] · 4 H$_2$O		
	= H[As(C$_6$H$_4$O$_2$)$_3$(H$_2$O)] · 4 H$_2$O	17 (As):	Hb–471
AsC$_{18}$H$_{18}$N$_3$O	(C$_6$H$_4$NH$_2$)$_3$AsO	17 (As):	Hb–381
AsC$_{18}$H$_{21}$I$_3$N$_3$	AsI$_3$ · 3 C$_6$H$_5$NH$_2$	17 (As):	Hb–413
AsC$_{18}$H$_{30}$N$_3$NiO$_3$ . . .	Ni(CO)$_3$[As(NC$_5$H$_{10}$)$_3$]	57 (Ni):	Hb/B3–835
AsC$_{18}$H$_{48}$N$_3$S$_3$	[(C$_2$H$_5$)$_3$NH]$_3$AsS$_3$	17 (As):	Hb–429
AsC$_{19}$Cl$_2$H$_{17}$Hg	HgCl$_2$ · (C$_6$H$_5$)$_2$(CH$_3$C$_6$H$_4$)As	34 (Hg):	Hb/B4–1351/2
AsC$_{19}$Cl$_2$H$_{36}$NPd . . .	[Pd(C$_7$H$_7$NH$_2$) (As(C$_4$H$_9$)$_3$)Cl$_2$] . . .	65 (Pd):	Hb/2–420
AsC$_{19}$Cl$_4$H$_{18}$V	[CH$_3$(C$_6$H$_5$)$_3$As] [VCl$_4$]	48 (V):	Hb/B2–480/1, 716
AsC$_{20}$Cl$_2$H$_{19}$Hg	HgCl$_2$ · (C$_6$H$_5$) (CH$_3$C$_6$H$_4$)$_2$As	34 (Hg):	Hb/B4–1351/2

AsC$_{20}$Cl$_3$CoH$_{12}$NO$_3$ . .   Co(CO)$_2$(NO) (As(C$_6$H$_4$Cl)$_3$) . . . .   58 (Co):   Eb/A−699

                                                                    Erg. W. 5−163, 169

AsC$_{20}$CoH$_{15}$NO$_3$ . . .   Co(CO)$_2$(NO)As(C$_6$H$_5$)$_3$ . . . .   Erg. W. 5−163, 169

AsC$_{20}$CoH$_{20}$NOS . . .   [Co(NO) (As(C$_6$H$_5$)$_3$)SC$_2$H$_5$]$_2$ . . . .   Erg. W. 5−169

AsC$_{20}$F$_6$H$_{17}$N$_4$ . . . . .   C$_{20}$H$_{17}$N$_4$[AsF$_6$] · H$_2$O . . . .   17 (As):   Hb−367

AsC$_{21}$Cl$_2$H$_{21}$Hg . . . .   HgCl$_2$ · (CH$_3$C$_6$H$_4$)$_3$As . . . .   34 (Hg):   Hb/B4−1351/2

AsC$_{21}$Cl$_3$CoGeH$_{15}$O$_3$ . .   Cl$_3$GeCo(CO)$_3$As(C$_6$H$_5$)$_3$ . . . .   Erg. W. 5−95, 97

AsC$_{21}$Cl$_3$CoH$_{15}$O$_3$Sn . .   Cl$_3$SnCo(CO)$_3$As(C$_6$H$_5$)$_3$ . . . .   Erg. W. 5−95, 97

AsC$_{21}$Cl$_3$H$_{27}$N$_3$ . . . .   AsCl$_3$ · 3 CH$_3$C$_6$H$_4$NH$_2$ . . . .   17 (As):   Hb−390

AsC$_{21}$H$_{15}$NiO$_3$ . . . .   Ni(CO)$_3$[As(C$_6$H$_5$)$_3$]. . . . .   57 (Ni):   Hb/B3−836

AsC$_{21}$H$_{15}$O$_6$ . . . . . .   (C$_6$H$_5$CO)$_3$AsO$_3$ . . . .   17 (As):   Hb−270

AsC$_{22}$Cl$_2$H$_{23}$Hg . . . .   HgCl$_2$ · (C$_6$H$_5$) ((CH$_3$)$_2$C$_6$H$_3$)$_2$As . . . .   34 (Hg):   Hb/B4−1351/2

AsC$_{22}$CoH$_{24}$NOS . . .   [Co(NO) (As(C$_6$H$_5$)$_3$)SC(CH$_3$)$_3$]$_2$ . . . .   Erg. W. 5−169

AsC$_{22}$Co$_3$H$_{30}$O$_8$ . . . .   CH$_3$CCo$_3$(CO)$_8$As(C$_4$H$_9$)$_3$ . . . .   Erg. W. 6−149, 151

AsC$_{22}$CuH$_{35}$IN$_2$ . . . .   [Cu(C$_{10}$H$_8$N$_2$) (C$_4$H$_9$)$_3$As)I] . . . .   60 (Cu):   Hb/B1−415

AsC$_{23}$ClCrH$_{20}$NO . . .   C$_5$H$_5$Cr(NO) (As(C$_6$H$_5$)$_3$)Cl . . . .   Erg. W. 3−150

AsC$_{23}$Cl$_3$H$_{20}$NRu . . .   [RuCl$_3$(C$_5$H$_5$N) (C$_{18}$H$_{15}$As)]. . . . . . .   63 (Ru):   Eb−476

AsC$_{23}$Cl$_4$H$_{24}$N$_2$V . . . .   [CH$_3$(C$_6$H$_5$)$_3$As] [VCl$_4$(CH$_3$CN)$_2$] . . . .   48 (V):   Hb/B2−716

AsC$_{23}$CoF$_5$H$_{15}$O$_3$ . . .   C$_2$F$_5$Co(CO)$_3$As(C$_6$H$_5$)$_3$ . . . .   Erg. W. 5−94/5

AsC$_{23}$CoH$_{20}$I$_2$ . . . . .   C$_5$H$_5$Co(As(C$_6$H$_5$)$_3$)I$_2$ . . . .   Erg. W. 5−265/6

AsC$_{23}$CoH$_{21}$NO$_3$ . . .   Co(CO)$_2$(NO)As(C$_6$H$_4$CH$_3$)$_3$ . . . .   58 (Co):   Eb/A−699

                                                                    Erg. W. 5−163, 169

−. . . . .   Co(CO)$_2$(NO)As(C$_7$H$_7$)$_3$ . . . .   Erg. W. 5−163

AsC$_{23}$Co$_3$H$_{16}$O$_8$ . . . .   CH$_3$CCo$_3$(CO)$_8$As(CH$_3$) (C$_6$H$_5$)$_2$ . . .   Erg. W. 6−149, 151

AsC$_{23}$CrH$_{15}$O$_5$ . . . .   (CO)$_5$CrAs(C$_6$H$_5$)$_3$ . . . .   52 (Cr):   Hb/B−368

                                                                    Erg. W. 3−45, 51

AsC$_{23}$CrH$_{33}$O$_5$ . . . .   (CO)$_5$CrAs(C$_6$H$_{11}$)$_3$ . . . .   Erg. W. 3−45

AsC$_{24}$Cl$_2$H$_{21}$ . . . . . .   (C$_6$H$_5$)$_4$AsCl · HCl. . . . .   6 (Cl):   Eb/B1−89

AsC$_{24}$Cl$_2$H$_{27}$Hg . . . .   HgCl$_2$ · ((CH$_3$)$_2$C$_6$H$_3$)$_3$As . . . .   34 (Hg):   Hb/B4−1351/2

−. . . . .   HgCl$_2$ · (C$_6$H$_5$) ((CH$_3$)$_3$C$_6$H$_2$)$_2$As . . . .   34 (Hg):   Hb/B4−1351/2

AsC$_{24}$Cl$_4$H$_{20}$V . . . . .   As(C$_6$H$_5$)$_4$VCl$_4$ . . . .   48 (V):   Hb/B2−480/1

AsC$_{24}$CoH$_{20}$NOS . . .   [Co(NO) (As(C$_6$H$_5$)$_3$)SC$_6$H$_5$]$_2$ . . . . . .   Erg. W. 5−169

AsC$_{24}$Co$_6$H$_3$O$_{18}$ . . . .   [Co$_2$(CO)$_6$HC$_2$]$_3$As . . . .   Erg. W. 6−212/3

AsC$_{24}$CrH$_{18}$LiO$_5$ . . . .   [(CO)$_4$Cr[As(C$_6$H$_5$)$_3$]CO(CH$_3$)]Li . . .   Erg. W. 3−51

AsC$_{24}$H$_{20}$O$_4$Re . . . .   (C$_6$H$_5$)$_4$AsReO$_4$ . . . .   70 (Re):   Hb−140

AsC$_{24}$H$_{21}$N$_2$O$_2$ . . . .   (C$_6$H$_5$NHC$_6$H$_4$)$_2$AsOOH. . . . .   17 (As):   Hb−338/9

AsC$_{24}$H$_{29}$Si . . . . . .   (C$_2$H$_5$)$_3$Si[C$_6$H$_4$As(C$_6$H$_5$)$_2$] . . . . . .   15 (Si):   Hb/C−76

AsC$_{25}$CoH$_{26}$ . . . . . .   C$_5$H$_5$Co(CH$_3$)$_2$As(C$_6$H$_5$)$_3$ . . . .   Erg. W. 5−273/4

AsC$_{25}$Co$_2$F$_6$H$_{16}$O$_6$P . .   Co$_2$(CO)$_6$(C$_{19}$H$_{16}$AsF$_6$P) . . . .   Erg. W. 6−38

AsC$_{25}$Co$_2$H$_{15}$O$_7$ . . . .   Co$_2$(CO)$_7$As(C$_6$H$_5$)$_3$ . . . .   Erg. W. 6−40

AsC$_{25}$Co$_2$H$_{17}$O$_5$ . . . .   Co$_2$(CO)$_5$(As(C$_6$H$_5$)$_3$)HC$_2$H . . . . . .   Erg. W. 6−85

AsC$_{25}$CrH$_{19}$O$_4$ . . . .   [(CH$_3$CHCH)C$_6$H$_4$As(C$_6$H$_5$)$_2$]Cr(CO)$_4$. . . .   Erg. W. 3−135/6

AsC$_{25}$CrH$_{21}$O$_5$ . . . .   (CO)$_4$Cr[C(CH$_3$) (OCH$_3$)] [As(C$_6$H$_5$)$_3$] . . .   Erg. W. 3−104

AsC$_{25}$CrH$_{22}$NO$_4$ . . . .   (CO)$_4$Cr[C(CH$_3$) (NHCH$_3$)] [As(C$_6$H$_5$)$_3$]. . .   Erg. W. 3−104

AsC$_{25}$F$_3$H$_{20}$O$_2$S . . . .   [CF$_3$S(O)O] [As(C$_6$H$_5$)$_4$] . . . .   Erg. W. 12−69, 72/3

AsC$_{25}$H$_{30}$HgI$_3$ . . . . .   [CH$_3$(C$_6$H$_5$C$_2$H$_4$)$_3$As] [HgI$_3$]. . . . . . .   34 (Hg):   Hb/B4−1559

AsC$_{26}$ClCrH$_{20}$O$_2$ . . .   ClC$_6$H$_5$Cr(CO)$_2$As(C$_6$H$_5$)$_3$. . . . .   Erg. W. 3−180/1

AsC$_{26}$H$_{20}$NbO$_3$ . . . .   C$_5$H$_5$Nb(CO)$_3$ · As(C$_6$H$_5$)$_3$ . . . .   49 (Nb):   Hb/B4−393

AsC$_{27}$ClCo$_3$H$_{15}$O$_8$ . . .   ClCCo$_3$(CO)$_8$As(C$_6$H$_5$)$_3$ . . . .   Erg. W. 6−149/50

AsC$_{27}$Cl$_2$H$_{33}$Hg . . . .   HgCl$_2$ · (C$_3$H$_7$C$_6$H$_4$)$_3$As . . . .   34 (Hg):   Hb/B4−1351/2

AsC$_{27}$CoH$_{32}$N$_4$O$_4$ . . . [CH$_3$Co(C$_4$H$_7$N$_2$O$_2$)$_2$As(C$_6$H$_5$)$_3$] . . . . . . Erg. W. 5–10, 14/9

AsC$_{27}$Co$_2$F$_6$H$_{15}$O$_5$ . . . Co$_2$(CO)$_5$(As(C$_6$H$_5$)$_3$)CF$_3$C$_2$CF$_3$ . . . . . . Erg. W. 6–86

AsC$_{27}$Co$_2$H$_{21}$O$_5$ . . . . Co$_2$(CO)$_5$(As(C$_6$H$_5$)$_3$)CH$_3$C$_2$CH$_3$ . . . . . . Erg. W. 6–86

AsC$_{27}$Co$_3$H$_{32}$O$_8$ . . . . C$_6$H$_5$CCo$_3$(CO)$_8$As(C$_4$H$_9$)$_3$ . . . . Erg. W. 6–150/1

AsC$_{27}$H$_{27}$O$_{16}$ . . . . . OAs[OC$_6$H$_2$(OH)$_2$COOC$_2$H$_5$]$_3$ . . . . 17 (As):   Hb–338

AsC$_{28}$Cl$_3$H$_{28}$Hg . . . . [(C$_6$H$_5$CH$_2$)$_4$As] [HgCl$_3$] . . . . 34 (Hg):   Hb/B4–1557

AsC$_{28}$Cl$_4$H$_{26}$N$_2$V . . . [(C$_6$H$_5$)$_4$As] [VCl$_4$(CH$_3$CN)$_2$] . . . . . . 48 (V):   Hb/B2–716

AsC$_{28}$CoH$_{34}$N$_4$O$_4$ . . . [C$_2$H$_5$Co(C$_4$H$_7$N$_2$O$_2$)$_2$As(C$_6$H$_5$)$_3$] . . . . . Erg. W. 5–10, 14/9

AsC$_{28}$Co$_3$H$_{18}$O$_8$ . . . . CH$_3$CCo$_3$(CO)$_8$As(C$_6$H$_5$)$_3$ . . . . Erg. W. 6–150/1

–. . . . . C$_6$H$_5$CCo$_3$(CO)$_8$As(CH$_3$) (C$_6$H$_5$)$_2$ . . . . . Erg. W. 6–150/1

AsC$_{28}$F$_9$H$_{20}$O$_2$S . . . . [CF$_3$CF$_2$CF$_2$CF$_2$S(O)O] [As(C$_6$H$_5$)$_4$] . . . . Erg. W. 12–69, 72/3

AsC$_{28}$H$_{28}$HgI$_3$ . . . . . [(C$_6$H$_5$CH$_2$)$_4$As] [HgI$_3$] . . . . 34 (Hg):   Hb/B4–1558

AsC$_{29}$Cl$_3$CrGeH$_{20}$O$_5$. [(C$_6$H$_5$)$_4$As] [(CO)$_5$CrGeCl$_3$] . . . . . . Erg. W. 3–130/1

AsC$_{29}$Cl$_3$CrH$_{20}$O$_5$Sn . [(C$_6$H$_5$)$_4$As] [(CO)$_5$CrSnCl$_3$] . . . . . . Erg. W. 3–130/1

AsC$_{29}$CoH$_{32}$N$_5$O$_4$ . . . CH$_2$CHCN(Co(C$_8$H$_{14}$N$_4$O$_4$)As(C$_6$H$_5$)$_3$) . . . Erg. W. 5–207/8

AsC$_{29}$CoH$_{36}$N$_4$O$_4$ . . . [C$_3$H$_7$Co(C$_4$H$_7$N$_2$O$_2$)$_2$As(C$_6$H$_5$)$_3$] . . . . . Erg. W. 5–11, 14/9

AsC$_{29}$Co$_2$H$_{21}$O$_9$ . . . . Co$_2$(CO)$_5$(As(C$_6$H$_5$)$_3$) H$_3$COOCC$_2$COOCH$_3$. Erg. W. 6–86

AsC$_{29}$Co$_4$H$_{15}$O$_{11}$ . . . Co$_4$(CO)$_{11}$As(C$_6$H$_5$)$_3$ . . . . Erg. W. 6–178/9

AsC$_{29}$CrF$_2$H$_{20}$O$_6$PS . [(C$_6$H$_5$)$_4$As] [(CO)$_5$CrOSPF$_2$] . . . . . . Erg. W. 3–130/1

AsC$_{29}$CrH$_{20}$LiO$_5$ . . . [(CO)$_4$Cr[As(C$_6$H$_5$)$_3$]CO(C$_6$H$_5$)]Li . . . . . Erg. W. 3–51

AsC$_{30}$Cl$_2$H$_{21}$Hg . . . . HgCl$_2$ · (C$_{10}$H$_7$)$_3$As . . . . 34 (Hg):   Hb/B4–1351/2

AsC$_{30}$Cl$_2$H$_{24}$NiP . . . . [NiCl$_2$(C$_{30}$H$_{24}$AsP)] . . . . 57 (Ni):   Hb/C2–1104

AsC$_{30}$Cl$_4$H$_{25}$NORu . . . [(C$_6$H$_5$)$_4$As] [RuCl$_4$(CO) (C$_5$H$_5$N)] . . . . . 63 (Ru):   Eb–497

AsC$_{30}$CrH$_{20}$NO$_6$ . . . . [(C$_6$H$_5$)$_4$As] [(CO)$_5$CrNCO] . . . . Erg. W. 3–128

AsC$_{30}$CrH$_{23}$O$_5$ . . . . (CO)$_4$Cr[C(C$_6$H$_5$) (OCH$_3$)] [As(C$_6$H$_5$)$_3$] . . . Erg. W. 3–104

AsC$_{30}$CrH$_{43}$O$_6$ . . . . (CH$_3$OOC)$_2$C$_6$H$_4$Cr(CO)$_2$As(C$_6$H$_{11}$)$_3$ . . . Erg. W. 3–174

AsC$_{30}$H$_{20}$N$_6$NbS$_6$ . . [(C$_6$H$_5$)$_4$As]Nb(SCN)$_6$ . . . . 49 (Nb):   Hb/B4–353/4

AsC$_{30}$H$_{20}$O$_6$V . . . . . [(C$_6$H$_5$)$_4$As] [V(CO)$_6$] . . . . 48 (V):   Hb/B2–821

AsC$_{30}$H$_{24}$I$_2$NiP . . . . [NiI$_2$(C$_{30}$H$_{24}$AsP)]. . . . . 57 (Ni):   Hb/C2–1104

AsC$_{31}$CrH$_{25}$N$_2$O$_2$ . . [As(C$_6$H$_5$)$_4$] [C$_5$H$_5$Cr(CO) (NO) (CN)] . . . Erg. W. 3–154/5

AsC$_{31}$CrH$_{25}$O$_5$S . . . . [(C$_6$H$_5$)$_4$As] [(CO)$_5$CrSC$_2$H$_5$] . . . . . . Erg. W. 3–130

AsC$_{32}$CrH$_{33}$O$_2$ . . . . (CH$_3$)$_6$C$_6$Cr(CO)$_2$ · As(C$_6$H$_5$)$_3$ . . . . . Erg. W. 3–179

AsC$_{32}$F$_{12}$H$_{20}$NiS$_4$ . . [(C$_6$H$_5$)$_4$As] [Ni(C$_4$F$_6$S$_2$)$_2$] . . . . . . 57 (Ni):   Hb/C2–971/2

AsC$_{32}$F$_{12}$H$_{20}$NiSe$_4$ . . [(C$_6$H$_5$)$_4$As] [Ni(C$_4$F$_6$Se$_2$)$_2$] . . . . 57 (Ni):   Hb/C2–1029

AsC$_{32}$F$_{17}$H$_{20}$O$_2$S . . [CF$_3$CF$_2$(CF$_2$)$_5$CF$_2$S(O)O] [As(C$_6$H$_5$)$_4$] . . . Erg. W. 12–69, 72/3

AsC$_{32}$H$_{24}$N$_2$NiPS$_2$ . . [Ni(SCN)$_2$(C$_{30}$H$_{24}$AsP)]. . . . . 57 (Ni):   Hb/C2–1104

AsC$_{32}$H$_{27}$Nb$_2$O$_{13}$ . . (C$_6$H$_5$)$_4$As[Nb$_2$O$_2$(OH) (C$_4$H$_3$O$_5$)$_2$] · 4 H$_2$O . 49 (Nb):   Hb/B4–345

AsC$_{33}$Co$_3$H$_{20}$O$_8$ . . . . C$_6$H$_5$CCo$_3$(CO)$_8$As(C$_6$H$_5$)$_3$ . . . . Erg. W. 6–150/1

AsC$_{33}$CrH$_{24}$NO$_7$ . . . . [(C$_6$H$_5$)$_4$As] [(CO)$_5$CrC$_4$H$_4$NO$_2$] . . . . . Erg. W. 3–129

AsC$_{33}$H$_{30}$NiS$_4$ . . . . . [(C$_6$H$_5$)$_3$AsCH$_3$] [Ni(C$_7$H$_6$S$_2$)$_2$] . . . . . . 57 (Ni):   Hb/C2–943

AsC$_{34}$CoH$_{31}$N$_2$O$_2$P . . [As(C$_6$H$_5$)$_4$]

                        [Co(CO) (NO) (CN)P(CH$_3$)$_2$C$_6$H$_5$] . . . . Erg. W. 5–159

AsC$_{35}$CrF$_5$H$_{20}$O$_5$S . . [(C$_6$H$_5$)$_4$As] [(CO)$_5$CrSC$_6$F$_5$] . . . . Erg. W. 3–130, 132

AsC$_{35}$CrH$_{25}$O$_5$S . . . . [(C$_6$H$_5$)$_4$As] [(CO)$_5$CrSC$_6$H$_5$] . . . . Erg. W. 3–130

AsC$_{36}$Cl$_3$H$_{30}$N$_6$O$_3$ . . AsCl$_3$ · 3 C$_{12}$H$_{10}$ON$_2$ . . . . 17 (As):   Hb–390

AsC$_{36}$Co$_3$H$_{20}$HgO$_{12}$ . . [As(C$_6$H$_5$)$_4$] [Hg(Co(CO)$_4$)$_3$] . . . . Erg. W. 6–131

AsC$_{36}$CrH$_{24}$NO$_8$S . . [(C$_6$H$_5$)$_4$As] [(CO)$_5$CrC$_7$H$_4$NO$_3$S] . . . . . Erg. W. 3–129

AsC$_{36}$F$_{18}$H$_{20}$S$_6$V . . . [(C$_6$H$_5$)$_4$As] [V(C$_4$F$_6$S$_2$)$_3$] . . . . 48 (V):   Hb/B2–820/1

AsC$_{36}$F$_{18}$H$_{20}$Se$_6$V . . . [(C$_6$H$_5$)$_4$As] [VSe$_6$C$_6$(CF$_3$)$_6$] . . . . Erg. W. 12–189

AsC$_{36}$H$_{20}$N$_6$S$_6$V . . . . [(C$_6$H$_5$)$_4$As] [V(C$_4$N$_2$S$_2$)$_3$]. . . . . 48 (V):   Hb/B2–820/1

AsC$_{37}$CoH$_{30}$NO$_2$P . . Co(CO) (NO) (P(C$_6$H$_5$)$_3$)As(C$_6$H$_5$)$_3$ . . . . Erg. W. 5–157/8

AsC$_{37}$Co$_2$H$_{25}$O$_5$. . . .   Co$_2$(CO)$_5$(As(C$_6$H$_5$)$_3$)C$_6$H$_5$C$_2$C$_6$H$_5$ . . . . .   Erg. W. 6–86
AsC$_{37}$CrH$_{24}$NO$_7$. . . .   [(C$_6$H$_5$)$_4$As] [(CO)$_5$CrC$_8$H$_4$NO$_2$] . . . . . .   Erg. W. 3–130
AsC$_{37}$H$_{27}$N$_3$NbO$_7$. . .   [(C$_6$H$_5$)$_4$As] [NbO(C$_2$O$_4$) (C$_{11}$H$_7$N$_3$O$_2$)]. . .   49 (Nb):   Hb/B4–453
AsC$_{40}$Cl$_4$H$_{42}$P$_2$Ru . .   (C$_6$H$_5$)$_4$As[RuCl$_4$(C$_8$H$_{11}$P)$_2$]. . . . .   63 (Ru):   Eb–474
AsC$_{40}$Co$_4$H$_{20}$InO$_{16}$ . .   [As(C$_6$H$_5$)$_4$] [In(Co(CO)$_4$)$_4$] . . . .   Erg. W. 6–176
AsC$_{40}$Co$_4$H$_{20}$O$_{16}$Tl .   [As(C$_6$H$_5$)$_4$] [Tl(Co(CO)$_4$)$_4$] . . . .   Erg. W. 6–177
AsC$_{42}$H$_{32}$N$_2$NpO$_4$. .   [(C$_6$H$_5$)$_4$As]NpO$_2$(C$_9$H$_6$NO)$_2$ · H$_2$O . . . . .   Erg. W. 4–266
AsC$_{47}$H$_{35}$NbO$_5$P . . .   [(C$_6$H$_5$)$_4$As] [Nb(CO)$_5$(C$_6$H$_5$)$_3$P] . . . . . .   49 (Nb):   Hb/B4–391
AsC$_{48}$ClCo$_6$H$_{20}$In$_2$O$_{24}$ [As(C$_6$H$_5$)$_4$] [Cl(In(Co(CO)$_4$)$_3$)$_2$] . . . . . .   Erg. W. 6–127
AsC$_{50}$Cl$_2$H$_{43}$NiO$_8$P$_2$S$_2$ [Ni(C$_{20}$H$_{19}$PS$_2$) (C$_{30}$H$_{24}$AsP)] (ClO$_4$)$_2$. . . .   57 (Ni):   Hb/C2–1072
AsC$_{52}$H$_{40}$NiS$_4$. . . . .   [(C$_6$H$_5$)$_4$As] [Ni(C$_{14}$H$_{10}$S$_2$)$_2$] . . . .   57 (Ni):   Hb/C2–977
AsC$_{60}$Cl$_4$H$_{50}$P$_2$Ru . .   (C$_6$H$_5$)$_4$As[RuCl$_4$(C$_{18}$H$_{15}$P)$_2$] . . . .   63 (Ru):   Eb–474
AsCaCuHO$_5$ . . . . .   CuCa(OH)AsO$_4$ . . . .   60 (Cu):   Hb/B3–1133/4
AsCaFMgO$_4$ . . . . .   MgCaAsO$_4$F . . . .   28 (Ca):   Hb/B3–1379
AsCaHMgO$_5$ . . . . .   MgCaOHAsO$_4$ . . . .   28 (Ca):   Hb/B3–1379
AsCaHO$_3$ . . . .   Ca(OH)AsO$_2$ . . . .   28 (Ca):   Hb/B3–1226
AsCaHO$_4$ . . . .   CaHAsO$_4$ = Ca$_2$H$_2$(AsO$_4$)$_2$ . . . . .   28 (Ca):   Hb/B3–1231
–. . . . .   CaHAsO$_4$ · 0.5 H$_2$O . . . .   28 (Ca):   Hb/B3–1233
–. . . . .   CaHAsO$_4$ · H$_2$O . . . .   28 (Ca):   Hb/B3–1232/3
–. . . . .   CaHAsO$_4$ · 1.5 H$_2$O . . . .   28 (Ca):   Hb/B3–1232
–. . . . .   CaHAsO$_4$ · 2 H$_2$O . . . .   28 (Ca):   Hb/B3–1232
–. . . . .   CaHAsO$_4$ · 3 H$_2$O. . . . .   28 (Ca):   Hb/B3–1231/2
AsCaHO$_5$Zn. . . . .   CaZn(OH)AsO$_4$ . . . .   32 (Zn):   Eb–1024
AsCaH$_4$NO$_4$· . . . .   NH$_4$CaAsO$_4$ · 0.5 H$_2$O . . . .   28 (Ca):   Hb/B3–1333
–. . . . .   NH$_4$CaAsO$_4$ · H$_2$O . . . .   28 (Ca):   Hb/B3–1333
–. . . . .   NH$_4$CaAsO$_4$ · 7 H$_2$O . . . .   28 (Ca):   Hb/B3–1333
AsCaNaO$_4$ . . . . . .   NaCaAsO$_4$ · nH$_2$O . . . .   28 (Ca):   Hb/B3–1288/9
AsCa$_2$Cl$_2$HO$_4$ . . . . .   (CaCl)$_2$HAsO$_4$ · 2 H$_2$O . . . .   28 (Ca):   Hb/B3–1237
AsCdHO$_4$ . . . .   CdHAsO$_4$ · H$_2$O
                          = 2 CdO · As$_2$O$_5$ · 3 H$_2$O . . . .   33 (Cd):   Hb–160
AsCdKO$_4$ . . . .   CdKAsO$_4$ . . . .   33 (Cd):   Hb–189
AsCl. . . . .   AsCl . . . .   17 (As):   Hb–367
AsClF$_6$ . . . .   Cl[AsF$_6$] . . . .   6 (Cl):   Eb/B2–553
AsClF$_8$ . . . .   ClF$_3$ · AsF$_5$ . . . .   6 (Cl):   Eb/B2–554
AsClH$_2$Hg. . . . . . .   HgAsH$_2$Cl = AsH$_2$(HgCl) . . . . . .   34 (Hg):   Hb/B4–1376
AsClH$_4$N$_2$ . . . .   AsCl(NH$_2$)$_2$ . . . .   17 (As):   Hb–388/9
AsClH$_4$O$_4$ . . . .   AsH$_4$ClO$_4$ . . . .   17 (As):   Hb–392
AsClHg . . . .   HgAsCl . . . .   34 (Hg):   Hb/B4–1376
AsClO. . . . .   AsOCl = AsCl$_3$ · As$_2$O$_3$ . . . . . .   17 (As):   Hb–392
–. . . . .   AsOCl · H$_2$O . . . .   17 (As):   Hb–392
AsClS . . . .   AsSCl . . . .   17 (As):   Hb–461
AsCl$_2$HHg$_2$ . . . . . .   Hg$_2$AsHCl$_2$ = AsH(HgCl)$_2$ . . . . . .   34 (Hg):   Hb/B4–1376
–. . . . .   Hg$_2$AsHCl$_2$ · 5 H$_2$O . . . .   34 (Hg):   Hb/B4–1376
AsCl$_2$Hg$_2$ . . . .   Hg$_2$AsCl$_2$ . . . .   34 (Hg):   Hb/B4–1375/6
AsCl$_3$ . . . .   AsCl$_3$ . . . .   17 (As):   Hb–367/82
                          Chemical reactions . . . .   17 (As):   Hb–377/82
                          Electrochemical behavior . . . .   17 (As):   Hb–377
                          Formation and preparation . . . . . .   17 (As):   Hb–367/9
                          Physical properties . . . .   17 (As):   Hb–369/77
                          Toxicity . . . .   17 (As):   Hb–192/3

AsCl₃ . . . . AsCl₃ solutions:
                         AsCl₃–Fe(CO)₅ . . . . 17 (As):   Hb–384
                         AsCl₃–HCN . . . . 17 (As):   Hb–384
                         AsCl₃–HCl–H₂O. . . . . 17 (As):   Hb–382/4
                         AsCl₃–H₂S. . . . . 17 (As):   Hb–384
                         AsCl₃–organic solvents . . . . . . 17 (As):   Hb–384/8
                         AsCl₃–SO₂. . . . . 17 (As):   Hb–384

–. . . . .   AsCl₃ systems:
                         AsCl₃–AsBr₃. . . . . 17 (As):   Hb–403
                         AsCl₃–AsBr₃–SbBr₃–SbCl₃ . . . . . 18 (Sb):   Hb/B3–564
                         AsCl₃–AsI₃ . . . . 17 (As):   Hb–415
                         AsCl₃–AsI₃–SbCl₃–SbI₃ . . . . 18 (Sb):   Hb/B3–564
                         AsCl₃–BiCl₃–Cl . . . . 19 (Bi):   Eb–858
                         AsCl₃–C₅H₅N . . . . 17 (As):   Hb–387
                         AsCl₃–C₆H₅NO₂ . . . . 17 (As):   Hb–387
                         AsCl₃–Cl. . . . . 17 (As):   Hb–390/1
                         AsCl₃–GeCl₄ . . . . 45 (Ge):   Eb–561
                         AsCl₃–HCl–HgCl₂–H₂O . . . . 34 (Hg):   Hb/B4–1376
                         AsCl₃–SiCl₄ . . . . 17 (As):   Hb–473

AsCl₃FeH₃O₄ . . . . . H₃[FeAsO₄Cl₃] . . . . 59 (Fe):   Hb/B4–783
AsCl₃H₂O. . . . . . . H[As(OH)Cl₃] . . . . 17 (As):   Hb–392
AsCl₃H₆N₂ . . . . . . AsCl₃ · 2 NH₃ . . . . 17 (As):   Hb–388
AsCl₃H₈N₂O . . . . . 2 NH₄Cl · AsOCl . . . . 17 (As):   Hb–392
AsCl₃H₁₂N₄ . . . . . . AsCl₃ · 4 NH₃ . . . . 17 (As):   Hb–388/9
AsCl₃Hg₃ . . . . Hg₃AsCl₃ = As(HgCl)₃. . . . . . . 34 (Hg):   Hb/B2–551
                                                                         Hb/B4–1375
AsCl₄H . . . . H[AsCl₄] . . . . 17 (As):   Hb–391
AsCl₄Na. . . . . Na[AsCl₄] · 4 H₂O . . . . 21 (Na):   Eb/4–1703
AsCl₅ . . . . AsCl₅ . . . . 17 (As):   Hb–391
AsCl₅H₂ . . . . H₂[AsCl₅] . . . . 17 (As):   Hb–391
AsCl₆⁻ . . . . [AsCl₆]⁻ . . . . 17 (As):   Hb–392
AsCl₆H . . . . H[AsCl₆] . . . . 17 (As):   Hb–392
AsCl₆H₃. . . . . H₃[AsCl₆] . . . . 17 (As):   Hb–391
AsCl₆OP . . . . POCl₃ · AsCl₃ . . . . 16 (P):   Hb/C–472
AsCl₇Si . . . . AsCl₃ · SiCl₄ . . . . 17 (As):   Hb–473
AsCl₈Cr . . . . [AsCl₄] [CrCl₄] . . . . 52 (Cr):   Hb/B–450
AsCl₈P . . . . [PCl₄] [AsCl₄] = PCl₅ · AsCl₃ . . . . . 16 (P):   Hb/C–443, 449
                                                                 17 (As):   Hb–389
AsCl₉W₂ . . . . W₂AsCl₉ . . . . 54 (W):   Hb–207
AsCl₁₀P . . . . PCl₅ · AsCl₅ . . . . 16 (P):   Hb/C–443
AsCl₁₀Ta . . . . TaAsCl₁₀ . . . . 50 (Ta):   Hb/B1–273
AsCl₁₃NbP . . . . . . NbCl₅ · AsCl₃ · PCl₅ . . . . 49 (Nb):   Hb/B1–417
AsClₓNaₓ₊₃O₄ . . . . Na₃AsO₄ · 12 H₂O · nNaCl . . . . 21 (Na):   Eb/5–2018
AsCo . . . . CoAs . . . . 58 (Co):   Hb/A2–392/4
                                                                         Eb/A–748/50

–. . . . .   CoAs solid solutions:
                         CoAs–NiAs . . . . 58 (Co):   Hb/A1–210
AsCoFO₃ . . . . CoAsO₃F . . . . 58 (Co):   Eb/A–753
AsCoH₁₈N₆S₄ . . . . . [Co(NH₃)₆] [AsS₄] · xH₂O . . . . 58 (Co):   Eb/B2–341

AsCoS . . . . CoAsS . . . . 58 (Co):   Eb/A−753/4

AsCo$_2$ . . . . Co$_2$As . . . . 58 (Co):   Hb/A2−392/3

                                                                   Eb/A−746/7

AsCo$_3$ . . . . Co$_3$As . . . . 58 (Co):   Eb/A−745

AsCr . . . . CrAs . . . . 52 (Cr):   Hb/B−448/9

                                                                    59 (Fe):   D/2. Eb−338

AsCrH$_{2x+1}$O$_{x+4}{}^+$ . . . [Cr(H$_2$O)$_n$HAsO$_4$]$^+$ . . . 52 (Cr):   Hb/B−449

AsCrO$_3$ . . . . CrAsO$_3$ . . . . 52 (Cr):   Hb/B−449

AsCr$_2$ . . . . Cr$_2$As . . . . 52 (Cr):   Hb/B−448

                                                                    59 (Fe):   D/2. Eb−338

AsCsMgO$_4$ . . . . . CsMgAsO$_4$ · 6 H$_2$O . . . . 27 (Mg):   Hb/B4−504

AsCsNiO$_4$ . . . . . . CsNiAsO$_4$ · 6 H$_2$O . . . . . 57 (Ni):   Hb/B3−1106

AsCuHO$_3$ . . . . CuHAsO$_3$ = Cu$_2$As$_2$O$_5$ · H$_2$O

                                       = 2 CuO · As$_2$O$_3$ · H$_2$O . . 60 (Cu):   Hb/B2−945/6

AsCuHO$_5$Pb . . . . . PbCuOHAsO$_4$ . . . . 60 (Cu):   Hb/B3−1204

AsCuKO$_4$ . . . . KCuAsO$_4$ . . . . 60 (Cu):   Hb/B3−1060

AsCuMg . . . . . . MgCuAs . . . . 27 (Mg):   Hb/A4−716

                                                                     60 (Cu):   Hb/B3−1127

AsCuNaO$_4$ . . . . . NaCuAsO$_4$ = Na$_2$O · 2 CuO · As$_2$O$_5$ . . . 60 (Cu):   Hb/B3−1011

AsCuPbS$_3$ . . . . . CuPbAsS$_3$ . . . . 60 (Cu):   Hb/B3−1204

AsCuS . . . . CuAsS . . . . 60 (Cu):   Hb/B2−960

AsCuS$_2$ . . . . CuAsS$_2$ . . . . 60 (Cu):   Hb/B2−960

AsCuZn . . . . CuZnAs . . . . 60 (Cu):   Hb/B3−1151

AsCu$_2$HO$_5$ . . . . . Cu$_2$(OH)AsO$_4$ = 4 CuO · As$_2$O$_5$ · H$_2$O . . . 60 (Cu):   Hb/B2−953/5

AsCu$_3$ . . . . Cu$_3$As . . . . 60 (Cu):   Hb/B2−944

−. . . . . Cu$_3$As systems:

                                       Cu$_3$As−Ag . . . . 61 (Ag):   Hb/B4−486

                                       Cu$_3$As−Cu$_2$S−Cu$_3$Sb−PbS . . . . . . 60 (Cu):   Hb/B3−1206

AsCu$_3$S$_3$ . . . . . . Cu$_3$AsS$_3$ . . . . 60 (Cu):   Hb/B2−960

AsCu$_3$S$_4$ . . . . . . Cu$_3$AsS$_4$ . . . . 60 (Cu):   Hb/B2−960/1

AsFH$_8$Ni$_5$O$_{11}$ . . . . NiAsO$_3$F · 4 Ni(OH)$_2$ · 5 H$_2$O . . 57 (Ni):   Hb/B3−989

AsFNa$_2$O$_3$ . . . . . . Na$_2$AsO$_3$F · 10 H$_2$O . . . . . . 21 (Na):   Eb/4−1703

AsFNiO$_3$ . . . . . . NiAsO$_3$F · 6 H$_2$O . . . . 57 (Ni):   Hb/B3−989

−. . . . . NiAsO$_3$F · 7 H$_2$O . . . . 57 (Ni):   Hb/B3−989

AsFO$_3$Pb . . . . . . PbFAsO$_3$ = Pb(AsO$_3$)$_2$ · PbF$_2$ . . . . . . 47 (Pb):   Hb/C3−899

AsF$_2$NaO$_2$ . . . . . . NaAsO$_2$F$_2$ · H$_2$O . . . . 21 (Na):   Eb/4−1703

AsF$_3$ . . . . AsF$_3$ . . . . 17 (As):   Hb−192, 360/4

AsF$_3$H$_9$N$_3$ . . . . . . AsF$_3$ · 3 NH$_3$ . . . . 17 (As):   Hb−364

AsF$_4$KO . . . . KF · AsOF$_3$ = K[AsOF$_4$] · H$_2$O . . 22 (K):   Hb/5−1027

AsF$_4$NaO . . . . . . (NaAsOF$_4$)$_3$ . . . . 21 (Na):   Eb/4−1703

−. . . . . (NaAsOF$_4$)$_x$ . . . . 21 (Na):   Eb/4−1703

AsF$_5$ . . . . AsF$_5$ . . . . 17 (As):   Hb−365/6

AsF$_5$HNaO . . . . . Na[As(OH)F$_5$] . . . . 21 (Na):   Eb/4−1703

AsF$_6{}^-$ . . . . [AsF$_6$]$^-$ . . . . 17 (As):   Hb−366

AsF$_6$H . . . . H[AsF$_6$] . . . . 17 (As):   Hb−366

AsF$_6$K . . . . K[AsF$_6$] · 0.5 H$_2$O . . . . . . 22 (K):   Hb/5−1027

AsF$_6$NO . . . . . . NO[AsF$_6$] . . . . 17 (As):   Hb−366/7

AsF$_6$Na . . . . . . Na[AsF$_6$] . . . . 21 (Na):   Eb/4−1702/3

AsF$_6$Tl . . . . Tl[AsF$_6$] . . . . 17 (As):   Hb−366

AsF_7K_2	$2 KF \cdot AsF_5 \cdot H_2O$	22 (K):	Hb/5–1027
AsF_7Xe	$XeF_2 \cdot AsF_5$	Erg. W. 1–87/8	
AsF_9Xe_2	$2 XeF_2 \cdot AsF_5$	Erg. W. 1–87/8	
$AsF_{11}Xe$	$XeF_6 \cdot AsF_5$	Erg. W. 1–87/8	
$AsF_{17}Xe_2$	$2 XeF_6 \cdot AsF_5$	Erg. W. 1–87/8	
AsFe	FeAs	59 (Fe):	Hb/A8–1801/2
$AsFeH_8N_2O_5$	$(NH_4)_2FeOAsO_4$	59 (Fe):	Hb/B5–1030
$AsFeO_2$	$FeAsO_2$	59 (Fe):	Hb/B4–780
$AsFeO_3$	$FeAsO_3$	59 (Fe):	Hb/B4–780
–.	$FeAsO_3 \cdot 5 H_2O$	59 (Fe):	Hb/B4–780
$AsFeO_4$	$FeAsO_4$	59 (Fe):	Hb/B4–781
–.	$FeAsO_4 \cdot H_2O$	59 (Fe):	Hb/B4–781
–.	$FeAsO_4 \cdot 2 H_2O$	59 (Fe):	Hb/B4–781
AsFeS	FeAsS	59 (Fe):	Hb/A8–1804
$AsFe_2$	Fe_2As	59 (Fe):	Hb/A8–1800/1
$AsFe_3$	Fe_3As	59 (Fe):	Hb/A8–1803
AsGa	GaAs	36 (Ga):	Hb–95
$AsGe_{0.5}O_{12}PPb_5Si_{0.5}$.	$Pb_5AsO_4(Ge_{0.5}Si_{0.5})O_4(PO_4)$ . .	47 (Pb):	Hb/C4–1481
AsGe	GeAs	45 (Ge):	Eb–560/1
AsH	$AsH = As_2H_2$	17 (As):	Hb–197/200
$AsHHg_2O_4$	Hg_2HAsO_4	34 (Hg):	Hb/B4–1372
$AsHHg_4N_2O_4$	$(Hg_2N)_2HAsO_4$	34 (Hg):	Hb/B1–264
–.	$(Hg_2N)_2HAsO_4 \cdot 2 H_2O$	34 (Hg):	Hb/B1–264
$AsHI_4$	$H[AsI_4]$	17 (As):	Hb–414
$AsHKNaO_4$	$NaKHAsO_4 \cdot 7 H_2O$	22 (K):	Hb/6–1227
$AsHK_2O_3S$	$K_2HAsO_3S \cdot 2.5 H_2O$	22 (K):	Hb/5–1031
$AsHK_2O_4$	K_2HAsO_4	22 (K):	Hb/5–1021/2
–.	$K_2HAsO_4 \cdot H_2O$	22 (K):	Hb/5–1022
–.	K_2HAsO_4 solutions:		
	K_2HAsO_4–H_2O.	22 (K):	Hb/5–1022
$AsHLi_2$	Li_2HAs	20 (Li):	Eb–524
$AsHMgO_4$	$MgHAsO_4 \cdot 0.5 H_2O$	27 (Mg):	Hb/B3–418
–.	$MgHAsO_4 \cdot H_2O$	27 (Mg):	Hb/B3–417
–.	$MgHAsO_4 \cdot 1.5 H_2O$	27 (Mg):	Hb/B3–417
–.	$MgHAsO_4 \cdot 2 H_2O$	27 (Mg):	Hb/B3–417
–.	$MgHAsO_4 \cdot 7 H_2O$	27 (Mg):	Hb/B3–417/8
$AsHNa_2$	Na_2AsH	21 (Na):	Eb/4–1684
$AsHNa_2OS_3$	Na_2HAsS_3O	21 (Na):	Eb/4–1706
$AsHNa_2O_2S_2$	$Na_2HAsS_2O_2$	21 (Na):	Eb/4–1706
$AsHNa_2O_3$	$Na_2HAsO_3 \cdot 3 H_2O$		
	$= 2 Na_2O \cdot As_2O_3 \cdot 7 H_2O$	21 (Na):	Eb/4–1687
–.	$Na_2HAsO_3 \cdot 4 H_2O$	21 (Na):	Hb–935
–.	$Na_2HAsO_3 \cdot 5 H_2O$	21 (Na):	Eb/4–1687
$AsHNa_2O_3S$	Na_2HAsSO_3	21 (Na):	Eb/4–1706
–.	$Na_2HAsSO_3 \cdot 8 H_2O$	21 (Na):	Hb–955
$AsHNa_2O_4$	Na_2HAsO_4	21 (Na):	Hb–939/40
			Eb/4–1695/6
–.	Na_2DAsO_4	17 (As):	Hb–359
–.	$Na_2HAsO_4 \cdot H_2O$	21 (Na):	Eb/4–1697

AsHNa$_2$O$_4$ . . . . . . Na$_2$HAsO$_4$ · 4 H$_2$O . . . . 21 (Na):   Hb–940
–. . . . . Na$_2$HAsO$_4$ · 5 H$_2$O . . . . 21 (Na):   Eb/4–1696
–. . . . . Na$_2$HAsO$_4$ · 6 H$_2$O . . . . 21 (Na):   Hb–940
–. . . . . Na$_2$HAsO$_4$ · 7 H$_2$O . . . . 21 (Na):   Hb–943/4
                                                                                       Eb/4–1696
–. . . . . Na$_2$HAsO$_4$ · 7.5 H$_2$O . . . . 21 (Na):   Hb–940
–. . . . . Na$_2$HAsO$_4$ · 8 H$_2$O . . . . 21 (Na):   Hb–940
–. . . . . Na$_2$HAsO$_4$ · 11 H$_2$O . . . . 21 (Na):   Eb/4–1696
–. . . . . Na$_2$HAsO$_4$ · 12 H$_2$O . . . . 21 (Na):   Hb–941/3
                                                                                       Eb/4–1696
–. . . . . Na$_2$HAsO$_4$ · 13 H$_2$O . . . . 21 (Na):   Hb–940
–. . . . . Na$_2$HAsO$_4$ solid solutions:
                          Na$_2$H(As,P)O$_4$ . . . . 21 (Na):   Eb/5–2021
                          Na$_2$H(As,P)O$_4$ · 7 H$_2$O . . . . 21 (Na):   Eb/5–2021
–. . . . . Na$_2$HAsO$_4$ solutions:
                          Na$_2$HAsO$_4$–H$_2$O . . . . 21 (Na):   Hb–944/5
                                                                                       Eb/4–1697/8
–. . . . . Na$_2$HAsO$_4$ systems:
                          Na$_2$HAsO$_4$–H$_2$O . . . . 21 (Na):   Hb–940/1
                                                                                       Eb/4–1693/5
                          Na$_2$HAsO$_4$–Na$_2$SO$_4$ · 10 H$_2$O . . . . . . 21 (Na):   Eb/5–2019
                          Na$_2$HAsO$_4$–Pb(NO$_3$)$_2$–H$_2$O . . . . . . 47 (Pb):   Hb/C3–1050
AsHNa$_2$S$_4$. . . . . . . Na$_2$HAsS$_4$ . . . . 21 (Na):   Eb/4–1706
AsHNa$_4$O$_8$S. . . . . . . Na$_2$HAsO$_4$ · Na$_2$SO$_4$ . . . . . . 21 (Na):   Hb–961
AsHNpO$_6$ . . . . NpO$_2$HAsO$_4$ · 4 H$_2$O . . . . Erg. W. 4–51
AsHOPt . . . . PtAsOH . . . . 68 (Pt):   Hb/C1–138
AsHO$_2$ . . . . HAsO$_2$ . . . . 17 (As):   Hb–278/82
–. . . . . HAsO$_2$ solutions:
                          HAsO$_2$–H$_2$O . . . . 17 (As):   Hb–281/326
                              Chemical reactions. . . . . 17 (As):   Hb–289/326
                              – on irradiation . . . . 17 (As):   Hb–296
                              – with elements . . . . 17 (As):   Hb–301/12
                              – with inorganic compounds . . . . 17 (As):   Hb–297/324
                              – with organic compounds . . . . . 17 (As):   Hb–324/6
                              Constitution . . . . 17 (As):   Hb–289/96
                              Electrochemical behavior . . . . . . 17 (As):   Hb–286/9
                              Formation and preparation . . . . . 17 (As):   Hb–281/2
                              Neutralization reactions . . . . 17 (As):   Hb–297/301
                              Oxidation reactions . . . . 17 (As):   Hb–301/18
                              Physical properties. . . . . 17 (As):   Hb–282/6
                              Precipitation reactions . . . . 17 (As):   Hb–297/301
                              Reduction reactions . . . . 17 (As):   Hb–318/24
AsHO$_3$ . . . . HAsO$_3$ = As$_2$O$_5$ · H$_2$O . . . . 17 (As):   Hb–331, 358/9
AsHO$_3$$^{2-}$ . . . . HAsO$_3$$^{2-}$
                          see AsH$_3$O$_3$ ... H$_3$AsO$_3$
AsHO$_3$Zn . . . . . . ZnHAsO$_3$ . . . . 32 (Zn):   Eb–998
AsHO$_4$Pb . . . . . . PbHAsO$_4$ . . . . 47 (Pb):   Hb/B1–495
                                                                                       Hb/C3–891/4, 896/7

AsHO$_4$Rb$_2$ . . . . . . Rb$_2$HAsO$_4$ · H$_2$O . . . . 24 (Rb):   Hb–235
AsHO$_4$Sr . . . . SrHAsO$_4$ = 2 SrO · As$_2$O$_5$ · H$_2$O . . . . . 29 (Sr):   Hb–218
                                                                                        Eb–290/1
–. . . . . SrHAsO$_4$ · H$_2$O . . . . 29 (Sr):   Hb–218
                                                                                        Eb–291
–. . . . . SrHAsO$_4$ · 1.5 H$_2$O . . . . 29 (Sr):   Eb–291
–. . . . . SrHAsO$_4$ · 2.5 H$_2$O . . . . 29 (Sr):   Hb–218/9
AsHO$_4$Tl$_2$ . . . . Tl$_2$HAsO$_4$ . . . . 38 (Tl): Hb/3–434
AsHO$_4$Zn . . . . . . ZnHAsO$_4$ = 2 ZnO · As$_2$O$_5$ · H$_2$O . . . . 32 (Zn):   Hb–284
–. . . . . ZnHAsO$_4$ · H$_2$O . . . . 32 (Zn):   Hb–284
AsHO$_5$Zn$_2$ . . . . . . Zn(ZnOH)AsO$_4$
                         = Zn$_3$(AsO$_4$)$_2$ · Zn(OH)$_2$ . . . . 32 (Zn):   Hb–285
                                                                                        Eb–999
AsHO$_5$Zr . . . . . . ZrO(HAsO$_4$) . . . . 42 (Zr):   Hb–400
AsHO$_6$U . . . . . . UO$_2$HAsO$_4$ · 4 H$_2$O . . . . 55 (U):   Hb–185
–. . . . . UO$_2$HAsO$_4$ · 5 H$_2$O . . . . 55 (U):   Hb–185
–. . . . . UO$_2$HAsO$_4$ · 7 H$_2$O . . . . 55 (U):   Hb–185
AsHS$_2$. . . . . HAsS$_2$ . . . . 17 (As):   Hb–457
AsHS$_3$. . . . . HAsS$_3$ . . . . 17 (As):   Hb–458
AsH$_2$Hg$_2$NO$_4$ . . . . . Hg$_2$NH$_2$AsO$_4$ . . . . 34 (Hg):   Hb/B1–264
AsH$_2$I$_3$O . . . . . . H[As(OH)I$_3$]. . . . . 17 (As):   Hb–414
AsH$_2$K. . . . . KH$_2$As . . . . 22 (K):   Hb/5–1015
AsH$_2$KO$_3$S . . . . . KH$_2$AsO$_3$S . . . . 22 (K):   Hb/5–1031
AsH$_2$KO$_4$ . . . . . KH$_2$AsO$_4$ . . . . 22 (K):   Hb/5–1022/5
–. . . . . KH$_2$AsO$_4$ · H$_2$O . . . . 22 (K):   Hb/5–1025
–. . . . . KH$_2$AsO$_4$ solutions:
                         KH$_2$AsO$_4$–H$_2$O . . . . 22 (K):   Hb/5–1025/6
–. . . . . KH$_2$AsO$_4$ systems:
                         KH$_2$AsO$_4$–KH$_2$PO$_4$–H$_2$O . . . . 22 (K):   Hb/5–1026
AsH$_2$LiO$_4$ . . . . . . LiH$_2$AsO$_4$ · 1.5 H$_2$O. . . . . 20 (Li):   Hb–249
AsH$_2$Mo$_3$NaO$_{13}$. . . . NaH$_2$[AsO(MoO$_4$)$_3$] · 5 H$_2$O
                         = Na$_2$O · As$_2$O$_5$ · 6 MoO$_3$ · 12 H$_2$O . . . 53 (Mo): Hb–368/9
AsH$_2$Na . . . . NaAsH$_2$. . . . . 21 (Na):   Eb/4–1684
–. . . . . NaAsH$_2$ systems:
                         NaAsH$_2$–NH$_3$ . . . . 21 (Na):   Eb/4–1684
AsH$_2$NaO$_3$S. . . . . NaH$_2$AsO$_3$S . . . . 21 (Na):   Hb–955
AsH$_2$NaO$_4$ . . . . . NaH$_2$AsO$_4$ . . . . 21 (Na):   Hb–945
                                                                                        Eb/4–1699/700
–. . . . . NaD$_2$AsO$_4$ . . . . 17 (As):   Hb–359
–. . . . . NaH$_2$AsO$_4$ · 0.5 H$_2$O . . . . 21 (Na):   Eb/4–1698
–. . . . . NaH$_2$AsO$_4$ · H$_2$O = NaOAs(OH)$_4$ . . . . . 21 (Na):   Hb–946
                                                                                        Eb/4–1689, 1698/9
–. . . . . NaH$_2$AsO$_4$ · 2 H$_2$O . . . . 21 (Na):   Hb–946
                                                                                        Eb/4–1699
–. . . . . NaH$_2$AsO$_4$ solid solutions:
                         NaH$_2$(As,P)O$_4$ . . . . 21 (Na):   Eb/5–2021

AsH$_2$NaO$_4$	NaH$_2$AsO$_4$ solutions:		
	NaH$_2$AsO$_4$–H$_2$O	21 (Na):	Hb−947
			Eb/4−1699/700
−	NaH$_2$AsO$_4$ systems:		
	NaH$_2$AsO$_4$–H$_2$O	21 (Na):	Eb/4−1698
	NaH$_2$AsO$_4$–H$_3$BO$_3$–H$_2$O	21 (Na):	Eb/5−2019/20
AsH$_2$Na$_5$O$_6$	Na$_3$AsO$_4$ · 2 NaOH	21 (Na):	Eb/5−2016/7, 2018
AsH$_2$O$_3^-$	H$_2$AsO$_3^-$		
	see AsH$_3$O$_3$ ... H$_3$AsO$_3$		
AsH$_2$O$_4$Rb	RbH$_2$AsO$_4$	24 (Rb):	Hb−235
AsH$_2$O$_4$Tl	TlH$_2$AsO$_4$	38 (Tl):	Hb/3−434
AsH$_2$O$_6$V	VO$_2$H$_2$AsO$_4$	48 (V):	Hb/B2−509
−	VO$_2$H$_2$AsO$_4$ · 4 H$_2$O		
	see As$_2$O$_{10}$V$_2$ ... V$_2$O$_5$ · As$_2$O$_5$ · 10 H$_2$O		
AsH$_2$O$_9$Zn$_3$	Zn$_2$AsO$_7$ · Zn(OH)$_2$ · 7 H$_2$O	32 (Zn):	Hb−285
AsH$_3$	AsH$_3$	17 (As):	Hb−201/32
	Chemical reactions	17 (As):	Hb−217/32
	Formation and preparation	17 (As):	Hb−201/9
	Physical properties	17 (As):	Hb−209/17
	Solubility	17 (As):	Hb−232/3
	Toxicity	17 (As):	Hb−188/9
−	AsD$_3$	17 (As):	Hb−233/4
−	AsH$_3$ · 6 H$_2$O	17 (As):	Hb−232
−	AsH$_3$ · 8 H$_2$O	17 (As):	Hb−232
−	AsH$_3$ · xH$_2$O	17 (As):	Hb−232
−	AsH$_3$ solutions:		
	AsH$_3$–H$_2$O	17 (As):	Hb−232
	AsH$_3$–NH$_3$	17 (As):	Hb−232/3
−	AsH$_3$ systems:		
	AsH$_3$–BF$_3$	13 (B):	Eb−176
AsH$_3$K$_2$O$_8$S	KH$_2$AsO$_4$ · KHSO$_4$		
	= 2 K$_2$O · As$_2$O$_5$ · 2 SO$_3$ · 3 H$_2$O	22 (K):	Hb/5−1032
AsH$_3$K$_3$N	K$_3$As · NH$_3$	22 (K):	Hb/5−1015
AsH$_3$Mo$_3$O$_{13}$	H$_3$[AsO(MoO$_4$)$_3$] · 3.5 H$_2$O		
	= As$_2$O$_5$ · 6 MoO$_3$ · 10 H$_2$O	53 (Mo):	Hb−364
−	H$_3$[AsO(MoO$_4$)$_3$] · 7.5 H$_2$O	53 (Mo):	Hb−364
AsH$_3$Mo$_{10}$O$_{32}$	H$_3$AsO$_4$ · (MoO$_2$ · 4 MoO$_3$)$_2$ · 4 H$_2$O	53 (Mo):	Hb−142
AsH$_3$NNa$_3$	Na$_3$As · NH$_3$	21 (Na):	Hb−933
AsH$_3$Na$_2$O$_8$S	NaH$_2$AsO$_4$ · NaHSO$_4$		
	= 2 Na$_2$O · As$_2$O$_5$ · 2 SO$_3$ · 3 H$_2$O	21 (Na):	Hb−961
AsH$_3$OS$_3$	H$_3$AsOS$_3$	17 (As):	Hb−459/60
AsH$_3$O$_2$S$_2$	H$_3$AsO$_2$S$_2$	17 (As):	Hb−459/60
AsH$_3$O$_3$	H$_3$AsO$_3$	17 (As):	Hb−278/82
−	H$_3$AsO$_3$ solutions:		
	H$_3$AsO$_3$–H$_2$O	17 (As):	Hb−282/326
	Chemical reactions	17 (As):	Hb−289/326
	– on irradiation	17 (As):	Hb−296
	– with elements	17 (As):	Hb−301/12

AsH$_3$O$_3$ . . . . H$_3$AsO$_3$ solutions:
　　　　　　　　　　　H$_3$AsO$_3$–H$_2$O:
　　　　　　　　　　　　Chemical reactions
　　　　　　　　　　　　– with inorganic compounds . . . . 17 (As):　　Hb–297/324
　　　　　　　　　　　　– with organic compounds . . . . . 17 (As):　　Hb–324/6
　　　　　　　　　　　　Constitution . . . . 17 (As):　　Hb–289/96
　　　　　　　　　　　　Electrochemical behavior . . . . . . 17 (As):　　Hb–286/9
　　　　　　　　　　　　Formation and preparation . . . . . 17 (As):　　Hb–281/2
　　　　　　　　　　　　Neutralization reactions . . . . . . 17 (As):　　Hb–297/301
　　　　　　　　　　　　Oxidation reactions . . . . 17 (As):　　Hb–301/18
　　　　　　　　　　　　Physical properties. . . . . 17 (As):　　Hb–282/6
　　　　　　　　　　　　Precipitation reactions . . . . 17 (As):　　Hb–297/301
　　　　　　　　　　　　Reduction reactions . . . . 17 (As):　　Hb–318/24
AsH$_3$O$_3$S . . . . H$_3$AsO$_3$S . . . . 17 (As):　　Hb–459/60
AsH$_3$O$_4$ . . . . H$_3$AsO$_4$ = As$_2$O$_5$ · 3 H$_2$O . . . . . 17 (As):　　Hb–329/39
–. . . . . D$_3$AsO$_4$ . . . . 17 (As):　　Hb–359
–. . . . . H$_3$AsO$_4$ · 0.5 H$_2$O = As$_2$O$_5$ · 4 H$_2$O . . . . 17 (As):　　Hb–329
–. . . . . H$_3$AsO$_4$ solutions:
　　　　　　　　　　　H$_3$AsO$_4$–H$_2$O . . . . 17 (As):　　Hb–339/58
　　　　　　　　　　　Chemical reactions. . . . . 17 (As):　　Hb–342/58
　　　　　　　　　　　– on irradiation . . . . 17 (As):　　Hb–344/5
　　　　　　　　　　　– with elements . . . . 17 (As):　　Hb–351/3, 356
　　　　　　　　　　　– with inorganic compounds . . . . 17 (As):　　Hb–345/57
　　　　　　　　　　　– with organic compounds . . . . . 17 (As):　　Hb–358
　　　　　　　　　　　Constitution . . . . 17 (As):　　Hb–342/4
　　　　　　　　　　　Electrochemical behavior . . . . . . 17 (As):　　Hb–341/2
　　　　　　　　　　　Formation. . . . . 17 (As):　　Hb–332
　　　　　　　　　　　Physical properties. . . . . 17 (As):　　Hb–339/41
　　　　　　　　　　　Precipitation reactions . . . . 17 (As):　　Hb–345/51
　　　　　　　　　　　Reduction reactions . . . . 17 (As):　　Hb–351/7
AsH$_3$O$_{28}$W$_8$ . . . . . . H$_3$AsW$_8$O$_{28}$ · 16 H$_2$O . . . . 54 (W):　　Hb–376
AsH$_3$S$_3$ . . . . H$_3$AsS$_3$ . . . . 17 (As):　　Hb–457
AsH$_3$S$_4$ . . . . H$_3$AsS$_4$ . . . . 17 (As):　　Hb–458
AsH$_4$K$_3$Mo$_{12}$O$_{42}$ . . . K$_3$H$_4$[As(Mo$_2$O$_7$)$_6$] · 4 H$_2$O
　　　　　　　　　　　= 3 K$_2$O · As$_2$O$_5$ · 24 MoO$_3$ · 12 H$_2$O . . 53 (Mo):　　Hb–365
AsH$_4$MgNO$_4$ . . . . . NH$_4$MgAsO$_4$ . . . . 27 (Mg):　　Hb/B4–495
–. . . . . NH$_4$MgAsO$_4$ · 0.5 H$_2$O . . . . 27 (Mg):　　Hb/B4–495
–. . . . . NH$_4$MgAsO$_4$ · H$_2$O . . . . 27 (Mg):　　Hb/B4–497
–. . . . . NH$_4$MgAsO$_4$ · 1.5 H$_2$O . . . . 27 (Mg):　　Hb/B4–495
–. . . . . NH$_4$MgAsO$_4$ · 6 H$_2$O . . . . 27 (Mg):　　Hb/B4–494/7
AsH$_4$NNpO$_6$ . . . . . NH$_4$NpO$_2$AsO$_4$ · 3 H$_2$O. . . . . Erg. W. 4–51
AsH$_4$NO$_2$ . . . . NH$_4$AsO$_2$ = (NH$_4$)$_2$O · As$_2$O$_3$ . . . . 23 (NH$_4$):　　Hb/2–444
AsH$_4$NO$_3$SSr . . . . . NH$_4$SrAsO$_3$S · 12 H$_2$O . . . . 29 (Sr):　　Hb–234
AsH$_4$NO$_4$Sr . . . . . NH$_4$SrAsO$_4$ · 0.5 H$_2$O . . . . 29 (Sr):　　Hb–234
–. . . . . NH$_4$SrAsO$_4$ · H$_2$O . . . . 29 (Sr):　　Hb–234
–. . . . . NH$_4$SrAsO$_4$ · 7 H$_2$O . . . . 29 (Sr):　　Eb–303
AsH$_4$NO$_6$U . . . . . NH$_4$UO$_2$AsO$_4$ · xH$_2$O . . . . 55 (U):　　Hb–221
AsH$_4$NO$_8$V$_2$ . . . . . . NH$_4$(VO$_2$)$_2$AsO$_4$
　　　　　　　　　　　= (NH$_4$)$_2$O · 2 V$_2$O$_5$ · As$_2$O$_5$ · 5 H$_2$O . . 48 (V):　　Hb/B2–478/9

AsH$_4$NS$_2$ . . . .   NH$_4$AsS$_2$ . . . . 23 (NH$_4$):   Hb/2–447
AsH$_4$NaO$_5$ . . . . . .   NaOAs(OH)$_4$
                             see AsH$_2$NaO$_4$ ... NaH$_2$AsO$_4$ · H$_2$O
AsH$_4$Na$_7$O$_8$ . . . . .   Na$_3$AsO$_4$ · 4 NaOH . . . . 21 (Na):   Eb/5–2016/7
AsH$_4$O$_2$S$_4$$^{3-}$ . . . . .   [AsS$_4$(H$_2$O)$_2$]$^{3-}$ . . . . 17 (As):   Hb–458
AsH$_5$NNaO$_4$ . . . . .   NaNH$_4$HAsO$_4$ · 4 H$_2$O . . . . 21 (Na):   Eb/4–1699/700
                                                                       23 (NH$_4$):   Hb/2–499
AsH$_6$Hg$_6$N$_3$O$_7$ . . . .   3 Hg$_2$NOH · H$_3$AsO$_4$ . . . . 34 (Hg):   Hb/B4–1373
AsH$_6$K$_5$O$_{20}$S$_4$ . . . .   KH$_2$AsO$_4$ · 4 KHSO$_4$
                             = 5 K$_2$O · As$_2$O$_5$ · 8 SO$_3$ · 6 H$_2$O . . . . 22 (K):   Hb/5–1032
AsH$_6$NO$_3$ . . . .   NH$_4$H$_2$AsO$_3$. . . . . 23 (NH$_4$):   Hb/2–444
AsH$_6$NO$_4$ . . . .   NH$_4$H$_2$AsO$_4$. . . . . 23 (NH$_4$):   Hb/2–445/6
AsH$_6$N$_3$ . . . .   As(NH$_2$)$_3$ . . . . 17 (As):   Hb–360
AsH$_7$O$_6$ . . . .   H$_7$AsO$_6$ = As$_2$O$_5$ · 7 H$_2$O . . . . . . 17 (As):   Hb–329
AsH$_7$O$_{38}$V$_8$W$_4$. . . .   H$_7$[As(W$_2$O$_7$)$_2$(V$_2$O$_6$)$_4$] · nH$_2$O . . . . 54 (W):   Hb–392
AsH$_7$O$_{39}$V$_6$W$_6$. . . .   H$_7$[As(W$_2$O$_7$)$_3$(V$_2$O$_6$)$_3$] · nH$_2$O . . . . 54 (W):   Hb–392
AsH$_7$O$_{40}$V$_4$W$_8$. . . .   H$_7$[As(W$_2$O$_7$)$_4$(V$_2$O$_6$)$_2$] · nH$_2$O . . . . 54 (W):   Hb–392
AsH$_8$LiN$_2$ . . . .   LiH$_2$As · 2 NH$_3$ . . . . 20 (Li):   Eb–524
AsH$_8$N$_2$Na . . . . .   NaAsH$_2$ · 2 NH$_3$ . . . . 21 (Na):   Eb/4–1685
AsH$_8$N$_2$NaO$_4$ . . . .   Na(NH$_4$)$_2$AsO$_4$ · 4 H$_2$O . . . . 21 (Na):   Eb/4–1699/700
                                                                       23 (NH$_4$):   Hb/2–499
AsH$_9$Mo$_3$N$_2$O$_{13}$. . . .   (NH$_4$)$_2$H[AsO(MoO$_4$)$_3$] · 2 H$_2$O
                             = 2 (NH$_4$)$_2$O · As$_2$O$_5$ · 6 MoO$_3$ · 5 H$_2$O 53 (Mo):   Hb–369
–. . . . .   (NH$_4$)$_2$H[AsO(MoO$_4$)$_3$] · 2.5 H$_2$O. . . . . 53 (Mo):   Hb–369
AsH$_9$N$_2$O$_3$S . . . . . .   (NH$_4$)$_2$HAsO$_3$S . . . . 23 (NH$_4$):   Hb/2–447
AsH$_9$N$_2$O$_4$. . . . . . .   (NH$_4$)$_2$HAsO$_4$. . . . . 23 (NH$_4$):   Hb/2–445
AsH$_{11}$N$_2$O$_8$S . . . . .   NH$_4$H$_2$AsO$_4$ · NH$_4$HSO$_4$ . . . . 23 (NH$_4$):   Hb/2–447
AsH$_{12}$I$_3$N$_4$ . . . . . .   AsI$_3$ · 4 NH$_3$ . . . . 17 (As):   Hb–413
AsH$_{12}$N$_3$O$_3$S . . . . .   (NH$_4$)$_3$AsO$_3$S · 3 H$_2$O. . . . . 23 (NH$_4$):   Hb/2–447
–. . . . .   (NH$_4$)$_3$AsO$_3$S · 4 H$_2$O. . . . . 23 (NH$_4$):   Hb/2–447
AsH$_{12}$N$_3$O$_4$ . . . . . .   (NH$_4$)$_3$AsO$_4$. . . . . 23 (NH$_4$):   Hb/2–444
–. . . . .   (NH$_4$)$_3$AsO$_4$ · 3 H$_2$O . . . . 23 (NH$_4$):   Hb/2–444/5
AsH$_{12}$N$_3$O$_7$ . . . . . .   (NH$_3$OH)$_3$AsO$_4$ . . . . 23 (NH$_4$):   Hb/2–602
AsH$_{14}$LiN$_4$ . . . . . .   LiH$_2$As · 4 NH$_3$ . . . . 20 (Li):   Eb–524
AsH$_{14}$N$_4$Na . . . . .   NaAsH$_2$ · 4 NH$_3$ . . . . 21 (Na):   Eb/4–1685
AsH$_{16}$N$_3$O$_{42}$W$_{12}$ . . .   (NH$_4$)$_3$H$_4$[As(W$_2$O$_7$)$_6$] · 4 H$_2$O
                             = 3 (NH$_4$)$_2$O · As$_2$O$_5$ · 24 WO$_3$
                             · 12 H$_2$O. . . . . 54 (W):   Hb–377
AsH$_{25}$N$_6$O$_{38}$V$_8$W$_4$. . .   (NH$_4$)$_6$H[As(W$_2$O$_7$)$_2$(V$_2$O$_6$)$_4$] · xH$_2$O . . . . 54 (W):   Hb–392
AsH$_{25}$N$_6$O$_{39}$V$_6$W$_6$. . .   (NH$_4$)$_6$H[As(W$_2$O$_7$)$_3$(V$_2$O$_6$)$_3$] · xH$_2$O . . . . 54 (W):   Hb–392
AsH$_{25}$N$_6$O$_{40}$V$_4$W$_8$. . .   (NH$_4$)$_6$H[As(W$_2$O$_7$)$_4$(V$_2$O$_6$)$_2$] · xH$_2$O . . . . 54 (W):   Hb–392
AsH$_{36}$I$_3$N$_{12}$ . . . . .   AsI$_3$ · 12 NH$_3$ . . . . 17 (As):   Hb–413
AsH$_x$Na$_{x+3}$O$_{x+4}$ . .   Na$_3$AsO$_4$ · 12 H$_2$O · nNaOH . . . . . . 21 (Na):   Eb/5–2018
AsHgI$_5$ . . . .   HgAsI$_5$ . . . . 34 (Hg):   Hb/B4–1378
AsHg$_3$. . . . .   Hg$_3$As . . . . 34 (Hg):   Hb/B4–1370
AsHg$_3$I$_3$ . . . .   Hg$_3$AsI$_3$ = As(HgI)$_3$ . . . . 34 (Hg):   Hb/B4–1377
AsI . . . .   AsI . . . . 17 (As):   Hb–404
AsIS. . . . .   AsSI . . . . 17 (As):   Hb–461/2
AsI$_3$ . . . .   AsI$_3$ . . . . 17 (As):   Hb–405/11

AsI$_3$ . . . . AsI$_3$ solutions:

                  AsI$_3$–AsBr$_3$ . . . . 17 (As):   Hb–412

                  AsI$_3$–AsCl$_3$ . . . . 17 (As):   Hb–412

                  AsI$_3$–HCl–H$_2$O . . . . 17 (As):   Hb–412

                  AsI$_3$–H$_2$O . . . . 17 (As):   Hb–411/2

                  AsI$_3$–organic solvents . . . . 17 (As):   Hb–412

                  AsI$_3$–SO$_2$ . . . . 17 (As):   Hb–412

–. . . . . AsI$_3$ systems:

                  AsI$_3$–AsBr$_3$ . . . . 17 (As):   Hb–415

                  AsI$_3$–AsCl$_3$ . . . . 17 (As):   Hb–415

                  AsI$_3$–AsCl$_3$–SbCl$_3$–SbI$_3$ . . . . . . 18 (Sb):   Hb/B3–564

                  AsI$_3$–I . . . . 17 (As):   Hb–413/4

                  AsI$_3$–I–SbI$_3$ . . . . 18 (Sb):   Hb/B3–564

                  AsI$_3$–PCl$_3$ . . . . 17 (As):   Hb–475

                  AsI$_3$–PI$_3$ . . . . 17 (As):   Hb–475

                  AsI$_3$–SbI$_3$ . . . . 18 (Sb):   Hb/B3–563/4

AsI$_3$N$_{24}$Na$_8$ . . . . . . Na$_8$[AsI$_3$(N$_3$)$_8$] . . . . 21 (Na):   Hb–950

AsI$_3$S$_{24}$ . . . . AsI$_3 \cdot$ 3 S$_8$ . . . . 9 (S):   Hb/A3–704/5

                                                     17 (As):   Hb–413

AsI$_9$Pb$_3$ . . . . Pb$_3$AsI$_9 \cdot$ 12 H$_2$O

                  = 3 PbI$_2 \cdot$ AsI$_3 \cdot$ 12 H$_2$O . . . . 47 (Pb):   Hb/C3–901

AsI$_x$Na$_{x+3}$O$_4$ . . . . . Na$_3$AsO$_4 \cdot$ 12 H$_2$O $\cdot$ nNaI. . . . . 21 (Na):   Eb/5–2018

AsK$_{0.5}$Na$_{0.5}$O$_4$Pb . . . K$_{0.5}$Na$_{0.5}$PbAsO$_4$ . . . . 47 (Pb):   Hb/C3–1123

AsKMgO$_4$. . . . . . . KMgAsO$_4$. . . . . 27 (Mg):   Hb/B4–467

–. . . . . KMgAsO$_4 \cdot$ 7 H$_2$O . . . . 27 (Mg):   Hb/B4–467/8

AsKNiO$_4$ . . . . KNiAsO$_4$ . . . . 57 (Ni):   Hb/B3–1061

AsKNpO$_6$ . . . . KNpO$_2$AsO$_4 \cdot$ 3 H$_2$O . . . . Erg. W. 4–51

AsKO$_2$. . . . . KAsO$_2$ . . . . 22 (K):   Hb/5–1018/9

AsKO$_3$ . . . . KAsO$_3$ . . . . 22 (K):   Hb/5–1026/7

–. . . . . KAsO$_3$ systems:

                  KAsO$_3$–NaAsO$_3$. . . . . 22 (K):   Hb/6–1227/8

AsKO$_4$Pb . . . . KPbAsO$_4$ . . . . 47 (Pb):   Hb/C3–1111

–. . . . . KPbAsO$_4$ solid solutions:

                  KPbAsO$_4$–Pb$_2$SiO$_4$ . . . . 47 (Pb):   Hb/C3–1112

AsKO$_4$Sr . . . . KSrAsO$_4$ . . . . 29 (Sr):   Hb–232

AsKO$_4$Zn . . . . ZnKAsO$_4$ . . . . 32 (Zn):   Hb–311

AsKO$_6$U. . . . . KUO$_2$AsO$_4 \cdot$ 2.5 H$_2$O . . . . 55 (U):   Hb–212

–. . . . . KUO$_2$AsO$_4 \cdot$ 3.5 H$_2$O . . . . 55 (U):   Hb–212

AsKO$_8$V$_2$ . . . . K(VO$_2$)$_2$AsO$_4$ . . . . 48 (V):   Hb/B2–445

AsKPbS$_3$ . . . . KPbAsS$_3$ . . . . 47 (Pb):   Hb/C3–1111

AsKS$_2$. . . . . KAsS$_2$. . . . . 22 (K):   Hb/5–1030

–. . . . . KAsS$_2 \cdot$ 2.5 H$_2$O . . . . 22 (K):   Hb/5–1030

AsKS$_3$ . . . . KAsS$_3$. . . . . 22 (K):   Hb/5–1032

AsKS$_3$Zn . . . . KZnAsS$_3$ . . . . 32 (Zn):   Eb–1015

AsKSe$_3$ . . . . KAsSe$_3 \cdot$ 2 H$_2$O . . . . 22 (K):   Hb/5–1033

AsK$_3$ . . . . K$_3$As . . . . 22 (K):   Hb/5–1015

AsK$_3$OS$_3$ . . . . K$_3$AsOS$_3 \cdot$ 7 H$_2$O . . . . 22 (K):   Hb/5–1031

AsK$_3$O$_2$S$_2$ . . . . K$_3$AsO$_2$S$_2$. . . . . 22 (K):   Hb/5–1031

AsK$_3$O$_3$	K$_3$AsO$_3$	22 (K):	Hb/5–1016/7
AsK$_3$O$_3$S	K$_3$AsO$_3$S · 2 H$_2$O	22 (K):	Hb/5–1031
AsK$_3$O$_4$	K$_3$AsO$_4$	22 (K):	Hb/5–1020/1
–.	K$_3$AsO$_4$ solutions:		
	K$_3$AsO$_4$–H$_2$O	22 (K):	Hb/5–1021
–.	K$_3$AsO$_4$ systems:		
	K$_3$AsO$_4$–As$_2$O$_5$	22 (K):	Hb/5–1020
	K$_3$AsO$_4$–Na$_3$AsO$_4$	22 (K):	Hb/6–1227
AsK$_3$O$_9$S$_6$	K$_3$[As(S$_2$O$_3$)$_3$].	22 (K):	Hb/5–1032/3
AsK$_3$S$_3$	K$_3$AsS$_3$	22 (K):	Hb/5–1029
AsK$_3$S$_4$	K$_3$AsS$_4$ · H$_2$O	22 (K):	Hb/5–1031/2
AsK$_{23}$O$_{43}$S$_{10}$	K$_3$AsO$_3$ · 10 K$_2$SO$_4$	22 (K):	Hb/5–1032
AsLiNa$_3$O$_7$P	Na$_3$LiAsPO$_7$	21 (Na):	Eb/5–2244
AsLiNpO$_6$.	LiNpO$_2$AsO$_4$ · 4 H$_2$O	Erg. W. 4–51	
AsLiO$_2$	LiAsO$_2$	20 (Li):	Hb–248
			Eb–524
AsLiS$_2$	LiAsS$_2$	20 (Li):	Hb–249
AsLiZn	LiZnAs	32 (Zn):	Eb–1001
AsLi$_3$	Li$_3$As	20 (Li):	Hb–248
			Eb–523/4
–.	Li$_3$As systems:		
	Li$_3$As–Li$_7$VAs$_4$.	48 (V):	Hb/B2–377
AsLi$_3$O$_4$	Li$_3$AsO$_4$.	20 (Li):	Hb–248/9
–.	Li$_3$AsO$_4$ · 0.5 H$_2$O.	20 (Li):	Hb–248/9
AsLi$_3$S$_4$	Li$_3$AsS$_4$ · xH$_2$O	20 (Li):	Hb–249/50
AsMgNaO$_4$	NaMgAsO$_4$	27 (Mg):	Hb/B4–446
–.	NaMgAsO$_4$ · 9 H$_2$O	27 (Mg):	Hb/B4–446
AsMn	MnAs	59 (Fe):	D/2. Eb–318/20
AsMn$_2$	Mn$_2$As	59 (Fe):	D/2. Eb–318
AsMoNaS$_6$	Na[AsS$_2$(MoS$_4$)] · 6 H$_2$O		
	= Na$_2$S · As$_2$S$_5$ · 2 MoS$_3$ · 12 H$_2$O . . .	53 (Mo):	Hb–372
AsMo$_3$Na$_3$O$_{13}$	Na$_3$[AsO(MoO$_4$)$_3$] · 7 H$_2$O		
	= 3 Na$_2$O · As$_2$O$_5$ · 6 MoO$_3$ · 14 H$_2$O. .	53 (Mo):	Hb–368
AsN	AsN.	17 (As):	Hb–359/60
AsNaNiO$_4$	NaNiAsO$_4$	57 (Ni):	Hb/B3–1026
AsNaNpO$_6$	NaNpO$_2$AsO$_4$ · 3.5 H$_2$O	Erg. W. 4–51	
AsNaOS	NaAsOS	21 (Na):	Hb–951
AsNaOS$_3$Sr.	NaSrAsOS$_3$ · 10 H$_2$O.	29 (Sr):	Hb–227
AsNaO$_2$	NaAsO$_2$ = Na$_2$O · As$_2$O$_3$	21 (Na):	Hb–935/6
			Eb/4–1686
–.	(NaAsO$_2$)$_x$	21 (Na):	Eb/4–1687/8
AsNaO$_3$	NaAsO$_3$.	21 (Na):	Hb–948
–.	(NaAsO$_3$)$_x$	21 (Na):	Eb/4–1701/2
–.	NaAsO$_3$ solid solutions:		
	[Na(As,P)O$_3$]$_x$	21 (Na):	Eb/4–1603
			Eb/5–2022/4
–.	NaAsO$_3$ systems:		
	NaAsO$_3$–KAsO$_3$.	22 (K):	Hb/6–1227/8

AsNaO₃SSr . . . . . NaSrAsO₃S · 8.5 H₂O . . . . 29 (Sr):   Hb−227
AsNaO₄ . . . . NaAsO₄ . . . . 21 (Na):   Hb−949
AsNaO₄Pb . . . . . NaPbAsO₄ . . . . 47 (Pb):   Hb/C3−1050
−. . . . . NaPbAsO₄ solid solutions:
                            NaPbAsO₄−Pb₂SiO₄ . . . . 47 (Pb):   Hb/C3−1050/1
AsNaO₄Sr . . . . . NaSrAsO₄ . . . . 29 (Sr):   Hb−227
−. . . . . NaSrAsO₄ · 9 H₂O . . . . 29 (Sr):   Hb−227
AsNaO₄Zn . . . . . ZnNaAsO₄ . . . . 32 (Zn):   Hb−301
AsNaO₈P₂ . . . . . NaAs(PO₄)₂ · H₂O . . . . 21 (Na):   Eb/5−2022
AsNaO₈Pb₃Si . . . . NaPb₃AsO₄SiO₄ . . . . 47 (Pb):   Hb/C3−1050
AsNaS₂ . . . . NaAsS₂ . . . . 21 (Na):   Hb−951
                                                                              Eb/4−1704/5
−. . . . . NaAsS₂ · 0.5 H₂O . . . . 21 (Na):   Hb−951
−. . . . . NaAsS₂ · 1.5 H₂O . . . . 21 (Na):   Hb−951
AsNaS₃ . . . . NaAsS₃ . . . . 21 (Na):   Hb−960
AsNaS₄Zn . . . . . ZnNaAsS₄ · 4 H₂O . . . . 32 (Zn):   Hb−302
AsNa₃ . . . . Na₃As . . . . 21 (Na):   Hb−933/4
                                                                              Eb/4−1683/4
−. . . . . Na₃As systems:
                            Na₃As−Na₂Se . . . . 21 (Na):   Eb/5−2019
AsNa₃OS₃ . . . . . Na₃AsS₃O · 11 H₂O . . . . 21 (Na):   Hb−957
                                                                              Eb/4−1706
AsNa₃O₂SSe . . . . Na₃AsO₂SSe · 10 H₂O . . . . 21 (Na):   Hb−963
AsNa₃O₂S₂ . . . . . Na₃AsO₂S₂ · 10 H₂O . . . . 21 (Na):   Hb−955/7
−. . . . . Na₃AsS₂O₂ · 11 H₂O . . . . 21 (Na):   Hb−956, 959
                                                                              Eb/4−1706
AsNa₃O₃ . . . . . . Na₃AsO₃ . . . . 21 (Na):   Hb−934
                                                                              Eb/4−1686
−. . . . . Na₃AsO₃ · 6 H₂O . . . . 21 (Na):   Eb/4−1686
AsNa₃O₃S . . . . . Na₃AsSO₃ · 12 H₂O . . . . 21 (Na):   Hb−953/5
                                                                              Eb/4−1706
AsNa₃O₃Se . . . . . Na₃AsO₃Se · 12 H₂O . . . . 21 (Na):   Hb−961
AsNa₃O₄ . . . . . . Na₃AsO₄ . . . . 21 (Na):   Hb−936/7
                                                                              Eb−1690/1
−. . . . . Na₃AsO₄ · 3 H₂O . . . . 21 (Na):   Eb/4−1692
−. . . . . Na₃AsO₄ · 4.5 H₂O . . . . 21 (Na):   Hb−938
−. . . . . Na₃AsO₄ · 7 H₂O . . . . 21 (Na):   Eb/4−1692
−. . . . . Na₃AsO₄ · 8 H₂O . . . . 21 (Na):   Hb−938
−. . . . . Na₃AsO₄ · 9 H₂O . . . . 21 (Na):   Eb/4−1692
−. . . . . Na₃AsO₄ · 10 H₂O . . . . 21 (Na):   Hb−938
−. . . . . Na₃AsO₄ · 12 H₂O . . . . 21 (Na):   Hb−937/8
                                                                              Eb/4−1691/2
−. . . . . Na₃AsO₄ solutions:
                            Na₃AsO₄−H₂O . . . . 21 (Na):   Hb−938/9
                                                                              Eb/4−1692/3
−. . . . . Na₃AsO₄ systems:
                            Na₃AsO₄−As₂O₅ . . . . 21 (Na):   Hb−936
                            Na₃AsO₄−K₃AsO₄ . . . . 22 (K):   Hb/6−1227
                            Na₃AsO₄−NaCl−NaOH . . . . 21 (Na):   Eb/5−2018/9

AsNa$_3$O$_4$ . . . . Na$_3$AsO$_4$ systems:

                 Na$_3$AsO$_4$–NaCl–NaOH–H$_2$O. . . . . . 21 (Na):   Eb/5–2019

                 Na$_3$AsO$_4$–NaOH . . . . 21 (Na):   Eb/5–2016/7

                 Na$_3$AsO$_4$–NaOH–H$_2$O . . . . 21 (Na):   Eb/5–2017/8

                 Na$_3$AsO$_4$–Na$_2$SO$_4$–H$_2$O . . . . 21 (Na):   Eb/5–2019

AsNa$_3$O$_9$S$_6$ . . . . . Na$_3$As(S$_2$O$_3$)$_3$. . . . . 21 (Na):   Hb–960/1

AsNa$_3$O$_{12}$S$_6$ . . . . Na$_3$As(S$_2$O$_4$)$_3$. . . . . 21 (Na):   Hb–960

AsNa$_3$SSe$_3$ . . . . . . Na$_3$AsSSe$_3$ · 9 H$_2$O. . . . . 21 (Na):   Hb–962

AsNa$_3$S$_2$Se$_2$ . . . . . Na$_3$AsS$_2$Se$_2$ · 9 H$_2$O . . . . 21 (Na):   Hb–962

AsNa$_3$S$_3$ . . . . Na$_3$AsS$_3$ . . . . 21 (Na):   Hb–950/1

                                                           Eb/4–1704

AsNa$_3$S$_3$Se . . . . . Na$_3$AsS$_3$Se · 8 H$_2$O. . . . . 21 (Na):   Hb–963

AsNa$_3$S$_4$ . . . . Na$_3$AsS$_4$ . . . . 21 (Na):   Eb/4–1705/6

–. . . . . Na$_3$AsS$_4$ · 8 H$_2$O . . . . 21 (Na):   Hb–958/60

                                                           Eb/4–1705

AsNa$_3$Se$_3$ . . . . . . Na$_3$AsSe$_3$ · 9 H$_2$O . . . . 21 (Na):   Hb–961

AsNa$_3$Se$_4$. . . . . . . Na$_3$AsSe$_4$ · 9 H$_2$O . . . . 21 (Na):   Hb–962

AsNa$_5$S$_4$ . . . . Na$_5$AsS$_4$ . . . . 21 (Na):   Eb/4–1704

AsNb . . . . NbAs . . . . 49 (Nb):   Hb/B1–415/6

AsNbO$_5$. . . . . NbAsO$_5$ = Nb$_2$O$_5$ · As$_2$O$_5$ . . . . 49 (Nb):   Hb/B1–417

AsNb$_3$. . . . . Nb$_3$As . . . . 49 (Nb):   Hb/B1–415

AsNi . . . . NiAs . . . . 57 (Ni):   Hb/B3–978/82

–. . . . . NiAs solid solutions:

                 NiAs–CoAs . . . . 58 (Co):   Hb/A1–210

–. . . . . NiAs systems:

                 NiAs–Ag–Cu$_2$S . . . . 61 (Ag):   Hb/B4–490

AsNiS. . . . . NiAsS. . . . . 57 (Ni):   Hb/B3–989, 991

AsNiSb . . . . NiSbAs . . . . 57 (Ni):   Hb/B1–10

AsNi$_2$ . . . . Ni$_2$As . . . . 57 (Ni):   Hb/B3–976

AsNi$_3$ . . . . Ni$_3$As . . . . 57 (Ni):   Hb/B3–975

AsO . . . . AsO . . . . 17 (As):   Hb–235/6

AsO$_2$$^-$ . . . . AsO$_2$$^-$

               see AsHO$_2$ ... HAsO$_2$

AsO$_2$Rb . . . . RbAsO$_2$ . . . . 24 (Rb):   Hb–235

AsO$_2$Tl . . . . TlAsO$_2$ . . . . 38 (Tl):   Hb/3–434

AsO$_3$$^{3-}$. . . . . AsO$_3$$^{3-}$

               see AsH$_3$O$_3$ ... H$_3$AsO$_3$

AsO$_3$P . . . . AsPO$_3$ . . . . 17 (As):   Hb–474

AsO$_3$Rb . . . . RbAsO$_3$ . . . . 24 (Rb):   Hb–235

AsO$_3$Tl$_3$. . . . . Tl$_3$AsO$_3$ . . . . 38 (Tl):   Hb/3–433/4

AsO$_4$P . . . . AsPO$_4$ . . . . 17 (As):   Hb–474

AsO$_4$Pb$_{0.5}$Th$_{0.5}$ . . . . Pb$_{0.5}$Th$_{0.5}$AsO$_4$ . . . . 47 (Pb):   Hb/C4–1471/2

AsO$_4$Pu . . . . PuAsO$_4$ . . . . Erg. W. 4–56, 71

AsO$_4$Rb$_3$ . . . . Rb$_3$AsO$_4$ · 2 H$_2$O . . . . 24 (Rb):   Hb–235

AsO$_4$Sb . . . . SbAsO$_4$. . . . . 18 (Sb):   Hb/B3–563

AsO$_4$Tl . . . . TlAsO$_4$ · 2 H$_2$O . . . . 38 (Tl):   Hb/3–434

AsO$_4$Tl$_3$. . . . . Tl$_3$AsO$_4$. . . . . 38 (Tl):   Hb/3–434

AsO$_5$V . . . . VOAsO$_4$

               see As$_2$O$_{10}$V$_2$ ... V$_2$O$_5$ · As$_2$O$_5$

AsO$_6$P . . . . AsPO$_6$ . . . . 17 (As):   Hb–474

AsO$_9$S$_6$$^{3-}$ . . . . [As(S$_2$O$_3$)$_3$]$^{3-}$ . . . . 17 (As):   Hb–298

AsO$_9$S$_6$Tl$_3$ . . . . . . Tl$_3$[As(S$_2$O$_3$)$_3$] . . . . . . 38 (Tl):   Hb/3–436

AsP . . . . AsP . . . . 17 (As):   Hb–473/4

AsPRu . . . . . . RuAsP . . . . 63 (Ru):   Eb–336

AsPS$_4$ . . . . AsPS$_4$ . . . . 17 (As):   Hb–475

AsPb$_x$Se$_{1.5}$ . . . . . Pb$_x$AsSe$_{1.5}$ . . . . 47 (Pb):   Hb/C3–905

AsPd . . . . PdAs . . . . 65 (Pd):   Hb/2–306

AsPu . . . . PuAs . . . . Erg. W. 4–255/6

                                                Erg. W. 8–192/3

AsRh . . . . . . RhAs . . . . 64 (Rh):   Hb–72

AsRu . . . . . . RuAs . . . . 63 (Ru):   Eb–335/6

AsRuS . . . . . . RuAsS . . . . 63 (Ru):   Eb–336

AsRuSe . . . . . . RuAsSe . . . . 63 (Ru):   Eb–336

AsRuTe . . . . . . RuAsTe . . . . 63 (Ru):   Eb–336

AsS$_2$Tl . . . . TlAsS$_2$ . . . . 38 (Tl):   Hb/3–435

AsS$_3$Tl$_3$ . . . . Tl$_3$AsS$_3$ . . . . 38 (Tl):   Hb/3–435

AsS$_4$$^{3-}$ . . . . [AsS$_4$]$^{3-}$ . . . . 17 (As):   Hb–458

–. . . . . [AsS$_4$(H$_2$O)$_2$]$^{3-}$ . . . . 17 (As):   Hb–458

AsS$_4$Tl$_3$ . . . . Tl$_3$AsS$_4$ . . . . 38 (Tl):   Hb/3–435/6

AsSi . . . . AsSi . . . . 17 (As):   Hb–471/2

AsSi$_6$ . . . . AsSi$_6$ . . . . 17 (As):   Hb–472

AsTa . . . . TaAs . . . . 50 (Ta):   Hb/B1–272

AsTa$_3$ . . . . Ta$_3$As . . . . 50 (Ta):   Hb/B1–272

AsV . . . . VAs . . . . 48 (V):   Hb/B1–365

AsV$_2$ . . . . V$_2$As . . . . 48 (V):   Hb/B1–364/5

AsV$_3$ . . . . V$_3$As . . . . 48 (V):   Hb/B1–364

AsZn$_2$ . . . . Zn$_2$As . . . . 32 (Zn):   Hb–283

AsZn$_3$ . . . . Zn$_3$As . . . . 32 (Zn):   Hb–283

As$_{1.5}$C$_{1.5}$CrH$_{4.5}$O$_{4.5}$ . . [Cr(CH$_3$AsO$_3$)$_{1.5}$] · xH$_2$O . . 52 (Cr):   Hb/C–407

As$_2$ . . . . As$_2$ . . . . 17 (As):   Hb–113/6

As$_2$BaC$_8$H$_8$O$_{14}$ . . . . Ba[(AsO)C$_4$H$_4$O$_6$]$_2$ · H$_2$O . . 30 (Ba):   Hb–355

As$_2$BaCuO$_7$ . . . . . BaCuAs$_2$O$_7$ . . . . 60 (Cu):   Hb/B3–1143/4

As$_2$BaH$_4$O$_6$ . . . . . Ba(H$_2$AsO$_3$)$_2$ · xH$_2$O . . . 30 (Ba):   Hb–349

As$_2$BaH$_4$O$_8$ . . . . . Ba(H$_2$AsO$_4$)$_2$ . . . . . . 30 (Ba):   Hb–352

                                                Eb–501/2

–. . . . . Ba(H$_2$AsO$_4$)$_2$ · H$_2$O . . . 30 (Ba):   Eb–502

–. . . . . Ba(H$_2$AsO$_4$)$_2$ · 2 H$_2$O . . 30 (Ba):   Hb–352

                                                Eb–502

As$_2$BaHgO$_7$ . . . . . BaO · HgO · As$_2$O$_5$ · H$_2$O

                        = Ba[Hg(As$_2$O$_7$)] · H$_2$O . . . . 34 (Hg):   Hb/B4–1499

As$_2$BaMo$_6$O$_{24}$ . . . . BaO · As$_2$O$_5$ · 6 MoO$_3$ · 10 H$_2$O . . . . . 53 (Mo):   Hb–370

As$_2$BaNp$_2$O$_{12}$ . . . . Ba(NpO$_2$AsO$_4$)$_2$ · 7 H$_2$O . . . . . . Erg. W. 4–51

As$_2$BaO$_4$ . . . . . . Ba(AsO$_2$)$_2$ = BaO · As$_2$O$_3$ . . . . 30 (Ba):   Hb–349

                                                Eb–497

–. . . . . Ba(AsO$_2$)$_2$ · xH$_2$O . . . . 30 (Ba):   Eb–498

As$_2$BaO$_6$ . . . . . . Ba(AsO$_3$)$_2$ . . . . 30 (Ba):   Hb–352

                                                Eb–503

As$_2$BaS$_4$ . . . . . . Ba(AsS$_2$)$_2$ · 0.5 H$_2$O . . . 30 (Ba):   Hb–354

–. . . . . Ba(AsS$_2$)$_2$ · 2 H$_2$O . . . . . 30 (Ba):   Hb–354

As_2BaS_4 . . . . . . $Ba(AsS_2)_2 \cdot xH_2O$ . . . . 30 (Ba):   Hb–354

$As_2Ba_2Mo_2O_3S_{10}$ . . . $2\ BaS \cdot As_2S_5 \cdot Mo_2S_3O_3 \cdot 12\ H_2O$ . . . . . 53 (Mo):   Hb–371

$As_2Ba_2Mo_2S_{13}$ . . . . $2\ BaS \cdot As_2S_5 \cdot 2\ MoS_3 \cdot 14\ H_2O$ . . . . . . 53 (Mo):   Hb–371

$As_2Ba_2O_5$ . . . . . . $Ba_2As_2O_5 = 2\ BaO \cdot As_2O_3$ . . . . 30 (Ba):   Hb–349

                                                                            Eb–497

–. . . . . $Ba_2As_2O_5 \cdot 2\ H_2O$. . . . . 30 (Ba):   Hb–349

–. . . . . $Ba_2As_2O_5 \cdot 3\ H_2O$. . . . . 30 (Ba):   Eb–498

–. . . . . $Ba_2As_2O_5 \cdot 4\ H_2O$. . . . . 30 (Ba):   Hb–349

–. . . . . $Ba_2As_2O_5 \cdot 8\ H_2O$. . . . . 30 (Ba):   Hb–349

–. . . . . $Ba_2As_2O_5 \cdot xH_2O$. . . . . 30 (Ba):   Eb–497/8

$As_2Ba_2O_7$ . . . . . . $Ba_2As_2O_7 = 2\ BaO \cdot As_2O_5$ . . . . 30 (Ba):   Hb–352

                                                                            Eb–502

–. . . . . $2\ BaO \cdot As_2O_5 \cdot 6\ H_2O$

                   $= BaHAsO_4 \cdot 2.5\ H_2O$ . . . . 30 (Ba):   Hb–351

$As_2Ba_2O_{55}W_{16}$ . . . . $2\ BaO \cdot As_2O_5 \cdot 16\ WO_3 \cdot xH_2O$ . . . . . 54 (W):   Hb–379

$As_2Ba_2S_5$ . . . . . . $Ba_2As_2S_5 \cdot 5\ H_2O$. . . . . 30 (Ba):   Hb–354

–. . . . . $Ba_2As_2S_5 \cdot 15\ H_2O$. . . . . 30 (Ba):   Hb–354

As_2Ba_3 . . . . Ba_3As_2 . . . . 30 (Ba):   Hb–348

                                                                            Eb–496/7

$As_2Ba_3O_4S_4$. . . . . $Ba_3(AsO_2S_2)_2 \cdot 4\ H_2O$ . . . . 30 (Ba):   Hb–354

–. . . . . $Ba_3(AsO_2S_2)_2 \cdot 6\ H_2O$ . . . . 30 (Ba):   Hb–354

–. . . . . $Ba_3(AsO_2S_2)_2 \cdot xH_2O$ . . . . 30 (Ba):   Hb–354

$As_2Ba_3O_6$ . . . . . . $Ba_3(AsO_3)_2 = 3\ BaO \cdot As_2O_3$ . . . . . 30 (Ba):   Hb–349

                                                                            Eb–497

$As_2Ba_3O_6S_2$. . . . . $Ba_3(AsO_3S)_2 \cdot 6\ H_2O$ . . . . 30 (Ba):   Hb–354

$As_2Ba_3O_8$ . . . . . . $Ba_3(AsO_4)_2$ . . . . 30 (Ba):   Hb–349/50

                                                                            Eb–498/9

–. . . . . $Ba_3(AsO_4)_2 \cdot 18\ H_2O$ . . . . 30 (Ba):   Eb–500

–. . . . . $Ba_3(AsO_4)_2 \cdot xH_2O$ . . . . 30 (Ba):   Hb–350

                                                                            Eb–500

$As_2Ba_3O_{18}S_{12}$. . . . . $Ba_3[As(S_2O_3)_3]_2$ . . . . 30 (Ba):   Hb–355

$As_2Ba_3S_6$ . . . . . . $Ba_3(AsS_3)_2$ . . . . 30 (Ba):   Eb–504

–. . . . . $Ba_3(AsS_3)_2 \cdot 8\ H_2O$ . . . . 30 (Ba):   Hb–354

–. . . . . $Ba_3(AsS_3)_2 \cdot 14\ H_2O$ . . . . 30 (Ba):   Hb–354

$As_2Ba_3S_8$ . . . . . . $Ba_3(AsS_4)_2 \cdot 6\ H_2O$ . . . . 30 (Ba):   Hb–354/5

$As_2Ba_4O_{34}W_9$ . . . . . $4\ BaO \cdot As_2O_3 \cdot 9\ WO_3 \cdot 21\ H_2O$ . . . . . 54 (W):   Hb–379

$As_2Ba_6O_{89.5}V_{11}W_{17}$ . . $6\ BaO \cdot As_2O_5 \cdot 5.5\ V_2O_5 \cdot 17\ WO_3$

                   $\cdot 40\ H_2O$ . . . . 54 (W):   Hb–392

$As_2Ba_7Mo_{33}O_{131}V_8$ . . $7\ BaO \cdot As_2O_5 \cdot 4\ V_2O_5 \cdot 33\ MoO_3$

                   $\cdot 34\ H_2O$ . . . . 53 (Mo):   Hb–386

$As_2Ba_7O_{78}W_{22}$ . . . . $7\ BaO \cdot As_2O_5 \cdot 22\ WO_3 \cdot 54\ H_2O$ . . . . . 54 (W):   Hb–377

$As_2Ba_7O_{79}W_{22}$ . . . . $Ba_7[(AsO)_2(W_2O_7)_{11}] \cdot 54\ H_2O$ . . . . . . 54 (W):   Hb–377

$As_2Ba_{15}Mo_{26}O_{113}V_6$. $15\ BaO \cdot As_2O_5 \cdot 3\ V_2O_5 \cdot 26\ MoO_3$

                   $\cdot 62\ H_2O$ . . . . 53 (Mo):   Hb–386

$As_2BeH_4O_8$ . . . . . $BeH_4(AsO_4)_2$ . . . . 26 (Be):   Hb–166

$As_2Be_2H_8N_2O_8$ . . . . $(NH_4)_2O \cdot 2\ BeO \cdot As_2O_5 \cdot 9\ H_2O$

                   $= NH_4BeAsO_4 \cdot 4.5\ H_2O$ . . . . 26 (Be):   Hb–180

$As_2Be_3K_2O_9$. . . . . . $(K_2O \cdot 2\ BeO \cdot As_2O_5)BeO \cdot 10\ H_2O$

                   $= KBeAsO_4 \cdot 0.5\ BeO \cdot 5\ H_2O$. . . . . . 26 (Be):   Hb–177

$As_2Be_3Na_2O_9$ . . . . . $(Na_2O \cdot 2\ BeO \cdot As_2O_5)BeO \cdot 12\ H_2O$
                         $= NaBeAsO_4 \cdot 0.5\ BeO \cdot 6\ H_2O$ . . . . . 26 (Be):   Hb–171
$As_2Be_3O_8$ . . . . $Be_3As_2O_8 \cdot 15\ H_2O$ . . . . 26 (Be):   Hb–166
$As_2Be_4O_9$ . . . . 4 $BeO \cdot As_2O_5 \cdot 8\ H_2O$ . . . . 26 (Be):   Hb–166
–. . . . . 4 $BeO \cdot As_2O_5 \cdot 10\ H_2O$ . . . . 26 (Be):   Hb–166
$As_2Be_{4.5}O_{9.5}$ . . . . . 4.5 $BeO \cdot As_2O_5 \cdot 9\ H_2O$ . . . . 26 (Be):   Hb–166
$As_2BiBr_3C_{10}H_{16}$ . . . $BiBr_3 \cdot (CH_3)_2AsC_6H_4As(CH_3)_2$ . . 19 (Bi):   Eb–704
$As_2BiC_{10}Cl_3H_{16}$ . . . $BiCl_3 \cdot (CH_3)_2AsC_6H_4As(CH_3)_2$ . . 19 (Bi):   Eb–685
$As_2BiC_{10}H_{16}I_3$ . . . . $BiI_3 \cdot (CH_3)_2AsC_6H_4As(CH_3)_2$ . . . 19 (Bi):   Eb–717
$As_2BiO_{12}PPb_3$ . . . . . $Pb_3Bi(AsO_4)_2PO_4$ . . . . 47 (Pb):   Hb/C3–977
$As_2Bi_2C_{28}H_{32}I_2O_3$ . . . $[(CH_3)_2(C_6H_5)_2As]_2[Bi_2O_3I_2]$ . . . . 19 (Bi):   Eb–722
$As_2Bi_6O_{14}$ . . . . 3 $Bi_2O_3 \cdot As_2O_5 \cdot 2\ H_2O$ . . . . 19 (Bi):   Hb–198
$As_2Bi_8O_{17}$ . . . . 2 $BiAsO_4 \cdot 3\ Bi_2O_3$ . . . . 19 (Bi):   Hb–198
$As_2BrC_{12}CrH_{16}O_2^+$ . . $[(CO)_2Cr[(CH_3)_2As]_2C_6H_4Br]^+$ . . . . . Erg. W. 3–120
$As_2BrC_{26}CuH_{26}$ . . . . $CuBr \cdot 2\ CH_3(C_6H_5)_2As$ . . . . 60 (Cu):   Hb/B4–1466
$As_2BrC_{28}CuH_{48}P_2$ . . $[Cu(C_{14}H_{24}AsP)_2]Br \cdot 0.5\ CH_3COC_2H_5$ . . . 60 (Cu):   Hb/B4–1467
$As_2BrC_{30}CuH_{52}O_{0.5}P_2$ $[Cu(C_{14}H_{24}AsP)_2]Br \cdot 0.5\ CH_3COC_2H_5$ . . 60 (Cu):   Hb/B4–1467
$As_2BrC_{36}H_{30}NNiO$ . . $[Ni(NO)Br(C_{18}H_{15}As)_2]$ . . . . 57 (Ni):   Hb/C1–34
$As_2BrC_{60}ClH_{48}NiO_4P_2$ $[NiBr(C_{30}H_{24}AsP)_2]ClO_4 \cdot 0.5\ CH_2Cl_2$ . . . 57 (Ni):   Hb/C2–1103
$As_2BrC_{60.5}Cl_2H_{49}NiO_4P_2$
                   $[NiBr(C_{30}H_{24}AsP)_2]ClO_4 \cdot 0.5\ CH_2Cl_2$ . . . 57 (Ni):   Hb/C2–1103
As_2BrCsO_3 . . . . . . $CsBr \cdot As_2O_3$ . . . . 25 (Cs):   Hb/2–247
As_2BrO_3Rb . . . . . $RbBr \cdot As_2O_3$ . . . . 24 (Rb):   Hb–236
$As_2Br_2C_4H_{14}O_2Pt$ . . . $[Pt((CH_3)_2AsOAs(CH_3)_2)\ (H_2O)Br_2]$ . . . . 68 (Pt):   Hb/D–417
$As_2Br_2C_6Cl_2H_{18}Pd_2$ . . $[Pd_2(As(CH_3)_2)_2Br_2Cl_2]$ . . . . 65 (Pd):   Hb/2–431
$As_2Br_2C_6H_{18}Pd$ . . . . $[Pd(As(CH_3)_3)_2Br_2]$ . . . . 65 (Pd):   Hb/2–419
$As_2Br_2C_8H_{18}N_2Pd_2S_2$. $[Pd_2(As(CH_3)_3)_2(CNS)_2Br_2]$ . . . . 65 (Pd):   Hb/2–432
$As_2Br_2C_{10}H_{16}Hg$ . . . $[HgBr_2(CH_3)_2AsC_6H_4As(CH_3)_2]$ . . . . . 34 (Hg):   Hb/B4–1351
$As_2Br_2C_{10}H_{16}Ni$ . . . . $NiBr_2 \cdot (CH_3)_2AsC_6H_4As(CH_3)_2$ . . . . 57 (Ni):   Hb/C2–1108
$As_2Br_2C_{12}CoH_{30}$ . . . $CoBr_2 \cdot 2\ As(C_2H_5)_3$ . . . . 58 (Co):   Eb/B1–308
$As_2Br_2C_{12}CrH_{16}O_2$ . . $[(CO)_2Cr([(CH_3)_2As]_2C_6H_4)Br]Br$ . . . . . Erg. W. 3–120
$As_2Br_2C_{12}H_8O_6Pu$ . . $Pu(C_6H_4BrAsO_3)_2$ . . . . Erg. W. 4–242
$As_2Br_2C_{12}H_{30}Ni$ . . . . $[NiBr_2((C_2H_5)_3As)_2]$ . . . . 57 (Ni):   Hb/C2–1102
$As_2Br_2C_{12}H_{30}Pt$ . . . . $[Pt(As(C_2H_5)_3)_2Br_2]$ . . . . 68 (Pt):   Hb/D–353
$As_2Br_2C_{18}H_{26}NiS_2$ . . $[NiBr_2(C_9H_{13}AsS)_2]$ . . . . 57 (Ni):   Hb/C2–1104/5
$As_2Br_2C_{18}H_{42}Pd$ . . . $[Pd(As(C_3H_7)_3)_2Br_2]$ . . . . 65 (Pd):   Hb/2–419
$As_2Br_2C_{20}H_{32}HgN_2$ . . $HgBr_2 \cdot 2\ (CH_3)_2NC_6H_4As(CH_3)_2$ . . . . 34 (Hg):   Hb/B4–1351
$As_2Br_2C_{20}H_{32}N_2Ni$ . . $NiBr_2 \cdot 2\ (CH_3)_2NC_6H_4As(CH_3)_2$ . . . . 57 (Ni):   Hb/C2–1102
$As_2Br_2C_{26}Cl_2H_{26}Pt$ . . $[Pt(AsCH_3(C_6H_5)_2)_2Br_2Cl_2]$ . . . . 68 (Pt):   Hb/D–598
$As_2Br_2C_{26}H_{26}I_2Pt$ . . $[Pt(AsCH_3(C_6H_5)_2)_2I_2Br_2]$ . . . . 68 (Pt):   Hb/D–598
$As_2Br_2C_{26}H_{26}Pt$ . . . . $[Pt(AsCH_3(C_6H_5)_2)_2Br_2]$ . . . . 68 (Pt):   Hb/D–355
$As_2Br_2C_{28}Cu_2H_{48}P_2$ . . $[Cu(C_{14}H_{24}AsP)_2]\ [CuBr_2]$ . . . . 60 (Cu):   Hb/B4–1467
$As_2Br_2C_{32}Co_2H_{24}Hg_2O_6$
                   $(BrHgCo(CO)_3(C_6H_5)_2As)_2C_2H_4$ . . . . . Erg. W. 6–25
$As_2Br_2C_{36}CoH_{30}O_2$ . . $[CoBr_2((C_6H_5)_3AsO)_2]$ . . . . 58 (Co):   Eb/B1–313/4
$As_2Br_2C_{36}CuH_{30}O_2$ . . $CuBr_2 \cdot 2\ (C_6H_5)_3AsO$ . . . . 60 (Cu):   Hb/B4–1538
$As_2Br_2C_{36}H_{30}Hg$ . . . $[HgBr_2((C_6H_5)_3As)_2]$ . . . . 34 (Hg):   Hb/B4–1350
$As_2Br_2C_{36}H_{30}NiO_2$ . . $[NiBr_2(C_{18}H_{15}AsO)_2]$ . . . . 57 (Ni):   Hb/C2–1117/9
$As_2Br_2C_{38}H_{30}O_2Ru$ . . $[RuBr_2(CO)_2(C_{18}H_{15}As)_2]$ . . . . 63 (Ru):   Eb–516

$As_2Br_2Ca_4O_8$ . . . . . $Ca_3(AsO_4)_2 \cdot CaBr_2$
         $= Ca_4(AsO_4)_2Br_2$ . . . . 28 (Ca):   Hb/B3–1237
$As_2Br_2Mg_4O_8$ . . . . . $Mg_3(AsO_4)_2 \cdot MgBr_2$ . . . . 27 (Mg):   Hb/B3–419
$As_2Br_3C_{10}CrH_{18}O$ . . . $[CrBr_3(H_2O) (CH_3)_2AsC_6H_4As(CH_3)_2]$ . . . 52 (Cr):   Hb/C–234
$As_2Br_3C_{10}H_{16}NbO$ . . $NbOBr_3 \cdot C_6H_4[As(CH_3)_2]_2$ . . . . 49 (Nb):   Hb/B1–239
                                                        Hb/B4–472
$As_2Br_3C_{10}H_{16}Ni$ . . . . $[NiBr_3(C_{10}H_{16}As_2)]$ . . . . 57 (Ni):   Hb/C2–1126
$As_2Br_3C_{12}H_{30}NORu$ . . $[Ru(NO)Br_3(C_6H_{15}As)_2]$ . . . . 63 (Ru):   Eb–439
$As_2Br_3C_{36}H_{30}O_3Ta$ . . $TaOBr_3 \cdot 2 (C_6H_5)_3AsO$ . . . . 50 (Ta):   Hb/B2–383
$As_2Br_3C_{37}H_{34}ORu$ . . $[RuBr_3(CH_3OH) (C_{18}H_{15}As)_2]$. . . . . 63 (Ru):   Eb–476
$As_2Br_3Hg_4$ . . . . $Hg_4As_2Br_3$ . . . . 34 (Hg):   Hb/B4–1376/7
–. . . . . $Hg_4As_2Br_3$ solid solutions:
            $Hg_4As_2I_{3-x}Br_x$ . . . . 34 (Hg):   Hb/B4–1378
$As_2Br_4C_6H_{18}Pd_2$ . . . $[Pd_2(As(CH_3)_3)_2Br_4]$ . . . . 65 (Pd):   Hb/2–430/1
$As_2Br_4C_{12}Cd_2H_{30}$ . . . $[Cd_2((C_2H_5)_3As)_2Br_4]$ . . . . 33 (Cd):   Eb–791
$As_2Br_4C_{12}CrH_{16}O_2$ . . $[(CO)_2Cr((CH_3AsCH_3)_2C_6H_4)Br]Br_3$ . . . . Erg. W. 3–120/1
$As_2Br_4C_{12}H_{30}Pt$ . . . . $[Pt(As(C_2H_5)_3)_2Br_4]$ . . . . 68 (Pt):   Hb/D–598
$As_2Br_4C_{16}Cd_2H_{22}$ . . . $[Cd_2((CH_3)_2C_6H_5As)_2Br_4]$ . . . . 33 (Cd):   Eb–792
$As_2Br_4C_{18}Co_2H_{26}S_2$ . . $[Co(C_9H_{13}AsS)_2] [CoBr_4]$
         $= CoBr_2 \cdot C_9H_{13}AsS$. . . . . 58 (Co):   Eb/B1–311
$As_2Br_4C_{18}H_{42}Hg_2$ . . . $[Hg_2Br_4((C_3H_7)_3As)_2]$ . . . . 34 (Hg):   Hb/B4–1349
$As_2Br_4C_{24}H_{54}Hg_2$ . . . $[Hg_2Br_4((C_4H_9)_3As)_2]$ . . . . 34 (Hg):   Hb/B4–1348, 1350
$As_2Br_4C_{26}Cd_2H_{26}$ . . . $[Cd_2(CH_3(C_6H_5)_2As)_2Br_4]$ . . . . 33 (Cd):   Eb–792
$As_2Br_4C_{26}H_{26}Pt$ . . . . $[Pt(AsCH_3(C_6H_5)_2)_2Br_4]$ . . . . 68 (Pt):   Hb/D–598
$As_2Br_4C_{36}H_{30}Hg_2$ . . . $[Hg_2Br_4((C_6H_5)_3As)_2]$ . . . . 34 (Hg):   Hb/B4–1350
$As_2Br_4C_{38}CoH_{36}$ . . . . $((C_6H_5)_3CH_3As)_2[CoBr_4]$ . . . . 58 (Co):   Eb/A–828
$As_2Br_4C_{38}CuH_{36}$ . . . . $((C_6H_5)_3AsCH_3)_2[CuBr_4]$ . . . . 60 (Cu):   Hb/B3–1440
$As_2Br_4C_{38}H_{36}Ni$ . . . . $[CH_3(C_6H_5)_3As]_2[NiBr_4]$ . . . . 57 (Ni):   Hb/B3–1092
$As_2Br_4C_{40}H_{42}NRu$ . . $(CH_3)_4N[RuBr_4(C_{18}H_{15}As)_2]$ . . . . 63 (Ru):   Eb–476
$As_2Br_5C_{10}H_{16}Nb$ . . . $NbBr_5 \cdot (CH_3)_2AsC_6H_4As(CH_3)_2$ . . . . . 49 (Nb):   Hb/B1–239
                                                        Hb/B4–472
$As_2Br_5C_{10}H_{16}Ta$ . . . $TaBr_5 \cdot (CH_3)_2AsC_6H_4As(CH_3)_2$. . . . . . 50 (Ta):   Hb/B2–383
$As_2Br_6C_{10}H_8$ . . . . . . $2 AsBr_3 \cdot C_{10}H_8$ . . . . 17 (As):   Hb–401
$As_2Br_6C_{24}H_{54}Hg_3$ . . . $[Hg_3Br_6((C_4H_9)_3As)_2]$ . . . . 34 (Hg):   Hb/B4–1347/8, 1350
$As_2Br_6Cu_7$ . . . . . . $7 Cu \cdot 2 AsBr_3$ . . . . 17 (As):   Hb–400
                                                        60 (Cu):   Hb/B2–959
$As_2Br_6H_{21}N_7$ . . . . . . $2 AsBr_3 \cdot 7 NH_3$. . . . . 17 (As):   Hb–400
$As_2Br_7C_4H_{12}N$ . . . . $(CH_3)_4N[As_2Br_7]$ . . . . 17 (As):   Hb–402
$As_2Br_7C_5H_{11}N$ . . . . $C_5H_{11}N[As_2Br_7]$ . . . . 17 (As):   Hb–402
$As_2Br_7C_{11}H_{12}N$ . . . . $C_{11}H_{12}N[As_2Br_7]$ . . . . 17 (As):   Hb–402
As_2Br_7H. . . . . $H[As_2Br_7]$ . . . . 17 (As):   Hb–401
As_2Br_8. . . . . As_2Br_8 . . . . 17 (As):   Hb–403
$As_2Br_8C_8Ge_3H_{24}$ . . . $3 GeBr_2 \cdot 2 As(CH_3)_4Br$. . . . . 45 (Ge):   Eb–527
$As_2Br_8C_{10}H_{10}N_2$ . . . $C_{10}H_{10}N_2[As_2Br_8]$. . . . . 17 (As):   Hb–402
$As_2Br_9{}^{3-}$ . . . . $[As_2Br_9]^{3-}$ . . . . 17 (As):   Hb–401
$As_2Br_9CCl_3H_4$ . . . . . $H_3[As_2(CHCl_3)Br_9]$ . . . . 17 (As):   Hb–401
$As_2Br_9C_6H_{24}N_3$ . . . . $(C_2H_5NH_3)_3[As_2Br_9]$ . . . . 17 (As):   Hb–402
$As_2Br_9C_{16}Cl_3H_{19}N_3$ . . $(C_5H_6N)_3[As_2(CHCl_3)Br_9]$. . . . . 17 (As):   Hb–402
$As_2Br_9C_{16}Cl_3H_{34}N_3$ . . $(C_5H_{11}N)_3[As_2(CHCl_3)Br_9]$ . . . . 17 (As):   Hb–402

$As_2Br_9C_{18}H_{24}N_3$ . . . . $(C_6H_8N)_3[As_2Br_9]$ . . . . 17 (As): Hb–402

$As_2Br_9C_{28}Cl_3H_{43}N_3$ . . $(C_9H_{14}N)_3[As_2(CHCl_3)Br_9]$ . . . . 17 (As): Hb–402

$As_2Br_9Cs_3$ . . . . $Cs_3[As_2Br_9] = 3\,CsBr \cdot 2\,AsBr_3$ . . . . . 25 (Cs): Hb/2–247

$As_2Br_9H_3$ . . . . $H_3[As_2Br_9]$ . . . . 17 (As): Hb–401

$As_2Br_9Rb_3$ . . . . $Rb_3[As_2Br_9] = 3\,RbBr \cdot 2\,AsBr_3$ . . . . . 24 (Rb): Hb–235/6

$As_2Br_{11}C_9H_{30}N_3$ . . . $((CH_3)_3NH)_3[As_2Br_{11}]$ . . . . 17 (As): Hb–403

$As_2Br_{11}C_{12}H_{36}N_3$ . . . $((CH_3)_4N)_3[As_2Br_{11}]$ . . . . 17 (As): Hb–403

$As_2Br_{11}C_{15}H_{18}N_3$ . . . $(C_5H_6N)_3[As_2Br_{11}]$ . . . . 17 (As): Hb–403

$As_2Br_{11}C_{25}H_{30}N_5$ . . . $(C_5H_6N)_5[As_2Br_{11}]$ . . . . 17 (As): Hb–402

$As_2Br_{11}H_3$ . . . . $H_3[As_2Br_{11}]$ . . . . 17 (As): Hb–403

$As_2Br_{11}H_5$ . . . . $H_5[As_2Br_{11}]$ . . . . 17 (As): Hb–401

$As_2CCl_{12}H_4$ . . . . . . $H_3[As_2(CHCl_3)Cl_9]$ . . . . 17 (As): Hb–391

$As_2C_2Cl_4H_4O_2$ . . . . . $Cl_2AsOCH_2CH_2OAsCl_2$ . . . . 17 (As): Hb–381

$As_2C_2H_6O_6Zr$ . . . . . $Zr(CH_3AsO_3)_2$ . . . . 42 (Zr): Hb–184

$As_2C_3Cl_9H_{18}N_3$ . . . . $(CH_3NH_3)_3[As_2Cl_9]$ . . . . 17 (As): Hb–391

$As_2C_3Cl_9H_{18}N_9$ . . . . $(CH_6N_3)_3[As_2Cl_9]$ . . . . 17 (As): Hb–391

$As_2C_3Cr_3H_{45}N_{18}S_{11}$ . . $[CrSCN(NH_3)_5]_3[AsS_4]_2 \cdot 3\,H_2O$ . . . 52 (Cr): Hb/C–155

$As_2C_4CdH_{12}O_4$ . . . . $Cd[(CH_3)_2AsO_2]_2$ . . . . 33 (Cd): Eb–663/4

$As_2C_4Cl_2H_{13}O_2Pt^-$ . . $[Pt((CH_3)_2AsOAs(CH_3)_2)Cl_2(OH)]^-$ . . . . 68 (Pt): Hb/D–417

$As_2C_4Cl_2H_{14}O_2Pt$ . . $[Pt((CH_3)_2AsOAs(CH_3)_2)(H_2O)Cl_2]$ . . 68 (Pt): Hb/D–417

$As_2C_4Cl_6H_{16}Pt$ . . . . $[(CH_3)_2AsH_2]_2[PtCl_6]$ . . . . 68 (Pt): Hb/C2–251

$As_2C_4CrH_6O_4$ . . . . . $Cr(CO)_4 \cdot As_2H_6$ . . . . 52 (Cr): Hb/B–368

$As_2C_4CrH_{12}O_4^+$ . . . . $[Cr((CH_3)_2AsO_2)_2(H_2O)_m]^+$ . . . . 52 (Cr): Hb/C–407

$As_2C_4CrH_{2x+12}O_{x+4}^+$. $[Cr((CH_3)_2AsO_2)_2(H_2O)_m]^+$ . . . . 52 (Cr): Hb/C–407

$As_2C_4Cu_3O_{12}$ . . . . . $Cu(AsO_2)_2 \cdot 2\,CuC_2O_4$ . . . . 60 (Cu): Hb/B2–968

$As_2C_4H_4O_8$ . . . . . . $(AsO)_2C_4H_4O_6$ . . . . 17 (As): Hb–470

$As_2C_4H_{12}$ . . . . $[As(CH_3)_2]_2$ . . . . 17 (As): Hb–184

$As_2C_4H_{12}I_4$ . . . . . $AsI_3 \cdot (CH_3)_4AsI$ . . . . 17 (As): Hb–413

$As_2C_4H_{12}N_2S_4$ . . . . $C_4H_{12}N_2S \cdot As_2S_3$ . . . . 17 (As): Hb–458

$As_2C_4H_{12}O$ . . . . . . $(CH_3)_2AsOAs(CH_3)_2$ . . . . 17 (As): Hb–269/70

$As_2C_4H_{12}O_4S_2U$ . . . $UO_2(AsOS(CH_3)_2)_2$ . . . . 55 (U): Hb–178

$As_2C_4H_{12}O_4Zn$ . . . . $Zn[(CH_3)_2AsO_2]_2$ . . . . 32 (Zn): Eb–999

$As_2C_4H_{12}O_6U$ . . . . . $UO_2(AsO_2(CH_3)_2)_2$ . . . . 55 (U): Hb–178

$As_2C_4H_{14}I_2O_2Pt$ . . . $[Pt((CH_3)_2AsOAs(CH_3)_2)(H_2O)I_2]$ . . . . . 68 (Pt): Hb/D–417

$As_2C_4H_{14}N_2O_8Pt$ . . . $[Pt((CH_3)_2AsOAs(CH_3)_2)(H_2O)(NO_3)_2]$ . . 68 (Pt): Hb/D–417

$As_2C_4H_{14}O_6PtS$ . . . . $[Pt((CH_3)_2AsOAs(CH_3)_2)(H_2O)SO_4]$ . . . . 68 (Pt): Hb/D–417

$As_2C_4H_{24}Mo_6N_{12}O_{25}$. $2(CN_3H_6)_2O \cdot As_2O_5 \cdot 6\,MoO_3 \cdot 24\,H_2O$

          $= (CN_3H_6)_2H[AsO(MoO_4)_3] \cdot 11.5\,H_2O$. 53 (Mo): Hb–369

$As_2C_5Cl_6H_5N$ . . . . . $2\,AsCl_3 \cdot C_5H_5N$ . . . . 17 (As): Hb–387/8

$As_2C_5H_6I_7N$ . . . . . . $C_5H_6N[As_2I_7]$ . . . . 17 (As): Hb–414

As_2C_6 . . . . As_2C_6 . . . . 17 (As): Hb–468

$As_2C_6Cl_2H_{18}Hg$ . . . . $[HgCl_2((CH_3)_3As)_2]$ . . . . 34 (Hg): Hb/B4–1348

$As_2C_6Cl_2H_{18}N_2O_4Pd_2$. $[Pd_2(As(CH_3)_3)_2Cl_2(NO_2)_2]$ . . . . 65 (Pd): Hb/2–430

$As_2C_6Cl_2H_{18}Pd$ . . . . $[Pd(As(CH_3)_3)_2Cl_2]$ . . . . 65 (Pd): Hb/2–418

$As_2C_6Cl_4H_{18}Hg_2$ . . . . $[Hg_2Cl_4((CH_3)_3As)_2]$ . . . . 34 (Hg): Hb/B4–1348

$As_2C_6Cl_4H_{18}Pd_2$ . . . . $[Pd_2(As(CH_3)_3)_2Cl_4]$ . . . . 65 (Pd): Hb/2–429

$As_2C_6Cl_6H_6$ . . . . . . $2\,AsCl_3 \cdot C_6H_6$ . . . . 17 (As): Hb–386/7

$As_2C_6Cl_8H_{18}Hg_4$ . . . $[Hg_4Cl_8((CH_3)_3As)_2]$ . . . . 34 (Hg): Hb/B4–1348

$As_2C_6Co_2O_6$ . . . . . . $As_2Co_2(CO)_6$ . . . . Erg. W. 6–73/4

As$_2$C$_6$CuH$_{14}$N$_2$O$_6{}^{2-}$. [Cu(C$_6$H$_{14}$As$_2$N$_2$O$_6$)]$^{2-}$ . . . . 60 (Cu):   Hb/B4–1666

As$_2$C$_6$H$_{18}$N$_2$O$_4$Pd . . . [Pd(As(CH$_3$)$_3$)$_2$(NO$_2$)$_2$] . . . . 65 (Pd):   Hb/2–418

As$_2$C$_6$H$_{18}$N$_4$O$_8$Pd$_2$ . . [Pd$_2$(As(CH$_3$)$_3$)$_2$(NO$_2$)$_4$]. . . . . 65 (Pd):   Hb/2–429

As$_2$C$_6$H$_{36}$Mo$_6$N$_{18}$O$_{26}$. 3 (CN$_3$H$_6$)$_2$O · As$_2$O$_5$ · 6 MoO$_3$

              = (CN$_3$H$_6$)$_3$[AsO(MoO$_4$)$_3$]. . . . . . . 53 (Mo):   Hb–369

As$_2$C$_6$H$_{36}$Mo$_{12}$N$_{18}$O$_{42}$

              3 (CN$_3$H$_6$)$_2$O · As$_2$O$_3$ · 12 MoO$_3$ · 2 H$_2$O

              = (CN$_3$H$_6$)$_3$[As(Mo$_2$O$_7$)$_3$] · H$_2$O . . . . . 53 (Mo):   Hb–362

As$_2$C$_6$H$_{36}$Mo$_{18}$N$_{18}$O$_{62}$

              3 (CN$_3$H$_6$)$_2$O · As$_2$O$_5$ · 18 MoO$_3$ · 9 H$_2$O

              = (CN$_3$H$_6$)$_6$H$_6$[As$_2$O$_2$(Mo$_2$O$_7$)$_9$]

                · 6 H$_2$O . . . . 53 (Mo):   Hb–367

As$_2$C$_6$H$_{36}$Mo$_{20}$N$_{18}$O$_{68}$

              3 (CN$_3$H$_6$)$_2$O · As$_2$O$_5$ · 20 MoO$_3$ · 14 H$_2$O

              = (CN$_3$H$_6$)$_3$H$_4$[AsO(Mo$_2$O$_7$)$_5$] · 5 H$_2$O. . 53 (Mo):   Hb–365

As$_2$C$_6$H$_{36}$N$_{18}$O$_{62}$W$_{18}$. 3 (CN$_3$H$_6$)$_2$O · As$_2$O$_5$ · 18 WO$_3$ · 23 H$_2$O

              = (CN$_3$H$_6$)$_6$H$_4$[As$_2$(OH)$_2$(W$_2$O$_7$)$_9$]

                · 20 H$_2$O. . . . . 54 (W):   Hb–378

As$_2$C$_6$H$_{42}$Mo$_{18}$N$_{18}$O$_{65}$

              (CN$_3$H$_6$)$_6$H$_6$[As$_2$O$_2$(Mo$_2$O$_7$)$_9$] · 6 H$_2$O

              = 3 (CN$_3$H$_6$)$_2$O · As$_2$O$_5$ · 18 MoO$_3$

                · 9 H$_2$O . . . . 53 (Mo):   Hb–367

As$_2$C$_6$H$_{42}$N$_{18}$O$_{65}$W$_{18}$. (CN$_3$H$_6$)$_6$H$_4$[As$_2$(OH)$_2$(W$_2$O$_7$)$_9$] · 20 H$_2$O

              = 3 (CN$_3$H$_6$)$_2$O · As$_2$O$_5$ · 18 WO$_3$

                · 23 H$_2$O. . . . . 54 (W):   Hb–378

As$_2$C$_8$OCaH$_8$O$_{14}$ . . . . Ca(AsOC$_4$H$_4$O$_6$)$_2$ · H$_2$O . . . . 28 (Ca):   Hb/B3–1238

As$_2$C$_8$Cl$_2$H$_{18}$N$_2$Pd$_2$S$_2$. [Pd$_2$(As(CH$_3$)$_3$)$_2$(CNS)$_2$Cl$_2$] . . . . 65 (Pd):   Hb/2–432

As$_2$C$_8$Cl$_6$H$_{24}$Pt . . . . [(CH$_3$)$_4$As]$_2$[PtCl$_6$] . . . . 68 (Pt):   Hb/C2–251

As$_2$C$_8$CrH$_{12}$O$_4$ . . . . [(CO)$_4$CrAs$_2$(CH$_3$)$_4$]$_x$ . . . . Erg. W. 3–403/4

As$_2$C$_8$F$_6$H$_{12}$S$_2$ . . . . . (CH$_3$)$_2$AsSC(CF$_3$)C(CF$_3$)SAs(CH$_3$)$_2$. . . . . Erg. W. 9–78

As$_2$C$_8$H$_8$O$_{14}$Sr . . . . Sr(AsO · C$_4$H$_4$O$_6$)$_2$ · H$_2$O . . . . 29 (Sr):   Hb–220

As$_2$C$_8$H$_{11}$I$_3$ . . . . . . AsI$_3$ · (CH$_3$)$_2$C$_6$H$_5$As . . . . 17 (As):   Hb–413

As$_2$C$_8$H$_{18}$N$_2$PdS$_2$ . . . [Pd(As(CH$_3$)$_3$)$_2$(CNS)$_2$] . . . . 65 (Pd):   Hb/2–419

As$_2$C$_8$H$_{18}$NiO$_8$ . . . . Ni(CO)$_2$[As(OCH$_3$)$_3$]$_2$ . . . . 57 (Ni):   Hb/B3–837

As$_2$C$_8$H$_{20}$ . . . . [As(C$_2$H$_5$)$_2$]$_2$ . . . . 17 (As):   Hb–184

As$_2$C$_8$H$_{20}$I$_4$ . . . . . . AsI$_3$ · (C$_2$H$_5$)$_4$AsI . . . . 17 (As):   Hb–413

As$_2$C$_8$H$_{24}$I$_4$Zn . . . . . ZnI$_2$ · 2 As(CH$_3$)$_4$I . . . . 32 (Zn):   Hb–286

As$_2$C$_9$H$_8$I$_7$N . . . . . . C$_9$H$_8$N[As$_2$I$_7$] . . . . 17 (As):   Hb–414

As$_2$C$_9$H$_9$I$_6$NO . . . . . C$_9$H$_8$N[As$_2$(OH)I$_6$] . . . . 17 (As):   Hb–414

As$_2$C$_9$H$_{39}$Mo$_8$N$_9$O$_{29}$. (CN$_3$H$_6$)$_3$H$_3$[As$_2$O(CH$_3$)$_6$(Mo$_2$O$_7$)$_4$] . . . . 53 (Mo):   Hb–372

As$_2$C$_{10}$ClCrH$_{15}$O$_4$ . . . (CO)$_4$Cr(CH$_3$)AsCH$_2$CHClAs(CH$_3$)$_2$ . . . . Erg. W. 3–83, 87

As$_2$C$_{10}$Cl$_2$H$_{16}$Hg . . . [HgCl$_2$(CH$_3$)$_2$AsC$_6$H$_4$As(CH$_3$)$_2$]. . . . . . . 34 (Hg):   Hb/B4–1351

As$_2$C$_{10}$Cl$_2$H$_{16}$Pd. . . . [Pd(C$_6$H$_4$(As(CH$_3$)$_2$)$_2$)Cl$_2$]. . . . . 65 (Pd):   Hb/2–421

As$_2$C$_{10}$Cl$_3$CrH$_{18}$O . . . [CrCl$_3$(H$_2$O) (CH$_3$)$_2$AsC$_6$H$_4$As(CH$_3$)$_2$]. . . . 52 (Cr):   Hb/C–233/4

As$_2$C$_{10}$Cl$_3$H$_{16}$NORu. . [Ru(NO)Cl$_3$((CH$_3$)$_2$AsC$_6$H$_4$As(CH$_3$)$_2$)] . . . 63 (Ru):   Eb–441

As$_2$C$_{10}$Cl$_3$H$_{16}$NbO . NbOCl$_3$ · C$_6$H$_4$[As(CH$_3$)$_2$]$_2$ . . . . 49 (Nb):   Hb/B1–198

                                               Hb/B4–472

As$_2$C$_{10}$Cl$_4$CrH$_{16}{}^-$ . . . [CrCl$_4$((CH$_3$)$_2$AsC$_6$H$_4$As(CH$_3$)$_2$)]$^-$ . . . . . 52 (Cr):   Hb/C–291

As$_2$C$_{10}$Cl$_4$H$_{16}$Nb . . . NbCl$_4$ · (CH$_3$)$_2$AsC$_6$H$_4$As(CH$_3$)$_2$ . . . . . 49 (Nb):   Hb/B1–198

As$_2$C$_{10}$Cl$_5$H$_{16}$Nb . . . NbCl$_5$ · (CH$_3$)$_2$AsC$_6$H$_4$As(CH$_3$)$_2$ . . . . . . 49 (Nb):   Hb/B4–472

As$_2$C$_{10}$Cl$_5$H$_{16}$Ta . . . . TaCl$_5$ · (CH$_3$)$_2$AsC$_6$H$_4$As(CH$_3$)$_2$ . . . . 50 (Ta): Hb/B2$-$383

As$_2$C$_{10}$Cl$_{10}$H$_{10}$N$_2$V . . VCl$_4$ · 2 AsCl$_3$ · 2 C$_5$H$_5$N
            = [C$_5$H$_5$NAsCl$_2$]$_2$VCl$_6$ . . . . 48 (V): Hb/B1$-$367

As$_2$C$_{10}$CoF$_4$H$_{15}$$^+$ . . . [CH$_3$CCo(C$_8$H$_{12}$As$_2$F$_4$)]$^+$ . . . . Erg. W. 6$-$147

As$_2$C$_{10}$CrFH$_{15}$O$_4$ . . . (CO)$_4$Cr(CH$_3$)$_2$AsCH$_2$CHFAs(CH$_3$)$_2$ . . . . Erg. W. 3$-$83, 87

As$_2$C$_{10}$CrH$_{18}$O$_4$Si . . . (CO)$_4$Cr[(CH$_3$)$_2$As]$_2$Si(CH$_3$)$_2$ . . . . . . Erg. W. 3$-$82, 86

As$_2$C$_{10}$CrH$_{18}$O$_4$Sn . . (CO)$_4$Cr[(CH$_3$)$_2$As]$_2$Sn(CH$_3$)$_2$ . . . . Erg. W. 3$-$82, 86

As$_2$C$_{10}$H$_{16}$HgI$_2$ . . . . [HgI$_2$((CH$_3$)$_2$AsC$_6$H$_4$As(CH$_3$)$_2$)] . . . . 34 (Hg): Hb/B4$-$1351

As$_2$C$_{10}$H$_{16}$I$_2$Ni . . . . . NiI$_2$ · (CH$_3$)$_2$AsC$_6$H$_4$As(CH$_3$)$_2$ . . . . . . 57 (Ni): Hb/C2$-$1108

As$_2$C$_{10}$H$_{16}$I$_4$Ni . . . . . [NiI$_4$((CH$_3$)$_2$AsC$_6$H$_4$As(CH$_3$)$_2$)] . . . . . . 57 (Ni): Hb/C2$-$1133

As$_2$C$_{10}$H$_{24}$N$_2$S$_4$ . . . . (C$_5$H$_{12}$N)$_2$S · As$_2$S$_3$ . . . . 17 (As): Hb$-$458

As$_2$C$_{10}$H$_{24}$NiS$_2$ . . . . [Ni(C$_5$H$_{12}$AsS)$_2$] . . . . 57 (Ni): Hb/C2$-$1104

As$_2$C$_{10}$H$_{56}$Mo$_{18}$N$_{24}$O$_{63}$
            (CN$_3$H$_6$)$_8$H$_2$[As$_2$(CH$_3$)$_2$(Mo$_2$O$_7$)$_9$] · 8 H$_2$O . 53 (Mo): Hb$-$372

As$_2$C$_{10}$H$_{60}$N$_{30}$O$_{62}$W$_{18}$
            5 (CN$_3$H$_6$)$_2$O · As$_2$O$_3$ · 18 WO$_3$ · 41 H$_2$O . . 54 (W): Hb$-$379

As$_2$C$_{10}$H$_{60}$N$_{30}$O$_{64}$W$_{18}$
            5 (CN$_3$H$_6$)$_2$O · As$_2$O$_5$ · 18 WO$_3$ · 20 H$_2$O . . 54 (W): Hb$-$378

As$_2$C$_{10}$H$_{62}$N$_{30}$O$_{65}$W$_{18}$ · (CN$_3$H$_6$)$_{10}$[As$_2$(OH)$_2$(W$_2$O$_7$)$_9$] · 20 H$_2$O. . . 54 (W): Hb$-$378

As$_2$C$_{11}$CoH$_{16}$NO$_2$ . . . Co(CO) (NO) ((CH$_3$)$_2$AsC$_6$H$_4$As(CH$_3$)$_2$) . . Erg. W. 5$-$158

As$_2$C$_{11}$Co$_3$F$_4$H$_{15}$O$^+$ . . [CH$_3$CCo$_3$(CO) (C$_8$H$_{12}$As$_2$F$_4$)]$^+$ . . . . . . Erg. W. 6$-$147/8

As$_2$C$_{12}$CdH$_{30}$I$_2$ . . . . [Cd((C$_2$H$_5$)$_3$As)$_2$I$_2$] . . . . 33 (Cd): Eb$-$791

As$_2$C$_{12}$Cd$_2$H$_{30}$I$_4$ . . . [Cd$_2$((C$_2$H$_5$)$_3$As)$_2$I$_4$] . . . . 33 (Cd): Eb$-$792

As$_2$C$_{12}$Cl$_2$CoH$_{30}$ . . . CoCl$_2$ · 2 As(C$_2$H$_5$)$_3$ . . . . 58 (Co): Eb/B1$-$308

As$_2$C$_{12}$Cl$_2$H$_{30}$Pd . . . [Pd(As(C$_2$H$_5$)$_3$)$_2$Cl$_2$] . . . . 65 (Pd): Hb/2$-$418

As$_2$C$_{12}$Cl$_2$H$_{30}$Pt . . . [Pt(As(C$_2$H$_5$)$_3$)$_2$Cl$_2$] . . . . 68 (Pt): Hb/D$-$352/3

As$_2$C$_{12}$Cl$_3$CrH$_{24}$O$_2$ . . [CrCl$_2$(H$_2$O) (C$_2$H$_5$OH) (CH$_3$)$_2$As
            C$_6$H$_4$As(CH$_3$)$_2$]Cl . . . . 52 (Cr): Hb/C$-$217

As$_2$C$_{12}$Cl$_3$H$_{30}$NORu . . [Ru(NO)Cl$_3$(C$_6$H$_{15}$As)$_2$] . . . . 63 (Ru): Eb$-$439

As$_2$C$_{12}$Cl$_4$CuH$_{14}$N$_2$O$_2$. C$_{12}$H$_{14}$N$_2$O$_2$Cl$_2$As$_2$ · CuCl$_2$ . . . . 60 (Cu): Hb/B3$-$1100

As$_2$C$_{12}$Cl$_4$H$_{30}$Hg$_2$ . . . [Hg$_2$Cl$_4$((C$_2$H$_5$)$_3$As)$_2$] . . . . 34 (Hg): Hb/B4$-$1348

As$_2$C$_{12}$Cl$_4$H$_{30}$Pd$_2$ . . . [Pd$_2$(As(C$_2$H$_5$)$_3$)$_2$Cl$_4$] . . . . 65 (Pd): Hb/2$-$429

As$_2$C$_{12}$Cl$_4$H$_{30}$Pt . . . . [Pt(As(C$_2$H$_5$)$_3$)$_2$Cl$_4$] . . . . 68 (Pt): Hb/D$-$597/8

As$_2$C$_{12}$Cl$_4$H$_{30}$Pt$_2$ . . . [Pt$_2$(As(C$_2$H$_5$)$_3$)$_2$Cl$_4$] . . . . 68 (Pt): Hb/D$-$465

As$_2$C$_{12}$Cl$_6$Cu$_2$H$_{14}$N$_2$O$_2$ C$_{12}$H$_{14}$N$_2$O$_2$Cl$_2$As$_2$ · 2 CuCl$_2$ . . . . . . 60 (Cu): Hb/B3$-$1100

As$_2$C$_{12}$Cl$_6$H$_{24}$O$_6$ . . . 2 AsCl$_3$ · 3 C$_4$H$_8$O$_2$ . . . . 17 (As): Hb$-$390

As$_2$C$_{12}$Cl$_6$H$_{30}$Hg$_3$ . . . [Hg$_3$Cl$_6$((C$_2$H$_5$)$_3$As)$_2$] . . . . 34 (Hg): Hb/B4$-$1348

As$_2$C$_{12}$Cl$_6$H$_{32}$Pt . . . . [(CH$_3$)$_2$(C$_2$H$_5$)$_2$As]$_2$[PtCl$_6$] . . . . 68 (Pt): Hb/C2$-$251

As$_2$C$_{12}$Cl$_8$H$_{30}$Hg$_4$ . . . [Hg$_4$Cl$_8$((C$_2$H$_5$)$_3$As)$_2$] . . . . 34 (Hg): Hb/B4$-$1348/9

As$_2$C$_{12}$CoH$_{30}$I$_2$ . . . . CoI$_2$ · 2 As(C$_2$H$_5$)$_3$ . . . . 58 (Co): Eb/B1$-$309

As$_2$C$_{12}$Co$_2$F$_3$H$_{13}$O$_6$ . . Co$_2$(CO)$_6$(C$_6$H$_{13}$As$_2$F$_3$) . . . . Erg. W. 6$-$38

As$_2$C$_{12}$Co$_3$F$_4$H$_{15}$O$_2$$^+$. [CH$_3CCo_3(CO)_2$(C$_8H_{12}As_2F_4$)]$^+$ . . . . . . Erg. W. 6$-$147/8

As$_2$C$_{12}$CrF$_4$H$_{12}$O$_4$ . . (CO)$_4$Cr[(CH$_3$)$_2$As]$_2$C$_4$F$_4$ . . . . Erg. W. 3$-$82

As$_2$C$_{12}$CrH$_{16}$IO$_2$$^+$ . . [(CO)$_4$Cr((CH$_3$)$_2$AsC$_6$H$_4$As (CH$_3$)$_2$)I]$^+$ . . . Erg. W. 3$-$120

As$_2$C$_{12}$CrH$_{16}$I$_2$O$_2$ . . . [(CO)$_2$Cr((CH$_3$)$_2$AsC$_6$H$_4$As(CH$_3$)$_2$)I]I . . . . Erg. W. 3$-$120

As$_2$C$_{12}$CrH$_{16}$I$_4$O$_2$ . . . [(CO)$_2$Cr((CH$_3$)$_2$AsC$_6$H$_4$As(CH$_3$)$_2$)I]I$_3$ . . . . Erg. W. 3$-$120

As$_2$C$_{12}$Cr$_4$H$_{54}$N$_{12}$O$_6$S$_8$
            [Cr$_4$(OH)$_6$(C$_2$H$_8$N$_2$)$_6$] [AsS$_4$]$_2$ · 6 H$_2$O . . . . 52 (Cr): Hb/C$-$314

As$_2$C$_{12}$H$_{10}$O$_6$Pu . . . . Pu(C$_6$H$_5$AsO$_3$)$_2$ . . . . Erg. W. 4$-$242

As$_2$C$_{12}$H$_{11}$NbO$_7$ . . . . NbOH(C$_6$H$_5$AsO$_3$)$_2$ · H$_2$O . . . . 49 (Nb): Hb/B4$-$473

As$_2$C$_{12}$H$_{12}$N$_2$O$_8$U$_2$ . . (UO$_2$OH)$_2$As$_2$C$_{12}$H$_6$(NH$_2$)$_2$O$_2$ · 5 H$_2$O . . . 55 (U):   Hb–178
As$_2$C$_{12}$H$_{12}$N$_4$O$_{12}$U . . UO$_2$(C$_6$H$_3$NO$_2$NH$_2$HAsO$_3$)$_2$ · 2 H$_2$O . . . . 55 (U):   Hb–178
As$_2$C$_{12}$H$_{13}$NO$_6$ . . . . . [(HO)$_2$OAsC$_6$H$_4$]$_2$NH . . . . 17 (As):   Hb–338/9
As$_2$C$_{12}$H$_{14}$N$_2$O$_8$U . . . UO$_2$(C$_6$H$_4$NH$_2$HAsO$_3$)$_2$ · H$_2$O. . . . . . . 55 (U):   Hb–178
As$_2$C$_{12}$H$_{14}$N$_2$O$_{10}$U . . UO$_2$(C$_6$H$_3$OHNH$_2$HAsO$_3$)$_2$ · 2 H$_2$O. . . . 55 (U):   Hb–178
As$_2$C$_{12}$H$_{16}$NiO$_2$ . . . . Ni(CO)$_2$((CH$_3$)$_2$AsC$_6$H$_4$As(CH$_3$)$_2$). . . . 57 (Ni):   Hb/B3–836/7
As$_2$C$_{12}$H$_{18}$O$_6$S$_6$ . . . As$_2$S$_3$ · 3 S(CH$_3$CO)$_2$ . . . . 17 (As):   Hb–433
As$_2$C$_{12}$H$_{30}$Hg$_2$I$_4$ . . . . [Hg$_2$I$_4$((C$_2$H$_5$)$_3$As)$_2$] . . . . 34 (Hg):   Hb/B4–1349
As$_2$C$_{12}$H$_{30}$Hg$_3$I$_6$ . . . . [Hg$_3$I$_6$((C$_2$H$_5$)$_3$As)$_2$] . . . . 34 (Hg):   Hb/B4–1347, 1349
As$_2$C$_{12}$H$_{30}$I$_2$Ni. . . . . [NiI$_2$((C$_2$H$_5$)$_3$As)$_2$]. . . . . 57 (Ni):   Hb/C2–1102
As$_2$C$_{12}$H$_{30}$I$_2$Pt. . . . . [Pt(As(C$_2$H$_5$)$_3$)$_2$I$_2$]. . . . . 68 (Pt):   Hb/D–353
As$_2$C$_{12}$H$_{30}$I$_3$NORu . [Ru(NO)I$_3$(C$_6$H$_{15}$As)$_2$] . . . . 63 (Ru):   Eb–439
As$_2$C$_{12}$H$_{30}$I$_4$Pt. . . . . [Pt(As(C$_2$H$_5$)$_3$)$_2$I$_4$]. . . . . 68 (Pt):   Hb/D–598
As$_2$C$_{12}$H$_{30}$N$_2$O$_4$Pd . [Pd(As(C$_2$H$_5$)$_3$)$_2$(NO$_2$)$_2$] . . . . 65 (Pd):   Hb/2–418
As$_2$C$_{12}$H$_{30}$N$_2$O$_4$Pt . [Pt(As(C$_2$H$_5$)$_3$)$_2$(NO$_2$)$_2$] . . . . 68 (Pt):   Hb/D–352
As$_2$C$_{12}$H$_{36}$N$_6$S$_8$ . . . . 3 C$_4$H$_{12}$N$_2$S · As$_2$S$_5$ . . . . 17 (As):   Hb–459
As$_2$C$_{12}$H$_{72}$Mo$_{18}$N$_{36}$O$_{65}$

      6 (CN$_3$H$_6$)$_2$O · As$_2$O$_5$ · 18 MoO$_3$ · 12 H$_2$O
         = (CN$_3$H$_6$)$_{12}$[As$_2$O$_2$(Mo$_2$O$_7$)$_9$] · 12 H$_2$O . 53 (Mo):   Hb–367
As$_2$C$_{12}$K$_6$O$_{24}$ . . . . . 3 K$_2$O · As$_2$O$_3$ · 6 C$_2$O$_3$ · 6 H$_2$O . . . . 22 (K):   Hb/5–1033/4
As$_2$C$_{13}$Co$_2$F$_4$H$_{12}$O$_5$ . . Co$_2$(CO)$_5$(C$_8$H$_{12}$As$_2$F$_4$) . . . . Erg. W. 6–83/4
As$_2$C$_{13}$Co$_2$F$_6$H$_{12}$O$_6$ . . Co$_2$(CO)$_6$(C$_7$H$_{12}$As$_2$F$_6$) . . . . Erg. W. 6–38
As$_2$C$_{13}$Co$_3$F$_4$H$_{15}$O$_3$$^+$. [CH$_3CCo_3(CO)_3$(C$_8H_{12}As_2F_4$)]$^+$ . . . . . Erg. W. 6–147/8
As$_2$C$_{13}$CrH$_{24}$O$_4$Si . . . (CO)$_4$Cr(CH$_3$)$_2$AsCH$_2$CH[Si(CH$_3$)$_3$]
                                 As(CH$_3$)$_2$ . . . . Erg. W. 3–83, 87
As$_2$C$_{14}$Cl$_4$H$_{24}$V . . . . [VCl$_4$(C$_2$H$_5$)$_2$AsC$_6$H$_4$As(C$_2$H$_5$)$_2$] . . . . . 48 (V):   Hb/B2–789
As$_2$C$_{14}$Co$_2$F$_4$H$_{12}$O$_6$. Co$_2$(CO)$_6$(C$_8$H$_{12}$As$_2$F$_4$) . . . . Erg. W. 6–38/9
As$_2$C$_{14}$Co$_2$F$_6$H$_{12}$O$_6$. Co$_2$(CO)$_6$(C$_8$H$_{12}$As$_2$F$_6$) . . . . Erg. W. 6–38
As$_2$C$_{14}$Co$_3$F$_4$H$_{15}$O$_4$$^+$. [CH$_3CCo_3(CO)_4$(C$_8H_{12}As_2F_4$)]$^+$ . . . . . Erg. W. 6–147/8
As$_2$C$_{14}$CrH$_{12}$O$_{10}$ . . . [(CO)$_{10}$CrAs$_2$(CH$_3$)$_4$]$_x$. . . . . Erg. W. 3–403
As$_2$C$_{14}$CrH$_{16}$O$_4$ . . . . (CO)$_4$Cr[(CH$_3$)$_2$As]$_2$C$_6$H$_4$ . . . . Erg. W. 3–82, 86
As$_2$C$_{14}$CrH$_{18}$O$_{10}$· . . . (CO)$_4$Cr[As(OCH$_2$)$_3$CCH$_3$]$_2$. . . . . Erg. W. 3–35
As$_2$C$_{14}$Cr$_2$H$_{12}$O$_{10}$ . . (CO)$_5$Cr[(CH$_3$)$_2$AsAs(CH$_3$)$_2$]Cr(CO)$_5$ . . . . Erg. W. 3–373/4
As$_2$C$_{14}$H$_{30}$NiO$_2$ . . . . Ni(CO)$_2$[As(C$_2$H$_5$)$_3$]$_2$ . . . . 57 (Ni):   Hb/B3–835/6
As$_2$C$_{14}$H$_{30}$NiO$_8$ . . . . Ni(CO)$_2$[As(OC$_2$H$_5$)$_3$]$_2$ . . . . 57 (Ni):   Hb/B3–837/8
As$_2$C$_{14}$H$_{36}$HgI$_4$ . . . . [(CH$_3$) (C$_2$H$_5$)$_3$As]$_2$[HgI$_4$] . . . . 34 (Hg):   Hb/B4–1559
As$_2$C$_{14}$H$_{84}$Mo$_{20}$N$_{42}$O$_{72}$

      7 (CN$_3$H$_6$)$_2$O · As$_2$O$_5$ · 20 MoO$_3$ · 40 H$_2$O
         = (CN$_3$H$_6$)$_7$[AsO(Mo$_2$O$_7$)$_5$] · 20 H$_2$O . . 53 (Mo):   Hb–365
As$_2$C$_{15}$Co$_3$F$_4$H$_{15}$O$_5$$^+$. [CH$_3CCo_3(CO)_5$(C$_8H_{12}As_2F_4$)]$^+$ . . . . . Erg. W. 6–147/8
As$_2$C$_{16}$Cd$_2$Cl$_4$H$_{22}$ . . . [Cd$_2$((CH$_3$)$_2$C$_6$H$_5$As)$_2$Cl$_4$] . . . . 33 (Cd):   Eb–792
As$_2$C$_{16}$Cd$_2$H$_{22}$I$_4$ . . . [Cd$_2$((CH$_3$)$_2$C$_6$H$_5$As)$_2$I$_4$] . . . . 33 (Cd):   Eb–792
As$_2$C$_{16}$ClCuH$_{22}$ . . . . CuCl · 2 As(CH$_3$)$_2$C$_6$H$_5$ . . . . 60 (Cu):   Hb/B1–251
As$_2$C$_{16}$Cl$_2$H$_{22}$Pt . . . . [Pt(As(CH$_3$)$_2$C$_6$H$_5$)$_2$Cl$_2$] . . . . 68 (Pt):   Hb/D–354
As$_2$C$_{16}$Cl$_2$H$_{24}$N$_2$Ru . [RuCl$_2$(C$_8$H$_{12}$AsN)$_2$] . . . . 63 (Ru):   Eb–440
As$_2$C$_{16}$Cl$_3$H$_{22}$NORu . [Ru(NO)Cl$_3$(C$_8$H$_{11}$As)$_2$]. . . . . 63 (Ru):   Eb–440
As$_2$C$_{16}$Cl$_3$H$_{24}$N$_2$O$_4$Ru . RuCl$_2$(C$_8$H$_{12}$AsN)$_2$ClO$_4$ . . . . 63 (Ru):   Eb–477
As$_2$C$_{16}$Cl$_3$H$_{24}$N$_2$Ru . [RuCl$_2$(C$_8$H$_{12}$AsN)$_2$]Cl · 3 H$_2$O . . . . 63 (Ru):   Eb–477
As$_2$C$_{16}$Cl$_6$H$_{40}$Pt . . . . [(C$_2$H$_5$)$_4$As]$_2$[PtCl$_6$] . . . . 68 (Pt):   Hb/C2–251
As$_2$C$_{16}$Cl$_8$H$_{16}$Pt . . . . [Pt(As(C$_2$H$_2$Cl)$_3$)$_2$(C$_2$H$_2$Cl)$_2$] . . . . 68 (Pt):   Hb/D–356

$As_2C_{16}Cl_{12}H_{37}N_3$ . . . $(C_5H_{12}N)_3[As_2(CHCl_3)Cl_9]$ . . . . 17 (As):   Hb–391

$As_2C_{16}Co_3F_4H_{15}O_6{}^+$. $[CH_3CCo_3(CO)_6(C_8H_{12}As_2F_4)]^+$ . . . . . . Erg. W. 6–147/8

$As_2C_{16}H_{40}I_4Zn$ . . . . $ZnI_2 \cdot 2\ As(C_2H_5)_4I$ . . . . 32 (Zn):   Hb–286

$As_2C_{17}Co_3F_4H_{15}O_7$ . . $CH_3CCo_3(CO)_7(C_8H_{12}As_2F_4)$ . . . . Erg. W. 6–147/8

$As_2C_{17}Co_3F_4H_{15}O_7{}^+$. $[CH_3CCo_3(CO)_7(C_8H_{12}As_2F_4)]^+$ . . . . . Erg. W. 6–147/8

$As_2C_{17}Co_3F_7H_{12}O_7$ . . $CF_3CCo_3(CO)_7(C_8H_{12}As_2F_4)$ . . . . Erg. W. 6–147, 162

$As_2C_{17}H_{45}Mo_9N_{15}O_{36}$ $(CN_3H_6)_5H_5[As_2(C_6H_5)_2(MoO_4)_9] \cdot 6\ H_2O$ . . 53 (Mo):   Hb–373

$As_2C_{18}CdH_{28}I_4$ . . . . $[(C_6H_5)\ (CH_3)_3As]_2[CdI_4]$ . . . . 33 (Cd):   Eb–349

$As_2C_{18}CdH_{42}I_2$ . . . . $[Cd((C_3H_7)_3As)_2I_2]$ . . . . 33 (Cd):   Eb–792

$As_2C_{18}Cd_2H_{26}I_4$ . . . . $[Cd_2((CH_3)_2(CH_3C_6H_4)As)_2I_4]$ . . . . . 33 (Cd):   Eb–792

$As_2C_{18}Cd_2H_{42}I_4$ . . . . $[Cd_2((C_3H_7)_3As)_2I_4]$ . . . . 33 (Cd):   Eb–792

$As_2C_{18}Cl_2CoH_{26}O_8S_2$ . . $[Co(C_9H_{13}AsS)_2]\ (ClO_4)_2 \cdot 4\ H_2O$ . . . . . 58 (Co):   Eb/B1–311

$As_2C_{18}Cl_2H_{26}NiS_2$ . . . $[NiCl_2(C_9H_{13}AsS)_2]$ . . . . 57 (Ni):   Hb/C2–1104/5

$As_2C_{18}Cl_2H_{40}Pd$ . . . . $[Pd(C_2H_4(As(C_4H_9)_2)_2)Cl_2]$ . . . . 65 (Pd):   Hb/2–420

$As_2C_{18}Cl_2H_{42}Pd$ . . . . $[Pd(As(C_3H_7)_3)_2Cl_2]$ . . . . 65 (Pd):   Hb/2–418

$As_2C_{18}Cl_2H_{42}Pt$ . . . . $[Pt(As(C_3H_7)_3)_2Cl_2]$ . . . . 68 (Pt):   Hb/D–354

$As_2C_{18}Cl_4Co_2H_{26}S_2$ . . $[Co(C_9H_{13}AsS)_2]\ [CoCl_4] \cdot H_2O$
                            $= CoCl_2 \cdot C_9H_{13}AsS \cdot 0.5\ H_2O$ . . . . 58 (Co):   Eb/B1–311

$As_2C_{18}Cl_4H_{42}Hg_2$ . . . $[Hg_2Cl_4((C_3H_7)_3As)_2]$ . . . . 34 (Hg):   Hb/B4–1349

$As_2C_{18}Cl_4H_{42}Pd_2$ . . . $[Pd_2(As(C_3H_7)_3)_2Cl_4]$ . . . . 65 (Pd):   Hb/2–429

$As_2C_{18}Cl_4H_{42}Pt_2$ . . . $[Pt_2(As(C_3H_7)_3)_2Cl_4]$ . . . . 68 (Pt):   Hb/D–465/6

$As_2C_{18}Cl_6H_{42}Hg_3$ . . . $[Hg_3Cl_6((C_3H_7)_3As)_2]$ . . . . 34 (Hg):   Hb/B4–1347, 1349

$As_2C_{18}CoH_{26}I_2S_2$ . . $[CoI_2(C_9H_{13}AsS)_2] \cdot 2\ H_2O$ . . . . 58 (Co):   Eb/B1–311

$As_2C_{18}Co_2H_{26}I_4S_2$ . . $[Co(C_9H_{13}AsS)_2]\ [CoI_4]$
                            $= CoI_2 \cdot C_9H_{13}AsS$. . . . . 58 (Co):   Eb/B1–311

$As_2C_{18}Co_2H_{30}HgO_6$ . . $Hg[Co(CO)_3As(C_2H_5)_3]_2$ . . . . Erg. W. 6–6/7

$As_2C_{18}Co_2H_{30}O_6$ . . . $Co_2(CO)_6(As(C_2H_5)_3)_2$ . . . . Erg. W. 6–32, 35

$As_2C_{18}CrH_{18}O_4$ . . . . $(CO)_4Cr[(CH_3)_2As]_2C_{10}H_6$ . . . . Erg. W. 3–83

$As_2C_{18}H_{26}I_2NiS_2$ . . . $[NiI_2(C_9H_{13}AsS)_2]$ . . . . 57 (Ni):   Hb/C2–1104/5

$As_2C_{18}H_{28}HgI_4$ . . . . $[(CH_3)_3(C_6H_5)As]_2[HgI_4]$ . . . . 34 (Hg):   Hb/B4–1559

$As_2C_{18}H_{42}Hg_2I_4$ . . . . $[Hg_2I_4((C_3H_7)_3As)_2]$ . . . . 34 (Hg):   Hb/B4–1349

$As_2C_{18}H_{50}Mo_7N_{18}O_{30}$ $(CN_3H_6)_6H_2[As_2(OH)_2(C_6H_5)_2(MoO_4)_7]$
                            $\cdot 4\ H_2O$ . . . . 53 (Mo):   Hb–373

$As_2C_{18}H_{60}N_{12}O_8$ . . . $[(CH_3)_6N_4]_3 \cdot [H_3AsO_4]_2$ . . . . 17 (As):   Hb–338

$As_2C_{20}CdH_{32}I_4$ . . . . $[(C_7H_7)\ (CH_3)_3As]_2[CdI_4]$ . . . . 33 (Cd):   Eb–349

$As_2C_{20}Cl_2H_{32}HgN_2$ . . $HgCl_2 \cdot 2\ (CH_3)_2NC_6H_4As(CH_3)_2$ . . . . . 34 (Hg):   Hb/B4–1351

$As_2C_{20}Cl_2H_{42}N_2Pd_2S_2$ $[Pd_2(As(C_3H_7)_3)_2(CNS)_2Cl_2]$ . . . . 65 (Pd):   Hb/2–432

$As_2C_{20}Co_2F_4H_{18}O_4$ . . $Co_2(CO)_4(C_8H_{12}F_4As_2)C_6H_5C_2H$ . . . . . Erg. W. 6–87

$As_2C_{20}CrH_{22}O_4$ . . . . $(CO)_4Cr[As(C_6H_5)\ (CH_3)_2]_2$ . . . . . . Erg. W. 3–35, 40

$As_2C_{20}CuH_{20}I$ . . . . . $CuI \cdot C_{20}H_{20}As_2$
                            $= [Cu(C_{20}H_{20}As_2)_2]\ [CuI_2]$. . . . . . 60 (Cu):   Hb/B4–1467

$As_2C_{20}CuH_{32}IN_2$ . . . $CuI \cdot 2\ (CH_3)_2NC_6H_4As(CH_3)_2$ . . . . . . 60 (Cu):   Hb/B4–1467

$As_2C_{20}H_{32}HgI_2N_2$ . . . $HgI_2 \cdot 2\ (CH_3)_2NC_6H_4As(CH_3)_2$ . . . . . 34 (Hg):   Hb/B4–1351

$As_2C_{20}H_{32}I_2N_2Ni$ . . . $NiI_2 \cdot 2\ (CH_3)_2NC_6H_4As(CH_3)_2$ . . . . . 57 (Ni):   Hb/C2–1102

$As_2C_{20}H_{42}N_2PdS_2$ . . $[Pd(As(C_3H_7)_3)_2(CNS)_2]$ . . . . 65 (Pd):   Hb/2–419

$As_2C_{21}Co_2F_4H_{18}O_5$ . . $Co_2(CO)_5(C_8H_{12}F_4As_2)C_6H_5C_2H$ . . . . . Erg. W. 6–86/7

$As_2C_{22}Cl_2CrH_{26}N_2O_4{}^+$ $[CrCl_2(C_6H_5NO_2)_2((CH_3)_2As$
                            $C_6H_4As(CH_3)_2)]^+$. . . . . 52 (Cr):   Hb/C–291

$As_2C_{22}Cl_2H_{24}N_2Ni$ . . $[NiCl_2(C_{11}H_{12}AsN)_2]$ . . . . 57 (Ni):   Hb/C2–1103

$As_2C_{22}Cl_2H_{30}O_2Ru$ . . $[RuCl_2(CO)_2(C_{10}H_{15}As)_2]$ . . . . 63 (Ru):   Eb–517

$As_2C_{22}Cl_2H_{32}Pd$ . . . . $[Pd(C_2H_4(As(C_4H_9)C_6H_5)_2)Cl_2]$ . . . . 65 (Pd):   Hb/2−420/1

$As_2C_{22}Cl_2H_{40}Pd$ . . . . $[Pd(C_6H_4(As(C_4H_9)_2)_2)Cl_2]$ . . . . 65 (Pd):   Hb/2−421

$As_2C_{22}CoH_{28}N_4S_4$ . . $(C_6H_5(CH_3)_3As)_2[Co(SCN)_4]$ . . . . 58 (Co):   Eb/A−828

$As_2C_{22}CrH_{26}O_6$ . . . . $(CO)_4Cr[(CH_3)_2AsC_6H_4OCH_3]_2$ . . . . . . Erg. W. 3−35, 39

$As_2C_{22}H_{24}I_2N_2Ni$ . . $[NiI_2(C_{11}H_{12}AsN)_2]$ . . . . 57 (Ni):   Hb/C2−1103

$As_2C_{22}H_{36}HgI_4$ . . . . $[(CH_3)_3(C_6H_5C_2H_4)As]_2[HgI_4]$ . . . . . . 34 (Hg):   Hb/B4−1559

$As_2C_{22}H_{38}HgI_4N_2$ . . $[(CH_3)_3(C_6H_4N(CH_3)_2)As]_2[HgI_4]$ . . . . . 34 (Hg):   Hb/B4−1559

$As_2C_{22}H_{42}N_4Pd_2S_4$ $[Pd_2(As(C_3H_7)_3)_2(CNS)_4]$ . . . . 65 (Pd):   Hb/2−431

$As_2C_{23}Co_2H_{15}O_5P$. $As_2Co_2(CO)_5P(C_6H_5)_3$ . . . . Erg. W. 6−73

$As_2C_{24}Cl_2H_{54}Pd$ . . . $[Pd(As(C_4H_9)_3)_2Cl_2]$ . . . . 65 (Pd):   Hb/2−418

$As_2C_{24}Cl_2H_{54}Pt$ . . . $[Pt(As(C_4H_9)_3)_2Cl_2]$ . . . . 68 (Pt):   Hb/D−354

$As_2C_{24}Cl_2H_{60}N_2Pd$. $[Pd(NH_3)_2(As(C_4H_9)_3)_2]Cl_2$ . . . . 65 (Pd):   Hb/2−419, 430

$As_2C_{24}Cl_4H_{54}Hg_2$ . . $[Hg_2Cl_4((C_4H_9)_3As)_2]$ . . . . 34 (Hg):   Hb/B4−1350

$As_2C_{24}Cl_4H_{54}Pd_2$ . . $[Pd_2(As(C_4H_9)_3)_2Cl_4]$ . . . . 65 (Pd):   Hb/2−430

$As_2C_{24}Cl_6H_{56}Pt$ . . . . $[(C_3H_7)_4As]_2[PtCl_6]$ . . . . 68 (Pt):   Hb/C2−251

$As_2C_{24}CoH_{32}N_4S_4$ . . $(CH_3C_6H_4(CH_3)_3As)_2[Co(SCN)_4]$ . . . . . 58 (Co):   Eb/A−828

$As_2C_{24}Co_2H_{42}O_6$ . . $Co_2(CO)_6(As(C_3H_7)_3)_2$ . . . . Erg. W. 6−32, 35

−. . . . . $Co_2(CO)_6(As(CH(CH_3)_2)_3)_2$ . . . . Erg. W. 6−32, 35

$As_2C_{24}H_{54}Hg_2I_4$ . . . . $[Hg_2I_4((C_4H_9)_3As)_2]$ . . . . 34 (Hg):   Hb/B4−1350

$As_2C_{24}H_{54}Hg_3I_6$ . . . . $[Hg_3I_6((C_4H_9)_3As)_2]$ . . . . 34 (Hg):   Hb/B4−1350

$As_2C_{24}H_{54}N_2O_4Pd$ . . $[Pd(As(C_4H_9)_3)_2(NO_2)_2]$ . . . . 65 (Pd):   Hb/2−418

$As_2C_{24}H_{54}N_4O_8Pd_2$ . . $[Pd_2(As(C_4H_9)_3)_2(NO_2)_4]$ . . . . 65 (Pd):   Hb/2−429

$As_2C_{24}H_{56}I_4Zn$ . . . . $ZnI_2 \cdot 2\ As(C_3H_7)_4I$ . . . . 32 (Zn):   Hb−286

$As_2C_{26}CdH_{26}I_2$ . . . $[Cd(CH_3(C_6H_5)_2As)_2I_2]$ . . . . 33 (Cd):   Eb−792

$As_2C_{26}Cd_2Cl_4H_{26}$. $[Cd_2(CH_3(C_6H_5)_2As)_2Cl_4]$ . . . . 33 (Cd):   Eb−792

$As_2C_{26}ClCuH_{26}$ . . . $CuCl \cdot 2\ C_{13}H_{13}As$ . . . . 60 (Cu):   Hb/B4−1466

$As_2C_{26}Cl_2H_{24}Pd$ . . . . $[Pd(C_2H_4(As(C_6H_5)_2)_2)Cl_2]$ . . . . 65 (Pd):   Hb/2−420

$As_2C_{26}Cl_2H_{26}I_2Pt$ . . $[Pt(AsCH_3(C_6H_5)_2)_2I_2Cl_2]$ . . . . 68 (Pt):   Hb/D−598

$As_2C_{26}Cl_2H_{26}Pt$ . . . . $[Pt(AsCH_3(C_6H_5)_2)_2Cl_2]$ . . . . 68 (Pt):   Hb/D−354/5

$As_2C_{26}Cl_2H_{54}N_2Pd_2S_2$ $[Pd_2(As(C_4H_9)_3)_2(CNS)_2Cl_2]$ . . . . . . 65 (Pd):   Hb/2−432

$As_2C_{26}Cl_3H_{26}NORu$ . . $[Ru(NO)Cl_3(C_{13}H_{13}As)_2]$ . . . . 63 (Ru):   Eb−440

$As_2C_{26}Cl_4H_{26}Pt$ . . . . $[Pt(AsCH_3(C_6H_5)_2)_2Cl_4]$ . . . . 68 (Pt):   Hb/D−598

$As_2C_{26}H_{26}I_2Pt$ . . . . . $[Pt(AsCH_3(C_6H_5)_2)_2I_2]$ . . . . 68 (Pt):   Hb/D−355

$As_2C_{26}H_{26}I_4N_2O_2Ru_2$ $[Ru_2(NO)_2I_4(C_{13}H_{13}As)_2]$ . . . . 63 (Ru):   Eb−440

$As_2C_{26}H_{26}I_4Pt$ . . . . . $[Pt(AsCH_3(C_6H_5)_2)_2I_4]$ . . . . 68 (Pt):   Hb/D−598

$As_2C_{26}H_{54}N_2PdS_2$ . . . $[Pd(As(C_4H_9)_3)_2(CNS)_2]$ . . . . 65 (Pd):   Hb/2−419

$As_2C_{28}CdH_{32}I_4$ . . . . $[(C_6H_5)_2(CH_3)As]_2[CdI_4]$ . . . . 33 (Cd):   Eb−349

$As_2C_{28}ClCuH_{48}P_2$ . . . $[Cu(C_{14}H_{24}AsP)_2]Cl$ . . . . 60 (Cu):   Hb/B4−1467

$As_2C_{28}Cl_2Cu_2H_{48}P_2$ . . $[Cu(C_{14}H_{24}AsP)_2]\ [CuCl_2]$ . . . . 60 (Cu):   Hb/B4−1467

$As_2C_{28}Cl_3Cu_3H_{48}P_2$ . . $3\ CuCl \cdot 2\ C_{14}H_{24}AsP$ . . . . 60 (Cu):   Hb/B4−1467

$As_2C_{28}Cl_4H_{46}Pd_2$ . . $[Pd_2(As(C_4H_9)_2C_6H_5)_2Cl_4]$ . . . . 65 (Pd):   Hb/2−430

$As_2C_{28}Cl_4H_{50}N_2Pt_2$ . . $[Pt(C_{10}H_8N_2)As(C_3H_7)_3Cl]$

                        $[PtAs(C_3H_7)_3Cl_3]$ . . . . 68 (Pt):   Hb/D−445

$As_2C_{28}Cl_4H_{70}N_4Pd_2$ . . $[Pd_2(C_2H_8N_2)_2(As(C_4H_9)_3)_2Cl_2]Cl_2$ . . . . . 65 (Pd):   Hb/2−430

$As_2C_{28}CuH_{48}IP_2$ . . $[Cu(C_{14}H_{24}AsP)_2]I$ . . . . 60 (Cu):   Hb/B4−1467

$As_2C_{28}H_{24}NiO_2$ . . . . $Ni(CO)_2[(C_6H_5)_2AsC_2H_4As(C_6H_5)_2]$ . . . . . 57 (Ni):   Hb/B3−836

$As_2C_{28}H_{26}I_2O_2Ru$ . . $[RuI_2(CO)_2(C_{13}H_{13}As)_2]$ . . . . 63 (Ru):   Eb−516

$As_2C_{28}H_{54}N_4Pd_2S_4$ . . $[Pd_2(As(C_4H_9)_3)_2(CNS)_4]$ . . . . 65 (Pd):   Hb/2−431/2

$As_2C_{30}Cl_2H_{66}Pd$ . . . . $[Pd(As(C_5H_{11})_3)_2Cl_2]$ . . . . 65 (Pd):   Hb/2−418/9

$As_2C_{30}Cl_4H_{66}Pd_2$ . . . $[Pd_2(As(C_5H_{11})_3)_2Cl_4]$ . . . . 65 (Pd):   Hb/2−430

As$_2$C$_{30}$Co$_2$H$_{20}$O$_6$ . . . Co$_2$(CO)$_6$(As(C$_6$H$_5$)$_2$)$_2$ . . . . Erg. W. 6–3
As$_2$C$_{30}$Co$_2$H$_{54}$O$_6$ . . . Co$_2$(CO)$_6$(As(C$_4$H$_9$)$_3$)$_2$ . . . . Erg. W. 6–32, 35
–. . . . . Co$_2$(CO)$_6$(As(CH$_2$CH(CH$_3$)$_2$)$_3$)$_2$ . . . . . Erg. W. 6–32, 35
As$_2$C$_{30}$CrH$_{24}$O$_4$ . . . . (CO)$_4$Cr[(C$_6$H$_5$)$_2$As]$_2$C$_2$H$_4$ . . . . . . Erg. W. 3–82, 86
As$_2$C$_{30}$F$_8$H$_{30}$N$_6$NiO$_2$. [Ni(C$_5$H$_5$N)$_4$] [As$_2$F$_8$O$_2$] · 2 C$_5$H$_5$N . . . . . 57 (Ni): Hb/C1–270
As$_2$C$_{30}$F$_{20}$O$_6$Ru$_2$ . . . [Ru$_2$(C$_{12}$F$_{10}$As)$_2$(CO)$_6$] . . . . 63 (Ru): Eb–491/2
As$_2$C$_{32}$CdH$_{40}$I$_4$ . . . . [(C$_6$H$_5$CH$_2$)$_2$(CH$_3$)$_2$As]$_2$[CdI$_4$] . . . . . 33 (Cd): Eb–349
As$_2$C$_{32}$Cl$_6$H$_{72}$Pt . . . . [(C$_4$H$_9$)$_4$As]$_2$[PtCl$_6$] . . . . 68 (Pt): Hb/C2–251
As$_2$C$_{32}$CoH$_{32}$N$_4$S$_4$ . . ((C$_6$H$_5$)$_2$(CH$_3$)$_2$As)$_2$[Co(SCN)$_4$] . . . . . . 58 (Co): Eb/A–828
As$_2$C$_{32}$Co$_2$H$_{24}$HgO$_6$. HgCo$_2$(CO)$_6$(C$_6$H$_5$)$_2$AsCH$_2$CH$_2$
As(C$_6$H$_5$)$_2$ . . . . Erg. W. 6–8
As$_2$C$_{32}$Co$_2$H$_{26}$HgO$_6$. Hg[Co(CO)$_3$As(CH$_3$) (C$_6$H$_5$)$_2$]$_2$ . . . . . . Erg. W. 6–6/7
As$_2$C$_{32}$H$_{20}$O$_8$V$_2$ . . . . V$_2$(CO)$_8$(C$_6$H$_5$)$_2$As$_2$(C$_6$H$_5$)$_2$ . . . . . Erg. W. 2–61
As$_2$C$_{32}$H$_{24}$NiO$_2$ . . . . Ni(CO)$_2$[(C$_6$H$_5$)$_2$AsC$_6$H$_4$As(C$_6$H$_5$)$_2$]. . . . 57 (Ni): Hb/B3–837
As$_2$C$_{33}$Co$_3$H$_{57}$O$_7$ . . . CH$_3$CCo$_3$(CO)$_7$(As(C$_4$H$_9$)$_3$)$_2$ . . . . . Erg. W. 6–146/7
As$_2$C$_{35}$Co$_3$H$_{29}$O$_7$ . . . CH$_3$CCo$_3$(CO)$_7$(As(CH$_3$) (C$_6$H$_5$)$_2$)$_2$ . . . . Erg. W. 6–146/7
As$_2$C$_{35}$F$_8$H$_{35}$N$_7$NiO$_2$. [Ni(C$_5$H$_5$N)$_4$] [As$_2$F$_8$O$_2$] · 3 C$_5$H$_5$N . . . . . 57 (Ni): Hb/C1–270
As$_2$C$_{36}$Cl$_2$CoH$_{30}$O$_2$ . . [CoCl$_2$((C$_6$H$_5$)$_2$AsO)$_2$] . . . . 58 (Co): Eb/B1–312/3
As$_2$C$_{36}$Cl$_2$CuH$_{30}$O$_2$ . . CuCl$_2$ · 2 (C$_6$H$_5$)$_3$AsO . . . . 60 (Cu): Hb/B4–1538
As$_2$C$_{36}$Cl$_2$H$_{30}$HgO$_2$ . . HgCl$_2$ · 2 (C$_6$H$_5$)$_3$AsO . . . . 34 (Hg): Hb/B4–1352
As$_2$C$_{36}$Cl$_2$H$_{30}$NiO$_2$ . . [NiCl$_2$((C$_6$H$_5$)$_3$AsO)$_2$] . . . . 57 (Ni): Hb/C2–1117/8
As$_2$C$_{36}$Cl$_2$H$_{30}$Pt . . . . [Pt(As(C$_6$H$_5$)$_3$)$_2$Cl$_2$] . . . . 68 (Pt): Hb/D–356
As$_2$C$_{36}$Cl$_3$H$_{30}$NORu . . [Ru(NO)Cl$_3$((C$_6$H$_5$)$_3$As)$_2$] . . . . . . 63 (Ru): Eb–439
As$_2$C$_{36}$Cl$_3$H$_{30}$NbO$_3$ . . NbOCl$_3$ · 2 (C$_6$H$_5$)$_3$AsO . . . . 49 (Nb): Hb/B4–473
As$_2$C$_{36}$Cl$_4$H$_{30}$Hg$_2$ . . [Hg$_2$Cl$_4$((C$_6$H$_5$)$_3$As)$_2$] . . . . 34 (Hg): Hb/B4–1350
As$_2$C$_{36}$Cl$_4$H$_{30}$Pt . . . . [Pt(As(C$_6$H$_5$)$_3$)$_2$Cl$_4$] . . . . 68 (Pt): Hb/D–599
As$_2$C$_{36}$CoH$_{30}$I$_2$ . . . . [CoI$_2$(As(C$_6$H$_5$)$_3$)$_2$] . . . . 58 (Co): Eb/B1–309
As$_2$C$_{36}$CoH$_{30}$I$_2$O$_2$ . . . [CoI$_2$((C$_6$H$_5$)$_3$AsO)$_2$] . . . . 58 (Co): Eb/B1–314
As$_2$C$_{36}$CoH$_{40}$N$_4$S$_4$ . . ((CH$_3$C$_6$H$_4$)$_2$(CH$_3$)$_2$As)$_2$[Co(SCN)$_4$] . . . . . 58 (Co): Eb/A–828
As$_2$C$_{36}$H$_{22}$N$_{12}$Na$_4$O$_{16}$Pb$_2$S$_2$
Na$_4$[PbC$_{18}$H$_{11}$AsN$_6$O$_8$S]$_2$. . . . . 47 (Pb): Hb/C4–1742
As$_2$C$_{36}$H$_{30}$HgI$_2$ . . . . [HgI$_2$((C$_6$H$_5$)$_3$As)$_2$] . . . . 34 (Hg): Hb/B4–1351
As$_2$C$_{36}$H$_{30}$INNiO . . . [Ni(NO)I(C$_{18}$H$_{15}$As)$_2$] . . . . 57 (Ni): Hb/C1–34
As$_2$C$_{36}$H$_{30}$I$_2$NiO$_2$ . . . [NiI$_2$(C$_{18}$H$_{15}$AsO)$_2$] . . . . 57 (Ni): Hb/C2–1117/8
As$_2$C$_{36}$H$_{30}$N$_2$NiO$_8$ . . [Ni(NO$_3$)$_2$(C$_{18}$H$_{15}$AsO)$_2$] . . . . 57 (Ni): Hb/C2–1117/8
As$_2$C$_{36}$H$_{30}$N$_4$O$_{14}$Pu . Pu(NO$_3$)$_4$ · 2 (C$_6$H$_5$)$_3$AsO . . . . Erg. W. 4–259/60
As$_2$C$_{37}$Cl$_3$H$_{33}$NO$_2$Ru . [RuCl$_3$(CH$_3$NO$_2$) (C$_{18}$H$_{15}$As)$_2$] . . . . . . 63 (Ru): Eb–476
As$_2$C$_{37}$Cl$_3$H$_{34}$ORu . . [RuCl$_3$(CH$_3$OH) (C$_{18}$H$_{15}$As)$_2$] . . . . 63 (Ru): Eb–476
As$_2$C$_{37}$CoH$_{30}$NO$_2$ . . Co(CO) (NO) (As(C$_6$H$_5$)$_3$)$_2$ . . . . . . Erg. W. 5–154, 156
As$_2$C$_{38}$CdH$_{36}$I$_4$ . . . . [(C$_6$H$_5$)$_3$(CH$_3$)As]$_2$[CdI$_4$] . . . . . . 33 (Cd): Eb–349
As$_2$C$_{38}$Cl$_2$H$_{30}$O$_2$Ru . . [RuCl$_2$(CO)$_2$(C$_{18}$H$_{15}$As)$_2$] . . . . 63 (Ru): Eb–516
As$_2$C$_{38}$Cl$_4$CoH$_{36}$ . . . ((C$_6$H$_5$)$_3$CH$_3$As)$_2$[CoCl$_4$] . . . . 58 (Co): Eb/A–828
As$_2$C$_{38}$Cl$_4$CuH$_{36}$ . . . ((C$_6$H$_5$)$_3$AsCH$_3$)$_2$[CuCl$_4$] . . . . 60 (Cu): Hb/B3–1433
As$_2$C$_{38}$Cl$_4$H$_{36}$Ni . . . [CH$_3$(C$_6$H$_5$)$_3$As]$_2$[NiCl$_4$] . . . . 57 (Ni): Hb/B3–1092
As$_2$C$_{38}$CoH$_{30}$N$_2$O$_2$S$_2$. [Co(NCS)$_2$((C$_6$H$_5$)$_3$AsO)$_2$] . . . . . . 58 (Co): Eb/B1–314
As$_2$C$_{38}$CoH$_{36}$I$_4$ . . . . ((C$_6$H$_5$)$_3$CH$_3$As)$_2$[CoI$_4$] . . . . 58 (Co): Eb/A–828
As$_2$C$_{38}$CuH$_{36}$N$_4$O$_{12}$. (CH$_3$As(C$_6$H$_5$)$_3$)$_2$[Cu(NO$_3$)$_4$] . . . . . . 60 (Cu): Hb/B3–1423
As$_2$C$_{38}$H$_{30}$I$_2$O$_2$Ru . . . [RuI$_2$(CO)$_2$(C$_{18}$H$_{15}$As)$_2$]. . . . . 63 (Ru): Eb–516
As$_2$C$_{38}$H$_{30}$NiO$_2$ . . . . Ni(CO)$_2$[As(C$_6$H$_5$)$_3$]$_2$ . . . . 57 (Ni): Hb/B3–836
As$_2$C$_{38}$H$_{36}$HgI$_4$ . . . . [(CH$_3$) (C$_6$H$_5$)$_3$As]$_2$[HgI$_4$] . . . . 34 (Hg): Hb/B4–1559

As$_2$C$_{38}$H$_{36}$I$_4$Ni. . . . . [CH$_3$(C$_6$H$_5$)$_3$As]$_2$[NiI$_4$] . . . . 57 (Ni): Hb/B3–1092

As$_2$C$_{38}$H$_{36}$N$_4$NiO$_{12}$ . . [CH$_3$(C$_6$H$_5$)$_3$As]$_2$[Ni(NO$_3$)$_4$]. . . . . 57 (Ni): Hb/B3–1092

As$_2$C$_{39}$Cl$_3$H$_{36}$ORu. . . [RuCl$_3$((CH$_3$)$_2$CO) (C$_{18}$H$_{15}$As)$_2$] . . . . . . 63 (Ru): Eb–476

As$_2$C$_{39}$H$_{30}$O$_3$Ru. . . . [Ru(CO)$_3$(C$_{18}$H$_{15}$As)$_2$] . . . . 63 (Ru): Eb–515

As$_2$C$_{40}$Cl$_4$H$_{42}$NRu. . . (CH$_3$)$_4$N[RuCl$_4$(C$_{18}$H$_{15}$As)$_2$] . . . . 63 (Ru): Eb–476

As$_2$C$_{40}$Co$_2$H$_{40}$N$_2$O$_2$S$_2$ [Co(NO) (As(C$_6$H$_5$)$_3$)SC$_2$H$_5$]$_2$ . . . . Erg. W. 5–169

As$_2$C$_{40}$Co$_4$F$_6$H$_{20}$O$_{10}$· Co$_4$(CO)$_{10}$(CF$_3$C$_2$As(C$_6$H$_5$)$_2$)$_2$ . . . . . . Erg. W. 6–195

As$_2$C$_{40}$H$_{30}$O$_4$V . . . . V(CO)$_4$((C$_6$H$_5$)$_3$As)$_2$. . . . . 48 (V): Hb/B1–338

As$_2$C$_{42}$Cl$_2$Co$_2$H$_{30}$O$_6$Sn

Cl$_2$Sn[Co(CO)$_3$As(C$_6$H$_5$)$_3$]$_2$ . . . . Erg. W. 6–17

As$_2$C$_{42}$CoH$_{36}$N$_4$S$_4$ . . ((C$_6$H$_5$)$_3$(CH$_3$)As)$_2$[Co(SCN)$_4$] . . . . . 58 (Co): Eb/A–828

As$_2$C$_{42}$Co$_2$H$_{30}$HgO$_6$· Hg[Co(CO)$_3$As(C$_6$H$_5$)$_3$]$_2$ . . . . Erg. W. 6–6/7

As$_2$C$_{42}$Co$_2$H$_{30}$O$_6$ [Co$_2$(CO)$_6$(As(C$_6$H$_5$)$_3$)$_2$]. . . . . 58 (Co): Eb/A–695

Erg. W. 6–32, 35

As$_2$C$_{42}$H$_{38}$N$_2$NiO$_4$S$_4$. [(C$_6$H$_5$)$_3$AsCH$_3$]$_2$[Ni(C$_2$HNO$_2$S$_2$)$_2$] . . . . 57 (Ni): Hb/C2–981

As$_2$C$_{43}$Co$_2$H$_{30}$O$_7$ . . . [Co(CO)$_3$(As(C$_6$H$_5$)$_3$)$_2$] [Co(CO)$_4$] . . . . 58 (Co): Eb/A–690

As$_2$C$_{44}$CdH$_{48}$I$_4$ . . . . [(C$_6$H$_5$CH$_2$)$_3$(CH$_3$)As]$_2$[CdI$_4$] . . . . . 33 (Cd): Eb–349

As$_2$C$_{44}$CoH$_{43}$ . . . . . C$_8$H$_{13}$Co(As(C$_6$H$_5$)$_3$)$_2$ . . . . Erg. W. 5–211

As$_2$C$_{44}$Co$_2$H$_{48}$N$_2$O$_2$S$_2$ [Co(NO) (As(C$_6$H$_5$)$_3$)SC(CH$_3$)$_3$]$_2$ . . . . . Erg. W. 5–169

As$_2$C$_{46}$Co$_2$F$_6$H$_{30}$O$_6$. [As(C$_6$H$_5$)$_3$(CO)$_3$Co(CF$_3$)]$_2$C$_2$ . . . . . Erg. W. 6–83

–. . . . . [(C$_6$H$_5$)$_3$As(CO)$_3$Co]$_2$C$_4$F$_6$ . . . . Erg. W. 6–106

As$_2$C$_{46}$H$_{30}$O$_{10}$Ru$_3$ . . . [Ru$_3$(CO)$_{10}$(C$_{18}$H$_{15}$As)$_2$] . . . . . 63 (Ru): Eb–515

As$_2$C$_{48}$Cl$_4$H$_{40}$Ni. . . . . [(C$_6$H$_5$)$_3$As]$_2$[NiCl$_4$]. . . . . 57 (Ni): Hb/B3–1092

As$_2$C$_{48}$Cl$_5$H$_{40}$NpO . [(C$_6$H$_5$)$_3$As]$_2$NpOCl$_5$ . . . . Erg. W. 4–143/4

As$_2$C$_{48}$Cl$_{16}$H$_{43}$Nb$_6$O$_2$. [(C$_6$H$_5$)$_3$As]$_2$[Nb$_6$Cl$_{16}$(OH) (H$_2$O)] . . . . 49 (Nb): Hb/B4–254

As$_2$C$_{48}$Cl$_{17}$H$_{42}$Nb$_6$O . [(C$_6$H$_5$)$_3$As]$_2$[Nb$_6$Cl$_{17}$(H$_2$O)] . . . . . 49 (Nb): Hb/B4–254

As$_2$C$_{48}$CoH$_{48}$N$_4$S$_4$ . . ((CH$_3$C$_6$H$_4$)$_3$CH$_3$As)$_2$[Co(SCN)$_4$] . . . . . 58 (Co): Eb/A–828

As$_2$C$_{48}$Co$_2$H$_{40}$N$_2$O$_2$S$_2$ [Co(NO) (As(C$_6$H$_5$)$_3$)SC$_6$H$_5$]$_2$. . . . . Erg. W. 5–169

As$_2$C$_{50}$Cl$_8$H$_{40}$O$_2$RuSn$_2$

[(Cl$_3$Sn)$_2$Ru(CO)$_2$Cl$_2$] [(C$_6$H$_5$)$_4$As]$_2$ . . . . . 63 (Ru): Eb–562/3

As$_2$C$_{50}$H$_{44}$N$_4$O$_{12}$Pt . . [Pt(C$_6$H$_3$CH$_3$(NH$_2$)$_2$)$_2$] [As(C$_6$H$_4$O$_2$)$_3$]$_2$ . . . 68 (Pt): Hb/D–92

As$_2$C$_{52}$CoH$_{40}$N$_4$S$_4$ . . [(C$_6$H$_5$)$_4$As]$_2$[Co(SCN)$_4$] . . . . 58 (Co): Eb/A–828

As$_2$C$_{52}$H$_{40}$HgN$_4$. . . . [(C$_6$H$_5$)$_4$As]$_2$[Hg(CN)$_4$] . . . . 34 (Hg): Hb/B4–1451

As$_2$C$_{52}$H$_{40}$HgN$_4$O$_4$. [As(C$_6$H$_5$)$_4$]$_2$[Hg(CNO)$_4$] . . . . 14 (C): Hb/D1–297

As$_2$C$_{52}$H$_{40}$N$_4$NiO$_4$. . . [(C$_6$H$_5$)$_4$As]$_2$[Ni(NCO)$_4$] . . . . 57 (Ni): Hb/B3–1093

As$_2$C$_{52}$H$_{40}$N$_4$NiS$_4$. . . [(C$_6$H$_5$)$_4$As]$_2$[Ni(SCN)$_4$]. . . . . 57 (Ni): Hb/B3–1093

As$_2$C$_{52}$H$_{48}$NiS$_4$ . . . . [(C$_6$H$_5$)$_3$AsCH$_3$]$_2$[Ni(C$_7$H$_6$S$_2$)$_2$] . . . . 57 (Ni): Hb/C2–944

As$_2$C$_{53}$H$_{40}$N$_5$NbOS$_5$. [(C$_6$H$_5$)$_4$As]$_2$NbO(SCN)$_5$ . . . . 49 (Nb): Hb/B4–354/5

As$_2$C$_{54}$CrH$_{40}$N$_2$O$_6$. . . [(C$_6$H$_5$)$_4$As]$_2$[(CO)$_4$Cr(CNO)$_2$] . . . . . . Erg. W. 3–124

As$_2$C$_{56}$Cl$_6$H$_{56}$Pt . . . . [(C$_7$H$_7$)$_4$As]$_2$[PtCl$_6$] . . . . 68 (Pt): Hb/C2–252

As$_2$C$_{56}$F$_{12}$H$_{40}$NiS$_4$ . . [(C$_6$H$_5$)$_4$As]$_2$[Ni(C$_4$F$_6$S$_2$)$_2$] . . . . . . 57 (Ni): Hb/C2–972

As$_2$C$_{56}$F$_{12}$H$_{40}$NiSe$_4$. [(C$_6$H$_5$)$_4$As]$_2$[Ni(C$_4$F$_6$Se$_2$)$_2$] . . . . 57 (Ni): Hb/C2–1029

As$_2$C$_{60}$ClH$_{48}$INiO$_4$P$_2$. [NiI(C$_{30}$H$_{24}$AsP)$_2$]ClO$_4$ . . . . 57 (Ni): Hb/C2–1103

As$_2$C$_{60}$ClH$_{48}$NNiO$_6$P$_2$. [Ni(NO$_2$) (C$_{30}$H$_{24}$AsP)$_2$]ClO$_4$ . . . . . 57 (Ni): Hb/C2–1103

As$_2$C$_{60}$Cl$_2$H$_{48}$NiO$_4$P$_2$. [NiCl(C$_{30}$H$_{24}$AsP)$_2$]ClO$_4$ . . . . 57 (Ni): Hb/C2–1103

As$_2$C$_{60}$Cl$_2$H$_{48}$NiO$_8$P$_2$. [Ni(C$_{30}$H$_{24}$AsP)$_2$] (ClO$_4$)$_2$ . . . . 57 (Ni): Hb/C2–1103

As$_2$C$_{60}$F$_{18}$H$_{40}$S$_6$V . . . [(C$_6$H$_5$)$_4$As]$_2$[V(C$_4$F$_6$S$_2$)$_3$] . . . . . . 48 (V): Hb/B2–820/1

As$_2$C$_{60}$H$_{40}$N$_6$S$_6$V . . . [(C$_6$H$_5$)$_4$As]$_2$[V(C$_4$N$_2$S$_2$)$_3$]. . . . . 48 (V): Hb/B2–820/1

As$_2$C$_{61}$ClH$_{48}$NNiO$_4$P$_2$S

[Ni(SCN) (C$_{30}$H$_{24}$AsP)$_2$]ClO$_4$. . . . . 57 (Ni): Hb/C2–1103

As$_2$C$_{61}$ClH$_{48}$NNiO$_4$P$_2$Se

    [Ni(SeCN) (C$_{30}$H$_{24}$AsP)$_2$]ClO$_4$ . . . . 57 (Ni):   Hb/C2−1103

As$_2$C$_{61}$H$_{48}$NNiP$_2$S$^+$ . . [Ni(SCN) (C$_{30}$H$_{24}$AsP)$_2$$^+$ . . . . 57 (Ni):   Hb/C2−1104

As$_2$C$_{62}$H$_{48}$N$_2$NiP$_2$S$_2$. [Ni(SCN)$_2$(C$_{30}$H$_{24}$AsP)$_2$] . . . . 57 (Ni):   Hb/C2−1103/4

As$_2$C$_{76}$H$_{60}$NiS$_4$ . . . . [(C$_6$H$_5$)$_4$As]$_2$[Ni(C$_{14}$H$_{10}$S$_2$)$_2$] . . . . . 57 (Ni):   Hb/C2−978

As$_2$CaCuO$_7$ . . . . . . CaCuAs$_2$O$_7$ . . . . 60 (Cu):   Hb/B3−1133

As$_2$CaH$_4$O$_8$ . . . . . . Ca(H$_2$AsO$_4$)$_2$ . . . . 28 (Ca):   Hb/B3−1233/4

−. . . . . Ca(H$_2$AsO$_4$)$_2$ · H$_2$O . . . . 28 (Ca):   Hb/B3−1234

As$_2$CaMo$_6$O$_{24}$ · . . . . CaO · As$_2$O$_5$ · 6 MoO$_3$ · 10 H$_2$O . . . . . 53 (Mo):   Hb−370

As$_2$CaNp$_2$O$_{12}$ . . . . . Ca(NpO$_2$AsO$_4$)$_2$ · 6 H$_2$O . . . . Erg. W. 4−51

−. . . . . Ca(NpO$_2$AsO$_4$)$_2$ · 10 H$_2$O . . . . . . Erg. W. 4−51

As$_2$CaO$_4$ . . . . Ca(AsO$_2$)$_2$ . . . . 28 (Ca):   Hb/B3−1226/7

As$_2$CaO$_6$ . . . . Ca(AsO$_3$)$_2$ . . . . 28 (Ca):   Hb/B3−1234/5

As$_2$CaO$_{12}$U$_2$ . . . . . Ca(UO$_2$)$_2$(AsO$_4$)$_2$ · 8 H$_2$O . . . . 55 (U):   Hb−231

As$_2$CaO$_{13}$S$_3$ . . . . . CaSO$_4$ · As$_2$O$_3$ · 2 SO$_3$ . . . . 28 (Ca):   Hb/B3−1238

As$_2$CaS$_4$ . . . . Ca(AsS$_2$)$_2$ · nH$_2$O . . . . 28 (Ca):   Hb/B3−1238

As$_2$Ca$_2$H$_2$O$_6$ · . . . . . Ca$_2$H$_2$(AsO$_3$)$_2$ . . . . 28 (Ca):   Hb/B3−1226

As$_2$Ca$_2$H$_2$O$_8$ · . . . . . . Ca$_2$H$_2$(AsO$_4$)$_2$

               see AsCaHO$_4$ ... CaHAsO$_4$

As$_2$Ca$_2$H$_8$N$_2$O$_8$ . . . . (NH$_4$)$_2$O · 2 CaO · As$_2$O$_5$ · nH$_2$O . . . 28 (Ca):   Hb/B3−1236

As$_2$Ca$_2$K$_2$O$_8$ . . . . . . K$_2$O · 2 CaO · As$_2$O$_5$ · nH$_2$O . . . . 28 (Ca):   Hb/B3−1236

As$_2$Ca$_2$Na$_2$O$_8$ . . . . . Na$_2$O · 2 CaO · As$_2$O$_5$ · nH$_2$O . . . . 28 (Ca):   Hb/B3−1236

As$_2$Ca$_2$O$_5$ . . . . Ca$_2$As$_2$O$_5$ . . . . 28 (Ca):   Hb/B3−1226

As$_2$Ca$_2$O$_7$ . . . . Ca$_2$As$_2$O$_7$ . . . . 28 (Ca):   Hb/B1−263

                                                                    Hb/B3−1234

As$_2$Ca$_2$S$_5$ . . . . Ca$_2$As$_2$S$_5$ · 9 H$_2$O . . . . 28 (Ca):   Hb/B3−1238

As$_2$Ca$_3$ . . . . Ca$_3$As$_2$ . . . . 28 (Ca):   Hb/B3−1224/5

As$_2$Ca$_3$Mo$_{18}$O$_{62}$ . . . . 3 CaO · As$_2$O$_5$ · 18 MoO$_3$ · 32 H$_2$O . . . . . 53 (Mo):   Hb−367

As$_2$Ca$_3$O$_2$S$_6$ . . . . . . Ca$_3$(AsOS$_3$)$_2$ · 20 H$_2$O . . . . 28 (Ca):   Hb/B3−1238

As$_2$Ca$_3$O$_6$ . . . . Ca$_3$(AsO$_3$)$_2$ . . . . 28 (Ca):   Hb/B3−1226

As$_2$Ca$_3$O$_8$ . . . . Ca$_3$(AsO$_4$)$_2$ . . . . 28 (Ca):   Hb/A2−479

                                                                    Hb/B1−257/63

                                                                    Hb/B3−1228/9

−. . . . . Ca$_3$(AsO$_4$)$_2$ · nH$_2$O (n = 2 to 10) . . . . . 28 (Ca):   Hb/B3−1229/31

−. . . . . Ca$_3$[AsO$_4$]$_2$ solid solutions:

                (Ca,Mg)$_3$[AsO$_4$]$_2$ · 6 H$_2$O . . . . 28 (Ca):   Hb/B3−1379

As$_2$Ca$_3$S$_6$ . . . . Ca$_3$(AsS$_3$)$_2$ · 15 H$_2$O . . . . 28 (Ca):   Hb/B3−1238

As$_2$Ca$_3$S$_8$ . . . . Ca$_3$(AsS$_4$)$_2$ · 20 H$_2$O . . . . 28 (Ca):   Hb/B3−1238

As$_2$Ca$_4$Cl$_2$O$_8$ . . . . . Ca$_3$(AsO$_4$)$_2$ · CaCl$_2$

                 = Ca$_4$(AsO$_4$)$_2$Cl$_2$ . . . . 28 (Ca):   Hb/B3−1237

As$_2$Ca$_4$O$_9$ . . . . 4 CaO · As$_2$O$_5$ . . . . 28 (Ca):   Hb/B3−1236

−. . . . . 4 CaO · As$_2$O$_5$ · H$_2$O . . . . 28 (Ca):   Hb/B3−1236

−. . . . . 4 CaO · As$_2$O$_5$ · 5 H$_2$O . . . . 28 (Ca):   Hb/B3−1236

As$_2$Ca$_7$S$_{10}$ · . . . . . . Ca$_3$(AsS$_3$)$_2$ · 4 CaS · 25 H$_2$O . . . . . 28 (Ca):   Hb/B3−1238

As$_2$Cd . . . . CdAs$_2$ . . . . 33 (Cd):   Hb−158/9

As$_2$CdH$_4$O$_8$ . . . . . . CdH$_4$(AsO$_4$)$_2$ · 2 H$_2$O

                 = CdO · As$_2$O$_5$ · 4 H$_2$O . . . . 33 (Cd):   Hb−160

As$_2$CdMo$_6$O$_{24}$ . . . . CdO · As$_2$O$_5$ · 6 MoO$_3$ · 13 H$_2$O . . . . 53 (Mo):   Hb−370

As$_2$CdNa$_4$O$_8$ . . . . . CdNa$_4$(AsO$_4$)$_2$ . . . . 33 (Cd):   Hb−177

As_2CdO_6 . . . . . . $Cd(AsO_3)_2 = CdO \cdot As_2O_5$ . . . . 33 (Cd):   Hb–160
                                                            Eb–663
–. . . . . $CdO \cdot As_2O_5 \cdot 4 H_2O$
                 $= CdH_4(AsO_4)_2 \cdot 2 H_2O$ . . . . 33 (Cd):   Hb–160
$As_2Cd_2O_5$ . . . . . . 2 $CdO \cdot As_2O_3$ . . . . 33 (Cd):   Hb–159
$As_2Cd_2O_7$ . . . . . . $Cd_2As_2O_7 = 2 CdO \cdot As_2O_5$ . . . . . . 33 (Cd):   Hb–160
                                                            Eb–663
–. . . . . 2 $CdO \cdot As_2O_5 \cdot 3 H_2O = CdHAsO_4$ . . . . 33 (Cd):   Hb–160
As_2Cd_3 . . . . Cd_3As_2 . . . . 33 (Cd):   Hb–158/9
                                                            Eb–663
$As_2Cd_3Mo_{18}O_{62}$ . . . 3 $CdO \cdot As_2O_5 \cdot 18 MoO_3 \cdot 36 H_2O$. . . . . 53 (Mo):   Hb–367
$As_2Cd_3O_6$ . . . . . . $Cd_3(AsO_3)_2 = 3 CdO \cdot As_2O_3$ . . . . . . 33 (Cd):   Hb–159
$As_2Cd_3O_8$ . . . . . . $Cd_3(AsO_4)_2 = 3 CdO \cdot As_2O_5$ . . . . . . 33 (Cd):   Eb–663
–. . . . . $Cd_3(AsO_4)_2 \cdot 1.5 H_2O$ . . . . 33 (Cd):   Hb–159
$As_2Cd_5O_8$ . . . . . . 5 $CdO \cdot As_2O_3$ . . . . 33 (Cd):   Hb–159
As_2ClCsO_3 . . . . . $CsCl \cdot As_2O_3$ . . . . 25 (Cs):   Hb/2–247
$As_2ClH_4NO_3$ . . . . $NH_4Cl \cdot As_2O_3$ . . . . 23 (NH_4):   Hb/2–447
As_2ClKO_3 . . . . . . $KCl \cdot As_2O_3$ . . . . 22 (K):   Hb/5–1028
As_2ClO_3Rb . . . . . $RbCl \cdot As_2O_3$ . . . . 24 (Rb):   Hb–236
$As_2Cl_2Hg_3$ . . . . . . $Hg_3As_2Cl_2$ . . . . 34 (Hg):   Hb/B4–1376
$As_2Cl_2Mg_4O_8$ . . . . . $Mg_3(AsO_4)_2 \cdot MgCl_2$ . . . . 27 (Mg):   Hb/B3–419
–. . . . . $Mg_3(AsO_4)_2 \cdot MgCl_2$ solid solutions:
                 $Mg_3(AsO_4)_2 \cdot Mg(F,Cl)_2$ . . . . 27 (Mg):   Hb/B3–419
$As_2Cl_3Cr_3H_{45}N_{15}S_8$ . . $[CrCl(NH_3)_5]_3[AsS_4]_2 \cdot 3 H_2O$. . . . . . 52 (Cr):   Hb/C–147
$As_2Cl_3Hg_4$ . . . . . . $Hg_4As_2Cl_3$ . . . . 34 (Hg):   Hb/B4–1375
$As_2Cl_4F_6S$ . . . . . . 2 $AsF_3 \cdot SCl_4$ . . . . 17 (As):   Hb–364/5
$As_2Cl_4O_7Pb_6$ . . . . . $Pb_3(AsO_3)_2 \cdot PbO \cdot 2 PbCl_2$. . . . . . . 47 (Pb):   Hb/C3–900
$As_2Cl_4O_8Pb_7$ . . . . . $Pb_3(AsO_3)_2 \cdot 2 PbO \cdot 2 PbCl_2$. . . . . . 47 (Pb):   Hb/C3–900
$As_2Cl_6Cu_7$ . . . . . . 7 Cu $\cdot$ 2 $AsCl_3$. . . . . 17 (As):   Hb–389
                                                            60 (Cu):   Hb/B2–959
$As_2Cl_6H_{21}N_7$ . . . . . 2 $AsCl_3 \cdot 7 NH_3$
                 $= 2 AsClNH \cdot 4 NH_4Cl \cdot NH_3$ . . . . . . 17 (As):   Hb–388
$As_2Cl_6O_8Pb_6$ . . . . . $Pb_3(AsO_4)_2 \cdot 3 PbCl_2$ . . . . 47 (Pb):   Hb/C3–901
$As_2Cl_9Cs_3$ . . . . . . $Cs_3[As_2Cl_9] = 3 CsCl \cdot 2 AsCl_3$ . . . . . 25 (Cs):   Hb/2–246/7
$As_2Cl_9H_3$ . . . . . . $H_3[As_2Cl_9]$ . . . . 17 (As):   Hb–391
$As_2Cl_9Rb_3$ . . . . . . $Rb_3[As_2Cl_9] = 3 RbCl \cdot 2 AsCl_3$ . . . . . 24 (Rb):   Hb–235
$As_2Cl_{15}IrP_2$ . . . . . . $IrAs_2P_2Cl_{15}$
                 $= IrCl_3 \cdot 2 PCl_3 \cdot 2 AsCl_3$. . . . . 67 (Ir):   Hb–86
As_2Co . . . . $CoAs_2$. . . . . 58 (Co):   Hb/A2–393/4
                                                            Eb/A–751
$As_2CoF_2K_2O_6$ . . . . . $K_2Co[AsO_3F]_2 \cdot 6 H_2O$ . . . . 58 (Co):   Eb/A–804
$As_2CoMg_2O_8$ . . . . . $Mg_2Co(AsO_4)_2$ . . . . 58 (Co):   Eb/A–490
$As_2CoMo_6O_{24}$ . . . . $CoO \cdot As_2O_5 \cdot 6 MoO_3 \cdot 13 H_2O$ . . . . . . 53 (Mo):   Hb–370
–. . . . . $CoO \cdot As_2O_5 \cdot 6 MoO_3$ solid solutions:
                 $(Co,Ni)O \cdot As_2O_5 \cdot 6 MoO_3 \cdot 13 H_2O$ . . 53 (Mo):   Hb–370
$As_2CoNa_4O_8$ . . . . . 2 $Na_2O \cdot CoO \cdot As_2O_5$
                 $= 4 Na_3AsO_4 \cdot Co_3(AsO_4)_2$ . . . . 58 (Co):   Hb/A2–408
As_2CoO_6 . . . . $CoAs_2O_6 = CoO \cdot As_2O_5$. . . . . 58 (Co):   Eb/A–753

$As_2Co_2H_4O_9$ . . . . . $CoH_2As_2O_7 \cdot Co(OH)_2$
               $= 2\,CoO \cdot As_2O_5 \cdot 2\,H_2O$ . . . . 58 (Co):   Hb/A2−396

$As_2Co_2K_2O_8$. . . . . $K_2O \cdot 2\,CoO \cdot As_2O_5$
               $= K_3AsO_4 \cdot Co_3(AsO_4)_2$ . . . . 58 (Co):   Hb/A2−433

$As_2Co_2O_5$ . . . . $2\,CoO \cdot As_2O_3$ . . . . 58 (Co):   Hb/A2−394

$As_2Co_2O_7$ . . . . $Co_2As_2O_7 = 2\,CoO \cdot As_2O_5$ . . . . 58 (Co):   Hb/A2−395
                                                             Eb/A−753

−. . . . . $2\,CoO \cdot As_2O_5 \cdot 2\,H_2O$
               $= CoH_2As_2O_7 \cdot Co(OH)_2$ . . . . 58 (Co):   Hb/A2−396

−. . . . . $Co_2As_2O_7 \cdot 3\,H_2O$ . . . . 58 (Co):   Eb/A−753

−. . . . . $Co_2As_2O_7 \cdot 4.5\,H_2O$ . . . . 58 (Co):   Eb/A−753

As_2Co_3 . . . . Co_3As_2 . . . . 58 (Co):   Hb/A2−392/4
                                                             Eb/A−747/8

$As_2Co_3H_3NO_8$. . . . . $Co_3(AsO_4)_2 \cdot NH_3 \cdot 7\,H_2O$ . . . . 58 (Co):   Hb/B−44

$As_2Co_3H_6N_2O_8$ . . . . $Co_3(AsO_4)_2 \cdot 2\,NH_3 \cdot 6\,H_2O$ . . . . . . 58 (Co):   Hb/B−44

$As_2Co_3H_9N_3O_8$ . . . . $Co_3(AsO_4)_2 \cdot 3\,NH_3 \cdot 5\,H_2O$ . . . . . . 58 (Co):   Hb/B−44

$As_2Co_3Mo_{18}O_{62}$ . . . . $3\,CoO \cdot As_2O_5 \cdot 18\,MoO_3 \cdot 36\,H_2O$ . . . . . 53 (Mo):   Hb−367/8

$As_2Co_3O_6$ . . . . $Co_3(AsO_3)_2 \cdot 4\,H_2O$
               $= 3\,CoO \cdot As_2O_3 \cdot 4\,H_2O$ . . . . 58 (Co):   Hb/A2−394

$As_2Co_3O_8$ . . . . $Co_3As_2O_8 = 3\,CoO \cdot As_2O_5$ . . . . 58 (Co):   Eb/A−752

−. . . . . $Co_3As_2O_8 \cdot 8\,H_2O$ . . . . 58 (Co):   Hb/A2−395
                                                             Eb/A−752

$As_2Co_3O_{56}W_{16}$ . . . . $3\,CoO \cdot As_2O_5 \cdot 16\,WO_3 \cdot 32\,H_2O$ . . . . . 54 (W):   Hb−378

$As_2Co_3S_6$ . . . . $Co_3(AsS_3)_2$ . . . . 58 (Co):   Hb/A2−396

$As_2Co_4H_2O_{10}$ . . . . . $Co_3(AsO_4)_2 \cdot Co(OH)_2$
               $= 4\,CoO \cdot As_2O_5 \cdot H_2O$ . . . . 58 (Co):   Hb/A2−395

$As_2Co_4O_9$ . . . . $4\,CoO \cdot As_2O_5 = Co_3(AsO_4)_2 \cdot CoO$ . . . . 58 (Co):   Hb/A2−395

−. . . . . $4\,CoO \cdot As_2O_5 \cdot H_2O$
               $= Co_3(AsO_4)_2 \cdot Co(OH)_2$ . . . . 58 (Co):   Hb/A2−395

As_2Co_5 . . . . Co_5As_2 . . . . 58 (Co):   Hb/A2−392/3
                                                             Eb/A−745/6

−. . . . . Co_5As_2 solid solutions:
               $Co_5As_2 − Ni_5As_2$ . . . . 58 (Co):   Hb/A1−210

$As_2Co_6O_{11}$ . . . . . . $Co_6As_2O_{11} = 6\,CoO \cdot As_2O_5$. . . . . . . 58 (Co):   Eb/A−752

$As_2Co_7O_{10}$ . . . . . $7\,CoO \cdot As_2O_3 \cdot xH_2O$ . . . . 58 (Co):   Hb/A2−395

As_2Cr . . . . $CrAs_2$ . . . . 52 (Cr):   Hb/B−449

$As_2CrH_2NaO_8$. . . . . $NaH_2[Cr(AsO_4)_2] \cdot H_2O$. . . . . 52 (Cr):   Hb/B−507

As_2Cr_3 . . . . Cr_3As_2 . . . . 52 (Cr):   Hb/B−448

$As_2Cr_3H_6K_4O_{16}$ . . . . $K_4H_6Cr_3As_2O_{16}$ . . . . 52 (Cr):   Hb/B−690

$As_2Cr_3H_{45}N_{18}O_6S_8$ . . $[CrONO(NH_3)_5]_3[AsS_4]_2 \cdot 3\,H_2O$ . . . . . 52 (Cr):   Hb/C−130

$As_2Cr_3K_4O_{13}$ . . . . . $K_4Cr_3As_2O_{13}$ . . . . 52 (Cr):   Hb/B−690

$As_2Cr_3K_4O_{16}$ . . . . . $K_4Cr_3As_2O_{16} \cdot 12\,H_2O$ . . . . 52 (Cr):   Hb/B−690

$As_2Cr_4H_{16}N_4O_{19}$ . . . $2\,(NH_4)_2O \cdot As_2O_5 \cdot 4\,CrO_3$ . . . . 52 (Cr):   Hb/B−741

−. . . . . $2\,(NH_4)_2O \cdot As_2O_5 \cdot 4\,CrO_3 \cdot H_2O$. . . . . 52 (Cr):   Hb/B−741

$As_2Cr_4H_{42}N_{12}O_6S_8$ . . $[Cr_4(OH)_6(NH_3)_{12}] [AsS_4]_2 \cdot 6\,H_2O$ . . . . . 52 (Cr):   Hb/C−312/3

$As_2Cr_4K_4O_{19}$ . . . . . $2\,K_2O \cdot As_2O_5 \cdot 4\,CrO_3$ . . . . 52 (Cr):   Hb/B−691

−. . . . . $2\,K_2O \cdot As_2O_5 \cdot 4\,CrO_3 \cdot H_2O$ . . . . . . 52 (Cr):   Hb/B−691

As_2Cr_5. . . . . Cr_5As_2 . . . . 52 (Cr):   Hb/B−448

$As_2Cr_8H_{24}N_6O_{32}$ . . . $3\,(NH_4)_2O \cdot As_2O_5 \cdot 8\,CrO_3$ . . . . 52 (Cr):   Hb/B−741

$As_2CsH_5O_8$	$CsH_2AsO_4 \cdot H_3AsO_4$		
	$= Cs_2O \cdot 2\,As_2O_5 \cdot 5\,H_2O$	25 (Cs):	Hb/2−246
As_2CsIO_3	$CsI \cdot As_2O_3$	25 (Cs):	Hb/2−247
$As_2Cs_3I_9$	$Cs_3[As_2I_9] = 3\,CsI \cdot 2\,AsI_3$	25 (Cs):	Hb/2−247
$As_2Cs_8Mo_{26}O_{87}$	$4\,Cs_2O \cdot As_2O_5 \cdot 26\,MoO_3 \cdot 15\,H_2O$	53 (Mo):	Hb−371
$As_2Cs_{12}Mo_{18}O_{65}$	$6\,Cs_2O \cdot As_2O_5 \cdot 18\,MoO_3 \cdot 5\,H_2O$		
	$= Cs_{12}[As_2O_2(Mo_2O_7)_9] \cdot 5\,H_2O$	53 (Mo):	Hb−367
$As_2CuMo_6O_{24}$	$CuO \cdot As_2O_5 \cdot 6\,MoO_3 \cdot 17\,H_2O$		
	$= CuAs_2Mo_6O_{24} \cdot 17\,H_2O$	53 (Mo):	Hb−370
		60 (Cu):	Hb/B3−1234
$As_2CuNa_2O_7$	$Na_2CuAs_2O_7$		
	$= 3\,Na_2O \cdot 3\,CuO \cdot 3\,As_2O_5$	60 (Cu):	Hb/B3−1011
As_2CuO_4	$Cu(AsO_2)_2 = CuO \cdot As_2O_3$	60 (Cu):	Hb/B2−944/5, 946
−.	$Cu(AsO_2)_2 \cdot 2\,H_2O$	60 (Cu):	Hb/B2−946
As_2CuO_7Sr	$SrCuAs_2O_7$	60 (Cu):	Hb/B3−1138
$As_2CuO_8Zn_2$	$Zn_2Cu(AsO_4)_2$	60 (Cu):	Hb/B3−1151
$As_2CuO_{12}U_2$	$Cu(UO_2)_2(AsO_4)_2 \cdot 2.5\,H_2O$	60 (Cu):	Hb/B3−1242
−.	$Cu(UO_2)_2(AsO_4)_2 \cdot 8\,H_2O$	60 (Cu):	Hb/B3−1241/2
$As_2Cu_2H_4O_7$	$(CuOH)_2H_2As_2O_5 = Cu_2As_2O_5 \cdot 2\,H_2O$		
	$= 2\,CuO \cdot As_2O_3 \cdot 2\,H_2O$	60 (Cu):	Hb/B2−945
$As_2Cu_2H_{12}N_4O_7$ . . .	$Cu_2As_2O_7 \cdot 4\,NH_3 \cdot 3\,H_2O$	60 (Cu):	Hb/B2−957
$As_2Cu_2Na_2O_8$	$Na_2O \cdot 2\,CuO \cdot As_2O_5 = NaCuAsO_4$ . . .	60 (Cu):	Hb/B3−1011
$As_2Cu_2O_5$	$2\,CuO \cdot As_2O_3 = Cu_2As_2O_5$	60 (Cu):	Hb/B2−944
−.	$Cu_2As_2O_5 \cdot H_2O = CuHAsO_3$	60 (Cu):	Hb/B2−945/6
−.	$Cu_2As_2O_5 \cdot 2\,H_2O = (CuOH)_2H_2As_2O_5$ . .	60 (Cu):	Hb/B2−944/5
$As_2Cu_2O_7$	$Cu_2As_2O_7$	60 (Cu):	Hb/B2−956
−.	$Cu_2As_2O_7 \cdot H_2O$	60 (Cu):	Hb/B2−957
−.	$Cu_2As_2O_7 \cdot 3\,H_2O$	60 (Cu):	Hb/B2−956/7
$As_2Cu_2S_5$	$2\,CuS \cdot As_2S_3$	60 (Cu):	Hb/B2−960
$As_2Cu_2S_7$	$Cu_2As_2S_7$	60 (Cu):	Hb/B2−962
$As_2Cu_3H_2O_{10}Pb$	$PbCu_3(OH)_2(AsO_4)_2$	60 (Cu):	Hb/B3−1204
$As_2Cu_3H_6N_2O_8$	$Cu_3(AsO_4)_2 \cdot 2\,NH_3 \cdot x\,H_2O$	60 (Cu):	Hb/B2−953
$As_2Cu_3H_8N_2O_9$	$(NH_4)_2Cu_3O(AsO_4)_2 \cdot 5\,H_2O$	60 (Cu):	Hb/B3−1086
$As_2Cu_3H_9N_3O_8$	$Cu_3(AsO_4)_2 \cdot 3\,NH_3 \cdot 4\,H_2O$	60 (Cu):	Hb/B2−952/3
$As_2Cu_3Mo_{18}O_{62}$	$3\,CuO \cdot As_2O_5 \cdot 18\,MoO_3 \cdot 37\,H_2O$		
	$= Cu_3As_2Mo_{18}O_{62} \cdot 37\,H_2O$	53 (Mo):	Hb−368
		60 (Cu):	Hb/B3−1234
$As_2Cu_3O_6$	$Cu_3(AsO_3)_2 \cdot 2\,H_2O$		
	$= 3\,CuO \cdot As_2O_3 \cdot 2\,H_2O$	60 (Cu):	Hb/B2−944
−.	$Cu_3(AsO_3)_2 \cdot 3\,H_2O$	60 (Cu):	Hb/B2−945
$As_2Cu_3O_8$	$Cu_3(AsO_4)_2$	60 (Cu):	Hb/B2−948/9
−.	$Cu_3(AsO_4)_2 \cdot H_2O$	60 (Cu):	Hb/B2−951
−.	$Cu_3(AsO_4)_2 \cdot 2\,H_2O$	60 (Cu):	Hb/B2−951
−.	$Cu_3(AsO_4)_2 \cdot 4\,H_2O$	60 (Cu):	Hb/B2−950/1
−.	$Cu_3(AsO_4)_2 \cdot 5\,H_2O$	60 (Cu):	Hb/B2−950
$As_2Cu_3O_{62}W_{18}$	$3\,CuO \cdot As_2O_5 \cdot 18\,WO_3 \cdot 30\,H_2O$		
	$= Cu_3As_2W_{18}O_{62} \cdot 30\,H_2O$	54 (W):	Hb−378
		60 (Cu):	Hb/B3−1240
$As_2Cu_3S_6$	$3\,CuS \cdot As_2S_3$	60 (Cu):	Hb/B2−960
$As_2Cu_3S_8$	$Cu_3(AsS_4)_2$	60 (Cu):	Hb/B2−961

As$_2$Cu$_4$O$_5$ . . . . 2 Cu$_2$O · As$_2$O$_3$ . . . . 60 (Cu):   Hb/B2−944
As$_2$Cu$_4$O$_7$ . . . . Cu$_4$As$_2$O$_7$ . . . . 60 (Cu):   Hb/B2−956
−. . . . . 4 CuO · As$_2$O$_3$ . . . . 60 (Cu):   Hb/B2−948
−. . . . . 4 CuO · As$_2$O$_3$ · 4 H$_2$O . . . . 60 (Cu):   Hb/B2−948
As$_2$Cu$_4$O$_9$ . . . . 4 CuO · As$_2$O$_5$ . . . . 60 (Cu):   Hb/B2−953
−. . . . . 4 CuO · As$_2$O$_5$ · H$_2$O = Cu$_2$(OH)AsO$_4$ . . . 60 (Cu):   Hb/B2−953/5
−. . . . . 4 CuO · As$_2$O$_5$ · 3 H$_2$O . . . . 60 (Cu):   Hb/B2−953
−. . . . . 4 CuO · As$_2$O$_5$ · 4.5 H$_2$O . . . . . . 60 (Cu):   Hb/B2−953
−. . . . . 4 CuO · As$_2$O$_5$ · 7 H$_2$O . . . . 60 (Cu):   Hb/B2−953
As$_2$Cu$_4$S$_5$ . . . . Cu$_4$As$_2$S$_5$ . . . . 60 (Cu):   Hb/B2−960
As$_2$Cu$_5$ . . . . Cu$_5$As$_2$ . . . . 60 (Cu):   Hb/B2−944
As$_2$Cu$_5$H$_8$N$_2$O$_{11}$ . . . . (NH$_4$)$_2$Cu$_5$O$_3$(AsO$_4$)$_2$ · H$_2$O . . . . . 60 (Cu):   Hb/B3−1086
As$_2$Cu$_5$O$_8$ . . . . 5 CuO · As$_2$O$_3$ . . . . 60 (Cu):   Hb/B2−947
−. . . . . 5 CuO · As$_2$O$_3$ · xH$_2$O . . . . 60 (Cu):   Hb/B2−947/8
As$_2$Cu$_5$O$_{10}$ . . . . . 5 CuO · As$_2$O$_5$ . . . . 60 (Cu):   Hb/B2−953
−. . . . . 5 CuO · As$_2$O$_5$ · 2 H$_2$O . . . . 60 (Cu):   Hb/B2−953
−. . . . . 5 CuO · As$_2$O$_5$ · 5 H$_2$O . . . . 60 (Cu):   Hb/B2−953
As$_2$Cu$_6$O$_{11}$ . . . . . 6 CuO · As$_2$O$_5$ · 3 H$_2$O . . . . 60 (Cu):   Hb/B2−953
As$_2$Cu$_8$O$_9$ . . . . 4 Cu$_2$O · As$_2$O$_5$ . . . . 60 (Cu):   Hb/B2−948
As$_2$Cu$_{11}$O$_{22}$S$_2$ . . . . . 11 CuO · 2 SO$_3$ · As$_2$O$_5$ . . . . . . 60 (Cu):   Hb/B2−962
As$_2$Cu$_{12}$S$_{15}$ . . . . . 12 CuS · As$_2$S$_3$ . . . . 60 (Cu):   Hb/B2−960
As$_2$Cu$_{16}$S$_{11}$ . . . . . Cu$_{16}$As$_2$S$_{11}$ solid solutions:
                       (Cu,Ag)$_{16}$As$_2$S$_{11}$ . . . . 61 (Ag):   Hb/B4−488/9
−. . . . . Cu$_{16}$As$_2$S$_{11}$ systems:
                       Cu$_{16}$As$_2$S$_{11}$−Ag$_{16}$As$_2$S$_{11}$ . . . . 61 (Ag):   Hb/B4−489/90
As$_2$FNa$_7$O$_8$ . . . . . . 2 Na$_3$AsO$_4$ · NaF · 19 H$_2$O . . . . . 21 (Na):   Hb−949
As$_2$F$_2$H$_8$N$_2$NiO$_6$ . . . . (NH$_4$)$_2$Ni(AsO$_3$F)$_2$ solid solutions:
                       (NH$_4$)$_2$Ni[(SO$_4$)$_x$(AsO$_3$F)$_{1−x}$]$_2$ · 6 H$_2$O . . 57 (Ni):   Hb/B3−1079
As$_2$F$_2$K$_2$NiO$_6$ . . . . . K$_2$Ni(AsO$_3$F)$_2$ · 6 H$_2$O . . . . 57 (Ni):   Hb/B3−1061
As$_2$F$_2$Mg$_4$O$_8$ . . . . . Mg$_3$(AsO$_4$)$_2$ · MgF$_2$ solid solutions:
                       Mg$_3$(AsO$_4$)$_2$ · Mg(F,Cl)$_2$ . . . . 27 (Mg):   Hb/B3−419
As$_2$F$_2$O$_6$Pb$_2$ . . . . . . Pb(AsO$_3$)$_2$ · PbF$_2$ = PbFAsO$_3$ . . . . . . 47 (Pb):   Hb/C3−899
As$_2$F$_4$NiO$_4$ . . . . . . Ni(AsO$_2$F$_2$)$_2$ . . . . 57 (Ni):   Hb/B3−989
As$_2$F$_6$H$_{15}$N$_5$ . . . . . 2 AsF$_3$ · 5 NH$_3$ . . . . 17 (As):   Hb−364
As$_2$F$_{12}$K$_4$O . . . . . . 4 KF · AsF$_5$ · AsOF$_3$ · 3 H$_2$O . . . . . 22 (K):   Hb/5−1027
As$_2$Fe . . . . FeAs$_2$ . . . . 59 (Fe):   Hb/A8−1802/3
−. . . . . FeAs$_2$ systems:
                       FeAs$_2$−FeS$_2$ . . . . 59 (Fe):   Hb/A8−1803/4
As$_2$FeH$_2$KO$_8$ . . . . . KH$_2$[Fe(AsO$_4$)$_2$] · H$_2$O . . . . 59 (Fe):   Hb/B5−993
As$_2$FeH$_2$NaO$_8$. . . . . NaH$_2$[Fe(AsO$_4$)$_2$] · H$_2$O . . . . 59 (Fe):   Hb/B5−913
As$_2$FeH$_3$O$_8$ . . . . . . FeH$_3$(AsO$_4$)$_2$ · 2.5 H$_2$O
                       = Fe$_2$O$_3$ · 2 As$_2$O$_5$ · 8 H$_2$O . . . . . . 59 (Fe):   Hb/B4−781/2
As$_2$FeH$_6$NO$_8$ . . . . . NH$_4$H$_2$AsO$_4$ · FeAsO$_4$ . . . . 59 (Fe):   Hb/B5−1029/30
As$_2$FeKO$_7$ . . . . KFeAs$_2$O$_7$ = K$_2$O · Fe$_2$O$_3$ · 2 As$_2$O$_5$ . . . . 59 (Fe):   Hb/B5−993
As$_2$FeNaO$_7$ . . . . . . NaFeAs$_2$O$_7$
                       = Na$_2$O · Fe$_2$O$_3$ · 2 As$_2$O$_5$ . . . . 59 (Fe):   Hb/B5−913
As$_2$FeO$_4$ . . . . FeAs$_2$O$_4$ . . . . 59 (Fe):   Hb/B4−780
As$_2$Fe$_3$ . . . . Fe$_3$As$_2$ . . . . 59 (Fe):   Hb/A8−1801

$As_2Fe_3O_8$	$Fe_3(AsO_4)_2 \cdot 6\ H_2O$	59 (Fe):	Hb/B4–781
–.	$Fe_3(AsO_4)_2 \cdot 8\ H_2O$	59 (Fe):	Hb/B4–780/1
$As_2Fe_4O_9$	$Fe_4As_2O_9$	59 (Fe):	Hb/B4–780
$As_2Fe_4O_{11}$	$2\ Fe_2O_3 \cdot As_2O_5 \cdot xH_2O$	59 (Fe):	Hb/B4–782
$As_2Fe_8O_{15}$	$4\ Fe_2O_3 \cdot As_2O_3 \cdot 5\ H_2O$	59 (Fe):	Hb/B4–780
As_2Ge	$GeAs_2$	45 (Ge):	Eb–560/1
$As_2GeO_{12}Pb_5$	$Pb_5(AsO_4)_2GeO_4$	47 (Pb):	Hb/C4–1481
As_2H	$(As_2H)_2 = As_4H_2$	17 (As):	Hb–196
–.	$(As_2H)_x$	17 (As):	Hb–195/7
As_2HI_7	$H[As_2I_7]$	17 (As):	Hb–414
$As_2HKMg_2O_8$	$KMg_2H(AsO_4)_2 \cdot 4\ H_2O$	27 (Mg):	Hb/B4–468
–.	$KMg_2H(AsO_4)_2 \cdot 5\ H_2O$	27 (Mg):	Hb/B4–468
–.	$KMg_2H(AsO_4)_2 \cdot 15\ H_2O$	27 (Mg):	Hb/B4–468
As_2HKO_4	$KHAs_2O_4 = K_2As_4O_7 \cdot H_2O$	22 (K):	Hb/5–1019
–.	$KHAs_2O_4 \cdot 0.5\ H_2O$	22 (K):	Hb/5–1019
As_2HNaO_4	$NaH(AsO_2)_2$	21 (Na):	Eb/4–1688
$As_2HNa_5O_6$	$Na_5H(AsO_3)_2 \cdot 12\ H_2O$	21 (Na):	Eb/4–1687
$As_2HO_4^-$	$[HAs_2O_4]^-$	17 (As):	Hb–327
As_2H_2	$As_2H_2 = AsH$	17 (As):	Hb–197/200
$As_2H_2I_6O$	$H[As_2(OH)I_6]$	17 (As):	Hb–414
$As_2H_2Na_2O_7$	$Na_2H_2As_2O_7$	21 (Na):	Eb/4–1700
–.	$Na_2H_2As_2O_7$ solid solutions:		
	$Na_2H_2(As,P)_2O_7$	21 (Na):	Eb/5–2022
$As_2H_2Na_3O_{10}P$	$Na_3H_2As_2PO_{10}$ solid solutions:		
	$Na_3H_2As_2(P,As)O_{10}$	21 (Na):	Eb/5–2022
$As_2H_2O_4$	$H_2As_2O_4$	17 (As):	Hb–326/7
$As_2H_2O_8Pb$	$Pb(HAsO_4)_2$	47 (Pb):	Hb/C3–899
$As_2H_2O_8Th$	$Th(HAsO_4)_2 \cdot 5\ H_2O$	44 (Th):	Hb–320
–.	$Th(HAsO_4)_2 \cdot 6\ H_2O$	44 (Th):	Hb–320
–.	$Th(HAsO_4)_2 \cdot xH_2O$	44 (Th):	Hb–320/1
$As_2H_2O_8U$	$UH_2(AsO_4)_2 \cdot 2\ H_2O$	55 (U):	Hb–185
–.	$UH_2(AsO_4)_2 \cdot 3\ H_2O$	55 (U):	Hb–184
$As_2H_2O_8Zr$	$ZrO(H_2As_2O_7)$	42 (Zr):	Hb–400
$As_2H_2O_{10}Zn_4$	$Zn_3(AsO_4)_2 \cdot Zn(OH)_2$		
	$= Zn(ZnOH)AsO_4$		
	$= 4\ ZnO \cdot As_2O_5 \cdot H_2O$	32 (Zn):	Hb–285
$As_2H_3I_9$	$H_3[As_2I_9]$	17 (As):	Hb–414
$As_2H_3NNi_3O_8$	$Ni_3(AsO_4)_2 \cdot NH_3 \cdot 7\ H_2O$	57 (Ni):	Hb/C1–106
$As_2H_3NS_3$	$As_2S_3 \cdot NH_3$	17 (As):	Hb–433
$As_2H_3N_3$	$As_2(NH)_3$	17 (As):	Hb–360
$As_2H_3Na_3O_8$	$Na_3H_3(AsO_4)_2 \cdot 3\ H_2O$		
	$= Na_3AsO_4 \cdot H_3AsO_4 \cdot 3\ H_2O$	21 (Na):	Hb–945
As_2H_4	As_2H_4	17 (As):	Hb–200/1
$As_2H_4MgO_8$	$Mg(H_2AsO_4)_2$	27 (Mg):	Hb/B3–418
$As_2H_4O_5$	$H_4As_2O_5$	17 (As):	Hb–326
$As_2H_4O_7$	$H_4As_2O_7 = As_2O_5 \cdot 2\ H_2O$	17 (As):	Hb–330, 358
$As_2H_4O_8Pb$	$Pb(H_2AsO_4)_2$	47 (Pb):	Hb/B1–495
			Hb/C3–891, 897

Formula	Compound	Ref	Source
$As_2H_4O_8Sr$	$Sr(H_2AsO_4)_2$	29 (Sr):	Hb−218
			Eb−291/2
−.	$Sr(H_2AsO_4)_2 \cdot 2\,H_2O$	29 (Sr):	Hb−218
			Eb−292
$As_2H_4O_{10}U$	$UO_2H_4(AsO_4)_2 \cdot 3\,H_2O$	55 (U):	Hb−185
$As_2H_4S_5$.	$H_4As_2S_5$	17 (As):	Hb−457
$As_2H_4S_7$.	$H_4As_2S_7$	17 (As):	Hb−458
$As_2H_5NO_6$.	$NH_4H(AsO_3)_2$	23 (NH_4):	Hb/2−446
$As_2H_5NaO_5S_3$.	$NaH_5As_2O_5S_3 \cdot H_2O$		
	$= Na_2O \cdot 2\,As_2O_2S_3 \cdot 7\,H_2O$	21 (Na):	Hb−952
$As_2H_5NaO_8$	$NaH_5(AsO_4)_2 \cdot H_2O$		
	$= Na_2O \cdot 2\,As_2O_5 \cdot 7\,H_2O$.	21 (Na):	Eb/4−1700
$As_2H_6Mo_{18}Na_6O_{65}$ . .	$Na_6H_6[As_2O_2(Mo_2O_7)_9] \cdot 20\,H_2O$		
	$= 3\,Na_2O \cdot As_2O_5 \cdot 18\,MoO_3 \cdot 23\,H_2O$.	53 (Mo):	Hb−366
−.	$Na_6H_6[As_2O_2(Mo_2O_7)_9] \cdot 21\,H_2O$.	53 (Mo):	Hb−366
−.	$Na_6H_6[As_2O_2(Mo_2O_7)_9] \cdot 25\,H_2O$.	53 (Mo):	Hb−366
−.	$Na_6H_6[As_2O_2(Mo_2O_7)_9] \cdot 28\,H_2O$.	53 (Mo):	Hb−366
$As_2H_6N_2Ni_3O_8$	$Ni_3(AsO_4)_2 \cdot 2\,NH_3 \cdot 6\,H_2O$	57 (Ni):	Hb/C1−106
$As_2H_8Mo_2N_2O_{12}$ . . .	$(NH_4)_2O \cdot As_2O_5 \cdot 2\,MoO_3 \cdot 4\,H_2O$	53 (Mo):	Hb−371
−.	$(NH_4)_2O \cdot As_2O_5 \cdot 2\,MoO_3 \cdot 6\,H_2O$	53 (Mo):	Hb−371
$As_2H_8Mo_6N_2O_{24}$ . . .	$(NH_4)_2O \cdot As_2O_5 \cdot 6\,MoO_3 \cdot 4\,H_2O$	53 (Mo):	Hb−369
$As_2H_8Mo_7N_2O_{21}$ . . .	$(NH_4)_2As_2Mo_7O_{21} \cdot 6\,H_2O$	53 (Mo):	Hb−369
$As_2H_8N_2O_4$	$(NH_4)_2O \cdot As_2O_3 = NH_4AsO_2$	23 (NH_4):	Hb/2−444
$As_2H_8N_2O_{16}V_4$	$(NH_4)_2O \cdot 2\,V_2O_5 \cdot As_2O_5 \cdot 5\,H_2O$		
	$= NH_4(VO_2)_2AsO_4$	48 (V):	Hb/B2−478/9
$As_2H_9N_3Ni_3O_8$	$Ni_3(AsO_4)_2 \cdot 3\,NH_3 \cdot 5\,H_2O$	57 (Ni):	Hb/C1−106
$As_2H_9N_3O_5$	$As_2O_5 \cdot 3\,NH_3$	17 (As):	Hb−276
$As_2H_{10}K_2Mo_{18}O_{65}$ . .	$K_2H_{10}[As_2O_2(Mo_2O_7)_9] \cdot 21\,H_2O$		
	$= K_2O \cdot As_2O_5 \cdot 18\,MoO_3 \cdot 26\,H_2O$.	53 (Mo):	Hb−366
$As_2H_{10}N_2O_7$.	$(NH_4)_2H_2As_2O_7$	23 (NH_4):	Hb/2−446
$As_2H_{12}Mo_{18}O_{65}$. . . .	$H_{12}[As_2O_2(Mo_2O_7)_9] \cdot 22\,H_2O$		
	$= As_2O_5 \cdot 18\,MoO_3 \cdot 28\,H_2O$	53 (Mo):	Hb−363/4
−.	$H_{12}[As_2O_2(Mo_2O_7)_9] \cdot 32\,H_2O$	53 (Mo):	Hb−363
$As_2H_{16}Mo_2N_4S_{13}$ . . .	$2\,(NH_4)_2S \cdot As_2S_5 \cdot 2\,MoS_3 \cdot 5\,H_2O$	53 (Mo):	Hb−371
$As_2H_{16}Mo_6N_4O_{25}$ . . .	$2\,(NH_4)_2O \cdot As_2O_5 \cdot 6\,MoO_3 \cdot 5\,H_2O$		
	$= (NH_4)_2H[AsO(MoO_4)_3] \cdot 2\,H_2O$	53 (Mo):	Hb−369
−.	$2\,(NH_4)_2O \cdot As_2O_5 \cdot 6\,MoO_3 \cdot 6\,H_2O$	53 (Mo):	Hb−369
$As_2H_{16}Mo_{18}N_4O_{61}$ . .	$2\,(NH_4)_2O \cdot As_2O_5 \cdot 18\,MoO_3 \cdot 17\,H_2O$ . .	53 (Mo):	Hb−366/7
$As_2H_{16}N_4O_5$.	$(NH_4)_4As_2O_5 = 2\,(NH_4)_2O \cdot As_2O_3$	23 (NH_4):	Hb/2−444
$As_2H_{16}N_4O_7$.	$(NH_4)_4As_2O_7$	23 (NH_4):	Hb/2−446
$As_2H_{16}N_4O_8Sr$	$(NH_4)_4Sr(AsO_4)_2 \cdot 10\,H_2O$	29 (Sr):	Eb−303
$As_2H_{16}N_4O_{13}Se_2$ . . .	$2\,(NH_4)_2O \cdot As_2O_5 \cdot 2\,SeO_3 \cdot 3\,H_2O$ . . .	23 (NH_4):	Hb/2−447
$As_2H_{24}Mo_6N_6O_{26}$ . . .	$3\,(NH_4)_2O \cdot As_2O_5 \cdot 6\,MoO_3 \cdot 8\,H_2O$ . . .	53 (Mo):	Hb−369
$As_2H_{24}Mo_{18}N_6O_{62}$ . .	$3\,(NH_4)_2O \cdot As_2O_5 \cdot 18\,MoO_3 \cdot 14\,H_2O$. . .	53 (Mo):	Hb−366
$As_2H_{24}Mo_{24}N_6O_{80}$ . .	$3\,(NH_4)_2O \cdot As_2O_5 \cdot 24\,MoO_3 \cdot 12\,H_2O$ . . .	53 (Mo):	Hb−365
$As_2H_{24}N_6O_{62}W_{18}$ . . .	$3\,(NH_4)_2O \cdot As_2O_5 \cdot 18\,WO_3 \cdot 14\,H_2O$ . . .	54 (W):	Hb−378
$As_2H_{24}N_6O_{65}W_{19}$ . . .	$3\,(NH_4)_2O \cdot As_2O_5 \cdot 19\,WO_3 \cdot 18\,H_2O$ . . .	54 (W):	Hb−377
$As_2H_{24}N_6O_{71}W_{21}$ . . .	$3\,(NH_4)_2O \cdot As_2O_5 \cdot 21\,WO_3 \cdot xH_2O$	54 (W):	Hb−377
$As_2H_{24}N_6O_{80}W_{24}$ . . .	$3\,(NH_4)_2O \cdot As_2O_5 \cdot 24\,WO_3 \cdot 12\,H_2O$		
	$= (NH_4)_3H_4[As(W_2O_7)_6] \cdot 4\,H_2O$	54 (W):	Hb−377

$As_2H_{27}I_6N_9$ . . . . . . 2 $AsI_3 \cdot 9\ NH_3$. . . . . 17 (As): Hb–413

$As_2H_{28}N_7O_{60.5}W_{18}$ . . 3.5 $(NH_4)_2O \cdot As_2O_3 \cdot 18\ WO_3 \cdot 45\ H_2O$ . . 54 (W): Hb–379

$As_2H_{32}Mo_6N_8O_{27}$ . . . 4 $(NH_4)_2O \cdot As_2O_5 \cdot 6\ MoO_3 \cdot xH_2O$ . . . . 53 (Mo): Hb–369

$As_2H_{32}N_8O_{27}W_6$ . . 4 $(NH_4)_2O \cdot As_2O_5 \cdot 6\ WO_3 \cdot 5\ H_2O$ . . . . 54 (W): Hb–379

$As_2H_{40}Mo_{16}N_{10}O_{58}$ . . 5 $(NH_4)_2O \cdot As_2O_5 \cdot 16\ MoO_3 \cdot 9\ H_2O$ . . . 53 (Mo): Hb–371

$As_2H_{40}Mo_{20}N_{10}O_{85}V_6$ 5 $(NH_4)_2O \cdot As_2O_5 \cdot 3\ V_2O_5 \cdot 20\ MoO_3$
$\cdot 50\ H_2O$ . . . . 53 (Mo): Hb–386

$As_2H_{40}N_{10}O_{61}W_{17}$ . . 5 $(NH_4)_2O \cdot As_2O_5 \cdot 17\ WO_3 \cdot 8\ H_2O$ . . . . 54 (W): Hb–379

–. . . . . 5 $(NH_4)_2O \cdot As_2O_5 \cdot 17\ WO_3 \cdot 16\ H_2O$ . . . 54 (W): Hb–379

$As_2H_{48}Mo_{11}N_{12}O_{69}V_{10}$
6 $(NH_4)_2O \cdot As_2O_5 \cdot 5\ V_2O_5 \cdot 11\ MoO_3$
$\cdot 50\ H_2O$ . . . . 53 (Mo): Hb–386

$As_2H_{48}Mo_{11}N_{12}O_{79}V_{14}$
6 $(NH_4)_2O \cdot As_2O_5 \cdot 7\ V_2O_5 \cdot 11\ MoO_3$
$\cdot 40\ H_2O$ . . . . 53 (Mo): Hb–386

$As_2H_{48}Mo_{13}N_{12}O_{75}V_{10}$
6 $(NH_4)_2O \cdot As_2O_5 \cdot 5\ V_2O_5 \cdot 13\ MoO_3$
$\cdot 42\ H_2O$ . . . . 53 (Mo): Hb–386

$As_2H_{48}Mo_{13}N_{12}O_{85}V_{14}$
6 $(NH_4)_2O \cdot As_2O_5 \cdot 7\ V_2O_5 \cdot 13\ MoO_3$
$\cdot xH_2O$ . . . . 53 (Mo): Hb–386

–. . . . . 6 $(NH_4)_2O \cdot As_2O_5 \cdot 7\ V_2O_5$
$\cdot 13\ MoO_3$ solid solutions:
6 $(NH_4,K)_2O \cdot As_2O_5 \cdot 7\ V_2O_5$
$\cdot 13\ MoO_3 \cdot xH_2O$ . . . . 53 (Mo): Hb–386

$As_2H_{48}Mo_{15}N_{12}O_{81}V_{10}$
6 $(NH_4)_2O \cdot As_2O_5 \cdot 5\ V_2O_5 \cdot 15\ MoO_3$
$\cdot 39\ H_2O$ . . . . 53 (Mo): Hb–386

$As_2H_{48}Mo_{15}N_{12}O_{86}V_{12}$
6 $(NH_4)_2O \cdot As_2O_5 \cdot 6\ V_2O_5 \cdot 15\ MoO_3$
$\cdot 48\ H_2O$ . . . . 53 (Mo): Hb–386

$As_2H_{48}Mo_{17}N_{12}O_{87}V_{10}$
6 $(NH_4)_2O \cdot As_2O_5 \cdot 5\ V_2O_5 \cdot 17\ MoO_3$
$\cdot 50\ H_2O$ . . . . 53 (Mo): Hb–386

$As_2H_{56}Mo_{12}N_{14}O_{83}V_{14}$
7 $(NH_4)_2O \cdot As_2O_5 \cdot 7\ V_2O_5$
$\cdot 12\ MoO_3$ solid solutions:
7 $(NH_4,K)_2O \cdot As_2O_5 \cdot 7\ V_2O_5$
$\cdot 12\ MoO_3 \cdot xH_2O$ . . . . 53 (Mo): Hb–386

$As_2H_{56}Mo_{18}N_{14}O_{91}V_{10}$
7 $(NH_4)_2O \cdot As_2O_5 \cdot 5\ V_2O_5 \cdot 18\ MoO_3$
$\cdot 47\ H_2O$ . . . . 53 (Mo): Hb–386

$As_2H_{56}N_{14}O_{54}W_{14}$ . . 7 $(NH_4)_2O \cdot As_2O_5 \cdot 14\ WO_3 \cdot 17\ H_2O$ . . . 54 (W): Hb–378

$As_2H_{88}Mo_{25}N_{22}O_{111}V_8$
11 $(NH_4)_2O \cdot As_2O_5 \cdot 4\ V_2O_5 \cdot 25\ MoO_3$
$\cdot 96\ H_2O$ . . . . 53 (Mo): Hb–386

$As_2H_{144}N_{36}O_{106}V_8W_{21}$
18 $(NH_4)_2O \cdot As_2O_5 \cdot 4\ V_2O_5 \cdot 21\ WO_3$
$\cdot 13\ H_2O$ . . . . 54 (W): Hb–392

As_2HgO_4	$Hg(AsO_2)_2 = HgO \cdot As_2O_3$	34 (Hg):	Hb/B4–1371/2
As_2HgO_6	$Hg(AsO_3)_2 = HgO \cdot As_2O_5$	34 (Hg):	Hb/B4–1374
As_2HgO_7Sr	$SrO \cdot HgO \cdot As_2O_5 = Sr[HgAs_2O_7]$	34 (Hg):	Hb/B4–1492
$As_2Hg_2O_4$	$Hg_2(AsO_2)_2 = Hg_2O \cdot As_2O_3$	34 (Hg):	Hb/B4–1371
$As_2Hg_2O_5$	$Hg_2As_2O_5 = 2 HgO \cdot As_2O_3$	34 (Hg):	Hb/B4–1371
$As_2Hg_2O_6$	$Hg_2(AsO_3)_2 = Hg_2O \cdot As_2O_5$	34 (Hg):	Hb/B4–1372/3
As_2Hg_3	Hg_3As_2	34 (Hg):	Hb/B4–1370
$As_2Hg_3I_4$	$Hg_3As_2I_4$	34 (Hg):	Hb/B4–1377/8
$As_2Hg_3O_4S_2$	$Hg_3(AsO_2S)_2$	34 (Hg):	Hb/B4–1378
$As_2Hg_3O_6$	$Hg_3(AsO_3)_2 = 3 HgO \cdot As_2O_3$	34 (Hg):	Hb/B4–1371
$As_2Hg_3O_8$	$Hg_3(AsO_4)_2 = 3 HgO \cdot As_2O_5$	34 (Hg):	Hb/B4–1373/4
$As_2Hg_3S_6$	$Hg_3(AsS_3)_2$	34 (Hg):	Hb/B4–1378
$As_2Hg_3S_8$	$Hg_3(AsS_4)_2$	34 (Hg):	Hb/B4–1378
$As_2Hg_4I_3$	$Hg_4As_2I_3$	34 (Hg):	Hb/B4–1377
–.	$Hg_4As_2I_3$ solid solutions:		
	$Hg_4As_2I_{3-x}Br_x$	34 (Hg):	Hb/B4–1378
	$Hg_4Sb_xAs_{2-x}I_3$	34 (Hg):	Hb/B4–1384
$As_2Hg_4O_7$	$(Hg_2)_2As_2O_7 = 2 Hg_2O \cdot As_2O_5$	34 (Hg):	Hb/B4–1372
$As_2Hg_5O_8$	$Hg_5As_2O_8 = 5 HgO \cdot As_2O_3$	34 (Hg):	Hb/B4–1371
$As_2Hg_6O_6$	$(Hg_2)_3(AsO_3)_2 = 3 Hg_2O \cdot As_2O_3$	34 (Hg):	Hb/B4–1370/1
$As_2Hg_6O_8$	$(Hg_2)_3(AsO_4)_2 = 3 Hg_2O \cdot As_2O_5$	34 (Hg):	Hb/B4–1372
$As_2Hg_7NO_9$	$3 Hg_2O \cdot As_2O_3 \cdot 0.5 Hg_2(NO_3)_2$	34 (Hg):	Hb/B4–1374
$As_2Hg_8O_{10}S$	$3 Hg_2O \cdot As_2O_3 \cdot Hg_2SO_4$	34 (Hg):	Hb/B4–1378
As_2IKO_3	$KI \cdot As_2O_3$	22 (K):	Hb/5–1029
As_2IO_3Rb	$RbI \cdot As_2O_3$	24 (Rb):	Hb–236
$As_2I_2Te_3$	$As_2Te_3 \cdot I_2$	17 (As):	Hb–465
As_2I_4	As_2I_4	17 (As):	Hb–404/5
$As_2I_4O_3$	$As_2O_3I_4$	17 (As):	Hb–414
As_2I_4S	$As_2SI_4 = AsSI \cdot AsI_3$	17 (As):	Hb–462
$As_2I_9Rb_3$	$Rb_3[As_2I_9] = 3 RbI \cdot 2 AsI_3$	24 (Rb):	Hb–236
$As_2I_{12}S$	$2 AsI_3 \cdot SI_6$	17 (As):	Hb–462
As_2Ir	$IrAs_2$	67 (Ir):	Hb–86
$As_2KMg_2NaO_8$	$NaKMg_2(AsO_4)_2 \cdot 14 H_2O$	27 (Mg):	Hb/B4–470
$As_2KO_{7.5}Pb$	$0.5 K_2O \cdot PbO_2 \cdot As_2O_5 \cdot 3 H_2O$	47 (Pb):	Hb/C3–1111
–.	$0.5 K_2O \cdot PbO_2 \cdot As_2O_5 \cdot 4 H_2O$	47 (Pb):	Hb/C3–1111
$As_2K_2Mo_2O_4S_8$	$K_2S \cdot As_2S_5 \cdot 2 MoO_2S \cdot 5 H_2O$	53 (Mo):	Hb–372
$As_2K_2Mo_2O_{12}$	$K_2O \cdot As_2O_5 \cdot 2 MoO_3 \cdot 5 H_2O$	53 (Mo):	Hb–370
$As_2K_2Mo_2S_{12}$	$K_2S \cdot As_2S_5 \cdot 2 MoS_3 \cdot 8 H_2O$	53 (Mo):	Hb–372
$As_2K_2Mo_4O_{18}$	$K_2O \cdot As_2O_5 \cdot 4 MoO_3 \cdot 5 H_2O$	53 (Mo):	Hb–371
$As_2K_2Mo_6O_{24}$	$K_2O \cdot As_2O_5 \cdot 6 MoO_3 \cdot 5 H_2O$	53 (Mo):	Hb–369
$As_2K_2Mo_{18}O_{60}$	$K_2O \cdot As_2O_5 \cdot 18 MoO_3 \cdot 26 H_2O$		
	$= K_2H_{10}[As_2O_2(Mo_2O_7)_9] \cdot 21 H_2O$	53 (Mo):	Hb–366
$As_2K_2O_4$	$K_2As_2O_4$	22 (K):	Hb/5–1018/9
$As_2K_2O_8Sr_2$	$Sr_2K_2(AsO_4)_2$	29 (Sr):	Eb–289
$As_2K_2O_{16}V_4$	$K_2O \cdot 2 V_2O_5 \cdot As_2O_5 \cdot 5 H_2O$	48 (V):	Hb/B2–445
$As_2K_4Mo_2O_3S_{10}$	$2 K_2S \cdot As_2S_5 \cdot Mo_2S_3O_3 \cdot 6 H_2O$	53 (Mo):	Hb–371
$As_2K_4Mo_2S_{13}$	$2 K_2S \cdot As_2S_5 \cdot 2 MoS_3 \cdot 8 H_2O$	53 (Mo):	Hb–371
$As_2K_4O_5$	$K_4As_2O_5 \cdot 6 H_2O$	22 (K):	Hb/5–1017

As$_2$K$_4$O$_7$. . . . . . . K$_4$As$_2$O$_7$ . . . . 22 (K):   Hb/5–1026, 1032

–. . . . . K$_4$As$_2$O$_7$ systems:

                            K$_4$As$_2$O$_7$–Na$_4$As$_2$O$_7$. . . . . 22 (K):   Hb/6–1227

As$_2$K$_4$O$_{13}$S$_2$. . . . . . 2 K$_2$O · As$_2$O$_5$ · 2 SO$_3$ · 3 H$_2$O

                       = KH$_2$AsO$_4$ · KHSO$_4$ . . . . 22 (K):   Hb/5–1032

As$_2$K$_4$O$_{17}$S$_4$. . . . . . 2 K$_2$SO$_4$ · (As$_2$O$_3$ · 2 SO$_3$) . . . . . . 22 (K):   Hb/5–1032

As$_2$K$_4$S$_5$. . . . . K$_4$As$_2$S$_5$. . . . . 22 (K):   Hb/5–1030

As$_2$K$_6$Mo$_5$O$_{21}$ . . . . 3 K$_2$O · As$_2$O$_3$ · 5 MoO$_3$ · 3 H$_2$O . . . . 53 (Mo):   Hb–362

As$_2$K$_6$Mo$_8$O$_{30}$. . . . . 3 K$_2$O · As$_2$O$_3$ · 8 MoO$_3$ · 18 H$_2$O . . . . 53 (Mo):   Hb–362

As$_2$K$_6$Mo$_{18}$O$_{62}$ . . . . 3 K$_2$O · As$_2$O$_5$ · 18 MoO$_3$ · 14 H$_2$O . . . . 53 (Mo):   Hb–366

–. . . . . 3 K$_2$O · As$_2$O$_5$ · 18 MoO$_3$ · 28 H$_2$O . . . . 53 (Mo):   Hb–366

As$_2$K$_6$Mo$_{24}$O$_{80}$ . . . . 3 K$_2$O · As$_2$O$_5$ · 24 MoO$_3$ · 12 H$_2$O

                       = K$_3$H$_4$[As(Mo$_2$O$_7$)$_6$] · 4 H$_2$O . . . . . 53 (Mo):   Hb–365

As$_2$K$_6$O$_3$Se$_5$. . . . . K$_6$As$_2$O$_3$Se$_5$ · 10 H$_2$O. . . . . 22 (K):   Hb/5–1033

As$_2$K$_6$O$_{26}$W$_6$ . . . . . 3 K$_2$O · As$_2$O$_5$ · 6 WO$_3$ · 3 H$_2$O . . . . . 54 (W):   Hb–379

As$_2$K$_6$O$_{62}$W$_{18}$ . . . . 3 K$_2$O · As$_2$O$_5$ · 18 WO$_3$ · 14 H$_2$O . . . . 54 (W):   Hb–378

As$_2$K$_6$O$_{65}$W$_{19}$ . . . . 3 K$_2$O · As$_2$O$_5$ · 19 WO$_3$ · 16 H$_2$O . . . . 54 (W):   Hb–377

As$_2$K$_6$S$_3$Se$_5$. . . . . K$_6$As$_2$S$_3$Se$_5$ · 12 H$_2$O. . . . . 22 (K):   Hb/5–1033

As$_2$K$_7$O$_{23.5}$Se$_5$ . . . . 3.5 K$_2$O · As$_2$O$_5$ · 5 SeO$_3$ · 5.5 H$_2$O . . . . 22 (K):   Hb/5–1033

As$_2$K$_{10}$O$_{34}$S$_8$ . . . . . 5 K$_2$O · As$_2$O$_5$ · 8 SO$_3$ · 6 H$_2$O

                       = KH$_2$AsO$_4$ · 4 KHSO$_4$ . . . . 22 (K):   Hb/5–1032

As$_2$K$_{10}$O$_{61}$W$_{17}$ . . . . 5 K$_2$O · As$_2$O$_5$ · 17 WO$_3$ · 22 H$_2$O . . . . . 54 (W):   Hb–378/9

As$_2$K$_{12}$Mo$_{13}$O$_{85}$V$_{14}$ . . 6 K$_2$O · As$_2$O$_5$ · 7 V$_2$O$_5$

                  · 13 MoO$_3$ solid solutions:

                  6 (K,NH$_4$)$_2$O · As$_2$O$_5$ · 7 V$_2$O$_5$

                  · 13 MoO$_3$ · xH$_2$O. . . . . 53 (Mo):   Hb–386

As$_2$K$_{14}$Mo$_{12}$O$_{83}$V$_{14}$ . . 7 K$_2$O · As$_2$O$_5$ · 7 V$_2$O$_5$

                  · 12 MoO$_3$ solid solutions:

                  7 (K,NH$_4$)$_2$O · As$_2$O$_5$ · 7 V$_2$O$_5$

                  · 12 MoO$_3$ · xH$_2$O. . . . . 53 (Mo):   Hb–386

As$_2$K$_{14}$Mo$_{16}$O$_{85}$V$_{10}$ . . 7 K$_2$O · As$_2$O$_5$ · 5 V$_2$O$_5$ · 16 MoO$_3$

                  · 30 H$_2$O . . . . 53 (Mo):   Hb–386

As$_2$K$_{14}$O$_{64}$W$_{18}$ . . . . 7 K$_2$O · As$_2$O$_3$ · 18 WO$_3$ · 24 H$_2$O . . . . . 54 (W):   Hb–379

As$_2$K$_{14}$O$_{210}$P$_8$W$_{60}$ . . 7 K$_2$O · As$_2$O$_3$ · 4 P$_2$O$_5$ · 60 WO$_3$

                  · 55 H$_2$O . . . . 54 (W):   Hb–380

As$_2$Li$_2$Mo$_6$O$_{24}$. . . . . Li$_2$O · As$_2$O$_5$ · 6 MoO$_3$ · 14 H$_2$O . . . 53 (Mo):   Hb–368

As$_2$Li$_2$O$_4$ . . . . Li$_2$As$_2$O$_4$ = LiAsO$_2$ . . . . 20 (Li):   Hb–248

                                                            Eb–524

As$_2$Li$_4$S$_7$ . . . . Li$_4$As$_2$S$_7$ · xH$_2$O . . . . 20 (Li):   Hb–250

As$_2$Li$_6$Mo$_{18}$O$_{62}$ . . . . 3 Li$_2$O · As$_2$O$_5$ · 18 MoO$_3$ · 34 H$_2$O. . . . . 53 (Mo):   Hb–366

As$_2$MgMo$_6$O$_{24}$ . . . . MgO · As$_2$O$_5$ · 6 MoO$_3$ · 13 H$_2$O . . . . 53 (Mo):   Hb–369

As$_2$MgNp$_2$O$_{12}$ . . . . Mg(NpO$_2$AsO$_4$)$_2$ · 8 H$_2$O . . . . Erg. W. 4–51

–. . . . . Mg(NpO$_2$AsO$_4$)$_2$ · 10 H$_2$O . . . . Erg. W. 4–51

As$_2$MgO$_4$ . . . . Mg(AsO$_2$)$_2$ . . . . 27 (Mg):   Hb/B3–414/5

As$_2$MgO$_6$ . . . . Mg(AsO$_3$)$_2$ . . . . 27 (Mg):   Hb/B3–419

As$_2$MgO$_{11}$V$_2$ . . . . . MgO · V$_2$O$_5$ · As$_2$O$_5$ · 10 H$_2$O . . . . . . 48 (V):   Hb/B2–509

As$_2$MgS$_4$ . . . . Mg(AsS$_2$)$_2$ · 5 H$_2$O . . . . 27 (Mg):   Hb/B3–419

As$_2$Mg$_2$Mo$_2$O$_3$S$_{10}$ . . 2 MgS · As$_2$S$_5$ · Mo$_2$S$_3$O$_3$ · 16 H$_2$O . . . . 53 (Mo):   Hb–371

As$_2$Mg$_2$O$_5$ . . . . . . Mg$_2$As$_2$O$_5$ · 4 H$_2$O . . . . 27 (Mg):   Hb/B3–415

$As_2Mg_2O_7$. . . . . . $Mg_2As_2O_7$ . . . . 27 (Mg):   Hb/B3–418

$As_2Mg_2O_8Pb$ . . . . . $Mg_2Pb(AsO_4)_2$ . . . . 47 (Pb):   Hb/C1–117

$As_2Mg_2S_5$. . . . . . . $Mg_2As_2S_5 \cdot 8\ H_2O$ . . . . 27 (Mg):   Hb/B3–419

As_2Mg_3 . . . . Mg_3As_2 . . . . 27 (Mg):   Hb/B3–413/4

$As_2Mg_3Mo_{18}O_{62}$ . . . $3\ MgO \cdot As_2O_5 \cdot 18\ MoO_3 \cdot 36\ H_2O$ . . . . 53 (Mo):   Hb–367

$As_2Mg_3O_6$ . . . . . . $3\ MgO \cdot As_2O_3$ . . . . 27 (Mg):   Hb/B3–415

$As_2Mg_3O_8$ . . . . . . $Mg_3(AsO_4)_2$. . . . . 27 (Mg):   Hb/B3–416

–. . . . . $Mg_3(AsO_4)_2 \cdot nH_2O$ (n = 1 to 22) . . . . . 27 (Mg):   Hb/B3–416/7

–. . . . . $Mg_3[AsO_4]_2$ solid solutions:
               $(Ca,Mg)_3[AsO_4]_2 \cdot 6\ H_2O$ . . . . 28 (Ca):   Hb/B3–1379

$As_2Mg_3S_6$. . . . . . . $Mg_3(AsS_3)_2$. . . . . 27 (Mg):   Hb/B3–419

–. . . . . $Mg_3(AsS_3)_2 \cdot 9\ H_2O$ . . . . 27 (Mg):   Hb/B3–419

$As_2Mg_6O_9$ . . . . . . $3\ MgO \cdot Mg_3(AsO_3)_2$ . . . . 27 (Mg):   Hb/B3–415

$As_2MnMo_6O_{24}$ . . . . $MnO \cdot As_2O_5 \cdot 6\ MoO_3 \cdot 13\ H_2O$ . . . . 53 (Mo):   Hb–370

As_2Mn_3 . . . . Mn_3As_2 . . . . 59 (Fe):   D/2. Eb–318

$As_2Mn_3Mo_{18}O_{62}$ . . . $3\ MnO \cdot As_2O_5 \cdot 18\ MoO_3 \cdot 36\ H_2O$ . . . . 53 (Mo):   Hb–367

As_2Mo . . . . $MoAs_2$ . . . . 53 (Mo):   Hb–210

$As_2Mo_2Na_2O_4S_8$ . . . $Na_2S \cdot As_2S_5 \cdot 2\ MoO_2S \cdot 10\ H_2O$ . . . 53 (Mo):   Hb–372

$As_2Mo_2Na_2O_{10}$ . . . . $Na_2O \cdot As_2O_3 \cdot 2\ MoO_3 \cdot 6\ H_2O$ . . . . 53 (Mo):   Hb–362

$As_2Mo_2Na_2O_{12}$ . . . . $Na_2O \cdot As_2O_5 \cdot 2\ MoO_3 \cdot 8\ H_2O$ . . . . 53 (Mo):   Hb–370

$As_2Mo_2Na_2S_{12}$ . . . . $Na_2S \cdot As_2S_5 \cdot 2\ MoS_3 \cdot 12\ H_2O$
               $= Na[AsS_2(MoS_4)] \cdot 6\ H_2O$ . . . . . . 53 (Mo):   Hb–372

$As_2Mo_2Na_4O_3S_{10}$. . . $2\ Na_2S \cdot As_2S_5 \cdot Mo_2S_3O_3 \cdot 15\ H_2O$ . . . . 53 (Mo):   Hb–371

$As_2Mo_2Na_4S_{13}$ . . . . $2\ Na_2S \cdot As_2S_5 \cdot 2\ MoS_3 \cdot 14\ H_2O$ . . . . 53 (Mo):   Hb–371

$As_2Mo_2O_9$ . . . . . . $As_2O_3 \cdot 2\ MoO_3 \cdot 3\ H_2O$ . . . . 53 (Mo):   Hb–361

–. . . . . $As_2O_3 \cdot 2\ MoO_3 \cdot 7\ H_2O$ . . . . 53 (Mo):   Hb–361

$As_2Mo_4Na_4O_{17}$ . . . . $2\ Na_2O \cdot As_2O_3 \cdot 4\ MoO_3 \cdot 13\ H_2O$ . . . . . 53 (Mo):   Hb–362

$As_2Mo_6Na_2O_{24}$ . . . . $Na_2O \cdot As_2O_5 \cdot 6\ MoO_3 \cdot 12\ H_2O$
               $= NaH_2[AsO(MoO_4)_3] \cdot 5\ H_2O$ . . . . . 53 (Mo):   Hb–368/9

$As_2Mo_6Na_6O_{26}$ . . . . $3\ Na_2O \cdot As_2O_5 \cdot 6\ MoO_3 \cdot 14\ H_2O$
               $= Na_3[AsO(MoO_4)_3] \cdot 7\ H_2O$ . . . . . 53 (Mo):   Hb–368

$As_2Mo_6NiO_{24}$ . . . . . $NiO \cdot As_2O_5 \cdot 6\ MoO_3 \cdot 13\ H_2O$ . . . . . 53 (Mo):   Hb–370

–. . . . . $NiO \cdot As_2O_5 \cdot 6\ MoO_3$ solid solutions:
               $(Ni,Co)O \cdot As_2O_5 \cdot 6\ MoO_3 \cdot 13\ H_2O$ . . 53 (Mo):   Hb–370

$As_2Mo_6O_{23}$ . . . . . . $As_2O_5 \cdot 6\ MoO_3 \cdot 10\ H_2O$
               $= H_3[AsO(MoO_4)_3] \cdot 3.5\ H_2O$ . . . . . . 53 (Mo):   Hb–364

–. . . . . $As_2O_5 \cdot 6\ MoO_3 \cdot 18\ H_2O$. . . . . 53 (Mo):   Hb–364

$As_2Mo_6O_{24}Rb_2$ . . . . $Rb_2O \cdot As_2O_5 \cdot 6\ MoO_3$. . . . . 53 (Mo):   Hb–369

$As_2Mo_6O_{24}Sr$ . . . . . $SrO \cdot As_2O_5 \cdot 6\ MoO_3 \cdot 10\ H_2O$ . . . . . 53 (Mo):   Hb–370

$As_2Mo_6O_{24}Zn$. . . . . $ZnO \cdot As_2O_5 \cdot 6\ MoO_3 \cdot 13\ H_2O$ . . . . . 53 (Mo):   Hb–370

$As_2Mo_{18}Na_6O_{62}$ . . . $3\ Na_2O \cdot As_2O_5 \cdot 18\ MoO_3 \cdot 23\ H_2O$
               $= Na_6H_6[As_2O_2(Mo_2O_7)_9] \cdot 20\ H_2O$. . . 53 (Mo):   Hb–366

–. . . . . $3\ Na_2O \cdot As_2O_5 \cdot 18\ MoO_3 \cdot 24\ H_2O$ . . . . 53 (Mo):   Hb–366

–. . . . . $3\ Na_2O \cdot As_2O_5 \cdot 18\ MoO_3 \cdot 28\ H_2O$ . . . . 53 (Mo):   Hb–366

–. . . . . $3\ Na_2O \cdot As_2O_5 \cdot 18\ MoO_3 \cdot 30\ H_2O$ . . . . 53 (Mo):   Hb–366

$As_2Mo_{18}Ni_3O_{62}$ . . . . $3\ NiO \cdot As_2O_5 \cdot 18\ MoO_3 \cdot 37\ H_2O$ . . . . . 53 (Mo):   Hb–367

$As_2Mo_{18}O_{59}$. . . . . . $As_2O_5 \cdot 18\ MoO_3 \cdot 28\ H_2O$
               $= H_{12}[As_2O_2(Mo_2O_7)_9] \cdot 22\ H_2O$ . . . . 53 (Mo):   Hb–363/4

–. . . . . $As_2O_5 \cdot 18\ MoO_3 \cdot 38\ H_2O$ . . . . 53 (Mo):   Hb–363

As$_2$Mo$_{18}$O$_{62}$Sr$_3$. . . . 3 SrO · As$_2$O$_5$ · 18 MoO$_3$ · 32 H$_2$O . . . . . 53 (Mo):   Hb–367

As$_2$Mo$_{18}$O$_{62}$Tl$_6$ . . . 3 Tl$_2$O · As$_2$O$_5$ · 18 MoO$_3$ . . . . 53 (Mo):   Hb–367

–. . . . . 3 Tl$_2$O · As$_2$O$_5$ · 18 MoO$_3$ · 6 H$_2$O . . . . . 53 (Mo):   Hb–367

As$_2$Mo$_{18}$O$_{62}$Zn$_3$. . . . 3 ZnO · As$_2$O$_5$ · 18 MoO$_3$ · 37 H$_2$O . . . . 53 (Mo):   Hb–367

As$_2$Mo$_{18}$O$_{65}$Tl$_{12}$ . . . 6 Tl$_2$O · As$_2$O$_5$ · 18 MoO$_3$ · xH$_2$O. . . . . . 53 (Mo):   Hb–367

As$_2$Mo$_{32}$O$_{129}$Tl$_6$V$_{10}$ . . 3 Tl$_2$O · As$_2$O$_5$ · 5 V$_2$O$_5$ · 32 MoO$_3$
                        · 45 H$_2$O . . . . 53 (Mo):   Hb–386

As$_2$N$_2$O$_{16}$U$_2$. . . . . . 2 UO$_3$ · N$_2$O$_5$ · As$_2$O$_5$ · 20 H$_2$O . . . . . 55 (U):   Hb–185

As$_2$Na$_{1.24}$O$_{3.62}$ . . . . 0.62 Na$_2$O · As$_2$O$_3$ . . . . 21 (Na):   Eb/4–1686

As$_2$Na$_{1.66}$O$_{3.83}$ . . . . 0.83 Na$_2$O · As$_2$O$_3$ . . . . 21 (Na):   Eb/4–1686

As$_2$Na$_2$O$_4$. . . . . . . Na$_2$O · As$_2$O$_3$ = NaAsO$_2$ . . . . 21 (Na):   Hb–935/6
                                                                              Eb/4–1686

As$_2$Na$_2$O$_7$Zn . . . . . ZnNa$_2$As$_2$O$_7$ . . . . 32 (Zn):   Hb–302

As$_2$Na$_2$O$_8$Sr$_2$ . . . . . Na$_2$Sr$_2$(AsO$_4$)$_2$ · 18 H$_2$O . . . . 29 (Sr):   Eb–300

As$_2$Na$_4$O$_5$. . . . . . . 2 Na$_2$O · As$_2$O$_3$ = Na$_4$As$_2$O$_5$ . . . . . . 21 (Na):   Hb–935
                                                                              Eb/4–1687

–. . . . . 2 Na$_2$O · As$_2$O$_3$ · 7 H$_2$O
                        = Na$_2$HAsO$_3$ · 3 H$_2$O . . . . 21 (Na):   Eb/4–1687

–. . . . . Na$_4$As$_2$O$_5$ · 9 H$_2$O . . . . 21 (Na):   Hb–935

–. . . . . 2 Na$_2$O · As$_2$O$_3$ · 11 H$_2$O
                        = Na$_2$HAsO$_3$ · 5 H$_2$O . . . . 21 (Na):   Eb/4–1687

As$_2$Na$_4$O$_7$. . . . . . . Na$_4$As$_2$O$_7$. . . . . 21 (Na):   Hb–947/8
                                                                              Eb/4–1700

–. . . . . Na$_4$As$_2$O$_7$ solid solutions:
                        Na$_4$(As,P)$_2$O$_7$ . . . . 21 (Na):   Eb/5–2022

–. . . . . Na$_4$As$_2$O$_7$ systems:
                        Na$_4$As$_2$O$_7$–K$_4$As$_2$O$_7$ . . . . 22 (K):   Hb/6–1227
                        Na$_4$As$_2$O$_7$–(NaPO$_3$)$_x$ . . . . 21 (Na):   Eb/5–2022

As$_2$Na$_4$O$_{13}$S$_2$ . . . . . 2 Na$_2$O · As$_2$O$_5$ · 2 SO$_3$ · 3 H$_2$O
                        = NaH$_2$AsO$_4$ · NaHSO$_4$. . . . . 21 (Na):   Hb–961

As$_2$Na$_4$O$_{13}$Te$_2$ . . . . 2 Na$_2$O · 2 TeO$_3$ · As$_2$O$_5$ · 9 H$_2$O . . . . . . 21 (Na):   Hb–964

As$_2$Na$_4$S$_5$. . . . . . . Na$_4$As$_2$S$_5$. . . . . 21 (Na):   Hb–951

–. . . . . Na$_4$As$_2$S$_5$ · H$_2$O . . . . 21 (Na):   Eb/4–1704

As$_2$Na$_4$S$_7$. . . . . . . Na$_4$As$_2$S$_7$. . . . . 21 (Na):   Hb–960

As$_2$Na$_6$O$_3$S$_3$ . . . . . 3 Na$_2$O · As$_2$S$_3$ . . . . 21 (Na):   Eb/4–1705

As$_2$Na$_6$O$_3$S$_3$Se$_2$. . . . Na$_6$As$_2$O$_3$S$_3$Se$_2$ · 20 H$_2$O . . . . 21 (Na):   Hb–963

As$_2$Na$_6$O$_3$S$_5$ . . . . . Na$_3$AsO$_2$S$_2$ · Na$_3$AsOS$_3$ . . . . 21 (Na):   Hb–957

As$_2$Na$_6$O$_4$S$_3$Se . . . . Na$_6$As$_2$O$_4$S$_3$Se · 20 H$_2$O . . . . 21 (Na):   Hb–963/4

As$_2$Na$_6$O$_5$S$_2$Se . . . . Na$_6$As$_2$O$_5$S$_2$Se · 24 H$_2$O . . . . 21 (Na):   Hb–963

As$_2$Na$_6$O$_5$S$_3$ . . . . . Na$_6$As$_2$O$_5$S$_3$ · 24 H$_2$O
                        = 3 Na$_2$O · As$_2$O$_2$S$_3$ · 24 H$_2$O
                        = Na$_3$AsO$_4$ · Na$_3$AsOS$_3$ · 24 H$_2$O. . . . 21 (Na):   Hb–960

As$_2$Na$_6$O$_{62}$W$_{18}$ . . . . 3 Na$_2$O · As$_2$O$_5$ · 18 WO$_3$ · xH$_2$O. . . . . . 54 (W):   Hb–378

As$_2$Na$_6$S$_3$Se$_5$ . . . . . 3 Na$_2$S · As$_2$Se$_5$ · 18 H$_2$O . . . . 21 (Na):   Hb–962

As$_2$Na$_6$S$_5$Se$_3$ . . . . . Na$_6$As$_2$S$_5$Se$_3$ · 16 H$_2$O . . . . 21 (Na):   Hb–962

As$_2$Na$_6$S$_7$Se . . . . . Na$_6$As$_2$S$_7$Se · 16 H$_2$O . . . . 21 (Na):   Hb–963

As$_2$Na$_{12}$O$_8$Se$_3$ . . . . Na$_{12}$As$_2$O$_8$Se$_3$ · 50 H$_2$O
                        = 3 Na$_2$O · 3 Na$_2$Se · As$_2$O$_5$ · 50 H$_2$O . 21 (Na):   Hb–961/2

As$_2$Nb. . . . . NbAs$_2$ . . . . 49 (Nb):   Hb/B1–415/7

$As_2Nb_2O_{10}$ . . . . . . $Nb_2O_5 \cdot As_2O_5 = NbAsO_5$ . . . . 49 (Nb):   Hb/B1–417

$As_2Nb_4O_{13}$ . . . . . . $Nb_4As_2O_{13} \cdot 8\,H_2O$
                          $= 2\,Nb_2O_5 \cdot As_2O_3 \cdot 8\,H_2O$ . . . . . . 49 (Nb):   Hb/B1–417

$As_2Nb_4O_{15}$ . . . . . . $Nb_4As_2O_{15} \cdot 7\,H_2O$
                          $= 2\,Nb_2O_5 \cdot As_2O_5 \cdot 7\,H_2O$ . . . . . . 49 (Nb):   Hb/B1–417

$As_2Nb_{18}O_{50}$ . . . . . $As_2O_5 \cdot 9\,Nb_2O_5$ . . . . 49 (Nb):   Hb/B1–69

As_2Ni . . . . $NiAs_2$ . . . . 57 (Ni):   Hb/B3–982/3

As_2NiO_4 . . . . $NiAs_2O_4 = NiO \cdot As_2O_3$ . . . . 57 (Ni):   Hb/B3–984

As_2NiO_6 . . . . $NiAs_2O_6 = NiO \cdot As_2O_5$ . . . . 57 (Ni):   Hb/B3–988

–. . . . . $NiAs_2O_6 \cdot H_2O$ . . . . 57 (Ni):   Hb/B3–988

–. . . . . $NiAs_2O_6 \cdot 2\,H_2O$ . . . . 57 (Ni):   Hb/B3–988

–. . . . . $NiAs_2O_6 \cdot 3\,H_2O$ . . . . 57 (Ni):   Hb/B3–988

$As_2Ni_2O_7$ . . . . . . $Ni_2As_2O_7 = 2\,NiO \cdot As_2O_5$ . . . . . 57 (Ni):   Hb/B3–987/8

–. . . . . $Ni_2As_2O_7 \cdot 2\,H_2O$ . . . . 57 (Ni):   Hb/B3–988

–. . . . . $Ni_2As_2O_7 \cdot 3\,H_2O$ . . . . 57 (Ni):   Hb/B3–988

$As_2Ni_2O_{52}W_{15}$ . . . . $2\,NiO \cdot As_2O_5 \cdot 15\,WO_3 \cdot 31\,H_2O$ . . . . . 54 (W):   Hb–378

As_2Ni_3 . . . . Ni_3As_2 . . . . 57 (Ni):   Hb/B3–976

$As_2Ni_3O_6$ . . . . . . $Ni_3As_2O_6 = 3\,NiO \cdot As_2O_3$ . . . . . 57 (Ni):   Hb/B3–984

–. . . . . $Ni_3As_2O_6 \cdot xH_2O$ . . . . 57 (Ni):   Hb/B3–984

$As_2Ni_3O_8$ . . . . . . $Ni_3As_2O_8 = 3\,NiO \cdot As_2O_5$ . . . . . 57 (Ni):   Hb/B3–986

–. . . . . $Ni_3As_2O_8 \cdot 2\,H_2O$ . . . . 57 (Ni):   Hb/B3–987

–. . . . . $Ni_3As_2O_8 \cdot 8\,H_2O$ . . . . 57 (Ni):   Hb/B3–985, 986/7

–. . . . . $Ni_3As_2O_8 \cdot 11\,H_2O$ . . . . 57 (Ni):   Hb/B3–986

$As_2Ni_3S_6$ . . . . . . $Ni_3(AsS_3)_2 = 3\,NiS \cdot As_2S_3$ . . . . . 57 (Ni):   Hb/B3–991/2

$As_2Ni_4O_9$ . . . . . . $Ni_4As_2O_9 \cdot H_2O$ . . . . 57 (Ni):   Hb/B3–986

–. . . . . $Ni_4As_2O_9 \cdot 14\,H_2O$ . . . . 57 (Ni):   Hb/B3–986

As_2Ni_5 . . . . Ni_5As_2 . . . . 57 (Ni):   Hb/B3–975

–. . . . . Ni_5As_2 solid solutions:
                       $Ni_5As_2–Co_5As_2$ . . . . 58 (Co):   Hb/A1–210

$As_2Ni_5O_{10}$ . . . . . . $Ni_5As_2O_{10} \cdot 18\,H_2O$ . . . . 57 (Ni):   Hb/B3–986

$As_2Ni_6O_{11}$ . . . . . . $Ni_6As_2O_{11} = 6\,NiO \cdot As_2O_5$ . . . . . 57 (Ni):   Hb/B3–985, 986

$As_2Np_2O_{12}Sr$ . . . . . $Sr(NpO_2AsO_4)_2 \cdot 8\,H_2O$ . . . . Erg. W. 4–51

As_2O_2S . . . . As_2O_2S . . . . 17 (As):   Hb–456

As_2O_3 . . . . As_2O_3 . . . . 17 (As):   Hb–236/71

                        Aerosols . . . . 17 (As):   Hb–271

                        Chemical reactions . . . . 17 (As):   Hb–264/70

                        Crystallographic properties . . . . . . 17 (As):   Hb–249/57

                        Electrical properties . . . . 17 (As):   Hb–264

                        Formation . . . . 17 (As):   Hb–236/7, 248

                        Magnetic properties . . . . 17 (As):   Hb–264

                        Mechanical properties . . . . 17 (As):   Hb–258/9

                        Molecule . . . . 17 (As):   Hb–248/9

                        Optical properties . . . . 17 (As):   Hb–264

                        Polymorphism . . . . 17 (As):   Hb–249/52

                        Preparation . . . . 17 (As):   Hb–237/39

                        –, industrial . . . . 17 (As):   Hb–239/47

                        Special forms . . . . 17 (As):   Hb–238/9, 247, 271

                        Thermal properties . . . . 17 (As):   Hb–259/64

                        Toxicity . . . . 17 (As):   Hb–190/2

As_2O_3	As_4O_6	17 (As):	Hb–249
–.	As_2O_3 melts:		
	As_2O_3–V_2O_5	48 (V):	Hb/B1–366
–.	As_2O_3 solutions:		
	As_2O_3–H_2O	17 (As):	Hb–270, 282
	see also AsHO$_2$ ... HAsO$_2$		
	AsH$_3$O$_3$ ... H$_3$AsO$_3$		
	As_2O_3–H_2SO_4	17 (As):	Hb–270/1
	As_2O_3–organic solvents	17 (As):	Hb–271
–.	As_2O_3 systems:		
	As_2O_3–B_2O_3	17 (As):	Hb–465/6
	As_2O_3–$BaBr_2$–H_2O	30 (Ba):	Hb–353
			Eb–503/4
	As_2O_3–$BaCl_2$–H_2O	30 (Ba):	Hb–353
			Eb–503
	As_2O_3–BaO–H_2O	30 (Ba):	Hb–348/9
			Eb–497/8
	As_2O_3–$CaBr_2$–H_2O	28 (Ca):	Hb/B3–1236
	As_2O_3–$CaCl_2$–H_2O	28 (Ca):	Hb/B3–1236
	As_2O_3–CaO	28 (Ca):	Hb/B3–1225
	As_2O_3–CaO–H_2O	28 (Ca):	Hb/B3–1226
	As_2O_3–$H_2C_2O_4$–H_2O	17 (As):	Hb–469/70
	As_2O_3–H_2O	17 (As):	Hb–278/81
	As_2O_3–KBr–H_2O	22 (K):	Hb/5–1028
	As_2O_3–KCl–H_2O	22 (K):	Hb/5–1027/8
	As_2O_3–KI–H_2O	22 (K):	Hb/5–1029
	As_2O_3–K_2O–H_2O	22 (K):	Hb/5–1016
	As_2O_3–$LiBr$–H_2O	20 (Li):	Hb–249
			Eb–524
	As_2O_3–$LiCl$–H_2O	20 (Li):	Hb–249
			Eb–524
	As_2O_3–Li_2O–H_2O	20 (Li):	Hb–248
	As_2O_3–MgO	27 (Mg):	Hb/B3–414
	As_2O_3–MgO–H_2O	27 (Mg):	Hb/B3–414/5
	As_2O_3–NH_3–H_2O	23 (NH_4):	Hb/2–443/4
	As_2O_3–NH_4Br–H_2O	23 (NH_4):	Hb/2–446/7
	As_2O_3–NH_4Cl–H_2O	23 (NH_4):	Hb/2–446
	As_2O_3–$NaBr$–H_2O	21 (Na):	Hb–949/50
			Eb/4–1704
	As_2O_3–$NaCl$–H_2O	21 (Na):	Hb–949
			Eb/4–1703
	As_2O_3–NaI–H_2O	21 (Na):	Eb/4–1704
	As_2O_3–Na_2O–H_2O	21 (Na):	Hb–934/5
			Eb/4–1685/6
	As_2O_3–PbO	47 (Pb):	Hb/C3–889
	As_2O_3–PbO–H_2O	47 (Pb):	Hb/C3–889
	As_2O_3–$SrBr_2$–H_2O	29 (Sr):	Hb–219
			Eb–294

As$_2$O$_3$ . . . . As$_2$O$_3$ systems:

      As$_2$O$_3$–SrCl$_2$–H$_2$O . . . . 29 (Sr):   Hb–219

                                                     Eb–294

      As$_2$O$_3$–SrO–H$_2$O . . . . 29 (Sr):   Eb–287

As$_2$O$_4$ . . . . As$_2$O$_4$ = As$_2$O$_3$ · As$_2$O$_5$ . . . . 17 (As):   Hb–272/3

As$_2$O$_4$Pb . . . . . . Pb(AsO$_2$)$_2$ = PbO · As$_2$O$_3$ . . . . 47 (Pb):   Hb/C3–890

As$_2$O$_4$Sr . . . . Sr(AsO$_2$)$_2$ · xH$_2$O

      = SrO · As$_2$O$_3$ · xH$_2$O . . . . 29 (Sr):   Hb–217

                                                       Eb–287/8

As$_2$O$_4$Zn . . . . . . Zn(AsO$_2$)$_2$ . . . . 32 (Zn):   Hb–283

                                                       Eb–998

As$_2$O$_5$ . . . . As$_2$O$_5$ . . . . 17 (As):   Hb–190/2, 273/7

–. . . . . As$_2$O$_5$ · H$_2$O

      see AsHO$_3$ ... HAsO$_3$

–. . . . . 2 As$_2$O$_5$ · 3 H$_2$O . . . . 17 (As):   Hb–331

–. . . . . 3 As$_2$O$_5$ · 5 H$_2$O

      see As$_3$H$_5$O$_{10}$ ... H$_5$As$_3$O$_{10}$

–. . . . . As$_2$O$_5$ · 2 H$_2$O

      see As$_2$H$_4$O$_7$ ... H$_4$As$_2$O$_7$

–. . . . . As$_2$O$_5$ · 3 H$_2$O

      see AsH$_3$O$_4$ ... H$_3$AsO$_4$

–. . . . . As$_2$O$_5$ · 4 H$_2$O

      see AsH$_3$O$_4$ ... H$_3$AsO$_4$ · 0.5 H$_2$O

–. . . . . As$_2$O$_5$ · 7 H$_2$O

      see AsH$_7$O$_6$ ... H$_7$AsO$_6$

–. . . . . As$_2$O$_5$ solutions:

      As$_2$O$_5$–H$_2$O . . . . 17 (As):   Hb–277, 339

–. . . . . As$_2$O$_5$ systems:

      As$_2$O$_5$–BPO$_4$–NaF . . . . 21 (Na):   Eb/5–2024

      As$_2$O$_5$–BPO$_4$–Na$_2$O . . . . 21 (Na):   Eb/5–2024

      As$_2$O$_5$–BaO–H$_2$O . . . . 30 (Ba):   Hb–350

                                                       Eb–499/500

      As$_2$O$_5$–CaO–H$_2$O . . . . 28 (Ca):   Hb/B3–1227/8

      As$_2$O$_5$–CrO$_3$–K$_2$O–H$_2$O . . . . 52 (Cr):   Hb/B–690/1

      As$_2$O$_5$–CuO–H$_2$O . . . . 60 (Cu):   Hb/B2–949/50

      As$_2$O$_5$–CuSO$_4$–NH$_3$–H$_2$O . . . . . . 60 (Cu):   Hb/B2–962

      As$_2$O$_5$–Fe$_2$O$_3$–H$_2$O . . . . 59 (Fe):   Hb/B4–781

      As$_2$O$_5$–H$_2$O . . . . 17 (As):   Hb–327/8

      As$_2$O$_5$–K$_3$AsO$_4$ . . . . 22 (K):   Hb/5–1020

      As$_2$O$_5$–Li$_2$O–Na$_2$O–P$_2$O$_5$ . . . . . . 21 (Na):   Eb/5–2244

      As$_2$O$_5$–MgO . . . . 27 (Mg):   Hb/B3–416

      As$_2$O$_5$–NaF–SiO$_2$ . . . . 21 (Na):   Eb/5–2021

      As$_2$O$_5$–Na$_2$O–H$_2$O . . . . 21 (Na):   Hb–939

                                                       Eb/4–1689/90

      As$_2$O$_5$–Na$_2$O–P$_2$O$_5$ . . . . 21 (Na):   Eb/5–2021

      As$_2$O$_5$–Na$_2$O–P$_2$O$_5$–H$_2$O . . . . . . 21 (Na):   Eb/5–2021

      As$_2$O$_5$–Na$_2$O–SiO$_2$ . . . . 21 (Na):   Eb/5–2021

      As$_2$O$_5$–Na$_3$AsO$_4$ . . . . 21 (Na):   Hb–936

      As$_2$O$_5$–NiO . . . . 57 (Ni):   Hb/B3–985

As_2O_5 . . . . As_2O_5 systems:
                             $As_2O_5-NiO-H_2O$ . . . . 57 (Ni):   Hb/B3–985
                             $As_2O_5-NiO-PBO_4$ . . . . 57 (Ni):   Hb/B3–992
                             As_2O_5-PbO . . . . 47 (Pb):   Hb/C3–890/1
                             $As_2O_5-PbO-H_2O$ . . . . 47 (Pb):   Hb/C3–890/1
                             $As_2O_5-SrO-H_2O$ . . . . 29 (Sr):   Eb–289/90
$As_2O_5Pb_2$ . . . . $Pb_2As_2O_5 = 2\ PbO \cdot As_2O_3$ . . . . 47 (Pb):   Hb/C3–890
As_2O_5Pd . . . . . . $PdO_2 \cdot As_2O_3$ . . . . 65 (Pd):   Hb/2–307
As_2O_5Pt . . . . . . $3\ PtO_2 \cdot 3\ As_2O_3$ . . . . 68 (Pt):   Hb/C1–139
$As_2O_5Sr_2$ . . . . . . $Sr_2As_2O_5 \cdot xH_2O$
                             $= 2\ SrO \cdot As_2O_3 \cdot xH_2O$ . . . . 29 (Sr):   Hb–217
                                                                                            Eb–287/8
As_2O_6Pb . . . . . . $Pb(AsO_3)_2$ . . . . 47 (Pb):   Hb/C3–898
$As_2O_6Pb_3$ . . . . . . $Pb_3(AsO_3)_2 = 3\ PbO \cdot As_2O_3$ . . 47 (Pb):   Hb/C3–889/90
–. . . . . $Pb_3(AsO_3)_2 \cdot H_2O$ . . . . 47 (Pb):   Hb/C3–890
As_2O_6S . . . . $As_2O_3 \cdot SO_3 = (AsO)_2SO_4$ . . . 17 (As):   Hb–456/7
$As_2O_6S_2Sr_3$ . . . . . . $Sr_3(AsO_3S)_2 \cdot 6\ H_2O$ . . . . . . 29 (Sr):   Hb–220
As_2O_6Sr . . . . $Sr(AsO_3)_2$ . . . . 29 (Sr):   Hb–219
                                                                                            Eb–293/4
$As_2O_6Sr_3$ . . . . . . $Sr_3(AsO_3)_2 = 3\ SrO \cdot As_2O_3$ . . . . . . 29 (Sr):   Eb–287/8
As_2O_6Zn . . . . . . $Zn(AsO_3)_2$ . . . . 32 (Zn):   Hb–285
$As_2O_6Zn_3$ . . . . . . $Zn_3(AsO_3)_2$ . . . . 32 (Zn):   Hb–283
                                                                                            Eb–998
$As_2O_7Pb_2$ . . . . . . $Pb_2As_2O_7$ . . . . 47 (Pb):   Hb/C3–898
$As_2O_7Rb_4$ . . . . . . $Rb_4As_2O_7$ . . . . 24 (Rb):   Hb–235
$As_2O_7Sr_2$ . . . . . . $Sr_2As_2O_7$ . . . . 29 (Sr):   Hb–219
                                                                                            Eb–292/3
–. . . . . $2\ SrO \cdot As_2O_5 \cdot 6\ H_2O$
                             see $AsHO_4Sr \ldots SrHAsO_4 \cdot 2.5\ H_2O$
$As_2O_7Zn_2$ . . . . . . $Zn_2As_2O_7$ . . . . 32 (Zn):   Hb–285
                                                                                            Eb–998
–. . . . . $2\ ZnO \cdot As_2O_5 \cdot H_2O = ZnHAsO_4$ . . . . . 32 (Zn):   Hb–284
–. . . . . $2\ ZnO \cdot As_2O_5 \cdot 3\ H_2O$ . . . . 32 (Zn):   Hb–284
As_2O_7Zr . . . . $ZrO_2 \cdot As_2O_5 \cdot H_2O$ . . . . 42 (Zr):   Hb–400
$As_2O_8PbZn_2$ . . . . . $Zn_2Pb(AsO_4)_2$ . . . . 47 (Pb):   Hb/C1–117
$As_2O_8Pb_3$ . . . . . . $Pb_3(AsO_4)_2$ . . . . 47 (Pb):   Hb/B1–495
                                                                                            Hb/C3–891/3, 894/6
–. . . . . $Pb_3(AsO_4)_2$ systems:
                             $Pb_3(AsO_4)_2-PbF_2$ . . . . 47 (Pb):   Hb/C3–899/900
                             $Pb_3(AsO_4)_2-PbO$ . . . . 47 (Pb):   Hb/C3–898/9
$As_2O_8Sr_3$ . . . . $Sr_3(AsO_4)_2$ . . . . 29 (Sr):   Hb–218
                                                                                            Eb–288/9
–. . . . . , $Sr_3(AsO_4)_2 \cdot nH_2O$ (n = 1 to 18). . . . . 29 (Sr):   Eb–290
$As_2O_8Zn_3$ . . . . $Zn_3(AsO_4)_2$ . . . . 32 (Zn):   Hb–283
                                                                                            Eb–998
–. . . . . $Zn_3(AsO_4)_2 \cdot 3\ H_2O$ . . . . 32 (Zn):   Hb–284
–. . . . . $Zn_3(AsO_4)_2 \cdot 8\ H_2O$ . . . . 32 (Zn):   Hb–284
$As_2O_9Pb_2Zr$ . . . . . . $Pb_2ZrAs_2O_9$. . . . . 47 (Pb):   Hb/C4–1432
$As_2O_9Pb_4$ . . . . $Pb_3(AsO_4)_2 \cdot PbO$. . . . . 47 (Pb):   Hb/C3–899

$As_2O_9S_2$ . . . . $As_2O_3 \cdot 2\,SO_3$ . . . . 17 (As):   Hb−456

$As_2O_9Sr_4$ . . . . . . $4\,SrO \cdot As_2O_5 \cdot H_2O$ . . . . 29 (Sr):   Eb−289/90, 292

$As_2O_9Zn_4$ . . . . . . $4\,ZnO \cdot As_2O_5 \cdot H_2O$

                     $= Zn_3(AsO_4)_2 \cdot Zn(OH)_2$ . . . . 32 (Zn):   Hb−284/5

$As_2O_9Zr_2$ . . . . . . $(ZrO)_2As_2O_7$ . . . . 42 (Zr):   Hb−400

−. . . . . $2\,ZrO_2 \cdot As_2O_5 \cdot H_2O$ . . . . 42 (Zr):   Hb−399

$As_2O_{10}V_2$ . . . . . . $V_2O_5 \cdot As_2O_5 = VOAsO_4$ . . . . 48 (V):   Hb/B1−366

−. . . . . $V_2O_5 \cdot As_2O_5 \cdot 2\,H_2O$ . . . . 48 (V):   Hb/B1−366

−. . . . . $V_2O_5 \cdot As_2O_5 \cdot 10\,H_2O$

                     $= VO_2H_2AsO_4 \cdot 4\,H_2O$ . . . . 48 (V):   Hb/B1−366

−. . . . . $V_2O_5 \cdot As_2O_5 \cdot 11\,H_2O$ . . . . 48 (V):   Hb/B1−366

−. . . . . $V_2O_5 \cdot As_2O_5 \cdot 14\,H_2O$ . . . . 48 (V):   Hb/B1−366

−. . . . . $V_2O_5 \cdot As_2O_5 \cdot 18\,H_2O$ . . . . 48 (V):   Hb/B1−366

$As_2O_{11}U_2$ . . . . $(UO_2)_2As_2O_7$ . . . . 55 (U):   Hb−185

$As_2O_{11}V_2Zn$ . . . . . $ZnO \cdot V_2O_5 \cdot As_2O_5 \cdot 6.5\,H_2O$ . . . . . 48 (V):   Hb/B2−537

$As_2O_{11}Zr_3$ . . . . . . $(ZrO)_3(AsO_4)_2$ . . . . 42 (Zr):   Hb−400

$As_2O_{12}Pb_5Si$ . . . . $Pb_5(AsO_4)_2SiO_4$ . . . . 47 (Pb):   Hb/C3−905

$As_2O_{12}S_3$ . . . . $As_2O_3 \cdot 3\,SO_3 = As_2(SO_4)_3$ . . . . . . 17 (As):   Hb−456

$As_2O_{13}Pb_8$ . . . . . $Pb_3(AsO_4)_2 \cdot 5\,PbO$ . . . . 47 (Pb):   Hb/C3−899

−. . . . . $Pb_3(AsO_4)_2 \cdot 5\,PbO \cdot 0.5\,H_2O$ . . . . . 47 (Pb):   Hb/C3−899

$As_2O_{13}Rb_4Se_2$ . . . . $2\,Rb_2O \cdot As_2O_5 \cdot 2\,SeO_3 \cdot 3\,H_2O$ . . . . . 24 (Rb):   Hb−235

$As_2O_{13}Ta_4$ . . . . . . $Ta_4As_2O_{13} \cdot 8\,H_2O$

                     $= 2\,Ta_2O_5 \cdot As_2O_3 \cdot 8\,H_2O$ . . . . 50 (Ta):   Hb/B1−273

$As_2O_{15}S_4$ . . . . $As_2O_3 \cdot 4\,SO_3$ . . . . 17 (As):   Hb−457

$As_2O_{21}S_6$ . . . . $As_2O_3 \cdot 6\,SO_3$ . . . . 17 (As):   Hb−457

$As_2O_{27}S_8$ . . . . $As_2O_3 \cdot 8\,SO_3$ . . . . 17 (As):   Hb−457

$As_2O_{30}S_9$ . . . . $As_2O_3 \cdot 9\,SO_3$ . . . . 17 (As):   Hb−457

$As_2O_{59}W_{18}$ . . . . . $As_2O_5 \cdot 18\,WO_3 \cdot 42\,H_2O$ . . . . 54 (W):   Hb−376/7

$As_2O_{62}W_{18}Zn_3$ . . . . $3\,ZnO \cdot As_2O_5 \cdot 18\,WO_3 \cdot 36\,H_2O$ . . . . . 54 (W):   Hb−378

$As_2O_{99}Tl_{12}V_{10}W_{21}$ . . $6\,Tl_2O \cdot As_2O_5 \cdot 5\,V_2O_5 \cdot 21\,WO_3 \cdot 13\,H_2O$. 54 (W):   Hb−392

As_2P . . . . As_2P . . . . 17 (As):   Hb−473

As_2PbS_4 . . . . $Pb(AsS_2)_2 = PbS \cdot As_2S_3$ . . . . 47 (Pb):   Hb/C3−904

$As_2Pb_2S_5$ . . . . . . $Pb_2As_2S_5 = 2\,PbS \cdot As_2S_3$ . . . . 47 (Pb):   Hb/C3−903/4

$As_2Pb_3S_6$ . . . . . . $Pb_3(AsS_3)_2 = 3\,PbS \cdot As_2S_3$ . . . . . . 47 (Pb):   Hb/C3−903

$As_2Pb_4S_7$ . . . . . . $Pb_4As_2S_7 = 4\,PbS \cdot As_2S_3$ . . . . 47 (Pb):   Hb/C3−903

As_2Pd . . . . $PdAs_2$ . . . . 65 (Pd):   Hb/2−306/7

As_2Pd_3 . . . . Pd_3As_2 . . . . 65 (Pd):   Hb/2−306

As_2Pt . . . . $PtAs_2$ . . . . 68 (Pt):   Hb/C1−138/9

As_2Pt_3 . . . . Pt_3As_2 . . . . 68 (Pt):   Hb/C1−138

As_2Re . . . . $ReAs_2$ . . . . 70 (Re):   Hb−124

As_2Rh . . . . $RhAs_2$ . . . . 64 (Rh):   Hb−72

As_2Ru . . . . $RuAs_2$ . . . . 63 (Ru):   Eb−335/6

                                                    68 (Pt):   Hb/A5−535

As_2SSe_2 . . . . As_2Se_2S . . . . 17 (As):   Hb−464

As_2S_2 . . . . As_2S_2 . . . . 17 (As):   Hb−193, 417/22

As_2S_2Se . . . . As_2SeS_2 . . . . 17 (As):   Hb−464

$As_2S_2Se_3$ . . . . . . $As_2Se_3S_2$ . . . . 17 (As):   Hb−464

As_2S_3 . . . . As_2S_3 . . . . 17 (As):   Hb−422/53

                     Chemical reactions . . . . 17 (As):   Hb−427/33, 451/2

                     Colloidal forms . . . . 17 (As):   Hb−433/53

As$_2$S$_3$ . . . . As$_2$S$_3$:

Electrochemical behavior . . . . 17 (As):   Hb–449/50
Formation and preparation . . . . . . 17 (As):   Hb–416/7, 422/4,
                                                                          433/5
Physical properties . . . . 17 (As):   Hb–425/7, 447/9
Toxicity . . . . 17 (As):   Hb–193

–. . . . . As$_2$S$_3$ · 6 H$_2$O . . . . 17 (As):   Hb–422
–. . . . . As$_2$S$_3$ systems:

As$_2$S$_3$–Ag$_2$S . . . . 61 (Ag):   Hb/B4–54/5
As$_2$S$_3$–Ag$_2$S–Cu$_2$S . . . . . 61 (Ag):   Hb/B4–487/8
As$_2$S$_3$–PbS . . . . 47 (Pb):   Hb/C3–901/3
As$_2$S$_3$–Sb$_2$S$_3$ . . . . 18 (Sb):   Hb/B3–564
As$_2$S$_3$–Tl$_2$S . . . . 38 (Tl):   Hb/3–435

As$_2$S$_3$Se$_2$ . . . . As$_2$Se$_2$S$_3$ . . . . 17 (As):   Hb–464
As$_2$S$_4$Sr . . . . SrAs$_2$S$_4$ · 2 H$_2$O . . . . 29 (Sr):   Hb–220
–. . . . . SrAs$_2$S$_4$ · 2.5 H$_2$O . . . . 29 (Sr):   Hb–220
As$_2$S$_5$ . . . . As$_2$S$_5$ . . . . 17 (As):   Hb–453/5
–. . . . . As$_2$S$_5$ systems:

As$_2$S$_5$–NiO–PBO$_4$ . . . . 57 (Ni):   Hb/B3–992

As$_2$S$_5$Sr$_2$ . . . . . . Sr$_2$As$_2$S$_5$ · 7 H$_2$O . . . . 29 (Sr):   Hb–220
–. . . . . Sr$_2$As$_2$S$_5$ · 15 H$_2$O . . . . 29 (Sr):   Hb–220
As$_2$S$_5$Tl$_4$ . . . . . . Tl$_4$As$_2$S$_5$ . . . . 38 (Tl):   Hb/3–435
As$_2$S$_5$Zn$_2$ . . . . . . Zn$_2$As$_2$S$_5$ . . . . 32 (Zn):   Hb–286
As$_2$S$_6$Sr$_3$ . . . . . . Sr$_3$(AsS$_3$)$_2$ . . . . 29 (Sr):   Eb–294
–. . . . . Sr$_3$As$_2$S$_6$ · 6 H$_2$O . . . . 29 (Sr):   Hb–219/20
As$_2$S$_6$Zn . . . . . . Zn(AsS$_3$)$_2$ . . . . 32 (Zn):   Hb–286
As$_2$S$_6$Zn$_3$ . . . . . . Zn$_3$(AsS$_3$)$_2$ . . . . 32 (Zn):   Eb–999
As$_2$S$_7$Zn$_2$ . . . . . . Zn$_2$As$_2$S$_7$ . . . . 32 (Zn):   Hb–286
As$_2$S$_8$Tl$_6$ . . . . . . 3 Tl$_2$S · As$_2$S$_5$ . . . . 38 (Tl):   Hb/3–435
As$_2$S$_8$Zn$_3$ . . . . . . Zn$_3$(AsS$_4$)$_2$ . . . . 32 (Zn):   Hb–286
As$_2$S$_{10}$ . . . . . . As$_2$S$_{10}$ . . . . 17 (As):   Hb–416
As$_2$S$_{18}$ . . . . . . As$_2$S$_{18}$ . . . . 17 (As):   Hb–416
As$_2$Se . . . . As$_2$Se . . . . 17 (As):   Hb–462/3
As$_2$Se$_3$ . . . . As$_2$Se$_3$ . . . . 17 (As):   Hb–463
–. . . . . As$_2$Se$_3$ systems:

As$_2$Se$_3$–Ag$_2$Se . . . . 61 (Ag):   Hb/B4–67

As$_2$Se$_5$ . . . . As$_2$Se$_5$ . . . . 17 (As):   Hb–463
As$_2$Si . . . . As$_2$Si . . . . 17 (As):   Hb–472
As$_2$Sr$_3$ . . . . Sr$_3$As$_2$ . . . . 29 (Sr):   Hb–217
                                                                          Eb–287
As$_2$Ta . . . . TaAs$_2$ . . . . 50 (Ta):   Hb/B1–272/3
As$_2$Te$_2$ . . . . As$_2$Te$_2$ . . . . 17 (As):   Hb–465
As$_2$Te$_3$ . . . . As$_2$Te$_3$ . . . . 17 (As):   Hb–465
As$_2$V . . . . VAs$_2$ . . . . 48 (V):   Hb/B1–365
As$_2$V$_3$ . . . . V$_3$As$_2$ . . . . 48 (V):   Hb/B1–365
As$_2$W . . . . WAs$_2$ . . . . 54 (W):   Hb–207
As$_2$Zn . . . . ZnAs$_2$ . . . . 32 (Zn):   Hb–283
                                                                          Eb–998

As$_2$Zn$_3$ . . . . Zn$_3$As$_2$ . . . . 32 (Zn): Hb−283
Eb−997
As$_{2.3}$Re . . . . ReAs$_{2.3}$ . . . . 70 (Re): Hb−124
As$_{2.5}$K$_{0.5}$O$_{12}$Pb$_{4.5}$Si$_{0.5}$. K$_{0.5}$Pb$_{4.5}$(AsO$_4$)$_{2.5}$(SiO$_4$)$_{0.5}$ . . . . 47 (Pb): Hb/C3−1112
As$_{2.5}$Na$_{0.5}$O$_{12}$Pb$_{4.5}$Si$_{0.5}$
Na$_{0.5}$Pb$_{4.5}$(AsO$_4$)$_{2.5}$(SiO$_4$)$_{0.5}$ . . . . 47 (Pb): Hb/C3−1051
As$_3$Au$_4$ . . . . Au$_4$As$_3$ . . . . 62 (Au): Hb/3−730
As$_3$BBrC$_{39}$H$_{56}$NiP . . . [NiBr(C$_{15}$H$_{36}$As$_3$P)] [B(C$_6$H$_5$)$_4$] . . . . . . 57 (Ni): Hb/C2−1113
As$_3$BBrC$_{66}$H$_{62}$NNi . . [NiBr(C$_{42}$H$_{42}$As$_3$N)] [B(C$_6$H$_5$)$_4$]. . . . . 57 (Ni): Hb/C2−1111
As$_3$BC$_{37}$CrH$_{47}$IO$_2$ . . . [(CO)$_2$CrI[(CH$_3$)$_2$AsCH$_2$]$_3$CCH$_3$]
B(C$_6$H$_5$)$_4$ . . . . Erg. W. 3−96
As$_3$BC$_{37}$CrH$_{47}$O$_2$ . . . [(CO)$_2$Cr[(CH$_3$)$_2$AsCH$_2$]$_3$CCH$_3$]
B(C$_6$H$_5$)$_4$ . . . . Erg. W. 3−120/1
As$_3$BC$_{38}$CrH$_{47}$IO$_3$ . . . [(CO)$_3$Cr[(CH$_3$)$_2$As(CH$_2$)$_3$]$_2$AsCH$_3$I]
B(C$_6$H$_5$)$_4$ . . . . Erg. W. 3−120/1
As$_3$BC$_{39}$ClH$_{56}$NiP . . . [NiCl(C$_{15}$H$_{36}$As$_3$P)] [B(C$_6$H$_5$)$_4$] . . . . 57 (Ni): Hb/C2−1113
As$_3$BC$_{39}$H$_{56}$INiP . . . [NiI(C$_{15}$H$_{36}$As$_3$P)] [B(C$_6$H$_5$)$_4$] . . . . . 57 (Ni): Hb/C2−1113
As$_3$BC$_{66}$H$_{62}$INNi . . . [NiI(C$_{42}$H$_{42}$As$_3$N)] [B(C$_6$H$_5$)$_4$]. . . . 57 (Ni): Hb/C2−1111
As$_3$BiC$_6$H$_{18}$O$_6$ . . . . . 2 [(CH$_3$)$_2$AsO$_2$]$_3$Bi · 8 H$_2$O . . . . . 19 (Bi): Hb−113
As$_3$BiO$_{12}$Pb$_3$ . . . . . Pb$_3$Bi(AsO$_4$)$_3$ . . . . 47 (Pb): Hb/C3−977
As$_3$Bi$_2$Br$_9$C$_{24}$H$_{60}$ . . . 2 BiBr$_3$ · 3 (C$_2$H$_5$)$_4$AsBr . . . . . 19 (Bi): Hb−198
As$_3$Bi$_2$C$_{24}$Cl$_9$H$_{60}$ . . . 2 BiCl$_3$ · 3 (C$_2$H$_5$)$_4$AsCl . . . . . 19 (Bi): Hb−198
As$_3$Bi$_2$C$_{24}$H$_{60}$I$_9$ . . . . 2 BiI$_3$ · 3 (C$_2$H$_5$)$_4$AsI . . . . . . 19 (Bi): Hb−198
As$_3$BrC$_{15}$ClH$_{36}$NiO$_4$P . [NiBr(C$_{15}$H$_{36}$As$_3$P)]ClO$_4$ . . . . . 57 (Ni): Hb/C2−1111/2
As$_3$BrC$_{15}$H$_{36}$NiP$^+$ . . . [NiBr(C$_{15}$H$_{36}$As$_3$P)]$^+$ . . . . . . 57 (Ni): Hb/C2−1113
As$_3$BrC$_{39}$CuH$_{39}$ . . . . CuBr · 3 CH$_3$(C$_6$H$_5$)$_2$As . . . . 60 (Cu): Hb/B4−1466
As$_3$BrO$_{12}$Pb$_5$ . . . . . Pb$_5$Br(AsO$_4$)$_3$
= 3 Pb$_3$(AsO$_4$)$_2$ · PbBr$_2$ . . . . 47 (Pb): Hb/C3−901
As$_3$Br$_2$C$_{11}$H$_{27}$Ni . . . [NiBr$_2$(C$_{11}$H$_{27}$As$_3$)] . . . . 57 (Ni): Hb/C2−1109/10
As$_3$Br$_2$C$_{15}$H$_{36}$NiP . . [NiBr$_2$(C$_{15}$H$_{36}$As$_3$P)] . . . . 57 (Ni): Hb/C2−1113
As$_3$Br$_2$C$_{39}$H$_{39}$Pt . . . . [Pt(AsCH$_3$(C$_6$H$_5$)$_2$)$_3$Br]Br . . . . . . 68 (Pt): Hb/D−203
As$_3$Br$_3$C$_{11}$H$_{27}$Ni . . . . [NiBr$_3$(C$_{11}$H$_{27}$As$_3$)] . . . . 57 (Ni): Hb/C2−1126
As$_3$Br$_3$C$_{17}$CrH$_{23}$ . . . . Br$_3$Cr[(CH$_3$)$_2$AsC$_6$H$_4$]$_2$AsCH$_3$ . . . . Erg. W. 3−96
As$_3$Br$_3$C$_{39}$Cu$_2$H$_{39}$ . . . [Cu$_2$(AsCH$_3$(C$_6$H$_5$)$_2$)$_3$Br$_3$] . . . . 60 (Cu): Hb/B1−366
As$_3$Br$_3$C$_{39}$H$_{39}$Ru . . . [RuBr$_3$(AsCH$_3$(C$_6$H$_5$)$_2$)$_3$] . . . . . 63 (Ru): Eb−476
As$_3$Br$_4$C$_{60}$H$_{50}$Ru . . . (C$_6$H$_5$)$_4$As[RuBr$_4$(C$_{18}$H$_{15}$As)$_2$] . . . . 63 (Ru): Eb−476
As$_3$Br$_{10}$C$_4$H$_{12}$N . . . . (CH$_3$)$_4$N[As$_3$Br$_{10}$] . . . . 17 (As): Hb−402
As$_3$Br$_{11}$C$_{18}$H$_{16}$N$_2$ . . (C$_9$H$_8$N)$_2$[As$_3$Br$_{11}$] . . . . 17 (As): Hb−402
As$_3$Br$_{11}$H$_2$ . . . . H$_2$[As$_3$Br$_{11}$] . . . . 17 (As): Hb−401
As$_3$C$_{0.7}$V$_5$ . . . . V$_5$As$_3$C$_{0.7}$ . . . . 48 (V): Hb/B1−366/7
As$_3$C$_3$CoO$_3$ . . . . . As$_3$Co(CO)$_3$ . . . . Erg. W. 5−104
As$_3$C$_6$Cl$_{11}$H$_{20}$N$_2$ . . . [(CH$_3$)$_3$NH]$_2$[As$_3$Cl$_{11}$] . . . . 17 (As): Hb−391
As$_3$C$_9$H$_{33}$Mo$_8$O$_{32}$ . . . As(CH$_3$)$_3$(OH)$_3$H$_3$[As$_2$O(CH$_3$)$_6$(Mo$_2$O$_7$)$_4$]
· 3 H$_2$O . . . . 53 (Mo): Hb−372
As$_3$C$_{10}$CrH$_{21}$O$_3$Si . . . (CO)$_3$Cr[(CH$_3$)$_2$As]$_3$SiCH$_3$ . . . . Erg. W. 3−93, 96
As$_3$C$_{11}$CoH$_{27}$I$_2$ . . . . CoI$_2$ · C$_{11}$H$_{27}$As$_3$ . . . . 58 (Co): Eb/B1−310
As$_3$C$_{11}$CoH$_{27}$I$_3$ . . . . [CoI$_3$(C$_{11}$H$_{27}$As$_3$)]. . . . . 58 (Co): Eb/B2−598
As$_3$C$_{11}$CuH$_{27}$I . . . . . CuI · C$_{11}$H$_{27}$As$_3$ . . . . 60 (Cu): Hb/B4−1467
As$_3$C$_{11}$H$_{27}$I$_2$Ni . . . . . [NiI$_2$(C$_{11}$H$_{27}$As$_3$)] . . . . 57 (Ni): Hb/C2−1110
As$_3$C$_{12}$Cr$_2$H$_{51}$N$_{12}$O$_{12}$. [Cr(C$_2$H$_8$N$_2$)$_3$]$_2$(HAsO$_4$)$_3$ . . . . . . 52 (Cr): Hb/C−84

As$_3$C$_{13}$CrH$_{27}$IO$_2$. . . .   (CO)$_2$Cr · I[(CH$_3$)$_2$As(CH$_2$)$_3$]$_2$AsCH$_3$ . . . .   Erg. W. 3–96

As$_3$C$_{13}$CrH$_{27}$O$_2$$^+$ . .   [(CO)$_2$Cr[(CH$_3$)$_2$AsCH$_2$]$_3$CCH$_3$]$^+$ . . . . . .   Erg. W. 3–120

As$_3$C$_{14}$CrH$_{27}$IO$_3$$^+$ . . .   [(CO)$_3$Cr[(CH$_3$)$_2$As(CH$_2$)$_3$]$_2$ AsCH$_3$I]$^+$ . . .   Erg. W. 3–120

As$_3$C$_{14}$CrH$_{27}$O$_3$ . . . .   (CO)$_3$Cr[(CH$_3$)$_2$AsCH$_2$]$_3$CCH$_3$ . . . .   Erg. W. 3–93, 96

–. . . . .   (CO)$_3$Cr[(CH$_3$)$_2$As(CH$_2$)$_3$]$_2$AsCH$_3$. . . . .   Erg. W. 3–93, 96

As$_3$C$_{14}$CrH$_{27}$O$_3$$^+$ . .   [(CO)$_3$Cr[(CH$_3$)$_2$As(CH$_2$)$_3$]$_2$ AsCH$_3$]$^+$. . . .   Erg. W. 3–120/1

As$_3$C$_{14}$CrH$_{27}$O$_3$$^{2+}$ . . .   [(CO)$_3$Cr[(CH$_3$)$_2$As(CH$_2$)$_3$]$_2$ AsCH$_3$]$^{2+}$ . . .   Erg. W. 3–96

As$_3$C$_{15}$ClH$_{36}$INiO$_4$P .   [NiI(C$_{15}$H$_{36}$As$_3$P)]ClO$_4$ . . . .   57 (Ni):   Hb/C2–1111/2

As$_3$C$_{15}$ClH$_{36}$NNiO$_6$P .   [Ni(NO$_2$) (C$_{15}$H$_{36}$As$_3$P)]ClO$_4$ . . . .   57 (Ni):   Hb/C2–1111/2

As$_3$C$_{15}$Cl$_2$H$_{36}$NiO$_4$P. .   [NiCl(C$_{15}$H$_{36}$As$_3$P)]ClO$_4$ . . . .   57 (Ni):   Hb/C2–1111/2

As$_3$C$_{15}$Cl$_2$H$_{38}$NiO$_9$P . .   [Ni(H$_2$O) (C$_{15}$H$_{36}$As$_3$P)] (ClO$_4$)$_2$ . . . .   57 (Ni):   Hb/C2–1111

As$_3$C$_{15}$H$_{36}$INiP$^+$ . . .   [NiI(C$_{15}$H$_{36}$As$_3$P)]$^+$ . . . .   57 (Ni):   Hb/C2–1113

As$_3$C$_{15}$H$_{36}$I$_2$NiP . . . .   [NiI$_2$(C$_{15}$H$_{36}$As$_3$P)] . . . .   57 (Ni):   Hb/C2–1113

As$_3$C$_{15}$H$_{36}$NiP^{2+} . . .   [Ni(H$_2$O) (C$_{15}$H$_{36}$As$_3$P)]$^{2+}$ . . . . . .   57 (Ni):   Hb/C2–1111

As$_3$C$_{15}$H$_{37}$NiOP$^+$ . . .   [Ni(OH) (C$_{15}$H$_{36}$As$_3$P)]$^+$ . . . .   57 (Ni):   Hb/C2–1111

As$_3$C$_{15}$H$_{38}$NiOP^{2+} . .   [Ni(H$_2$O) (C$_{15}$H$_{36}$As$_3$P)]$^{2+}$ . . . . . .   57 (Ni):   Hb/C2–1111

As$_3$C$_{16}$ClH$_{36}$NNiO$_4$P   [Ni(CN) (C$_{15}$H$_{36}$As$_3$P)]ClO$_4$. . . . . .   57 (Ni):   Hb/C2–1111/2

As$_3$C$_{16}$ClH$_{36}$NNiO$_4$PS   [Ni(SCN) (C$_{15}$H$_{36}$As$_3$P)]ClO$_4$. . . .   57 (Ni):   Hb/C2–1111/3

As$_3$C$_{16}$ClH$_{36}$NNiO$_4$PSe

            [Ni(SeCN) (C$_{15}$H$_{36}$As$_3$P)]ClO$_4$ . . . . . .   57 (Ni):   Hb/C2–1111/3

As$_3$C$_{17}$ClH$_{41}$NiO$_4$PS   [Ni(SC$_2$H$_5$) (C$_{15}$H$_{36}$As$_3$P)]ClO$_4$ . . . .   57 (Ni):   Hb/C2–1111/2

As$_3$C$_{17}$CrH$_{23}$I$_3$. . . . .   CrI$_3$ · [(CH$_3$)$_2$AsC$_6$H$_4$]$_2$AsCH$_3$. . . . . .   Erg. W. 3–96

As$_3$C$_{18}$Cl$_8$H$_{19}$N$_2$O$_3$ . .   (C$_9$H$_8$N)$_2$[As$_3$(OH)$_3$Cl$_8$]. . . . .   17 (As):   Hb–392

As$_3$C$_{18}$Cl$_{11}$H$_{16}$N$_2$ . .   (C$_9$H$_8$N)$_2$[As$_3$Cl$_{11}$] . . . .   17 (As):   Hb–391

As$_3$C$_{18}$CrH$_{36}$N$_{12}$O$_{27}$.   [Cr(CO(NH$_2$)$_2$)$_6$] (C$_4$H$_4$AsO$_7$)$_3$ . . . . . .   52 (Cr):   Hb/C–121

As$_3$C$_{18}$H$_{45}$Hg$_2$I$_4$ . . . .   [Hg$_2$I$_4$((C$_2$H$_5$)$_3$As)$_3$]. . . . .   34 (Hg):   Hb/B4–1349

As$_3$C$_{20}$CrH$_{23}$IO$_3$$^+$ . . .   [(CO)$_3$Cr[(CH$_3$)$_2$AsC$_6$H$_4$]$_2$AsCH$_3$I]$^+$ . . . .   Erg. W. 3–120

As$_3$C$_{20}$CrH$_{23}$I$_4$O$_3$ . . .   [(CO)$_3$Cr[(CH$_3$)$_2$AsC$_6$H$_4$]$_2$AsCH$_3$I]I$_3$ . . . .   Erg. W. 3–120/1

As$_3$C$_{20}$CrH$_{23}$O$_3$ . . . .   (CO)$_3$Cr[(CH$_3$)$_2$AsC$_6$H$_4$]$_2$AsCH$_3$ . . . . . .   Erg. W. 3–93, 96

As$_3$C$_{21}$CoCuH$_{23}$O$_4$ . .   (C$_{17}$H$_{23}$As$_3$)CuCo(CO)$_4$. . . . .   Erg. W. 5–149

As$_3$C$_{23}$CuH$_{23}$O$_6$V . . .   (CO)$_6$VCu[C$_6$H$_4$As(CH$_3$)$_2$]$_2$AsCH$_3$ . . . . .   Erg. W. 2–7/8

As$_3$C$_{25}$ClH$_{34}$ORu . . .   [Ru(H)Cl(CO) (C$_8$H$_{11}$As)$_3$] . . . .   63 (Ru):   Eb–516

As$_3$C$_{25}$Cl$_2$H$_{33}$ORu. . .   [RuCl$_2$(CO) (C$_8$H$_{11}$As)$_3$] . . . .   63 (Ru):   Eb–516

As$_3$C$_{27}$CrH$_{33}$O$_3$ . . . .   (CO)$_3$Cr[As(CH$_3$)$_2$C$_6$H$_5$]$_3$ . . . .   Erg. W. 3–28, 31

As$_3$C$_{27}$CrH$_{36}$ . . . . .   (C$_9$H$_{12}$As)$_3$Cr . . . .   Erg. W. 3–19/20

As$_3$C$_{27}$H$_{39}$NiS$_3$$^{2+}$ . . .   [Ni(C$_9$H$_{13}$AsS)$_3$]$^{2+}$ . . . .   57 (Ni):   Hb/C2–1105

As$_3$C$_{27}$H$_{63}$Hg$_2$I$_4$ . . .   [Hg$_2$I$_4$((C$_3$H$_7$)$_3$As)$_3$]. . . . .   34 (Hg):   Hb/B4–1349

As$_3$C$_{30}$Cl$_3$H$_{45}$Ru . . .   [RuCl$_3$(C$_{10}$H$_{15}$As)$_3$]. . . . .   63 (Ru):   Eb–476/7

As$_3$C$_{33}$Cl$_2$H$_{36}$N$_3$NiO$_8$ [Ni(C$_{11}$H$_{12}$AsN)$_3$] (ClO$_4$)$_2$ · H$_2$O . . . .   57 (Ni):   Hb/C2–1103

As$_3$C$_{36}$H$_{81}$Hg$_2$I$_4$ . . .   [Hg$_2$I$_4$((C$_4$H$_9$)$_3$As)$_3$]. . . . .   34 (Hg):   Hb/B4–1350

As$_3$C$_{39}$ClCuH$_{39}$ . . . .   CuCl · 3 AsCH$_3$(C$_6$H$_5$)$_2$ . . . .   60 (Cu):   Hb/B4–1466

As$_3$C$_{39}$Cl$_3$Cu$_2$H$_{39}$ . . .   [Cu$_2$(AsCH$_3$(C$_6$H$_5$)$_2$)$_3$Cl$_3$] . . . .   60 (Cu):   Hb/B1–252/3

As$_3$C$_{39}$Cl$_3$H$_{39}$Ru . . .   [RuCl$_3$(AsCH$_3$(C$_6$H$_5$)$_2$)$_3$] . . . .   63 (Ru):   Eb–476

As$_3$C$_{39}$CuH$_{39}$I . . . . .   CuI · 3 CH$_3$(C$_6$H$_5$)$_2$As. . . . .   60 (Cu):   Hb/B4–1466

As$_3$C$_{39}$H$_{39}$I$_3$Ru . . . .   [RuI$_3$(AsCH$_3$(C$_6$H$_5$)$_2$)$_3$] . . . .   63 (Ru):   Eb–476

As$_3$C$_{45}$CrH$_{33}$O$_3$ . . . .   (CO)$_3$Cr[(C$_6$H$_5$)$_2$AsC$_6$H$_4$]$_2$AsC$_6$H$_5$ . . . . .   Erg. W. 3–93

As$_3$C$_{54}$H$_{36}$N$_{18}$NaO$_{24}$Pb$_4$S$_3$

            NaPb$_4$(C$_{18}$H$_{12}$AsN$_6$O$_8$S)$_3$ · 3 H$_2$O . . . . .   47 (Pb):   Hb/C4–1742

As$_3$C$_{55}$ClH$_{46}$ORu . . .   [Ru(H)Cl(CO) (C$_{18}$H$_{15}$As)$_3$] . . . .   63 (Ru):   Eb–516

As$_3$C$_{55}$Cl$_2$H$_{45}$ORu . . .   [RuCl$_2$(CO) (C$_{18}$H$_{15}$As)$_3$] . . . .   63 (Ru):   Eb–516

As$_3$C$_{60}$Cl$_4$H$_{50}$Ru . . . . (C$_6$H$_5$)$_4$As[RuCl$_4$(C$_{18}$H$_{15}$As)$_2$] . . . . . . 63 (Ru): Eb-476

As$_3$C$_{63}$H$_{45}$O$_9$Ru$_3$ . . . [Ru$_3$(CO)$_9$(C$_{18}$H$_{15}$As)$_3$] . . . . 63 (Ru): Eb-515

As$_3$C$_{72}$Cl$_{17}$H$_{61}$Nb$_6$O [(C$_6$H$_5$)$_4$As]$_3$[Nb$_6$Cl$_{17}$OH] . . . . 49 (Nb): Hb/B4-254

As$_3$C$_{78}$H$_{60}$NbO$_{13}$ . . . [(C$_6$H$_5$)$_4$As]$_3$NbO(C$_2$O$_4$)$_3$ . . . . 49 (Nb): Hb/B4-343

As$_3$Ca$_3$H$_6$NO$_{12}$ . . . . NH$_4$Ca$_3$H$_2$(AsO$_4$)$_3$ · 3 H$_2$O . . . . 28 (Ca): Hb/B3-1333

As$_3$ClO$_4$ . . . . As$_2$O$_3$ · AsOCl . . . . 17 (As): Hb-392

As$_3$ClO$_{12}$Pb$_5$ . . . . . Pb$_5$Cl(AsO$_4$)$_3$

= 3 Pb$_3$(AsO$_4$)$_2$ · PbCl$_2$ . . . . . . 47 (Pb): Hb/C3-900/1

−. . . . . Pb$_5$[Cl(AsO$_4$)$_3$] solid solutions:

Pb$_5$[Cl(AsO$_4$, CrO$_4$)$_3$] . . . . 52 (Cr): Hb/B-936

As$_3$Cl$_3$O$_3$ . . . . AsCl$_3$ · As$_2$O$_3$ = AsOCl . . . . 17 (As): Hb-392

As$_3$Cl$_8$H$_5$O$_3$ . . . . . . H$_2$[As$_3$(OH)$_3$Cl$_8$] . . . . 17 (As): Hb-392

As$_3$Cl$_{11}$H$_2$ . . . . H$_2$[As$_3$Cl$_{11}$] . . . . 17 (As): Hb-391

As$_3$Co . . . . CoAs$_3$ . . . . 58 (Co): Hb/A2-393/4

Eb/A-751/2

As$_3$Co$_2$ . . . . Co$_2$As$_3$ . . . . 58 (Co): Hb/A2-393/4

Eb/A-750/1

As$_3$Co$_3$K$_3$O$_{12}$ . . . . . K$_3$AsO$_4$ · Co$_3$(AsO$_4$)$_2$

= K$_2$O · 2 CoO · As$_2$O$_5$ . . . . 58 (Co): Hb/A2-433

As$_3$CrH$_5$KO$_{12}$ . . . . . KH$_5$[Cr(AsO$_4$)$_3$] · 7 H$_2$O

= KH$_2$[Cr(HAsO$_4$)$_3$] · 7 H$_2$O . . . . . . 52 (Cr): Hb/B-690

−. . . . . KH$_5$[Cr(AsO$_4$)$_3$] · 12 H$_2$O . . . . 52 (Cr): Hb/B-690

As$_3$CrH$_{18}$N$_6$Se$_6$ . . . . [Cr(NH$_3$)$_6$] [AsSe$_2$]$_3$ . . . . 52 (Cr): Hb/C-45

As$_3$Cr$_2$ . . . . Cr$_2$As$_3$ . . . . 52 (Cr): Hb/B-449

As$_3$Cr$_2$H$_3$O$_{12}$ . . . . . Cr$_2$(HAsO$_4$)$_3$ . . . . 52 (Cr): Hb/B-449

As$_3$Cr$_2$K$_3$O$_{12}$ . . . . . K$_3$Cr$_2$(AsO$_4$)$_3$

= 3 K$_2$O · 3 As$_2$O$_5$ · 2 Cr$_2$O$_3$ . . . . . . 52 (Cr): Hb/B-690

As$_3$Cu$_2$H$_3$Na$_2$O$_{12}$ . . . Na$_2$Cu$_2$H$_3$(AsO$_4$)$_3$ · 2 H$_2$O

= Na$_2$HAsO$_4$ · 2 CuHAsO$_4$ · 2 H$_2$O

= Na$_4$As$_2$O$_7$ · 2 Cu$_2$As$_2$O$_7$ · 7 H$_2$O . . . 60 (Cu): Hb/B3-1012

As$_3$Cu$_4$HO$_{12}$ . . . . . 2 Cu$_3$(AsO$_4$)$_2$ · 2 CuHAsO$_4$ · 11 H$_2$O . . . . 60 (Cu): Hb/B2-957

As$_3$Cu$_4$KO$_{12}$ . . . . . . KCu$_4$(AsO$_4$)$_3$ . . . . 60 (Cu): Hb/B3-1060

As$_3$FO$_{12}$Pb$_5$ . . . . . . Pb$_5$F(AsO$_4$)$_3$ = 3 Pb$_3$(AsO$_4$)$_2$ · PbF$_2$ . . . . 47 (Pb): Hb/C3-899

As$_3$F$_{12}$Na$_3$O$_3$ . . . . . (NaAsOF$_4$)$_3$ . . . . 21 (Na): Eb/4-1703

As$_3$Fe$_2$ . . . . Fe$_2$As$_3$ . . . . 59 (Fe): Hb/A8-1803

As$_3$Fe$_2$K$_3$O$_{12}$ . . . . . K$_3$AsO$_4$ · 2 FeAsO$_4$

= 3 K$_2$O · 2 Fe$_2$O$_3$ · 3 As$_2$O$_5$ . . . . . . 59 (Fe): Hb/B5-993

As$_3$Fe$_2$Na$_3$O$_{12}$ . . . . Na$_3$AsO$_4$ · 2 FeAsO$_4$

= 3 Na$_2$O · 2 Fe$_2$O$_3$ · 3 As$_2$O$_5$ . . . . . . 59 (Fe): Hb/B5-912/3

As$_3$H$_2$KMg$_3$O$_{12}$ . . . . KMg$_3$H$_2$(AsO$_4$)$_3$ · 5.5 H$_2$O . . . . 27 (Mg): Hb/B4-468

As$_3$H$_2$NaO$_6$ . . . . . . NaH$_2$(AsO$_2$)$_3$ . . . . 21 (Na): Eb/4-1688/9

As$_3$H$_2$Na$_3$O$_{10}$ . . . . . Na$_3$H$_2$As$_3$O$_{10}$ . . . . 21 (Na): Eb/4-1701

−. . . . . Na$_3$H$_2$As$_3$O$_{10}$ solid solutions:

Na$_3$H$_2$As$_2$(As,P)O$_{10}$ . . . . 21 (Na): Eb/5-2022

As$_3$H$_2$O$_6^-$ . . . . [H$_2$As$_3$O$_6$]$^-$ . . . . 17 (As): Hb-327

As$_3$H$_3$O$_6$ . . . . H$_3$As$_3$O$_6$ . . . . 17 (As): Hb-327

As$_3$H$_4$NS$_5$ . . . . NH$_4$As$_3$S$_5$ · 2 H$_2$O . . . . 23 (NH$_4$): Hb/2-447

As$_3$H$_5$O$_{10}$ . . . . H$_5$As$_3$O$_{10}$ = 3 As$_2$O$_5$ · 5 H$_2$O

= H$_4$As$_2$O$_7$ · HAsO$_3$ . . . . 17 (As): Hb-331

As$_3$H$_{10}$Na$_9$O$_{22}$ . . . . 3 Na$_3$AsO$_4$ · 5 H$_2$O$_2$ · 16 H$_2$O
                      = Na$_9$As$_3$O$_{17}$ · 21 H$_2$O . . . . 21 (Na):   Hb–948/9

As$_3$H$_{20}$N$_5$S$_{10}$ . . . . . (NH$_4$)$_5$As$_3$S$_{10}$ . . . . 23 (NH$_4$):   Hb/2–447

As$_3$IKO$_{4.5}$ . . . . KI · 1.5 As$_2$O$_3$ . . . . 22 (K):   Hb/5–1029

As$_3$IO$_{12}$Pb$_5$ . . . . . . Pb$_5$I(AsO$_4$)$_3$ = 3 Pb$_3$(AsO$_4$)$_2$ · PbI$_2$ . . . . 47 (Pb):   Hb/C3–901

As$_3$K$_{0.5}$Na$_{0.5}$O$_{12}$Pb$_4$ · K$_{0.5}$Na$_{0.5}$Pb$_4$(AsO$_4$)$_3$ . . . . 47 (Pb):   Hb/C3–1123

As$_3$KO$_{12}$Pb$_4$ . . . . . . KPb$_4$(AsO$_4$)$_3$ . . . . 47 (Pb):   Hb/C3–1111

As$_3$KS$_5$ . . . . KAs$_3$S$_5$ · H$_2$O = K$_2$S · 3 As$_2$S$_3$ · 2 H$_2$O . . 22 (K):   Hb/5–1030

–. . . . . KAs$_3$S$_5$ · 1.5 H$_2$O . . . . 22 (K):   Hb/5–1030

As$_3$K$_5$O$_{10}$ . . . . K$_5$As$_3$O$_{10}$ = 5 K$_2$O · 3 As$_2$O$_5$ . . . . 22 (K):   Hb/5–1026

As$_3$NaO$_{12}$Pb$_4$ . . . . . NaPb$_4$(AsO$_4$)$_3$ . . . . 47 (Pb):   Hb/C3–1050

As$_3$NaS$_5$ . . . . NaAs$_3$S$_5$ · 3 H$_2$O . . . . 21 (Na):   Eb/4–1705

–. . . . . NaAs$_3$S$_5$ · 4 H$_2$O . . . . 21 (Na):   Hb–951/2

As$_3$Na$_3$ . . . . Na$_3$As$_3$ . . . . 21 (Na):   Eb/4–1684

As$_3$Na$_3$O$_9$ . . . . Na$_3$As$_3$O$_9$ solid solutions:
                   Na$_3$(As,P)$_3$O$_9$ . . . . 21 (Na):   Eb/5–2024

As$_3$Na$_3$S$_7$ . . . . Na$_3$As$_3$S$_7$ · 5.5 H$_2$O . . . . 21 (Na):   Eb/4–1705

As$_3$Na$_5$O$_{10}$ . . . . Na$_5$As$_3$O$_{10}$ . . . . 21 (Na):   Hb–948
                                               Eb/4–1700

As$_3$Na$_9$O$_8$S$_2$Se$_2$ . . . . Na$_9$As$_3$O$_8$S$_2$Se$_2$ · 36 H$_2$O . . . . 21 (Na):   Hb–963

As$_3$Na$_9$O$_{17}$ . . . . . . Na$_9$As$_3$O$_{17}$ · 21 H$_2$O
                   = 3 Na$_3$AsO$_4$ · 5 H$_2$O$_2$ · 16 H$_2$O . . . . . 21 (Na):   Hb–948/9

As$_3$Ni$_2$ . . . . Ni$_2$As$_3$ . . . . 57 (Ni):   Hb/B3–982

As$_3$O$_2$P$_2$ . . . . As$_3$P$_2$O$_2$ . . . . 17 (As):   Hb–474

As$_3$O$_{12}$Pb$_4$Rb . . . . . RbPb$_4$(AsO$_4$)$_3$ . . . . 47 (Pb):   Hb/C3–1145

As$_3$O$_{12}$Pb$_4$Tl . . . . . TlPb$_4$(AsO$_4$)$_3$ . . . . 47 (Pb):   Hb/C4–1355

As$_3$Pt$_2$ . . . . Pt$_2$As$_3$ . . . . 68 (Pt):   Hb/C1–137

As$_3$S . . . . As$_3$S . . . . 17 (As):   Hb–416

As$_3$V$_5$ . . . . V$_5$As$_3$ . . . . 48 (V):   Hb/B1–365

As$_4$ . . . . As$_4$ . . . . 17 (As):   Hb–113/6

As$_4$BBrC$_{78}$H$_{62}$Ni . . [NiBr(C$_{54}$H$_{42}$As$_4$)] [B(C$_6$H$_5$)$_4$] . . . . 57 (Ni):   Hb/C2–1116

As$_4$BC$_{79}$CoH$_{62}$O . . . [Co(CO)As(C$_6$H$_4$As(C$_6$H$_5$)$_2$)$_3$] B(C$_6$H$_5$)$_4$ . . Erg. W. 5–76

As$_4$B$_4$Na$_2$O$_{13}$ . . . . . Na$_2$B$_4$O$_7$ · 2 As$_2$O$_3$ . . . . 21 (Na):   Eb/3–1290

–. . . . . Na$_2$B$_4$O$_7$ · 2 As$_2$O$_3$ · 3 H$_2$O . . . . 21 (Na):   Eb/5–2020

As$_4$B$_4$O$_{13}$$^{2-}$ . . . . . [B$_4$O$_7$ · 2 As$_2$O$_3$]$^{2-}$ . . . . 21 (Na):   Eb/5–2020

As$_4$BaBr$_2$O$_6$ . . . . . . BaBr$_2$ · 2 As$_2$O$_3$ . . . . 30 (Ba):   Hb–353
                                               Eb–504

As$_4$BaCl$_2$O$_6$ . . . . . . BaCl$_2$ · 2 As$_2$O$_3$ . . . . 30 (Ba):   Hb–353
                                               Eb–503

As$_4$BaO$_7$ . . . . BaO · 2 As$_2$O$_3$ . . . . 30 (Ba):   Hb–349

As$_4$BaO$_{11}$ . . . . BaO · 2 As$_2$O$_5$ · 3 H$_2$O
                   = BaAs$_4$O$_{11}$ · 3 H$_2$O . . . . 30 (Ba):   Eb–500

–. . . . . BaO · 2 As$_2$O$_5$ · xH$_2$O . . . . 30 (Ba):   Hb–352

As$_4$Ba$_3$Mo$_8$O$_{33}$ . . . . 3 BaO · 2 As$_2$O$_3$ · 8 MoO$_3$ · 12 H$_2$O . . . . 53 (Mo):   Hb–362

As$_4$Ba$_3$O$_9$ . . . . 3 BaO · 2 As$_2$O$_3$ · xH$_2$O . . . . 30 (Ba):   Eb–498

As$_4$Ba$_3$O$_{13}$ . . . . . . 3 BaO · 2 As$_2$O$_5$ = Ba$_3$As$_4$O$_{13}$
                   = Ba(AsO$_3$)$_2$ · Ba$_2$As$_2$O$_7$ . . . . 30 (Ba):   Eb–502, 503

–. . . . . Ba$_3$As$_4$O$_{13}$ · 6 H$_2$O . . . . 30 (Ba):   Eb–502

As$_4$Ba$_3$S$_9$ . . . . Ba$_3$As$_4$S$_9$ · 6 H$_2$O . . . . 30 (Ba):   Hb–354

Formula	Compound	Page (Element)	Reference
As$_4$Ba$_5$S$_{11}$	5 BaS · 2 As$_2$S$_3$ · 6 H$_2$O	30 (Ba):	Hb−354
As$_4$Ba$_5$S$_{13}$	5 BaS · As$_2$S$_3$ · As$_2$S$_5$ · 8 H$_2$O	30 (Ba):	Hb−354
As$_4$Bi$_{10}$O$_{25}$	5 Bi$_2$O$_3$ · 2 As$_2$O$_5$ · 8 H$_2$O	19 (Bi):	Hb−198
As$_4$BrC$_{15}$ClH$_{36}$NiO$_4$	[NiBr(C$_{15}$H$_{36}$As$_4$)]ClO$_4$	57 (Ni):	Hb/C2−1114/5
As$_4$BrC$_{20}$ClH$_{32}$NiO$_4$	[NiBr(C$_{10}$H$_{16}$As$_2$)$_2$]ClO$_4$	57 (Ni):	Hb/C2−1108
As$_4$BrC$_{20}$CuH$_{32}$	[Cu(C$_{10}$H$_{16}$As$_2$)$_2$]Br	60 (Cu):	Hb/B4−1466
As$_4$BrC$_{20}$H$_{32}$I$_2$Ru	[RuI$_2$(C$_{10}$H$_{16}$As$_2$)$_2$]Br	63 (Ru):	Eb−441
As$_4$BrC$_{54}$ClH$_{42}$NiO$_4$	[NiBr(As(C$_6$H$_4$As(C$_6$H$_5$)$_2$)$_3$)]ClO$_4$	57 (Ni):	Hb/C2−1116
As$_4$BrC$_{54}$H$_{42}$Ni$^+$	[NiBr(As(C$_6$H$_4$As(C$_6$H$_5$)$_2$)$_3$)]$^+$	57 (Ni):	Hb/C2−1115
As$_4$BrH$_4$NO$_6$	NH$_4$Br · 2 As$_2$O$_3$	23 (NH$_4$):	Hb/2−447
As$_4$BrKO$_6$	KBr · 2 As$_2$O$_3$	22 (K):	Hb/5−1028
As$_4$BrLiO$_6$	LiBr · 2 As$_2$O$_3$	20 (Li):	Hb−249
			Eb−524
As$_4$BrNaO$_6$	NaBr · 2 As$_2$O$_3$	21 (Na):	Hb−950
As$_4$Br$_2$C$_{15}$ClH$_{36}$NiO$_4$	[NiBr$_2$(C$_{15}$H$_{36}$As$_4$)]ClO$_4$	57 (Ni):	Hb/C2−1126
As$_4$Br$_2$C$_{15}$H$_{36}$Ni	[NiBr$_2$(C$_{15}$H$_{36}$As$_4$)]	57 (Ni):	Hb/C2−1115
As$_4$Br$_2$C$_{20}$ClCoH$_{32}$O$_4$	[CoBr$_2$((CH$_3$)$_2$AsC$_6$H$_4$As(CH$_3$)$_2$)$_2$]ClO$_4$	58 (Co):	Eb/B2−578
As$_4$Br$_2$C$_{20}$ClCrH$_{32}$O$_4$	[CrBr$_2$((CH$_3$)$_2$AsC$_6$H$_4$As(CH$_3$)$_2$)$_2$]ClO$_4$	52 (Cr):	Hb/C−217
As$_4$Br$_2$C$_{20}$Cl$_2$H$_{32}$NiO$_8$	[NiBr$_2$((CH$_3$)$_2$AsC$_6$H$_4$As(CH$_3$)$_2$)$_2$](ClO$_4$)$_2$	57 (Ni):	Hb/C2−1133
As$_4$Br$_2$C$_{20}$CoH$_{32}$	[Co((CH$_3$)$_2$AsC$_6$H$_4$As(CH$_3$)$_2$)$_2$]Br$_2$	58 (Co):	Eb/B1−310
As$_4$Br$_2$C$_{20}$Cu$_2$H$_{32}$	[Cu(C$_{10}$H$_{16}$As$_2$)$_2$] [CuBr$_2$]	60 (Cu):	Hb/B4−1466
As$_4$Br$_2$C$_{20}$H$_{32}$Ni	[NiBr$_2$(C$_{10}$H$_{16}$As$_2$)$_2$]	57 (Ni):	Hb/C2−1106/7
As$_4$Br$_2$C$_{20}$H$_{32}$Ru	[RuBr$_2$(C$_{10}$H$_{16}$As$_2$)$_2$]	63 (Ru):	Eb−440/1
As$_4$Br$_2$C$_{20}$H$_{32}$Ru$^+$	[RuBr$_2$(C$_{10}$H$_{16}$As$_2$)$_2$]$^+$	63 (Ru):	Eb−477
As$_4$Br$_2$C$_{28}$H$_{36}$Ni	[NiBr$_2$(C$_{14}$H$_{18}$As$_2$)$_2$]Br	57 (Ni):	Hb/C2−1109
As$_4$Br$_2$C$_{28}$H$_{48}$Ru	[RuBr$_2$(C$_{14}$H$_{24}$As$_2$)$_2$] · 5 H$_2$O	63 (Ru):	Eb−442
As$_4$Br$_2$C$_{52}$Cu$_2$H$_{52}$	[Cu(C$_{13}$H$_{13}$As)$_4$] [CuBr$_2$]	60 (Cu):	Hb/B4−1466
As$_4$Br$_2$C$_{52}$H$_{52}$Ru	[RuBr$_2$(C$_{13}$H$_{13}$As)$_4$]	63 (Ru):	Eb−439
As$_4$Br$_2$C$_{54}$H$_{42}$Ni	[NiBr(C$_{54}$H$_{42}$As$_4$)]Br	57 (Ni):	Hb/C2−1116
As$_4$Br$_2$C$_{54}$H$_{42}$Ru	[RuBr$_2$(C$_{54}$H$_{42}$As$_4$)]	63 (Ru):	Eb−442
As$_4$Br$_2$S$_5$	As$_4$S$_5$Br$_2$= 2 AsSBr · As$_2$S$_3$	17 (As):	Hb−461
As$_4$Br$_3$C$_{15}$H$_{36}$Ni	[NiBr$_2$(C$_{15}$H$_{36}$As$_4$)]Br	57 (Ni):	Hb/C2−1126
As$_4$Br$_3$C$_{20}$CoH$_{32}$	[CoBr$_2$(C$_{10}$H$_{16}$As$_2$)$_2$]Br	58 (Co):	Eb/B2−578
As$_4$Br$_3$C$_{20}$H$_{32}$Ni	[NiBr$_2$(C$_{10}$H$_{16}$As$_2$)$_2$]Br	57 (Ni):	Hb/C2−1125/6
As$_4$Br$_3$C$_{20}$H$_{32}$Ru	[RuBr$_2$(C$_{10}$H$_{16}$As$_2$)$_2$]Br	63 (Ru):	Eb−477
As$_4$Br$_3$C$_{28}$H$_{48}$Ru	[RuBr$_2$(C$_{14}$H$_{24}$As$_2$)$_2$]Br	63 (Ru):	Eb−478
As$_4$Br$_4$C$_8$H$_{24}$O$_2$Pt$_2$	[Pt$_2$((CH$_3$)$_2$AsOAs(CH$_3$)$_2$)$_2$Br$_4$]	68 (Pt):	Hb/D−466
As$_4$Br$_4$C$_{20}$H$_{32}$Nb	NbBr$_4$ · 2 C$_6$H$_4$[As(CH$_3$)$_2$]$_2$	49 (Nb):	Hb/B1−239
			Hb/B4−418
As$_4$Br$_4$C$_{24}$Cu$_4$H$_{60}$	[Cu(As(C$_2$H$_5$)$_3$)Br]$_4$	60 (Cu):	Hb/B1−366
As$_4$Br$_4$C$_{28}$H$_{48}$Nb	NbBr$_4$ · 2 C$_{14}$H$_{24}$As$_2$	49 (Nb):	Hb/B4−418/9
As$_4$Br$_4$C$_{52}$Cu$_4$H$_{52}$	[CuBr(C$_{13}$H$_{13}$As)]$_4$	60 (Cu):	Hb/B4−1466
As$_4$Br$_4$C$_{72}$Cu$_2$H$_{60}$O$_4$	[Cu(C$_{18}$H$_{15}$AsO)$_4$] [CuBr$_4$]	60 (Cu):	Hb/B4−1538
As$_4$Br$_8$C$_4$H$_{12}$Ni	[Ni(CH$_3$AsBr$_2$)$_4$]	57 (Ni):	Hb/C1−34
As$_4$CH$_2$K$_3$NO$_8$S	2 KOH · KCNS · 2 As$_2$O$_3$	22 (K):	Hb/5−1034
As$_4$CH$_2$NNa$_3$O$_8$S	2 NaOH · NaCNS · 2 As$_2$O$_3$ · 4 H$_2$O	21 (Na):	Hb−964/5
As$_4$CKNO$_6$S	KCNS · 2 As$_2$O$_3$	22 (K):	Hb/5−1034
As$_4$CK$_{4.2}$NO$_{7.6}$	KCNS · 1.6 K$_2$O · 2 As$_2$O$_3$ · xH$_2$O	22 (K):	Hb/5−1034
As$_4$C$_2$CrH$_{12}$O$_2$	Cr(CO)$_2$ · 2 As$_2$H$_6$	52 (Cr):	Hb/B−368
As$_4$C$_6$CrH$_{28}$O$_{22}{}^{5-}$	[[Cr(C$_2$H$_8$O$_2$)$_3$] (HAsO$_4$)$_4$]$^{5-}$	52 (Cr):	Hb/C−72

As$_4$C$_8$Cl$_4$H$_{24}$O$_2$Pt$_2$ . . [Pt$_2$((CH$_3$)$_2$AsOAs(CH$_3$)$_2$)$_2$Cl$_4$] . . . . 68 (Pt):   Hb/D−466

As$_4$C$_8$Cu$_3$H$_{14}$O$_{12}$ . . . 2 Cu(AsO$_2$)$_2$ · Cu(C$_3$H$_7$COO)$_2$ . . . 60 (Cu):   Hb/B2−968

As$_4$C$_8$H$_{24}$I$_4$O$_2$Pt$_2$ . . . [Pt$_2$((CH$_3$)$_2$AsOAs(CH$_3$)$_2$)$_2$I$_4$] . . . . 68 (Pt):   Hb/D−466

As$_4$C$_9$CrH$_{34}$N$_6$O$_{16}$$^{5-}$ . . [[Cr(C$_3$H$_{10}$N$_2$)$_3$] (HAsO$_4$)$_4$]$^{5-}$ . . . . . 52 (Cr):   Hb/C−93

As$_4$C$_{12}$Cr$_3$H$_{31}$O$_{30}$ . . . H$_7$[Cr$_3$(OH)$_2$(CH$_3$COO)$_6$] (HAsO$_4$)$_4$ . . . . 52 (Cr):   Hb/B−397

As$_4$C$_{12}$Cu$_4$H$_{36}$I$_4$ . . . . [Cu(As(CH$_3$)$_3$I]$_4$ . . . . 60 (Cu):   Hb/B1−414

As$_4$C$_{15}$ClH$_{36}$INiO$_4$ . . . [NiI(C$_{15}$H$_{36}$As$_4$)]ClO$_4$ . . . . 57 (Ni):   Hb/C2−1114/5

As$_4$C$_{15}$Cl$_2$H$_{36}$Ni$^+$ . . . [NiCl$_2$(C$_{15}$H$_{36}$As$_4$)]$^+$ . . . . 57 (Ni):   Hb/C2−1126

As$_4$C$_{15}$Cl$_2$H$_{36}$NiO$_4$ . . [NiCl(C$_{15}$H$_{36}$As$_4$)]ClO$_4$ . . . . 57 (Ni):   Hb/C2−1114/5

As$_4$C$_{15}$Cl$_2$H$_{38}$NiO$_9$ . . [Ni(H$_2$O) (C$_{15}$H$_{36}$As$_4$)] (ClO$_4$)$_2$ . . . 57 (Ni):   Hb/C2−1114

As$_4$C$_{15}$Cl$_3$H$_{36}$NiO$_4$ . . [NiCl$_2$(C$_{15}$H$_{36}$As$_4$)]ClO$_4$ . . . . 57 (Ni):   Hb/C2−1126

As$_4$C$_{15}$H$_{36}$I$_2$Ni . . . . . [NiI$_2$(C$_{15}$H$_{36}$As$_4$)] . . . . 57 (Ni):   Hb/C2−1115

As$_4$C$_{15}$H$_{36}$I$_3$Ni . . . . . [NiI$_2$(C$_{15}$H$_{36}$As$_4$)]I . . . . 57 (Ni):   Hb/C2−1126

As$_4$C$_{16}$ClH$_{36}$NNiO$_4$ . . [Ni(CN) (C$_{15}$H$_{36}$As$_4$)]ClO$_4$ . . . . . . 57 (Ni):   Hb/C2−1114/5

As$_4$C$_{16}$Cl$_{12}$H$_{18}$O$_2$Pt . . [Pt(As(C$_2$H$_2$Cl)$_2$Cl)$_2$

                     (As(C$_2$H$_2$Cl)$_2$OH)$_2$]Cl$_2$ . . . . 68 (Pt):   Hb/D−187

As$_4$C$_{16}$H$_{16}$KNO$_{31}$Sr$_2$. KNO$_3$ · 2 Sr(AsOC$_4$H$_4$O$_6$)$_2$ · 12 H$_2$O . . 29 (Sr):   Hb−232

As$_4$C$_{16}$H$_{20}$N$_2$O$_{31}$Sr$_2$. NH$_4$NO$_3$ · 2 Sr(AsOC$_4$H$_4$O$_6$)$_2$ · 12 H$_2$O . . . 29 (Sr):   Hb−235

As$_4$C$_{20}$CeCl$_2$H$_{32}$NiO$_{12}$S$_3$

         [NiCl$_2$((CH$_3$)$_2$AsC$_6$H$_4$As(CH$_3$)$_2$)$_2$]

         [Ce(SO$_4$)$_3$] . . . . 57 (Ni):   Hb/C2−1133

As$_4$C$_{20}$ClCrH$_{32}$I$_2$O$_4$ . . [CrI$_2$((CH$_3$)$_2$AsC$_6$H$_4$As(CH$_3$)$_2$)$_2$ClO$_4$ . . 52 (Cr):   Hb/C−217

As$_4$C$_{20}$ClCuH$_{32}$O$_4$ . . . [Cu(C$_{10}$H$_{16}$As$_2$)$_2$]ClO$_4$ . . . . 60 (Cu):   Hb/B4−1466/7

As$_4$C$_{20}$ClF$_6$H$_{32}$NiO$_4$P . [Ni(ClO$_4$) (C$_{10}$H$_{16}$As$_2$)$_2$]PF$_6$ . . . . . . 57 (Ni):   Hb/C2−1108

As$_4$C$_{20}$ClH$_{32}$I$_2$O$_4$Ru . . [RuI$_2$(C$_{10}$H$_{16}$As$_2$)$_2$]ClO$_4$ . . . . 63 (Ru):   Eb−478

As$_4$C$_{20}$ClH$_{32}$I$_2$Ru . . . [RuI$_2$(C$_{10}$H$_{16}$As$_2$)$_2$]Cl . . . . 63 (Ru):   Eb−441

As$_4$C$_{20}$ClH$_{32}$Ni$^+$ . . . . [NiCl(C$_{10}$H$_{16}$As$_2$)$_2$]$^+$ . . . . 57 (Ni):   Hb/C2−1106

As$_4$C$_{20}$ClH$_{33}$Ru . . . . [Ru(H)Cl(C$_{10}$H$_{16}$As$_2$)$_2$] . . . . 63 (Ru):   Eb−441

As$_4$C$_{20}$Cl$_2$CoH$_{32}$ . . . [Co((CH$_3$)$_2$AsC$_6$H$_4$As(CH$_3$)$_2$)$_2$]Cl$_2$ . . . 58 (Co):   Eb/B1−309

As$_4$C$_{20}$Cl$_2$CoH$_{32}$O$_8$ . . [Co((CH$_3$)$_2$AsC$_6$H$_4$As(CH$_3$)$_2$)$_2$] (ClO$_4$)$_2$ . . . 58 (Co):   Eb/B1−310

As$_4$C$_{20}$Cl$_2$Cu$_2$H$_{32}$ . . . [Cu((CH$_3$)$_2$AsC$_6$H$_4$As(CH$_3$)$_2$)$_2$] [CuCl$_2$] . . . 60 (Cu):   Hb/B4−1466

As$_4$C$_{20}$Cl$_2$H$_{32}$HgO$_8$ . . [Hg((CH$_3$)$_2$AsC$_6$H$_4$As(CH$_3$)$_2$)$_2$] (ClO$_4$)$_2$ . . 34 (Hg):   Hb/B4−1351

As$_4$C$_{20}$Cl$_2$H$_{32}$Ni . . . [NiCl$_2$(C$_{10}$H$_{16}$As$_2$)$_2$] . . . . 57 (Ni):   Hb/C2−1106/7

As$_4$C$_{20}$Cl$_2$H$_{32}$Ni$^+$ . . . [NiCl$_2$(C$_{10}$H$_{16}$As$_2$)$_2$]$^+$ . . . . 57 (Ni):   Hb/C2−1125

As$_4$C$_{20}$Cl$_2$H$_{32}$Ni^{2+} . . [NiCl$_2$(C$_{10}$H$_{16}$As$_2$)$_2$]$^{2+}$ . . . . 57 (Ni):   Hb/C2−1132

As$_4$C$_{20}$Cl$_2$H$_{32}$NiO$_4$ . . [NiCl(C$_{10}$H$_{16}$As$_2$)$_2$]ClO$_4$ . . . . 57 (Ni):   Hb/C2−1108

As$_4$C$_{20}$Cl$_2$H$_{32}$NiO$_8$ . . [Ni(C$_{10}$H$_{16}$As$_2$)$_2$] (ClO$_4$)$_2$ . . . . 57 (Ni):   Hb/C2−1105/6

−. . . . . [Ni(C$_{10}$H$_{16}$As$_2$)$_2$] (ClO$_4$)$_2$ · H$_2$O . . . 57 (Ni):   Hb/C2−1106

As$_4$C$_{20}$Cl$_2$H$_{32}$Pd . . . [Pd(C$_6$H$_4$(As(CH$_3$)$_2$)$_2$)$_2$]Cl$_2$ . . . . . . 65 (Pd):   Hb/2−366

As$_4$C$_{20}$Cl$_2$H$_{32}$Ru . . . [RuCl$_2$(C$_{10}$H$_{16}$As$_2$)$_2$] . . . . 63 (Ru):   Eb−440/1

As$_4$C$_{20}$Cl$_2$H$_{32}$Ru$^+$ . . . [RuCl$_2$(C$_{10}$H$_{16}$As$_2$)$_2$]$^+$ . . . . 63 (Ru):   Eb−477

As$_4$C$_{20}$Cl$_3$CoH$_{32}$ . . . [CoCl$_2$(C$_{10}$H$_{16}$As$_2$)$_2$]Cl . . . . 58 (Co):   Eb/B2−578

As$_4$C$_{20}$Cl$_3$CoH$_{32}$O$_4$ . . [CoCl$_2$(C$_{10}$H$_{16}$As$_2$)$_2$]ClO$_4$ . . . . . . 58 (Co):   Eb/B2−578

As$_4$C$_{20}$Cl$_3$CrH$_{32}$O$_4$ . . [CrCl$_2$((CH$_3$)$_2$AsC$_6$H$_4$ As(CH$_3$)$_2$)$_2$]ClO$_4$ . . . 52 (Cr):   Hb/C−216/7

As$_4$C$_{20}$Cl$_3$H$_{32}$Ni . . . [NiCl$_2$(C$_{10}$H$_{16}$As$_2$)$_2$]Cl . . . . 57 (Ni):   Hb/C2−1125

As$_4$C$_{20}$Cl$_3$H$_{32}$NiO$_4$ . . [NiCl$_2$(C$_{10}$H$_{16}$As$_2$)$_2$]ClO$_4$ . . . . . . 57 (Ni):   Hb/C2−1125

As$_4$C$_{20}$Cl$_3$H$_{32}$O$_4$Ru . . [RuCl$_2$(C$_{10}$H$_{16}$As$_2$)$_2$]ClO$_4$ . . . . 63 (Ru):   Eb−477

As$_4$C$_{20}$Cl$_3$H$_{32}$Ru . . . [RuCl$_2$(C$_{10}$H$_{16}$As$_2$)$_2$]Cl . . . . 63 (Ru):   Eb−477

As$_4$C$_{20}$Cl$_4$H$_{32}$Nb . . . NbCl$_4$ · 2 C$_6$H$_4$[As(CH$_3$)$_2$]$_2$ . . . . 49 (Nb):   Hb/B1−198

                                                 Hb/B4−418

$As_4C_{20}Cl_4H_{32}Ni$ . . . . $[NiCl_2(C_{10}H_{16}As_2)_2]Cl_2$ . . . . 57 (Ni):   Hb/C2−1132

$As_4C_{20}Cl_4H_{32}NiO_8$ . . . $[NiCl_2(C_{10}H_{16}As_2)_2]$ $(ClO_4)_2$ . . . . 57 (Ni):   Hb/C2−1132

$As_4C_{20}Cl_4H_{32}Pd_2$ . . . . $[Pd((CH_3)_2AsC_6H_4As(CH_3)_2)_2]$ $[PdCl_4]$ . . 65 (Pd):   Hb/2−366

$As_4C_{20}Cl_4H_{32}V$ . . . . $[VCl_4((CH_3)_2AsC_6H_4As(CH_3)_2)_2]$ . . . . . 48 (V):   Hb/B2−789

$As_4C_{20}Cl_8H_{32}Nb_2O$ . . $(NbCl_4)_2O \cdot 2 (CH_3)_2AsC_6H_4As(CH_3)_2$ . . 49 (Nb):   Hb/B4−472

$As_4C_{20}CoH_{32}I_2$ . . . . $[Co((CH_3)_2AsC_6H_4As(CH_3)_2)_2]I_2$ . . . . . 58 (Co):   Eb/B1−310

$As_4C_{20}CoH_{32}I_3$ . . . . $[CoI_2(C_{10}H_{16}As_2)_2]I$ . . . . 58 (Co):   Eb/B2−578

$As_4C_{20}CuH_{32}I$ . . . . $[Cu(C_{10}H_{16}As_2)_2]I$ . . . . 60 (Cu):   Hb/B4−1466/7

$As_4C_{20}Cu_2H_{32}I_2$ . . . . $[Cu(C_{10}H_{16}As_2)_2]$ $[CuI_2]$ . . . . 60 (Cu):   Hb/B4−1466

$As_4C_{20}H_{32}INi^+$ . . . . $[NiI(C_{10}H_{16}As_2)_2]^+$ . . . . 57 (Ni):   Hb/C2−1106

$As_4C_{20}H_{32}I_2Ni$ . . . . . $[NiI_2(C_{10}H_{16}As_2)_2]$ . . . . 57 (Ni):   Hb/C2−1106/8

$As_4C_{20}H_{32}I_2Ru$ . . . . $[RuI_2(C_{10}H_{16}As_2)_2]$ . . . . 63 (Ru):   Eb−440/1

$As_4C_{20}H_{32}I_2Ru^+$ . . . $[RuI_2(C_{10}H_{16}As_2)_2]^+$ . . . . 63 (Ru):   Eb−477

$As_4C_{20}H_{32}I_3Ni$ . . . . . $[NiI_2(C_{10}H_{16}As_2)_2]I$ . . . . 57 (Ni):   Hb/C2−1126

$As_4C_{20}H_{32}I_4Nb$ . . . . $NbI_4 \cdot 2 (CH_3)_2AsC_6H_4As(CH_3)_2$ . . . 49 (Nb):   Hb/B1−254
                                                                                                   Hb/B4−418

$As_4C_{20}H_{32}N_2NiO_4$ . . . $[Ni(NO_2)_2(C_{10}H_{16}As_2)_2]$ . . . . 57 (Ni):   Hb/C2−1106

$As_4C_{20}H_{32}N_2NiO_6$ . . . $[Ni(NO_3)_2(C_{10}H_{16}As_2)_2]$ . . . . 57 (Ni):   Hb/C2−1106

$As_4C_{20}H_{32}Ni$ . . . . . $[Ni(C_{10}H_{16}As_2)_2]$ . . . . 57 (Ni):   Hb/C1−34/5

$As_4C_{20}H_{32}Ni^{2+}$ . . . . $[Ni(C_{10}H_{16}As_2)_2]^{2+}$ . . . . 57 (Ni):   Hb/C2−1106

$As_4C_{21}ClH_{35}Ru$ . . . . $[Ru(CH_3)Cl(C_{10}H_{16}As_2)_2]$ . . . . 63 (Ru):   Eb−523

$As_4C_{22}ClCoH_{32}N_2O_4S_2$

                                $[Co(NCS)_2(C_{10}H_{16}As_2)_2]ClO_4$ . . . . 58 (Co):   Eb/B2−579

$As_4C_{22}CoH_{32}N_2S_2$ . . $[Co((CH_3)_2AsC_6H_4As(CH_3)_2)_2]$ $(SCN)_2$ . . . 58 (Co):   Eb/B1−310

$As_4C_{22}CrH_{32}O_2$ . . . . $(CO)_2Cr((CH_3)_2AsC_6H_4As(CH_3)_2)_2$ . . . . Erg. W. 3−78/9

$As_4C_{22}H_{32}N_2NiS_2$ . . . $[Ni(SCN)_2(C_{10}H_{16}As_2)_2]$ . . . . 57 (Ni):   Hb/C2−1106, 1108

$As_4C_{22}H_{32}N_2RuS_2$ . . $[Ru(SCN)_2(C_{10}H_{16}As_2)_2]$ . . . . 63 (Ru):   Eb−440/1

$As_4C_{23}H_{32}N_3NiS_3$ . . . $[Ni(SCN)_2(C_{10}H_{16}As_2)_2]SCN$ . . . . . . 57 (Ni):   Hb/C2−1126

$As_4C_{24}ClCoH_{38}O_8$ . . . $[Co(CH_3COO)_2(C_{10}H_{16}As_2)_2]ClO_4$ . . . 58 (Co):   Eb/B2−578/9

$As_4C_{24}Cl_2H_{60}Pt$ . . . . $[Pt(As(C_2H_5)_3)_4]Cl_2$ . . . . 68 (Pt):   Hb/D−127

$As_4C_{24}Cl_4H_{60}Pt_2$ . . . $[Pt(As(C_2H_5)_3)_4]$ $[PtCl_4]$ . . . . 68 (Pt):   Hb/D−127

$As_4C_{24}Co_4F_8H_{24}O_8$ . . $Co_4(CO)_8(C_8H_{12}As_2F_4)_2$ . . . . Erg. W. 6−178/9

$As_4C_{24}CrH_{32}O_4$ . . . . $(CO)_4Cr[(CH_3)_2AsC_6H_4As(CH_3)_2]_2$ . . . . Erg. W. 3−35, 39

$As_4C_{24}Cu_2H_{60}I_2$ . . . . $[Cu_2(As(C_2H_5)_3)_4I_2]$ . . . . 60 (Cu):   Hb/B1−415

$As_4C_{24}Cu_4H_{60}I_4$ . . . . $[Cu(As(C_2H_5)_3)I]_4$ . . . . 60 (Cu):   Hb/B1−415

$As_4C_{24}H_{32}N_4Ni_2S_4$ . . $[Ni(C_{10}H_{16}As_2)_2]$ $[Ni(SCN)_4]$ . . . . . 57 (Ni):   Hb/C2−1108

$As_4C_{28}Cl_2H_{36}Ni$ . . . . $[NiCl(C_{14}H_{18}As_2)_2]Cl$ . . . . 57 (Ni):   Hb/C2−1109

$As_4C_{28}Cl_2H_{36}NiO_8$ . . . $[Ni(C_{14}H_{18}As_2)_2]$ $(ClO_4)_2$ . . . . 57 (Ni):   Hb/C2−1108/9

$As_4C_{28}Cl_2H_{48}Ru$ . . . . $[RuCl_2(C_{14}H_{24}As_2)_2]$ . . . . 63 (Ru):   Eb−441

−. . . . . $[RuCl_2(C_{14}H_{24}As_2)_2] \cdot 5 H_2O$ . . . . . 63 (Ru):   Eb−441/2

$As_4C_{28}Cl_3H_{48}Ru$ . . . . $[RuCl_2(C_{14}H_{24}As_2)_2]Cl$ . . . . 63 (Ru):   Eb−478

$As_4C_{28}Cl_4H_{48}Nb$ . . . $NbCl_4 \cdot 2 C_{14}H_{24}As_2$ . . . . 49 (Nb):   Hb/B4−418/9

$As_4C_{28}H_{32}O_8V_2$ . . . . $[V(CO)_4C_{10}H_{16}As_2]_2$ . . . . 48 (V):   Hb/B1−338

$As_4C_{28}H_{36}I_2Ni$ . . . . . $[NiI(C_{14}H_{18}As_2)_2]I$ . . . . 57 (Ni):   Hb/C2−1109

$As_4C_{28}H_{48}I_2Ru$ . . . . $[RuI_2(C_{14}H_{24}As_2)_2] \cdot 3 H_2O$ . . . . . 63 (Ru):   Eb−442

$As_4C_{28}H_{48}I_4Nb$ . . . . $NbI_4 \cdot 2 C_{14}H_{24}As_2$ . . . . 49 (Nb):   Hb/B4−418/9

$As_4C_{30}Cu_2H_{52}I_2$ . . . . $[Cu(C_{15}H_{26}As_2)_2]$ $[CuI_2]$ . . . . 60 (Cu):   Hb/B4−1467

$As_4C_{30}H_{36}N_2NiS_2$ . . . $[Ni(SCN) (C_{14}H_{18}As_2)_2]SCN$ . . . . 57 (Ni):   Hb/C2−1109

$As_4C_{32}Cl_2H_{44}Ru$ . . . . $[RuCl_2(C_8H_{11}As)_4]$ . . . . 63 (Ru):   Eb−440

$As_4C_{32}Cu_2H_{44}I_2$ . . . . $[Cu_2(As(CH_3)_2(C_6H_5))_4I_2]$ . . . . 60 (Cu):   Hb/B1−415

$As_4C_{36}Cl_4H_{84}Pt_2$ . . . [Pt(As(C_3H_7)_3)_4] [PtCl_4]. . . . . 68 (Pt):   Hb/D–127

$As_4C_{36}Cu_4H_{84}I_4$ . . . . [Cu(As(C_3H_7)_3)I]_4 . . . . 60 (Cu):   Hb/B1–415

$As_4C_{40}CuH_{40}I$ . . . . . CuI · 2 C_{20}H_{20}As_2 . . . . 60 (Cu):   Hb/B4–1467

$As_4C_{40}Cu_2H_{40}I_2$ . . . . [Cu(C_{20}H_{20}As_2)_2] [CuI_2]

                        = CuI · C_{20}H_{20}As_2 . . . . 60 (Cu):   Hb/B4–1467

$As_4C_{44}Cl_2H_{64}Pd$ . . . [Pd(C_2H_4(As(C_4H_9)C_6H_5)_2)_2]Cl_2 . . . . . . 65 (Pd):   Hb/2–421

$As_4C_{44}Cl_2H_{80}Pd$ . . . . [Pd(C_6H_4(As(C_4H_9)_2)_2)_2]Cl_2 · 4 H_2O . . . 65 (Pd):   Hb/2–366

$As_4C_{44}Cl_4H_{80}Pd_2$ . . . [Pd(C_6H_4(As(C_4H_9)_2)_2)_2] [PdCl_4] . . . . . . 65 (Pd):   Hb/2–366/7

$As_4C_{48}Cu_4H_{108}I_4$ . . . . [Cu(As(C_4H_9)_3)I]_4 . . . . 60 (Cu):   Hb/B1–415

$As_4C_{52}ClCuH_{52}O_4$ . . . CuClO_4 · 4 C_{13}H_{13}As . . . . 60 (Cu):   Hb/B4–1466

$As_4C_{52}Cl_2CuH_{52}O_{12}$ . . [Cu(C_{13}H_{13}AsO)_4] (ClO_4)_2 . . . . 60 (Cu):   Hb/B4–1537

$As_4C_{52}Cl_2Cu_2H_{52}$ . . [Cu(C_{13}H_{13}As)_4] [CuCl_2] . . . . 60 (Cu):   Hb/B4–1466

$As_4C_{52}Cl_2H_{52}Ru$ . . . [RuCl_2(C_{13}H_{13}As)_4] . . . . 63 (Ru):   Eb–439

$As_4C_{52}Cl_4Cu_3H_{52}O_4$ . . [Cu(C_{13}H_{13}AsO)_4] [CuCl_2]_2

                        = Cu_3Cl_4 · 4 C_{13}H_{13}AsO . . . . 60 (Cu):   Hb/B4–1537/8

$As_4C_{52}Cl_4Cu_4H_{52}$ . . . [CuCl(AsCH_3(C_6H_5)_2)]_4 . . . . 60 (Cu):   Hb/B4–1466

$As_4C_{52}Cl_6Cu_3H_{52}O_4$ . . [Cu(C_{13}H_{13}AsO)_4] [CuCl_3]_2 . . . . 60 (Cu):   Hb/B4–1538

$As_4C_{52}Cl_6H_{52}Pt_2$ . . . [Pt(As(CH_3) (C_6H_5)_2)_4] [PtCl_6] . . . . . . 68 (Pt):   Hb/D–127

$As_4C_{52}CuH_{52}I$ . . . . . CuI · 4 AsCH_3(C_6H_5)_2 . . . . 60 (Cu):   Hb/B4–1466

$As_4C_{52}CuH_{52}NO_3$ . . . CuNO_3 · 4 AsCH_3(C_6H_5)_2 . . . . 60 (Cu):   Hb/B4–1466

$As_4C_{52}Cu_4H_{52}I_4$ . . . . [CuI(C_{13}H_{13}As)]_4 . . . . 60 (Cu):   Hb/B4–1466

$As_4C_{52}H_{48}Ni$ . . . . . [Ni(C_{26}H_{24}As_2)_2] . . . . 57 (Ni):   Hb/C1–34

$As_4C_{52}H_{52}I_2Ru$ . . . . [RuI_2(C_{13}H_{13}As)_4]. . . . . 63 (Ru):   Eb–439

$As_4C_{54}ClH_{42}INiO_4$. . . [NiI(C_{54}H_{42}As_4)]ClO_4 . . . . 57 (Ni):   Hb/C2–1116

$As_4C_{54}ClH_{42}NNiO_7$ . . [Ni(NO_3) (C_{54}H_{42}As_4)]ClO_4 . . . . . . 57 (Ni):   Hb/C2–1115/6

$As_4C_{54}ClH_{42}Ni^+$ . . . [NiCl(As(C_6H_4As(C_6H_5)_2)_3)]^+ . . . . . 57 (Ni):   Hb/C2–1115

$As_4C_{54}ClH_{42}NiO_4^+$ . . [Ni(ClO_4) (As(C_6H_4As(C_6H_5)_2)_3)]^+ . . . . . 57 (Ni):   Hb/C2–1115

$As_4C_{54}Cl_2H_{42}NiO_4$ . . [NiCl(C_{54}H_{42}As_4)]ClO_4 . . . . 57 (Ni):   Hb/C2–1116

$As_4C_{54}Cl_2H_{42}NiO_8$ . . [Ni(ClO_4) (C_{54}H_{42}As_4)]ClO_4 . . . . . . 57 (Ni):   Hb/C2–1116

$As_4C_{54}Cl_2H_{42}Ru$ . . . . [RuCl_2(C_{54}H_{42}As_4)] . . . . 63 (Ru):   Eb–442

$As_4C_{54}CrH_{48}O_2$ . . . . (CO)_2Cr((C_6H_5)_2AsC_2H_4As(C_6H_5)_2)_2 . . . . Erg. W. 3–78/9

$As_4C_{54}H_{42}INi^+$ . . . . [NiI(As(C_6H_4As(C_6H_5)_2)_3)]^+ . . . . . . 57 (Ni):   Hb/C2–1115

$As_4C_{54}H_{42}I_2Ni$ . . . . . [NiI(C_{54}H_{42}As_4)]I . . . . 57 (Ni):   Hb/C2–1116/7

$As_4C_{54}H_{42}I_2Ru$ . . . . [RuI_2(C_{54}H_{42}As_4)]. . . . . 63 (Ru):   Eb–442

$As_4C_{54}H_{42}NNiO_3^+$ . . [Ni(NO_3) (As(C_6H_4As(C_6H_5)_2)_3)]^+ . . . 57 (Ni):   Hb/C2–1115

$As_4C_{54}H_{42}N_2O_6Ru$ . . [Ru(NO_3)_2(C_{54}H_{42}As_4)] . . . . 63 (Ru):   Eb–442

$As_4C_{55}ClH_{42}NNiO_4$ . . [Ni(CN) (C_{54}H_{42}As_4)]ClO_4 . . . . 57 (Ni):   Hb/C2–1117

$As_4C_{55}ClH_{42}NNiO_4S$ . . [Ni(SCN) (C_{54}H_{42}As_4)]ClO_4 . . . . 57 (Ni):   Hb/C2–1117

$As_4C_{55}CoH_{42}O^+$ . . . [Co(CO)As(C_6H_4As(C_6H_5)_2)_3]^+ . . . . . Erg. W. 5–76

$As_4C_{55}H_{42}NNi^+$ . . . . [Ni(CN) (As(C_6H_4As(C_6H_5)_2)_3)]^+ . . . . 57 (Ni):   Hb/C2–1115

$As_4C_{55}H_{42}NNiS^+$ . . . [Ni(SCN) (As(C_6H_4As(C_6H_5)_2)_3)]^+ . . . 57 (Ni):   Hb/C2–1115

$As_4C_{55}H_{42}ORu$ . . . . [Ru(CO) (C_{54}H_{42}As_4)]. . . . . 63 (Ru):   Eb–517

$As_4C_{56}Co_2H_{48}HgO_4$ . . Hg[Co(CO)_2(C_6H_5)_2AsCH_2CH_2

                 As(C_6H_5)_2]_2 . . . . Erg. W. 6–4

$As_4C_{56}CrH_{42}O_2$ . . . . (CO)_2Cr[(C_6H_5)_2AsC_6H_4]_3As . . . . . . Erg. W. 3–97

$As_4C_{56}H_{42}N_2RuS_2$ . . [Ru(SCN)_2(C_{54}H_{42}As_4)]. . . . . 63 (Ru):   Eb–442

$As_4C_{57}CrH_{42}O_3$ . . . . (CO)_3Cr[(C_6H_5)_2AsC_6H_4]_3As . . . . . . Erg. W. 3–93, 96

$As_4C_{59}Co_2H_{42}O_5$ . . . [Co(CO)As(C_6H_4As(C_6H_5)_2)_3] [Co(CO)_4] . . Erg. W. 5–121

$As_4C_{61}Cr_2H_{48}O_8$ . . . (CO)_4Cr[((C_6H_5)_2AsCH_2)_4C]Cr(CO)_4 . . . . Erg. W. 3–371/2

$As_4C_{72}Cl_2CoH_{60}O_{12}$ . . [Co((C_6H_5)_3AsO)_4] (ClO_4)_2 . . . . 58 (Co):   Eb/B1–313

$As_4C_{72}Cl_2H_{60}NiO_{12}$ . . [Ni((C$_6$H$_5$)$_3$AsO)$_4$] (ClO$_4$)$_2$ . . . . 57 (Ni):   Hb/C2–1117

$As_4C_{72}Cl_2H_{60}O_5V$ . . . [VOCl((C$_6$H$_5$)$_3$AsO)$_4$]Cl . . . . 48 (V):   Hb/B2–789/90

$As_4C_{72}Cl_2H_{60}O_{13}V$ . . [Vo((C$_6$H$_5$)$_3$AsO)$_4$] (ClO$_4$)$_2$ . . . . 48 (V):   Hb/B2–790

$As_4C_{72}Cl_2H_{132}NiO_{12}$. [Ni((C$_6H_{11}$)$_3$AsO)$_4$] (ClO$_4$)$_2$ . . . . 57 (Ni):   Hb/C2–1117

$As_4C_{72}Cl_3CrH_{60}O_4$ . . [CrCl$_2$((C$_6$H$_5$)$_3$AsO)$_4$]Cl . . . . 52 (Cr):   Hb/C–217

$As_4C_{72}Cl_3CrH_{60}O_8$ . . [CrCl$_2$((C$_6$H$_5$)$_3$AsO)$_4$]ClO$_4$ . . . . 52 (Cr):   Hb/C–217

$As_4C_{72}Cl_4Cu_2H_{60}O_4$. [Cu((C$_6H_5$)$_3$AsO)$_4$] [CuCl$_4$] . . . . 60 (Cu):   Hb/B4–1538

$As_4C_{72}Cl_{14}H_{60}Nb_6O_4$. [Nb$_6Cl_{12}$]Cl$_2$ · 4 (C$_6$H$_5$)$_3$AsO . . . . 49 (Nb):   Hb/B1–157

                                                                              Hb/B4–402

$As_4C_{72}CoH_{60}I_2O_4$ . . . [Co((C$_6$H$_5$)$_3$AsO)$_4$]I$_2$ . . . . 58 (Co):   Eb/B1–314

$As_4C_{72}CoH_{61}$ . . . . . HCo(As(C$_6$H$_5$)$_3$)$_4$ . . . . Erg. W. 5–245

$As_4C_{72}CuH_{60}O_4{}^{2+}$ . . [Cu((C$_6$H$_5$)$_3$AsO)$_4$]$^{2+}$ . . . . 60 (Cu):   Hb/B4–1538

$As_4C_{72}H_{60}Ni$ . . . . . [Ni((C$_6$H$_5$)$_3$As)$_4$] . . . . 57 (Ni):   Hb/C1–34

$As_4C_{80}Co_3H_{60}O_{12}$ . . . [Co((C$_6$H$_5$)$_3$AsO)$_4$] [Co(CO)$_4$]$_2$ . . . . . 58 (Co):   Eb/B1–314

$As_4C_{84}H_{60}O_{16}V_3$ . . . [V((C$_6$H$_5$)$_3$AsO)$_4$] [V(CO)$_6$]$_2$ . . . . . . 48 (V):   Hb/B1–343/4

As_4CaO_7 . . . . CaO · 2 As$_2$O$_3$ . . . . 28 (Ca):   Hb/B3–1227

$As_4Ca_3O_9$ . . . . . . 3 CaO · 2 As$_2$O$_3$ · 2 H$_2$O . . . . 28 (Ca):   Hb/B3–1227

–. . . . . 3 CaO · 2 As$_2$O$_3$ · 3 H$_2$O . . . . 28 (Ca):   Hb/B3–1227

$As_4Ca_5O_{15}$ . . . . . . 5 CaO · 2 As$_2$O$_5$ . . . . 28 (Ca):   Hb/B3–1235

–. . . . . 5 CaO · 2 As$_2$O$_5$ · 5 H$_2$O . . . . 28 (Ca):   Hb/B3–1236

–. . . . . 5 CaO · 2 As$_2$O$_5$ · 6 H$_2$O . . . . 28 (Ca):   Hb/B3–1235

–. . . . . 5 CaO · 2 As$_2$O$_5$ · 10 H$_2$O . . . . . . 28 (Ca):   Hb/B3–1235

$As_4Ca_5S_{15}$ . . . . . . 5 CaS · 2 As$_2$S$_5$ · 12 H$_2$O . . . . 28 (Ca):   Hb/B3–1238

$As_4Ca_6ClNaO_{16}$ . . . . NaCa$_6$Cl(AsO$_4$)$_4$ solid solutions:

                               Na(Cu,Ca)$_6$Cl(AsO$_4$)$_4$ · 4 H$_2$O . . . . . 60 (Cu):   Hb/B3–1135

                               Na(Cu,Ca)$_6$Cl(AsO$_4$)$_4$ · 5 H$_2$O . . . . . 60 (Cu):   Hb/B3–1135

$As_4Ca_xCl_{2x}Cu_5O_{15}$ . . 5 CuO · 2 As$_2$O$_5$ · xCaCl$_2$ · 4 H$_2$O . . . . 60 (Cu):   Hb/B3–1134

$As_4Cd_5H_2O_{16}$ . . . . . Cd$_3$(AsO$_4$)$_2$ · 2 CdHAsO$_4$ · 4 H$_2$O

                      = 5 CdO · 2 As$_2$O$_5$ · 5 H$_2$O . . . . 33 (Cd):   Hb–160

                                                           Eb–663

$As_4Cd_5O_{15}$ . . . . . . 5 CdO · 2 As$_2$O$_5$ · 5 H$_2$O

                      = Cd$_3$(AsO$_4$)$_2$ · 2 CdHAsO$_4$ · 4 H$_2$O . . . 33 (Cd):   Hb–160

                                                           Eb–663

$As_4ClCu_6NaO_{16}$ . . . . NaCl · 2 Cu$_3$(AsO$_4$)$_2$ · 7.5 H$_2$O . . . . . . 60 (Cu):   Hb/B3–1012

–. . . . . NaCu$_6$Cl(AsO$_4$)$_4$ solid solutions:

                               Na(Cu,Ca)$_6$Cl(AsO$_4$)$_4$ · 4 H$_2$O . . . . . 60 (Cu):   Hb/B3–1135

                               Na(Cu,Ca)$_6$Cl(AsO$_4$)$_4$ · 5 H$_2$O . . . . . 60 (Cu):   Hb/B3–1135

As_4ClKO_6 . . . . . . KCl · 2 As$_2$O$_3$ . . . . 22 (K):   Hb/5–1028

$As_4Cl_2H_2N_2O_3$ . . . . 2 AsClNH · As$_2$O$_3$ · 4 H$_2$O . . . . 17 (As):   Hb–389

$As_4Cl_2O_{16}Pb_7$ . . . . . 2 Pb$_3$(AsO$_4$)$_2$ · PbCl$_2$ · H$_2$O . . . . 47 (Pb):   Hb/C3–901

$As_4Cl_2S_5$ . . . . As$_4$S$_5$Cl$_2$ = 2 AsSCl · As$_2$S$_3$ . . . . 17 (As):   Hb–461

$As_4Cl_xCu_5Na_xO_{15}$ . . xNaCl · 5 CuO · 2 As$_2$O$_5$ · yH$_2$O . . . . . 60 (Cu):   Hb/B3–1012

$As_4CoH_{19}N_6O_{19}{}^{6-}$ . . [CoNO$_3$(HAsO$_4$)$_4$(NH$_3$)$_5$]$^{6-}$ . . . . 58 (Co):   Eb/B2–418

$As_4CoH_{21}N_5O_{17}{}^{5-}$ . . [Co(HAsO$_4$)$_4$(H$_2$O) (NH$_3$)$_5$]$^{5-}$ . . . . . . 58 (Co):   Eb/B2–383

$As_4CoH_{22}N_6O_{16}{}^{5-}$ . . [Co(NH$_3$)$_6$] (HAsO$_4$)$_4{}^{5-}$ . . . . 58 (Co):   Eb/B2–321

$As_4CoH_{26}N_{10}S_5$ . . . . [Co(NH$_3$)$_6$]As$_4$S$_5$(NH$_2$)$_4$ . . . . 58 (Co):   Eb/B1–21

As_4CoO_{11} . . . . CoAs$_4$O$_{11}$ = CoO · 2 As$_2$O$_5$ . . . . . . 58 (Co):   Eb/A–753

–. . . . . CoAs$_4$O$_{11}$ · 5 H$_2$O . . . . 58 (Co):   Eb/A–753

$As_4Co_3O_9$ . . . . . . 3 CoO · 2 As$_2$O$_3$ · 4 H$_2$O . . . . 58 (Co):   Hb/A2–394/5

As$_4$Co$_5$H$_2$O$_{16}$ . . . . . Co$_3$(AsO$_4$)$_2$ · 2 CoHAsO$_4$ · H$_2$O
      = 5 CoO · 2 As$_2$O$_5$ · 3 H$_2$O . . . . 58 (Co): Hb/A2–395
As$_4$Co$_5$O$_{15}$ . . . . . . 5 CoO · 2 As$_2$O$_5$ · 3 H$_2$O
      = Co$_3$(AsO$_4$)$_2$ · 2 CoHAsO$_4$ · H$_2$O . . . . 58 (Co): Hb/A2–395
As$_4$CrH$_{22}$N$_6$O$_{16}$$^{5-}$ . . [[Cr(NH$_3$)$_6$] (HAsO$_4$)$_4$]$^{5-}$ . . . . 52 (Cr): Hb/C–27
As$_4$Cr$_3$K$_4$O$_{16}$ . . . . . K$_4$Cr$_3$As$_4$O$_{16}$ · 18 H$_2$O . . . . 52 (Cr): Hb/B–690
As$_4$Cs$_2$O$_{11}$ . . . . Cs$_2$O · 2 As$_2$O$_5$ · 5 H$_2$O
      = CsH$_2$AsO$_4$ · H$_3$AsO$_4$ . . . . 25 (Cs): Hb/2–246
As$_4$CuH$_8$Mo$_4$N$_2$O$_{20}$ . . (NH$_4$)$_2$CuAs$_4$Mo$_4$O$_{20}$ · 2 H$_2$O
      = (NH$_4$)$_2$O · CuO · 2 As$_2$O$_3$ · 4 MoO$_3$
      · 2 H$_2$O . . . . 60 (Cu): Hb/B3–1234/5
As$_4$CuO$_{11}$ . . . . CuO · 2 As$_2$O$_5$ . . . . 60 (Cu): Hb/B2–958
–. . . . . CuO · 2 As$_2$O$_5$ · 3 H$_2$O . . . . 60 (Cu): Hb/B2–958/9
–. . . . . CuO · 2 As$_2$O$_5$ · 5 H$_2$O . . . . 60 (Cu): Hb/B2–958
–. . . . . CuO · 2 As$_2$O$_5$ · 7 H$_2$O . . . . 60 (Cu): Hb/B2–958
As$_4$Cu$_5$H$_2$O$_{16}$ . . . . . Cu$_3$(AsO$_4$)$_2$ · 2 CuHAsO$_4$ · 2 H$_2$O . . . 60 (Cu): Hb/B2–958
As$_4$Cu$_5$H$_8$N$_2$O$_{16}$ . . . (NH$_4$)$_2$Cu$_5$(AsO$_4$)$_4$ · nH$_2$O . . . . 60 (Cu): Hb/B3–1086
As$_4$Cu$_5$O$_{15}$ . . . . . . 5 CuO · 2 As$_2$O$_5$ . . . . 60 (Cu): Hb/B2–957
–. . . . . 5 CuO · 2 As$_2$O$_5$ · 3 H$_2$O . . . . 60 (Cu): Hb/B2–958
–. . . . . 5 CuO · 2 As$_2$O$_5$ · 5 H$_2$O . . . . 60 (Cu): Hb/B2–958
–. . . . . 5 CuO · 2 As$_2$O$_5$ · 10 H$_2$O . . . . 60 (Cu): Hb/B2–957/8
As$_4$Cu$_{10}$Fe$_2$S$_{13}$ . . . . Cu$_{10}$Fe$_2$As$_4$S$_{13}$ . . . . 60 (Cu): Hb/B3–1315
As$_4$Fe . . . . FeAs$_4$ . . . . 59 (Fe): Hb/A8–1803
As$_4$Fe K$_2$O$_{14}$ . . . . . K$_2$O · Fe$_2$O$_3$ · 2 As$_2$O$_5$ = KFeAs$_2$O$_7$ . . . . 59 (Fe): Hb/B5–993
As$_4$Fe$_2$Na$_2$O$_{14}$ . . . . Na$_2$O · Fe$_2$O$_3$ · 2 As$_2$O$_5$
      = NaFeAs$_2$O$_7$ . . . . 59 (Fe): Hb/B5–913
As$_4$Fe$_2$O$_{13}$ . . . . . . Fe$_2$O$_3$ · 2 As$_2$O$_5$ · 8 H$_2$O
      = FeH$_3$(AsO$_4$)$_2$ · 2.5 H$_2$O . . . . 59 (Fe): Hb/B4–781/2
As$_4$Fe$_5$ . . . . Fe$_5$As$_4$ . . . . 59 (Fe): Hb/A8–1803
As$_4$Fe$_6$O$_{19}$ . . . . . . 3 Fe$_2$O$_3$ · 2 As$_2$O$_5$ · nH$_2$O. . . . . 59 (Fe): Hb/B4–782
As$_4$HNa$_{13}$O$_{17}$ . . . . . 4 [Na$_3$AsO$_4$ · 12 H$_2$O] · NaOH . . . . . . 21 (Na): Eb/5–2018
As$_4$H$_2$ . . . . (As$_2$H)$_2$ = As$_4$H$_2$ . . . . 17 (As): Hb–196
As$_4$H$_2$N$_2$Na$_2$S$_5$ . . . . Na$_2$[As$_4$S$_5$(NH)$_2$] . . . . 21 (Na): Eb/4–1705
As$_4$H$_2$O$_{16}$Zn$_5$ . . . . . Zn$_3$(AsO$_4$)$_2$ · Zn$_2$H$_2$(AsO$_4$)$_2$
      = 5 ZnO · 2 As$_2$O$_5$ · H$_2$O . . . . 32 (Zn): Hb–285
–. . . . . Zn$_3$(AsO$_4$)$_2$ · Zn$_2$H$_2$(AsO$_4$)$_2$ · 3 H$_2$O . . . 32 (Zn): Hb–285
–. . . . . Zn$_3$(AsO$_4$)$_2$ · Zn$_2$H$_2$(AsO$_4$)$_2$ · 4 H$_2$O . . . 32 (Zn): Hb–285
As$_4$H$_3$K$_2$N . . . . K$_2$As$_4$ · NH$_3$. . . . . 22 (K): Hb/5–1015
As$_4$H$_4$INO$_6$ . . . . . . NH$_4$I · 2 As$_2$O$_3$ . . . . 23 (NH$_4$): Hb/2–447
As$_4$H$_6$K$_3$Na$_3$O$_{16}$ . . . . Na$_3$K$_3$H$_6$(AsO$_4$)$_4$ · 9 H$_2$O
      = Na$_3$AsO$_4$ · K$_3$AsO$_4$ · 2 H$_3$AsO$_4$
      · 9 H$_2$O . . . . 22 (K): Hb/6–1227
As$_4$H$_8$N$_2$S$_7$ . . . . . . (NH$_4$)$_2$As$_4$S$_7$ . . . . 23 (NH$_4$): Hb/2–447
As$_4$H$_8$N$_4$Na$_2$S$_5$ . . . . Na$_2$[As$_4$S$_5$(NH$_2$)$_4$] . . . . 21 (Na): Eb/4–1705
As$_4$H$_8$O$_{16}$Th . . . . . . Th(H$_2$AsO$_4$)$_4$ · 4 H$_2$O . . . . 44 (Th): Hb–321
–. . . . . Th(H$_2$AsO$_4$)$_4$ · 6 H$_2$O . . . . 44 (Th): Hb–321
As$_4$H$_{10}$N$_4$O$_{10}$Pb . . . . (NH$_4$)$_2$Pb(As$_2$O$_5$NH)$_2$. . . . . 47 (Pb): Hb/C3–1136
As$_4$H$_{12}$O$_{37}$P$_{10}$ . . . . . 4 AsPO$_4$ · 3 H$_4$P$_2$O$_7$. . . . . 17 (As): Hb–474
As$_4$H$_{18}$N$_3$Na$_3$O$_{16}$ . . . Na$_3$(NH$_4$)$_3$H$_6$(AsO$_4$)$_4$ · 6 H$_2$O . . . . . . 23 (NH$_4$): Hb/2–499
As$_4$H$_{56}$Mo$_{14}$N$_{14}$O$_{59}$ . . 7 (NH$_4$)$_2$O · 2 As$_2$O$_5$ · 14 MoO$_3$ · 28 H$_2$O. . 53 (Mo): Hb–371

$As_4H_{56}N_{14}O_{67}W_{18}$ . . 7 $(NH_4)_2O \cdot 2\,As_2O_3 \cdot 18\,WO_3 \cdot 18\,H_2O$ . . 54 (W):   Hb–379

$As_4H_{136}N_{34}O_{157.5}V_{29}W_{29}$

           17 $(NH_4)_2O \cdot 2\,As_2O_5 \cdot 14.5\,V_2O_3$

           $\cdot 29\,WO_3 \cdot 98\,H_2O$ . . . . 54 (W):   Hb–392

$As_4H_{136}N_{34}O_{170}V_{22}W_{32}$

           17 $(NH_4)_2O \cdot 2\,As_2O_5 \cdot 4\,V_2O_3 \cdot 7\,V_2O_5$

           $\cdot 32\,WO_3 \cdot 73\,H_2O$ . . . . 54 (W):   Hb–392

$As_4H_{144}N_{36}O_{210}V_{26}W_{39}$

           18 $(NH_4)_2O \cdot 2\,As_2O_5 \cdot 13\,V_2O_5$

           $\cdot 39\,WO_3 \cdot 88\,H_2O$ . . . . 54 (W):   Hb–392

$As_4H_{704}N_{176}O_{809}P_{24}V_{138}W_{148}$

           88 $(NH_4)_2O \cdot 12\,P_2O_5 \cdot 2\,As_2O_5 \cdot 69\,V_2O_3$

           $\cdot 148\,WO_3 \cdot 484\,H_2O$ . . . . 54 (W):   Hb–392

$As_4H_{792}N_{198}O_{1090}P_{24}V_{144}W_{191}$

           99 $(NH_4)_2O \cdot 12\,P_2O_5 \cdot 2\,As_2O_5 \cdot 66\,V_2O_5$

           $\cdot 6\,V_2O_3 \cdot 191\,WO_3 \cdot 522\,H_2O$ . . . . . 54 (W):   Hb–392

$As_4Hf_3O_{16}$ . . . . . . $Hf_3(AsO_4)_4$ . . . . 43 (Hf):   Hb–59

$As_4Hg_6O_{13}$ . . . . . .   3 $Hg_2O \cdot 2\,As_2O_5$ . . . . 34 (Hg):   Hb/B4–1372

$As_4Hg_{14}N_2O_{22}$ . . . .   2 $(Hg_2)_3(AsO_4)_2 \cdot Hg_2(NO_3)_2$ . . . . . 34 (Hg):   Hb/B4–1374

As_4IKO_6 . . . . $KI \cdot 2\,As_2O_3$ . . . . 22 (K):   Hb/5–1029

As_4ILiO_6 . . . . . . $LiI \cdot 2\,As_2O_3 \cdot 3\,H_2O$ . . . . 20 (Li):   Hb–249

As_4INaO_6 . . . . . . $NaI \cdot 2\,As_2O_3$ . . . . 21 (Na):   Hb–950

                                                                            Eb/4–1704

$As_4I_2S_5$ . . . . $As_4S_5I_2 = 2\,AsSI \cdot As_2S_3$ . . . . 17 (As):   Hb–462

$As_4I_6S_7$ . . . .   2 $As_2S_3 \cdot SI_6$ . . . . 17 (As):   Hb–462

As_4K_2 . . . . K_2As_4 . . . . 22 (K):   Hb/5–1015

$As_4K_2O_7$ . . . . . . $K_2As_4O_7 = K_2O \cdot 2\,As_2O_3$ . . . . . . 22 (K):   Hb/5–1019

–. . . . . $K_2As_4O_7 \cdot H_2O = KHAs_2O_4$ . . . . . . 22 (K):   Hb/5–1019

–. . . . . $K_2As_4O_7 \cdot 2\,H_2O$

               $= KHAs_2O_4 \cdot 0.5\,H_2O$ . . . . 22 (K):   Hb/5–1019

$As_4K_4Na_4O_{14}$ . . . . . $Na_4As_2O_7 \cdot K_4As_2O_7$ . . . . 22 (K):   Hb/6–1227

$As_4K_6O_9$ . . . . $K_6As_4O_9 \cdot 12\,H_2O$ . . . . 22 (K):   Hb/5–1017

$As_4K_6O_{13}$ . . . . . . $K_6As_4O_{13} = 3\,K_2O \cdot 2\,As_2O_5$ . . . . . . 22 (K):   Hb/5–1026

$As_4K_{10}Na_2O_{58}P_4W_{12}$. $Na_2O \cdot 5\,K_2O \cdot 2\,As_2O_3 \cdot 2\,P_2O_5$

               $\cdot 12\,WO_3 \cdot 15\,H_2O$ . . . . 54 (W):   Hb–380

As_4Li_7Nb . . . . . . Li_7NbAs_4 . . . . 49 (Nb):   Hb/B4–364

As_4Li_7Ta . . . . . . Li_7TaAs_4 . . . . 50 (Ta):   Hb/B2–351

As_4Li_7V . . . . Li_7VAs_4 . . . . 48 (V):   Hb/B2–376/7

–. . . . . Li_7VAs_4 systems:

               $Li_7VAs_4 – Li_2Se$ . . . . 48 (V):   Hb/B2–377

               $Li_7VAs_4 – Li_3As$ . . . . 48 (V):   Hb/B2–377

$As_4Mg_3O_9$ . . . . . .   3 $MgO \cdot 2\,As_2O_3 \cdot 3\,H_2O$ . . . . 27 (Mg):   Hb/B3–415

$As_4Mg_5S_{15}$ . . . . .   5 $MgS \cdot 2\,As_2S_5 \cdot 3\,H_2O$ . . . . 27 (Mg):   Hb/B3–419

$As_4Na_2O_5S_6$ . . . . . $Na_2O \cdot 2\,As_2O_2S_3 \cdot 7\,H_2O$

               $= NaH_5As_2O_5S_3 \cdot H_2O$ . . . . 21 (Na):   Hb–952

$As_4Na_2O_7$ . . . . . . $Na_2As_4O_7$ . . . . 21 (Na):   Hb–935

$As_4Na_2O_{11}$ . . . . . $Na_2O \cdot 2\,As_2O_5$ . . . . 21 (Na):   Eb/4–1702

–. . . . . $Na_2O \cdot 2\,As_2O_5 \cdot H_2O$ . . . . 21 (Na):   Eb/4–1702

–. . . . . $Na_2O \cdot 2\,As_2O_5 \cdot 5\,H_2O$ . . . . 21 (Na):   Eb/4–1702

$As_4Na_2O_{11}$ . . . . . . $Na_2O \cdot 2\,As_2O_5 \cdot 7\,H_2O$
                  $= NaH_5(AsO_4)_2 \cdot H_2O$ . . . . 21 (Na):   Eb/4–1700, 1702

$As_4Na_2S_7$ . . . . $Na_2As_4S_7$ . . . . 21 (Na):   Eb/4–1705

–. . . . . $Na_2As_4S_7 \cdot 2\,H_2O$. . . . . 21 (Na):   Eb/4–1705

–. . . . . $Na_2As_4S_7 \cdot 6\,H_2O$. . . . . 21 (Na):   Hb–951

                                                    Eb/4–1705

–. . . . . $Na_2As_4S_7 \cdot nH_2O$ . . . . 21 (Na):   Eb/4–1705

$As_4Na_3O_{13}$ . . . . . . $Na_3As_4O_{13}$ . . . . 21 (Na):   Hb–948

$As_4Na_4O_{20}Pb_6Si$ . . . $4\,NaPbAsO_4 \cdot Pb_2SiO_4$. . . . . 47 (Pb):   Hb/C3–1050

$As_4Na_6O_6S_6$ . . . . . $3\,Na_2O_2 \cdot 2\,As_2S_3$ . . . . 21 (Na):   Eb/4–1705

$As_4Na_{10}O_{11}$ . . . . . . $5\,Na_2O \cdot 2\,As_2O_3 \cdot 25\,H_2O$ . . . . 21 (Na):   Eb/4–1686

–. . . . . $Na_{10}As_4O_{11} \cdot 26\,H_2O$

                  $= 5\,Na_2O \cdot 2\,As_2O_3 \cdot 26\,H_2O$ . . . . . . 21 (Na):   Hb–936

$As_4Na_{12}O_{11}S_5$ . . . . $Na_{12}As_4O_{11}S_5 \cdot 48\,H_2O$

                  $= 2\,(Na_3AsO_3S \cdot 12\,H_2O)$

                      $\cdot Na_6As_2O_5S_3 \cdot 24\,H_2o$ . . . . 21 (Na):   Hb–960

$As_4Na_{12}O_{15}Te$ . . . . $Na_{12}As_4TeO_{15}$ . . . . 21 (Na):   Hb–964

As_4NiO_{11} . . . . $NiAs_4O_{11} = NiO \cdot 2\,As_2O_5$ . . . . 57 (Ni):   Hb/B3–985, 989

–. . . . . $NiAs_4O_{11} \cdot H_2O$ . . . . 57 (Ni):   Hb/B3–989

–. . . . . $NiAs_4O_{11} \cdot 5\,H_2O$ . . . . 57 (Ni):   Hb/B3–989

$As_4Ni_3O_9$ . . . . $Ni_3As_4O_9 \cdot 4\,H_2O$ . . . . 57 (Ni):   Hb/B3–984

$As_4Ni_5O_{15}$ . . . . $Ni_5As_4O_{15} \cdot 3\,H_2O$ . . . . 57 (Ni):   Hb/B3–987

–. . . . . $Ni_5As_4O_{15} \cdot 16\,H_2O$. . . . . 57 (Ni):   Hb/B3–987

As_4O_2P . . . . As_4PO_2 . . . . 17 (As):   Hb–474

As_4O_6 . . . . $As_4O_6 = (As_2O_3)_2$ . . . . 17 (As):   Hb–249

As_4O_8 . . . . $As_2O_3 \cdot As_2O_5 = As_2O_4$ . . . . 17 (As):   Hb–272/3

–. . . . . $As_2O_3 \cdot As_2O_5 \cdot xH_2O$. . . . . 17 (As):   Hb–273

$As_4O_9Pb_3$ . . . . $Pb_3As_4O_9 \cdot 3\,H_2O$

                  $= 3\,PbO \cdot 2\,As_2O_3 \cdot 3\,H_2O$ . . . . . . 47 (Pb):   Hb/C3–890

$As_4O_9Sr_3$ . . . . $3\,SrO \cdot 2\,As_2O_3$. . . . . 29 (Sr):   Hb–217

$As_4O_{12}Pt_3$ . . . . $3\,PtO_2 \cdot 2\,As_2O_3$ . . . . 68 (Pt):   Hb/C1–139

$As_4O_{14}V_2$ . . . . $V_2O_4 \cdot 2\,As_2O_5 \cdot 3\,H_2O$ . . . . 48 (V):   Hb/B1–365

$As_4O_{15}Sr_5$ . . . . $5\,SrO \cdot 2\,As_2O_5 \cdot 3\,H_2O$ . . . . 29 (Sr):   Eb–289/90, 292

$As_4O_{15}Zn_5$ . . . . . . $5\,ZnO \cdot 2\,As_2O_5 \cdot H_2O$

                  $= Zn_3(AsO_4)_2 \cdot Zn_2H_2(AsO_4)_2$ . . . . 32 (Zn):   Hb–285

–. . . . . $5\,ZnO \cdot 2\,As_2O_5 \cdot 4\,H_2O$ . . . . 32 (Zn):   Hb–285

–. . . . . $5\,ZnO \cdot 2\,As_2O_5 \cdot 5\,H_2O$ . . . . 32 (Zn):   Hb–285

$As_4O_{16}Ti_5$ . . . . $(TiO)_5As_4O_{11}$ . . . . 41 (Ti):   Hb–381

$As_4O_{16}U_3$ . . . . $U_3(AsO_4)_4$ . . . . 55 (U):   Hb–184

$As_4O_{16}Zr_3$ . . . . $Zr_3(AsO_4)_4$ . . . . 42 (Zr):   Hb–399

$As_4O_{17}Pb_7$ . . . . . . $2\,Pb_3(AsO_4)_2 \cdot PbO \cdot H_2O$ . . . . 47 (Pb):   Hb/C3–899

$As_4O_{18}Zr_4$ . . . . $4\,ZrO_2 \cdot 2\,As_2O_5 \cdot 5\,H_2O$ . . . . 42 (Zr):   Hb–399

As_4PbS_7 . . . . $PbS \cdot 2\,As_2S_3$ . . . . 47 (Pb):   Hb/C2–509

$As_4Pb_9S_{15}$ . . . . $Pb_9As_4S_{15} = 9\,PbS \cdot 2\,As_2S_3$ . . . . . . 47 (Pb):   Hb/C3–903

As_4S_3 . . . . As_4S_3 . . . . 17 (As):   Hb–416

$As_4S_9Tl_6$ . . . . $Tl_6As_4S_9$ . . . . 38 (Tl):   Hb/3–435

$As_4S_{13}Sr_5$ . . . . $Sr_3(AsS_4)_2 \cdot Sr_2As_2S_5 \cdot 8\,H_2O$ . . . . . 29 (Sr):   Hb–220

As_4U_3 . . . . U_3As_4. . . . . 55 (U):   Hb–184

$As_{4.28}K_{2.02}O_{20.81}V_{4.05}$ · $1.01\,K_2O \cdot 2.05\,VO_2 \cdot V_2O_5 \cdot 2.14\,As_2O_5$

                  $\cdot 10.23\,H_2O$ . . . . 48 (V):   Hb/B2–445

$As_5Ba_7Na_2O_7S_{14}$ . . . $Na_2Ba_7As_5O_7S_{14} \cdot 12\,H_2O$ . . . .   30 (Ba):   Hb–368

$As_5C_5H_{15}$ . . . . . . $[As(CH_3)]_5$ . . . .   17 (As):   Hb–184

$As_5C_8CrH_{15}O_3$ . . . . $(CO)_3Cr[As_5(CH_3)_5]$. . . . .   Erg. W. 3–93, 96

$As_5C_{10}H_{25}$ . . . . . . $[As(C_2H_5)]_5$ . . . .   17 (As):   Hb–184

$As_5C_{13}Cr_2H_{15}O_8$ . . . $(CO)_4Cr[As_5(CH_3)_5]Cr(CO)_4$ . . . .   Erg. W. 3–371

$As_5C_{15}Cr_2H_{15}O_{10}$ . . . $(CO)_5Cr[As_5(CH_3)_5]Cr(CO)_5$ . . . .   Erg. W. 3–373/4

$As_5Cl_6H_8Ir_2O_{36}P_6Pb_{12.5}$

         $2\,IrCl_3 \cdot 3\,PbHPO_3 \cdot 1.5\,Pb_3(PO_4)_2$

         $\cdot\,5\,PbHAsO_3$ . . . .   67 (Ir):   Hb–136

$As_5Cl_6H_{33}Ir_2O_{36}P_6$ . . $2\,IrCl_3 \cdot 3\,H_3PO_3 \cdot 3\,H_3PO_4 \cdot 5\,H_3AsO_3$ . . .   67 (Ir):   Hb–86

$As_5Cl_{25}P_2$ . . . . $P_2Cl_{10} \cdot 5\,AsCl_3$ . . . .   16 (P):   Hb/C–443

$As_5Cl_{45}Ir_2P_6$ . . . . . $Ir_2As_5P_6Cl_{45}$

         $= 2\,IrCl_3 \cdot 3\,PCl_3 \cdot 3\,PCl_5 \cdot 5\,AsCl_3$ . . .   67 (Ir):   Hb–86

As_5Co_2 . . . . Co_2As_5 . . . .   58 (Co):   Hb/A2–393/4

$As_5Cr_3K_7O_{22}$ . . . . . $K_7Cr_3As_5O_{22} \cdot 24\,H_2O$ . . . .   52 (Cr):   Hb/B–690

$As_5Cu_6H_2NaO_{20}$ . . . . $NaH_2AsO_4 \cdot 2\,Cu_3(AsO_4)_2 \cdot 5\,H_2O$ . . . .   60 (Cu):   Hb/B3–1011

$As_5K_3Ni_6O_{20}$ . . . . $K_3Ni_6(AsO_4)_5$ . . . .   57 (Ni):   Hb/B3–1061

As_5Na_3 . . . . Na_3As_5 . . . .   21 (Na):   Eb/4–1684

$As_{5.72}H_8N_2O_{27.94}V_{5.48}$ $(NH_4)_2O \cdot 2.12\,VO_2 \cdot 1.68\,V_2O_5$

         $\cdot\,2.86\,As_2O_5 \cdot 11.06\,H_2O$ . . . .   48 (V):   Hb/B2–478

As_6 . . . . As_6 . . . .   17 (As):   Hb–113

$As_6B_2C_{78}H_{88}Ni$ . . . . $[Ni(C_{10}H_{16}As_2)_3]\,[B(C_6H_5)_4]_2$ . . . .   57 (Ni):   Hb/C2–1105

$As_6BaI_2O_9$ . . . . . . $BaI_2 \cdot 3\,As_2O_3 \cdot 9\,H_2O$ . . . .   30 (Ba):   Hb–353

$As_6Ba_2O_{11}$ . . . . . . $2\,BaO \cdot 3\,As_2O_3 \cdot 4\,H_2O$ . . . .   30 (Ba):   Hb–349

                                                              Eb–498

–. . . . . $2\,BaO \cdot 3\,As_2O_3 \cdot xH_2O$ . . . .   30 (Ba):   Eb–498

$As_6Ba_3Fe_2H_6O_{24}$ . . $Ba_3H_6[Fe(AsO_4)_3]_2$ . . . .   59 (Fe):   Hb/B5–1099

$As_6Ba_{10}Br_2O_{24}$ . . . . $3\,Ba_3(AsO_4)_2 \cdot BaBr_2$ . . . .   30 (Ba):   Hb–353

                                                              Eb–504

$As_6Ba_{10}Cl_2O_{24}$ . . . . $3\,Ba_3(AsO_4)_2 \cdot BaCl_2$ . . . .   30 (Ba):   Hb–353

                                                               Eb–504

$As_6Ba_{10}F_2O_{24}$ . . . . . $3\,Ba_3(AsO_4)_2 \cdot BaF_2$ . . . .   30 (Ba):   Hb–353

                                                               Eb–504

$As_6Ba_{10}I_2O_{24}$ . . . . . $3\,Ba_3(AsO_4)_2 \cdot BaI_2$ . . . .   30 (Ba):   Hb–353

                                                               Eb–504

$As_6BeH_{16}I_2O_{17}$ . . . . $[(As_2O_3)_3I_2]\,[Be(H_2O)_8]$

         $= BeI_2 \cdot 3\,As_2O_3 \cdot 8\,H_2O$ . . . .   26 (Be):   Hb–166/7

$As_6BeI_2O_9$ . . . . . . $BeI_2 \cdot 3\,As_2O_3 \cdot 8\,H_2O$

         $= [(As_2O_3)_3I_2]\,[Be(H_2O)_8]$ . . . .   26 (Be):   Hb–166/7

$As_6BiC_{30}Cl_3H_{48}O_{12}$ . . $[Bi((CH_3)_2AsC_6H_4As(CH_3)_2)_3]\,(ClO_4)_3$ . . .   19 (Bi):   Eb–694

As_6BrNaO_9 . . . . . . $NaBr \cdot 3\,As_2O_3$ . . . .   21 (Na):   Hb–950

                                                               Eb/4–1704

$As_6Br_2CaO_9$ . . . . . . $CaBr_2 \cdot 3\,As_2O_3 \cdot 6\,H_2O$ . . . .   28 (Ca):   Hb/B3–1236

$As_6Br_2Ca_{10}O_{24}$ . . . . $3\,Ca_3(AsO_4)_2 \cdot CaBr_2 = Ca_{10}(AsO_4)_6Br_2$ . .   28 (Ca):   Hb/B3–1237

$As_6Br_2Cd_{10}O_{24}$ . . . . $3\,Cd_3(AsO_4)_2 \cdot CdBr_2$ . . . .   33 (Cd):   Hb–160

$As_6Br_2O_{24}Pb_{10}$ . . . . $3\,Pb_3(AsO_4)_2 \cdot PbBr_2 = Pb_5Br(AsO_4)_3$ . . .   47 (Pb):   Hb/C3–901

$As_6Br_2O_{24}Sr_{10}$ . . . . $3\,Sr_3(AsO_4)_2 \cdot SrBr_2$ . . . .   29 (Sr):   Hb–219

                                                               Eb–294

$As_6Br_6C_{30}Cr_2H_{48}$ . . . $[CrBr_2(C_{10}H_{16}As_2)_2]\,[CrBr_4\,(C_{10}H_{16}As_2)]$ . .   52 (Cr):   Hb/C–291

$As_6Br_6C_{30}H_{48}Ru_2$ . . . $[RuBr_2(C_{10}H_{16}As_2)_2]\,[RuBr_4\,(C_{10}H_{16}As_2)]$.   63 (Ru):   Eb–478

$As_6Br_6C_{30}H_{72}Ni_3P_2$ . . [NiBr$(C_{15}H_{36}As_3P)]_2$[NiBr$_4$] . . . . 57 (Ni):   Hb/C2–1113

$As_6CH_2K_3NO_{11}S$ . . . 2 KOH · KCNS · 3 As$_2$O$_3$ . . . . 22 (K):   Hb/5–1034

$As_6C_2Cu_4H_2O_{16}$ . . . . Cu$_4$(AsO$_2$)$_6$(HCOO)$_2$ . . . . 60 (Cu):   Hb/B2–963

$As_6C_2Cu_4O_{16}$ . . . . . 3 Cu(AsO$_2$)$_2$ · Cu(C$_2$O$_4$) . . . . 60 (Cu):   Hb/B2–967

$As_6C_2K_4N_2O_{10}S_2$ . . . 2 KCNS · K$_2$O · 3 As$_2$O$_3$ · 4 H$_2$O . . . 22 (K):   Hb/5–1034

$As_6C_4Cl_2Cu_4H_4O_{16}$ . . 3 Cu(AsO$_2$)$_2$ · Cu(CH$_2$ClCOO)$_2$ . . . 60 (Cu):   Hb/B2–967

$As_6C_4Cl_4Cu_4H_2O_{16}$ . . 3 Cu(AsO$_2$)$_2$ · Cu(CHCl$_2$COO)$_2$ . . . 60 (Cu):   Hb/B2–967

$As_6C_4Cl_6Cu_4O_{16}$ . . . 3 Cu(AsO$_2$)$_2$ · Cu(CCl$_3$COO)$_2$ . . . . . 60 (Cu):   Hb/B2–967

$As_6C_4Cu_4H_4O_{18}$ . . . 3 Cu(AsO$_2$)$_2$ · Cu(C$_4$H$_4$O$_6$) . . . . . 60 (Cu):   Hb/B2–967

$As_6C_4Cu_4H_6O_{16}$ . . . . Cu$_4$(AsO$_2$)$_6$(CH$_3$COO)$_2$

           = 3 Cu(AsO$_2$)$_2$ · Cu(CH$_3$COO)$_2$ . . . . . 60 (Cu):   Hb/B2–963/7

$As_6C_6Cu_4H_{10}O_{16}$ . . . 3 Cu(AsO$_2$)$_2$ · Cu(C$_2$H$_5$COO)$_2$ . . . . . . 60 (Cu):   Hb/B2–967

$As_6C_8Cu_4H_{14}O_{16}$ . . . 3 Cu(AsO$_2$)$_2$ · Cu(C$_3$H$_7$COO)$_2$ . . . . . . 60 (Cu):   Hb/B2–967

$As_6C_8Cu_5H_8O_{24}$ . . . 3 Cu(AsO$_2$)$_2$ · 2 CuC$_4$H$_4$O$_6$ . . . . . . 60 (Cu):   Hb/B2–968

$As_6C_{10}Cu_4H_{18}O_{16}$ . . . 3 Cu(AsO$_2$)$_2$ · Cu(C$_4$H$_9$COO)$_2$ . . . . . 60 (Cu):   Hb/B2–967

$As_6C_{12}Cl_{16}H_9N$ . . . . 5 AsCl$_3$ · (C$_6$H$_4$)$_2$NHAsCl . . . . . . 17 (As):   Hb–390

$As_6C_{22}Cl_2CoH_{54}O_8$ . . [Co(C$_{11}$H$_{27}$As$_3$)$_2$] (ClO$_4$)$_2$ . . . 58 (Co):   Eb/B1–310

$As_6C_{22}Cl_2H_{54}NiO_8$ . . [Ni(C$_{11}$H$_{27}$As$_3$)$_2$] (ClO$_4$)$_2$ . . . 57 (Ni):   Hb/C2–1109

$As_6C_{22}H_{54}Ni^{2+}$ . . . . [Ni(C$_{11}$H$_{27}$As$_3$)$_2$]$^{2+}$ . . . . 57 (Ni):   Hb/C2–1109/10

$As_6C_{26}Cl_2H_{52}NiO_8$ . . [Ni(C$_{26}$H$_{52}$As$_6$)] (ClO$_4$)$_2$ · 3 H$_2$O . . . 57 (Ni):   Hb/C2–1117

$As_6C_{26}H_{52}I_2Ni$ . . . . . [Ni(C$_{26}$H$_{52}$As$_6$)]I$_2$ . . . . 57 (Ni):   Hb/C2–1117

$As_6C_{30}Cl_2CoH_{48}O_8$ . . [Co((CH$_3$)$_2$AsC$_6$H$_4$As(CH$_3$)$_2$)$_3$] (ClO$_4$)$_2$ . . . 58 (Co):   Eb/B1–309

$As_6C_{30}Cl_2H_{48}Ni$ . . . . [Ni((CH$_3$)$_2$AsC$_6$H$_4$As(CH$_3$)$_2$)$_3$]Cl$_2$ . . . 57 (Ni):   Hb/C2–1105

$As_6C_{30}Cl_2H_{48}NiO_8$ . . [Ni((CH$_3$)$_2$AsC$_6$H$_4$As(CH$_3$)$_2$)$_3$] (ClO$_4$)$_2$ . . . 57 (Ni):   Hb/C2–1105

$As_6C_{30}Cl_3CoH_{48}O_{12}$. [Co((CH$_3$)$_2AsC_6H_4$As(CH$_3$)$_2$)$_3$] (ClO$_4$)$_3$ . . . 58 (Co):   Eb/B2–381

$As_6C_{30}Cl_6Cr_2H_{48}$ . . . [CrCl$_2$(C$_{10}$H$_{16}$As$_2$)$_2$] [CrCl$_4$ (C$_{10}$H$_{16}$As$_2$)] . . 52 (Cr):   Hb/C–291

$As_6C_{30}Cl_6H_{48}Ru_2$ . . . [RuCl$_2$(C$_{10}$H$_{16}$As$_2$)$_2$] [RuCl$_4$ (C$_{10}$H$_{16}$As$_2$)] . 63 (Ru):   Eb–478

$As_6C_{30}CoH_{48}^{2+}$ . . . . [Co((CH$_3$)$_2$AsC$_6$H$_4$As(CH$_3$)$_2$)$_3$]$^{2+}$ . . . . . . 58 (Co):   Eb/B1–309

$As_6C_{30}Cr_2H_{48}I_6$ . . . . [CrI$_2$(C$_{10}$H$_{16}$As$_2$)$_2$] [CrI$_4$ (C$_{10}$H$_{16}$As$_2$)] . . . . 52 (Cr):   Hb/C–291

$As_6C_{30}H_{48}Ni^{2+}$ . . . . [Ni((CH$_3$)$_2$AsC$_6$H$_4$As(CH$_3$)$_2$)$_3$]$^{2+}$ . . . . . 57 (Ni):   Hb/C2–1105

$As_6C_{30}H_{72}I_6Ni_3P_2$ . . . [NiI(C$_{15}$H$_{36}$As$_3$P)]$_2$[NiI$_4$] . . . . 57 (Ni):   Hb/C2–1113

$As_6C_{34}CoH_{54}O_4$ . . . . [Co((CH$_3$)$_2$AsC$_6$H$_4$As(CH$_3$)$_2$)$_3$] (CH$_3$COO)$_2$. 58 (Co):   Eb/B1–310

$As_6C_{39}Cr_2H_{42}N_6O_{15}S_3$ [Cr(C$_{13}$H$_{13}$As$_2$N$_2$O$_4$S)$_3$]

           · Cr(OH)$_3$ · 20 H$_2$O . . . . 52 (Cr):   Hb/C–407

$As_6CaI_2O_9$ . . . . CaI$_2$ · 3 As$_2$O$_3$ · 12 H$_2$O. . . . . 28 (Ca):   Hb/B3–1236/7

$As_6Ca_2O_{27}V_4$ . . . . . 2 CaO · 2 V$_2$O$_5$ · 3 As$_2$O$_5$ · 21 H$_2$O . . . . . 48 (V):   Hb/B2–517

$As_6Ca_6H_9NO_{24}$ . . . . NH$_4$Ca$_6$H$_5$(AsO$_4$)$_6$ · 3 H$_2$O . . . . 28 (Ca):   Hb/B3–1333

$As_6Ca_{10}Cl_2O_{24}$ . . . . 3 Ca$_3$(AsO$_4$)$_2$ · CaCl$_2$ . . . . 28 (Ca):   Hb/B3–1237

$As_6Ca_{10}F_2O_{24}$ . . . . . 3 Ca$_3$(AsO$_4$)$_2$ · CaF$_2$ = Ca$_{10}$(AsO$_4$)$_6$F$_2$ . . . 28 (Ca):   Hb/B3–1237

$As_6Ca_{10}H_2O_{26}$ . . . . . 3 Ca$_3$(AsO$_4$)$_2$ · Ca(OH)$_2$ . . . . 28 (Ca):   Hb/B3–1236

$As_6Ca_{10}I_2O_{24}$ . . . . 3 Ca$_3$(AsO$_4$)$_2$ · CaI$_2$ = Ca$_{10}$(AsO$_4$)$_6$I$_2$ . . . . 28 (Ca):   Hb/B3–1237

$As_6Cd_2Na_8O_{21}$ . . . . Cd$_2$As$_2$O$_7$ · 2 Na$_4$As$_2$O$_7$ . . . . 33 (Cd):   Hb–177

$As_6Cd_{10}Cl_2O_{24}$ . . . . 3 Cd$_3$(AsO$_4$)$_2$ · CdCl$_2$ . . . . 33 (Cd):   Hb–160

$As_6Cl_2Cu_9Na_2O_{24}$ . . . 2 NaCl · 3 Cu$_3$(AsO$_4$)$_2$ · 13.5 H$_2$O . . . . . 60 (Cu):   Hb/B3–1012

–. . . . . 2 NaCl · 3 Cu$_3$(AsO$_4$)$_2$ · 17.5 H$_2$O . . . . . 60 (Cu):   Hb/B3–1012

$As_6Cl_2Na_{20}O_{25}$ . . . . 6 (Na$_3$AsO$_4$ · 11 H$_2$O) · NaOCl · NaCl . . . 21 (Na):   Eb/5–2019

$As_6Cl_2O_{18}Pb_{10}$ . . . . 3 Pb$_3$(AsO$_3$)$_2$ · PbCl$_2$ . . . . 47 (Pb):   Hb/C3–900

$As_6Cl_2O_{24}Pb_{10}$ . . . . 3 Pb$_3$(AsO$_4$)$_2$ · PbCl$_2$ = Pb$_5$Cl(AsO$_4$)$_3$ . . . 47 (Pb):   Hb/C3–900/1

–. . . . . 3 Pb$_3$(AsO$_4$)$_2$ · PbCl$_2$ solid solutions:

           Pb$_5$[Cl(AsO$_4$,CrO$_4$)$_3$] . . . . 52 (Cr):   Hb/B–936

$As_6Cl_2O_{24}Sr_{10}$. . . . . 3 $Sr_3(AsO_4)_2 \cdot SrCl_2$ . . . . 29 (Sr):   Hb–219
                                                                 Eb–294

$As_6Cl_{10}Hg_{22}O_{32}$. . . . 3 $Hg_3(AsO_4)_2 \cdot 5 HgCl_2 \cdot 8 HgO$ . . . . . . 34 (Hg):   Hb/B4–1376

$As_6Cl_{10}Hg_{23}O_{33}$. . . . 3 $Hg_3(AsO_4)_2 \cdot 5 HgCl_2 \cdot 9 HgO$ . . . . . . 34 (Hg):   Hb/B4–1376

$As_6Co_3Na_{12}O_{24}$ . . . . 4 $Na_3AsO_4 \cdot Co_3(AsO_4)_2$

                        = 2 $Na_2O \cdot CoO \cdot As_2O_5$ . . . . 58 (Co):   Hb/A2–408

$As_6Co_4Na_4O_{21}$ . . . . $Na_4As_2O_7 \cdot 2 Co_2As_2O_7$

                        = 2 $Na_2O \cdot 4 CoO \cdot 3 As_2O_5$ . . . . . . 58 (Co):   Hb/A2–408

$As_6Cr_2O_{18}$. . . . . . . $Cr_2O_3 \cdot 3 As_2O_5$. . . . . 52 (Cr):   Hb/B–450

–. . . . . $Cr_2O_3 \cdot 3 As_2O_5 \cdot 6 H_2O$ . . . . 52 (Cr):   Hb/B–450

–. . . . . $Cr_2O_3 \cdot 3 As_2O_5 \cdot 16 H_2O$ . . . . 52 (Cr):   Hb/B–450

$As_6Cr_4K_6O_{24}$ . . . . . 3 $K_2O \cdot 3 As_2O_5 \cdot 2 Cr_2O_3$

                        = $K_3Cr_2(AsO_4)_3$ . . . . 52 (Cr):   Hb/B–690

$As_6Cr_4O_{21}$. . . . . . . 2 $Cr_2O_3 \cdot 3 As_2O_5 = Cr_4(As_2O_7)_3$ . . . 52 (Cr):   Hb/B–449/50

$As_6Cr_6K_8O_{28}$ . . . . . 4 $K_2O \cdot 3 As_2O_5 \cdot 3 Cr_2O_3 \cdot xH_2O$. . . . . . 52 (Cr):   Hb/B–690

$As_6CuH_{16}Mo_6N_4O_{30}$. $(NH_4)_4CuAs_6Mo_6O_{30} \cdot 13 H_2O$

                        = 2 $(NH_4)_2O \cdot CuO \cdot 3 As_2O_3 \cdot 6 MoO_3$

                             $\cdot 13 H_2O$. . . . . 60 (Cu):   Hb/B3–1235

$As_6Cu_2Mo_6O_{29}$ . . . . $Cu_2As_6Mo_6O_{29} \cdot 6 H_2O$

                        = 2 $CuO \cdot 3 As_2O_3 \cdot 6 MoO_3 \cdot 6 H_2O$ . . 53 (Mo):   Hb–362
                                                                   60 (Cu):   Hb/B3–1234

$As_6Cu_3Na_6O_{21}$ . . . . 3 $Na_2O \cdot 3 CuO \cdot 3 As_2O_5$

                        = $Na_2CuAs_2O_7$ . . . . 60 (Cu):   Hb/B3–1011

$As_6Cu_4Na_4O_{21}$ . . . . $Na_4As_2O_7 \cdot 2 Cu_2As_2O_7 \cdot 7 H_2O$

                        = $Na_2Cu_2H_3(AsO_4)_3 \cdot 2 H_2O$ . . . . . 60 (Cu):   Hb/B3–1012

$As_6Cu_4O_{16}$ . . . . . . $[Cu(CuAs_2O_4)_3]SO_4$ . . . . 60 (Cu):   Hb/B2–945

$As_6Cu_8O_{23}$ . . . . . . 8 $CuO \cdot 3 As_2O_5 \cdot 12 H_2O$ . . . . 60 (Cu):   Hb/B2–957

$As_6F_2Mg_{10}O_{24}$ . . . . 3 $Mg_3(AsO_4)_2 \cdot MgF_2$. . . . . 27 (Mg):   Hb/B3–419

$As_6F_2O_{24}Pb_{10}$. . . . . 3 $Pb_3(AsO_4)_2 \cdot PbF_2 = Pb_5F(AsO_4)_3$. . . . 47 (Pb):   Hb/C3–899

$As_6F_2O_{24}Sr_{10}$ . . . . . 3 $Sr_3(AsO_4)_2 \cdot SrF_2$. . . . . 29 (Sr):   Hb–219
                                                    Eb–294

$As_6Fe_4K_6O_{24}$ . . . . . 3 $K_2O \cdot 2 Fe_2O_3 \cdot 3 As_2O_5$

                        = $K_3AsO_4 \cdot 2 FeAsO_4$. . . . . 59 (Fe):   Hb/B5–993

$As_6Fe_4Na_6O_{24}$ . . . . 3 $Na_2O \cdot 2 Fe_2O_3 \cdot 3 As_2O_5$

                        = $Na_3AsO_4 \cdot 2 FeAsO_4$. . . . . 59 (Fe):   Hb/B5–912/3

$As_6Fe_4O_{15}$. . . . . . . 2 $Fe_2O_3 \cdot 3 As_2O_3 \cdot 7 H_2O$ . . . . 59 (Fe):   Hb/B4–780

$As_6H_2O_{26}Sr_{10}$. . . . . 3 $Sr_3(AsO_4)_2 \cdot Sr(OH)_2$. . . . . 29 (Sr):   Eb–292

$As_6H_{16}N_4O_{27}V_4$ . . . . 2 $(NH_4)_2O \cdot 2 V_2O_5 \cdot 3 As_2O_5 \cdot 4 H_2O$ . . . 48 (V):   Hb/B2–479

$As_6H_{24}I_2O_{21}Sr$ . . . . $[Sr(H_4O_2)_6] [(As_2O_3)_3I_2]$

                        = $SrI_2 \cdot 3 As_2O_3 \cdot 12 H_2O$ . . . . 29 (Sr):   Hb–219

$As_6H_{656}N_{164}O_{1020}P_{24}V_{104}W_{201}$

                     82 $(NH_4)_2O \cdot 12 P_2O_5 \cdot 3 As_2O_5 \cdot 52 V_2O_5$

                        $\cdot 201 WO_3 \cdot 567 H_2O$ . . . . 54 (W):   Hb–392

$As_6Hg_{30}N_4O_{40}$ . . . . 3 $(Hg_2)_3(AsO_4)_2 \cdot 2 Hg_2(NO_3)_2 \cdot 4 Hg_2O$ . . 34 (Hg):   Hb/B4–1374

$As_6I_2MgO_9$ . . . . . . $MgI_2 \cdot 3 As_2O_3 \cdot 12 H_2O$ . . . . 27 (Mg):   Hb/B1–191

$As_6I_2O_9Sr$. . . . . . . $SrI_2 \cdot 3 As_2O_3 \cdot 12 H_2O$

                        = $[Sr(H_4O_2)_6] [(As_2O_3)_3I_2]$. . . . . . . 29 (Sr):   Hb–219

$As_6I_2O_9Zn$. . . . . . . $ZnI_2 \cdot 3 As_2O_3 \cdot 10 H_2O$. . . . . 32 (Zn):   Hb–285/6
                                                    Eb–999

$As_6I_2O_{24}Pb_{10}$ . . . . . 3 $Pb_3(AsO_4)_2 \cdot PbI_2 = Pb_5I(AsO_4)_3$ . . . . . 47 (Pb):   Hb/C3–901

$As_6I_2O_{24}Sr_{10}$ . . . . . $3\ Sr_3(AsO_4)_2 \cdot SrI_2$ . . . .   29 (Sr):   Hb–219

                                                                              Eb–294

$As_6K_2S_{10}$ . . . . . . $K_2S \cdot 3\ As_2S_3 \cdot 2\ H_2O = KAs_3S_5 \cdot H_2O.$ . .   22 (K):   Hb/5–1030

–. . . . . $K_2S \cdot 3\ As_2S_3 \cdot 3\ H_2O.$ . . . .   22 (K):   Hb/5–1030

$As_6K_4Mg_4O_{21}$ . . . . $K_4Mg_4(As_2O_7)_3$

                         $= K_4As_2O_7 \cdot 2\ Mg_2As_2O_7$ . . . .   27 (Mg):   Hb/B4–468

$As_6K_{10}O_{20}$. . . . . . . $5\ K_2O \cdot 3\ As_2O_5 = K_5As_3O_{10}.$ . . . .   22 (K):   Hb/5–1026

$As_6Mg_2O_{27}V_4$ . . . . . $2\ MgO \cdot 2\ V_2O_5 \cdot 3\ As_2O_5 \cdot 23\ H_2O$ . . . .   48 (V):   Hb/B2–508/9

$As_6Mg_4Na_4O_{21}$ . . . $Na_4Mg_4(As_2O_7)_3$

                         $= Na_4As_2O_7 \cdot 2\ Mg_2As_2O_7$ . . . .   27 (Mg):   Hb/B4–446

$As_6Mn_2Mo_6O_{29}$ . . . . $2\ MnO \cdot 3\ As_2O_3 \cdot 6\ MoO_3 \cdot 6\ H_2O.$ . . . .   53 (Mo):   Hb–362

–. . . . . $2\ MnO \cdot 3\ As_2O_3 \cdot 6\ MoO_3 \cdot 15\ H_2O.$ . . .   53 (Mo):   Hb–362

$As_6Mn_2O_{27}V_4$. . . . . $2\ MnO \cdot 2\ V_2O_5 \cdot 3\ As_2O_5 \cdot xH_2O$ . . . . .   48 (V):   Hb/B1–366

$As_6Mo_5O_{33}Rb_6$ . . . . $3\ Rb_2O \cdot 3\ As_2O_5 \cdot 5\ MoO_3 \cdot 9\ H_2O$ . . . .   53 (Mo):   Hb–371

$As_6Mo_6Ni_2O_{29}$ . . . . $2\ NiO \cdot 3\ As_2O_3 \cdot 6\ MoO_3 \cdot 6\ H_2O.$ . . . .   53 (Mo):   Hb–362

$As_6Mo_6O_{29}Zn_2$ . . . . $2\ ZnO \cdot 3\ As_2O_3 \cdot 6\ MoO_3 \cdot 6\ H_2O.$ . . . .   53 (Mo):   Hb–362

$As_6Na_2O_{10}$ . . . . . . $Na_2O \cdot 3\ As_2O_3 = 2\ NaAsO_2 \cdot 2\ As_2O_3$.   21 (Na):   Eb/4–1688

$As_6Na_2O_{16}$ . . . . . . $Na_2O \cdot 3\ As_2O_5.$ . . . .   21 (Na):   Eb/4–1702

–. . . . . $Na_2O \cdot 3\ As_2O_5 \cdot H_2O.$ . . . .   21 (Na):   Eb/4–1702

–. . . . . $Na_2O \cdot 3\ As_2O_5 \cdot 6\ H_2O.$ . . . .   21 (Na):   Eb/4–1702

$As_6Na_4Ni_4O_{21}$. . . . $Na_4Ni_4(As_2O_7)_3.$ . . . .   57 (Ni):   Hb/B3–1026

$As_6Na_4O_{11}$ . . . . . . $Na_4As_6O_{11} = 2\ Na_2O \cdot 3\ As_2O_3$ . . . . .   21 (Na):   Hb–936

$As_6Na_{12}O_{27}S_2$ . . . . $Na_8As_6O_{19} \cdot 2\ Na_2SO_4$ . . . .   21 (Na):   Hb–961

$As_6Ni_2O_{27}V_4$ . . . . . $2\ NiO \cdot 2\ V_2O_5 \cdot 3\ As_2O_5 \cdot 24\ H_2O.$ . . . .   48 (V):   Hb/B1–366

As_6O_{11} . . . . $2\ As_2O_3 \cdot As_2O_5 = As_4O_6 \cdot As_2O_5$ . . . .   17 (As):   Hb–271/2

–. . . . . $2\ As_2O_3 \cdot As_2O_5 \cdot xH_2O.$ . . . .   17 (As):   Hb–272

$As_6O_{11}Sr_2$. . . . . . . $2\ SrO \cdot 3\ As_2O_3.$ . . . .   29 (Sr):   Eb–287

$As_6O_{15}Pt_3$ . . . . $3\ PtO_2 \cdot 3\ As_2O_3.$ . . . .   68 (Pt):   Hb/C1–139

$As_6O_{19}V_2$ . . . . $V_2O_4 \cdot 3\ As_2O_5 \cdot 6\ H_2O.$ . . . .   48 (V):   Hb/B1–365

$As_6O_{21}S_4$ . . . . $3\ As_2O_3 \cdot 4\ SO_3 \cdot H_2O.$ . . . .   17 (As):   Hb–456

$As_6O_{25}Pb_{10}$ . . . . . $3\ Pb_3(AsO_4)_2 \cdot PbO.$ . . . .   47 (Pb):   Hb/C3–898

–. . . . . $3\ Pb_3(AsO_4)_2 \cdot PbO \cdot H_2O.$ . . . .   47 (Pb):   Hb/C3–898

–. . . . . $3\ Pb_3(AsO_4)_2 \cdot PbO \cdot 2\ H_2O.$ . . . .   47 (Pb):   Hb/C3–898

–. . . . . $3\ Pb_3(AsO_4)_2 \cdot PbO \cdot 3\ H_2O.$ . . . .   47 (Pb):   Hb/C3–898

$As_6O_{27}Sr_2V_4$ . . . . . $2\ SrO \cdot 2\ V_2O_5 \cdot 3\ As_2O_5 \cdot 20\ H_2O$ . . . .   48 (V):   Hb/B2–523

$As_6O_{27}V_4Zn_2$ . . . . . $2\ ZnO \cdot 2\ V_2O_5 \cdot 3\ As_2O_5 \cdot 23\ H_2O$ . . . .   48 (V):   Hb/B2–537

$As_7Cu_9HNa_2O_{28}$ . . . $2\ Na_2HAsO_4 \cdot 6\ Cu_3(AsO_4)_2 \cdot 19\ H_2O$ . .   60 (Cu):   Hb/B3–1011

As_7Na_3 . . . . $Na_3As_7.$ . . . .   21 (Na):   Eb/4–1684

As_7Re_3 . . . . $Re_3As_7.$ . . . .   70 (Re):   Hb–124

$As_{7.9}PbS_{12.85}$ . . . . . $PbS \cdot 3.95\ As_2S_3$ . . . .   47 (Pb):   Hb/C2–509

As_8 . . . . $(As_4)_2.$ . . . .   17 (As):   Hb–113

–. . . . . As_8 . . . .   17 (As):   Hb–113

$As_8Br_2O_{11}$. . . . . . . $2\ AsOBr \cdot 3\ As_2O_3 \cdot 12\ H_2O.$ . . . .   17 (As):   Hb–403

$As_8C_{40}Cl_8Co_3H_{64}$ . . . $[CoCl_2(C_{10}H_{16}As_2)_2]_2[CoCl_4]$ . . . .   58 (Co):   Eb/B2–578

$As_8C_{40}Cl_{10}H_{64}Ni_2Pt$ . . $[NiCl_2(C_{10}H_{16}As_2)_2]_2[PtCl_6]$ . . . .   57 (Ni):   Hb/C2–1126

$As_8C_{40}H_{64}I_4Ru_2$ . . . $[Ru(C_{10}H_{16}As_2)_3]\ [RuI_4(C_{10}H_{16}As_2)]$ . . . .   63 (Ru):   Eb–441

$As_8C_{44}Cl_4H_{72}Nb$ . . . $NbCl_4 \cdot 4\ C_{11}H_{18}As_2$ . . . .   49 (Nb):   Hb/B4–418

$As_8C_{48}Co_3H_{64}N_8S_8$ . . $[Co(NCS)_2(C_{10}H_{16}As_2)_2]_2\ [Co(NCS)_4]$ . .   58 (Co):   Eb/B2–579

As_8CaS_{13} . . . . $CaS \cdot 4\ As_2S_3 \cdot 10\ H_2O.$ . . . .   28 (Ca):   Hb/B3–1238

$As_8CoH_{24}I_2O_{24}$ . . . . $[Co(H_4O_2)_6]\,[(As_2O_3)_2I]_2$
           $= CoI_2 \cdot 4\,As_2O_3 \cdot 12\,H_2O$ . . . . 58 (Co):   Hb/A2–396

$As_8CoI_2O_{12}$ . . . . . . $CoI_2 \cdot 4\,As_2O_3 \cdot 12\,H_2O$
           $= [Co(H_4O_2)_6]\,[(As_2O_3)_2I]_2$ . . . . . . 58 (Co):   Hb/A2–396

$As_8Cu_9H_2Na_4O_{32}$ . . . $Na_4Cu_9H_2(AsO_4)_8$
           $= 2\,Na_2HAsO_4 \cdot 3\,Cu_3(AsO_4)_2$ . . . . . 60 (Cu):   Hb/B3–1011

$As_8FeH_{24}I_2O_{24}$ . . . . $[Fe(H_4O_2)_6]\,[(As_2O_3)_2I]_2$
           $= FeI_2 \cdot 4\,As_2O_3 \cdot 12\,H_2O$ . . . . 59 (Fe):   Hb/B4–783

$As_8FeI_2O_{12}$ . . . . . . $FeI_2 \cdot 4\,As_2O_3 \cdot 12\,H_2O$
           $= [Fe(H_4O_2)_6]\,[(As_2O_3)_2I]_2$ . . . . . . 59 (Fe):   Hb/B4–783

$As_8H_6I_2N_2O_{12}Zn$ . . . $ZnI_2 \cdot 4\,As_2O_3 \cdot 2\,NH_3$ . . . . 32 (Zn):   Hb–286

$As_8H_{12}I_2N_4O_{12}Zn$ . . . $ZnI_2 \cdot 4\,As_2O_3 \cdot 4\,NH_3$ . . . . 32 (Zn):   Hb–286

$As_8H_{18}I_2N_6O_{12}Zn$ . . . $ZnI_2 \cdot 4\,As_2O_3 \cdot 6\,NH_3$ . . . . 32 (Zn):   Hb–286

$As_8H_{21}I_2N_7O_{12}Zn$ . . . $ZnI_2 \cdot 4\,As_2O_3 \cdot 7\,NH_3$ . . . . 32 (Zn):   Hb–286

$As_8H_{40}N_{10}O_{23}Pt_6$ . . . $5\,(NH_4)_2O \cdot As_2O_3 \cdot 3\,(2\,PtO \cdot As_2O_3)$
           $\cdot 7\,H_2O$ . . . . 68 (Pt):   Hb/C2–224

$As_8H_{40}N_{10}O_{35}V_4$ . . . $5\,(NH_4)_2O \cdot 2\,V_2O_5 \cdot 4\,As_2O_5 \cdot 18\,H_2O$ . . . 48 (V):   Hb/B2–479

$As_8H_{40.5}I_2N_{13.5}NiO_{12}$. $NiI_2 \cdot 4\,As_2O_3 \cdot 13.5\,NH_3 \cdot nH_2O$ . . . . 57 (Ni):   Hb/C1–106

$As_8H_{45}I_2N_{15}NiO_{12}$ . . . $NiI_2 \cdot 4\,As_2O_3 \cdot 15\,NH_3 \cdot nH_2O$ . . . . 57 (Ni):   Hb/C1–106

$As_8H_{48}I_2N_{16}NiO_{12}$ . . . $NiI_2 \cdot 4\,As_2O_3 \cdot 16\,NH_3 \cdot nH_2O$ . . . . 57 (Ni):   Hb/C1–106

$As_8I_2NiO_{12}$ . . . . . . $NiI_2 \cdot 4\,As_2O_3 \cdot 10\,H_2O$ . . . . 57 (Ni):   Hb/B3–984

$As_8I_2O_{11}$ . . . . $2\,AsOI \cdot 3\,As_2O_3 \cdot 12\,H_2O$ . . . . 17 (As):   Hb–414

As_8Ni_{11} . . . . $Ni_{11}As_8$ . . . . 57 (Ni):   Hb/B3–976/82

$As_8O_{33}Pb_{13}$ . . . . . . $4\,Pb_3(AsO_4)_2 \cdot PbO \cdot H_2O$ . . . . . . 47 (Pb):   Hb/C3–898

$As_8Pb_5S_{17}$ . . . . $Pb_5As_8S_{17} = 5\,PbS \cdot 4\,As_2S_3$ . . . . . 47 (Pb):   Hb/C3–904

As_8Te_3 . . . . As_8Te_3 . . . . 17 (As):   Hb–465

$As_9C_{162}H_{135}Ni_2$ . . . . $[Ni_2(As(C_6H_5)_3)_9]$ . . . . 57 (Ni):   Hb/C1–34

$As_9Cu_{12}HNa_2O_{36}$ . . . $Na_2HAsO_4 \cdot 4\,Cu_3(AsO_4)_2 \cdot 11\,H_2O$ . . . . 60 (Cu):   Hb/B3–1011

$As_9Na_9O_{40}Pb_{11}Si$ . . . $9\,NaPbAsO_4 \cdot Pb_2SiO_4$ . . . . 47 (Pb):   Hb/C3–1050

$As_9Pb_5S_{18}$ . . . . $Pb_5As_9S_{18}$ . . . . 47 (Pb):   Hb/C3–904

$As_9Pb_7S_{20}$ . . . . $Pb_7As_9S_{20}$ . . . . 47 (Pb):   Hb/C3–904

$As_{10}Ca_4Hg_2O_{31}$ . . . . $4\,CaO \cdot 2\,HgO \cdot 5\,As_2O_5 \cdot H_2O$ . . . . . 34 (Hg):   Hb/B4–1487

$As_{10}Cl_3Cu_{15}Na_3O_{40}$ . . $3\,NaCl \cdot 5\,Cu_3(AsO_4)_2 \cdot 19\,H_2O$ . . . . 60 (Cu):   Hb/B3–1012

$-$ . . . . $3\,NaCl \cdot 5\,Cu_3(AsO_4)_2 \cdot 23\,H_2O$ . . . . . 60 (Cu):   Hb/B3–1012

$As_{10}H_{16}N_4O_{50}V_{10}$ . . . $2\,(NH_4)_2O \cdot 4\,VO_2 \cdot 3\,V_2O_5 \cdot 5\,As_2O_5$
           $\cdot 21\,H_2O$ . . . . 48 (V):   Hb/B2–478

$As_{10}H_{128}N_{32}O_{154}V_{30}W_{26}$
           $16\,(NH_4)_2O \cdot 5\,As_2O_3 \cdot 15\,V_2O_3 \cdot 26\,WO_3$
           $\cdot 101\,H_2O$ . . . . 54 (W):   Hb–392

$As_{10}K_{20}O_{96}W_{21}$ . . . . $10\,K_2O \cdot As_2O_3 \cdot 4\,As_2O_5 \cdot 21\,WO_3$
           $\cdot 26\,H_2O$ . . . . 54 (W):   Hb–379

$As_{10}O_{19}$ . . . . $3\,As_2O_3 \cdot 2\,As_2O_5 \cdot 3\,H_2O$ . . . . 17 (As):   Hb–272

$As_{10}O_{65}V_{16}$ . . . . . . $8\,V_2O_5 \cdot 5\,As_2O_5 \cdot 27\,H_2O$ . . . . 48 (V):   Hb/B1–366

$As_{10}PbS_{16}$ . . . . $PbS \cdot 5\,As_2S_3$ . . . . 47 (Pb):   Hb/C3–903

$As_{10}Pb_2S_{17}$ . . . . . . $2\,PbS \cdot 5\,As_2S_3$ . . . . 47 (Pb):   Hb/C3–903

$As_{11}Cl$ . . . . $As_{11}Cl$ . . . . 17 (As):   Hb–367

As_{12} . . . . $(As_6)_2$ . . . . 17 (As):   Hb–113

$As_{12}BaS_{19}$ . . . . $BaS \cdot 6\,As_2S_3$ . . . . 30 (Ba):   Hb–354

$As_{12}C_{60}Cl_4H_{96}I_2Ni_3O_{16}$

$[Ni(C_{10}H_{16}As_2)_2] (ClO_4)_2$
· 2 [NiI($C_{10}H_{16}As_2)_2$]ClO$_4$ . . . . 57 (Ni):   Hb/C2–1106

$As_{12}K_4O_{38}Se_2$ . . . . .   2 K$_2$O · 6 As$_2$O$_5$ · 2 SeO$_3$ · 3 H$_2$O . . . . . . 22 (K):   Hb/5–1033

$As_{12}S$ . . . . $As_{12}S$ . . . . 17 (As):   Hb–416

$As_{13}I_9O_9S_6$ . . . . . . $As_{13}S_6O_9I_9 = 9$ AsOI · 2 As$_2$S$_3$ . . . . . 17 (As):   Hb–462

$As_{13}Pb_9S_{28}$ . . . . . . $Pb_9As_{13}S_{28}$ . . . . 47 (Pb):   Hb/C3–904

$As_{14}Cu_{18}H_2Na_4O_{56}$ . .   2 Na$_2$HAsO$_4$ · 6 Cu$_3$(AsO$_4$)$_2$ · 19 H$_2$O . . . 60 (Cu):   Hb/B3–1011

$As_{14}O_{65}V_{12}$ . . . . . .   6 V$_2$O$_5$ · 7 As$_2$O$_5$ · 3 H$_2$O . . . . 48 (V):   Hb/B1–366

$As_{15}Cu_{18}H_5Na_4O_{60}$ . .   Na$_2$HAsO$_4$ · 2 NaH$_2$AsO$_4$ · 6 Cu$_3$(AsO$_4$)$_2$
· xH$_2$O . . . . 60 (Cu):   Hb/B3–1011

$As_{16}Na_{18}O_{81}W_{16}$ . . .   9 Na$_2$O · 8 As$_2$O$_3$ · 16 WO$_3$ · 55 H$_2$O . . . . 54 (W):   Hb–379

$As_{17}Pb_{11}S_{36}$. . . . . .   Pb$_{11}$As$_{17}$S$_{36}$ . . . . 47 (Pb):   Hb/C3–904

$As_{18}CaS_{28}$· . . . . . .   CaS · 9 As$_2$S$_3$ · 10 H$_2$O . . . . 28 (Ca):   Hb/B3–1238

$As_{18}H_{32}N_8O_{107}V_{25}$ . .   4 (NH$_4$)$_2$O · 9 VO$_2$ · 8 V$_2$O$_5$ · 9 As$_2$O$_5$
· 11 H$_2$O . . . . 48 (V):   Hb/B2–478

$As_{18}Na_8O_7S_{24}$· . . . . .   Na$_8$As$_{18}$O$_7$S$_{24}$ · 30 H$_2$O
= 4 Na$_2$O · 6 As$_2$S$_2$ · 3 As$_2$OS$_4$
· 30 H$_2$O . . . . 21 (Na):   Hb–952

$As_{21}Mn_{29}$ . . . .   Mn$_{29}$As$_{21}$ . . . . 59 (Fe):   D/2. Eb–318

$As_{24}H_{40}N_{10}O_{119}V_{24}$ . .   5 (NH$_4$)$_2$O · 12 VO$_2$ · 6 V$_2$O$_5$ · 12 As$_2$O$_5$
· 7 H$_2$O . . . . 48 (V):   Hb/B2–478

$As_{24}Li_2S_{61}$· . . . . . .   Li$_2$S · 12 As$_2$S$_5$ . . . . 20 (Li):   Hb–250

$As_{24}Na_2S_{61}$ . . . . . .   Na$_2$As$_{24}$S$_{61}$ . . . . 21 (Na):   Hb–960

$As_{28}K_{30}O_{168}P_6W_{32}$ . .   15 K$_2$O · 14 As$_2$O$_3$ · 3 P$_2$O$_5$ · 32 WO$_3$
· 28 H$_2$O . . . . 54 (W):   Hb–380

$As_xF_{5x+2}Kr$ . . . . . .   KrF$_2$ · xAsF$_5$ . . . . Erg. W. 1–23/4

$As_{x+1}Pu$ . . . .   PuAs$_{1+x}$ . . . . Erg. W. 4–255/6

$As_{1-x}Pu$ . . . .   PuAs$_{1-x}$ . . . . Erg. W. 4–255/6

At . . . .   Astatine isotopes:
Alpha radiation . . . . Erg. W. 7a–88, 95/6

Au. . . . .   Gold:
Absorption of light . . . . 62 (Au):   Hb/3–495/9
– of X-rays. . . . . 62 (Au):   Hb/3–521/3
Abundance . . . . 62 (Au):   Hb/2–103, 109/10
Atom. . . . . 62 (Au):   Hb/3–427/35
Atomic nucleus . . . . 62 (Au):   Hb/3–407/27
Atomic refraction . . . . 62 (Au):   Hb/3–495
Atomic scattering factors. . . . . 62 (Au):   Hb/3–441/2
Atomic weight . . . . 62 (Au):   Hb/3–433/5
Behavior as electrode . . . . 62 (Au):   Hb/3–565/95
– at the dropping mercury
electrode . . . . 62 (Au):   Hb/3–568
Boiling point . . . . 62 (Au):   Hb/3–483
Catalytic properties. . . . . 62 (Au):   Hb/2–394
Hb/3–631/2

Au. . . . . Gold:
              Cells, electrochemical . . . . 62 (Au):   Hb/3–557/65
              Chemical constant . . . . 62 (Au):   Hb/3–490
              Chemical reactions . . . . 62 (Au):   Hb/3–609/32
              – in air . . . . 62 (Au):   Hb/3–610
              – with acids . . . . 62 (Au):   Hb/3–610/14
              – with alkaline solutions . . . . 62 (Au):   Hb/3–614
              – with metal compounds . . . . 62 (Au):   Hb/3–618/31
              – with metals . . . . 62 (Au):   Hb/3–770/960
              – with nonmetal compounds . . . . . 62 (Au):   Hb/3–616/7
              – with nonmetals . . . . 62 (Au):   Hb/3–614/6
              – with organic compounds. . . . . . 62 (Au):   Hb/3–631
              – with water . . . . 62 (Au):   Hb/3–610
              Colloidal forms . . . . 62 (Au):   Hb/2–354/401
              Color. . . . . 62 (Au):   Hb/3–492
              Compressibility . . . . 62 (Au):   Hb/3–465/7
              Cosmochemistry . . . . 62 (Au):   Hb/2–101/3
              Crystal chemistry . . . . 62 (Au):   Hb/2–103/9
              Crystal form . . . . 62 (Au):   Hb/3–436
              Crystallization velocity . . . . 62 (Au):   Hb/3–436
              Crystallographic properties . . . . . . 62 (Au):   Hb/3–436/51
              Debye temperature . . . . 62 (Au):   Hb/3–489/90
              Deformation. . . . . 62 (Au):   Hb/3–448/9
              Density . . . . 62 (Au):   Hb/3–451/3
              Deposits *see Economic geography*
              Detection . . . . 62 (Au):   Hb/3–632/43
              – in special substances . . . . 62 (Au):   Hb/3–641/3
              Determination. . . . . 62 (Au):   Hb/3–643/56
              – in iron . . . . 59 (Fe):   Hb/FII1–41/2
              – in special substances . . . . 62 (Au):   Hb/3–653/6
              Diffusion. . . . . 62 (Au):   Hb/3–470/7
              Economic geography:
                 Africa . . . . 62 (Au):   Hb/2–196/221
                 Asia . . . . 62 (Au):   Hb/2–164/75
                 Australia . . . . 62 (Au):   Hb/2–175/92
                 Central America . . . . 62 (Au):   Hb/2–264/6
                 Europe . . . . 62 (Au):   Hb/2–134/41
                 North America . . . . 62 (Au):   Hb/2–221/64
                 Oceania . . . . 62 (Au):   Hb/2–192/6
                 South America . . . . 62 (Au):   Hb/2–266/76
                 Soviet Union . . . . 62 (Au):   Hb/2–141/64
              Economics. . . . . 62 (Au):   Hb/2–276/7
              Elasticity. . . . . 62 (Au):   Hb/3–457/61
              Electrical conductivity . . . . 62 (Au):   Hb/3–526/43
              Electrical properties . . . . 62 (Au):   Hb/3–526/50
              Electrochemical behavior . . . . 62 (Au):   Hb/3–551/609
              Electrokinetic potential . . . . 62 (Au):   Hb/3–566
              Electrolytic deposition . . . . 62 (Au):   Hb/3–595/607
              Electronegativity . . . . 62 (Au):   Hb/3–435

Au. . . . . Gold:

Entropy	62 (Au):	Hb/3–490
Epitaxy.	62 (Au):	Hb/3–446/8
Equation of state	62 (Au):	Hb/3–477
Formation	62 (Au):	Hb/2–346
Free energy	62 (Au):	Hb/3–490
Galvanomagnetic effects.	62 (Au):	Hb/3–524/6
Geochemical cycle	62 (Au):	Hb/2–133/4
Geochemistry	62 (Au):	Hb/2–103/34
Hardness	62 (Au):	Hb/3–454/7
Heat capacity	62 (Au):	Hb/3–490
Heat of fusion	62 (Au):	Hb/3–485
– of sublimation.	62 (Au):	Hb/3–485
– of vaporization	62 (Au):	Hb/3–485
History:		
Antiquity	62 (Au):	Hb/1–16/46
Bibliography	62 (Au):	Hb/1–1/16
Middle ages	62 (Au):	Hb/1–46/100
Modern times	62 (Au):	Hb/1–46/100
Hydrosol:		
Catalytic activity	62 (Au):	Hb/2–394
Chemical reactions.	62 (Au):	Hb/2–393/4
Coagulation.	62 (Au):	Hb/2–369/79
Electrochemical behavior	62 (Au):	Hb/2–391/3
Formation and preparation	62 (Au):	Hb/2–354/66
Physical properties.	62 (Au):	Hb/2–383/91
Reactions with colloids	62 (Au):	Hb/2–379/83
Structure	62 (Au):	Hb/2–366/9
Internal energy	62 (Au):	Hb/3–490
Internal friction	62 (Au):	Hb/3–470
Internal pressure	62 (Au):	Hb/3–467
Ionization voltages	62 (Au):	Hb/3–550
Kerr effect	62 (Au):	Hb/3–500
Lattice structure.	62 (Au):	Hb/3–436/43
Magnetic properties	62 (Au):	Hb/3–523/6
Mechanical properties	62 (Au):	Hb/3–451/77
Melting point	62 (Au):	Hb/3–483/5
Mineralogy	62 (Au):	Hb/2–277/8
Modifications	62 (Au):	Hb/3–436
Occurrence, extraterrestrial	62 (Au):	Hb/2–101/3
–, historical data	62 (Au):	Hb/1–19/25, 46/53
–, terrestrial	62 (Au):	Hb/2–103/34
– in soils.	62 (Au):	Hb/2–130/3
– in the biosphere.	62 (Au):	Hb/2–130/3
– in the hydrosphere	62 (Au):	Hb/2–125/30
– in the lithosphere	62 (Au):	Hb/2–110/25
Optical properties.	62 (Au):	Hb/3–492/523
Ore dressing procedures	62 (Au):	Hb/2–281/315
Overvoltage phenomena.	62 (Au):	Hb/3–568/77

Au. . . . . Gold:

Photoelectric electron emission	62 (Au):	Hb/3−548/50
Polymorphism	62 (Au):	Hb/3−436
Position in the electrochemical		
series	62 (Au):	Hb/3−553
− in the periodic system	62 (Au):	Hb/3−435
Potentials	62 (Au):	Hb/3−553/7
Preparation	62 (Au):	Hb/2−346/7
−, industrial	62 (Au):	Hb/2−279/346
−, −, historical data	62 (Au):	Hb/1−25/30, 54/68
−, −, ore dressing procedures	62 (Au):	Hb/2−281/315
−, −, recovery	62 (Au):	Hb/2−315/37
−, −, separation	62 (Au):	Hb/2−337/46
Preparation in pure state	62 (Au):	Hb/2−346
− of special forms	62 (Au):	Hb/2−347/66
Production statistics	62 (Au):	Hb/2−276/7
Purity testing	62 (Au):	Hb/2−346/7
Recrystallization	62 (Au):	Hb/3−449/51
Reflection of light	62 (Au):	Hb/3−492/4
− of X-rays	62 (Au):	Hb/3−520
Refractive index	62 (Au):	Hb/3−495
Scattering of light	62 (Au):	Hb/3−500
− of X-rays	62 (Au):	Hb/3−521/3
Separation, analytical	62 (Au):	Hb/3−650/3
Sound velocity	62 (Au):	Hb/3−477
Special forms	62 (Au):	Hb/2−347/401
Specific heat	62 (Au):	Hb/3−486/8
Spectra:		
Arc spectrum	62 (Au):	Hb/3−505/6
Optical spectra	62 (Au):	Hb/3−500/7
Spark spectra	62 (Au):	Hb/3−506
X-ray spectrum	62 (Au):	Hb/3−507/20
Standard potential	62 (Au):	Hb/3−551/2
Strength	62 (Au):	Hb/3−461/5
Structure	62 (Au):	Hb/3−448
− of the melt	62 (Au):	Hb/3−448
− of thin films	62 (Au):	Hb/3−444/6
Surface structure	62 (Au):	Hb/3−443/4
Surface tension	62 (Au):	Hb/3−467/70
Surface treatment	62 (Au):	Hb/2−401/6
Susceptibility	62 (Au):	Hb/3−523/4
Temperature radiation	62 (Au):	Hb/3−499/500
Thermal conductivity	62 (Au):	Hb/3−490/2
Thermal expansion	62 (Au):	Hb/3−477/81
Thermal properties	62 (Au):	Hb/3−477/92
Thermoelectric effects	62 (Au):	Hb/3−544/8
Thermomagnetic effects	62 (Au):	Hb/3−524/6
Toxicity	62 (Au):	Hb/3−632
Treatment, historical data	62 (Au):	Hb/1−32/42

Au . . . . Gold:
            Uses, historical data . . . . 62 (Au):   Hb/1−44/5, 68/84
            Valence . . . . 62 (Au):   Hb/3−435
            Vapor pressure . . . . 62 (Au):   Hb/3−481/3
            Vibration frequency. . . . . 62 (Au):   Hb/3−488/9
            Work function . . . . 62 (Au):   Hb/3−550

−. . . . . Gold ions:
            Chemical reactions . . . . 62 (Au):   Hb/3−657/66
            Electrochemical behavior . . . . . . 62 (Au):   Hb/3−551/3, 568,
                                                 595/606
            Increments . . . . 62 (Au):   Hb/3−433
            Ionization voltages . . . . 62 (Au):   Hb/3−550
            Properties of the ion . . . . 62 (Au):   Hb/3−429/31
            Spectra . . . . 62 (Au):   Hb/3−506

−. . . . . Gold isotopes:
            Atomic nucleus . . . . 62 (Au):   Hb/3−407/18
            Enrichment and separation . . . . . . 62 (Au):   Hb/2−352/4

−. . . . . Gold ores:
            Dressing. . . . . 62 (Au):   Hb/2−281/315
            Gold recovery . . . . 62 (Au):   Hb/2−315/32

−. . . . . Gold systems:
            Au−Ag. . . . . 62 (Au):   Hb/3−935
            Au−Ag−Cu . . . . 62 (Au):   Hb/3−954/6
            Au−Ag−Cu−Ni . . . . 62 (Au):   Hb/3−960/1
            Au−Ag−Ge . . . . 62 (Au):   Hb/3−953
            Au−Ag−Ni . . . . 62 (Au):   Hb/3−953/4
            Au−Ag−Pd . . . . 68 (Pt):   Hb/A5−710
            Au−Ag−S . . . . 62 (Au):   Hb/3−766
            Au−Ag−Te . . . . 62 (Au):   Hb/3−766
            Au−Al . . . . 35 (Al):   Hb/A6−1095/8
            Au−As. . . . . 62 (Au):   Hb/3−729/30
            Au−Ba. . . . . 62 (Au):   Hb/3−785
            Au−Be. . . . . 62 (Au):   Hb/3−782/3
            Au−Bi . . . . 62 (Au):   Hb/3−774/5
            Au−Bi−Zn . . . . 62 (Au):   Hb/3−798
            Au−Ca. . . . . 62 (Au):   Hb/3−784/5
            Au−Cd. . . . . 62 (Au):   Hb/3−798/802
            Au−Co. . . . . 62 (Au):   Hb/3−878/9
            Au−Cr. . . . . 62 (Au):   Hb/3−854
            Au−Cr−Ni. . . . . 62 (Au):   Hb/3−878
            Au−Cu. . . . . 62 (Au):   Hb/3−882/94
            Au−Cu−Ge . . . . 62 (Au):   Hb/3−930/1
            Au−Cu−Ni . . . . 62 (Au):   Hb/3−931/2
            Au−Cu−Pd . . . . 68 (Pt):   Hb/A5−709/10
            Au−Cu−S . . . . 62 (Au):   Hb/3−764
            Au−Fe−S . . . . 62 (Au):   Hb/3−764
            Au−Ga. . . . . 62 (Au):   Hb/3−826/7
            Au−Ge. . . . . 62 (Au):   Hb/3−838

Au. . . . . Gold systems:
                Au−Ge−Ni . . . . 62 (Au):   Hb/3−878
                Au−Ge−Pt. . . . . 68 (Pt):   Hb/A6−825/6
                Au−Ge−Zn . . . . 62 (Au):   Hb/3−839
                Au−H−Pd . . . . 68 (Pt):   Hb/A5−701/9
                Au−Hg. . . . . 62 (Au):   Hb/3−812/8
                Au−In . . . . 62 (Au):   Hb/3−829/30
                Au−K . . . . 62 (Au):   Hb/3−780/1
                Au−Mg . . . . 27 (Mg):   Hb/A4−754/5
                Au−Mn . . . . 62 (Au):   Hb/3−857/9
                Au−Na. . . . . 62 (Au):   Hb/3−777/8
                Au−Ni . . . . 62 (Au):   Hb/3−865/7
                Au−Ni−Pd. . . . . 68 (Pt):   Hb/A5−709
                Au−Ni−Zn. . . . . 62 (Au):   Hb/3−877/8
                Au−P . . . . 62 (Au):   Hb/3−728
                Au−Pb. . . . . 62 (Au):   Hb/3−848/9
                Au−Pb−Zn . . . . 62 (Au):   Hb/3−798
                Au−Pd. . . . . 68 (Pt):   Hb/A5−691
                Au−Pd−Pt. . . . . 68 (Pt):   Hb/A6−840/1
                Au−Pt . . . . 68 (Pt):   Hb/A6−818/9
                Au−Pt−Rh. . . . . 68 (Pt):   Hb/A6−836
                Au−Rh. . . . . 68 (Pt):   Hb/A5−566/8
                Au−Ru. . . . . 63 (Ru):   Eb−230
                Au−Sb. . . . . 62 (Au):   Hb/3−770/1
                Au−Si . . . . 62 (Au):   Hb/3−727
                Au−Sn. . . . . 62 (Au):   Hb/3−840/1
                Au−Te. . . . . 62 (Au):   Hb/3−720/1
                Au−Ti . . . . 62 (Au):   Hb/3−833/4
                Au−Tl . . . . 62 (Au):   Hb/3−832/3
                Au−Tl−Zn. . . . . 62 (Au):   Hb/3−798
                Au−Zn. . . . . 62 (Au):   Hb/3−786/8
                Au−Zr . . . . 62 (Au):   Hb/3−835
Au⁺ . . . . Au⁺:
                Electrochemical behavior . . . . 62 (Au):   Hb/3−551/3, 568,
                                                            595/606
                Increments . . . . 62 (Au):   Hb/3−433, 495
                Ionization voltage. . . . . 62 (Au):   Hb/3−550
                Properties of the ion . . . . 62 (Au):   Hb/3−429/30
                Spectrum . . . . 62 (Au):   Hb/3−506
Au²⁺ . . . . Au²⁺ . . . . 62 (Au):   Hb/3−429, 506, 550
Au³⁺ . . . . Au³⁺:
                Chemical reactions . . . . 62 (Au):   Hb/3−657/66
                Electrochemical behavior . . . . 62 (Au):   Hb/3−551/3, 568,
                                                            595/606
                Increments . . . . 62 (Au):   Hb/3−433
                Ionization voltage. . . . . 62 (Au):   Hb/3−550
                Properties of the ion . . . . 62 (Au):   Hb/3−429
                Spectrum . . . . 62 (Au):   Hb/3−506
Au⁴⁺ . . . . Au⁴⁺ . . . . 62 (Au):   Hb/3−429, 550

Au^{n+}	Au^{n+} (n = 5 to 78).	62 (Au):	Hb/3–550
Au^{n-}	Au^{n-} (n = 1 to 5)	62 (Au):	Hb/3–550
AuBe	AuBe	62 (Au):	Hb/3–783
$AuBe_3$	$AuBe_3$	62 (Au):	Hb/3–782
$AuBe_{3.51}$	$AuBe_{3.51}$	62 (Au):	Hb/3–783/4
$AuBe_5$	$AuBe_5$	62 (Au):	Hb/3–784
AuBr	AuBr	62 (Au):	Hb/3–702/4, 706
AuBrCO	Au(CO)Br	62 (Au):	Hb/3–724
$AuBrC_2H_6$	$(CH_3)_2AuBr$	62 (Au):	Hb/3–726
$AuBrC_3H_9P$	$(CH_3)_3PAuBr$	62 (Au):	Hb/3–706
$AuBrC_4H_{10}$	$(C_2H_5)_2AuBr$	62 (Au):	Hb/3–726
$AuBrC_4H_{16}N_4O_4S$ . . .	$[Au(C_2H_8N_2)_2]Br(SO_4) \cdot 2 H_2O$ . .	62 (Au):	Hb/3–719
$AuBrC_5Cl_4H_{13}N$	$N(CH_3)_3(C_2H_4Br) [AuCl_4]$	62 (Au):	Hb/3–750
$AuBrC_5H_5N$	$AuBr \cdot C_5H_5N$	62 (Au):	Hb/3–706
$AuBrC_5H_{10}S$	$AuBr(CH_2)_5S$	62 (Au):	Hb/3–706
$AuBrC_6Cl_4H_4N_2$	$BrC_6H_4N_2[AuCl_4]$	62 (Au):	Hb/3–750
$AuBrC_6H_{14}$	$(C_3H_7)_2AuBr$	62 (Au):	Hb/3–726
$AuBrC_6H_{18}N_2$	$(C_2H_8N_2) (C_2H_5)_2AuBr$	62 (Au):	Hb/3–726
$AuBrC_8H_{18}$	$(C_4H_9)_2AuBr$	62 (Au):	Hb/3–726
$AuBrC_9H_{13}S$	$(C_6H_5CH_2)S(CH_3)_2AuBr$	62 (Au):	Hb/3–726
$AuBrC_9H_{15}N$	$C_5H_5N \cdot (C_2H_5)_2AuBr$	62 (Au):	Hb/3–726
$AuBrC_{10}H_{22}$	$(C_5H_{11})_2AuBr$	62 (Au):	Hb/3–726
$AuBrC_{11}H_{19}N$	$C_5H_5N \cdot (C_3H_7)_2AuBr$	62 (Au):	Hb/3–726
$AuBrCl_3P$	$AuBr \cdot PCl_3$	62 (Au):	Hb/3–705
$AuBrF_6$	$AuBrF_6$	62 (Au):	Hb/3–710
$AuBrH_3N$	$AuBr \cdot NH_3$	62 (Au):	Hb/3–705
$AuBrH_6N_2$	$AuBr \cdot 2 NH_3$	62 (Au):	Hb/3–705
$AuBrH_9N_3$	$AuBr \cdot 3 NH_3$	62 (Au):	Hb/3–705
$AuBrH_{12}N_4$	$AuBr \cdot 4 NH_3$	62 (Au):	Hb/3–705
$AuBrH_{18}N_6$	$AuBr \cdot 6 NH_3$	62 (Au):	Hb/3–704/5
$AuBr_2CH_3$	$(CH_3)AuBr_2$	62 (Au):	Hb/3–726
$AuBr_2C_2H_5$	$(C_2H_5)AuBr_2$	62 (Au):	Hb/3–726
$AuBr_2C_2KN_2$	$K[Au(CN)_2Br_2] \cdot 3 H_2O$	62 (Au):	Hb/3–745
$AuBr_2C_2N_2Na$	$Na[AuBr_2(CN)_2] \cdot H_2O$	62 (Au):	Hb/3–737
$AuBr_2C_3H_7$	$(C_3H_7)AuBr_2$	62 (Au):	Hb/3–726
$AuBr_2C_9H_{15}N_6$	$(C_6H_{12}N_4)CH_3CNAuCNBr_2$ . . .	62 (Au):	Hb/3–724
$AuBr_2C_{10}H_{17}N_6$	$(C_6H_{12}N_4)C_2H_5CNAuCNBr_2$ . .	62 (Au):	Hb/3–724
$AuBr_2Cl$	$AuClBr_2$	62 (Au):	Hb/3–710
$AuBr_2Cl_4CoH_{12}N_4$ . . .	$[Co(NH_3)_4Br_2] [AuCl_4]$	58 (Co):	Hb/B–250
$AuBr_2H$	$H[AuBr_2]$	62 (Au):	Hb/3–709
$AuBr_2Na$	$Na[AuBr_2]$	62 (Au):	Hb/3–733
$AuBr_3$	$AuBr_3$	62 (Au):	Hb/3–706/8
$AuBr_3C_3H_9P$	$(CH_3)_3PAuBr_3$	62 (Au):	Hb/3–709
$AuBr_3C_5H_{10}S$	$AuBr_3 \cdot (CH_2)_5S$	62 (Au):	Hb/3–709
$AuBr_3H_{27}N_9$	$AuBr_3 \cdot 9 NH_3$	62 (Au):	Hb/3–708
$AuBr_3H_{54}N_{18}$	$AuBr_3 \cdot 18 NH_3$	62 (Au):	Hb/3–708
$AuBr_3H_{66}N_{22}$	$AuBr_3 \cdot 22 NH_3$	62 (Au):	Hb/3–708
$AuBr_4C_7H_{15}N_4$	$AuBr_3 \cdot C_6H_{12}N_4 \cdot CH_3Br$	62 (Au):	Hb/3–709
$AuBr_4C_8H_{17}N_4$	$AuBr_3 \cdot C_6H_{12}N_4 \cdot C_2H_5Br$ . . .	62 (Au):	Hb/3–709
$AuBr_4CoH_{16}N_4O_6S$ . .	$[Co(NH_3)_4(H_2O)_2] (SO_4) (AuBr_4)$	58 (Co):	Hb/B–118

AuBr$_4$CoH$_{17}$N$_5$O$_5$S . . . [Co(NH$_3$)$_5$(H$_2$O)] (SO$_4$) (AuBr$_4$) . . . . . . 58 (Co):   Hb/B−110

AuBr$_4$CoH$_{18}$N$_6$O$_4$S . . . [Co(NH$_3$)$_6$]SO$_4$(AuBr$_4$) . . . . 58 (Co):   Hb/B−71

AuBr$_4$Cs . . . . Cs[AuBr$_4$]. . . . . 62 (Au):   Hb/3−754

AuBr$_4$H . . . . H[AuBr$_4$] · 3 H$_2$O . . . . 62 (Au):   Hb/3−710

−. . . . . H[AuBr$_4$] · 4 H$_2$O . . . . 62 (Au):   Hb/3−709/10

−. . . . . H[AuBr$_4$] · 5 H$_2$O . . . . 62 (Au):   Hb/3−709/10

−. . . . . H[AuBr$_4$] · 6 H$_2$O . . . . 62 (Au):   Hb/3−709/10

AuBr$_4$H$_4$N. . . . . . . NH$_4$[AuBr$_4$]. . . . . 62 (Au):   Hb/3−747

AuBr$_4$H$_{17}$N$_5$O$_5$RhS . . [Rh(NH$_3$)$_5$(H$_2$O)] (SO$_4$) [AuBr$_4$] . . . . . . 64 (Rh):   Hb−112

AuBr$_4$K . . . . K[AuBr$_4$] . . . . 62 (Au):   Hb/3−740/1

−. . . . . K[AuBr$_4$] · 2 H$_2$O . . . . 62 (Au):   Hb/3−741

AuBr$_4$Na . . . . Na[AuBr$_4$] . . . . 62 (Au):   Hb/3−733

AuBr$_4$P . . . . AuBr · PBr$_3$ . . . . 62 (Au):   Hb/3−705

AuBr$_4$Rb . . . . Rb[AuBr$_4$] . . . . 62 (Au):   Hb/3−752

AuBr$_7$S . . . . AuBr$_3$ · SBr$_4$ . . . . 62 (Au):   Hb/3−708/9

AuBr$_7$Se . . . . AuBr$_3$ · SeBr$_4$. . . . . 62 (Au):   Hb/3−709

AuBr$_8$CdRb$_3$ . . . . . CdRb$_3$AuBr$_8$ = RbAuBr$_4$ · Rb$_2$CdBr$_4$ . . . 62 (Au):   Hb/3−759

AuBr$_8$CuRb$_3$ . . . . . CuRb$_3$AuBr$_8$

　　　　　　　　　　　　　 = Rb$_2$[CuBr$_4$] · Rb[AuBr$_4$] . . . . 62 (Au):   Hb/3−765

AuBr$_8$HgRb$_3$ . . . . . HgRb$_3$AuBr$_8$ = RbAuBr$_4$ · Rb$_2$HgBr$_4$ . . . 62 (Au):   Hb/3−760

AuBr$_8$P . . . . AuBr$_3$ · PBr$_5$ . . . . 62 (Au):   Hb/3−709

AuBr$_8$Rb$_2$Tl. . . . . . TlRb$_2$AuBr$_8$ = RbTlBr$_4$ · RbAuBr$_4$. . . . . 62 (Au):   Hb/3−761

AuCClO. . . . . Au(CO)Cl . . . . 62 (Au):   Hb/3−724

AuCCl$_2$H$_4$N$_2$S. . . . . CS(NH$_2$)$_2$AuCl$_2$. . . . . 62 (Au):   Hb/3−693

AuCCl$_4$CoH$_{12}$N$_4$O$_3$ . . [Co(NH$_3$)$_4$(CO$_3$)] [AuCl$_4$] · 0.5 H$_2$O. . . . 58 (Co):   Hb/B−282/3

AuCCl$_4$H$_5$N$_2$O . . . . CO(NH$_2$)$_2$H[AuCl$_4$] · H$_2$O. . . . . 62 (Au):   Hb/3−750

AuCCl$_4$H$_6$N . . . . . . CH$_3$NH$_3$[AuCl$_4$]. . . . . 62 (Au):   Hb/3−749

−. . . . . CH$_3$NH$_3$[AuCl$_4$] · H$_2$O . . . . 62 (Au):   Hb/3−749

AuCCl$_4$H$_6$N$_3$ . . . . . CNH(NH$_2$)$_2$H[AuCl$_4$] . . . . 62 (Au):   Hb/3−750

AuCH$_3$N$_2$S . . . . . . Au(CNS) · NH$_3$ . . . . 62 (Au):   Hb/3−726

AuCN. . . . . AuCN. . . . . 62 (Au):   Hb/3−722/3

−. . . . . AuCN systems:

　　　　　　　　　　　　　 AuCN−KCN−H$_2$O . . . . 62 (Au):   Hb/3−744

AuCNS . . . . AuCNS . . . . 62 (Au):   Hb/3−725

AuC$_2$ClH$_6$S . . . . . . (CH$_3$)$_2$SAuCl . . . . 62 (Au):   Hb/3−693

AuC$_2$ClH$_8$N$_4$S$_2$ . . . . [CS(NH$_2$)$_2$]$_2$ · AuCl . . . . 62 (Au):   Hb/3−693

AuC$_2$ClH$_{12}$N$_4$O$_8$ . . . [Au(NH$_3$)$_4$] (ClO$_4$) (C$_2$O$_4$). . . . . 62 (Au):   Hb/3−682

AuC$_2$Cl$_2$KN$_2$ . . . . . K[Au(CN)$_2$Cl$_2$] · H$_2$O . . . . 62 (Au):   Hb/3−745

AuC$_2$Cl$_3$H$_6$S. . . . . . (CH$_3$)$_2$SAuCl$_3$. . . . . 62 (Au):   Hb/3−700

AuC$_2$Cl$_4$CoH$_{18}$N$_6$O$_4$. . [Co(NH$_3$)$_6$]C$_2$O$_4$(AuCl$_4$) · 4 H$_2$O . . . . . 58 (Co):   Hb/B−70

AuC$_2$Cl$_4$H$_8$N . . . . . (CH$_3$)$_2$NH$_2$[AuCl$_4$] . . . . 62 (Au):   Hb/3−749

−. . . . . C$_2$H$_5$NH$_3$[AuCl$_4$] . . . . 62 (Au):   Hb/3−749

AuC$_2$Cl$_4$H$_9$N$_4$O$_2$. . . . [CO(NH$_2$)$_2$]$_2$H[AuCl$_4$]. . . . . 62 (Au):   Hb/3−750

AuC$_2$CuN$_2$ . . . . . . Cu[Au(CN)$_2$] . . . . 62 (Au):   Hb/3−764

AuC$_2$HN$_2$S$_2$. . . . . . H[Au(CNS)$_2$] . . . . 62 (Au):   Hb/3−725

AuC$_2$H$_4$N$_3$. . . . . . NH$_4$[Au(CN)$_2$] . . . . 62 (Au):   Hb/3−748/9

AuC$_2$H$_4$N$_3$S$_2$ . . . . . NH$_4$[Au(CNS)$_2$]. . . . . 62 (Au):   Hb/3−749

AuC$_2$H$_6$I. . . . . (CH$_3$)$_2$AuI. . . . . 62 (Au):   Hb/3−726

AuC$_2$H$_8$N$_5$O$_3$S$_2$ . . . . [Au · 2 CS(NH$_2$)$_2$]NO$_3$ · H$_2$O . . . . 62 (Au):   Hb/3−683

$AuC_2H_{12}N_5O_7$	$[Au(NH_3)_4] (NO_3) (C_2O_4)$	62 (Au):	Hb/3–682
$AuC_2I_2KN_2$	$K[Au(CN)_2I_2] \cdot xH_2O$	62 (Au):	Hb/3–745
AuC_2KN_2	$K[Au(CN)_2]$	62 (Au):	Hb/3–743/4
$AuC_2KN_2S_2$	$K[Au(CNS)_2]$	62 (Au):	Hb/3–745/6
$AuC_2KN_2Se_2$	$K[Au(CNSe)_2]$	62 (Au):	Hb/3–747
AuC_2N_2Na	$Na[Au(CN)_2]$	62 (Au):	Hb/3–737
$AuC_2N_2NaO_2$	$Na[Au(CNO)_2]$	62 (Au):	Hb/3–737
–	$Na[Au(ONC)_2]$	21 (Na):	Eb/4–1387
$AuC_2N_2S_2{}^-$	$[Au(SCN)_2]^-$	62 (Au):	Hb/3–725
$AuC_3ClH_9O_3P$	$(CH_3)_3PO_3 \cdot AuCl$	62 (Au):	Hb/3–693
AuC_3ClH_9P	$(CH_3)_3PAuCl$	62 (Au):	Hb/3–693
$AuC_3Cl_3H_9P$	$(CH_3)_3PAuCl_3$	62 (Au):	Hb/3–700
$AuC_3Cl_4CoH_{14}N_4O_4$ . .	$[Co(NH_3)_4(C_3H_2O_4)] [AuCl_4]$ . . .	58 (Co):	Hb/B–292
$AuC_3Cl_4H_{10}N$	$(CH_3) (C_2H_5)NH_2[AuCl_4]$	62 (Au):	Hb/3–750
–	$(CH_3)_3NH[AuCl_4]$	62 (Au):	Hb/3–749
–	$C_3H_7NH_3[AuCl_4]$	62 (Au):	Hb/3–750
$AuC_3Cl_4H_{10}NO$	$(C_3H_6OH)NH_3[AuCl_4]$	62 (Au):	Hb/3–750
$AuC_3Cl_4Hg_2N_3$	$Au(CN)_3 \cdot 2 HgCl_2$	62 (Au):	Hb/3–760
$AuC_3HN_3OS_3{}^-$	$[Au(CNS)_3(OH)]^-$	62 (Au):	Hb/3–726
AuC_3H_9IP	$(CH_3)_3PAuI$	62 (Au):	Hb/3–693
$AuC_3H_9I_3P$	$(CH_3)_3PAuI_3$	62 (Au):	Hb/3–700
AuC_3N_3	$Au(CN)_3 \cdot 3 H_2O$	62 (Au):	Hb/3–723/4
$AuC_3N_3S_3$	$Au(CNS)_3$	62 (Au):	Hb/3–725
AuC_4ClH_{10}	$(C_2H_5)_2AuCl$	62 (Au):	Hb/3–726
$AuC_4Cl_3H_4N_2$	$C_4H_4N_2AuCl_3$	62 (Au):	Hb/3–700
$AuC_4Cl_3H_{16}N_4$	$(C_2H_8N_2)_2AuCl_3$	62 (Au):	Hb/3–700
$AuC_4Cl_4CoH_{16}N_4O_3S$.	$[Co(C_2H_8N_2)_2(SO_3)] [AuCl_4] \cdot 3 H_2O$	58 (Co):	Hb/B–278
$AuC_4Cl_4CoH_{16}N_6O_4$ . .	$[Co(C_2H_8N_2)_2(NO_2)_2] [AuCl_4]$ . . .	58 (Co):	Hb/B–220
$AuC_4Cl_4H_5N_2$	$C_4H_4N_2H[AuCl_4]$	62 (Au):	Hb/3–750
$AuC_4Cl_4H_{11}N_2O_2$ . . .	$(CH_3CONH_2)_2H[AuCl_4]$	62 (Au):	Hb/3–750
$AuC_4Cl_4H_{12}N$	$(CH_3)_2(C_2H_5)NH[AuCl_4]$	62 (Au):	Hb/3–750
–	$(CH_3)_4N[AuCl_4]$	62 (Au):	Hb/3–749
–	$(C_2H_5)_2NH_2[AuCl_4]$	62 (Au):	Hb/3–749
$AuC_4Cl_4H_{12}P$	$(CH_3)_4PClAuCl_3$	62 (Au):	Hb/3–700
$AuC_4Cl_6CoH_{22}N_6$ . . .	$[Co(NH_3)_2(C_2H_8N_2)_2]Cl_2(AuCl_4)$	58 (Co):	Hb/B–87
$AuC_4Cl_7H_{20}N_4$	$[AuCl_2(C_2H_4(NH_3)_2Cl_2)_2]Cl$	62 (Au):	Hb/3–750
$AuC_4CrH_6N_6S_4$	$Au[Cr(SCN)_4(NH_3)_2]$	52 (Cr):	Hb/C–238
AuC_4HN_4	$H[Au(CN)_4] \cdot 3 H_2O$	62 (Au):	Hb/3–724
$AuC_4HN_4S_4$	$H[Au(CNS)_4] \cdot 2 H_2O$	62 (Au):	Hb/3–725/6
$AuC_4H_4N_5$	$NH_4[Au(CN)_4] \cdot H_2O$	62 (Au):	Hb/3–749
$AuC_4H_4N_5S_4$	$NH_4[Au(CNS)_4]$	62 (Au):	Hb/3–749
$AuC_4H_{10}I$	$(C_2H_5)_2AuI$	62 (Au):	Hb/3–726
$AuC_4H_{14}IN_2$	$(C_2H_8N_2) (CH_3)_2AuI$	62 (Au):	Hb/3–727
AuC_4KN_4	$K[Au(CN)_4] \cdot 1.5 H_2O$	62 (Au):	Hb/3–745
$AuC_4KN_4S_4$	$K[Au(CNS)_4]$	62 (Au):	Hb/3–746/7
$AuC_4N_4NaS_4$	$Na[Au(CNS)_4]$	62 (Au):	Hb/3–737
$AuC_4N_4S_4{}^-$	$[Au(CNS)_4]^-$	62 (Au):	Hb/3–725/6
AuC_5ClH_5N	C_5H_5NAuCl	62 (Au):	Hb/3–692
$AuC_5Cl_3H_5N$	$C_5H_5NAuCl_3$	62 (Au):	Hb/3–700
$AuC_5Cl_3H_6N_2$	$C_5H_6N_2AuCl_3$	62 (Au):	Hb/3–700

AuC$_5$Cl$_4$H$_6$N . . . . . C$_5$H$_5$NH[AuCl$_4$]. . . . . 62 (Au): Hb/3–750
AuC$_5$Cl$_4$H$_7$N$_2$ . . . . . C$_5$H$_6$N$_2$H[AuCl$_4$] . . . . 62 (Au): Hb/3–750
AuC$_5$Cl$_4$H$_{12}$N . . . . . C$_5$H$_{11}$NH[AuCl$_4$] . . . . 62 (Au): Hb/3–751
AuC$_5$Cl$_4$H$_{12}$NO . . . . C$_5$H$_{11}$NOH[AuCl$_4$] . . . . 62 (Au): Hb/3–751
AuC$_5$Cl$_4$H$_{14}$N . . . . . (CH$_3$)$_3$(C$_2$H$_5$)N[AuCl$_4$] . . . . . . 62 (Au): Hb/3–750
AuC$_5$H$_{10}$N. . . . . . . (C$_2$H$_5$)$_2$AuCN . . . . 62 (Au): Hb/3–727
AuC$_5$N$_5$S$_5$$^{2-}$ . . . . . [Au(CNS)$_5$]$^{2-}$ . . . . 62 (Au): Hb/3–725/6
AuC$_6$ClH$_{12}$N$_4$ . . . . C$_6$H$_{12}$N$_4$AuCl . . . . 62 (Au): Hb/3–692
AuC$_6$ClH$_{14}$ . . . . . . (C$_3$H$_7$)$_2$AuCl . . . . 62 (Au): Hb/3–726
AuC$_6$Cl$_3$H$_8$N$_2$ . . . . C$_6$H$_8$N$_2$AuCl$_3$ . . . . 62 (Au): Hb/3–700
AuC$_6$Cl$_3$H$_{12}$N$_4$ . . . C$_6$H$_{12}$N$_4$AuCl$_3$ . . . . 62 (Au): Hb/3–700
AuC$_6$Cl$_4$CoH$_{16}$N$_4$O$_4$ . . [Co(C$_2$H$_8$N$_2$)$_2$(C$_2$O$_4$)] [AuCl$_4$]. . . . . . 58 (Co): Hb/B–290
AuC$_6$Cl$_4$Cr$_3$H$_8$O$_{14}$ . . . [Cr$_3$(OH)$_2$(HCOO)$_6$] [AuCl$_4$] · 5 H$_2$O . . . . 52 (Cr): Hb/B–381
AuC$_6$Cl$_4$H$_4$IN$_2$. . . . . IC$_6$H$_4$N$_2$[AuCl$_4$]. . . . . 62 (Au): Hb/3–750
AuC$_6$Cl$_4$H$_4$N$_3$O$_2$ . . . . NO$_2$C$_6$H$_4$N$_2$[AuCl$_4$]. . . . . 62 (Au): Hb/3–750
AuC$_6$Cl$_4$H$_5$N$_2$ . . . . . C$_6$H$_5$N$_2$[AuCl$_4$] . . . . 62 (Au): Hb/3–750
AuC$_6$Cl$_4$H$_5$N$_2$O . . . . OHC$_6$H$_4$N$_2$[AuCl$_4$] . . . . 62 (Au): Hb/3–750
AuC$_6$Cl$_4$H$_8$N . . . . . C$_6$H$_7$NH[AuCl$_4$]. . . . . 62 (Au): Hb/3–750
AuC$_6$Cl$_4$H$_9$N$_2$ . . . . . C$_6$H$_8$N$_2$H[AuCl$_4$] · H$_2$O . . . . . 62 (Au): Hb/3–750
AuC$_6$Cl$_4$H$_{16}$N . . . . . (CH$_3$)$_2$(C$_2$H$_5$)$_2$N[AuCl$_4$] . . . . . . 62 (Au): Hb/3–750
–. . . . . (C$_2$H$_5$)$_3$NH[AuCl$_4$] . . . . 62 (Au): Hb/3–749
AuC$_6$Cl$_5$H$_4$N$_2$ . . . . . ClC$_6$H$_4$N$_2$[AuCl$_4$] . . . . 62 (Au): Hb/3–750
AuC$_6$Cl$_6$CoH$_{20}$N$_4$ . . . [Co(CH$_3$CHNH$_2$CH$_2$NH$_2$)$_2$Cl$_2$] [AuCl$_4$] . . . 58 (Co): Hb/B–244
AuC$_6$Cl$_6$CoH$_{26}$N$_6$ . . . [Co(NH$_3$)$_2$(CH$_3$CH(NH$_2$)
                         CH$_2$NH$_2$)$_2$]Cl$_2$(AuCl$_4$) . . . . 58 (Co): Hb/B–90
AuC$_6$Cl$_7$H$_{24}$N$_4$ . . . . [AuCl$_2$(C$_3$H$_6$(NH$_3$)$_2$Cl$_2$)$_2$]Cl . . . . . . 62 (Au): Hb/3–750
AuC$_6$F$_5$S . . . . AuSC$_6$F$_5$ . . . . Erg. W. 12–33/4
AuC$_6$H$_{12}$N$_5$O$_3$S$_2$ . . . [Au · 2 (CH$_2$NH)$_2$CS]NO$_3$. . . . . 62 (Au): Hb/3–683
AuC$_6$H$_{18}$IN$_2$. . . . . . (C$_2$H$_8$N$_2$) (C$_2$H$_5$)$_2$AuI . . . . 62 (Au): Hb/3–727
AuC$_6$N$_6$S$_6$$^{3-}$ . . . . . [Au(CNS)$_6$]$^{3-}$ . . . . 62 (Au): Hb/3–725/6
AuC$_7$Cl$_4$H$_7$N$_2$ . . . . . CH$_3$C$_6$H$_4$N$_2$[AuCl$_4$] . . . . 62 (Au): Hb/3–750
AuC$_7$Cl$_4$H$_7$N$_2$O . . . . CH$_3$OC$_6$H$_4$N$_2$[AuCl$_4$] . . . . 62 (Au): Hb/3–750
AuC$_7$Cl$_4$H$_{10}$N . . . . . C$_6$H$_5$CH$_2$NH$_3$[AuCl$_4$] . . . . 62 (Au): Hb/3–750
–. . . . . C$_7$H$_9$NH[AuCl$_4$] . . . . 62 (Au): Hb/3–751
AuC$_7$Cl$_4$H$_{16}$N . . . . . C$_7$H$_{15}$NH[AuCl$_4$] . . . . 62 (Au): Hb/3–751
AuC$_7$Cl$_4$H$_{18}$N . . . . . (CH$_3$) (C$_2$H$_5$)$_3$N[AuCl$_4$] . . . . 62 (Au): Hb/3–750
AuC$_7$H$_{14}$N. . . . . . . (C$_3$H$_7$)$_2$AuCN . . . . 62 (Au): Hb/3–727
AuC$_7$H$_{15}$I$_2$N$_4$ . . . . . C$_6$H$_{12}$N$_4$ · CH$_3$I · AuI . . . . 62 (Au): Hb/3–715
AuC$_8$Cl$_4$CoH$_{20}$N$_4$O$_6$S [Co(C$_2$H$_8$N$_2$)$_2$(C$_4$H$_4$O$_6$S)] [AuCl$_4$] · H$_2$O . . 58 (Co): Hb/B–296
AuC$_8$Cl$_4$H$_{12}$N . . . . . C$_8$H$_{11}$NH[AuCl$_4$] . . . . 62 (Au): Hb/3–751
AuC$_8$Cl$_4$H$_{20}$N . . . . . (C$_2$H$_5$) (C$_3$H$_7$)$_2$NH[AuCl$_4$]. . . . . . . 62 (Au): Hb/3–750
–. . . . . (C$_2$H$_5$)$_4$N[AuCl$_4$] . . . . 62 (Au): Hb/3–749
AuC$_8$Cl$_4$H$_{20}$P . . . . . (C$_2$H$_5$)$_4$PClAuCl$_3$ . . . . 62 (Au): Hb/3–700
AuC$_8$Cl$_7$H$_{28}$N$_4$Pt . . . [Pt(C$_2$H$_5$NH$_2$)$_4$Cl$_2$] [AuCl$_4$]Cl . . . . . . 68 (Pt): Hb/D–506
AuC$_9$Cl$_2$H$_{15}$N$_6$ . . . . (C$_6$H$_{12}$N$_4$)CH$_3$CNAuCNCl$_2$ . . . . . 62 (Au): Hb/3–724
AuC$_9$Cl$_3$H$_7$N . . . . . C$_9$H$_7$NAuCl$_3$ . . . . 62 (Au): Hb/3–700
AuC$_9$Cl$_4$H$_8$N . . . . . C$_9$H$_7$NH[AuCl$_4$] . . . . 62 (Au): Hb/3–751
AuC$_9$Cl$_4$H$_{14}$NO$_2$S . . . C$_6$H$_5$SO$_2$N(CH$_3$)$_3$[AuCl$_4$] . . . . 62 (Au): Hb/3–750
AuC$_9$H$_{15}$I$_5$N$_6$ . . . . . (C$_6$H$_{12}$N$_4$)CH$_3$CNI · I$_2$ · AuCNI$_2$. . . . . . 62 (Au): Hb/3–724
AuC$_9$H$_{15}$N$_6$ . . . . . . (C$_6$H$_{12}$N$_4$)CH$_3$CNAuCN · H$_2$O . . . . 62 (Au): Hb/3–723

$AuC_9H_{15}N_6S_2$ . . . . . $(C_6H_{12}N_4)CH_3CNSAuCNS$ . . . . 62 (Au):   Hb/3−725

$AuC_9H_{18}N$ . . . . . . $(C_4H_9)_2AuCN$ . . . . 62 (Au):   Hb/3−727

$AuC_{10}Cl_2H_{17}N_6$ . . . . $(C_6H_{12}N_4)C_2H_5CNAuCNCl_2$ . . . . 62 (Au):   Hb/3−724

$AuC_{10}Cl_3H_{10}N_2$ . . . . $(C_5H_5N)_2AuCl_3$ . . . . 62 (Au):   Hb/3−700

−. . . . . $(C_5H_5N)_2AuCl_3 \cdot H_2O$ . . . . 62 (Au):   Hb/3−700

$AuC_{10}Cl_4H_{16}N$ . . . . $(CH_3)_3(C_6H_5CH_2)N[AuCl_4]$ . . . . 62 (Au):   Hb/3−750

$AuC_{10}Cl_4H_{16}NO_2S$ . . $C_6H_5SO_2N(CH_3)_2(C_2H_5)$ $[AuCl_4]$ . . 62 (Au):   Hb/3−750

$AuC_{10}Cl_5H_{24}N_2$ . . . . $C_5H_{11}NH[AuCl_4] \cdot C_5H_{11}NHCl$ . . . 62 (Au):   Hb/3−751

$AuC_{10}H_{17}N_6$ . . . . . . $(C_6H_{12}N_4)C_2H_5CNAuCN$ . . . . . 62 (Au):   Hb/3−723

$AuC_{11}Cl_4H_{22}NO_4$ . . . $C_7H_9O_2NH[AuCl_4] \cdot 2 C_2H_5OH$ . . . 62 (Au):   Hb/3−751

$AuC_{11}H_{15}N_8$ . . . . . $(C_6H_{12}N_4)CH_3CNAu(CN)_3$ . . . . 62 (Au):   Hb/3−724

$AuC_{11}H_{15}N_8S_4$ . . . . $(C_6H_{12}N_4)CH_3CNSAu(CNS)_3$ . . . 62 (Au):   Hb/3−725

$AuC_{11}H_{22}N$ . . . . . . $(C_5H_{11})_2AuCN$ . . . . 62 (Au):   Hb/3−727

$AuC_{12}Cl_4Cr_3H_{20}O_{14}$ . . $[Cr_3(OH)_2(CH_3COO)_6] [AuCl_4] \cdot 5 H_2O$ . . . 52 (Cr):   Hb/B−395

$AuC_{12}Co_3FeO_{12}$ . . . . $Au[FeCo_3(CO)_{12}]$ . . . . Erg. W. 6−141

$AuC_{12}F_{10}S_2{}^-$ . . . . . $[Au(SC_6F_5)_2]^-$ . . . . Erg. W. 9−114

$AuC_{12}H_8KN_4$ . . . . . $K[Au(CN)_2C_{10}H_8N_2]$ . . . . 62 (Au):   Hb/3−744

$AuC_{12}H_{17}N_8$ . . . . . . $(C_6H_{12}N_4)C_2H_5CNAu(CN)_3$ . . . . 62 (Au):   Hb/3−724

$AuC_{14}ClH_{14}S$ . . . . . $(C_6H_5CH_2)_2SAuCl$ . . . . 62 (Au):   Hb/3−693

$AuC_{14}Cl_3H_{14}S$ . . . . . $(C_6H_5CH_2)_2SAuCl_3$ . . . . 62 (Au):   Hb/3−700

$AuC_{14}Cl_4H_{15}N_2O_2$ . . $(C_6H_5CONH_2)_2H[AuCl_4]$ . . . . . . 62 (Au):   Hb/3−750

$AuC_{14}H_8KN_4$ . . . . . . $K[Au(CN)_2C_{12}H_8N_2]$ . . . . 62 (Au):   Hb/3−744

$AuC_{14}H_8N_4Tl$ . . . . . $Tl[Au(CN)_2C_{12}H_8N_2]$ . . . . 62 (Au):   Hb/3−761

$AuC_{14}H_{12}N_5$ . . . . . . $NH_4[Au(CN)_2C_{12}H_8N_2]$ . . . . . . 62 (Au):   Hb/3−749

$AuC_{14}H_{14}IS$ . . . . . $(C_6H_5CH_2)_2S \cdot AuI$ . . . . . . 62 (Au):   Hb/3−715

$AuC_{15}Cl_4H_{18}NO_2S$ . . $C_6H_5SO_2N(CH_3)_2(C_7H_7)$ $[AuCl_4]$ . . . . . 62 (Au):   Hb/3−750

$AuC_{16}H_{20}IS$ . . . . . . $(C_6H_5CH_2)_2S(CH_3)_2AuI$ . . . . 62 (Au):   Hb/3−727

$AuC_{16}H_{34}I_7N_8$ . . . . . $C_6H_{12}N_4 \cdot C_2H_5I \cdot 2 I_2 \cdot C_6H_{12}N_4$

                      $\cdot C_2H_5I \cdot AuI$ . . . . 62 (Au):   Hb/3−715

$AuC_{18}Cl_5H_{16}N_2$ . . . . $C_9H_7NH[AuCl_4] \cdot C_9H_7NHCl$ . . . . . . 62 (Au):   Hb/3−751

$AuC_{20}Cl_6CoH_{20}N_4$ . . $[Co(C_5H_5N)_4Cl_2] [AuCl_4]$ . . . . 58 (Co):   Hb/B−235

$AuC_{21}H_{12}N_3S_6$ . . . . $Au(C_7H_4NS_2)_3$ . . . . 62 (Au):   Hb/3−644

$AuC_{22}CoH_{15}O_4P$ . . . $(C_6H_5)_3PAuCo(CO)_4$ . . . . Erg. W. 5−150/1

$AuC_{24}CrH_{18}O_5PS$ . . $(CO)_5CrS(CH_3)AuP(C_6H_5)_3$ . . . . Erg. W. 3−46, 52

$AuC_{24}H_{15}O_6PV$ . . . . $(CO)_6VAuP(C_6H_5)_3$ . . . . Erg. W. 2−7/8

$AuC_{25}H_{24}O_4PRuSi$ . . $(CH_3)_3SiRu(CO)_4Au[P(C_6H_5)_3]$ . . 63 (Ru):   Eb−565

$AuC_{26}ClF_{12}H_{15}PS_4$ . . $(C_6H_5)_3PClAuS_4C_4(CF_3)_4$ . . . . . Erg. W. 9−83

$AuC_{26}CrH_{20}O_3P$ . . . . $C_5H_5Cr(CO)_3AuP(C_6H_5)_3$ . . . . Erg. W. 3−157, 159

$AuC_{33}CoH_{42}O_3P_2$ . . $(C_6H_5)_3PAuCo(CO)_3P(C_4H_9)_3$ . . . Erg. W. 5−96, 98

$AuC_{36}H_{30}N_3O_3S_3$ . . $Au(C_{12}H_{10}ONS)_3$ . . . . 62 (Au):   Hb/3−644

$AuC_{39}CoH_{30}O_3P_2$ . . $(C_6H_5)_3PAuCo(CO)_3P(C_6H_5)_3$ . . . Erg. W. 5−96, 98

$AuC_{39}CoH_{30}O_6P_2$ . . $(C_6H_5)_3PAuCo(CO)_3P(OC_6H_5)_3$ . . Erg. W. 5−96, 98

$AuC_{41}H_{30}O_5P_2V$ . . . . $(C_6H_5)_3PAuV(CO)_5P(C_6H_5)_3$ . . . Erg. W. 2−4

$AuC_{100}H_{125}N_{10}O_{22}S_4$. 5 $(C_{20}H_{24}N_2O_2) \cdot H_5[Au(SO_3)_4]$ . . . . 62 (Au):   Hb/3−734

$AuC_{160}H_{250}N_5O_{57}S_4$. 5 $(C_{32}H_{49}NO_9) \cdot H_5[Au(SO_3)_4]$ . . . . . 62 (Au):   Hb/3−734

$AuCa_{1.11}$ . . . . $AuCa_{1.11}$ . . . . 62 (Au):   Hb/3−785

$AuCa_{1.33}$ . . . . $AuCa_{1.33}$ . . . . 62 (Au):   Hb/3−785

$AuCa_2$ . . . . $AuCa_2$ . . . . 62 (Au):   Hb/3−785

$AuCd$ . . . . $AuCd$ . . . . 62 (Au):   Hb/3−798

$AuCdI_{16}Rb_5Tl_2$ . . . . $Tl_2Rb_5CdAuI_{16}$ . . . . 62 (Au):   Hb/3−761

AuCd$_3$. . . . . AuCd$_3$ . . . . 62 (Au):   Hb/3–811
AuCl . . . . AuCl . . . . 62 (Au):   Hb/3–686/90
AuClHN. . . . . . . ClAuNH. . . . . 62 (Au):   Hb/3–678
AuClH$_3$N . . . . . AuCl · NH$_3$ . . . . 62 (Au):   Hb/3–692
AuClH$_4$N$_2$. . . . . . (NH$_2$)$_2$AuCl . . . . 62 (Au):   Hb/3–678, 681
–. . . . . Au(NH$_2$)$_2$Cl · H$_2$O. . . . . . . 62 (Au):   Hb/3–681
AuClH$_6$N$_2$. . . . . AuCl · 2 NH$_3$ . . . . 62 (Au):   Hb/3–691/2
AuClH$_6$N$_2$O . . . . AuOCl · 2 NH$_3$ . . . . 62 (Au):   Hb/3–681
AuClH$_9$N$_3$. . . . . AuCl · 3 NH$_3$ . . . . 62 (Au):   Hb/3–691
AuClH$_{12}$N$_4$ . . . . AuCl · 4 NH$_3$ . . . . 62 (Au):   Hb/3–691
AuClH$_{12}$N$_4$O$_8$S . . . . [Au(NH$_3$)$_4$] (ClO$_4$) (SO$_4$) · 2 H$_2$O . . . . . 62 (Au):   Hb/3–682
AuClH$_{18}$N$_6$ . . . . . AuCl · 6 NH$_3$ . . . . 62 (Au):   Hb/3–691
AuClH$_{36}$N$_{12}$. . . . . AuCl · 12 NH$_3$ . . . . 62 (Au):   Hb/3–691
AuCl$_2$H$_4$N . . . . . . NH$_4$[AuCl$_2$] . . . . 62 (Au):   Hb/3–747
AuCl$_2$K . . . . K[AuCl$_2$] . . . . 62 (Au):   Hb/3–739
AuCl$_2$Na . . . . . Na[AuCl$_2$] . . . . 62 (Au):   Hb/3–732
AuCl$_3$ . . . . AuCl$_3$ . . . . 62 (Au):   Hb/3–657/66, 693/9
AuCl$_3$HO$^-$ . . . . . [AuCl$_3$OH]$^-$ . . . . 62 (Au):   Hb/3–701
AuCl$_3$H$_{12}$N$_4$O$_9$ . . . . [Au(NH$_3$)$_4$] (ClO$_3$)$_3$ · 2 H$_2$O . . . 62 (Au):   Hb/3–681
AuCl$_3$H$_{12}$N$_4$O$_{12}$ . . . . [Au(NH$_3$)$_4$] (ClO$_4$)$_3$ . . . . . 62 (Au):   Hb/3–681
AuCl$_4$$^-$ . . . . [AuCl$_4$]$^-$ . . . . 62 (Au):   Hb/3–701
AuCl$_4$CoH$_{12}$N$_6$O$_4$ . . . [Co(NH$_3$)$_4$(NO$_2$)$_2$] [AuCl$_4$] . . . 58 (Co):   Hb/B–210, 216
AuCl$_4$CoH$_{15}$N$_7$O$_5$ . . . [Co(NH$_3$)$_5$(NO$_2$)] (NO$_3$) (AuCl$_4$) . . 58 (Co):   Hb/B–139
AuCl$_4$CoH$_{17}$N$_5$O$_5$S . . [Co(NH$_3$)$_5$(H$_2$O)] (SO$_4$) (AuCl$_4$) . . . 58 (Co):   Hb/B–110
AuCl$_4$CoH$_{18}$N$_6$O$_4$S . . [Co(NH$_3$)$_6$]SO$_4$(AuCl$_4$) . . . . 58 (Co):   Hb/B–70
AuCl$_4$Cs. . . . . Cs[AuCl$_4$]. . . . . 62 (Au):   Hb/3–753
–. . . . . Cs[AuCl$_4$] · 0.5 H$_2$O . . . . . 62 (Au):   Hb/3–754
AuCl$_4$H . . . . . . H[AuCl$_4$] · nH$_2$O . . . . . . 62 (Au):   Hb/3–700/2
AuCl$_4$H$_4$N . . . . . . NH$_4$[AuCl$_4$] · 1.25 H$_2$O . . . 62 (Au):   Hb/3–747
–. . . . . NH$_4$[AuCl$_4$] · 2.5 H$_2$O. . . . . 62 (Au):   Hb/3–747
AuCl$_4$K . . . . K[AuCl$_4$] . . . . 62 (Au):   Hb/3–739/40
–. . . . . K[AuCl$_4$] · 2 H$_2$O . . . . . 62 (Au):   Hb/3–740
–. . . . . K[AuCl$_4$] systems:
                              K[AuCl$_4$]–KCl . . . . 62 (Au):   Hb/3–740
AuCl$_4$Li . . . . Li[AuCl$_4$] . . . . 62 (Au):   Hb/3–731
–. . . . . Li[AuCl$_4$] · 2 H$_2$O . . . . . 62 (Au):   Hb/3–731
–. . . . . Li[AuCl$_4$] · 2.5 H$_2$O . . . . 62 (Au):   Hb/3–731
–. . . . . Li[AuCl$_4$] · 4 H$_2$O . . . . . 62 (Au):   Hb/3–731
AuCl$_4$NO . . . . . . AuCl$_3$ · NOCl . . . . 62 (Au):   Hb/3–699
AuCl$_4$Na . . . . . . Na[AuCl$_4$] · 2 H$_2$O . . . . . 62 (Au):   Hb/3–732/3
AuCl$_4$P . . . . AuCl · PCl$_3$ . . . . 62 (Au):   Hb/3–692
AuCl$_4$Rb . . . . . . Rb[AuCl$_4$]. . . . . 62 (Au):   Hb/3–752
AuCl$_5$CoH$_{14}$N$_5$O$_3$ . . . [Co(NH$_3$)$_4$(H$_2$O) (NO$_2$)]Cl(AuCl$_4$) . . . . 58 (Co):   Hb/B–143
AuCl$_5$CoH$_{15}$N$_6$O$_2$ . . . [Co(NH$_3$)$_5$(NO$_2$)]Cl(AuCl$_4$) · 0.5 H$_2$O . . . . 58 (Co):   Hb/B–139
AuCl$_6$CoH$_{12}$N$_4$ . . . . [Co(NH$_3$)$_4$Cl$_2$] [AuCl$_4$] . . . . 58 (Co):   Hb/B–233
AuCl$_6$CoH$_{15}$N$_5$ . . . . [Co(NH$_3$)$_5$Cl]Cl(AuCl$_4$) . . . . 58 (Co):   Hb/B–159
AuCl$_6$CoH$_{17}$N$_5$O . . . [Co(NH$_3$)$_5$(H$_2$O)]Cl$_2$(AuCl$_4$) . . . . 58 (Co):   Hb/B–110
AuCl$_6$CoH$_{18}$N$_6$ . . . . [Co(NH$_3$)$_6$]Cl$_2$(AuCl$_4$). . . . . 58 (Co):   Hb/B–70

Formula	Compound	Vol	Ref
$AuCl_6H_{18}N_6Ru$	$[Ru(NH_3)_6]Cl_3 \cdot AuCl_3$		
	$= [Ru(NH_3)_6]Cl_2[AuCl_4]$	63 (Ru):	Eb–445
$AuCl_6OP$	$POCl_3 \cdot AuCl_3$	16 (P):	Hb/C–473
$AuCl_7S$	$AuCl_3 \cdot SCl_4$	62 (Au):	Hb/3–699
$AuCl_7Se$.	$AuCl_3 \cdot SeCl_4$	62 (Au):	Hb/3–700
$AuCl_8P$	$AuCl_3 \cdot PCl_5$	62 (Au):	Hb/3–700
$AuCs_{0.77}$	$AuCs_{0.77}$	62 (Au):	Hb/3–781/2
$AuCs$	$AuCs$	62 (Au):	Hb/3–781/2
$AuCsI_4$	$Cs[AuI_4]$	62 (Au):	Hb/3–754
$AuCsO_2$	$Cs[AuO_2] \cdot 3 H_2O$	62 (Au):	Hb/3–752
$AuCs_2I_4$	Cs_2AuI_4	62 (Au):	Hb/3–754
$AuCu$	$AuCu$	62 (Au):	Hb/3–884/5, 901/2, 906/27
$AuCu_3$	$AuCu_3$	62 (Au):	Hb/3–884, 902/27
$AuCu_3Pt_2$	Pt_2AuCu_3	68 (Pt):	Hb/A6–826
$AuCu_4$	$AuCu_4$	62 (Au):	Hb/3–886
AuF	AuF	62 (Au):	Hb/3–684
AuF_3	AuF_3	62 (Au):	Hb/3–684
AuF_4K	$K[AuF_4]$	62 (Au):	Hb/3–739
AuF_4Na	$Na[AuF_4]$	62 (Au):	Hb/3–731
$AuGa$	$AuGa$	62 (Au):	Hb/3–827
$AuGa_2$	$AuGa_2$	62 (Au):	Hb/3–827, 828
AuH	AuH	62 (Au):	Hb/3–666/9
–.	AuD	62 (Au):	Hb/3–668/9
$AuHI_4$	$H[AuI_4]$	62 (Au):	Hb/3–715
$AuHK_2N_6O_{18}$	$K_2H[Au(NO_3)_6]$	62 (Au):	Hb/3–738
$AuHN_4O_{12}$	$H[Au(NO_3)_4] \cdot 3 H_2O$	62 (Au):	Hb/3–683/4
$AuHN_6O_{18}Rb_2$	$Rb_2H[Au(NO_3)_6]$	62 (Au):	Hb/3–751
$AuHO_3S_2$	$H[AuS_2O_3]$	62 (Au):	Hb/3–736
$AuHO_5S$	$AuO \cdot HSO_4$	62 (Au):	Hb/3–719
$AuHO_8S_2$	$HAu(SO_4)_2$	62 (Au):	Hb/3–719
$AuH_2I_2Na_5O_{12}$	$Na_5H_2Au(IO_6)_2 \cdot 17 H_2O$	62 (Au):	Hb/3–733
AuH_3IN	$AuI \cdot NH_3$	62 (Au):	Hb/3–714
AuH_3IP	$AuI \cdot PH_3$	62 (Au):	Hb/3–715
AuH_3N_2	$NHAuNH_2$	62 (Au):	Hb/3–678
–.	$Au(NH)NH_2 \cdot 3 H_2O$	62 (Au):	Hb/3–679
$AuH_3Na_6O_{12}Te_2$ . . .	$Na_6H_3Au(TeO_6)_2 \cdot 14 H_2O$	62 (Au):	Hb/3–737
AuH_3O_3	$Au(OH)_3$	62 (Au):	Hb/3–672/7
$AuH_3O_6S_4$	$H_3[Au(S_2O_3)_2]$	62 (Au):	Hb/3–719, 736
AuH_4KO_4	$KAu(OH)_4$	62 (Au):	Hb/3–738
AuH_4NO_2	$Au(OH)_2NH_2$	62 (Au):	Hb/3–680
AuH_4NS_3	$NH_4[AuS_3]$	62 (Au):	Hb/3–748
$AuH_4N_5O_{12}$	$NH_4[Au(NO_3)_4]$	62 (Au):	Hb/3–747
AuH_6IN_2	$AuI \cdot 2 NH_3$	62 (Au):	Hb/3–714
$AuH_6K_3N_2O_9S_3$	$K_3Au(SO_3)_3 \cdot 2 NH_3 \cdot 2 H_2O$	62 (Au):	Hb/3–742
AuH_6NO_3	$Au(OH)_3 \cdot NH_3$	62 (Au):	Hb/3–679
AuH_9IN_3	$AuI \cdot 3 NH_3$	62 (Au):	Hb/3–714
$AuH_9N_8O_{18}$	$(NH_4)_2H[Au(NO_3)_6]$	62 (Au):	Hb/3–747
$AuH_{12}IN_4$	$AuI \cdot 4 NH_3$	62 (Au):	Hb/3–714

$AuH_{12}KN_8O_{12}$ . . . . . $K[Au(NH_3)_4]\ (NO_3)_4$

                     $= [Au(NH_3)_4]\ (NO_3)_3 \cdot KNO_3$ . . . . . . 62 (Au):   Hb/3–681, 739

$AuH_{12}N_3O_6S_4$ . . . . . $(NH_4)_3[Au(S_2O_3)_2]$ . . . . 62 (Au):   Hb/3–748

$AuH_{12}N_4O_4P$ . . . . . $[Au(NH_3)_4]PO_4 \cdot H_2O$ . . . . 62 (Au):   Hb/3–682, 729

$AuH_{12}N_5O_7S$ . . . . . $[Au(NH_3)_4]\ (NO_3)\ (SO_4) \cdot H_2O$ . . . . 62 (Au):   Hb/3–682

$AuH_{12}N_7O_9$ . . . . . . $[Au(NH_3)_4]\ (NO_3)_3$ . . . . 62 (Au):   Hb/3–681, 682

$AuH_{12}N_8NaO_{12}$ . . . . $[Au(NH_3)_4]\ (NO_3)_3 \cdot NaNO_3$ . . . . . 62 (Au):   Hb/3–681

$AuH_{16}N_9O_{12}$ . . . . . $NH_4[Au(NH_3)_4]\ (NO_3)_4$

                     $= [Au(NH_3)_4]\ (NO_3)_3 \cdot NH_4NO_3$ . . . . . 62 (Au):   Hb/3–681, 747

$AuH_{17}N_4O_{16}S_4$ . . . . $[Au(NH_3)_4]\ (SO_4)_4H_5$ . . . . 62 (Au):   Hb/3–682

$AuH_{18}IN_6$ . . . . . . $AuI \cdot 6\ NH_3$ . . . . 62 (Au):   Hb/3–714

$AuH_{24}IN_8$ . . . . . . $AuI \cdot 8\ NH_3$ . . . . 62 (Au):   Hb/3–714

$AuHgI_{16}Rb_5Tl_2$ . . . . $Tl_2Rb_5HgAuI_{16}$ . . . . 62 (Au):   Hb/3–761

$AuHg_2$ . . . . $AuHg_2$ . . . . 62 (Au):   Hb/3–812, 816/25

$AuHg_4$ . . . . $AuHg_4$ . . . . 62 (Au):   Hb/3–816/25

$AuHg_6$ . . . . $AuHg_6$ . . . . 62 (Au):   Hb/3–816

AuI . . . . . . AuI . . . . 62 (Au):   Hb/3–711/4

AuI_3 . . . . AuI_3 . . . . 62 (Au):   Hb/3–715

AuI_4K . . . . . . $K[AuI_4]$ . . . . 62 (Au):   Hb/3–741/2

AuI_4Na . . . . . . $Na[AuI_4]$ . . . . 62 (Au):   Hb/3–733

AuI_4Rb . . . . . . $Rb[AuI_4]$ . . . . 62 (Au):   Hb/3–752

AuI_4Rb_2 . . . . . . Rb_2AuI_4 . . . . 62 (Au):   Hb/3–752

AuI_8Rb_2Tl . . . . . . $TlRb_2AuI_8 = RbTlI_4 \cdot RbAuI_4$ . . . . . 62 (Au):   Hb/3–761

$AuI_{16}Rb_5Tl_2Zn$ . . . . $Tl_2Rb_5ZnAuI_{16}$ . . . . 62 (Au):   Hb/3–761

$AuIn$ . . . . $AuIn$ . . . . 62 (Au):   Hb/3–829/30

$AuIn_2$ . . . . $AuIn_2$ . . . . 62 (Au):   Hb/3–831

AuK . . . . AuK . . . . 62 (Au):   Hb/3–780/1

$AuKN_4O_{12}$ . . . . . . $K[Au(NO_3)_4]$ . . . . 62 (Au):   Hb/3–738

$AuKO_2$ . . . . $K[AuO_2] \cdot 3\ H_2O$ . . . . 62 (Au):   Hb/3–738

$AuKO_8S_2$ . . . . $K[Au(SO_4)_2]$ . . . . 62 (Au):   Hb/3–742

AuK_3S_2 . . . . $K_3[AuS_2]$ . . . . 62 (Au):   Hb/3–742

$AuK_5O_{12}S_4$ . . . . . . $K_5[Au(SO_3)_4] \cdot 2.5\ H_2O$ . . . . . . 62 (Au):   Hb/3–742

–. . . . . $K_5[Au(SO_3)_4] \cdot 5\ H_2O$ . . . . 62 (Au):   Hb/3–742

$AuMg$ . . . . $MgAu$ . . . . 27 (Mg):   Hb/A4–758/9

$AuMg_2$ . . . . Mg_2Au . . . . 27 (Mg):   Hb/A4–758

$AuMg_3$ . . . . Mg_3Au . . . . 27 (Mg):   Hb/A4–757/8

$AuMn$ . . . . $AuMn$ . . . . 59 (Fe):   D/2. Eb–335/6

                                                     62 (Au):   Hb/3–858/9, 865

$AuMn_3$ . . . . $AuMn_3$ . . . . 62 (Au):   Hb/3–858/9,

                                                           861, 865

$AuMn_9$ . . . . $AuMn_9$ . . . . 62 (Au):   Hb/3–865

$AuMn_{20}$ . . . . $AuMn_{20}$ . . . . 62 (Au):   Hb/3–865

AuN . . . . $AuN \cdot 2\ H_2O$ . . . . 62 (Au):   Hb/3–680

$AuNO_4$ . . . . $5\ AuONO_3 \cdot H_2O$ . . . . 62 (Au):   Hb/3–684

$AuN_4O_{12}Rb$ . . . . . . $Rb[Au(NO_3)_4]$ . . . . 62 (Au):   Hb/3–751

$AuN_4O_{12}Tl$ . . . . . . $TlAu(NO_3)_4$ . . . . 62 (Au):   Hb/3–761

$AuNa$ . . . . $AuNa$ . . . . 62 (Au):   Hb/3–777/9

$AuNaO_2$ . . . . $Na[AuO_2] \cdot H_2O$ . . . . 62 (Au):   Hb/3–731

$AuNaO_7P_2$ . . . . . . $Na[AuP_2O_7]$ . . . . 62 (Au):   Hb/3–738

$AuNaS$ . . . . $Na[AuS] \cdot 4\ H_2O$ . . . . 62 (Au):   Hb/3–733

$AuNa_2$	$AuNa_2$	62 (Au):	Hb/3−777/9
$AuNa_3O_6S_2$	$Na_3[Au(SO_3)_2] \cdot 1.5 \, H_2O$	62 (Au):	Hb/3−734
$AuNa_3O_6S_4$	$Na_3[Au(S_2O_3)_2] \cdot 2 \, H_2O$	62 (Au):	Hb/3−735/7
$AuNa_3S_2$	$Na_3[AuS_2]$	62 (Au):	Hb/3−733
$AuNa_5O_{12}S_4$	$Na_5[Au(SO_3)_4] \cdot 5 \, H_2O$	62 (Au):	Hb/3−734
−.	$Na_5[Au(SO_3)_4] \cdot 14 \, H_2O$	62 (Au):	Hb/3−734
AuO	AuO	62 (Au):	Hb/3−672
AuO_2	AuO_2	62 (Au):	Hb/3−677/8
AuO_2Rb	$Rb[AuO_2] \cdot 3 \, H_2O$	62 (Au):	Hb/3−751
AuO_4S	$AuSO_4$	62 (Au):	Hb/3−719
AuP	AuP	62 (Au):	Hb/3−728
$AuPb_2$	$AuPb_2$	62 (Au):	Hb/3−853
$AuPd_2$	Pd_2Au	68 (Pt):	Hb/A5−691
AuS	AuS	62 (Au):	Hb/3−717
$AuSb_2$	$AuSb_2$	62 (Au):	Hb/3−773/4
$AuSe_2$	$AuSe_2$	62 (Au):	Hb/3−720
$AuSn$	$AuSn$	62 (Au):	Hb/3−846/7
$AuSn_2$	$AuSn_2$	62 (Au):	Hb/3−847
$AuSn_4$	$AuSn_4$	62 (Au):	Hb/3−847
$AuTe_2$	$AuTe_2$	62 (Au):	Hb/3−721
−.	$AuTe_2$ solid solutions:		
	$(Ag,Au)Te_2$	62 (Au):	Hb/3−767
−.	$AuTe_2$ systems:		
	$AuTe_2$−Ag_2Te−Te	62 (Au):	Hb/3−766
$AuTi_3$	$AuTi_3$	62 (Au):	Hb/3−835
$AuZn$	$AuZn$	62 (Au):	Hb/3−786/97
$AuZn_3$	$AuZn_3$	62 (Au):	Hb/3−786/97
Au_2Ba	Au_2Ba	62 (Au):	Hb/3−785
$Au_2BaBr_4C_4N_4$	$Ba[Au(CN)_2Br_2]_2 \cdot 10 \, H_2O$	62 (Au):	Hb/3−757
$Au_2BaC_4Cl_4N_4$	$Ba[Au(CN)_2Cl_2]_2 \cdot 8 \, H_2O$	62 (Au):	Hb/3−757
$Au_2BaC_4I_4N_4$	$Ba[Au(CN)_2I_2]_2 \cdot 10 \, H_2O$	62 (Au):	Hb/3−757
$Au_2BaC_4N_4$	$Ba[Au(CN)_2]_2 \cdot 2 \, H_2O$	62 (Au):	Hb/3−757
$Au_2BaC_{16}H_{24}O_{16}$ . . .	$Ba[Au(CH_3COO)_4]_2$	62 (Au):	Hb/3−757
Au_2BaO_4	$Ba[AuO_2]_2 \cdot 6 \, H_2O$	62 (Au):	Hb/3−756/7
$Au_2Ba_3O_{12}S_4$	$Ba_3[Au(SO_3)_2]_2 \cdot xH_2O$	62 (Au):	Hb/3−757
Au_2Be	Au_2Be	62 (Au):	Hb/3−782
Au_2Bi	Au_2Bi	62 (Au):	Hb/3−777
$Au_2BiBr_{14}Rb_5$	$Rb_5BiAu_2Br_{14}$	62 (Au):	Hb/3−752
$Au_2Br_2C_8H_{22}N_2$	$(C_2H_8N_2)AuBr \cdot (C_3H_7)_2AuBr$ . . .	62 (Au):	Hb/3−726
$Au_2Br_2C_{12}H_{32}N_2O$ . . .	$O(C_2H_4)_2(NH_2)_2 \cdot [(C_2H_5)_2AuBr]_2$	62 (Au):	Hb/3−726
$Au_2Br_2C_{14}H_{36}N_2$ . . .	$(C_2H_8N_2) \, (C_3H_7)_2AuBr \cdot (C_3H_7)_2AuBr$ . . .	62 (Au):	Hb/3−726
$Au_2Br_4C_4CaN_4$	$Ca[Au(CN)_2Br_2]_2 \cdot 10 \, H_2O$	62 (Au):	Hb/3−756
$Au_2Br_4C_4CdN_4$	$Cd[Au(CN)_2Br_2]_2 \cdot 6 \, H_2O$	62 (Au):	Hb/3−759
$Au_2Br_4C_4CoN_4$	$Co[Au(CN)_2Br_2]_2 \cdot 9 \, H_2O$	62 (Au):	Hb/3−764
$Au_2Br_4C_4N_4Sr$	$Sr[Au(CN)_2Br_2]_2 \cdot 7 \, H_2O$	62 (Au):	Hb/3−756
−.	$Sr[Au(CN)_2Br_2]_2 \cdot 10 \, H_2O$	62 (Au):	Hb/3−756
$Au_2Br_4C_4N_4Zn$	$Zn[Au(CN)_2Br_2]_2 \cdot 8 \, H_2O$	62 (Au):	Hb/3−758
$Au_2Br_9Rb_3$	$Rb_3Au_2Br_9$ solid solutions:		
	$Rb_3(Ag_6,Au_2)Br_9$	62 (Au):	Hb/3−768

$Au_2Br_{12}Cs_2Pt$ . . . . $Cs_2Au_2PtBr_{12} = Cs_2[PtBr_6] \cdot 2\,AuBr_3$ . . . 68 (Pt):   Hb/C3−350

$Au_2Br_{14}Rb_5Sb$ . . . . $Rb_5SbAu_2Br_{14}$ . . . . 62 (Au):   Hb/3−752

Au_2CH_3N . . . . CH_3NAu_2 . . . . 62 (Au):   Hb/3−681

Au_2C_2 . . . . Au_2C_2 . . . . 62 (Au):   Hb/3−722

$Au_2C_2Cl_8H_{10}N_2$ . . . . $(C_2H_8N_2)\,[AuCl_4]_2 \cdot 2\,H_2O$ . . . . . 62 (Au):   Hb/3−750

$Au_2C_3Cl_7Hg_2N_3$ . . . . $Au(CN)_3 \cdot AuCl_3 \cdot 2\,HgCl_2$ . . . . . 62 (Au):   Hb/3−760

$Au_2C_3Cl_8H_{12}N_2$ . . . . $C_3H_6(NH_3)_2[AuCl_4]_2 \cdot 2\,H_2O$ . . . . 62 (Au):   Hb/3−750

$Au_2C_4CaI_4N_4$ . . . . . $Ca[Au(CN)_2I_2]_2 \cdot 10\,H_2O$ . . . . . 62 (Au):   Hb/3−756

$Au_2C_4CaN_4$ . . . . . . $Ca[Au(CN)_2]_2 \cdot 3\,H_2O$ . . . . . . 62 (Au):   Hb/3−756

$Au_2C_4CdN_4$ . . . . . . $Cd[Au(CN)_2]_2$ . . . . 62 (Au):   Hb/3−759

$Au_2C_4Cl_4N_4Sr$ . . . . $Sr[Au(CN)_2Cl_2]_2 \cdot 8\,H_2O$ . . . . . 62 (Au):   Hb/3−756

$Au_2C_4Cl_4N_4Zn$ . . . . $Zn[Au(CN)_2Cl_2]_2 \cdot 7\,H_2O$ . . . . . 62 (Au):   Hb/3−758

$Au_2C_4Cl_6H_8S_2$ . . . . . $(C_2H_4S)_2(AuCl_3)_2$ . . . . 62 (Au):   Hb/3−700

$Au_2C_4Cl_8H_{12}N_2$ . . . . $C_4H_{10}N_2 \cdot 2\,H[AuCl_4]$ . . . . 62 (Au):   Hb/3−750

$Au_2C_4Cl_9CoH_{22}N_6$ . . $[Co(NH_3)_2(C_2H_8N_2)_2]Cl(AuCl_4)_2$ . . . . . 58 (Co):   Hb/B−87

$Au_2C_4CoI_4N_4$ . . . . . $Co[Au(CN)_2I_2]_2 \cdot 10\,H_2O$ . . . . . 62 (Au):   Hb/3−764

$Au_2C_4CoN_4$ . . . . . . $Co[Au(CN)_2]_2$ . . . . 62 (Au):   Hb/3−763

$Au_2C_4H_{16}N_4O_{12}S_3$ . . $[Au(C_2H_8N_2)]_2(SO_4)_3 \cdot 6\,H_2O$ . . . . 62 (Au):   Hb/3−719

$Au_2C_4I_4N_4Sr$ . . . . . $Sr[Au(CN)_2I_2]_2 \cdot 10\,H_2O$ . . . . . 62 (Au):   Hb/3−756

$Au_2C_4N_4Ni$ . . . . . . $Ni[Au(CN)_2]_2$ . . . . 62 (Au):   Hb/3−763

$Au_2C_4N_4Sr$ . . . . . . $Sr[Au(CN)_2]_2 \cdot 3\,H_2O$ . . . . . . 62 (Au):   Hb/3−756

$Au_2C_4N_4Zn$ . . . . . . $Zn[Au(CN)_2]_2$ . . . . 62 (Au):   Hb/3−758

$Au_2C_5Cl_8CoH_{17}N_6O_2$. $[CoNO_2(NH_3)_4(C_5H_5N)]\,[AuCl_4]_2$ . . . . . 58 (Co):   Eb/B2−475

$Au_2C_6Cl_8H_{16}N_2$ . . . . $C_6H_{14}N_2 \cdot 2\,H[AuCl_4]$ . . . . 62 (Au):   Hb/3−750

$Au_2C_6H_{12}N_4OS_2$ . . . $[Au(CH_2NH)_2CS]_2O$ . . . . 62 (Au):   Hb/3−672

$Au_2C_6H_{20}I_2N_2$ . . . . . $(C_2H_8N_2)\,[(CH_3)_2AuI]_2$ . . . . . 62 (Au):   Hb/3−727

$Au_2C_7Cl_7H_{10}N$ . . . . $C_7H_9NH[AuCl_4] \cdot AuCl_3$ . . . . . 62 (Au):   Hb/3−751

$Au_2C_7Cl_8H_{13}N_3O$ . . . $C_7H_{11}N_3OH_2[AuCl_4]_2 \cdot H_2O$ . . . . 62 (Au):   Hb/3−751

$Au_2C_8Cl_{18}H_{32}N_8Pt_3$ . . $[Au(C_2H_8N_2)_2]_2[PtCl_6]_3$ . . . . 68 (Pt):   Hb/C3−350

$Au_2C_8CoN_8$ . . . . . . $Co[Au(CN)_4]_2 \cdot 9\,H_2O$ . . . . . . 62 (Au):   Hb/3−764

$Au_2C_8H_{14}N_2$ . . . . . . $(C_3H_7)_2(AuCN)_2$ . . . . 62 (Au):   Hb/3−727

$Au_2C_8H_{18}N_4$ . . . . . . $(C_2H_8N_2)\,(C_2H_5AuCN)_2$ . . . . . 62 (Au):   Hb/3−727

$Au_2C_8H_{20}O_4S$ . . . . . $(C_2H_5)_4Au_2SO_4$ . . . . 62 (Au):   Hb/3−727

$Au_2C_9Cl_8H_{13}N_3O$ . . . $C_9H_{11}N_3OH_2[AuCl_4]_2$ . . . . 62 (Au):   Hb/3−751

$Au_2C_{10}Cl_9CrH_{35}N_5$ . . $[CrCl(C_2H_5NH_2)_5]\,[AuCl_4]_2$ . . . . 52 (Cr):   Hb/C−166

$Au_2C_{10}H_{22}N_4$ . . . . . $(C_2H_8N_2)\,(C_3H_7AuCN)_2$ . . . . . . 62 (Au):   Hb/3−727

$Au_2C_{12}H_{28}N_4$ . . . . . $(C_2H_8N_2)\,((C_2H_5)_2AuCN)_2$ . . . . . 62 (Au):   Hb/3−727

$Au_2C_{16}CaH_{24}O_{16}$ . . . $Ca[Au(C_2H_3O_2)_4]_2 \cdot 2\,H_2O$ . . . . 62 (Au):   Hb/3−755

$Au_2C_{16}H_{24}MgO_{16}$ . . . $Mg[Au(CH_3COO)_4]_2 \cdot 4\,H_2O$ . . . . 62 (Au):   Hb/3−755

$Au_2C_{16}H_{24}O_{16}Pb$ . . . $Pb[Au(CH_3COO)_4]_2$ . . . . 62 (Au):   Hb/3−761

$Au_2C_{16}H_{24}O_{16}Sr$ . . . $Sr[Au(CH_3COO)_4]_2 \cdot 2\,H_2O$ . . . . . 62 (Au):   Hb/3−756

$Au_2C_{16}H_{36}N_4$ . . . . . $(C_2H_8N_2)\,((C_3H_7)_2AuCN)_2$ . . . . . 62 (Au):   Hb/3−727

$Au_2C_{24}Cl_8H_{60}P_4Pt$ . . . $[Pt(P(C_2H_5)_3)_4]\,[AuCl_4]_2$ . . . . 68 (Pt):   Hb/D−126

$Au_2C_{40}H_{30}O_4P_2Ru$ . . $[(C_6H_5)_3PAu]_2Ru(CO)_4$ . . . . 63 (Ru):   Eb−561/3

Au_2Ca . . . . Au_2Ca . . . . 62 (Au):   Hb/3−785

Au_2CaCl_8 . . . . $Ca[AuCl_4]_2 \cdot 6\,H_2O$ . . . . 62 (Au):   Hb/3−755

Au_2CaO_4 . . . . $Ca[AuO_2]_2 \cdot 6\,H_2O$ . . . . 62 (Au):   Hb/3−755

$Au_2Ca_3O_{12}S_8$ . . . . . $Ca_3[Au(S_2O_3)_2]_2 \cdot 10\,H_2O$ . . . . . 62 (Au):   Hb/3−755

$Au_2CdCl_{12}Cs_4$ . . . . . $CdCs_4[AuCl_6]_2$ . . . . 62 (Au):   Hb/3−760

Au_2Cd_3 . . . . Au_2Cd_3 . . . . 62 (Au):   Hb/3−801

$Au_2Cl_2H_5N_3$	$Cl(NH_2)AuNHAu(NH_2)Cl$	62 (Au):	Hb/3–678
$Au_2Cl_6Cs_2$	$Cs_2Au_2Cl_6$	62 (Au):	Hb/3–752/3
Au_2Cl_8Co	$Co[AuCl_4]_2 \cdot 8\,H_2O$	62 (Au):	Hb/3–763
Au_2Cl_8Cu	$Cu[AuCl_4]_2 \cdot 6\,H_2O$	62 (Au):	Hb/3–764
$Au_2Cl_8H_{12}N_4Pd$	$[Pd(NH_3)_4]\,[AuCl_4]_2$	65 (Pd):	Hb/2–354
Au_2Cl_8Mg	$Mg[AuCl_4]_2 \cdot 8\,H_2O$	62 (Au):	Hb/3–755
Au_2Cl_8Mn	$Mn[AuCl_4]_2 \cdot 8\,H_2O$	62 (Au):	Hb/3–762
Au_2Cl_8Ni	$Ni[AuCl_4]_2 \cdot 8\,H_2O$	62 (Au):	Hb/3–763
Au_2Cl_8Pb	$Pb[AuCl_4]_2 \cdot xH_2O$	62 (Au):	Hb/3–761
Au_2Cl_8Zn	$Zn[AuCl_4]_2 \cdot 8\,H_2O$	62 (Au):	Hb/3–758
$Au_2Cl_{11}Cr_2H_{31}N_{10}O$ . .	$[(NH_3)_5Cr(OH)Cr(NH_3)_5]Cl_3[AuCl_4]_2$		
	$2\,H_2O$	52 (Cr):	Hb/C–292, 295
$Au_2Cl_{12}Cs_4Cu$	$CuCs_4[AuCl_6]_2$	62 (Au):	Hb/3–765
$Au_2Cl_{12}Cs_4Hg$	$HgCs_4[AuCl_6]_2$	62 (Au):	Hb/3–760/1
$Au_2Cl_{12}Cs_4Zn$	$ZnCs_4[AuCl_6]_2$	62 (Au):	Hb/3–759
$Au_2Cr_3H_{24}N_8O_{12}$	$[Au(NH_3)_4]_2(CrO_4)_3$	62 (Au):	Hb/3–682, 762
$Au_2Cr_4O_{15}$	$Au_2(CrO_4)_3 \cdot CrO_3$	62 (Au):	Hb/3–762
Au_2Cu_3	Au_2Cu_3	62 (Au):	Hb/3–885/6, 902
$Au_2HK_3N_{10}O_{30}$	$K_2H[Au(NO_3)_6] \cdot K[Au(NO_3)_4]$ . . .	62 (Au):	Hb/3–739
$Au_2H_5N_5O_6$	$NO_3(NH_2)AuNHAu(NH_2)NO_3$	62 (Au):	Hb/3–679
$Au_2H_8N_2O_{14}V_4$	$2\,V_2O_5 \cdot Au_2O_3 \cdot (NH_4)_2O$	62 (Au):	Hb/3–761
$Au_2H_9N_3O_3$	$Au_2O_3 \cdot 3\,NH_3$	62 (Au):	Hb/3–679/80
$Au_2H_{15}N_3O_6$	$2\,Au(OH)_3 \cdot 3\,NH_3$	62 (Au):	Hb/3–679/80
$Au_2H_{16}K_6N_4O_{18}S_6$ . .	$3\,K_2SO_3 \cdot 2\,(NH_4)_2SO_3 \cdot Au_2SO_3 \cdot 4\,H_2O$.	62 (Au):	Hb/3–742
Au_2Hg	Au_2Hg	62 (Au):	Hb/3–812, 816/25
Au_2Hg_5	Au_2Hg_5	62 (Au):	Hb/3–816/25
Au_2I_4	$Au[AuI_4]$	62 (Au):	Hb/3–716
Au_2K	Au_2K	62 (Au):	Hb/3–780/1
$Au_2K_3N_3O_9S_3$	$K_3[Au_2(NSO_3)_3]$	62 (Au):	Hb/3–743
$Au_2K_8S_9$	$4\,K_2S_2 \cdot Au_2S \cdot 12\,H_2O$	62 (Au):	Hb/3–742
Au_2Mg_5	Mg_5Au_2	27 (Mg):	Hb/A4–758
Au_2Mn	Au_2Mn	59 (Fe):	D/2. Eb–335
		62 (Au):	Hb/3–858, 861, 865
Au_2Na	Au_2Na	62 (Au):	Hb/3–777/9
$Au_2Na_4S_3$	$2\,Na_2S \cdot Au_2S \cdot 20\,H_2O$	62 (Au):	Hb/3–733
$Au_2Na_6O_6$	$3\,Na_2O \cdot Au_2O_3$	62 (Au):	Hb/3–731
$Au_2Na_{12}O_{21}S_{14}$	$Na_{12}Au_2(S_2O_3)_7 \cdot 10\,H_2O$	62 (Au):	Hb/3–737
Au_2O	Au_2O	62 (Au):	Hb/3–671
Au_2O_3	Au_2O_3	62 (Au):	Hb/3–672
Au_2O_4Sr	$Sr[AuO_2]_2 \cdot 6\,H_2O$	62 (Au):	Hb/3–756
$Au_2O_{12}Se_3$	$Au_2(SeO_4)_3$	62 (Au):	Hb/3–720
$Au_2O_{13}V_4$	$2\,V_2O_5 \cdot Au_2O_3 \cdot H_2O$	62 (Au):	Hb/3–761
Au_2P_3	Au_2P_3	62 (Au):	Hb/3–729
Au_2Pb	Au_2Pb	62 (Au):	Hb/3–853
Au_2Rb	Au_2Rb	62 (Au):	Hb/3–781
Au_2S	Au_2S	62 (Au):	Hb/3–716/7
Au_2S_3	Au_2S_3	62 (Au):	Hb/3–717/9
Au_2Se	Au_2Se	62 (Au):	Hb/3–720
Au_2Se_3	Au_2Se_3	62 (Au):	Hb/3–720
Au_2Te	Au_2Te	62 (Au):	Hb/3–721

Au$_2$Te$_3$	Au$_2$Te$_3$	62 (Au):	Hb/3−721
Au$_2$Ti	Au$_2$Ti	62 (Au):	Hb/3−835
Au$_3$Ba$_2$	Au$_3$Ba$_2$	62 (Au):	Hb/3−785
Au$_3$Be	Au$_3$Be	62 (Au):	Hb/3−782
Au$_3$C$_8$Cl$_3$H$_{32}$N$_{16}$S$_8$ . .	8 CS(NH$_2$)$_2$ · 3 AuCl . .	62 (Au):	Hb/3−693
Au$_3$C$_{16}$Cl$_{11}$H$_{24}$N$_2$ . . .	2 (C$_8$H$_{11}$NHCl) · 3 AuCl$_3$ . .	62 (Au):	Hb/3−751
Au$_3$Ca	Au$_3$Ca	62 (Au):	Hb/3−785
Au$_3$Cd	Au$_3$Cd	62 (Au):	Hb/3−798
Au$_3$ClH$_{36}$N$_{12}$O$_{20}$S$_4$.	[Au(NH$_3$)$_4$]$_3$(ClO$_4$) (SO$_4$)$_4$ · 2 H$_2$O	62 (Au):	Hb/3−682
−.	[Au(NH$_3$)$_4$]$_3$(ClO$_4$) (SO$_4$)$_4$ · 4 H$_2$O	62 (Au):	Hb/3−682
Au$_3$Cl$_{14}$Cs$_5$	Cs$_5$Au$_3$Cl$_{14}$	62 (Au):	Hb/3−754
Au$_3$Cu	Au$_3$Cu	62 (Au):	Hb/3−884, 900/1
Au$_3$HK$_4$N$_{14}$O$_{42}$	K$_2$H[Au(NO$_3$)$_6$] · 2 K[Au(NO$_3$)$_4$]	62 (Au):	Hb/3−739
Au$_3$H$_6$N$_2$O$_{1.5}$	1.5 Au$_2$O · 2 NH$_3$	62 (Au):	Hb/3−681
Au$_3$H$_{12}$N$_4$O$_6$S$_2$	Au$_3$(SO$_3$)$_2$ · 4 NH$_3$ · 4 H$_2$O	62 (Au):	Hb/3−748
Au$_3$H$_{13}$N$_4$O$_6$S$_2$	NH$_4$Au$_3$(SO$_3$)$_2$ · 3 NH$_3$ · 4 H$_2$O	62 (Au):	Hb/3−748
Au$_3$H$_{37}$N$_{12}$O$_{20}$S$_5$ . . .	[Au(NH$_3$)$_4$]$_3$(SO$_4$)$_4$(SO$_4$H)	62 (Au):	Hb/3−682
Au$_3$Hg	Au$_3$Hg	62 (Au):	Hb/3−812, 815/8, 825
Au$_3$Hg$_4$I$_{22}$Rb$_9$	Hg$_4$Rb$_9$Au$_3$I$_{22}$ = 4 HgI$_2$ · 9 RbI · 2 AuI · AuI$_3$	62 (Au):	Hb/3−760
Au$_3$Mn	Au$_3$Mn	59 (Fe):	D/2. Eb−335/6
		62 (Au):	Hb/3−858, 861, 865
Au$_3$P	Au$_3$P	62 (Au):	Hb/3−728
Au$_3$P$_4$	Au$_3$P$_4$	62 (Au):	Hb/3−729
Au$_3$Pt	PtAu$_3$	68 (Pt):	Hb/A6−818/9
Au$_3$Te$_2$	Au$_3$Te$_2$ solid solutions: (Ag,Au)$_3$Te$_2$	62 (Au):	Hb/3−767
Au$_3$Th	Au$_3$Th	62 (Au):	Hb/3−838
Au$_3$Ti	Au$_3$Ti	62 (Au):	Hb/3−835
Au$_3$Zn	Au$_3$Zn	62 (Au):	Hb/3−786/97
Au$_3$Zr	Au$_3$Zr	62 (Au):	Hb/3−835, 837
Au$_4$Be$_3$	Au$_4$Be$_3$	62 (Au):	Hb/3−782
Au$_4$C$_4$Cl$_{12}$H$_{16}$N$_4$ . . .	Au(C$_2$H$_8$N$_2$)$_2$(AuCl$_4$)$_3$	62 (Au):	Hb/3−700
Au$_4$C$_5$H$_6$Hg$_2$N$_8$O$_4$ . . .	(NH$_2$CN)Au$_2$O$_2$ · (NH$_2$CN)$_2$Au$_2$O · HgO · Hg(CN)$_2$ · 3 H$_2$O	62 (Au):	Hb/3−760
Au$_4$C$_5$H$_{12}$Hg$_2$N$_8$O$_7$ . .	2 Au$_2$O$_3$ · HgO · Hg(CN)$_2$ · 3 NH$_4$CN	62 (Au):	Hb/3−760
Au$_4$Ca	Au$_4$Ca	62 (Au):	Hb/3−785
Au$_4$Cd$_2$I$_{22}$Rb$_8$	Cd$_2$Rb$_8$Au$_4$I$_{22}$ = 2 CdI$_2$ · 8 RbI · AuI · 3 AuI$_3$	62 (Au):	Hb/3−759
Au$_4$Cl$_{16}$Co$_2$H$_{26}$N$_8$O$_2$.	[Co$_2$(OH)$_2$(NH$_3$)$_8$] [AuCl$_4$]$_4$ · 4 H$_2$O	58 (Co):	Hb/B−346
Au$_4$Cl$_{18}$Cr$_4$H$_{42}$N$_{12}$O$_6$.	[Cr$_4$(OH)$_6$(NH$_3$)$_{12}$]Cl$_2$[AuCl$_4$]$_4$ · 6 H$_2$O . . .	52 (Cr):	Hb/C−292
Au$_4$CuI$_{11}$Rb$_4$	CuRb$_4$Au$_4$I$_{11}$ = CuI · 4 RbI · 3 AuI · AuI$_3$.	62 (Au):	Hb/3−765
Au$_4$H$_{48}$N$_{18}$O$_{26}$S$_5$ . . .	[Au(NH$_3$)$_4$]$_4$(NO$_3$)$_2$(SO$_4$)$_5$ · 2 H$_2$O	62 (Au):	Hb/3−682
Au$_4$Hg	Au$_4$Hg	62 (Au):	Hb/3−816
Au$_4$K	Au$_4$K	62 (Au):	Hb/3−780/1
Au$_4$Mn	MnAu$_4$	59 (Fe):	D/2. Eb−335
Au$_4$N$_2$O$_{11}$	Au$_4$O$_5$(NO$_3$)$_2$ · 2 H$_2$O = 2 Au$_2$O$_3$ · N$_2$O$_5$ · 2 H$_2$O	62 (Au):	Hb/3−684

Au_5Th_3 . . . . Au_5Th_3 . . . . 62 (Au): Hb/3–838

$Au_6H_{24}N_8O_{12}S_4$ . . . . $Au_5[Au(SO_3)_4] \cdot 8\ NH_3 \cdot 6\ H_2O$ . . . . 62 (Au): Hb/3–748

$Au_6H_{26}N_8O_{12}S_4$ . . . . $(NH_4)_2O \cdot 3\ Au_2O \cdot 4\ SO_2 \cdot 6\ NH_3 \cdot 3\ H_2O$. 62 (Au): Hb/3–748

$Au_6I_{44}Rb_{16}Zn_9$ . . . . $Zn_9Rb_{16}Au_6I_{44}$

$= 9\ ZnI_2 \cdot 16\ RbI \cdot 4\ AuI \cdot 2\ AuI_3$ . . . . 62 (Au): Hb/3–759

Au_6Mn . . . . Au_6Mn . . . . 62 (Au): Hb/3–858, 865

Au_6Ti . . . . Au_6Ti . . . . 62 (Au): Hb/3–834/5

$Au_8BeI_{22}Rb_8$ . . . . . $BeRb_8Au_8I_{22}$ . . . . 62 (Au): Hb/3–754

$Au_8CaI_{22}Rb_8$ . . . . . $CaRb_8Au_8I_{22}$ . . . . 62 (Au): Hb/3–756

$Au_8CdI_{22}Rb_8$ . . . . . $CdRb_8Au_8I_{22}$

$= CdI_2 \cdot 8\ RbI \cdot 6\ AuI \cdot 2\ AuI_3$ . . . . . . 62 (Au): Hb/3–759

$Au_8HgI_{22}Rb_8$ . . . . . $HgRb_8Au_8I_{22}$ . . . . 62 (Au): Hb/3–760

$Au_8I_{22}MgRb_8$ . . . . . $MgRb_8Au_8I_{22}$ . . . . 62 (Au): Hb/3–755

$Au_8I_{22}Rb_8Zn$ . . . . . $ZnRb_8Au_8I_{22}$

$= ZnI_2 \cdot 8\ RbI \cdot 6\ AuI \cdot 2\ AuI_3$ . . . . . . 62 (Au): Hb/3–758/9

$Au_{10}H_{45}Mo_{11}N_{15}Na_2O_{59}P_4$

$Na_2O \cdot 5\ Au_2O_3 \cdot 11\ MoO_3 \cdot 2\ P_2O_5$

$\cdot 15\ NH_3 \cdot 10\ H_2O$ . . . . 62 (Au): Hb/3–762

$Au_{10}H_{46}N_{14}O_{21}S_7$ . . . $2\ (NH_4)_2O \cdot 5\ Au_2O \cdot 7\ SO_2 \cdot 10\ NH_3$

$\cdot 2\ H_2O$ . . . . 62 (Au): Hb/3–748

$Au_{10}N_8O_{45}$ . . . . . . $5\ Au_2O_5 \cdot 4\ N_2O_5 \cdot 2\ H_2O$ . . . . 62 (Au): Hb/3–684

$Au_{12}C_{17}Cl_{31}Hg_{10}N_{17}$. $7\ AuCl_3 \cdot Au(CN)_3 \cdot 4\ AuCN \cdot 5\ HgCl_2$

$\cdot 5\ Hg(CN)_2$ . . . . 62 (Au): Hb/3–760

$Au_{16}H_{120}Mo_{22}N_{30}Na_4O_{127}P_8$

$4\ NaAuP_2O_7 \cdot 22\ MoO_3 \cdot 6\ Au_2O_3$

$\cdot 15\ (NH_4)_2O \cdot 5\ H_2O$ . . . . 62 (Au): Hb/3–762

$Au_{17}C_{21}Cl_{10}Hg_5N_{21}$ . . $2\ Au(CN)_3 \cdot 15\ AuCN \cdot 5\ HgCl_2$ . . . . 62 (Au): Hb/3–760

$Au_{19}C_{21}Cl_{16}Hg_2N_{21}$ . . $4\ AuCl_3 \cdot 3\ Au(CN)_3 \cdot 12\ AuCN \cdot 2\ HgCl_2$. 62 (Au): Hb/3–760

$Au_{24}H_{72}Mo_3N_{24}O_{80}P_{14}$

$3\ MoO_3 \cdot 7\ P_2O_5 \cdot 12\ Au_2O_3 \cdot 24\ NH_3$

$\cdot 21\ H_2O$ . . . . 62 (Au): Hb/3–762

$Au_{28}H_{42}N_{14}Na_6O_{75}P_{12}$

$3\ Na_2O \cdot 14\ Au_2O_3 \cdot 6\ P_2O_5 \cdot 14\ NH_3$

$\cdot 24\ H_2O$ . . . . 62 (Au): Hb/3–738

$Au_{32}Br_2K_8O_{51}$ . . . . . $16\ Au_2O_3 \cdot 3\ K_2O \cdot 2\ KBr \cdot 15\ H_2O$ . . . . . 62 (Au): Hb/3–741

$Au_{40}Br_2K_9O_{63.5}$ . . . . $20\ Au_2O_3 \cdot 3.5\ K_2O \cdot 2\ KBr \cdot xH_2O$ . . . . . 62 (Au): Hb/3–741

$Au_{2y}Pb_xS_{x+y}$ . . . . . $xPbS \cdot yAu_2S$ . . . . 62 (Au): Hb/3–761

Reihenfolge (Systemnummern) der im Gesamtwerk behandelten Elemente

Gmelin System of Elements and Compounds

System-Nr.	Symbol	Element		System-Nr.	Symbol	Element
1		Edelgase		37	In	Indium
2	H	Wasserstoff		38	Tl	Thallium
3	O	Sauerstoff		39	Sc	Scandium
4	N	Stickstoff			Y	Yttrium
5	F	Fluor			La	Lanthan
6	**Cl**	**Chlor**			Ce–Lu	Lanthanide
7	Br	Brom		40	Ac	Actinium
8	J	Jod		41	Ti	Titan
	At	Astat		42	Zr	Zirkonium
9	S	Schwefel		43	Hf	Hafnium
10	Se	Selen		44	Th	Thorium
11	Te	Tellur		45	Ge	Germanium
12	Po	Polonium		46	Sn	Zinn
13	B	Bor		47	Pb	Blei
14	C	Kohlenstoff		48	V	Vanadium
15	Si	Silicium		49	Nb	Niob
16	P	Phosphor		50	Ta	Tantal
17	As	Arsen		51	Pa	Protactinium
18	Sb	Antimon		**52**	**Cr**	**Chrom**
19	Bi	Wismut		53	Mo	Molybdän
20	Li	Lithium		54	W	Wolfram
21	Na	Natrium		55	U	Uran
22	K	Kalium		56	Mn	Mangan
23	NH$_4$	Ammonium		57	Ni	Nickel
24	Rb	Rubidium		58	Co	Kobalt
25	Cs	Caesium		59	Fe	Eisen
	Fr	Francium		60	Cu	Kupfer
26	Be	Beryllium		61	Ag	Silber
27	Mg	Magnesium		62	Au	Gold
28	Ca	Calcium		63	Ru	Ruthenium
29	Sr	Strontium		64	Rh	Rhodium
30	Ba	Barium		65	Pd	Palladium
31	Ra	Radium		66	Os	Osmium
32	**Zn**	**Zink**		67	Ir	Iridium
33	Cd	Cadmium		68	Pt	Platin
34	Hg	Quecksilber		69	Tc	Technetium[1]
35	Al	Aluminium		70	Re	Rhenium
36	Ga	Gallium		71	Np,Pu...	Transurane[2]

HCl

CrCl$_2$

ZnCrO$_4$

ZnCl$_2$

Dem einzelnen Element werden alle Verbindungen mit denjenigen Elementen zugeordnet, die im Gmelin-System vor diesem Element stehen. Bei dem Element Zink mit der System-Nr. 32 stehen z. B. alle Verbindungen mit den Elementen der System-Nr. 1 bis 31.

The material under each element number contains all information on the element itself as well as on all compounds with other elements which preceed this element in the Gmelin System.
For example, zinc (system number 32) as well as all zinc compounds with elements numbered from 1 to 31 are classified under number 32.

[1] Diese System-Nr. ist im Jahre 1941 unter der Bezeichnung „Masurium" erschienen.
[2] Bearbeitung erfolgt im Rahmen des Ergänzungswerkes zur 8. Auflage.

Periodensystem der Elemente mit Gmelin Systemnummern siehe Innenseite des vorderen Deckels